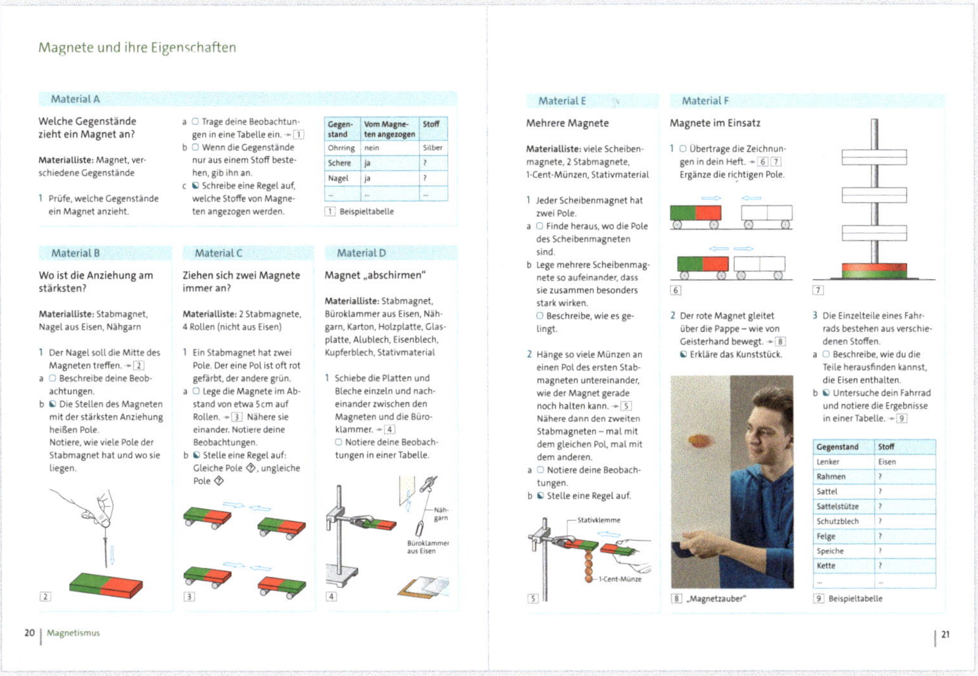

Magnete und ihre Eigenschaften

Material A

Welche Gegenstände zieht ein Magnet an?

Materialliste: Magnet, verschiedene Gegenstände

1 Prüfe, welche Gegenstände ein Magnet anzieht.

a ▢ Trage deine Beobachtungen in eine Tabelle ein. → 1
b ▢ Wenn die Gegenstände nur aus einem Stoff bestehen, gib ihn an.
c ◐ Schreibe eine Regel auf, welche Stoffe von Magneten angezogen werden.

Gegenstand	Vom Magneten angezogen	Stoff
Ohrring	nein	Silber
Schere	ja	?
Nagel	ja	?
...	...	...

1 Beispieltabelle

Material B

Wo ist die Anziehung am stärksten?

Materialliste: Stabmagnet, Nagel aus Eisen, Nähgarn

1 Der Nagel soll die Mitte des Magneten treffen. → 2
a ▢ Beschreibe deine Beobachtungen.
b ◐ Die Stellen des Magneten mit der stärksten Anziehung heißen Pole. Notiere, wie viele Pole der Stabmagnet hat und wo sie liegen.

2

Material C

Ziehen sich zwei Magnete immer an?

Materialliste: 2 Stabmagnete, 4 Rollen (nicht aus Eisen)

1 Ein Stabmagnet hat zwei Pole. Der eine Pol ist oft rot gefärbt, der andere grün.
a ▢ Lege die Magnete im Abstand von etwa 5 cm auf Rollen. → 3 Nähere sie einander. Notiere deine Beobachtungen.
b ◐ Stelle eine Regel auf: Gleiche Pole, ungleiche Pole

3

Material D

Magnet „abschirmen"

Materialliste: Stabmagnet, Büroklammer aus Eisen, Nähgarn, Karton, Holzplatte, Glasplatte, Alublech, Eisenblech, Kupferblech, Stativmaterial

1 Schiebe die Platten und Bleche einzeln und nacheinander zwischen den Magneten und die Büroklammer. → 4
▢ Notiere deine Beobachtungen in einer Tabelle.

Nähgarn
Büroklammer aus Eisen

4

Material E

Mehrere Magnete

Materialliste: viele Scheibenmagnete, 2 Stabmagnete, 1-Cent-Münzen, Stativmaterial

1 Jeder Scheibenmagnet hat zwei Pole.
a ▢ Finde heraus, wo die Pole des Scheibenmagneten sind.
b Lege mehrere Scheibenmagnete so aufeinander, dass sie zusammen besonders stark wirken.
▢ Beschreibe, wie es gelingt.

2 Hänge so viele Münzen an einen Pol des ersten Stabmagneten untereinander, wie der Magnet gerade noch halten kann. → 5 Nähere dann den zweiten Stabmagneten – mal mit dem gleichen Pol, mal mit dem anderen.
a ▢ Notiere deine Beobachtungen.
b ◐ Stelle eine Regel auf.

Stativklemme
1-Cent-Münze

5

Material F

Magnete im Einsatz

1 ▢ Übertrage die Zeichnungen in dein Heft. → 6 7 Ergänze die richtigen Pole.

6

7

2 Der rote Magnet gleitet über die Pappe – wie von Geisterhand bewegt. → 8
◐ Erkläre das Kunststück.

8 „Magnetzauber"

3 Die Einzelteile eines Fahrrads bestehen aus verschiedenen Stoffen.
a ▢ Beschreibe, wie du die Teile herausfinden kannst, die Eisen enthalten.
b ◐ Untersuche dein Fahrrad und notiere die Ergebnisse in einer Tabelle. → 9

Gegenstand	Stoff
Lenker	Eisen
Rahmen	?
Sattel	?
Sattelstütze	?
Schutzblech	?
Felge	?
Speiche	?
Kette	?
...	...

9 Beispieltabelle

20 | Magnetismus

21

Materialseiten

... vor allem zum Forschen und Bearbeiten

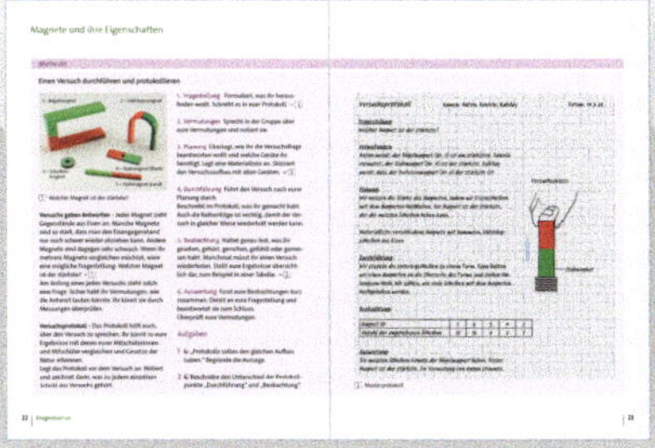

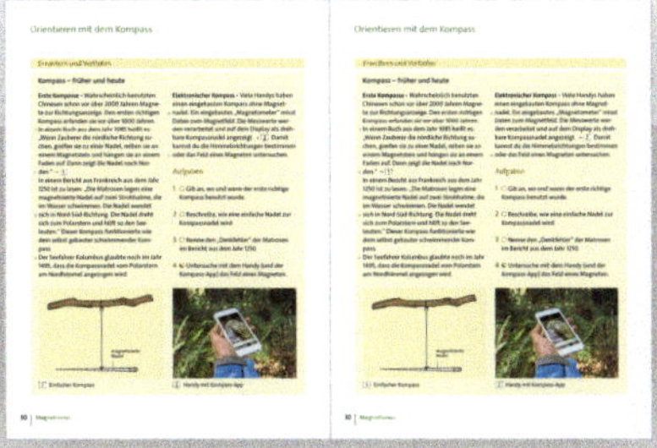

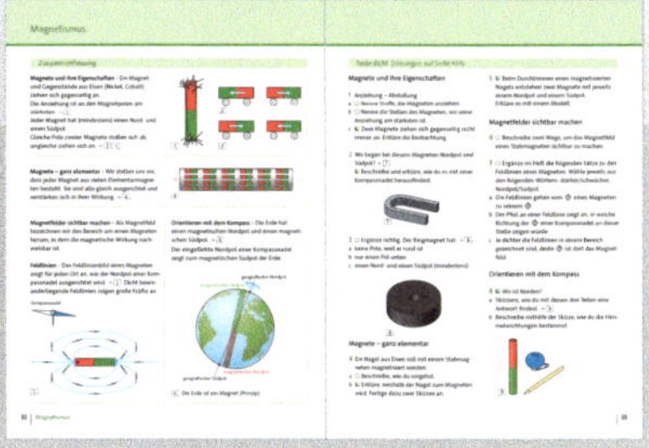

Methodenseiten zeigen Schritt für Schritt, wie du eine Sache sinnvoll angehst.

Erweitern und Vertiefen bietet Informationen an, die über das Grundlegende hinausgehen.

Die **Zusammenfassung** gibt einen Überblick über den Lernstoff des Kapitels.

Die Aufgaben auf den **Teste-dich-Seiten** beenden das Kapitel. Sie helfen dir, dein Wissen selbst einzuschätzen. Lösungen und Hilfestellungen findest du im Anhang.

*Ein Sternchen kennzeichnet Unterkapitel, Textabschnitte, Aufträge und Aufgaben, die sich an leistungsorientiertere Schülerinnen und Schüler richten.

AUSGABE A

NATUR UND TECHNIK

Physik

Gesamtband

Cornelsen

NATUR UND TECHNIK

Physik **Gesamtband**

Autoren: Siegfried Bresler (Bielefeld), Holger Hellendrung (Dietenheim-Illerrieden), Michael Hundertmark (Wetzlar), Reimund Krönert (Seeheim-Jugenheim), Steffen Lenz (Fritzlar), Sven Theis (Harsewinkel)

Mit Beiträgen von Volker Abegg, Ulrich Dendorfer, Martin Einsiedel, Bernd Heepmann, Christian Hörter, Ruth Leidinger, Dr. Jochim Lichtenberger, Werner Maier, Franz Mangold, Dr. Heinz Muckenfuß, Dr. Heinz Obst, Claus Overmann, Wilhelm Schröder, Peter Slaby, Ingmar Stelzig, Claudia Täubner, Sven Ungelenk, Franz Wimmer

Unter beratender Mitarbeit von Natascha Teuber (Hanau)

Redaktion: Thomas Gattermann, Stephan Möhrle

Grafik und Illustration: Laura Carleton, Tobias Dahmen, Rainer Götze, Tom Menzel, Matthias Pflügner, Detlef Seidensticker

Umschlaggestaltung: SOFAROBOTNIK GbR, Augsburg & München

Layoutkonzept: Typo Concept GmbH, Hannover

Layout und technische Umsetzung: Corngreen GmbH, Leipzig

www.cornelsen.de

Dieses Werk enthält Vorschläge und Anleitungen für Untersuchungen und Experimente. Vor jedem Experiment sind mögliche Gefahrenquellen zu besprechen. Beim Experimentieren sind die Richtlinien zur Sicherheit im Unterricht einzuhalten.

1. Auflage, 5. Druck 2024

Alle Drucke dieser Auflage sind inhaltlich unverändert und können im Unterricht nebeneinander verwendet werden.

Druck und Bindung: Livonia Print, Riga

ISBN 978-3-06-010800-8

PEFC/12-31-006

PEFC zertifiziert

Dieses Produkt stammt aus nachhaltig bewirtschafteten Wäldern und kontrollierten Quellen.

www.pefc.de

Inhaltsverzeichnis

Magnetismus 16

Licht und Schatten 34

Wie wir sehen 56

* Zusatzangebot für leistungsorientiertere Schülerinnen und Schüler

Spiegel, Trugbilder, farbiges Licht 80

Wie wir hören 102

Warm und kalt 120

Elektrische Geräte im Alltag 162

Elektrizität anwenden und verstehen 186

Der elektrische Widerstand 224

Weg, Zeit, Geschwindigkeit 240

Kräfte und ihre Wirkungen 260

Technik im Dienst des Menschen 282

Beschleunigte Bewegungen* 314

Heizung, Klima, Wetter 330

Versorgung mit elektrischer Energie 362

Radioaktivität 398

Anhang 434

Sicherheit im Fachraum

1 Experimentierregeln beachten!

Im Fach Physik wirst du häufig im Fachraum arbeiten. Um Gefahren zu vermeiden, musst du dich an die Sicherheitsregeln halten.

2 Warnung: Vorsicht: Nicht in den Strahl blicken!

Im Fachraum • Beachte beim Betreten:
- Den Fachraum darfst du grundsätzlich nur mit der Lehrkraft betreten.
- Wildes Herumrennen ist ebenso gefährlich wie das Schubsen eines Mitschülers oder einer Mitschülerin. Es könnte zu Verletzungen kommen.
- Lege deine Tasche und Jacke niemals hinter deinem Stuhl oder in Fluchtwegen ab. Du könntest bei Gefahr darüber stolpern.
- Nichts essen oder trinken!

Experimentieren • Beachte unbedingt:
- Lies dir vor dem Versuch die Arbeitsanweisungen genau durch.
- Halte Ordnung und entferne unnötige Dinge vom Arbeitsplatz.
- Binde lange Haare zurück.
- Lege Schals und lose Kleidung ab.
- Trage eine Schutzbrille, wenn es gefordert wird. → 1
- Beginne erst zu experimentieren, wenn dich die Lehrkraft dazu auffordert.
- Experimentiere nie an Steckdosen oder Gasanschlüssen.
- Sei vorsichtig beim Umgang mit heißen, hellen oder elektrischen Gegenständen.
- Schaue nie direkt in Laserlicht oder LED-Lampen. → 2
- Melde es sofort deiner Lehrkraft, wenn du einen Defekt an einem Gerät entdeckst, zum Beispiel ein beschädigtes Anschlusskabel.

Sicherheitseinrichtungen • Falls es trotz aller Vorsicht zu einem Unfall kommt, musst du die Sicherheitseinrichtungen im Fachraum kennen. → 3 – 8

Beachte im Notfall:
- Drücke den Not-Aus-Schalter.
- Hole Hilfe.
- Hilf anderen Personen.
- Verlasse schnellstmöglich den Raum über die Fluchtwege.

Aufgabe

1 Sicherheitseinrichtungen

a ○ Nenne sie.

b ○ Beschreibe, wie du sie nutzt.

c ◐ Beschreibe den Fluchtweg aus eurem Fachraum bis zum Sammelplatz der Schule.

der **Not-Aus-Schalter**
das **Notfalltelefon**
der **Erste-Hilfe-Kasten**
der **Feuerlöscher**
die **Augendusche**

Not-Aus-Schalter • Drücke im Notfall zuerst den Not-Aus-Schalter. Er sperrt sofort die Gaszufuhr. Außerdem wird der Strom im Fachraum ausgeschaltet.

3

Fluchtwege • Fluchtwege sind mit einem grünen Schild markiert. Präge dir die Fluchtwege gut ein, sodass du sie auch im Dunkeln finden kannst.

4

Notfalltelefon • Auf dem Notfalltelefon ist eine Telefonnummer notiert. Rufe sie vom Notfalltelefon aus an, wenn du oder andere Hilfe benötigen.
Hilfe findest du auch im nächsten Klassenzimmer oder im Sekretariat. Bleibe ruhig und gib genau Auskunft, was passiert ist.

5

Feuerlöscher, Löschdecke und Löschsand • Lass dir von deinem Lehrer oder deiner Lehrerin zeigen, wie man den Feuerlöscher bedient.
Lösche brennendes Benzin nur mit Löschsand. Auf keinen Fall darfst du Wasser verwenden! Wenn ein Mensch brennt, wirfst du am besten eine Löschdecke über ihn. Bringe dich nie selbst in Gefahr. Wenn du ein Feuer nicht selbst löschen kannst, musst du den Raum schnell über den Fluchtweg verlassen.

6

Erste-Hilfe-Kasten • Er enthält Pflaster für kleinere Verletzungen sowie Verbände und Wundauflagen für größere Verletzungen.

7

Augendusche • Wenn du ätzende Stoffe oder Flüssigkeiten ins Auge bekommen hast, kannst du oder ein Helfer sie mit der Augendusche wieder herausspülen.

8

Physik – was ist das?

1 Experimentieren mit Licht: Farbige Schatten

Materialien zur Erarbeitung: A–D

Jeden Tag kann man spannende Dinge beobachten, in der Natur oder zu Hause. Jeder Körper wirft Schatten, wenn die Sonne auf ihn scheint. Zu Hause kann man Schattenspiele machen. Warum gibt es eigentlich Schatten?

Physik – eine Naturwissenschaft • Das griechische Wort „physis" bedeutet ungefähr das Gleiche wie das lateinische „natura".

> Man kann Physik als Erforschen der Natur beschreiben.

Physikerinnen und Physiker beobachten Vorgänge und Erscheinungen, die sie durch Experimente nachstellen und zu erklären versuchen. Die Physik hilft uns dabei, alltägliche Beobachtungen zu verstehen und Vorhersagen für die Zukunft zu treffen. Weil die Natur so vielfältig ist, unterteilt man den Physikunterricht in einzelne Bereiche:

- Optik (Lehre vom Licht)
- Mechanik (Lehre von Kräften und Bewegungen)
- Elektrizitätslehre
- Wärmelehre und viele mehr

Andere Naturwissenschaften • Neben der Physik befassen sich weitere Wissenschaften mit der Natur. Sie haben eigene Aufgabengebiete.
Die Physik befasst sich nicht mit den Lebewesen in der Natur. Das ist die Aufgabe der Biologie. Es ist nicht Aufgabe der Physik herauszufinden, wie neue Stoffe gebildet werden. Darum kümmert sich wiederum die Chemie.

Vorgehen in den Naturwissenschaften • Alle Naturwissenschaften sind etwas für Neugierige. Ihr sollt selbst Sachen ausprobieren und forschen. Das muss nicht nur in der Schule geschehen. Auch zu Hause könnt ihr einige der Versuche aus diesem Buch durchführen. Eure Lehrkraft gibt euch dazu Tipps.
Beim Untersuchen von Vorgängen in Natur und Technik stellt ihr Fragen an die Natur. Diese beantwortet ihr durch sinnvoll geplante und dokumentierte Experimente. → 2
Beim Experimentieren ist es wichtig, genau zu beobachten und Ideen und Vermutungen über Abläufe zu formulieren. → 3
Dabei werdet ihr häufig Messgeräte einsetzen, weil Augen und Ohren oft nicht ausreichen. → 4 Einfache Messgeräte kennt ihr auch schon: Lineal, Stoppuhr oder Thermometer.

Physikerinnen und Physiker experimentieren, beobachten, messen, dokumentieren und erklären.

2 Experimentieren

3 Genau beobachten

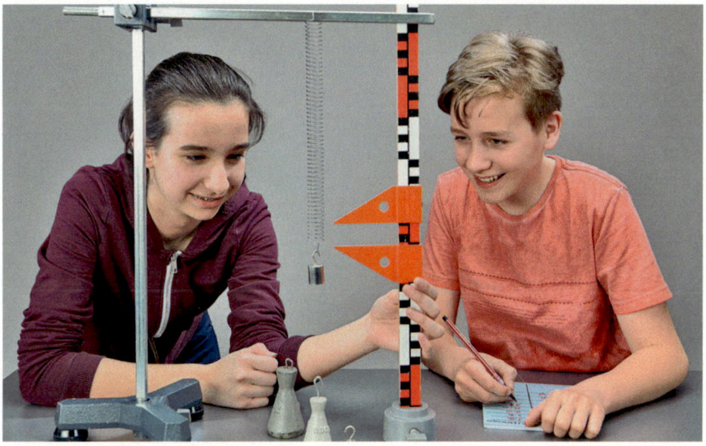

4 Messen und dokumentieren

Aufgaben

1 ◯ Beschreibe, was du unter Physik verstehst.

2 ◯ Gib mehrere Naturwissenschaften und ihre Aufgabengebiete an.

3 ◐ „Im Alltag kann es wichtig sein, Vorhersagen treffen zu können." Begründe und nenne Beispiele.

Physik – was ist das?

Material A

2 Spiegel – 2 Spiegelbilder?

Materialliste: Winkelspiegel (oder 2 Spiegel), Spielfigur, Winkelscheibe (oder Geodreieck)

1 Stellt den Winkelspiegel so auf, dass der Winkel zwischen den beiden Spiegelflächen 120° beträgt. → 1 Wie viele Spiegelbilder der Figur seht ihr gleichzeitig? ▢ Tragt die Anzahl in eine Tabelle ein. → 2

1

Winkel zwischen den Spiegeln	Anzahl der Spiegelbilder
120°	?
?	3
?	5

2 Beispieltabelle

2 ▢ Findet heraus, für welche Winkel man 3 bzw. 5 Spiegelbilder erhält.

3 ▢ Sind noch mehr Spiegelbilder möglich? Probiert es aus.

Material B

Papier wegpusten – kinderleicht?

Materialliste: leere Wasserflasche, Papierkügelchen

1 Es kann doch nicht schwer sein, das Kügelchen in die Flasche zu pusten! → 3 Versucht es selbst einmal!

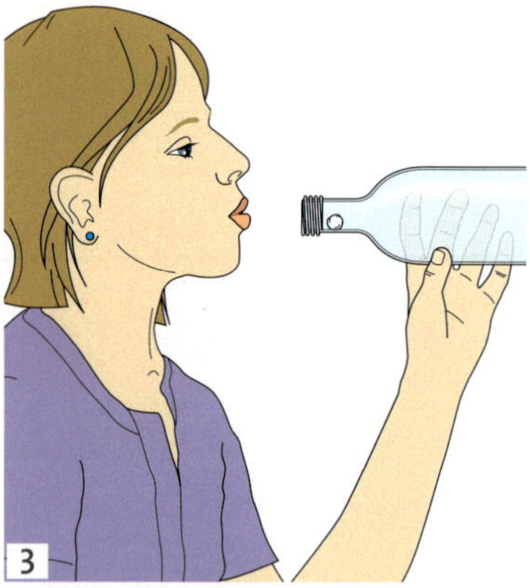

3

Material C

Welches Pendel ist am schnellsten?

Materialliste: Bindfäden, Gewichte, Stativ

1 Schwingen alle Pendel gleich schnell? → 4 Wie könnt ihr es messen? Probiert es aus. ▢ Beschreibt, wie ihr vorgeht.

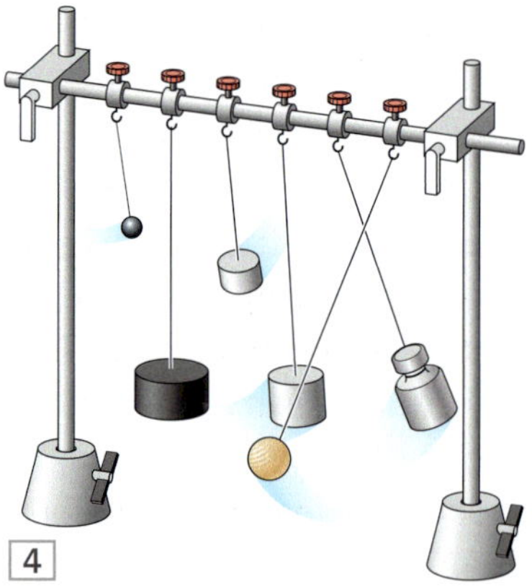

4

Material D

Wer tönt denn da?

Materialliste: mehrere Stimmgabeln (darunter 2 gleiche) auf Resonanzkästen

1 Schlagt eine der beiden gleichen Stimmgabeln an – und haltet ihre Zinken gleich wieder fest. → 5 Ist der Ton jetzt vorbei? ◔ Vermutet eine Erklärung.

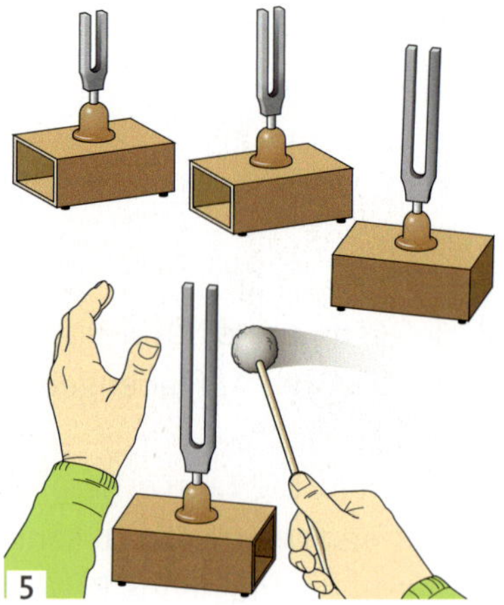

5

Erweitern und Vertiefen

Aus der Geschichte: Berühmte Köpfe

Albert Einstein • Einer der bekanntesten Physiker ist Albert Einstein (1879–1955). → 6 Er wurde in Ulm geboren und wuchs in München auf. In der Schule war er ein aufgeweckter, bisweilen gar aufrührerischer Schüler. Seine Leistungen waren gut bis sehr gut – weniger in den Sprachen, aber herausragend in den Naturwissenschaften. Die schulische Ausbildung vollendete er im Aargau in der Schweiz. Einstein verließ das Polytechnikum in Zürich mit dem Diplom als Mathematik- und Physiklehrer. Weil er als Lehrer keine Anstellung fand, nahm er eine Stelle im Schweizer Patentamt in Bern an. Mit nur 26 Jahren veröffentlichte er 1905 einige seiner wichtigsten Werke, in denen auch die bekannte Formel $E = m \cdot c^2$ vorkommt.

6 Albert Einstein (ca. 1921)

Wie es begann • Die Anfänge der Physik reichen rund 2500 Jahre zurück. Griechische Philosophen wie Demokrit (460–371 v. Chr.) und Aristoteles (384–322 v. Chr.) dachten über Zusammenhänge von Naturerscheinungen nach und versuchten Regeln der Natur mathematisch darzustellen. → 7

Physik heute • Kopernikus (1473–1543), Kepler (1571–1630), Galilei (1564–1642) und Newton (1642–1726) gestalteten die Naturwissenschaft Physik im modernen Sinn. → 8 9
Physiker und Physikerinnen forschten und forschen in den riesigen Dimensionen des Weltalls und in den winzigen der Atome. → 10 – 12

Aufgabe

1 „Berühmte Köpfe“: Informiere dich über das Leben einer dieser Personen. → 7 – 12

7 Aristoteles

8 Galileo Galilei

9 Isaac Newton

10 Lise Meitner

11 Stephen Hawking

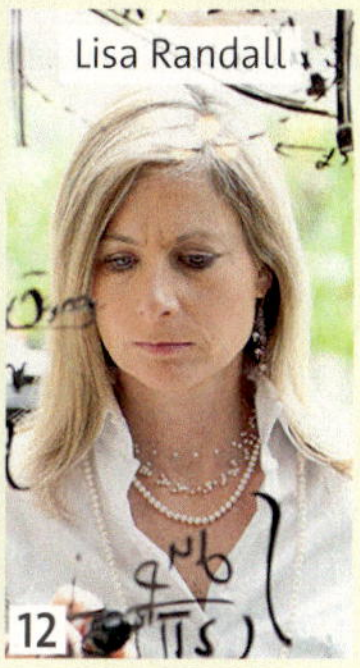

12 Lisa Randall

Magnetismus

Eine Stecknadel im Heu zu finden ist sehr schwierig. Es gibt aber eine Hilfe ...

Die Eisenspäne lagern sich in Fäden an den Magneten an. Dabei spielen Magnetfelder die Hauptrolle. Was sind Magnetfelder?

Der Kompass zeigt die Himmelsrichtungen an. Woran liegt das?

Magnete und ihre Eigenschaften

1 Warum fallen die Buchstaben nicht vom Kühlschrank ab?

Materialien zur Erarbeitung: A–E

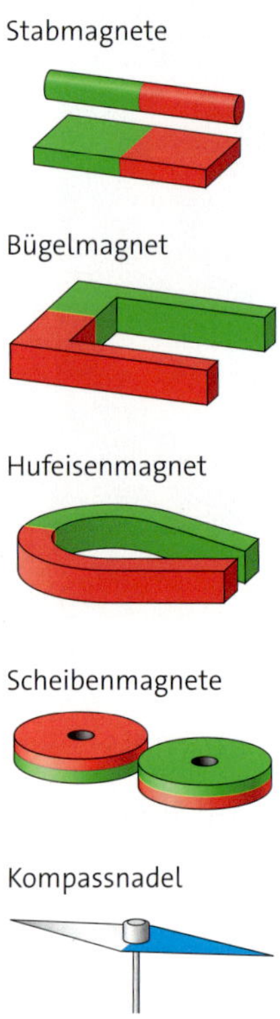

2 Magnete

Magnete sorgen für Halt. Ziehen sie alle Gegenstände an?

Anziehung • Magnete gibt es in vielen Formen. → 2 Mit ihnen kann man feststellen, ob ein Gegenstand Eisen enthält. → 3

Magnete ziehen Gegenstände an, die Eisen (Nickel, Cobalt) enthalten.

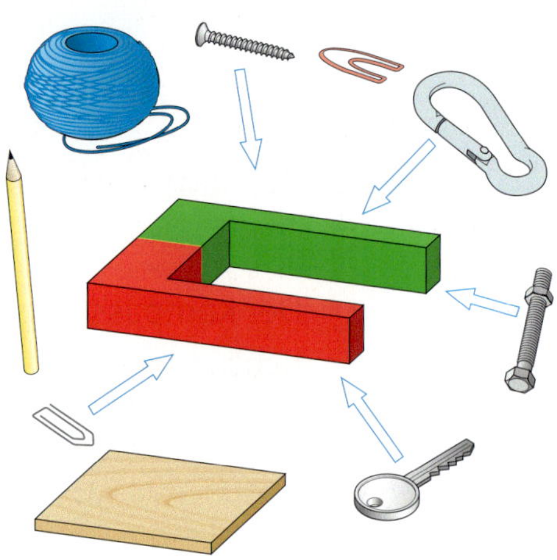

3 Der Magnet zieht Eisen an.

Magnetpole • Wenn man einen Stabmagneten in eine Schachtel mit Nägeln hält, bleiben an seinen Enden besonders viele Nägel hängen. → 4 Hier befinden sich die Pole des Magneten. Ein frei aufgehängter Stabmagnet dreht sich in Nord-Süd-Richtung. → 5 Der Magnetpol, der nach Norden zeigt, wird als Nordpol bezeichnet.

Die Anziehung eines Magneten ist an seinen Polen besonders groß. Jeder Magnet hat (mindestens) einen Nordpol und einen Südpol.

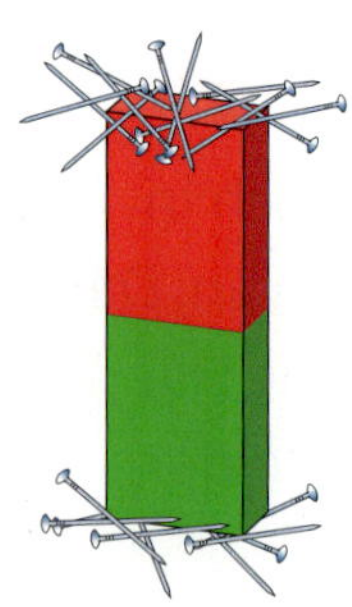

4 Magnetpole

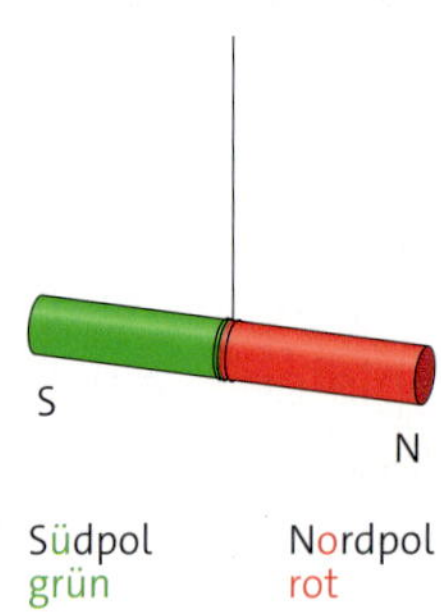

5 Südpol/Nordpol

der Magnet
der Magnetpol
das Magnetfeld

Anziehen – Abstoßen • Ein Magnet und ein Gegenstand aus Eisen ziehen sich immer gegenseitig an. Zwei Magnete können sich ebenfalls anziehen – oder abstoßen. → 6 Es kommt darauf an, welche Pole sich gegenüberstehen:

> Ungleiche Pole zweier Magnete ziehen sich an.
> Gleiche Pole zweier Magnete stoßen sich ab.

Magnetfeld • Ein Magnet zieht Gegenstände aus Eisen und andere Magnete an – ohne sie zu berühren. Seine Anziehung reicht weit und durchdringt sogar einen Karton. Ein Magnet wirkt aber nicht durch Stoffe, die von ihm angezogen werden. → 7

> Als Magnetfeld bezeichnen wir den Bereich um einen Magneten, in dem er seine Wirkung zeigt.

Starke Magnete • Legt man mehrere Scheibenmagnete mit ungleichen Polen aufeinander, erhält man einen besonders starken Magneten. → 8 Kleine, starke Magnete („Supermagnete") bestehen aus einer Verbindung von Eisen, Neodym und Bor.

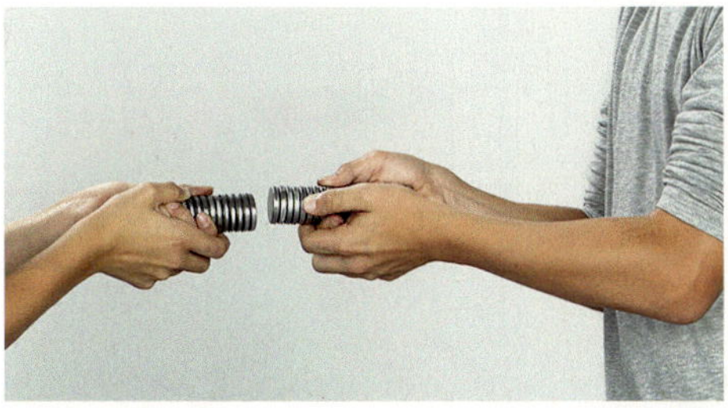

8 Starke Magnete aus vielen Magneten

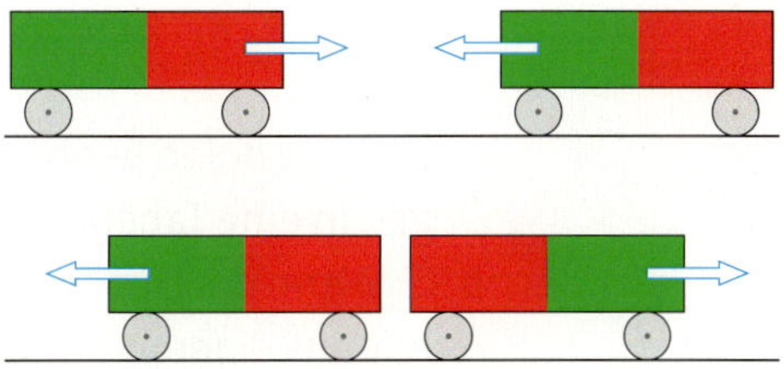

6 Anziehung – Abstoßung

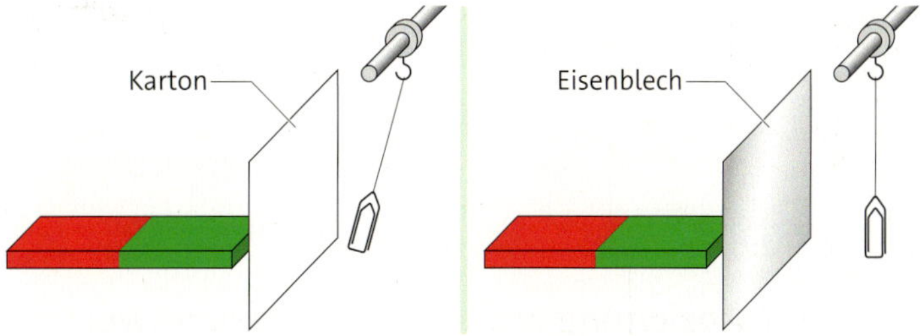

7 Die Büroklammer hinter dem Karton wird vom Magneten angezogen, die Büroklammer hinter dem Eisenblech nicht.

Aufgaben

1 ○ Gib an, aus welchem Stoff die Kühlschranktür beschaffen ist. → 1

2 ○ Wie kann man herausfinden, wo die Pole eines Magneten sind? Beschreibe es.

3 ◐ „Magnete ziehen sich immer gegenseitig an." Nimm Stellung dazu.

4 ◐ Gib an, welche Büroklammer sich im Magnetfeld des Stabmagneten befindet. → 7 Begründe.

5 ◐ Das Mädchen (links) hält einen starken Magneten in den Händen. → 8 Zeichne im Heft, wie er aufgebaut sein könnte. Markiere die Magnetpole rot und grün.

Magnete und ihre Eigenschaften

Material A

Welche Gegenstände zieht ein Magnet an?

Materialliste: Magnet, verschiedene Gegenstände

1 Prüfe, welche Gegenstände ein Magnet anzieht.

a ○ Trage deine Beobachtungen in eine Tabelle ein. → [1]

b ○ Wenn die Gegenstände nur aus einem Stoff bestehen, gib ihn an.

c ◐ Schreibe eine Regel auf, welche Stoffe von Magneten angezogen werden.

Gegenstand	Vom Magneten angezogen	Stoff
Ohrring	nein	Silber
Schere	ja	?
Nagel	ja	?
...	...	...

[1] Beispieltabelle

Material B

Wo ist die Anziehung am stärksten?

Materialliste: Stabmagnet, Nagel aus Eisen, Nähgarn

1 Der Nagel soll die Mitte des Magneten treffen. → [2]

a ○ Beschreibe deine Beobachtungen.

b ◐ Die Stellen des Magneten mit der stärksten Anziehung heißen Pole.
Notiere, wie viele Pole der Stabmagnet hat und wo sie liegen.

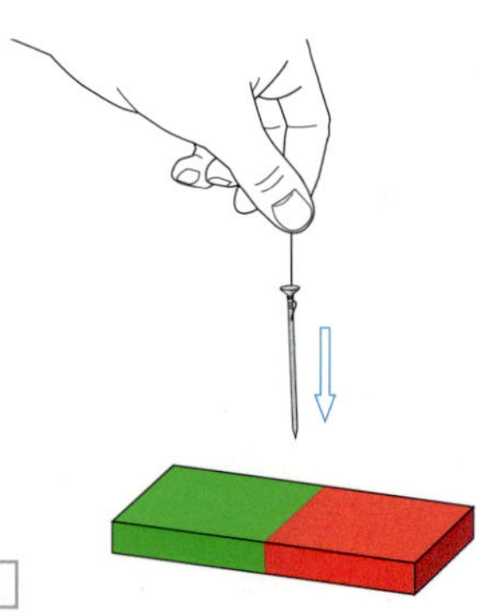

[2]

Material C

Ziehen sich zwei Magnete immer an?

Materialliste: 2 Stabmagnete, 4 Rollen (nicht aus Eisen)

1 Ein Stabmagnet hat zwei Pole. Der eine Pol ist oft rot gefärbt, der andere grün.

a ○ Lege die Magnete im Abstand von etwa 5 cm auf Rollen. → [3] Nähere sie einander. Notiere deine Beobachtungen.

b ◐ Stelle eine Regel auf: Gleiche Pole ◇?, ungleiche Pole ◇?

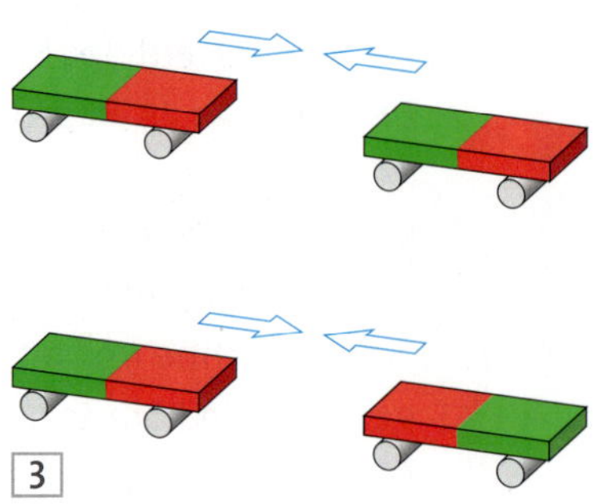

[3]

Material D

Magnet „abschirmen“

Materialliste: Stabmagnet, Büroklammer aus Eisen, Nähgarn, Karton, Holzplatte, Glasplatte, Alublech, Eisenblech, Kupferblech, Stativmaterial

1 Schiebe die Platten und Bleche einzeln und nacheinander zwischen den Magneten und die Büroklammer. → [4]
○ Notiere deine Beobachtungen in einer Tabelle.

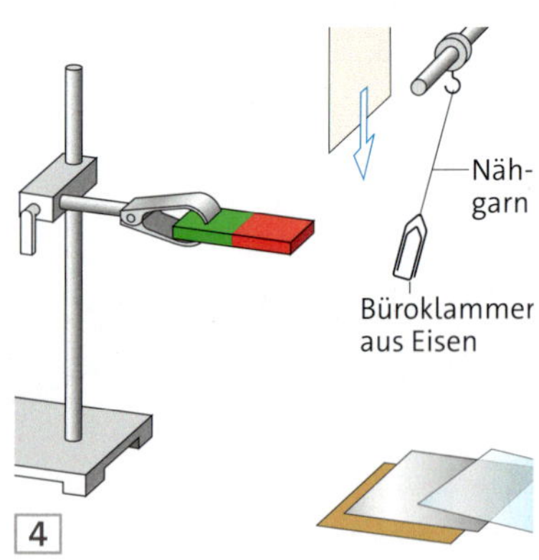

[4]

Material E

Mehrere Magnete

Materialliste: viele Scheibenmagnete, 2 Stabmagnete, 1-Cent-Münzen, Stativmaterial

1 Jeder Scheibenmagnet hat zwei Pole.

a ▢ Finde heraus, wo die Pole des Scheibenmagneten sind.

b Lege mehrere Scheibenmagnete so aufeinander, dass sie zusammen besonders stark wirken.
▢ Beschreibe, wie es gelingt.

2 Hänge so viele Münzen an einen Pol des ersten Stabmagneten untereinander, wie der Magnet gerade noch halten kann. → 5
Nähere dann den zweiten Stabmagneten – mal mit dem gleichen Pol, mal mit dem anderen.

a ▢ Notiere deine Beobachtungen.

b ◙ Stelle eine Regel auf.

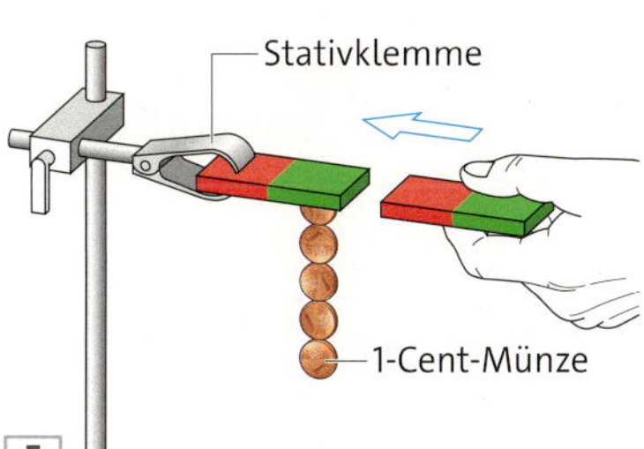

5

Material F

Magnete im Einsatz

1 ▢ Übertrage die Zeichnungen in dein Heft. → 6 7
Ergänze die richtigen Pole.

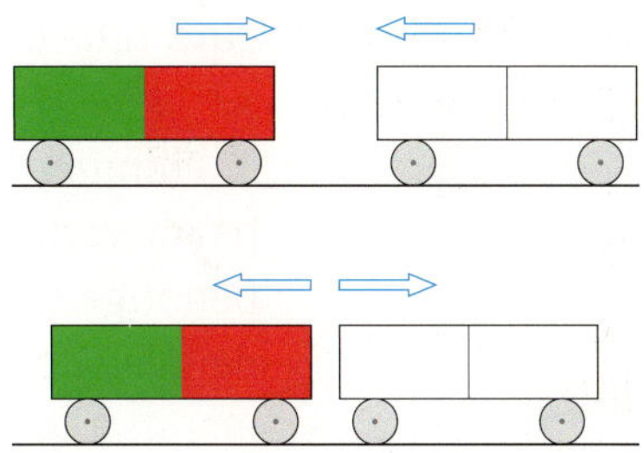

6

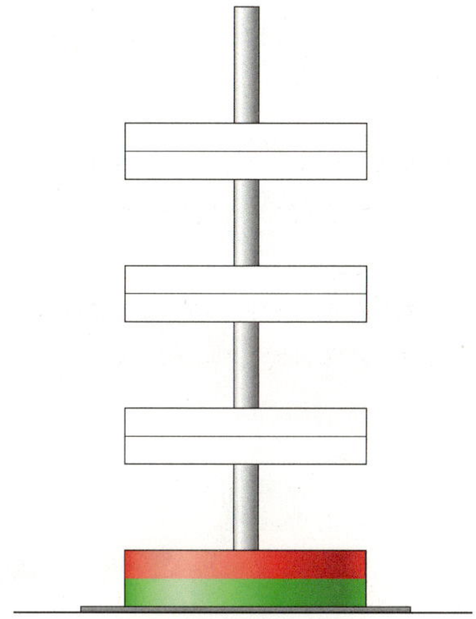

7

2 Der rote Magnet gleitet über die Pappe – wie von Geisterhand bewegt. → 8
◙ Erkläre das Kunststück.

8 „Magnetzauber"

3 Die Einzelteile eines Fahrrads bestehen aus verschiedenen Stoffen.

a ▢ Beschreibe, wie du die Teile herausfinden kannst, die Eisen enthalten.

b ◙ Untersuche dein Fahrrad und notiere die Ergebnisse in einer Tabelle. → 9

Gegenstand	Stoff
Lenker	Eisen
Rahmen	?
Sattel	?
Sattelstütze	?
Schutzblech	?
Felge	?
Speiche	?
Kette	?
...	...

9 Beispieltabelle

Magnete und ihre Eigenschaften

Methode

Einen Versuch durchführen und protokollieren

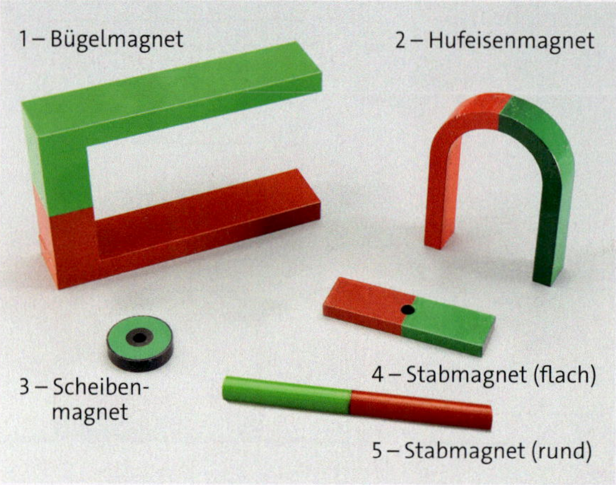

[1] Welcher Magnet ist der stärkste?

Versuche geben Antworten • Jeder Magnet zieht Gegenstände aus Eisen an. Manche Magnete sind so stark, dass man den Eisengegenstand nur noch schwer wieder abziehen kann. Andere Magnete sind dagegen sehr schwach. Wenn ihr mehrere Magnete vergleichen möchtet, wäre eine mögliche Fragestellung: Welcher Magnet ist der stärkste? → [1]
Am Anfang eines jeden Versuchs steht solch eine Frage. Sicher habt ihr Vermutungen, wie die Antwort lauten könnte. Ihr könnt sie durch Messungen überprüfen.

Versuchsprotokoll • Das Protokoll hilft euch, über den Versuch zu sprechen. Ihr könnt so eure Ergebnisse mit denen eurer Mitschülerinnen und Mitschüler vergleichen und Gesetze der Natur erkennen.
Legt das Protokoll vor dem Versuch an. Notiert und zeichnet darin, was zu jedem einzelnen Schritt des Versuchs gehört.

1. Fragestellung Formuliert, was ihr herausfinden wollt. Schreibt es in euer Protokoll. → [2]

2. Vermutungen Sprecht in der Gruppe über eure Vermutungen und notiert sie.

3. Planung Überlegt, wie ihr die Versuchsfrage beantworten wollt und welche Geräte ihr benötigt. Legt eine Materialliste an. Skizziert den Versuchsaufbau mit allen Geräten. → [2]

4. Durchführung Führt den Versuch nach eurer Planung durch.
Beschreibt im Protokoll, was ihr gemacht habt. Auch die Reihenfolge ist wichtig, damit der Versuch in gleicher Weise wiederholt werden kann.

5. Beobachtung Haltet genau fest, was ihr gesehen, gehört, gerochen, gefühlt oder gemessen habt. Manchmal müsst ihr einen Versuch wiederholen. Stellt eure Ergebnisse übersichtlich dar, zum Beispiel in einer Tabelle. → [2]

6. Auswertung Fasst eure Beobachtungen kurz zusammen. Denkt an eure Fragestellung und beantwortet sie zum Schluss.
Überprüft eure Vermutungen.

Aufgaben

1 ◔ „Protokolle sollen den gleichen Aufbau haben." Begründe die Aussage.

2 ◔ Beschreibe den Unterschied der Protokollpunkte „Durchführung" und „Beobachtung".

Versuchsprotokoll   Namen: Anton, Daniela, Kubilay   Datum: 14.3.20..

Fragestellung:
Welcher Magnet ist der stärkste?

Vermutungen:
Anton meint, der Bügelmagnet (Nr. 1) ist am stärksten. Daniela vermutet, der Stabmagnet (Nr. 4) ist der stärkste. Kubilay meint, dass der Hufeisenmagnet (Nr. 2) der stärkste ist.

Versuchsskizze:

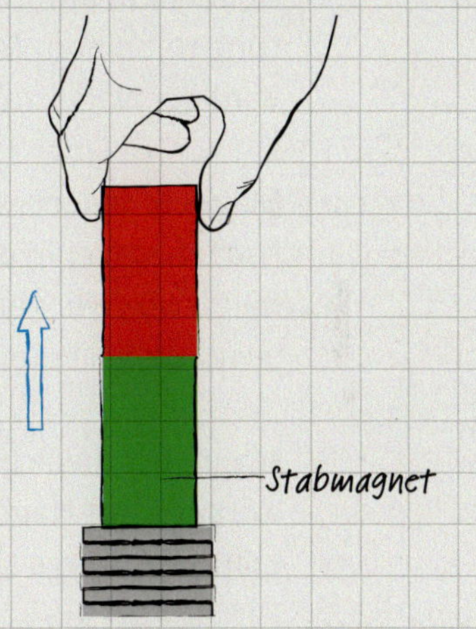

Planung:
Wir messen die Stärke des Magneten, indem wir Eisenscheiben mit dem Magneten hochheben. Der Magnet ist der stärkste, der die meisten Scheiben heben kann.

Materialliste: verschiedene Magnete mit Nummern, Unterlegscheiben aus Eisen

Durchführung:
Wir stapeln die Unterlegscheiben zu einem Turm. Dann halten wir einen Magneten an die Oberseite des Turms und ziehen ihn langsam hoch. Wir zählen, wie viele Scheiben mit dem Magneten hochgehoben werden.

Beobachtung:

Magnet Nr.	1	2	3	4	5
Anzahl der angehobenen Scheiben	12	10	4	8	7

Auswertung:
Die meisten Scheiben konnte der Bügelmagnet heben. Dieser Magnet ist der stärkste. Die Vermutung von Anton stimmte.

2 Musterprotokoll

Magnete – ganz elementar

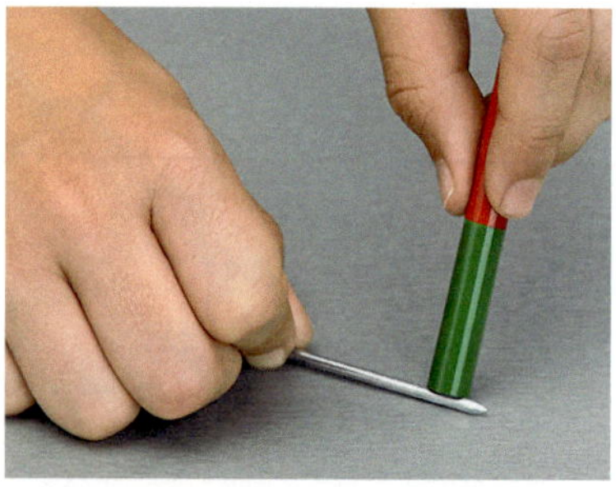

1 Der Nagel wird magnetisch.

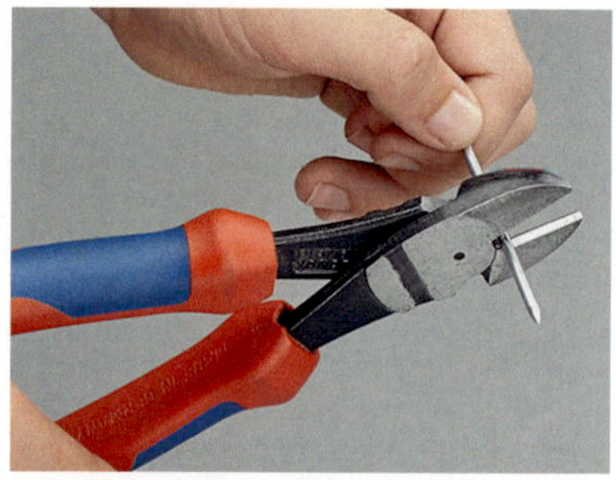

2 Der Magnet wird geteilt.

3 Der Magnet wird geschwächt.

Material zur Erarbeitung: A

Magnete kann man herstellen, teilen und schwächen. Was geschieht dabei im Magneten?

Magnete herstellen • Wenn du einen Eisennagel immer wieder in einer Richtung mit einem Magneten bestreichst, wird der Nagel zum Magneten. → 1

Magnete teilen • Wenn du den magnetischen Nagel in der Mitte teilst, erhältst du zwei neue Magnete – mit jeweils zwei Polen. → 2

Magnete schwächen • Die magnetische Wirkung des Nagels lässt sich durch kräftige Schläge schwächen. → 3

Elementarmagnete • Wie lässt sich das Herstellen, Teilen und Schwächen von Magneten erklären? Physiker haben sich dazu eine Vorstellung vom inneren Aufbau der Magnete gemacht: → 4

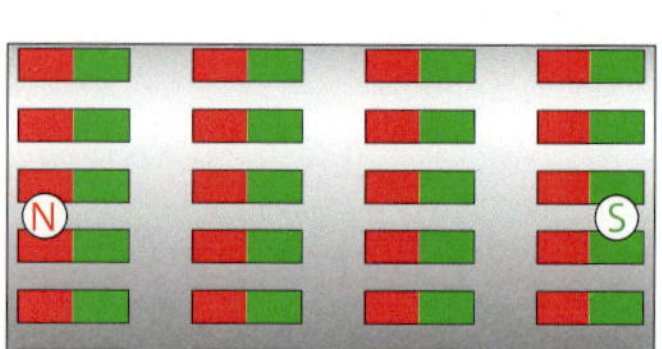

4 Aufbau eines Magneten

5 Unmagnetisches Eisen

Wir stellen uns vor, dass jeder Magnet aus ganz vielen „Minimagneten" besteht. Sie werden als Elementarmagnete bezeichnet. Alle Elementarmagnete sind in derselben Richtung ausgerichtet und verstärken sich in ihrer Wirkung.

Heftige Schläge bringen die Ausrichtung der Elementarmagnete durcheinander. → 5 Sie schwächen sich nun in ihrer Wirkung gegenseitig ab. Streicht man mit einem Magneten über ein unmagnetisches Eisenstück, werden die Elementarmagnete alle in die selbe Richtung ausgerichtet.

Aufgaben

1 ○ Ein unmagnetischer Nagel und ein magnetisierter Nagel sehen von außen gleich aus. Beschreibe, wie sich ihr Aufbau in unserer Vorstellung unterscheidet.

2 ◑ Erkläre, wieso beim Teilen des magnetischen Nagels zwei Magnete mit Nord- und Südpol entstehen. Fertige eine Skizze dazu an.

der Elementarmagnet

Material A

Einen Magneten herstellen, teilen und schwächen

Materialliste: Stabmagnet, gerader Eisendraht (20 cm), Kompassnadel, Kneifzange, Hammer, Büroklammern aus Eisen

1 ▢ So wird der Draht zum Magneten: Bestreiche ihn mehrmals in gleicher Richtung von einem Ende zum anderen mit dem Stabmagneten. → 1
Ermittle, welche Magnetpole sich an den Drahtenden befinden. Das farbige Ende der Kompassnadel zeigt zum magnetischen Südpol.

2 ▢ Teile den magnetisierten Draht mit einer Kneifzange in zwei gleiche Teile. → 2
Prüfe, ob die Drahtteile noch immer magnetisch sind. Teile ein Drahtteil noch einmal. Prüfe wieder.

3 ▢ Nimm ein kurzes magnetisches Drahtteil. Prüfe seine magnetische Wirkung: Wie viele Büroklammern hält es? Lege das Drahtteil dann auf eine unempfindliche, harte Unterlage. Schlage mit dem Hammer darauf. → 3 Prüfe erneut: Wie viele Büroklammern hält das Teil jetzt?

Material B

Geteilter Magnet

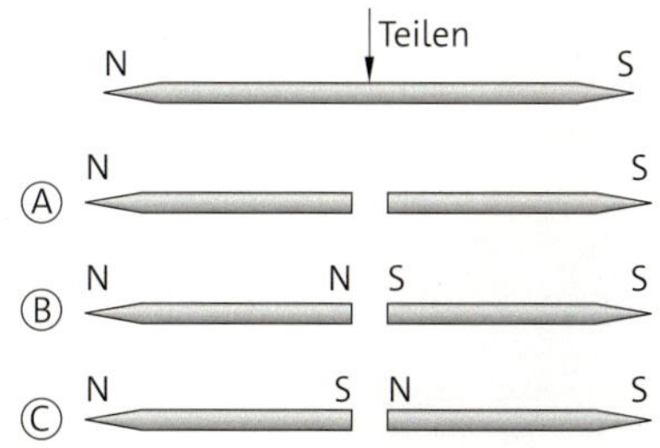

6 A, B oder C?

1 Eine Stricknadel aus Eisen ist magnetisiert. → 6 Jetzt wird sie in der Mitte geteilt.
a ▢ Gib an, wo die Pole der Nadelhälften richtig dargestellt sind: bei A, B oder C.
b ◐ Begründe deine Angabe. Verwende dazu die Vorstellung von den Elementarmagneten.

Material C

Elementarmagnete

1 ▢ Jeder aus der Klasse spielt einen Elementarmagneten. Dafür kommt auf die eine Handfläche ein N für Nordpol und auf die andere ein S für Südpol. → 7
a Bewegt euch mit ausgebreiteten Armen frei im Klassenraum. Auf ein Signal hin haltet ihr an. Stellt eure Klasse jetzt einen Magneten dar? Begründet eure Antwort.
b Bildet jetzt einen großen Magneten. Beschreibt, wie ihr vorgeht.
c Teilt den großen Magneten in der Mitte.
d Schwächt den Magneten.

7 „Elementarmagnete“

Magnetfelder sichtbar machen

1 „Bärte“ aus Eisenspänen

Materialien zur Erarbeitung: A–B

Wenn man den Magneten annähert, bewegen sich die Eisenspäne zu den Magnetpolen. Dort bilden sie merkwürdige „Bärte“. Wie kommt das?

Feldlinien • Feine Eisenspäne verteilen sich in der Nähe eines Magneten nicht zufällig. → 2 Sie ordnen sich zu Mustern. Diese Muster machen die Magnetfelder sichtbar. Ähnliche Linien zeichnet man auf, wenn man die Umgebung eines Magneten mit einer Kompassnadel „abtastet“. → 3 Diese Linien nennen wir Feldlinien. Mit Pfeilen zeigen wir an, in welche Richtung sich der Nordpol der Kompassnadel einstellt. Die Feldlinien verlaufen also vom Nord- zum Südpol des Magneten. Je stärker die Wirkung des Magneten in einem Bereich ist, desto dichter zeichnen wir dort die Feldlinien.
Die Kompassnadel „spürt“ den Magneten auch zwischen den Feldlinien: Man könnte noch viel mehr Feldlinien zeichnen.

Mit Feldlinien zeichnen wir Magnetfelder. Die Feldlinien zeigen an, wie stark und in welche Richtung eine Kompassnadel abgelenkt wird.

Aufgaben

1 ○ Beschreibe zwei Möglichkeiten, wie du ein Magnetfeld sichtbar machen kannst.

2 ○ Beschreibe, wie du die Richtung der Feldlinien bestimmst.

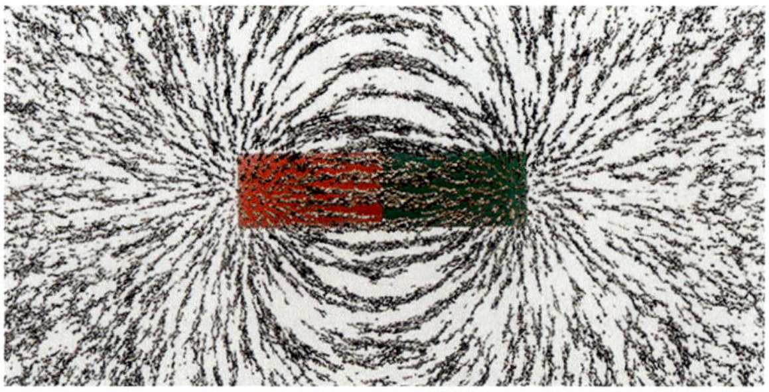

2 Stabmagnet (unter Glasplatte) und Eisenspäne

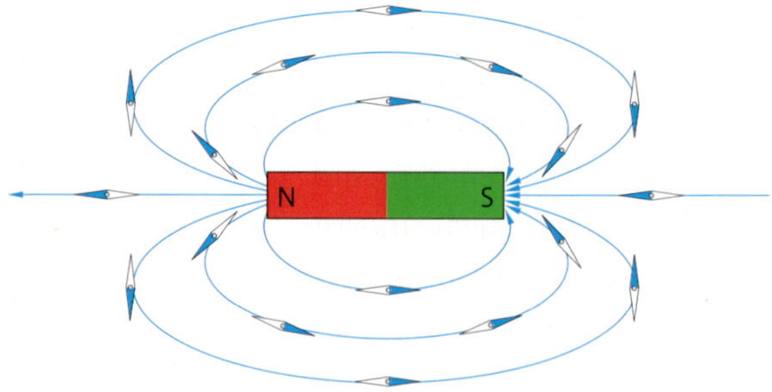

3 Feldlinienbild eines Stabmagneten

Material A

Ein Magnetfeld sichtbar machen

Materialliste: Stabmagnet, Hufeisenmagnet, feine Eisenspäne (im Salzstreuer), Bücher, Pappe, weißes Papier, Kamera

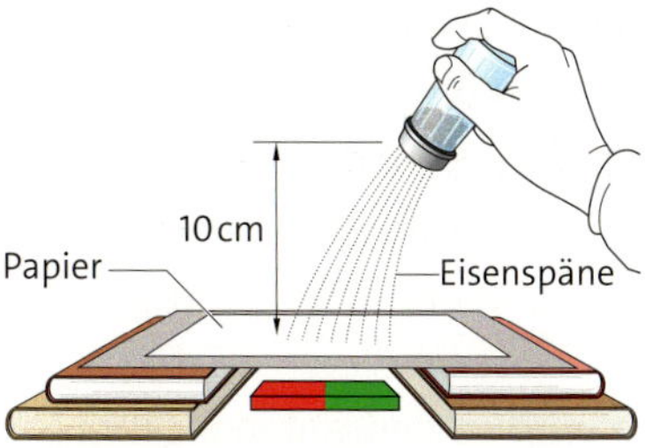

4 Magnetfeld sichtbar machen

1 Lege den Stabmagneten zwischen die Bücher. → 4 Lege die Pappe und das Blatt Papier auf die Bücher. Der Abstand zwischen Magnet und Pappe soll nur klein sein. Streue die Eisenspäne dünn und gleichmäßig auf das Papier. Klopfe leicht gegen die Pappe.
○ Fotografiere das Bild aus Eisenspänen und beschreibe es.

2 Mache das Magnetfeld des Hufeisenmagneten sichtbar.

Material B

Ein Magnetfeld „abtasten“

Materialliste: Stabmagnet, Kompassnadel, weißes Papier, Bleistift

1 Lege den Stabmagneten auf das Blatt Papier und zeichne seinen Umriss ab. → 5

a ○ Stelle die Kompassnadel nacheinander ungefähr an den Stellen 1–5 auf das Blatt Papier. Zeichne an jeder Stelle einen Pfeil auf das Papier, der die Ausrichtung der Nadel darstellt. Die Pfeilspitze soll zum Nordpol zeigen.

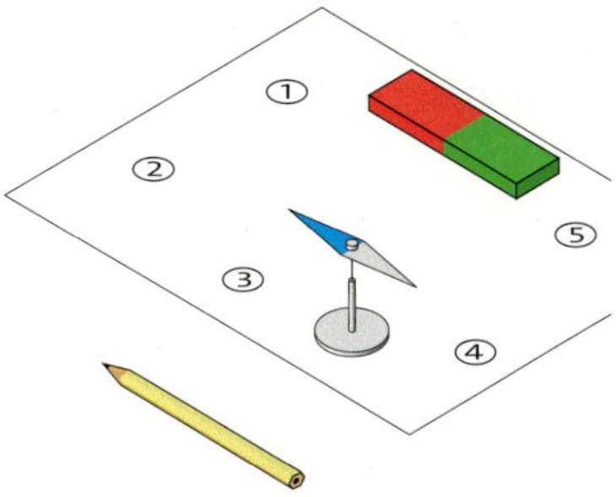

5 „Abtasten“ mit der Kompassnadel

b ○ Untersuche die Ausrichtung der Kompassnadel in der Nähe der Stellen 1 und 5 noch genauer.

c ◑ Beurteile, an welchen Stellen das Magnetfeld am stärksten ist.

Material C

Das Magnetfeld eines Bügelmagneten

1 Ganz viele Kompassnadeln sind zwischen zwei Glasplatten aufgestellt. → 6

a ◑ Erkläre, warum die Kompassnadeln nicht alle in dieselbe Richtung zeigen.

b ◑ Skizziere in deinem Heft, wie die Feldlinien des Bügelmagneten verlaufen. Verwende dazu auch Bild 3.

c ○ Ergänze im Heft den folgenden Satz: „Die Feldlinien verlaufen vom ⟨?⟩pol des Magneten zum ⟨?⟩pol.“

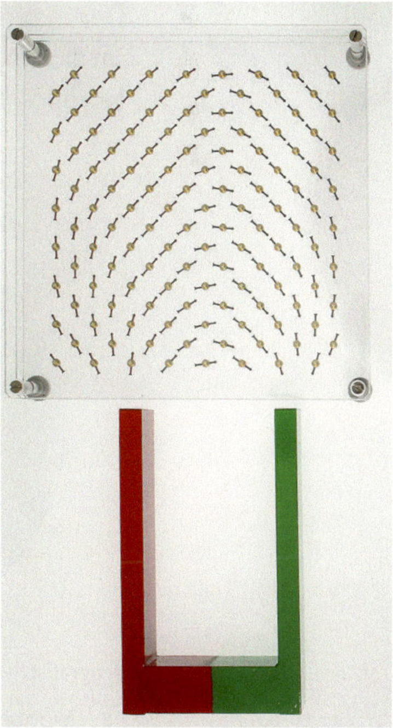

6 Magnet und Kompassnadeln

Orientieren mit dem Kompass

1 Wegweiser in der weißen Winterwüste

Lange Zeit dachte man, dass sich Kompassnadeln zum Polarstern ausrichten. Wie funktioniert ein Kompass wirklich?

Die Erde – ein Magnet • Wir können uns die Erde stark vereinfacht wie einen riesigen Stabmagneten mit zwei Magnetpolen vorstellen. → 2 Der magnetische Südpol der Erde liegt im Nordpolarmeer, der magnetische Nordpol in der Antarktis.

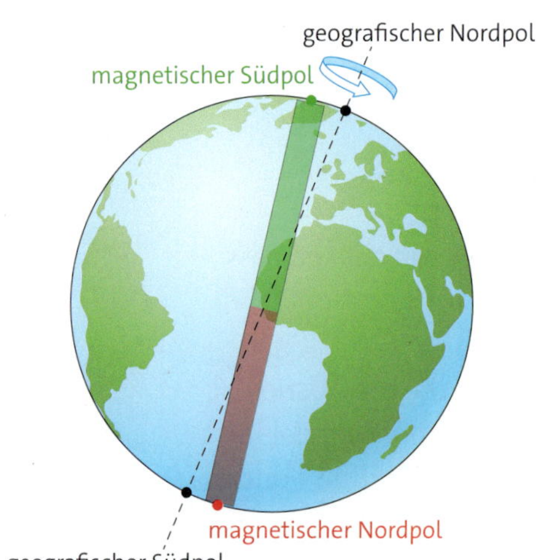

2 Magnetische und geografische Pole der Erde (Prinzip)

Die Magnetpole der Erde liegen Hunderte Kilometer von den geografischen Polen entfernt. Deshalb weist die Kompassnadel nicht genau nach Norden. Die Abweichung ist bei uns nur klein, sie beträgt 1–3 Grad.

> Die Erde ist ein riesiger Magnet mit einem magnetischen Nordpol und einem magnetischen Südpol.

Kompass • Die Kompassnadel ist ein kleiner Magnet. Sie dreht sich im Magnetfeld der Erde.
Die Kompassnadel hat am Nordpol eine eingefärbte Spitze. → 3 Die Windrose wird so gedreht, dass ihr N unter dieser Spitze liegt. Dann liest man die Himmelsrichtungen ab.

3 Einfacher Wanderkompass

Aufgaben

1 ▢ Gib an, in welcher Himmelsrichtung der magnetische Nordpol der Erde liegt.

2 ◔ Erkläre, wie ein Kompass funktioniert.

der Kompass
das Erdmagnetfeld

Material A

Einfacher Kompass

Materialliste: Flaschendeckel aus Kunststoff, Stecknadel aus Eisen (oder Stahl), Magnet, Zeichenkarton, Flüssigkleber, Untertasse, Wasser

1 Baue den Kompass. Es geht ganz einfach. → 4

2 Nutze den Kompass:

a Fülle etwas Wasser in die Untertasse. Setze den Kompass in die Mitte. Er dreht sich langsam und zeigt an, wo Norden ist.

b ◐ Die Sonne geht im ◇ auf und im ◇ unter. Bestimme die Himmelsrichtungen mit deinem Kompass.

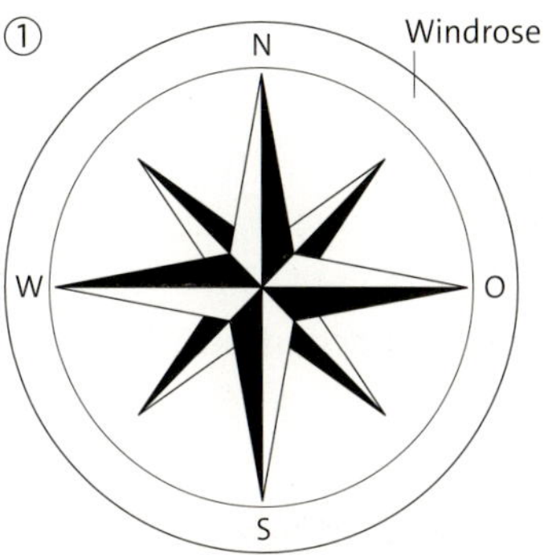

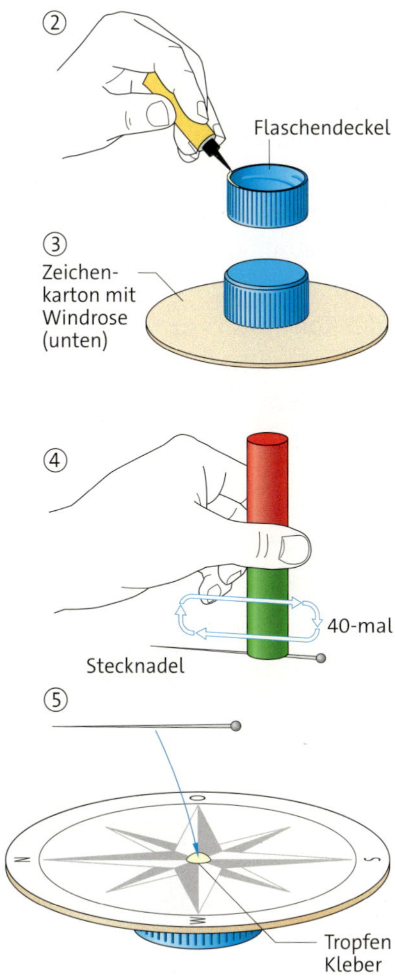

① Übertrage die Windrose auf den Zeichenkarton. Schneide sie rund aus.

② Bestreiche den ganzen Rand des Deckels mit etwas Flüssigkleber (Sicherheitshinweise beachten).

③ Drücke die Windrose vorsichtig auf den Rand des Deckels. Lege sie umgekehrt auf den Tisch. Drücke nun den Deckel fest auf den Zeichenkarton. Lass den Kleber trocknen.

④ Streiche mit dem Südpol des Magneten 40-mal über die Stecknadel – immer zur Nadelspitze hin. Nun ist die Nadel selbst ein Magnet, die Spitze ist der Nordpol.
Lege den anderen Magneten danach weit weg.

⑤ Ein kleiner Tropfen Flüssigkleber kommt auf die Mitte der Windrose. Lege die Kompassnadel so in den Klebetropfen, dass die Nadelspitze zum N zeigt. Lass alles ein paar Minuten antrocknen.

4 So baust du deinen Kompass.

Material B

Erdmagnetfeld

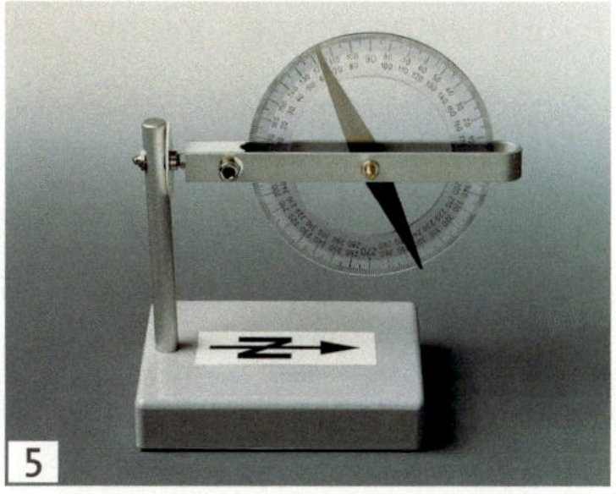

5

1 Hier ist ein Kompass senkrecht gedreht worden. → 5
◐ Erkläre, weshalb die Kompassnadel schräg zum Erdboden zeigt. Lies dazu den Text. → 6

Die magnetischen Feldlinien der Erde verlaufen ähnlich wie bei einem Stabmagneten. Sie treten an den Magnetpolen fast senkrecht in die Erdoberfläche ein. Bei uns treten sie schräg in den Erdboden ein. Der Winkel beträgt rund 65°.

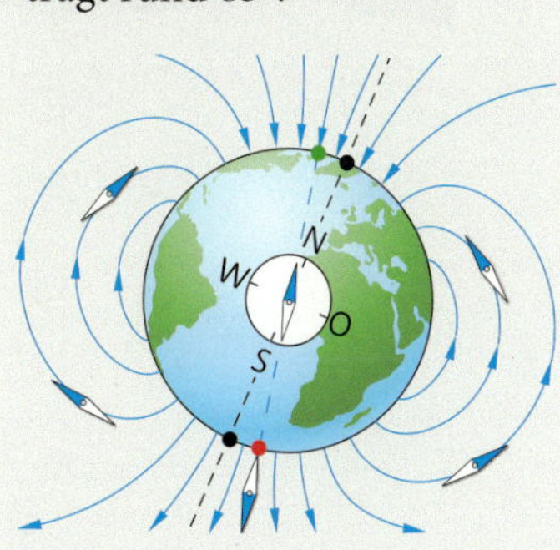

6 Das Magnetfeld der Erde

Orientieren mit dem Kompass

Erweitern und Vertiefen

Kompass – früher und heute

Erste Kompasse • Wahrscheinlich benutzten Chinesen schon vor über 2000 Jahren Magnete zur Richtungsanzeige. Den ersten richtigen Kompass erfanden sie vor über 1000 Jahren. In einem Buch aus dem Jahr 1085 heißt es: „Wenn Zauberer die nördliche Richtung suchen, greifen sie zu einer Nadel, reiben sie an einem Magnetstein und hängen sie an einem Faden auf. Dann zeigt die Nadel nach Norden.“ → 1
In einem Bericht aus Frankreich aus dem Jahr 1250 ist zu lesen: „Die Matrosen legen eine magnetisierte Nadel auf zwei Strohhalme, die im Wasser schwimmen. Die Nadel wendet sich in Nord-Süd-Richtung. Die Nadel dreht sich zum Polarstern und hilft so den Seeleuten.“ Dieser Kompass funktionierte wie dein selbst gebauter schwimmender Kompass.
Der Seefahrer Kolumbus glaubte noch im Jahr 1495, dass die Kompassnadel vom Polarstern am Nordhimmel angezogen wird.

Elektronischer Kompass • Viele Handys haben einen eingebauten Kompass ohne Magnetnadel. Ein eingebautes „Magnetometer“ misst Daten zum Magnetfeld. Die Messwerte werden verarbeitet und auf dem Display als drehbare Kompassnadel angezeigt. → 2 Damit kannst du die Himmelsrichtungen bestimmen oder das Feld eines Magneten untersuchen.

Aufgaben

1 ▢ Gib an, wo und wann der erste richtige Kompass benutzt wurde.

2 ▢ Beschreibe, wie eine einfache Nadel zur Kompassnadel wird.

3 ▢ Nenne den „Denkfehler“ der Matrosen im Bericht aus dem Jahr 1250.

4 ◐ Untersuche mit dem Handy (und der Kompass-App) das Feld eines Magneten.

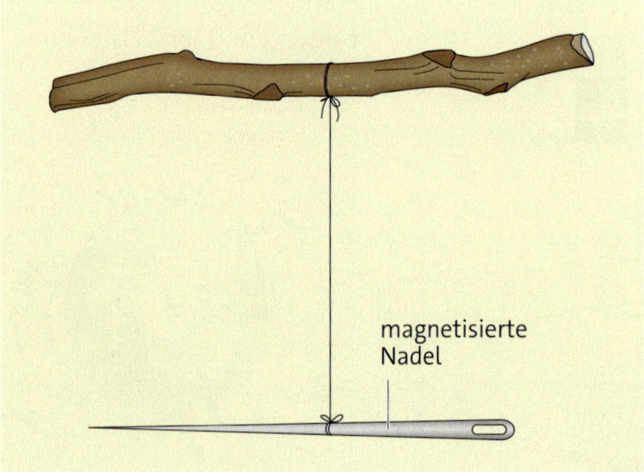

1 Einfacher Kompass

2 Handy mit Kompass-App

Erweitern und Vertiefen

Tiere mit „eingebautem" Kompass

Brieftauben • Die Vögel werden oft Hunderte von Kilometern weit verschickt. → [3] Meist finden die Tauben ohne große Mühe zum heimatlichen Schlag zurück. Dabei hilft ihnen auch ihr Magnetsinn, der das Magnetfeld der Erde zur Orientierung nutzt.

Meeresschildkröten • Die Loggerhead-Schildkröten robben vom warmen Strand ins Wasser, nachdem sie in Florida geschlüpft sind. Dann schwimmen sie mit dem Golfstrom einmal quer durch den Atlantik. Vor Afrika biegen sie nach Süden ab und verbringen dort viele Jahre in nahrungsreichen Gewässern. Die erwachsenen Schildkröten schwimmen Tausende Kilometer zurück nach Florida. → [4] Sie legen ihre Eier dort ab, wo sie selbst geschlüpft sind. Biologen vermuten, dass die Schildkröten bei ihrem Weg zurück von einem Magnetsinn geleitet werden.

Magnetsinn • Wissenschaftler haben einen Magnetsinn auch bei Aalen, Forellen, Zugvögeln und sogar bei Hunden festgestellt. Wie er jeweils funktioniert, ist nicht sicher geklärt. Bei Tauben hat man magnetische Kristalle in Schnabel und Nase gefunden, die vielleicht die Orientierung im Erdmagnetfeld ermöglichen. Man vermutet bei ihnen und den meisten Vögeln auch einen Magnetsinn in Auge und Ohr.

Aufgaben

1 ▢ Nenne verschiedene Tiere mit Magnetsinn.

2 ▢ Beschreibe, wo Wissenschaftler den Magnetsinn der Brieftauben vermuten.

3 ◩ Erstelle ein Lernplakat zum Thema „Wie finden Brieftauben zurück?".

[3] Start von 140 Brieftauben

[4] Meeresschildkröte vor Florida

Magnetismus

Zusammenfassung

Magnete und ihre Eigenschaften • Ein Magnet und Gegenstände aus Eisen (Nickel, Cobalt) ziehen sich gegenseitig an.
Die Anziehung ist an den Magnetpolen am stärksten. → 1
Jeder Magnet hat (mindestens) einen Nord- und einen Südpol.
Gleiche Pole zweier Magnete stoßen sich ab, ungleiche ziehen sich an. → 2 3

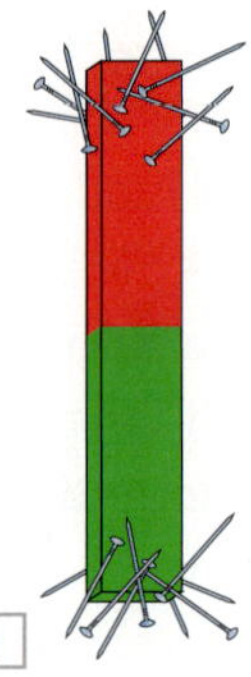
1

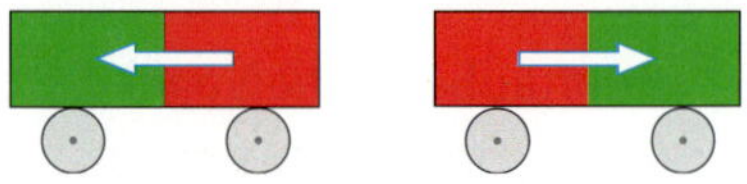
2

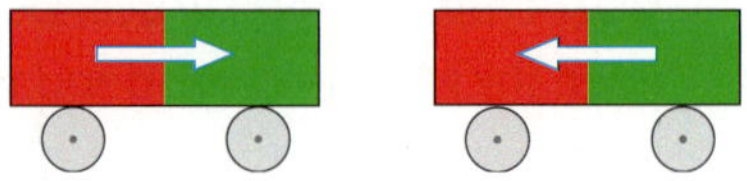
3

Magnete – ganz elementar • Wir stellen uns vor, dass jeder Magnet aus vielen Elementarmagneten besteht. Sie sind alle gleich ausgerichtet und verstärken sich in ihrer Wirkung. → 4

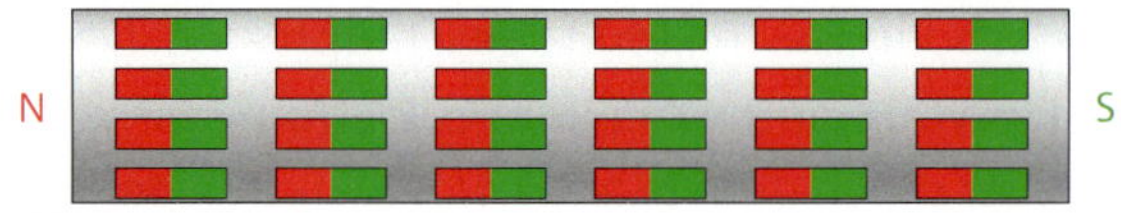

4

Magnetfelder sichtbar machen • Als Magnetfeld bezeichnen wir den Bereich um einen Magneten herum, in dem die magnetische Wirkung nachweisbar ist.

Feldlinien • Das Feldlinienbild eines Magneten zeigt für jeden Ort an, wie der Nordpol einer Kompassnadel ausgerichtet wird. → 5 Dicht beieinanderliegende Feldlinien zeigen große Kräfte an.

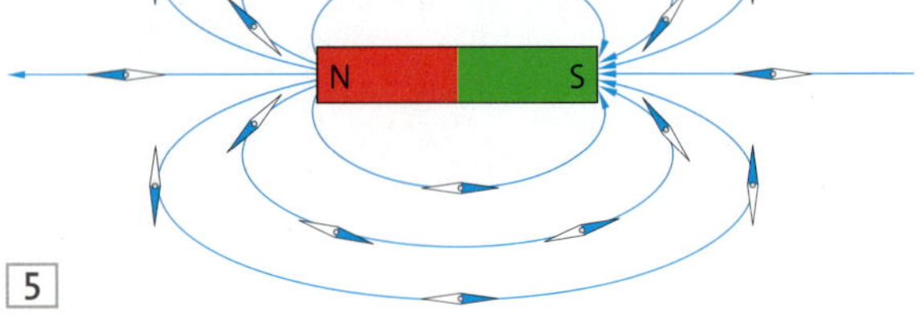

5

Orientieren mit dem Kompass • Die Erde hat einen magnetischen Nordpol und einen magnetischen Südpol. → 6
Der eingefärbte Nordpol einer Kompassnadel zeigt zum magnetischen Südpol der Erde.

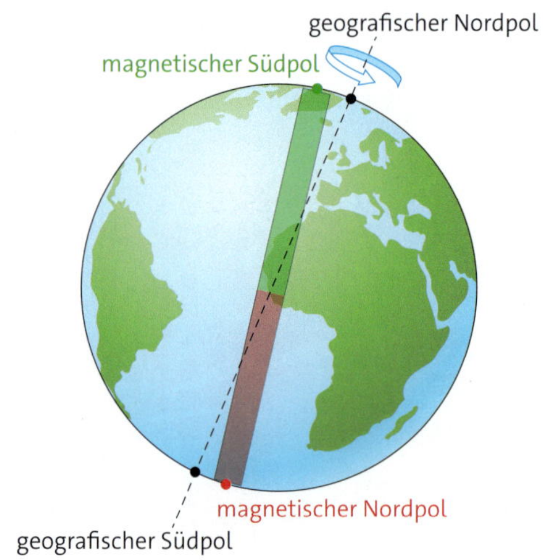

6 Die Erde ist ein Magnet (Prinzip).

Teste dich! (Lösungen auf Seite 434)

Magnete und ihre Eigenschaften

1 Anziehung – Abstoßung
a ○ Nenne Stoffe, die Magneten anziehen.
b ○ Nenne die Stellen des Magneten, wo seine Anziehung am stärksten ist.
c ◐ Zwei Magnete ziehen sich gegenseitig nicht immer an. Erkläre die Beobachtung.

2 Wo liegen bei diesem Magneten Nordpol und Südpol? → 7
◐ Beschreibe und erkläre, wie du es mit einer Kompassnadel herausfindest.

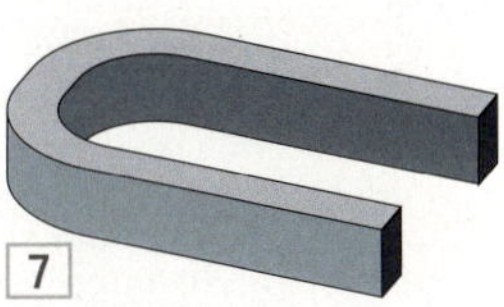
7

3 ○ Ergänze richtig. Der Ringmagnet hat: → 8
a keine Pole, weil er rund ist
b nur einen Pol unten
c einen Nord- und einen Südpol (mindestens)

8

Magnete – ganz elementar

4 Ein Nagel aus Eisen soll mit einem Stabmagneten magnetisiert werden.
a ○ Beschreibe, wie du vorgehst.
b ◐ Erkläre, weshalb der Nagel zum Magneten wird. Fertige dazu zwei Skizzen an.

5 ◐ Beim Durchtrennen eines magnetisierten Nagels entstehen zwei Magnete mit jeweils einem Nordpol und einem Südpol.
Erkläre es mit einem Modell.

Magnetfelder sichtbar machen

6 ○ Beschreibe zwei Wege, um das Magnetfeld eines Stabmagneten sichtbar zu machen.

7 ○ Ergänze im Heft die folgenden Sätze zu den Feldlinien eines Magneten. Wähle jeweils aus den folgenden Wörtern: stärker/schwächer, Nordpol/Südpol.
a Die Feldlinien gehen vom ⟨?⟩ eines Magneten zu seinem ⟨?⟩
b Der Pfeil an einer Feldlinie zeigt an, in welche Richtung der ⟨?⟩ einer Kompassnadel an dieser Stelle zeigen würde.
c Je dichter die Feldlinien in einem Bereich gezeichnet sind, desto ⟨?⟩ ist dort das Magnetfeld.

Orientieren mit dem Kompass

8 ◐ Wo ist Norden?
a Skizziere, wie du mit diesen drei Teilen eine Antwort findest. → 9
b Beschreibe mithilfe der Skizze, wie du die Himmelsrichtungen bestimmst.

9

Licht und Schatten

In der Disco zaubern Laser und Spiegel eine bunte Lightshow.

Schatten sind immer schwarz? Es geht auch farbig!

Es ist beeindruckend: Für ein paar Minuten wird die Sonne verdeckt, dann ist die Natur ganz still. Wie entsteht eine Sonnenfinsternis?

Sehen und gesehen werden

1 Höhlenforscher

Materialien zur Erarbeitung: A–C

Das Erforschen von Höhlen ist spannend und gefährlich. Man braucht dafür helle Lampen.

Licht aussenden und empfangen • Licht ist nie von alleine da. Es kommt immer von irgendwo: von einer Kerze, von einer Lampe, der Sonne, den Sternen ... Lichtquellen erzeugen Licht. → 2 Eine Kamera braucht Licht – ohne Licht macht sie schwarze Fotos. Auch Solarzellen, die Blätter von Bäumen und unsere Augen nehmen Licht auf und nutzen es. Sie sind Lichtempfänger.

Lichtquellen senden Licht aus. Lichtempfänger fangen Licht auf.

Lichtquellen sehen • Du siehst die Flamme, wenn ihr Licht in deine Augen gelangt. → 3 Die Flamme sendet Licht aus, die Augen empfangen es. „Ich blicke zur Flamme" bedeutet: Meine Augen sind so gerichtet, dass Licht von der Flamme hineingelangt. Die Augen selbst senden kein Licht zur Flamme hin aus. Wenn Augen Lichtquellen wären, müssten sie im Dunkeln von alleine leuchten. Aber das tun sie nicht – nicht einmal Katzenaugen.

Augen sind Lichtempfänger. Wir sehen Lichtquellen nur, wenn ihr Licht in unsere Augen gelangt.

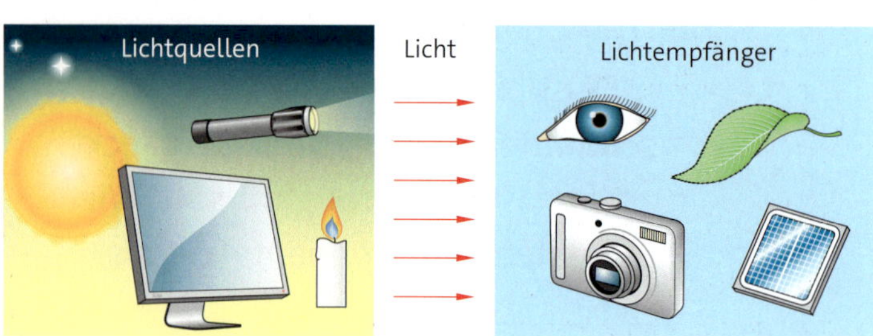

2 Lichtquellen und Lichtempfänger

3 Die Lichtquelle sehen

die Lichtquelle
der Lichtempfänger
die Streuung
die Absorption
die Reflexion

Licht trifft auf Gegenstände • Leuchte im dunklen Raum mit der Taschenlampe auf eine weiße Wand. Dann wird nicht nur die angestrahlte Stelle hell, sondern auch Dinge in der Nähe. Die helle Stelle verteilt Licht in alle Richtungen. Sie streut das Licht. → 4 Trifft weißes Licht auf rote Gegenstände, ist das Streulicht rot. → 5 Schwarze Gegenstände nehmen das Licht auf. Sie absorbieren es. → 6 Spiegel lenken Licht in eine bestimmte Richtung. Sie reflektieren es. → 7 Glas lässt einen großen Teil des Lichts ungehindert durch. → 8

Wenn Licht auf einen Gegenstand trifft, kann es gestreut, absorbiert, reflektiert oder durchgelassen werden.

Beleuchtete Gegenstände sehen • Das Buch ist keine Lichtquelle. Du siehst es trotzdem. Das Licht von der Sonne oder einer Lampe beleuchtet das Buch. Das Buch streut das Licht. Ein Teil des Streulichts fällt in deine Augen. → 9

Wir sehen beleuchtete Gegenstände, wenn das gestreute oder reflektierte Licht in unsere Augen fällt.

9 Das beleuchtete Buch sehen

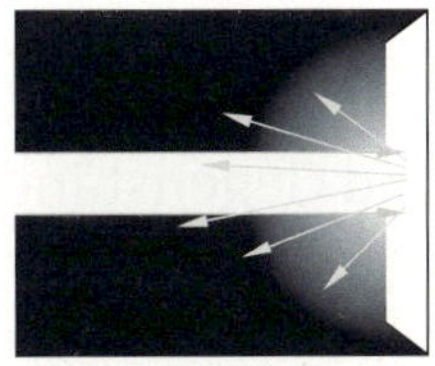

4 Streuung

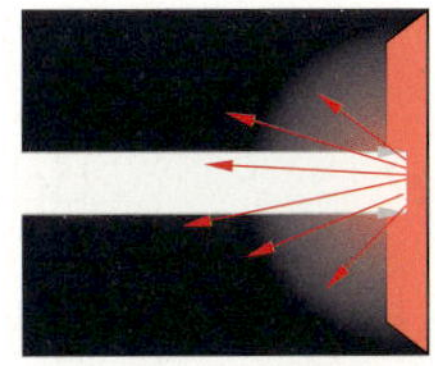

5 Streuung

6 Absorption

7 Reflexion

8 Durchlassen

Aufgaben

1 ○ Ordne nach Lichtquelle und Lichtempfänger: Sonne, Bildschirm, Kamera (ohne Blitz), Solarzelle, Auge, Reflektor am Fahrrad.

2 ◐ Erkläre den Unterschied zwischen Lichtquellen und Lichtempfängern.

3 ◐ „Ohne die Streuung des Lichts könnten wir fast nichts sehen." Erkläre diese Aussage.

4 ◐ Der Vollmond erhellt die Nacht. Erkläre, wie das möglich ist.

5 ◐ „Du leuchtest mit dem Spiegel in meine Augen!" Der Spiegel ist keine Lichtquelle: Erkläre, was gemeint ist.

6 ◐ Beschreibe die Streuung, die Absorption und die Reflexion des Lichts an je einem Beispiel.

Sehen und gesehen werden

Material A

Leuchtet die Lampe?

Materialliste: Taschenlampe, schwarzer Karton, leere Blechdose (innen schwarz)

1 ▢ Im dunklen Raum wird das Licht der Taschenlampe in die geschwärzte Dose gerichtet. → 1

a Seht ihr von der Seite, ob die Lampe leuchtet? Beschreibt eure Beobachtung.

b Beschreibt, wie man von der Seite her sicher feststellen kann, ob die Lampe leuchtet.

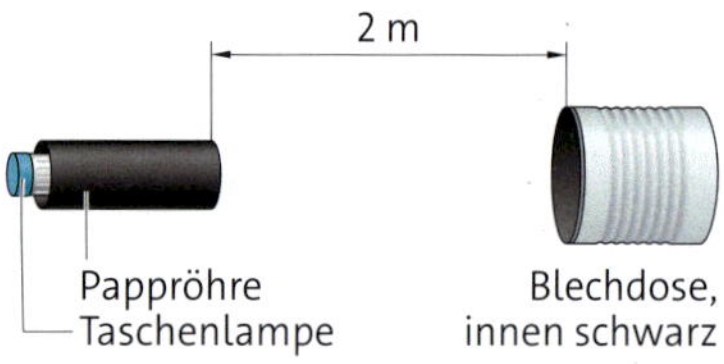

1 Von der Seite gesehen

Material B

Licht und Gegenstände

1 Bei dieser Tabelle fehlen die Überschriften noch. → 2

a ◪ Was haben alle Gegenstände in der linken Spalte gemeinsam, was alle in der rechten Spalte? Übertrage die Tabelle ins Heft und ergänze die Überschriften.

b ◪ Trage diese Gegenstände in die Tabelle ein: Display eines Tablets, Handykamera, Blitz, Glühwürmchen.

c ● In welche Spalte gehören das Auge und der Mond? Besprecht es miteinander.

?	?
Taschenlampe	Kamera
Kerze	Laubblatt
Sonne	Sonnenkollektor

2 Was haben sie gemeinsam?

Material C

Indirektes Licht

Materialliste: Taschenlampe, Karton (weiß, rot, schwarz ...), Transparentpapier, zerknitterte Alufolie, Spiegel

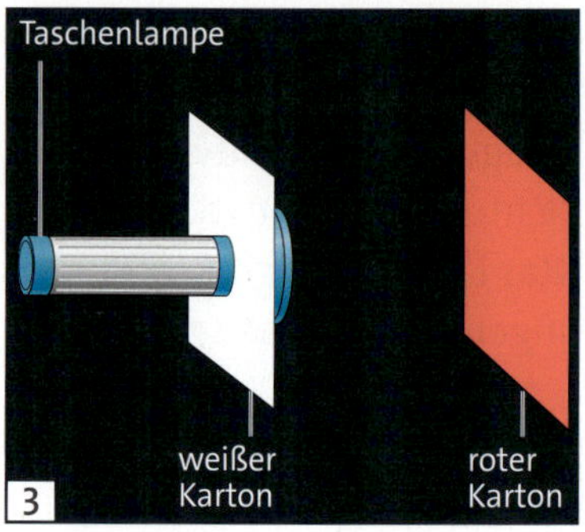

3

1 Schneidet ein Loch in den weißen Karton. Schiebt die Lampe hindurch. → 3 Geht in einen dunklen Raum.

a ▢ Schaltet die Lampe ein. Haltet den roten Karton ins Licht. Schaut von seiner Seite her auf den weißen Karton. Beschreibt, was ihr dort beobachtet.

b ◪ Haltet die Materialien nacheinander ins Licht. Notiert, was ihr auf dem Karton an der Lampe beobachtet.

2 ◪ Wie verläuft das Licht von der Lampe bis zum weißen Karton? Fertige eine Skizze an und zeichne den Lichtweg mit Pfeilen.

Material D

Schwarz und Weiß

1 ◪ Gesicht und Hände ohne Körper? Erkläre, wie dieser Eindruck entsteht. → 4

4

Material E

Der „Zauberstock“

1 Nikolas schwenkt den weißen Stock im Licht des Projektors sehr schnell immer wieder auf und ab. → 5 Die Sonnenblumen sind dort zu sehen, wo sich der Stock bewegt. Erkläre diese Beobachtung.

5

Material F

Vorstellung vom Sehen – früher und heute

Bereits vor mehr als 2000 Jahren machten sich Philosophen im antiken Griechenland Gedanken über das Sehen.

1 Die Bilder zeigen drei Vorstellungen vom Sehen aus der Antike. → 6 – 8 Ordne sie den Texten zu. → A – C

2 Beschreibe unsere Vorstellung vom Sehen. → 9

6

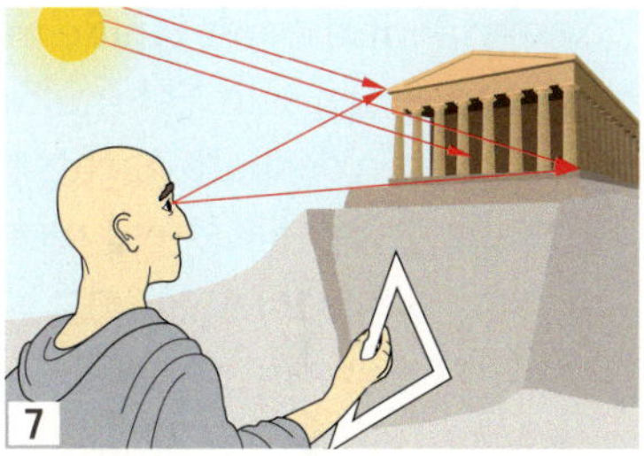

7

8

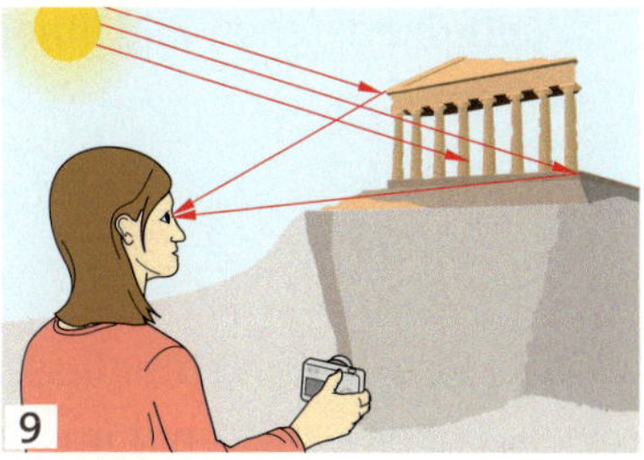

9

Ständig lösen sich Atome von der Oberfläche der Körper ab. Sie fliegen als Abbild des Körpers durch die Luft und gelangen ins Auge.

A

Von den Augen gehen „Sehstrahlen“ aus, mit denen die Umgebung abgetastet wird wie mit langen Fühlern.

B

Das Zusammenwirken zweierlei Strahlen macht das Sehen möglich. „Sehstrahlen“ gehen vom Auge aus, Lichtstrahlen von einer Lichtquelle.

C

Sehen und gesehen werden

Erweitern und Vertiefen

Sehen und gesehen werden – im Straßenverkehr

Lichtquellen im Straßenverkehr • Motorräder fahren am Tag mit Licht, alle neuen Autos auch. Hier geht es nicht darum, die Straße zu beleuchten, sondern gesehen zu werden. Besonders auffällig sind Blinklichter: Das gelbe Blinklicht eines Autos gibt an, wohin es abbiegen wird. Bei Blaulicht heißt es, schnell Platz zu machen. → [1]
Auch Ampeln und Blinklichter an Bahnschranken dienen nicht der Beleuchtung, sondern der Information der Verkehrsteilnehmer.

[1] Blinkendes Blaulicht – schnell zur Seite fahren!

Nachts gesehen werden • Personen und Gegenstände auf der Straße müssen im Dunkeln gut zu sehen sein. Fahrradfahrer und Fußgänger sollten deshalb nachts helle Kleidung tragen. → [2] Sie streut nämlich viel mehr Licht als dunkle Kleidung. Leuchtstreifen und Katzenaugen reflektieren das Licht der Scheinwerfer. Autofahrer können deshalb hell gekleidete Personen mit Warnwesten schon von Weitem erkennen und ihnen rechtzeitig ausweichen.

[2] Warnwesten und Leuchtstreifen

Aufgaben

1 ○ Blinkende Lichter fesseln die Aufmerksamkeit – nicht nur im Straßenverkehr.
Wo noch?
Beschreibe weitere Beispiele.

2 ○ Welche Farbe sollte Kleidung haben, wenn man bei Dunkelheit auf die Straße geht?
Begründe deine Antwort.

3 ◐ „Das Rücklicht am Fahrrad schützt dein Leben."
Erkläre diesen Satz.

4 ◐ Autofahrer müssen für Gefahrensituationen immer Rettungswesten im Auto dabeihaben.
Überprüfe im Versuch, ob diese Westen tatsächlich gut zu erkennen sind.

Erweitern und Vertiefen

Gesehen werden – in der Tierwelt

3 4 Malaysia-Leuchtkäfer

Blinkende Käfer • An einem Fluss in Malaysia sitzen kurz nach Sonnenuntergang Tausende Leuchtkäfer auf einem Baum. → 3 4 Zuerst blinken sie wild durcheinander. Doch dann passen sie sich ihren Nachbarn an. Bald blinken alle Käfer im gleichen Takt. Damit wollen die Männchen Weibchen anlocken.

5 Morpho-Schmetterling

Morpho-Schmetterling • Dieser Schmetterling lebt im dichten Regenwald. → 5 Bei wenig Licht ist er schon von Weitem gut zu sehen. Seine grellen, schillernden Farben wechseln je nach Blickrichtung von Blau über Türkis bis Grün.

Leuchtende Meeresbewohner • Manche Tintenfische können leuchten. → 6
Der Anglerfisch lebt in der dunklen Tiefsee. → 7 Er lockt Beute mit dem Leuchtorgan an seinem Kopf an.

Aufgabe

1 ○ Manche Tiere senden Licht aus. Nenne verschiedene Gründe dafür.

6 Leuchtende Tintenfische

7 Anglerfisch

Licht unterwegs

1 Wo hat sich die Sonne versteckt?

Material zur Erarbeitung: A

Die Sonne wird von Wolken verdeckt. Trotzdem kann man ziemlich genau vermuten, wo sie am Himmel steht.

Licht wird sichtbar • Wenn Staub oder Nebel in der Luft sind, sieht man, wie sich Licht ausbreitet. → 2 3 Jedes beleuchtete Staubkörnchen oder Wassertröpfchen streut ein wenig Licht in alle Richtungen. Ein Teil des gestreuten Lichts fällt in unsere Augen. Die im Licht aufleuchtenden Körnchen oder Tröpfchen sind zwar einzeln nicht zu erkennen. Sie machen aber zusammen den Weg des Lichts sichtbar.

2 3 „Lichtwürfel" – ohne und mit Nebel in der Luft

Geradlinig • Unter dem „Lichtwürfel" steht eine Glühlampe. Der Kreidestaub macht sichtbar, dass sich das Licht geradlinig ausbreitet.
Auch das Licht von der Sonne breitet sich geradlinig aus. → 1 Tröpfchen in der Luft machen die Lichtwege sichtbar.

Strahlenmodell • In Zeichnungen stellen wir den Weg des Lichts durch gerade Linien dar. → 4 Pfeilspitzen an den Linien zeigen die Ausbreitungsrichtung an. Die Linien mit den Pfeilspitzen werden als Strahlen bezeichnet. Man spricht vom Strahlenmodell des Lichts.

Das Licht breitet sich von einer Lichtquelle geradlinig in alle möglichen Richtungen aus.

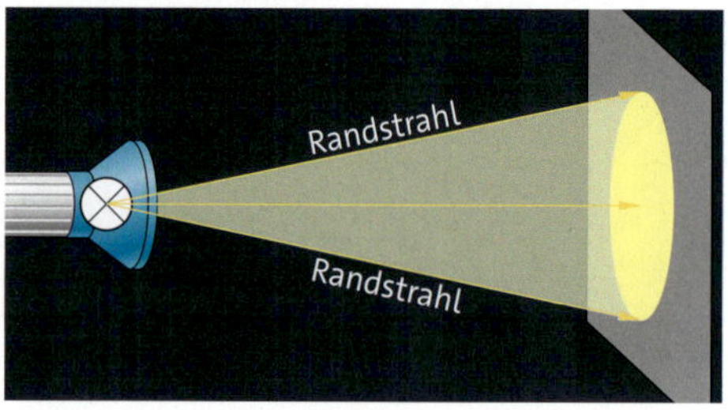

4 Gezeichnete Lichtwege

Aufgaben

1 ○ Bei einer Taschenlampe sieht man den Lichtweg im Nebel gut. Erkläre diese Beobachtung.

2 ◐ Bestimme mit zwei Linealen, wo sich die Sonne versteckt. → 1 Erkläre, wie du vorgehst.

die geradlinige Lichtausbreitung
das Strahlenmodell

Material A

Licht wird sichtbar

Materialliste: Kreidestaub oder Nebelmaschine, Karton aus Pappe, Glühlampe mit Lampenfassung, Anschlusskabel

1 Stecht viele Löcher in den Karton. Stülpt ihn über die Lampe. Schaltet die Lampe an.
▢ Beschreibt, was ihr seht.

2 Die Umgebung des Kartons wird „vernebelt".
a ▢ Beschreibt, was ihr jetzt seht.
b ◩ Schreibe auf, was der Versuch über die Ausbreitung des Lichts zeigt.

3 ▢ Vergleiche den Versuch mit Bild 1: Was entspricht der Lampe, was dem Karton und was dem Kreidestaub (Nebel)?

Material B

Blick durch den Schlauch

Materialliste: Schlauch (rund 50 cm lang), Teelicht, Feuerzeug

1 ▢ Blicke durch den Schlauch hindurch auf die Flamme. → 5 Beschreibe, wie es dir gelingt.

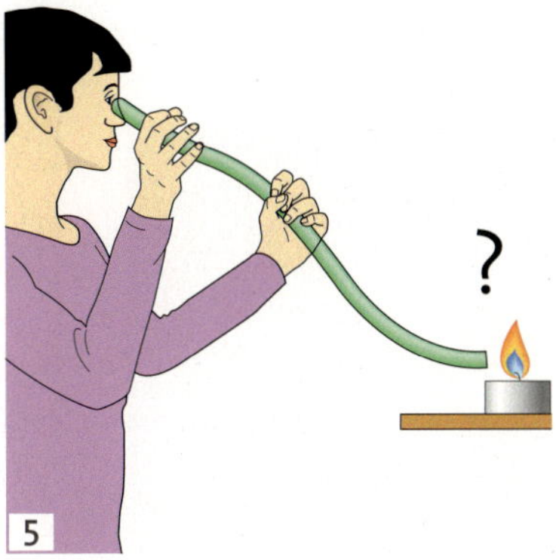

5

Material C

Laserstrahl und Schnur

Materialliste: Laserpointer, Schnur, Kreidestaub, Stativ

Die Lehrkraft baut den Laserpointer auf. → 6

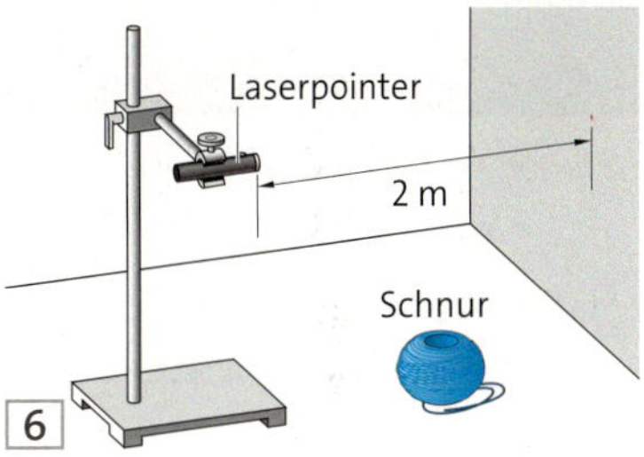

6

Achtung • Mit dem Laserpointer nicht in Augen leuchten! Nicht hineinblicken!

1 Befestige die Schnur am Laserpointer. Spanne sie bis zum Lichtfleck an der Wand. Mache den Laserstrahl jetzt mit Kreidestaub sichtbar.
▢ Beschreibe deine Beobachtungen.

Material D

Lichtwege

1 Eine kleine Lampe sendet Licht in alle Richtungen aus. Ein Teil davon geht durch ein Blendenloch hindurch auf eine Pappe. → 7

▢ Zeichne das Bild groß ins Heft ab. Ergänze die Randstrahlen des Lichts, das vom Mittelpunkt der Lampe zur Pappe geht. Zeichne den ganzen Lichtfleck auf der Pappe ein.

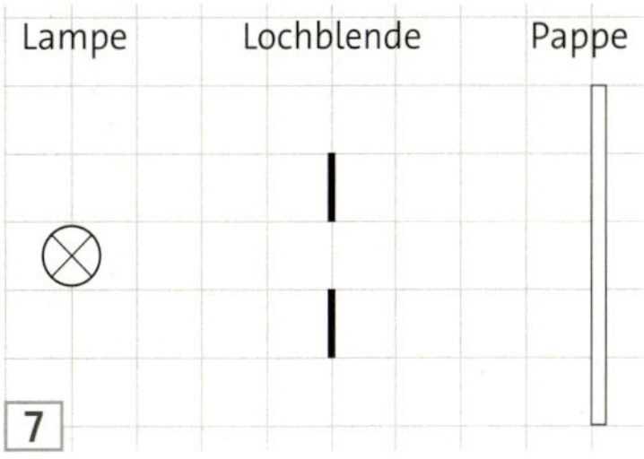

7

Schatten und Schattenbild

1 Schattenspiel

Material zur Erarbeitung: A

Die „Schattenmaus" ist riesig. Wie entsteht das dunkle Bild an der Wand?

Schatten • Wie entstehen Schatten? Wir erklären es so: → 2 Das Licht breitet sich von der Kerze geradlinig in alle Richtungen aus. Ein Teil des Lichts geht an der Hand vorbei. Ein anderer Teil des Lichts wird von der Hand nicht durchgelassen. Hinter der Hand entsteht ein dunkler Bereich ohne Licht – der Schatten.

Wenn man einen Schirm hinter die Hand hält, passiert Folgendes: → 3

- Der Schirm wird dort hell beleuchtet, wohin das Licht der Kerze gelangt.
- Der Schirm bleibt dort dunkel, wo er sich im Schatten der Hand befindet.

Die dunkle Fläche auf dem Schirm hat den gleichen Umriss wie die Hand. Wir bezeichnen sie deshalb als Schattenbild der Hand.

Die Größe des Schattenbilds hängt von den Abständen zwischen der Kerze, der Hand und dem Schirm ab.

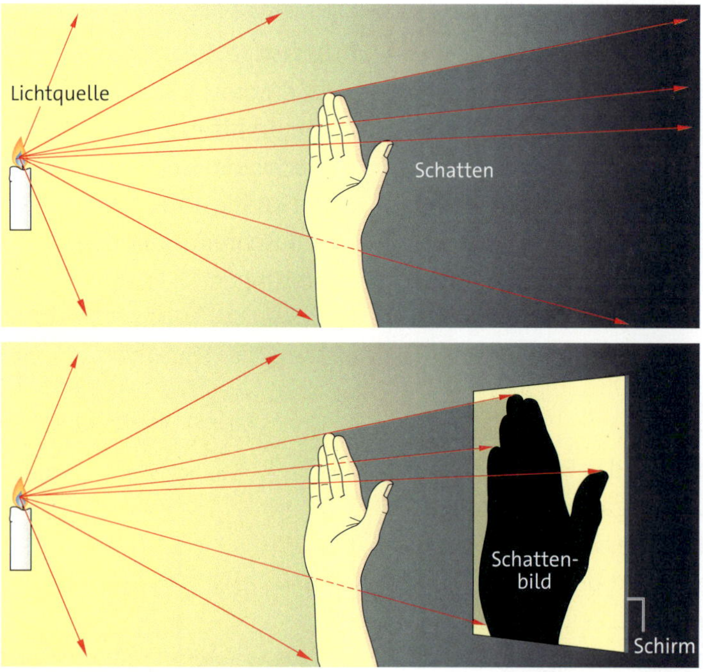

2 3 Schatten und Schattenbild

Wenn ein beleuchteter Gegenstand Licht nicht durchlässt, entsteht dahinter ein Schatten.
Ein Schirm hinter dem Gegenstand wird dort dunkel, wo er sich im Schatten befindet. Es entsteht ein Schattenbild des Gegenstands.

Aufgaben

1 ○ Nenne drei Dinge, die für ein Schattenbild erforderlich sind.

2 ◔ Wenn wir von Schatten sprechen, meinen wir oft das Schattenbild. Erläutere die beiden Begriffe.

3 ○ Im Schatten ist es dunkler als in der Sonne. Erkläre die Beobachtung.

der Schatten
das Schattenbild

Material A

Schattenbilder zeichnen

Materialliste: Lampe oder Kerze, große Papierblätter, Zeichenstifte

1 ○ Zeichnet gegenseitig eure Schattenbilder. → 4

2 Die Schattenbilder sollen nun ineinanderliegen. → 5 Wie müsst ihr die Lichtquelle oder die sitzende Person verschieben?
◐ Beschreibt, wie ihr vorgeht und wie sich das Schattenbild dabei verändert. Skizziert eure Anordnung.

4

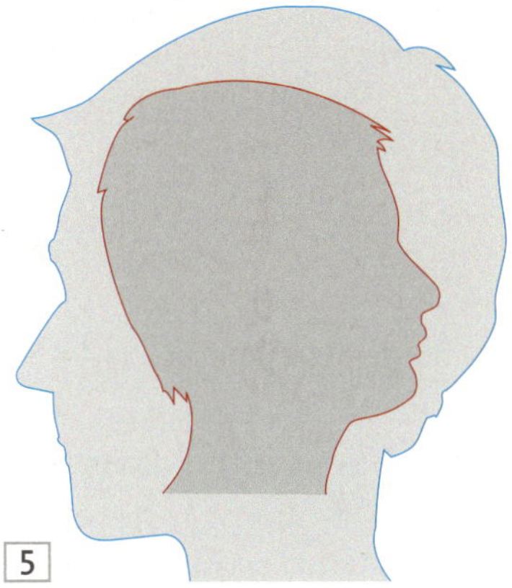

5

Material B

Schattenbild vorhersagen

Materialliste: Glühlampe mit Fassung, Brett, Schnur, Stativ

1 Baue den Versuch auf. → 6
a ◐ Schalte die Lampe noch nicht ein. Zeichne mithilfe der Schnur das Schattenbild des Bretts auf die Tafel.
b ◐ Schalte die Lampe jetzt ein. Hast du das Schattenbild richtig vorgezeichnet? Begründe Unterschiede.

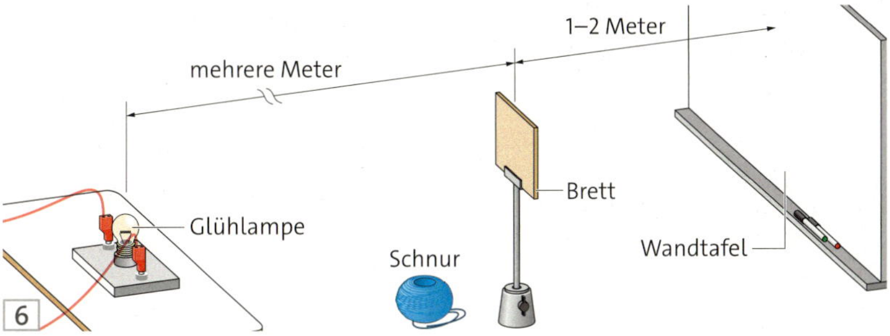

6

Material C

1 Am Strand gibt es viel Sonne und wenig Schatten. → 7
a ○ Gib an, wo sich das Schattenbild des Sonnenschirms befindet.
b ◐ Beschreibe, wo sich der Schatten befindet.

7

Kernschatten und Halbschatten

[1] Bunte Schatten?

Materialien zur Erarbeitung: A–B

Zwei Lampen und eine Hand: Wie entstehen die bunten Schattenbilder?

Kernschatten – Halbschatten • Das Mädchen wird von zwei Lampen beleuchtet. → [2] An der Wand sieht man mehrere Schattenbilder des Kopfs. Der dunkle Bereich wird Kernschatten genannt. Die etwas helleren Bereiche heißen Halbschatten.

Du siehst auch bei den Schatten der Hand einen dunklen Kernschatten – und farbige Halbschatten: → [1] [3]

- In den Kernschatten gelangt von keiner Lampe Licht.
- In den roten Halbschatten kommt nur Licht von der roten Lampe.
- In den grünen Halbschatten kommt nur Licht von der grünen Lampe.

Wenn ein Gegenstand von zwei Lichtquellen beleuchtet wird, können hinter ihm verschiedene Schatten auftreten:

- Der Kernschatten ist der dunkle Bereich, in den gar kein Licht fällt.
- Halbschatten sind die etwas helleren Bereiche, in die nur Licht von einer Lichtquelle fällt.

Aufgabe

1 ○ Der Kernschatten des Mädchens ist dunkler als die beiden Halbschatten. → [2] Erkläre den Unterschied.

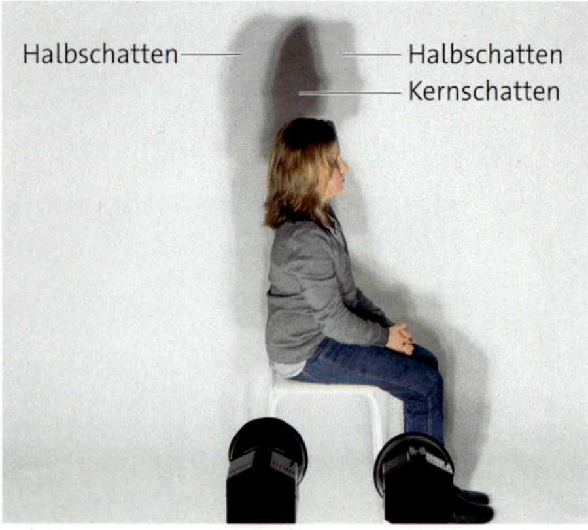

[2] Kernschatten und Halbschatten

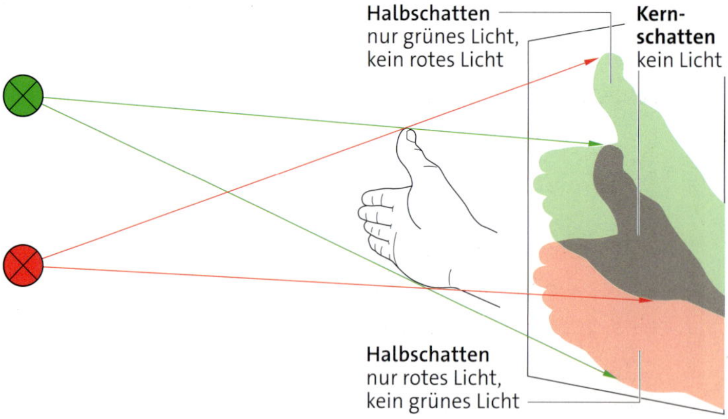

[3] Erklärung für Kern- und Halbschatten

der Kernschatten
der Halbschatten

Material A

Verschiedene Schatten

Materialliste: 2 Kerzen und Kerzenständer, stehender Gegenstand, Feuerzeug

4

1 ▢ Stelle die Kerzen dicht nebeneinander vor den Gegenstand. → 4 Zünde sie an.

a Beschreibe genau, was du auf dem Tisch hinter dem Gegenstand beobachtest.

b Skizziere in deinem Heft die Kerzen, den Gegenstand und die Schattenbilder auf dem Tisch, wie du sie von oben siehst.

c Vergrößere den Abstand der Kerzen voneinander. Skizziere wieder.

d Verschiebe den Gegenstand und skizziere.

Material C

Zwei Schatten

1 ◔ Das Mädchen wird von zwei Lampen beleuchtet. → 5 Vergleiche die Schatten mit denen in Bild 2. Erkläre den Unterschied.

5

Material B

Farbige Schatten erzeugen

Materialliste: 2 farbige Spotlampen oder Taschenlampen (rot und grün), Stativ

Baue die Lampen im Abstand von rund 60 cm übereinander auf. → 1 Schalte sie noch nicht ein.

1 ▢ Halte eine Hand wie in Bild 1 vor die Wand. Nur die rote Lampe soll gleich eingeschaltet werden. Vermute zunächst, was auf der Wand zu sehen sein wird. Welche Farbe wird der Schatten haben? Schalte dann die rote Lampe ein. Beschreibe, was du siehst. Vergleiche mit deiner Vermutung.

2 ▢ Diesmal soll nur die grüne Lampe eingeschaltet werden. Stelle wieder eine Vermutung auf. Schalte dann die Lampe ein und beobachte.

3 ◔ Schalte beide Lampen zusammen ein. Beschreibe genau, was du siehst.

Material D

Farbige Schatten

1 ◔ Erkläre, wie die Schatten des Mädchens auf der Wand entstehen. → 6

6

Finsternisse am Himmel

1 Mondfinsternis

Manchmal verfinstert sich der Mond oder die Sonne plötzlich. Wie kommt es dazu?

Sonne – Erde – Mond • Acht Planeten umkreisen die Sonne. → 2 Einer davon ist die Erde. Sie hat einen Begleiter: den Mond. Sein Durchmesser beträgt etwa ein Viertel des Durchmessers der Erde.

Während ihres Wegs um die Sonne sind Erde und Mond in ständiger Bewegung. Die Erde dreht sich um die eigene Achse. Für eine Drehung braucht sie 24 Stunden. Wenn man auf den Nordpol schaut, dreht sie sich gegen den Uhrzeigersinn.

Der Mond umkreist die Erde gegen den Uhrzeigersinn. Für einen Umlauf um die Erde braucht er 28 Tage.

2 Sonnensystem

Mondfinsternis • Die Sonne bescheint die Erde ständig. Hinter der Erde reichen ihr Kern- und Halbschatten weit in den Weltraum. → 3 Der Mond umkreist die Erde auf einer etwas „gekippten" Bahn. Sie verläuft hinter der Erde meistens oberhalb oder unterhalb der Erdschatten. Nur manchmal streift oder durchquert der Mond den Kernschatten der Erde. Dann sieht man das Schattenbild der Erde auf dem Mond. → 1 Bewegt sich der Mond ganz im Kernschatten, wird er von der Erde total verfinstert.

Bei einer Mondfinsternis wird der Mond verdunkelt, weil er durch den Schatten der Erde läuft.

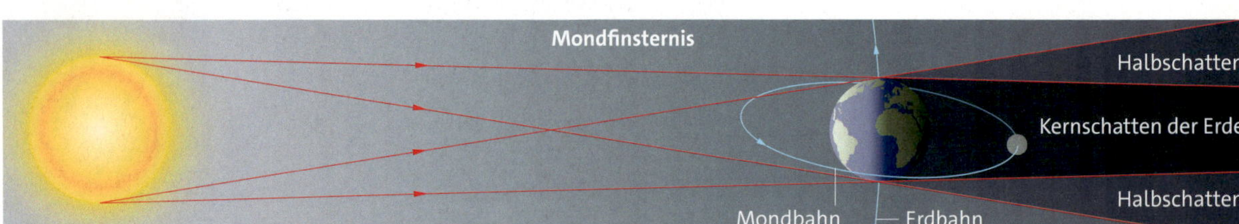

3 Mondfinsternis

die Mondfinsternis
die Sonnenfinsternis

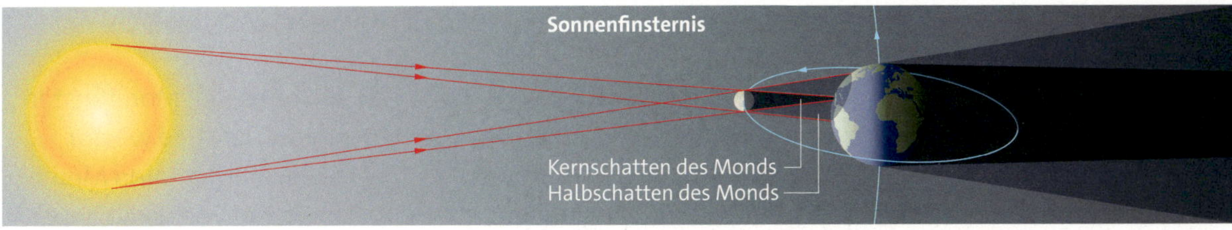

4 Sonnenfinsternis

Sonnenfinsternis • Auch der Mond wird angestrahlt. Der Schatten hinter ihm geht meistens an der Erde vorbei. Nur manchmal steht der Mond so, dass sein Schattenbild auf die Erde fällt. → 4 Von der Erde aus sieht man, wie sich der Mond als schwarze Scheibe vor die Sonne schiebt. Wer dann im Halbschatten des Monds ist, sieht die Sonne teilweise vom Mond verdeckt. → 5 Im Kernschatten wird die Sonne total verdeckt. → 6
Eine totale Sonnenfinsternis ist ein beeindruckendes Ereignis. Mitten am Tag wird es plötzlich dunkel. Die Temperatur sinkt, Blüten schließen sich und die Vögel schweigen. Die Natur scheint „den Atem anzuhalten".

Da der Kernschatten des Monds mit einem Durchmesser von ca. 200 km recht klein ist, kann man eine totale Sonnenfinsternis in einer Region nur selten beobachten. Auf die nächste totale Sonnenfinsternis in Deutschland musst du lange warten – bis zum 3. September 2081.

Bei einer Sonnenfinsternis wird die Sonne vom Mond verdeckt. Sein Schattenbild fällt auf die Erde.

Aufgabe

1 ▢ Wer verdeckt wen? Beschreibe es für beide Finsternisse.

5 Partielle (teilweise) Sonnenfinsternis

6 Totale Sonnenfinsternis

Finsternisse am Himmel

Material A

Sonnenfinsternis (Modell)

Materialliste: kugelförmige Lampe (ca. 12 cm Durchmesser, mattiert), Tennisball

1 Die leuchtende Lampe stellt die Sonne dar, der Ball den Mond, dein Kopf die Erde.

a ○ Stehe 2 m von der Lampe entfernt. Halte den Ball so vor ein Auge, dass er die Lampe vollständig verdeckt. Bewege den Kopf hin und her. Beschreibe, was du siehst.

b ◐ Der Ball wirft einen Schatten auf dein Gesicht. Beschreibe, in welchem Teil des Schattens sich dein Auge befindet, wenn die Lampe vom Ball:
- vollständig verdeckt wird
- teilweise verdeckt wird

Material B

Finsternisse darstellen

Materialliste: Experimentierleuchte, Stativ, kleiner Ball, Faden, Globus

1 Die Experimentierleuchte stellt die Sonne dar, der Globus die Erde und der Ball den Mond. → 1

a ◐ Stelle eine Sonnenfinsternis dar. Zeichne die Anordnung auf.

b ◐ Stelle eine Mondfinsternis dar. Zeichne wieder.

c ◐ Bei einer totalen Mondfinsternis wird der ganze Mond abgedunkelt, bei einer totalen Sonnenfinsternis nur ein Teil der Erde. Erkläre den Unterschied.

d ● Eine totale Sonnenfinsternis kann es nur bei Neumond geben, eine totale Mondfinsternis nur bei Vollmond. Erkläre beides.

1 Modellversuch für Finsternisse

Material C

Finsternis

1 Die Fotos wurden bei derselben totalen Finsternis aufgenommen. → 2 3

a ○ Gib an, um welche Art von Finsternis es sich handelt.

b ◐ Beschreibe und erkläre, was auf den Fotos zu sehen ist.

2 Blick von der Erde zum Himmel

3 Blick von einer Raumstation auf die Erde

Erweitern und Vertiefen

Mondphasen

4 Die sichtbaren Mondphasen

Mondphasen • Der Mond ändert ständig sein Aussehen. → 4 Manchmal kannst du ihn gar nicht sehen. Man sagt dann: „Es ist Neumond." Zwei Tage danach erkennt man eine schmale Sichel. Die Sichel nimmt mit den Tagen zu. Nach 14 Tagen siehst du den Mond dann als große, runde Scheibe. Es ist Vollmond. Die folgenden Tage nimmt der Mond wieder ab. Nach etwa 28 Tagen ist wieder Neumond. Warum nimmt der Mond ständig zu und wieder ab?

Ein ständiger Begleiter • Bei seinem Umlauf wendet der Mond der Erde stets die gleiche Seite zu. Am Himmel wirkt der Mond so groß wie die Sonne. In Wirklichkeit ist er viel kleiner. Er wirkt nur deshalb so groß wie die Sonne, weil er der Erde viel näher ist.

Beleuchtung durch die Sonne • Der Mond wird von der Sonne stets zur Hälfte beleuchtet. Von der Erde aus sehen wir die beleuchtete Hälfte bei Vollmond ganz, sonst nur teilweise und bei Neumond gar nicht. → 5

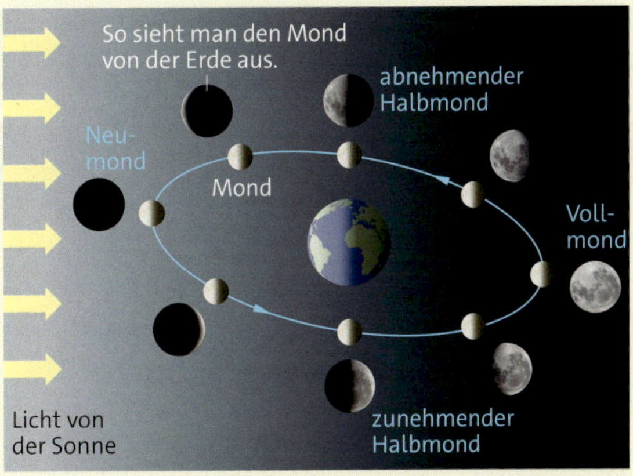

5 Umlauf des Monds um die Erde

Der Mond nimmt also nicht wirklich zu und ab. Er behält immer die gleiche Größe. Weil wir auf der Erde immer unterschiedlich viel von seiner beleuchteten Hälfte sehen, ändert sich für uns sein Aussehen.

Aufgabe

1 ● Erläutere, wie Vollmond, Halbmond und Neumond entstehen.

Licht und Schatten

Zusammenfassung

Sehen und gesehen werden • Lichtquellen wie die Sonne, Flammen, Lampen und Monitore erzeugen Licht und senden es aus. Lichtempfänger fangen Licht auf. → 1

Neben Kameras, grünen Blättern und Solarzellen gehören unsere Augen zu den Lichtempfängern. Wir sehen Lichtquellen nur, wenn ihr Licht in unsere Augen gelangt. → 2

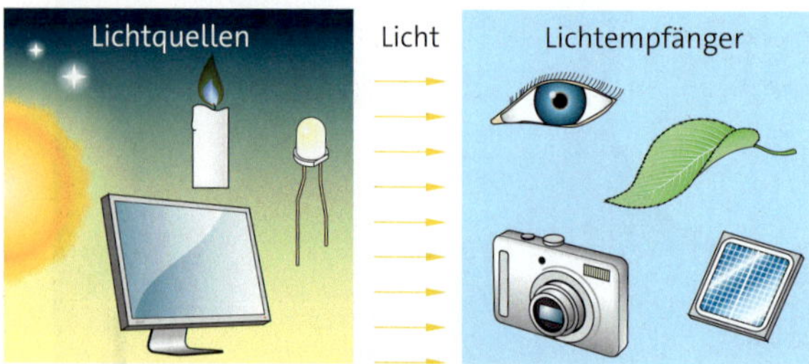

1 Lichtquellen und Lichtempfänger

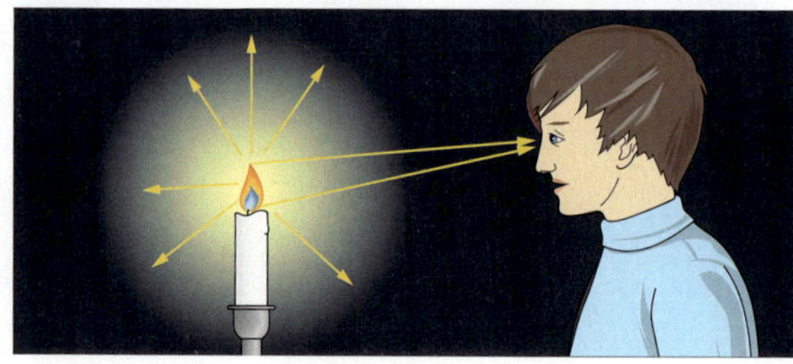

2 Die Kerzenflamme sehen

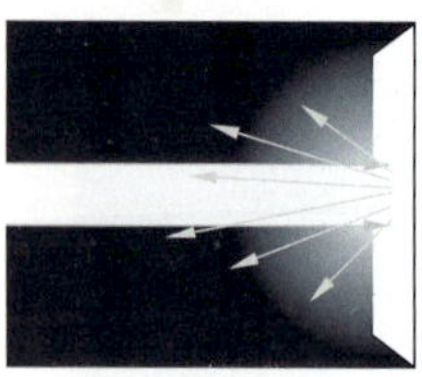

3 Streuung

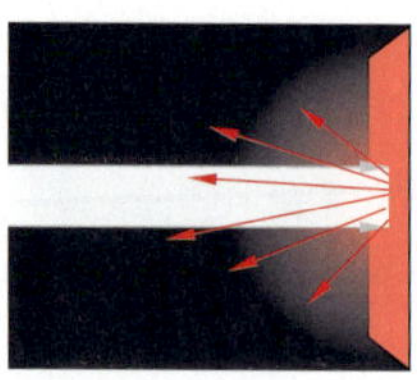

4 Streuung

5 Absorption

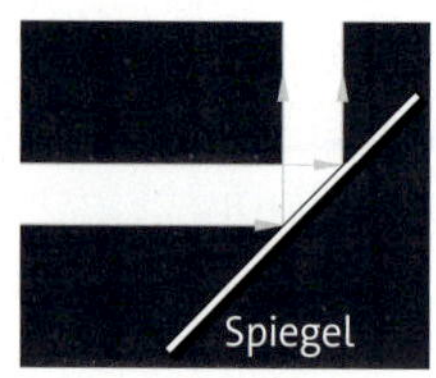

6 Reflexion

7 Durchlassen

Licht trifft auf Gegenstände • Wenn Licht auf Gegenstände trifft, kann es gestreut, absorbiert, reflektiert oder durchgelassen werden. → 3 – 7

Beleuchtete Gegenstände sehen • Wir sehen beleuchtete Gegenstände, wenn sie Licht in unsere Augen streuen oder reflektieren. → 8

8 Das Buch sehen

Licht unterwegs • Das Licht breitet sich von einer Lichtquelle geradlinig in alle möglichen Richtungen aus.

Strahlenmodell • Wir zeichnen den geraden Weg des Lichts durch gerade Linien (Strahlen). Pfeilspitzen zeigen die Ausbreitungsrichtung an. → 9

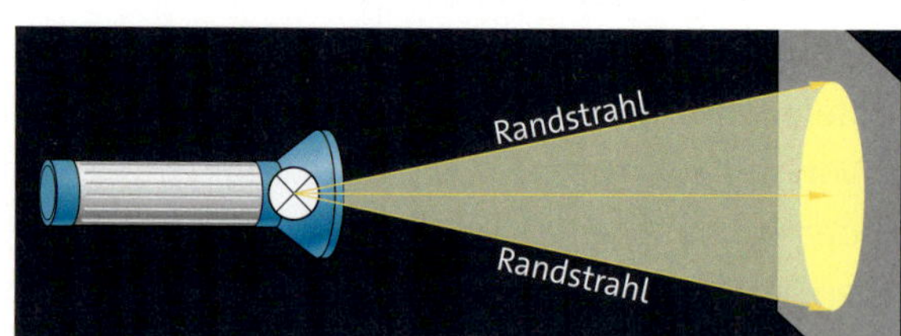

9 Lichtwege mit Strahlen darstellen

Schatten und Schattenbild • Wenn ein beleuchteter Gegenstand Licht nicht durchlässt, fehlt hinter ihm Licht. Der Gegenstand hat einen Schatten. → 10 Ein Schirm hinter dem Gegenstand wird dort dunkel, wo er sich im Schatten befindet. Wo Licht auf den Schirm fällt, wird er hell beleuchtet. Es entsteht ein Schattenbild des Gegenstands.

Kernschatten und Halbschatten • Wenn ein Gegenstand von zwei Lichtquellen beleuchtet wird, können verschiedene Schatten auftreten: → 11

- Der Kernschatten ist der Bereich hinter dem Gegenstand, in den kein Licht fällt.
- Halbschatten sind die Bereiche, in die nur Licht von einer Lichtquelle fällt.

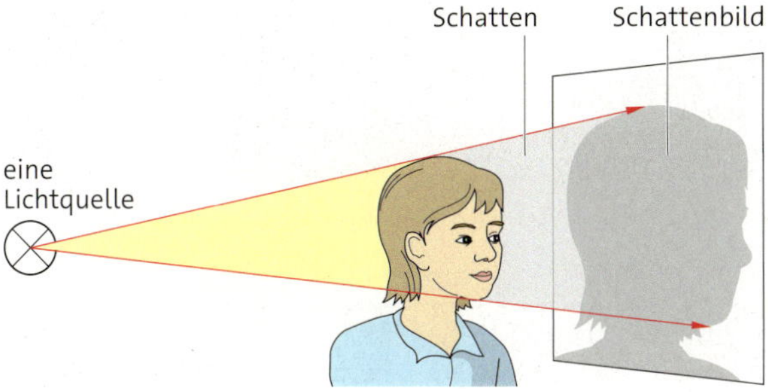

10 Schatten

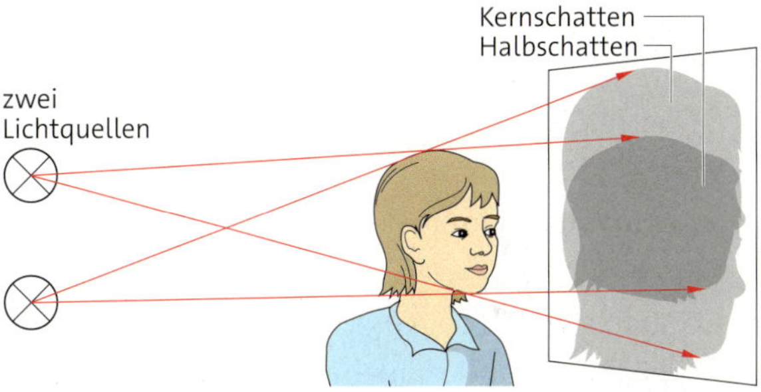

11 Kern- und Halbschatten

Mondfinsternis • Der Mond wird von der Erde verdunkelt, wenn er den Schattenraum der Erde durchquert. → 12

Sonnenfinsternis • Die Sonne wird für Beobachter auf der Erde vom Mond verdeckt, wenn die Beobachter im Schatten des Monds sind. → 13

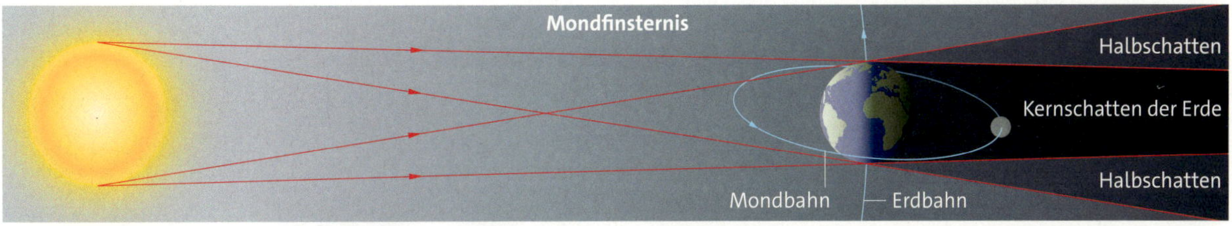

12 Mondfinsternis

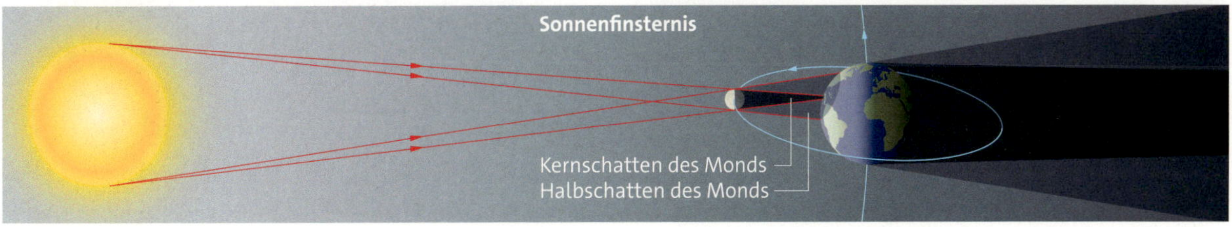

13 Sonnenfinsternis

Testaufgaben (Lösungen auf Seite 434)

Sehen und gesehen werden

1 ○ Nenne fünf Lichtquellen und fünf Lichtempfänger aus dem Alltag.

2 ◐ In einer klaren Vollmondnacht kann man im Freien auch ohne Lampe lesen. Erkläre diese Beobachtung.
Tipp: Die Streuung spielt zweimal eine Rolle.

3 ○ Schreibe mit diesen Begriffen einen Satz zur Verkehrssicherheit: Fußgänger – weiß – schwarz – Kleidung – Nacht.

4 ◐ Aljoscha: „Nebel verschlechtert die Sicht."
Christine: „... und manches macht er erst sichtbar."
Nimm Stellung dazu.

5 ◐ Deckenfluter beleuchten nur die Zimmerdecke. → 1 Und doch wird es im ganzen Zimmer hell.
Erkläre die Beleuchtungstechnik.

1 Deckenfluter

Licht unterwegs

6 Lasershow bei einem Konzert → 2

a ○ Das Foto zeigt eine Eigenschaft des Lichts sehr deutlich. Nenne sie.

b ◐ Die Personen im Vordergrund sehen dunkel aus. Erkläre diese Beobachtung.

2 Lasershow

7 ◐ Dieser Rauchmelder funktioniert so: → 3
Wenn Licht von der Leuchtdiode auf den Lichtempfänger fällt, ertönt ein Warnsignal. Das Signal wird aber nur ausgelöst, wenn Rauch in die schwarze Kammer gelangt. Erkläre das.

3 Rauchmelder (geöffnet)

4 Richtig beleuchten

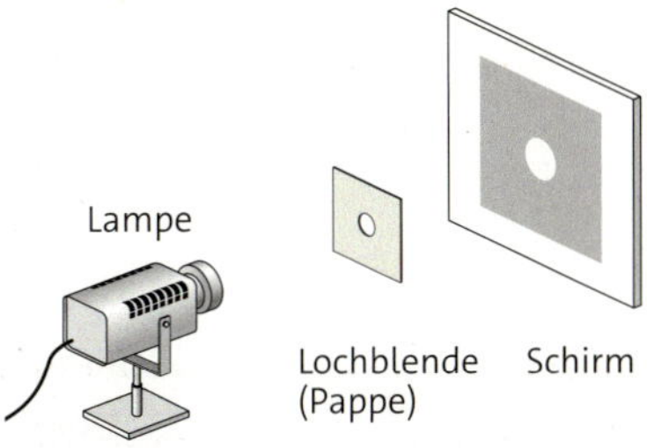

5 Schattenbild mit Loch

6 Verschiedene Schatten

Schatten und Schattenbild

8 Diana schreibt mit rechts.

a ○ Beschreibe, wohin der Schatten ihrer Hand fällt, wenn die Lampe an den verschiedenen Orten steht. → 4

b ◑ Welcher Lampenort ist für Diana günstiger? Begründe.

9 ◑ Du hältst einen Stift zwischen eine Kerze und eine Wand. Skizziere:

a So entsteht ein großes Schattenbild des Stifts.

b So entsteht ein kleines Schattenbild des Stifts.

10 ● „Der Schatten der Pappe ist rundum größer als die Pappe selbst. Also ist der helle Fleck kleiner als das Loch." → 5 – „Der helle Fleck ist größer als das Loch. Im Schattenbild ist nämlich alles vergrößert." Nimm Stellung dazu. Begründe mit einer Zeichnung.
Tipp: Material D auf Seite 43

11 Tanja geht nachts an Straßenlaternen vorbei.

a ○ Auf dem Gehweg ist ein Schattenbild zu sehen. Erkläre, wie es entsteht.

b ◑ Wann ist das Schattenbild kurz, wann lang? Fertige als Antwort zwei Skizzen an.

Kern- und Halbschatten

12 Hinter dem Bauklotz sind verschiedene Schatten. → 6

a ○ Benenne die Schatten.

b ◑ Erkläre sie.

13 ◑ Erkläre, wie das Bild zustande kam. → 7
Gib an, wie viele Lampen eingesetzt wurden.

Finsternisse am Himmel

14 ◑ Bei einer totalen Mondfinsternis liegen Sonne, Erde und Mond auf einer Geraden – wie bei einer totalen Sonnenfinsternis. Es gibt aber einen Unterschied! Beschreibe ihn. Fertige dazu zwei Skizzen an.

7 Farbige Schatten

Wie wir sehen

Unser wichtigstes Sinnesorgan liefert uns scharfe Bilder der Umgebung. Wie funktioniert das Auge?

Ein komisches Bild – warum ist das Gesicht an der Rückseite der Glaskugel zu sehen und wieso steht es auf dem Kopf?

Zum Sehen braucht man mehr als seine Augen. Der Seheindruck entsteht erst im Gehirn. Hier spielt es uns einen Streich.

Löcher machen Bilder

1 2 Das Foto aus der Mülltonne

Material zur Erarbeitung: A

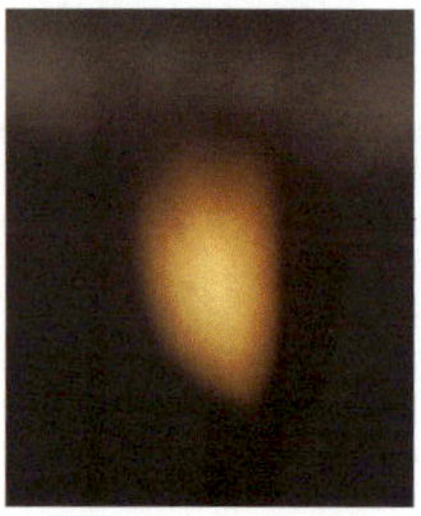

3 Das umgekehrte Bild der Flamme

Die Häuser sind mit einer besonderen Kamera fotografiert worden – einer Mülltonne mit einem Loch in der Seite!

Das Bild hinter dem Loch • Wenn man eine brennende Kerze vor eine Wand stellt, wird die Wand beleuchtet. Hält man eine Postkarte dazwischen, sieht man ihren Schatten auf der Wand. Und wenn die Karte ein kleines Loch hat, sieht man auf der Wand – ein umgekehrtes Bild der Flamme! → 3

So entsteht das Bild • Die Flamme sendet Licht geradlinig in alle Richtungen aus. Ein Teil des Lichts geht durch das Loch hindurch: → 4 – 6

- Licht von der Flammenspitze geht durch das Loch und erzeugt unten auf der Wand einen Lichtfleck. → 3
- Licht vom Fuß der Flamme geht durch das Loch und erzeugt oben auf der Wand einen Lichtfleck. → 4
- Auch von den anderen Punkten der Flamme geht Licht durch das Loch und ergibt jeweils einen „zugehörigen" Lichtfleck auf der Wand. → 5

Von jedem Punkt der Flamme geht Licht durch das Loch in der Blende. Auf einer Wand hinter dem Loch entsteht zu jedem Punkt der Flamme ein kleiner Lichtfleck. Alle Lichtflecke zusammen ergeben das Bild der Flamme.

Schärfe und Helligkeit der Bilder • Die Größe des Lochs bestimmt, wie scharf und hell die Bilder sind:

- Das Bild der Flamme besteht aus sehr vielen Lichtflecken. Beim großen Loch sind die Lichtflecke groß. → 7 Weil sich benachbarte Lichtflecke überlappen, ist das Bild unscharf.
- Beim kleinen Loch sind die Lichtflecke klein. → 8 Weil sich benachbarte Lichtflecke kaum überlappen, ist das Bild scharf.
- Das kleine Loch lässt viel weniger Licht durch als das große.

Große Löcher erzeugen unscharfe und helle Bilder. Kleine Löcher erzeugen scharfe und dunkle Bilder.

Aufgaben

1 ○ Beschreibe den Lichtweg von der Flammenspitze zum Lichtfleck. → 4

2 ○ Erkläre, warum das Bild der Flamme auf dem Kopf steht. → 3

3 ◐ Fertige eine Skizze der Mülltonne an. → 2 Trage in die Skizze ein, wo sich das Loch befindet und wo das Bild entsteht.

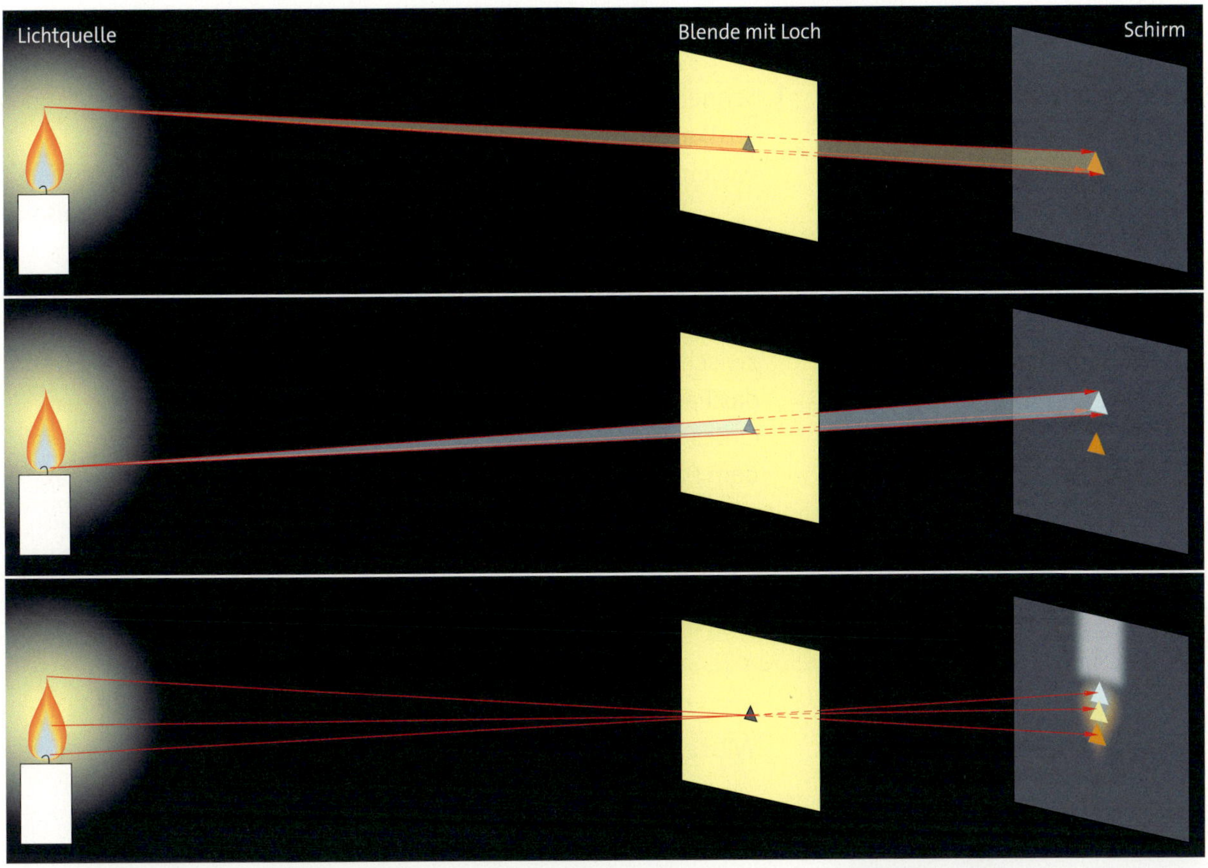

4 – 6 Schritt für Schritt zum Bild der Kerzenflamme

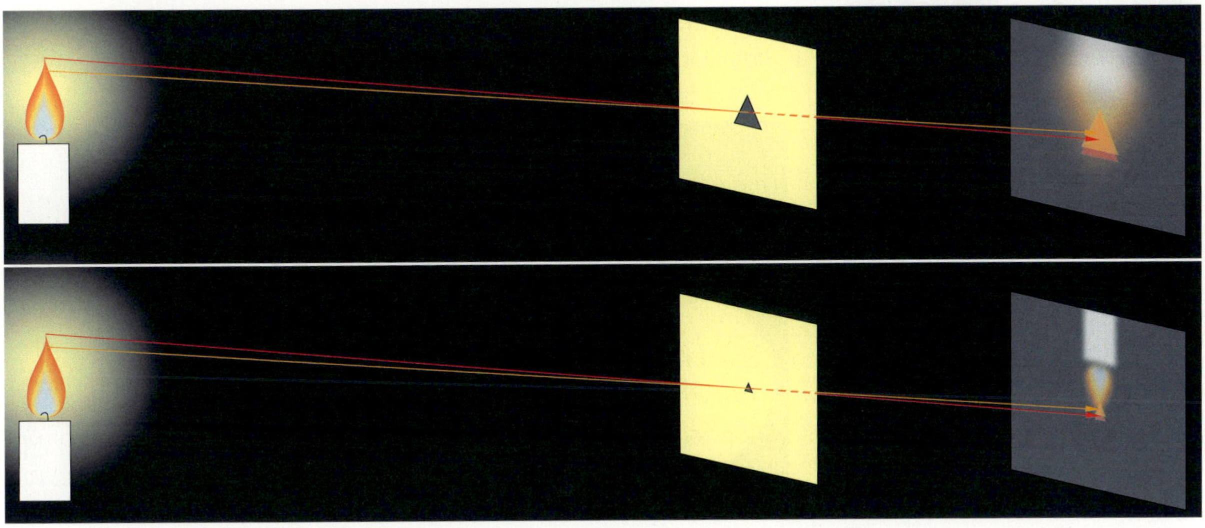

7 8 Großes Loch: Bild unscharf und hell – kleines Loch: Bild scharf und dunkel

Löcher machen Bilder

Material A

Ein Loch macht Bilder

Materialliste: Postkarte, weißes Papier (oder Transparentpapier), Alufolie, Klebstoff, Pinnwandnadel, Teelicht, Feuerzeug

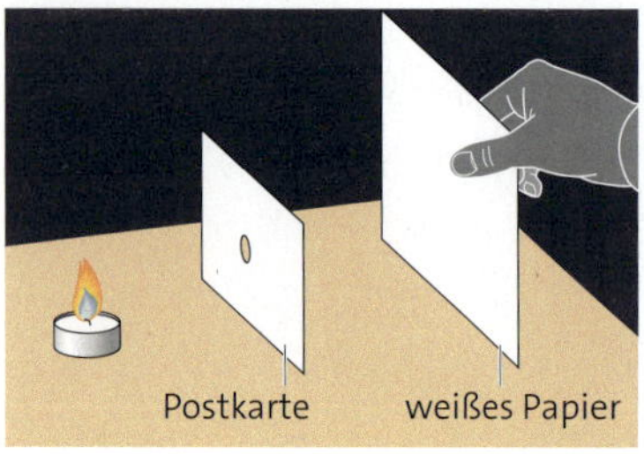

1 Was sieht man auf dem Papier?

1 Schneide ein Loch in die Postkarte, etwa so groß wie eine 1-Cent-Münze.

2 Gehe in einen dunklen Raum und zünde das Teelicht an. Halte die Postkarte zwischen das Teelicht und das Papier. → 1
▢ Beschreibe, was du auf dem Papier siehst.

3 Klebe das Loch mit Alufolie zu. Stich ein kleines Loch in die Folie. Halte die Karte zwischen Teelicht und Papier.
▢ Vergleiche die Bilder hinter den verschieden großen Löchern.

4 Halte das Papier dicht hinter die Postkarte. Schiebe es dann langsam immer weiter weg.
▢ Wie verändert sich das Bild? Ergänze im Heft: „Je weiter ich das Blatt Papier vom Loch entferne, desto ◇?"

Material B

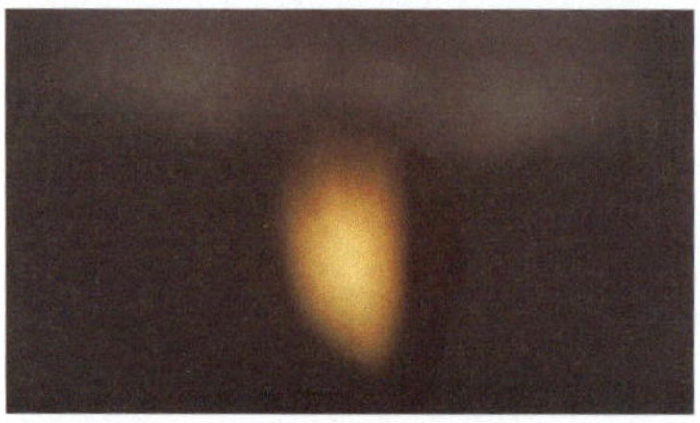

2 Bild der Flamme

Scharf oder hell

1 Ein Loch erzeugt dieses Bild der Flamme. → 2

a ▢ Das Loch wird einmal vergrößert und einmal verkleinert. Beschreibe jeweils, wie sich das Bild der Flamme verändert.

b ◐ Erkläre die Veränderungen.

Material C

Nautilus

1 Der Nautilus lebt im Pazifik. → 3 Sein Auge besteht aus einer Kammer voll Wasser, die vorne ein Loch hat. Erstaunlicherweise entstehen auf der Rückseite des Auges Bilder von der Umgebung.
◐ Erkläre, wie das Bild des Wals im Auge des Nautilus entsteht.

3 Das Auge des Nautilus

Material D

Eine Lochkamera

Materialliste: Chipsdose, 2 Bogen schwarzer Karton (jeweils 25 cm × 25 cm), Transparentpapier (15 cm × 15 cm), Küchenschere, Klebstoff, Klebeband, Lineal, Alufolie (2 cm × 5 cm), Pinnwandnadel, Kerze

1 Baue deine eigene Lochkamera. → 4 5

4 Lochkamera im Einsatz

A Stich mit der Nadel ein kleines Loch mitten in den Boden der Chipsdose. Vergrößere das Loch von außen mit der Schere auf einen Durchmesser von rund 1 cm.

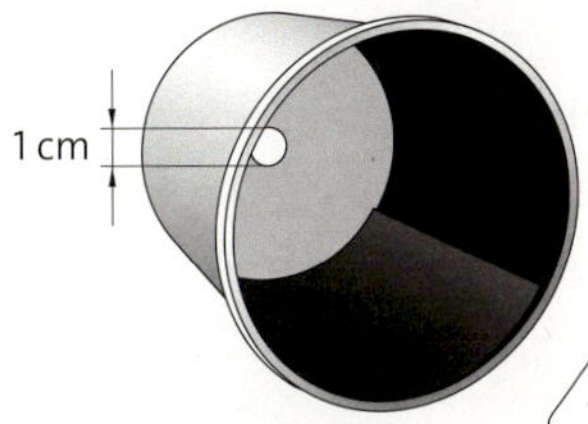

B Rolle den ersten schwarzen Kartonbogen zu einer Röhre. Schiebe sie in die Dose.

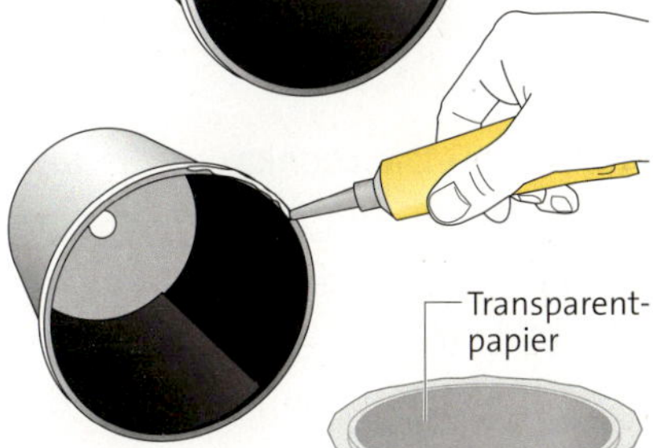

C Bestreiche den Rand der Chipsdosenöffnung mit Klebstoff. Klebe das Transparentpapier möglichst glatt über die Öffnung. Schneide die überstehenden Ecken ab.

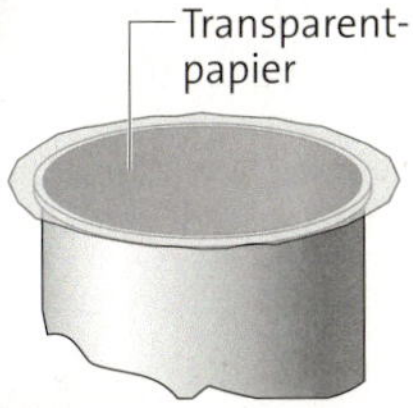

D Rolle den zweiten schwarzen Kartonbogen zu einem Trichter. Die kleine Öffnung des Trichters muss gerade so groß sein, dass du mit einem Auge hindurchschauen kannst. In die große Öffnung muss die Chipsdose hineinpassen. Klebe mehrere Streifen Klebeband von außen auf den Trichter, sodass er sich nicht aufrollt.

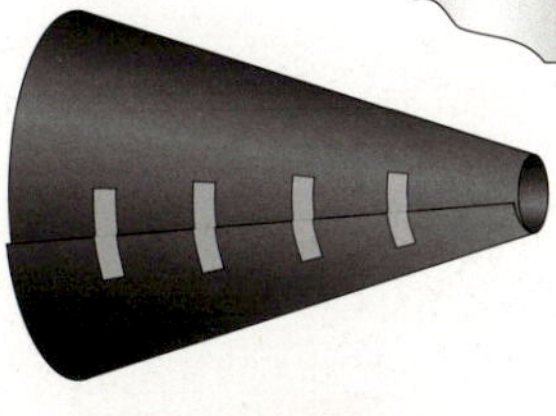

E Stecke die Chipsdose mit der Transparentpapieröffnung in den Trichter.

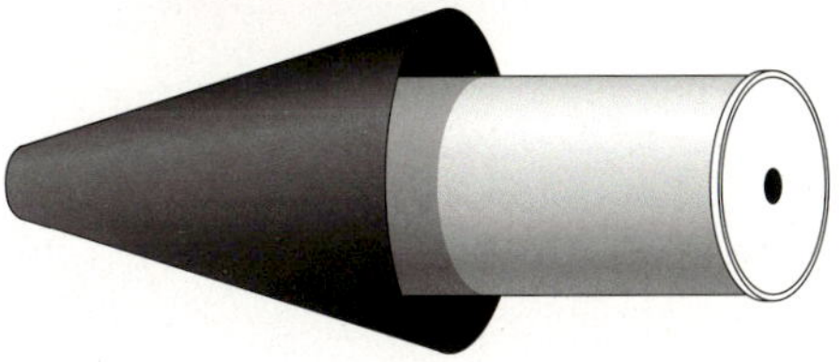

5 So wird die Lochkamera gebaut.

2 Betrachte eine Kerzenflamme mit der Lochkamera.

a Gehe mit der Lochkamera nah an die Flamme heran.
▢ Beschreibe Form und Größe des Bilds auf dem Transparentpapier.

b Entferne die Lochkamera langsam von der Flamme.
▢ Beschreibe, wie sich das Bild ändert.

c Schiebe die Kerze nach links, rechts und nach oben.
▢ Beschreibe, wie sich das Bild verschiebt.

d ◪ Fasse die Beobachtungen in zwei Sätzen zusammen.

3 Beobachte draußen im Sonnenschein Bäume, Autos und Menschen. → 4
▢ Beschreibe deine Beobachtungen.

4 ◪ Untersuche, wie sich das Bild verändert, wenn das Loch im Boden der Dose kleiner ist. Klebe dazu die Alufolie mit dem Klebeband über das Loch. Stich dann ein kleines Loch durch die Folie.

5 ◪ Untersucht, wie sich die Bilder bei verschieden langen Chipsdosen unterscheiden. Dazu könnt ihr die Dosen mit der Schere einstechen und abschneiden.

Sammellinsen machen scharfe Bilder

1 Lochkamera

2 Linsenkamera

Materialien zur Erarbeitung: A–C

Die Lochkamera macht ein unscharfes Bild. Mit der Linsenkamera wird das Bild gestochen scharf – obwohl sie ein viel größeres Loch hat!

Lochkamera – Bildflecke • Die Lochkamera macht ein unscharfes Bild, weil sie jeden Punkt des Gegenstands als großen Lichtfleck abbildet. → 3

Linsenkamera – Bildpunkte • Im Objektiv der Linsenkamera ist eine Sammellinse aus Glas. Die Linse ist in der Mitte dicker als am Rand. → 4
Sammellinsen erzeugen scharfe und helle Bilder: → 5
Das Licht von einem Punkt des Gegenstands geht nicht geradlinig durch die Sammellinse. Die Linse „knickt“ das Licht so, dass es hinterher wieder zusammenläuft. Es entsteht ein heller Bildpunkt. Alle Bildpunkte zusammen ergeben das helle und scharfe Bild des Gegenstands.

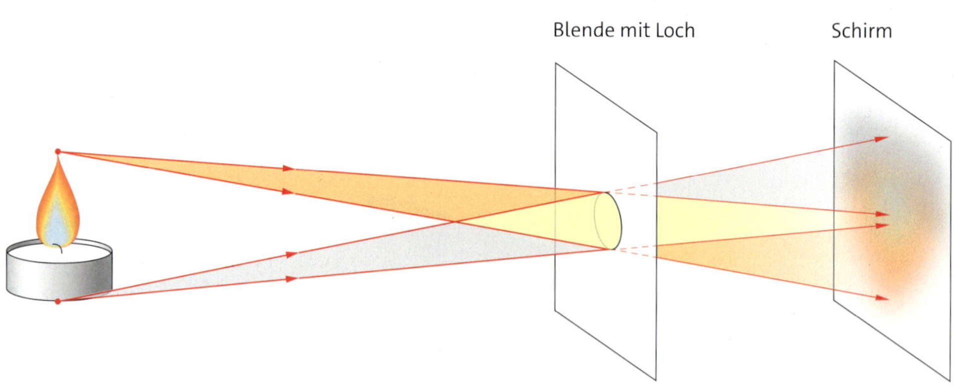

3 Das große Loch erzeugt ein helles, unscharfes Bild.

die Sammellinse
die Bildweite
die Gegenstandsweite
die Brennweite

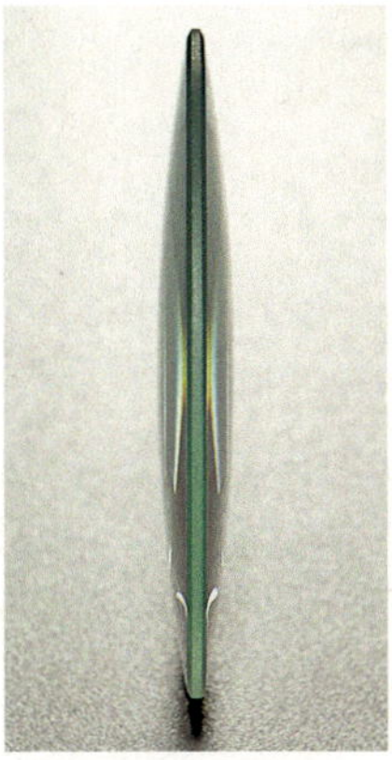

4 Sammellinse

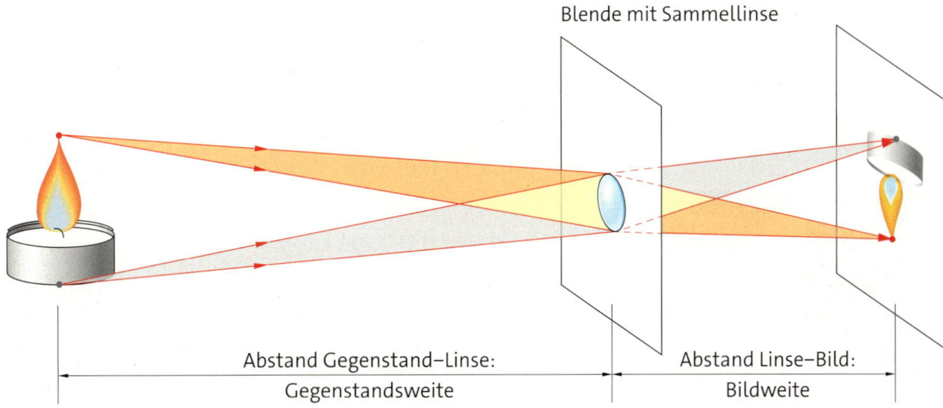

5 Die Sammellinse erzeugt ein helles, scharfes Bild.

Die Sammellinse erzeugt helle und scharfe Bilder. Sie bildet jeden Punkt des Gegenstands als Bildpunkt ab.

Richtiger Abstand • Wenn man den Schirm von der Sammellinse entfernt, ist das Bild erst unscharf. Dann wird es an einer Stelle scharf. Danach wird es erneut unscharf, weil das Licht wieder auseinanderläuft. → 6

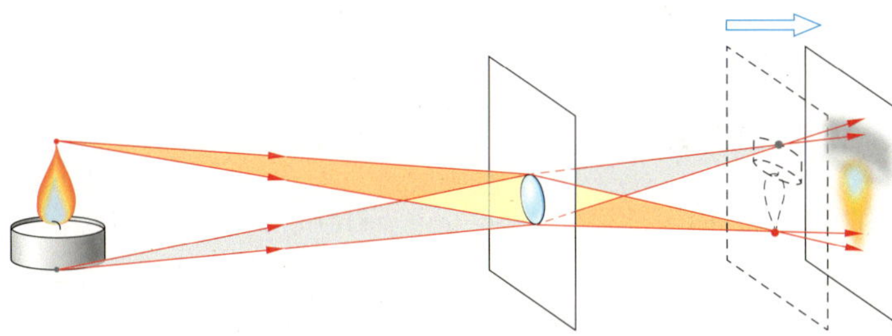

6 Der Schirm wird verschoben: Das Bild wird wieder unscharf.

Das Bild ist nur in einem einzigen Abstand zur Sammellinse scharf. Dieser Abstand heißt Bildweite.

Brennweite • Das „Brennglas" ist eine stark gewölbte Sammellinse. → 7 Sie „knickt" das Licht besonders stark und erzeugt ein kleines, sehr helles Sonnenbild dicht hinter der Linse. → 8

7 Ein „Brennglas" in Aktion

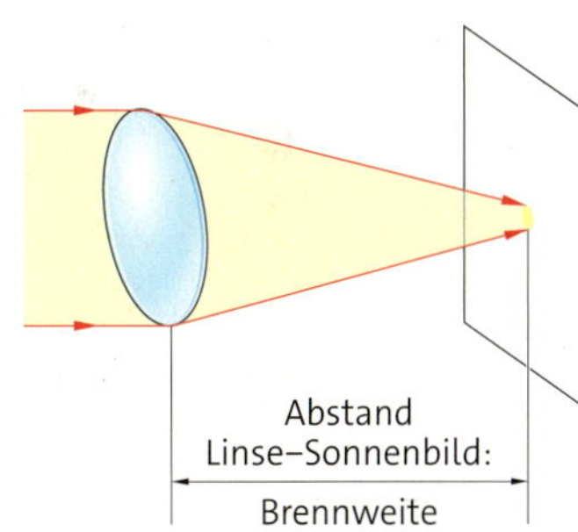

8 Die Brennweite

Der Abstand zwischen der Sammellinse und ihrem scharfen Sonnenbild heißt Brennweite. Je stärker die Sammellinse gewölbt ist, desto kleiner ist ihre Brennweite (und desto kleiner ist das Sonnenbild).

Aufgaben

1 ○ Ergänze: „Licht geht nicht geradlinig durch die Linse, sondern ⟨?⟩"

2 ◐ Erkläre, wie eine Sammellinse scharfe und helle Bilder erzeugt.

Sammellinsen machen scharfe Bilder

Material A

Bilder erzeugen – mit einer Lupe

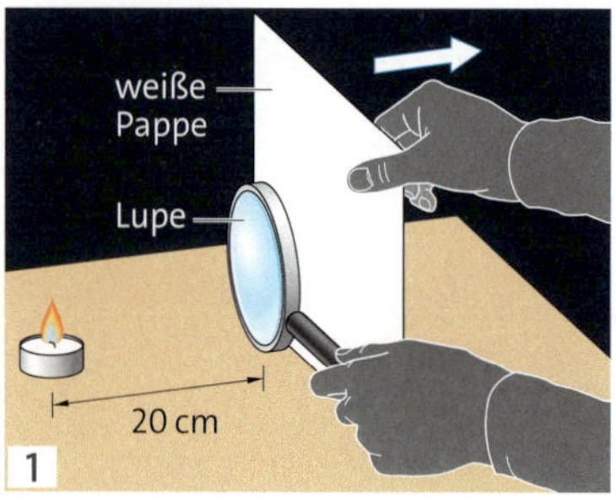

1

Materialliste: Lupe, weiße Pappe (oder Transparentpapier), Teelicht, Feuerzeug

1 Halte die Lupe hinter die Flamme. → 1 Halte die Pappe direkt hinter die Lupe. Entferne sie dann langsam immer weiter von der Lupe.
○ Beschreibe, was du auf der Pappe beobachtest.

Material B

„Lichtknicker“

Materialliste: Taschenlampe, Lupe, Staub oder Nebel

1 Geht in einen dunklen Raum. Richtet die leuchtende Taschenlampe auf die Lupe. Macht den Lichtweg sichtbar.
○ Beschreibt den Lichtweg.

Material C

„Brenngläser“

Materialliste: Sammellinsen (unterschiedlich dick), Zeitungspapier, feuerfeste Unterlage

1 Gehe an einem sonnigen Tag nach draußen. Versuche vorsichtig, das Zeitungspapier mit den Sammellinsen anzubrennen.
a Beschreibe, wie du vorgehst und was du beobachtest.
b Mit welcher Linse kannst du den kleinsten Lichtfleck erzeugen? Untersuche es und vergleiche sie mit den anderen Linsen.
c Was sammelt eine Sammellinse? Beschreibe es anhand der Beobachtungen.

Material D

Licht und Schatten

1 Auf dem transparenten Schirm sind ein heller Fleck und eine runde dunkle Fläche zu sehen. → 2
Erkläre diese Beobachtungen.

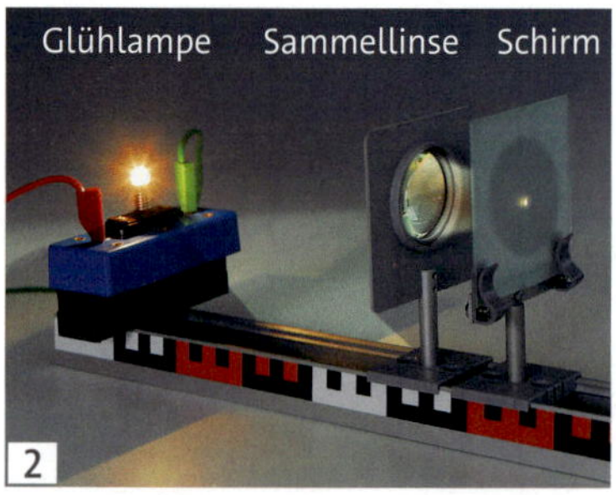

2

Material E

Brennweite

1 Die beiden Sammellinsen erzeugen Bilder auf der Wand. → 3
a ○ Beschreibe und vergleiche die Bilder genau.
b Welche Linse hat die kleinere Brennweite? Begründe deine Antwort.

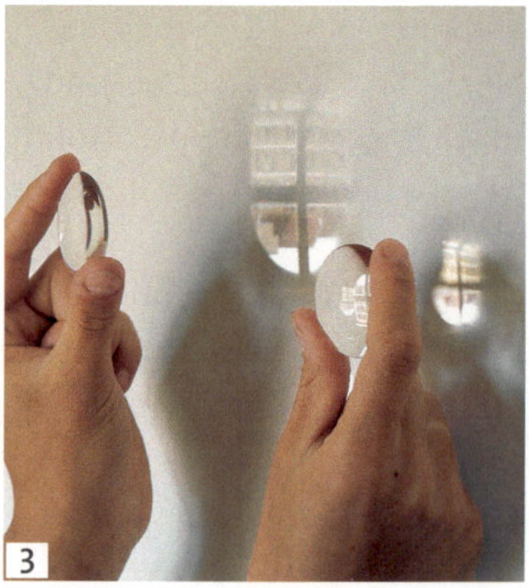
3

Material F

Lichtwege zeichnen

1 Die Skizzen zeigen jeweils die Anordnung einer Sammellinse, eines Gegenstands und eines Bilds. → 4 5 Übertrage die Skizzen in dein Heft. Beachte die angegebenen Maße. Du musst ein DIN-A4-Blatt ins Querformat drehen.

2 Zeichne jeweils im Heft:

a ▢ bei Skizze 4 den Lichtweg hinter der Sammellinse → 4

b ◪ bei Skizze 5 den Lichtweg auf beiden Seiten der Sammellinse → 5

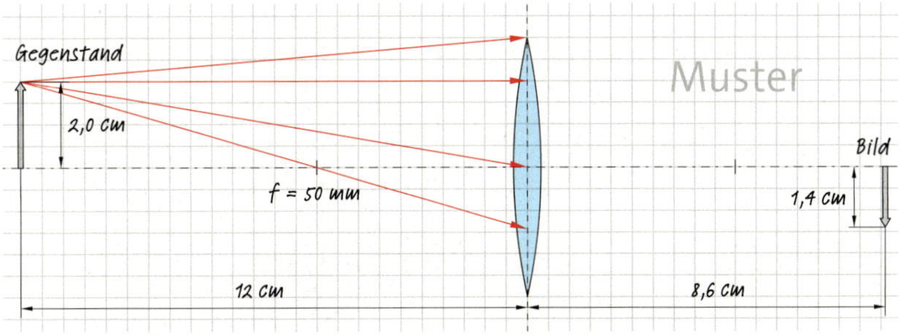

4 Das Bild ist kleiner als der Gegenstand.

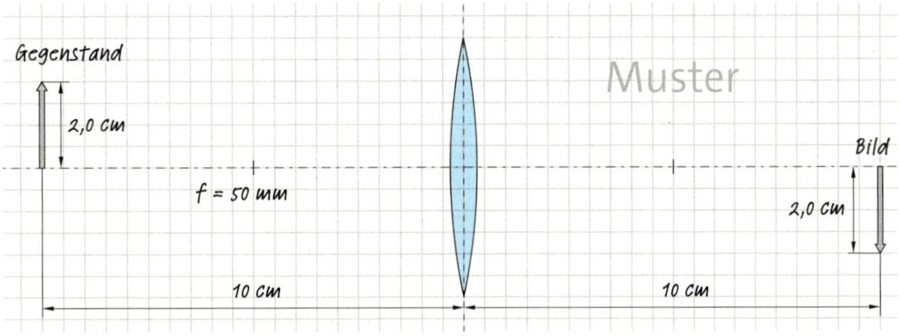

5 Das Bild ist genauso groß wie der Gegenstand.

Material G*

Schärfe einstellen

Digitalkameras bestehen aus dem Objektiv mit verschiedenen Linsen und einem lichtempfindlichen Chip. → 6

Das Bild entsteht auf dem Chip. Es ist nur bei einer bestimmten Bildweite scharf. Deshalb wird bei einer Kamera die Linse verschoben, um die richtige Bildweite einzustellen.

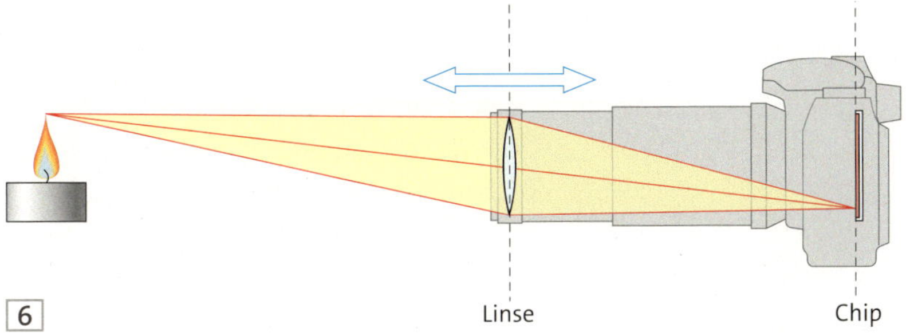

6

Materialliste: Teelicht, Sammellinse, Schirm als „Chip"

1 ▢ Stelle das Teelicht, die Sammellinse und den Schirm so auf, dass ein scharfes Bild entsteht. → 6

2 Verschiebe nun das Teelicht:
- näher an die Linse heran
- weiter von der Linse weg

◪ In welche Richtung musst du die Linse verschieben, damit wieder ein scharfes Bild entsteht? Beschreibe es.

Vergrößern und verkleinern*

1 Eine Sammellinse – verschieden große Bilder

Material zur Erarbeitung: A

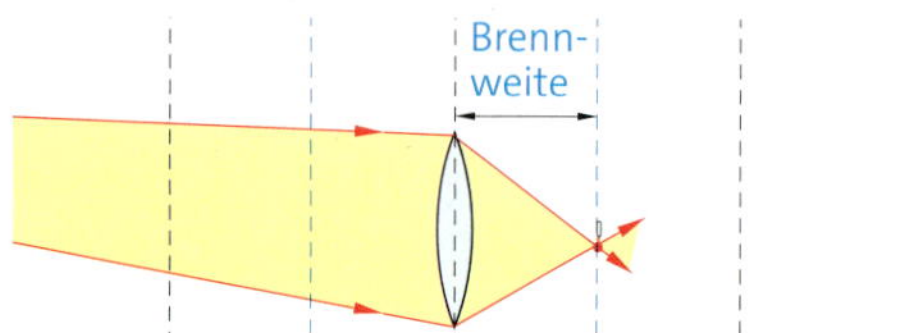

Kerze ist weit entfernt. Bild ist stark verkleinert, (fast) in der Brennweite.

2

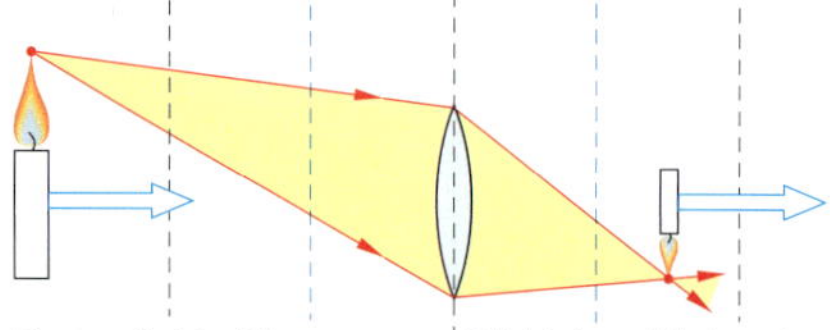

Kerze rückt näher. Bild ist verkleinert, rückt von der Linse weg und wird größer.

3

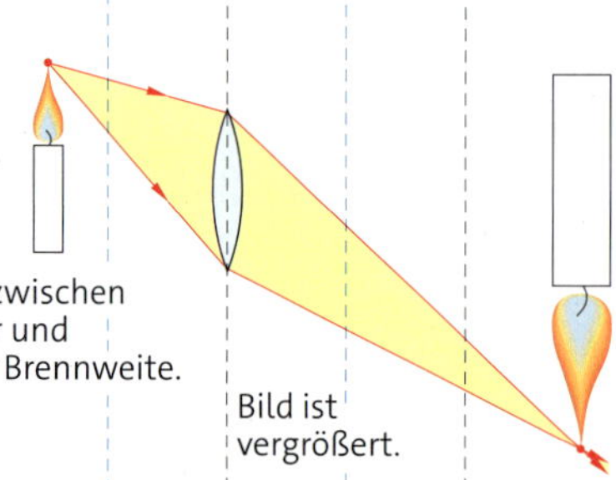

Kerze ist zwischen doppelter und einfacher Brennweite. Bild ist vergrößert.

4

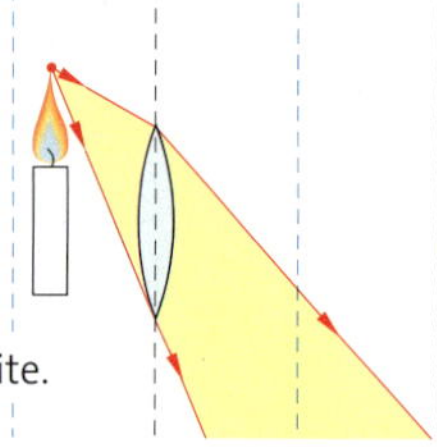

Kerze ist näher als die Brennweite. kein Bild

5

Gegenstände können verkleinert und vergrößert abgebildet werden – mit der gleichen Sammellinse!

Verkleinern – vergrößern • Die Sammellinse erzeugt von einer fernen Kerze ein stark verkleinertes Bild (fast) in der Brennweite. → 2
Wenn man die Kerze immer näher an die Linse rückt, ändert sich das Bild:

- Das verkleinerte Bild rückt weiter von der Linse weg und wird größer. → 3
- Das Bild wird größer als die Kerze, wenn die Kerze näher als die doppelte Brennweite herankommt. → 4
- Es entsteht kein Bild mehr, wenn die Kerze näher als die Brennweite an die Linse heranrückt. → 5

Sammellinsen bilden ferne Gegenstände stark verkleinert in der Brennweite ab. Die Brennweite ist die kleinste Bildweite.
Je näher ein ferner Gegenstand an die Linse rückt, desto weiter rückt sein Bild von ihr weg und desto größer wird es.

Aufgaben

1 ○ Beschreibe die Größe und die Lage der Kerzenbilder. → 2 – 4

2 ◔ Manuel erzeugt mit einer Sammellinse ein Bild von einer Kerze auf der Wand. Das Bild soll größer werden. Beschreibe, wie er die Kerze und die Linse verschieben muss. Tipp: Eine Zeichnung kann helfen.

Material A

Große und kleine Bilder mit einer Sammellinse

Materialliste: Sammellinse (Brennweite: $f = 100$ mm), Teelicht, Schirm, Meterstab, Tonnenfüße

1 Stelle die Sammellinse 50 cm hinter dem Teelicht auf. → 6 Verschiebe den Schirm, bis das Bild der Flamme scharf ist.
○ Miss die Bildweite. Beschreibe das Bild.

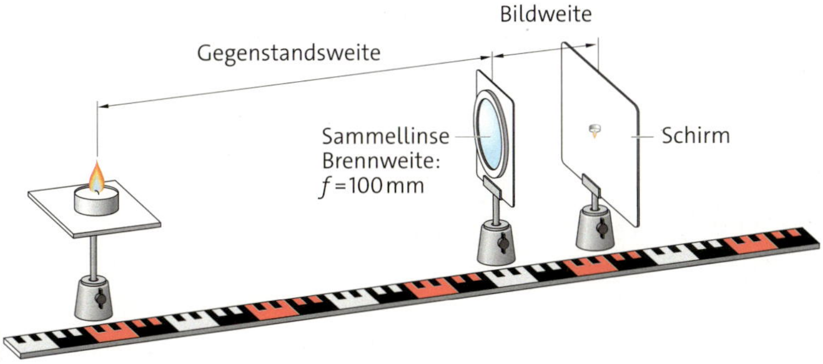

6

2 Schiebe die Linse etwas weiter vom Teelicht weg.
○ Miss wieder die Bildweite und vergleiche mit dem Wert von Versuchsteil 1. Beschreibe, wie sich die Größe des Bilds geändert hat.

3 Verschiebe Linse und Schirm und erzeuge so verschiedene Bilder der Flamme:
- ein möglichst großes Bild
- ein möglichst kleines Bild
- ein Bild, das genauso groß wie die Flamme ist

a ◐ Protokolliere dein Vorgehen.
b ○ Beschreibe den Zusammenhang zwischen Bildweite und Bildgröße:
- Je größer die Bildweite ist, desto ⟨?⟩
- Je kleiner die Bildweite ist, desto ⟨?⟩

c ○ Beschreibe, wie die Gegenstandsweite mit der Bildweite zusammenhängt.

4 ◐ Miss die kleinstmögliche Bildweite. Vergleiche den Messwert mit der Brennweite der Linse.

5 ● Kann die Linse beliebig große Bilder erzeugen, indem man sie immer näher an die Kerze heranrückt? Untersuche diese Frage mit einem Versuch und schreibe ein Protokoll.

Material B

7

Bildgröße und Brennweite

1 Die Glasmurmel erzeugt ein Bild der Kerze. → 7
a ○ Gib an, ob das Bild der Flammen verkleinert oder vergrößert ist.
b ◐ Mache Aussagen über die Brennweite der Glaskugel.

Nah heranholen*

1 Tierfotografen leben manchmal gefährlich.

Material zur Erarbeitung: A

Eine Großaufnahme – das wäre toll! Leider kann man nicht immer so nah herangehen, wie man möchte.

Brennweite und Bildgröße • „Komm ein wenig näher – du bist so klein auf dem Foto!“ So war das früher mit einfachen Kameras.
Bei modernen Kameras muss man den Abstand nicht mehr verringern. Sie haben ein verstellbares Objektiv, das Zoomobjektiv:

- In der Weitwinkeleinstellung wirkt das Objektiv wie eine dicke, stark gewölbte Sammellinse. → 1 Die Brennweite ist klein. Das Bild entsteht nahe an der Linse und ist klein.
- In der Tele-Einstellung wirkt das Objektiv wie eine dünne, schwach gewölbte Sammellinse. → 3 Die Brennweite ist groß. Das Bild entsteht weit von der Linse entfernt und ist groß. Das Objektiv ist jetzt sehr lang, weil die Bildweite so groß ist.

Bei gleicher Gegenstandsweite gilt:

> Je größer die Brennweite der Sammellinse ist, desto größer sind die Bildweite und das Bild.

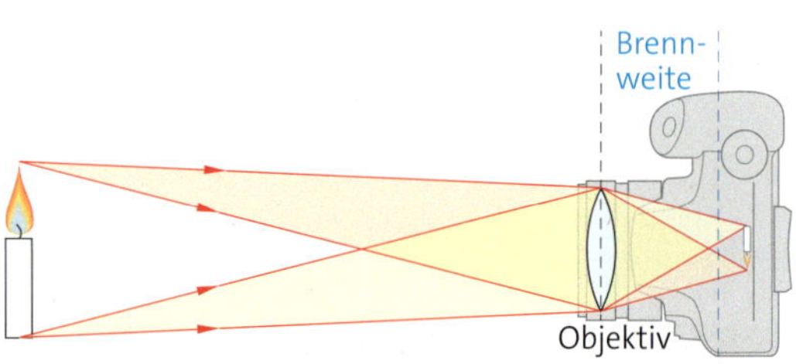

2 Weitwinkel: kleine Brennweite – kleine Bildweite – kleines Bild

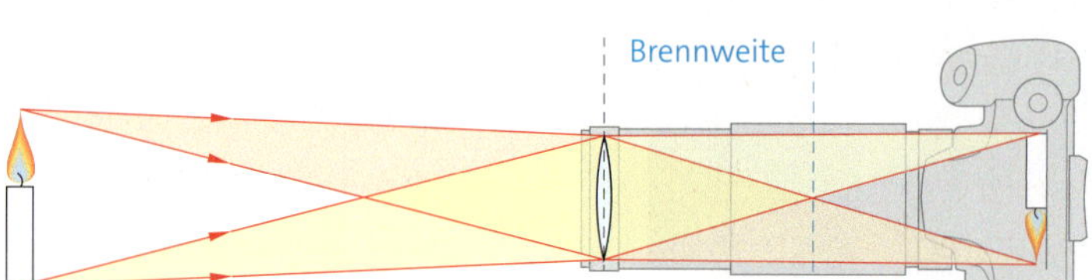

3 Tele: große Brennweite – große Bildweite – großes Bild

Aufgaben

1 ○ Gib an, wie sich die Größen beim Heranzoomen ändern: → 2 3
- Brennweite des Objektivs
- Bildweite
- Bildgröße

2 ◐ Jana hat zwei Sammellinsen in der Physiksammlung gefunden – eine mit 50 mm Brennweite und eine mit 300 mm. Beurteile, welche sich besser für die Tele-Einstellung einer Kamera eignen würde.

Material A

Brennweite und Bildgröße

Materialliste: Sammellinsen (Brennweite: f = 50 mm, 100 mm, 300 mm ...)

1 Erzeuge im Unterrichtsraum mit den verschiedenen Sammellinsen jeweils das scharfe Bild eines Fensters auf der gegenüberliegenden Wand.
◐ Fasse deine Beobachtungen zusammen:
„Je kleiner die Brennweite der Linse ist, desto ◇?"
Tipp: Für verschiedene Sammellinsen mit gleichem Durchmesser gilt: Je dicker die Sammellinse in der Mitte ist, desto kleiner ist ihre Brennweite.

Material B

Objektive von Kameras

4 Weitwinkeleinstellung (W)

5 Tele-Einstellung (T)

1 Viele Kameras haben ein verstellbares Objektiv (Zoomobjektiv). → 4 5
a ▢ Vergleiche die Weitwinkeleinstellung mit der Tele-Einstellung. Gib an, was dir am Objektiv auffällt.
b Beschreibe, wofür man die Tele-Einstellung nutzt.

2 Ein Teleobjektiv erkennt man sofort. → 6
▢ Beschreibe sein Erkennungszeichen.

6 Verschiedene Objektive

Material C

Optischer und digitaler Zoom

Materialliste: Handy (Tablet)

Optischer Zoom: Beim Heranzoomen vergrößert sich die Brennweite des Objektivs. Dadurch vergrößert sich auch die Bildweite.
Digitaler Zoom: Handys und Tablets sind sehr flach gebaut, deshalb lässt sich die Bildweite nur sehr wenig vergrößern. Diese Geräte sind daher häufiger mit einem digitalen Zoom ausgestattet. Dabei wird das Bild auf dem lichtempfindlichen Chip vergrößert.

1 Nimm das Handy zur Hand.
a Betrachte ein Foto aus der Galerie. Zoome so weit wie möglich in das Bild hinein.
b Starte die Kamera-App. Zoome wieder so weit wie möglich in das Bild hinein.
c ▢ Beschreibe, wie sich jeweils die Bildqualität beim Hineinzoomen verändert.

2 ▢ Nimm ein Bild mit maximalem Zoom und eines ohne Zoom auf. Betrachte die Bilder. Beschreibe die unterschiedliche Bildqualität.

Linsen zum Sehen

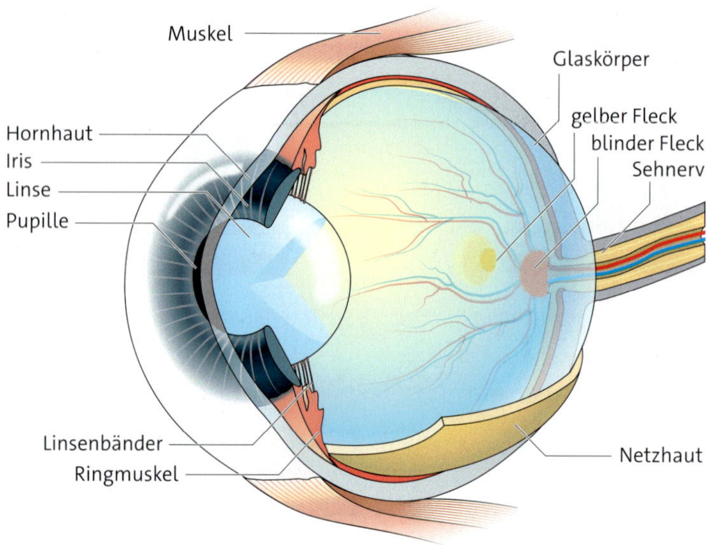

1 So ist unser Auge aufgebaut.

Das Auge erzeugt Bilder. Wenn sie nicht scharf genug sind, hilft eine Brille.

Die Abbildung im Auge • Das Licht von einem Gegenstand geht zuerst durch die durchsichtige, gewölbte Hornhaut. → 1 Dann folgt eine Blende mit einem Loch in der Mitte: die bunte Iris (Blende) mit der schwarzen Pupille (Loch). Hinter der Pupille trifft das Licht auf die Augenlinse. Sie erzeugt zusammen mit der Hornhaut das Bild des Gegenstands auf der Netzhaut.

Beim Blick auf einen fernen Baum ist die Augenlinse dünn und damit nur schwach gewölbt. → 2 Bei einer nahen Ameise ist die Augenlinse dick und damit stark gewölbt. → 3 Für die Veränderung der Linse sorgen die Linsenbänder und der Ringmuskel. → 1

In der Netzhaut sitzen die Sehsinneszellen. Sie werden durch das Licht gereizt und schicken dann elektrische Signale über den Sehnerv zum Gehirn.

Hornhaut und Augenlinse erzeugen zusammen Bilder auf der Netzhaut. Bei fernen Gegenständen ist die Brennweite der Augenlinse groß, bei nahen Gegenständen ist sie klein. Die Bildweite bleibt immer gleich.

Normalsichtig • Normalsichtige sehen Nahes und Fernes gleich gut. Ihr Augapfel ist von der Hornhaut bis zur Netzhaut etwa 24 mm lang.

Kurzsichtig • Kurzsichtige sehen nur nahe Dinge scharf. Ihr Augapfel ist länger als normal. → 4 Dadurch entstehen scharfe Bilder ferner Gegenstände schon vor der Netzhaut. Die Bilder auf der Netzhaut sind unscharf.

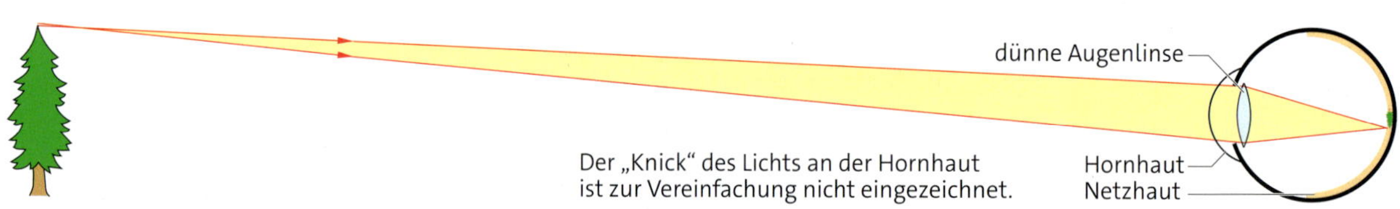

2 Großer Abstand – dünne Augenlinse

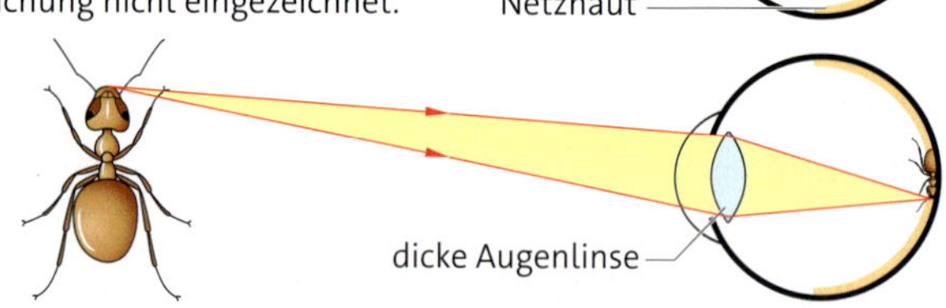

3 Kleiner Abstand – dicke Augenlinse

das Auge
die Brille
die Kurzsichtigkeit
die Weitsichtigkeit

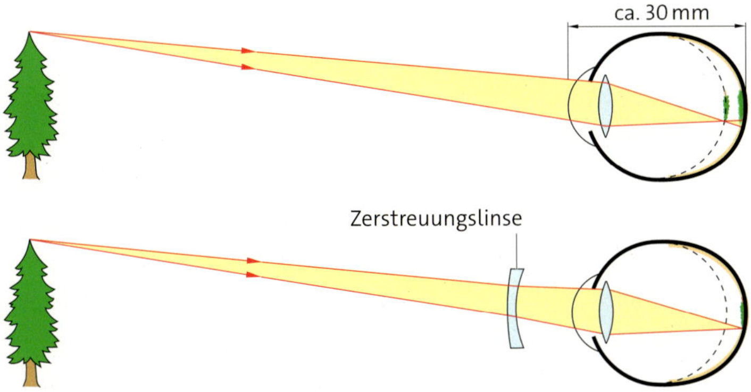

4 5 Kurzsichtig: ohne und mit Brille

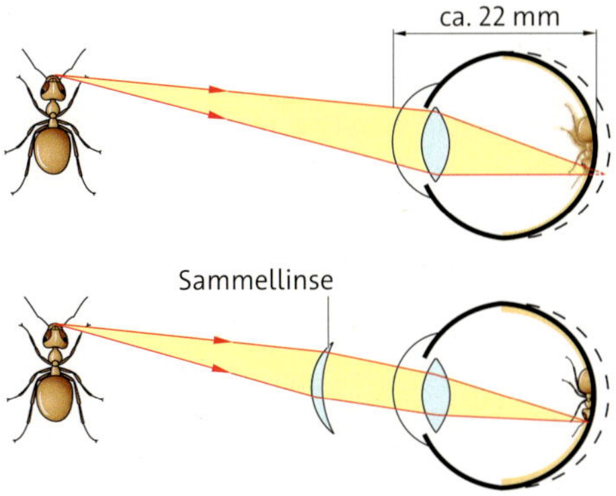

6 7 Weitsichtig: ohne und mit Brille

Kurzsichtige brauchen eine Brille mit Zerstreuungslinsen. Diese Linsen sind in der Mitte dünner als am Rand. → 5 Sie „knicken" das Licht von einem Gegenstandspunkt so, dass es hinter der Linse stärker auseinanderläuft als davor. Dadurch kann die Augenlinse das Licht erst etwas weiter hinten zusammenführen – auf der Netzhaut.

Kurzsichtige sehen ferne Gegenstände unscharf. Durch Brillen mit Zerstreuungslinsen entstehen scharfe Bilder erst auf der Netzhaut.

Weitsichtig • Weitsichtige sehen nur ferne Gegenstände scharf. Dafür gibt es zwei Ursachen:

- Der Augapfel ist kürzer als normal. → 6 Das scharfe Bild würde erst hinter der Netzhaut entstehen.
- Die Augenlinse wölbt sich beim Sehen naher Gegenstände nicht genug. Die Brennweite der Linse ist so groß, dass das scharfe Bild erst hinter der Netzhaut entstehen würde.

Weitsichtige brauchen eine Brille mit Sammellinsen. Diese Linsen führen das Licht von einem Gegenstandspunkt zusätzlich zur Augenlinse zusammen. → 7 Dadurch entsteht das scharfe Bild schon auf der Netzhaut.

Weitsichtige sehen nahe Gegenstände unscharf. Durch Brillen mit Sammellinsen entstehen scharfe Bilder schon auf der Netzhaut.

Aufgaben

1 ○ Nenne die Teile des Auges, die das Bild auf der Netzhaut erzeugen.

2 ◐ Ergänze im Heft: „Die ⟨?⟩ der Augenlinse kann verändert werden. Die ⟨?⟩ bleibt bei nahen und fernen Gegenständen gleich groß."

3 Kurzsichtig – weitsichtig

a ○ Ergänze im Heft:
- Ein Kurzsichtiger sieht ⟨?⟩ Dinge scharf und ⟨?⟩ Dinge unscharf.
- Ein Weitsichtiger sieht ⟨?⟩ Dinge scharf und ⟨?⟩ Dinge unscharf.

b ◐ Erkläre jeweils, wie Brillen helfen.

Linsen zum Sehen

Material A

Kurzsichtig – weitsichtig

Kurzsichtige brauchen Brillen mit Zerstreuungslinsen. Im Modellversuch entspricht die Sammellinse der Augenlinse und der Schirm entspricht der Netzhaut. → 1

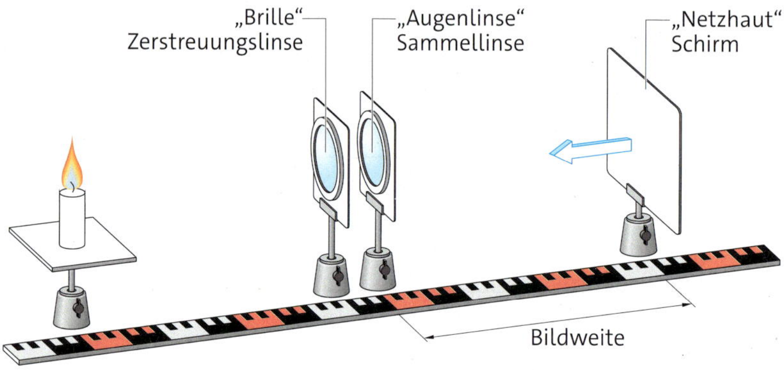

1 Versuch zur Kurzsichtigkeit

Materialliste: Zerstreuungslinse, Sammellinse, Kerze, Schirm, Tonnenfüße, Metermaß

1 Stelle die Zerstreuungslinse dicht vor die Sammellinse.

a ○ Verschiebe den Schirm, bis das Bild der Kerze scharf zu sehen ist. Miss jetzt die Bildweite.

b ○ Nimm die Zerstreuungslinse weg. Beschreibe das Bild auf dem Schirm.

c ◐ Verschiebe den Schirm, bis das Bild wieder scharf ist. Der Aufbau entspricht jetzt dem „normalsichtigen" Auge. Miss die Bildweite.

d ◐ Vergleiche die Bildweiten. Welches Auge ist kürzer: das normalsichtige oder das kurzsichtige?

2 ● Weitsichtige brauchen Brillen mit Sammellinsen. Plane einen Modellversuch dazu und führe ihn durch. Schreibe ein Protokoll.

Material B

Verschiedene Linsen

1 ○ Ordne die Linsen in Sammellinsen und Zerstreuungslinsen. → 2 Begründe deine Zuordnung.

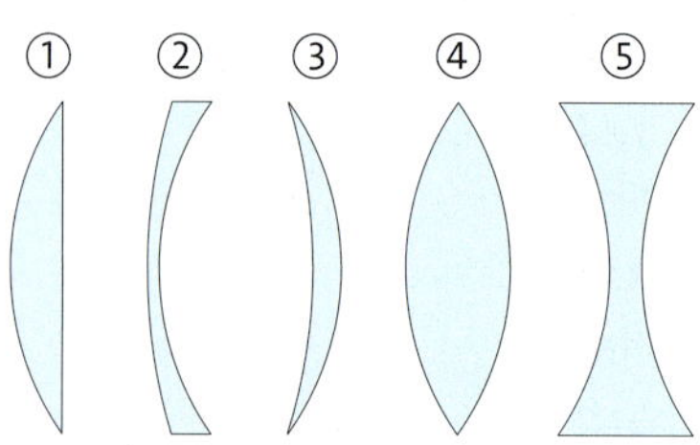

2 Verschiedene Linsenformen

2 Sammellinse – Zerstreuungslinse

a ◐ Ordne die Linsentypen den Bildern zu. → 3 4 Begründe deine Zuordnung.
Tipps: Linsenform, „Knick" im Licht

b ○ Gib an, welche Linse kurzsichtigen Menschen hilft und welche weitsichtigen Menschen.

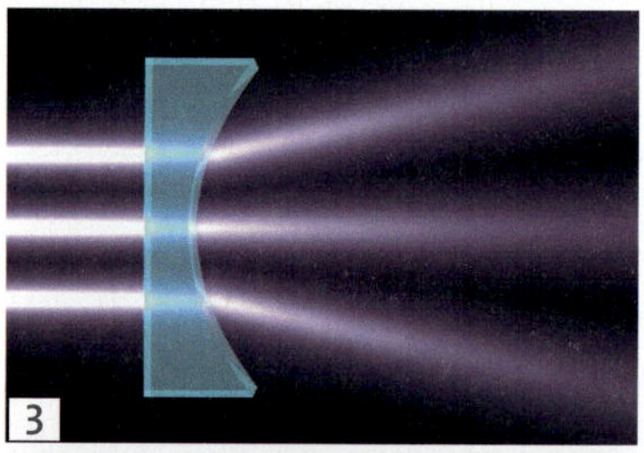

3

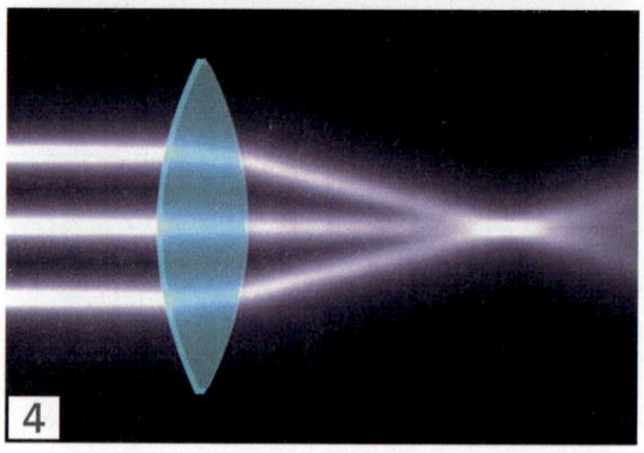

4

Material C

„Brillenstärke“

1 Die „Brillenstärke“ wird in Dioptrien angegeben. → 5

a ◐ Berechne die fehlenden Werte in der Tabelle. → 6

b ○ Nenne die „stärkste“ Linse.

„Brillenstärke“
Stark gewölbte Sammellinsen „knicken“ das Licht stark. Ihre Brennweite ist klein. Der Kehrwert der Brennweite (in m) ist groß. Er beschreibt die „Brillenstärke“ und wird in Dioptrien angegeben.
Beispiel: Eine Sammellinse mit einer Brennweite von 0,2 m hat eine „Brillenstärke“ von 5 Dioptrien: $\frac{1}{0{,}2} = 5$. Sie führt das Licht stärker zusammen als eine Sammellinse mit 2 Dioptrien, weil diese eine größere Brennweite von 0,5 m hat: $\frac{1}{0{,}5} = 2$.
Bei Zerstreuungslinsen gibt man die „Brillenstärke“ durch negative Dioptrien an.

5

Brennweite	Dioptrie
2,0 m	?
0,5 m	?
?	10
20 cm	?

6 Verschieden „starke“ Linsen

Material D

7

Brillen und Kontaktlinsen

Miriam hat seit einiger Zeit Probleme, Tafelanschriebe oder Plakate zu lesen. → 7

Materialliste: Handy

1 ○ Notiert Gründe, warum Miriam keine Brille tragen möchte und warum sie eine Brille tragen sollte.

2 ◐ Filmt ein Rollenspiel mit zwei Personen, die Miriam und ihre Freundin spielen. Die Freundin hat im Rollenspiel bemerkt, dass Miriam nur schlecht sehen kann.

8 Kontaktlinse

3 Auch Kontaktlinsen gleichen Sehfehler aus. → 8
Informiert euch in einem Augenoptikgeschäft über die Vor- und Nachteile von Kontaktlinsen.
○ Beschreibt, für welche Personen und in welchen Situationen das Tragen von Kontaktlinsen sinnvoll sein kann.

Unser Gehirn bestimmt, was wir sehen

1 Seht ihr alle das Gleiche?

Mal siehst du zwei Köpfe, mal einen Pokal. → 1 Auf deiner Netzhaut ist aber beide Male das gleiche Bild!

Auge und Gehirn • Das Netzhautbild der Blume steht auf dem Kopf. → 2 Wir sehen die Welt aber aufrecht. Das Gehirn „betrachtet“ das Netzhautbild nämlich nicht einfach wie ein Foto. Vielmehr wertet es die Signale aus, die von der Netzhaut kommen. Dabei spielt die Erfahrung eine große Rolle. Unsere Erfahrung ist, dass eine Blume aufrecht steht. Das Gehirn schließt daher aus dem umgekehrten Netzhautbild auf einen aufrecht stehenden Gegenstand.

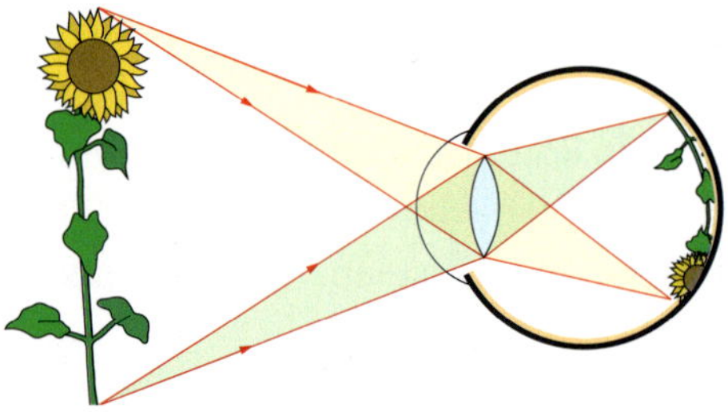

2 Aufrechte Blume – umgekehrtes Bild

Manchmal erkennt dein Gehirn zwei verschiedene Dinge an der gleichen Stelle. → 1 Es deutet dann das gleiche Netzhautbild zum Beispiel mal als Pokal und mal als Köpfe.

Räumliches Sehen • Wir haben zwei Augen – warum sehen wir nicht alles doppelt? Peile mit dem Daumen ein Ziel an. → 3 Halte dazu erst das linke, dann das rechte Auge geschlossen. Du erkennst, dass sich der Daumen an verschiedenen Stellen vor dem Hintergrund befindet. Unser Gehirn erzeugt aus dem Unterschied der Netzhautbilder einen räumlichen Seheindruck.

3 Linkes Auge offen – rechtes Auge offen

Der Seheindruck von unserer Umgebung entsteht erst im Gehirn.

Aufgaben

1 ○ Wir sehen Dinge aufrecht, obwohl ihr Netzhautbild auf dem Kopf steht. Erkläre dies.

2 ◐ Erkläre, weshalb wir nicht alles doppelt sehen.

der Seheindruck

Material A

Vertrackte Farben

1 Die Liste mit den Farbnamen hat es in sich. → 4

a ▢ Lies die Wörter nicht vor, sondern nenne laut und möglichst schnell die Farben, in denen sie gedruckt sind.

b Fünfjährige haben keine Schwierigkeiten mit dieser Aufgabe.
◪ Erkläre den Unterschied.

4 blau grün rot gelb blau gelb grün rot blau weiß schwarz weiß gelb

Material B

Mit zwei Augen sehen

Materialliste: Papier, Stift, leere Flasche

1 Schließe ein Auge und halte eine Röhre aus Papier vor das andere Auge. Schaue durch die Röhre in die Ferne. Öffne dann auch das zweite Auge. → 5

a ▢ Beschreibe, was du siehst.

b ◪ Erkläre deine Beobachtung.

2 Eine leere Flasche steht auf dem Tisch. Stecke von oben einen Stift hinein – halte dabei aber ein Auge geschlossen. Wiederhole dann den Versuch mit beiden Augen geöffnet.
◪ Erkläre den Unterschied.

3 Stelle dich ans Fenster. Bei gestreckten Armen sollen sich die Spitzen der Zeigefinger berühren. → 6
Blicke nicht auf die Finger, sondern über sie hinweg zum Himmel. Ziehe dann die Fingerspitzen etwas auseinander.
▢ Beschreibe, was du jetzt siehst.

5

6

Material C

Lass dich täuschen!

1 Folge den Hinweisen unter den Bildern. → 7 8
◪ Beschreibe deine Seheindrücke.

7 Ist die Zimmerwand im Hintergrund breiter als die Vorderkante des Teppichs? Miss nach!

8 Krumm und schief? Prüfe es.

Wie wir sehen

Zusammenfassung

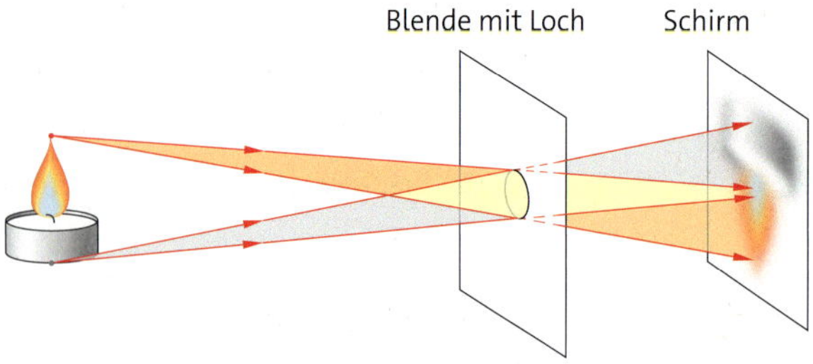

1 Großes Loch: Bild hell, aber unscharf

Löcher machen Bilder • Vom Gegenstand geht Licht durch das Loch in der Blende. Auf dem Schirm hinter der Blende entsteht zu jedem Punkt des Gegenstands ein Lichtfleck. Alle Lichtflecke zusammen ergeben das umgekehrte Bild des Gegenstands. → 1
Je weiter der Schirm vom Loch entfernt ist, desto größer wird das Bild.

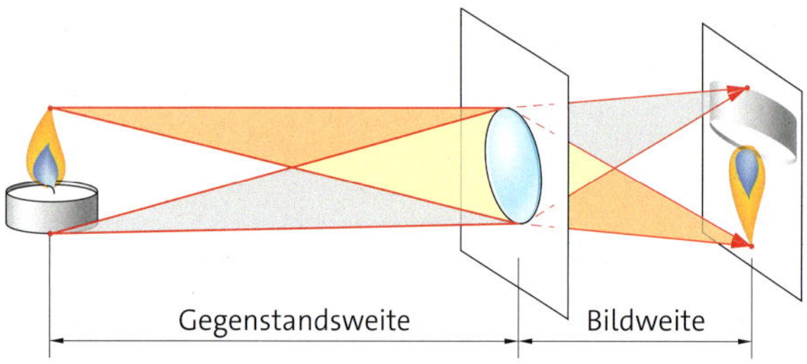

2 Sammellinse: Bild hell und scharf

Sammellinsen machen scharfe Bilder • Die Sammellinse bildet jeden Gegenstandspunkt in einem Bildpunkt ab. Das umgekehrte Bild ist hell und scharf – aber nur in einem einzigen Abstand zwischen Sammellinse und Schirm. → 2 Der Abstand zwischen Linse und scharfem Sonnenbild heißt Brennweite. Je schwächer die Sammellinse gewölbt ist, desto größer ist die Brennweite.

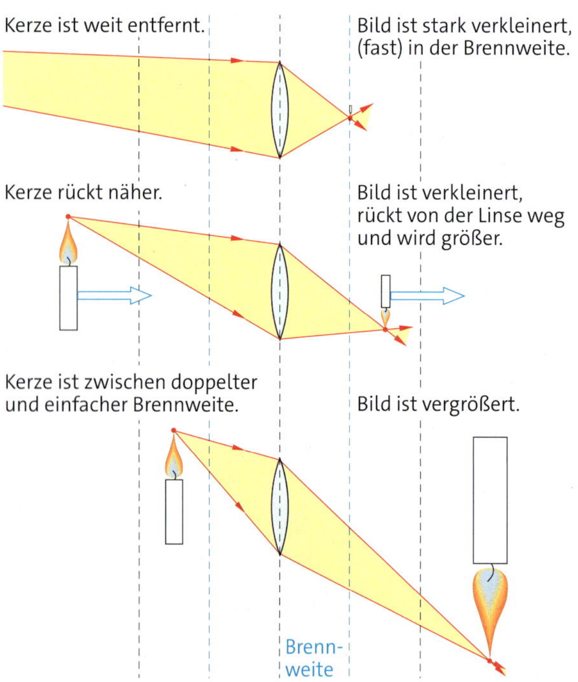

3 Verschiedene Abstände – verschiedene Bilder

Vergrößern und verkleinern – nah heranholen* • Ferne Gegenstände werden von der Sammellinse stark verkleinert in der Brennweite abgebildet. → 3 Je näher der Gegenstand an die Sammellinse heranrückt, desto weiter rückt sein Bild von ihr weg und desto größer wird das Bild. Je größer die Brennweite einer Sammellinse ist, desto größer ist das Bild des Gegenstands (bei gleicher Gegenstandsweite). → 4

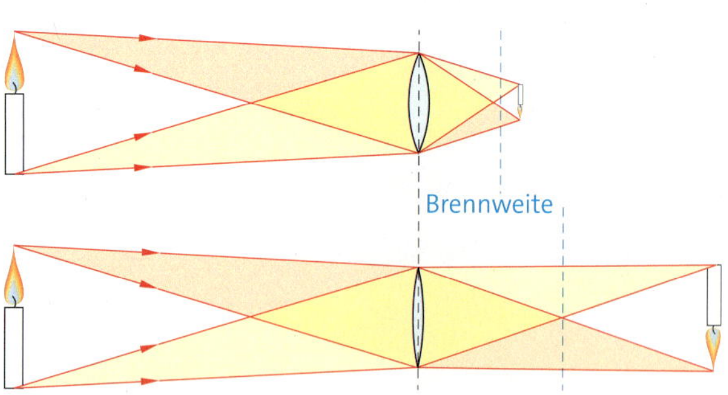

4 Größere Brennweite – größeres Bild

Auge und Seheindruck • Das Licht fällt durch die Hornhaut und die Pupille ins Auge. → 5 Die Hornhaut und die Augenlinse „knicken" das Licht und führen es auf der Netzhaut zusammen. Dort entstehen umgekehrte Bilder von Gegenständen in der Umgebung.
Der Seheindruck von unserer Umgebung entsteht erst im Gehirn. Beim Auswerten der Netzhautbilder spielen Erfahrung und Erinnerung eine große Rolle.

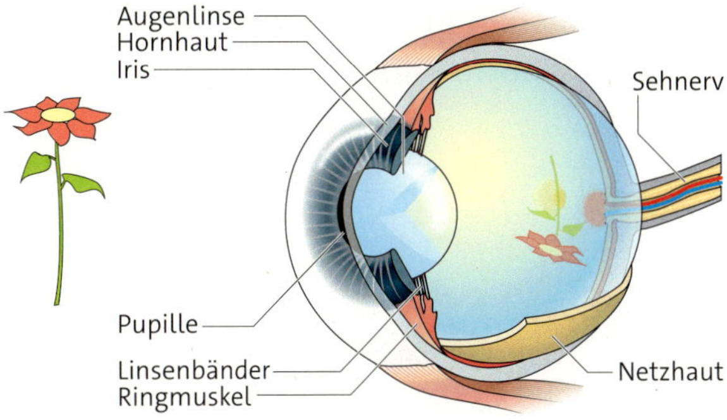

5 Aufbau unseres Auges

Nah und fern • Bei nahen Gegenständen ist die Brennweite der Augenlinse klein. → 6 Bei fernen Gegenständen ist die Brennweite groß. Die Bildweite bleibt immer gleich.

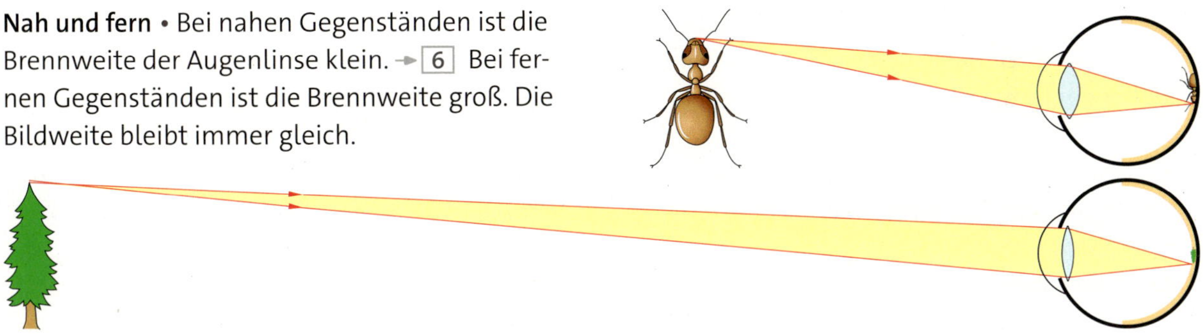

6 Naher Gegenstand – kleine Brennweite; ferner Gegenstand – große Brennweite

Kurzsichtig • Kurzsichtige sehen ferne Gegenstände unscharf. Das scharfe Bild entsteht vor der Netzhaut. Durch die Zerstreuungslinse entsteht es erst auf der Netzhaut. → 7

Weitsichtig • Weitsichtige sehen nahe Gegenstände unscharf. Das scharfe Bild würde hinter der Netzhaut liegen. Durch die Sammellinse entsteht es schon auf der Netzhaut. → 8

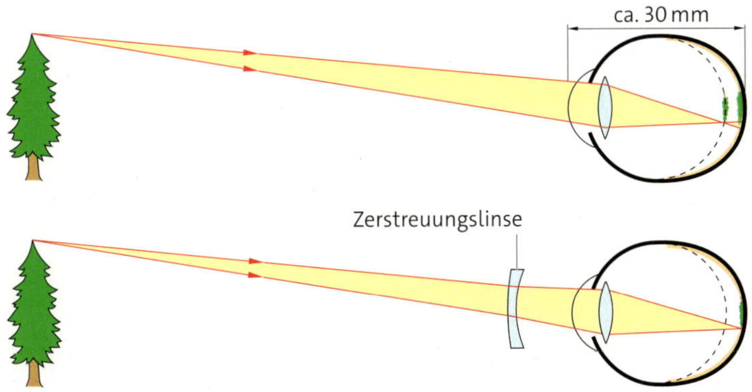

7 Kurzsichtiges Auge mit Brille

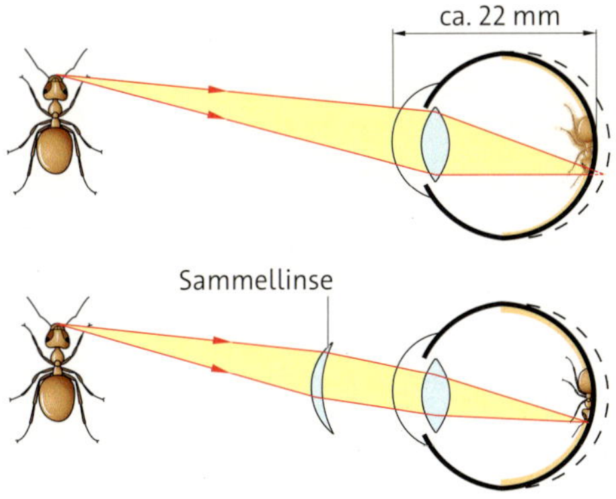

8 Weitsichtiges Auge mit Brille

Teste dich! (Lösungen auf Seite 435)

Löcher machen Bilder – Sammellinsen machen scharfe Bilder

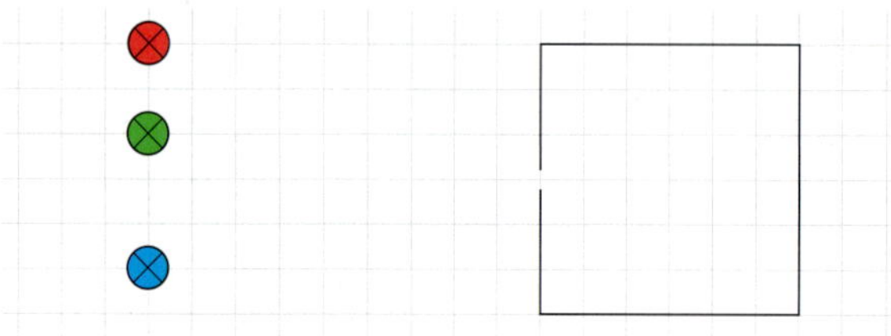

1 Vorlage für die Zeichnung

1 ○ Vor einer Lochkamera stehen drei kleine Lämpchen. → 1 Übertrage die Anordnung in dreifacher Größe in dein Heft. Zeichne die Bilder der Lämpchen ein.

2 Lochkamera – Linsenkamera
a ○ Nenne Gemeinsamkeiten und Unterschiede der Bilder.
b ◐ Erkläre, wieso die Bilder umgedreht sind.

3 ◐ Erkläre, wie die „Brennweite" einer Sammellinse zu ihrem Namen kommt.

4 ◐ So wird das Licht einer fernen Leuchtturmlampe von einer stark gewölbten Sammellinse zusammengeführt. → 2

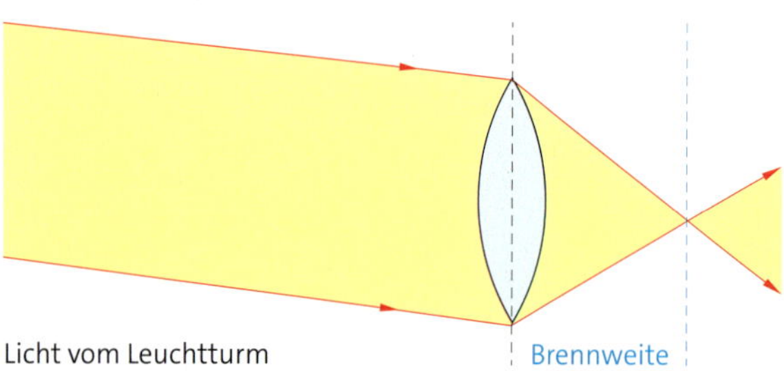

2 Ferne Lampe und stark gewölbte Linse

a Skizziere das Gleiche für eine schwach gewölbte Sammellinse.
b Beschreibe den Zusammenhang: „Je stärker eine Sammellinse gewölbt ist, desto ◈ ist ihre Brennweite."

Vergrößern und verkleinern – nah heranholen*

5* ○ Vergrößert – verkleinert
a Beschreibe, wie du mit der Sammellinse das verkleinerte Bild einer Kerze erzeugst.
b Beschreibe, wie du mit der Sammellinse das vergrößerte Bild einer Kerze erzeugst.

6* Die Kerze steht ganz nahe an der Sammellinse. → 3 Es entsteht kein Bild der Kerze.
● Erkläre es.

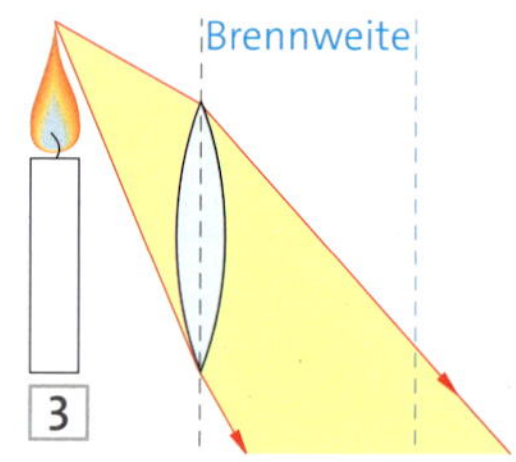

3

Linsen zum Sehen

7 ○ Du gehst vom dunklen Flur auf die helle Straße. Beschreibe, wie sich deine Pupille dabei ändert.

8 ◐ Ein Auto fährt auf dich zu. Beschreibe, wie sich sein Bild auf deiner Netzhaut ändert.

9 ◐ Du siehst erst den Kalender scharf und dann die Rose. → 4 5 Beschreibe, wie sich deine Augenlinse dabei verändert.

4

5

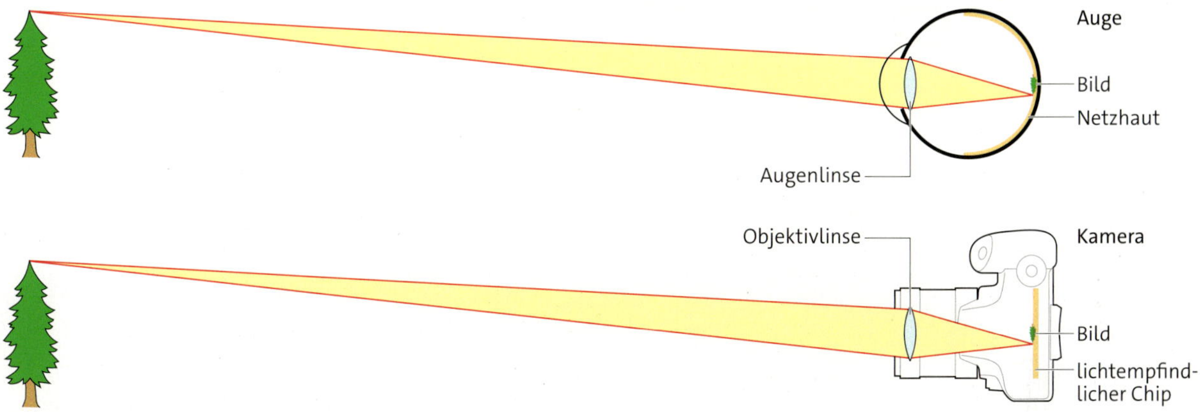

6 Auge und Kamera im Vergleich

10 ◐ Das Auge und die Kamera sind ähnlich aufgebaut. → 6
Übertrage die Tabelle ins Heft. → 7
Ergänze die Tabelle mit den folgenden Einträgen:
Bild auffangen, Bild erzeugen, Chip, Iris, Linse verformbar, Linse verschiebbar, Objektivlinse, Lichteinfall regeln.

Auge	Kamera	Funktion
Augenlinse	?	?
?	Blende	?
Netzhaut	?	?
?	?	scharf stellen

7 Auge und Kamera im Vergleich

11 Kurzsichtig – weitsichtig
a ○ Beschreibe, was Kurzsichtige scharf sehen können und was nicht.
b ○ Benenne die Linsen in den Brillen für Kurzsichtige.
c ◐ Beschreibe, wie Brillen für Kurzsichtige funktionieren.
d ◐ Löse die Aufgaben a–c für Weitsichtige.

Unser Gehirn bestimmt, was wir sehen

12 ○ Auf der Netzhaut ist ein umgedrehtes Bild des Baums. → 6 Erkläre, weshalb wir den Baum trotzdem aufrecht wahrnehmen.

13 Halte eine Münze zwischen das Buch und deine Augen. Blicke sie abwechselnd mit dem rechten und dem linken Auge an.
a ○ Beschreibe deine Beobachtung.
b ◐ Beschreibe, was deine Beobachtung mit dem räumlichen Sehen zu tun hat.

14 Drehe die Bilder richtig herum. → 8
a ○ Beschreibe deine Beobachtung.
b ◐ Erkläre, warum dir das Sonderbare nicht schon vorher auffällt.

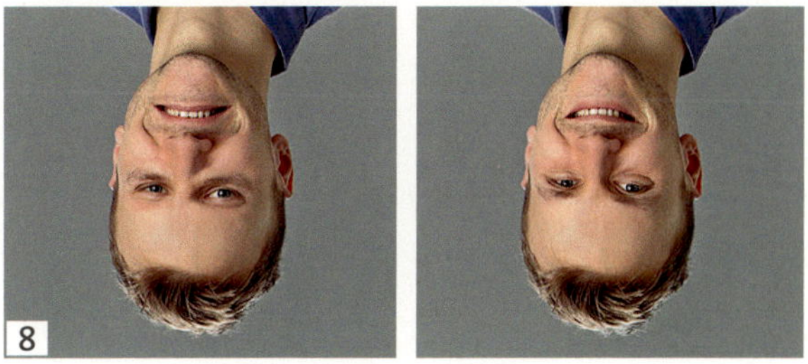

8

Spiegel, Trugbilder, farbiges Licht

Hier wird Licht zerlegt: Das Ergebnis ist wunderschön. Wie können Regenbogen entstehen?

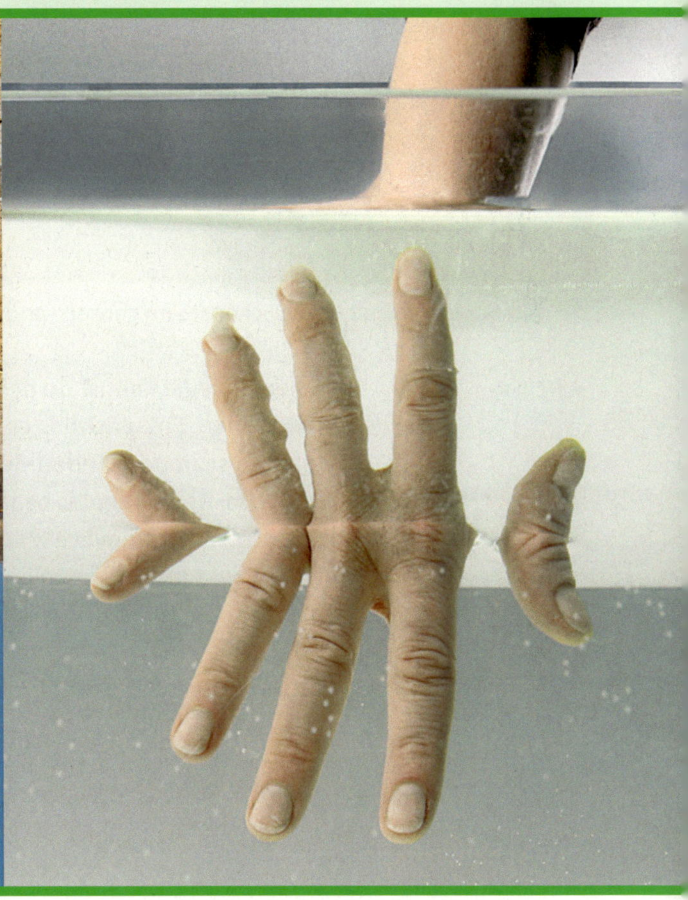

Hat die Antilope zwei Spiegelbilder? Oder gibt es eine andere Erklärung?

Eine Hand taucht ins Wasserbecken. Warum sieht man die Finger doppelt?

Spieglein, Spieglein ...

1 ... an der Wand, wer ist die Schönste im ganzen Land?

Materialien zur Erarbeitung: A–B

In einem Spiegel kannst du dein Spiegelbild sehen. Entspricht es genau deinem Gesicht oder ändert der Spiegel etwas? Um diese Frage zu beantworten, musst du verstehen, wie ein Spiegelbild entsteht. Was macht ein Spiegel mit dem Licht, das auf ihn trifft?

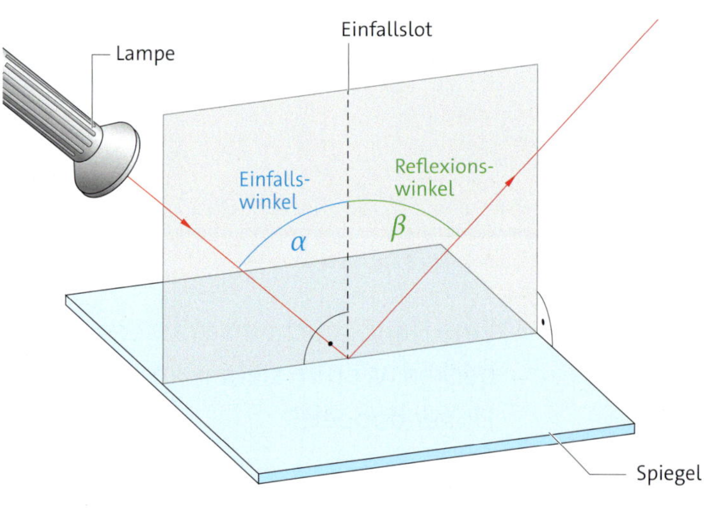

2 Das Reflexionsgesetz

Reflexion • Wenn Licht auf einen Spiegel trifft, lenkt er es um. → 2 Man sagt: Der Spiegel reflektiert das Licht. Einfallende und ausfallende Lichtstrahlen bilden stets ein V, das senkrecht auf dem Spiegel steht. Das V kann breit oder schmal sein. Das hängt davon ab, in welchem Winkel das Licht auf den Spiegel trifft. Die Senkrechte mitten im V nennt man Einfallslot.

Am Spiegel gilt das Reflexionsgesetz:
- Der Einfallswinkel ist genauso groß wie der Reflexionswinkel.
- Der einfallende Lichtstrahl und der reflektierte Lichtstrahl liegen in einer Ebene mit dem Einfallslot.

Spiegelbilder • Wir sehen die Kerze und die Tasse im Spiegel, wobei die Spiegelbilder scheinbar gleich weit vom Spie-

die Reflexion
das Reflexionsgesetz
das Spiegelbild
das Trugbild

3 Spiegelbilder

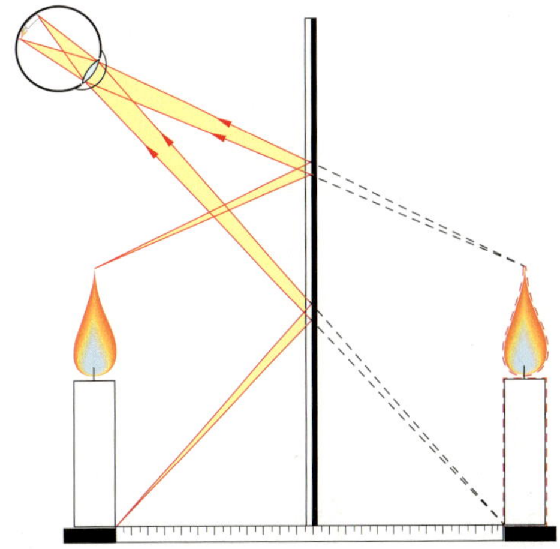

4 So entsteht das Spiegelbild.

gel entfernt sind wie die Gegenstände selbst. → 3 Hinter dem Spiegel sind aber weder eine Kerze noch eine Tasse! Das Spiegelbild der Flammenspitze entsteht so: Licht von der Spitze trifft auf den Spiegel. Der Spiegel reflektiert einen Teil des Lichts ins Auge. → 4 Auge und Gehirn bekommen von der Umlenkung des Lichtwegs nichts mit. Wir sind gewohnt, dass das Licht geradlinig verläuft. Deshalb siehst du das Spiegelbild der Flammenspitze genau in der Richtung, aus der das Licht ins Auge fällt. Vom Ort des Spiegelbilds geht kein Licht aus. Wir sehen ein „Trugbild“ oder auch „virtuelles Bild“.

Wenn der Spiegel das Licht eines Gegenstands ins Auge reflektiert, sehen wir ein Spiegelbild des Gegenstands. Es liegt in der Richtung, aus der das reflektierte Licht ins Auge fällt.

Aufgaben

1 ◯ Nenne Gegenstände, die wie der Spiegel Licht reflektieren.

2 ◐ Weiße Wände streuen Licht, Spiegel reflektieren es. Beschreibe den Unterschied.

3 ◐ Ergänze: Das Spiegelbild der Kerze scheint vom Spiegel ◇? entfernt zu sein wie die Kerze selbst. → 3

4 ◐ Erkläre, wie das Spiegelbild der Tasse entsteht. → 3

5 ◐ Spiegelbilder sind „Trugbilder“. Erkläre, was damit gemeint ist.

6 ● „Ohne das Auge gäbe es gar kein Spiegelbild der Kerze.“ → 4 Nimm Stellung zu der Aussage.

Spieglein, Spieglein ...

Material A

Der Lichtweg am Spiegel

Materialliste: abgeklebte Taschenlampe mit Lichtspalt, Papier (DIN A4), Taschenspiegel

1 Lege das Blatt Papier auf den Tisch und baue den Versuch darauf auf. → 1

1

a ○ Zeichne die Stellung des Spiegels und einige Punkte des Lichtwegs auf dem Papier ein. Zeichne dann den Lichtweg sorgfältig nach.
b ○ Drehe den Spiegel etwas zur Seite. Zeichne wieder.
c ◐ Formuliere eine Gesetzmäßigkeit.

Material B

Gespiegeltes Licht im Visier

Materialliste: 2 Pappröhren, Taschenlampe, Spiegel

1 Ein Versuch für drei: → 2

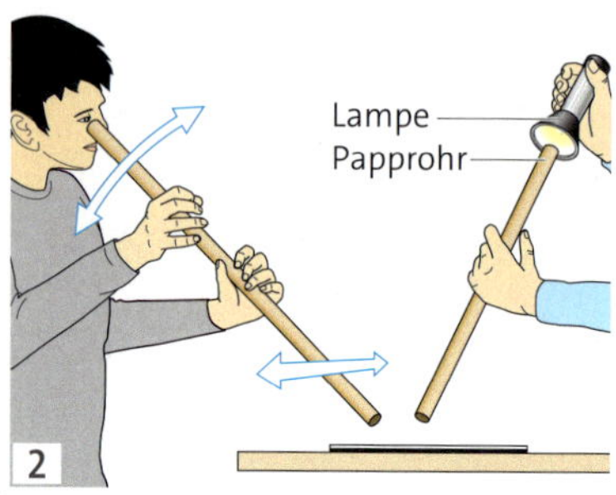

2

a ○ Eine Person leuchtet durch ihre Pappröhre auf den Spiegel. Die Person mit der anderen Pappröhre verschiebt und dreht sie so lange, bis Licht in ihr Auge fällt. Fotografiert dann die Stellung der Pappröhren.
b ○ Die Richtung der ersten Röhre wird verändert. Sucht wieder das umgelenkte Licht und fotografiert die Stellung der Pappröhren.
c ◐ Wie müsst ihr die Röhren halten? Stellt Regeln auf.

Material C

Der „tote Winkel"

1 ◐ Erkläre, weshalb der Lkw-Fahrer den grün gekleideten Radfahrer sieht, den vorderen Radfahrer im „toten Winkel" aber nicht. → 3

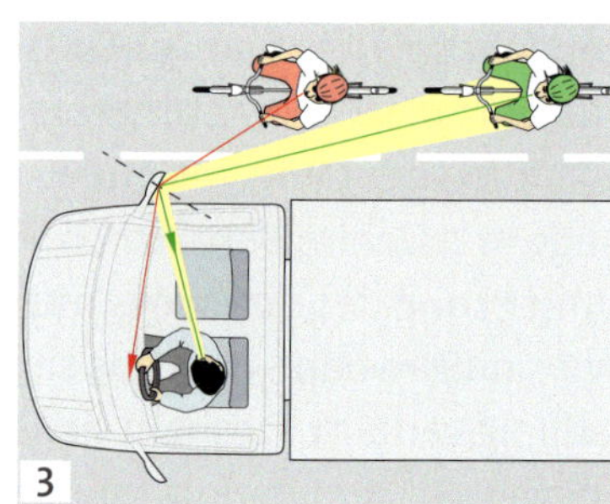
3

Material D

Spiegelverkehrt

1 ◐ Vertauscht der Spiegel links und rechts? → 4
Ergänze in deinem Heft:

a Der rote Stift zeigt nach ⟨?⟩
Sein Spiegelbild zeigt ⟨?⟩
b Der gelbe Stift ⟨?⟩
c Der grüne Stift ⟨?⟩
d Der Spiegel vertauscht ⟨?⟩

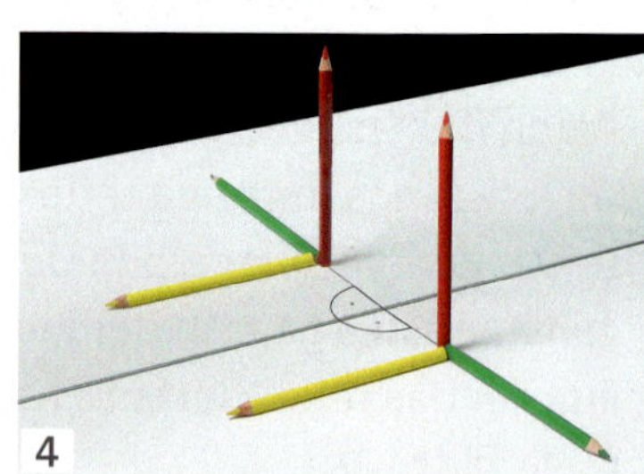
4

Material E

Licht ins Ziel lenken

Materialliste: abgeklebte Taschenlampe mit Lichtspalt (wie in Bild 1), Papier (DIN A4), 2 Taschenspiegel

1 Die Zeichnung zeigt den Grundriss eines Zimmers. → 5 Die Wand steht dem Licht im Weg. Die beiden Spiegel sollen senkrecht auf den Grundriss gestellt werden, sodass sie das Licht zum Kreuz lenken.

a ◐ Zeichnet das Zimmer groß auf eurem Blatt Papier auf. Überlegt euch, wo die Spiegel stehen müssen. Zeichnet sie und den vermuteten Lichtweg ein.

b ○ Stellt die Spiegel jetzt an den vorgezeichneten Stellen auf eure Zeichnung. Überprüft mit der Lampe, ob ihr das Kreuz trefft.

c ◐ Zeichnet selbst einen Grundriss für andere Teams. Ihr könnt auch mehr als zwei Spiegel verwenden.

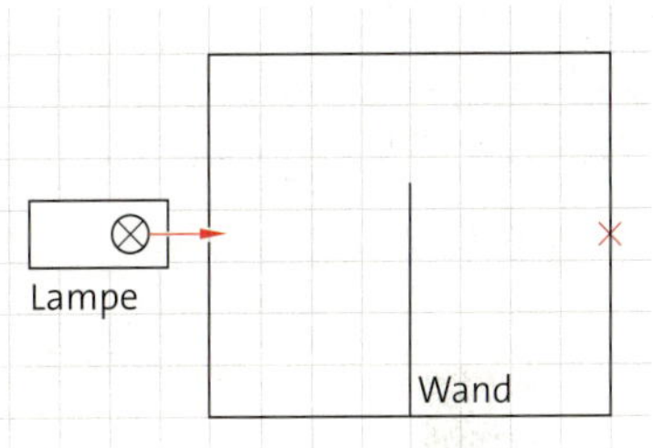

5 Zimmer (Blick von oben)

Material F

6 Vorbereitung

7 In das Spiegelbild gießen

Hinter den Spiegel gießen

Kathrin sieht das Becherglas 1 und sein Spiegelbild. → 6 Sie gibt Michael Anweisungen: Er soll das Becherglas 2 genau über das Spiegelbild halten und dort abstellen. Jetzt sieht Kathrin das Becherglas 2 nicht mehr. → 7 Sie gießt das Wasser genau „in das Spiegelbild hinein“!

Materialliste: großer Spiegel, Halterungen, 3 Bechergläser, Wasser, Lineal, Lappen

1 ○ Führt den Versuch durch. Messt den Abstand der beiden Gläser vom Spiegel. Wiederholt den Versuch mit unterschiedlichen Abständen zum Spiegel.

2 ◐ Formuliert als Ergebnis einen Satz, in dem die folgenden Wörter vorkommen: Gegenstand, Spiegelbild, Spiegel, Entfernung.

Trugbilder durch Brechung

1 Fischen mit einer Harpune (Südpazifik)

Material zur Erarbeitung: A

Dieser Fischer hat viel Erfahrung. Es ist gar nicht so einfach, richtig zu zielen. Der Fischer sieht den Fisch nicht an der Stelle, wo er sich befindet. Nur mit viel Übung wurde der Fischer so treffsicher.

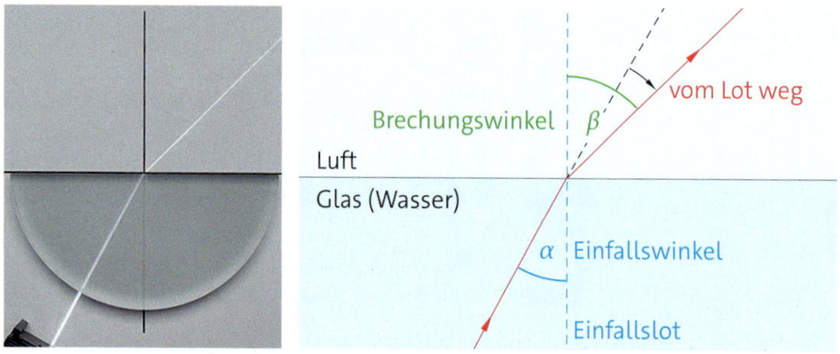

2 Licht geht aus dem Glas in Luft über: Brechung vom Lot weg.

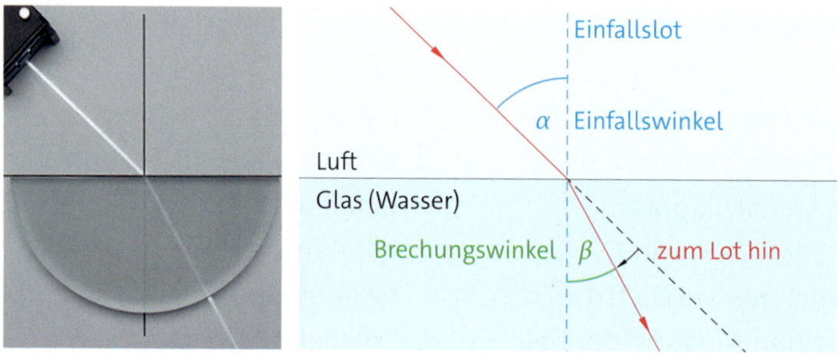

3 Licht geht aus der Luft in Glas über: Brechung zum Lot hin.

Brechung • Licht fällt auf den Fisch und wird zurückgeworfen. An der Wasseroberfläche wird das vom Fisch kommende Licht umgelenkt.

Licht wird immer umgelenkt, wenn es schräg von Wasser oder Glas auf Luft trifft. Der Lichtweg ist umkehrbar. Deshalb wird Licht auch abgelenkt, wenn es von Luft schräg auf Wasser oder Glas trifft. Wir sprechen von der Brechung des Lichts.

Für die Brechung des Lichts gelten folgende Regeln:

- Das Licht wird vom Einfallslot weg gebrochen, wenn es aus dem Glas (Wasser) in die Luft übergeht. → 2
- Das Licht wird zum Einfallslot hin gebrochen, wenn es aus der Luft ins Glas (Wasser) übergeht. → 3
- Je flacher das Licht auftrifft, desto stärker ist der „Knick".

Licht wird gebrochen, wenn es schräg auf die Grenzfläche zwischen zwei durchsichtigen Stoffen trifft.

die Brechung
die optische Hebung
die Totalreflexion

Optische Hebung • Unter Wasser sieht man einen Gegenstand (z. B. einen Fisch) nicht dort, wo er sich befindet. Licht wird vom Fisch gestreut. An der Wasseroberfläche wird es vom Lot weg gebrochen. → 4 Ein Teil des Streulichts fällt ins Auge des Fischers. Auge und Gehirn merken den „Knick" im Lichtweg nicht. Der Fischer sieht ein Trugbild des Fischs in der Richtung, aus der das Licht ins Auge einfällt. Der Fisch scheint angehoben zu sein.

Gegenstände unter Wasser sehen wir scheinbar angehoben. Wir sehen sie in der Richtung, aus der das gebrochene Licht ins Auge fällt.

Totalreflexion • Ein Teil des Streulichts vom Fisch trifft sehr schräg aus dem Wasser auf die Luft. Dieses Licht wird vollständig ins Wasser reflektiert. → 5 Weil kein Licht in das Auge des Fischers fällt, sieht er den Fisch nicht.
Mithilfe der Totalreflexion kann man Licht in Glasfaserkabeln über lange Strecken transportieren. Jede Glasfaser besteht aus einem lichtdurchlässigen Kern und einem Mantel. → 6 Licht gelangt an einem Ende in den Lichtleiter. An der Grenze vom Kern zum Mantel wird das Licht immer wieder total reflektiert und so über weite Strecken weitergeleitet.

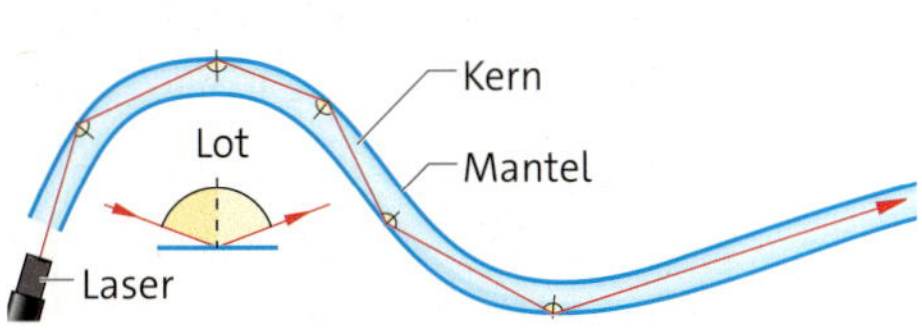

6 Totalreflexion im Lichtleiter

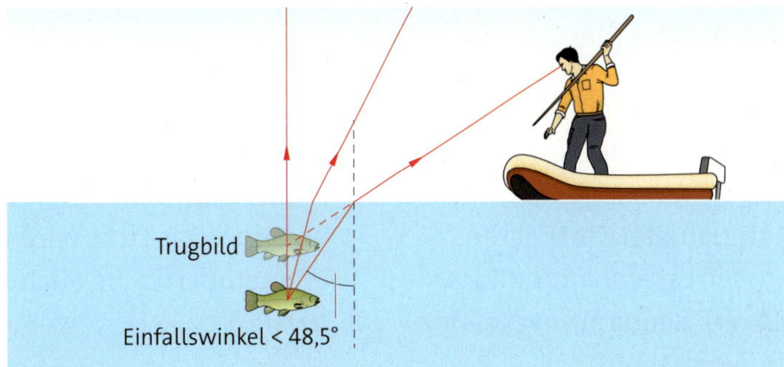

4 Optische Hebung: Der Fischer sieht das Trugbild des Fischs.

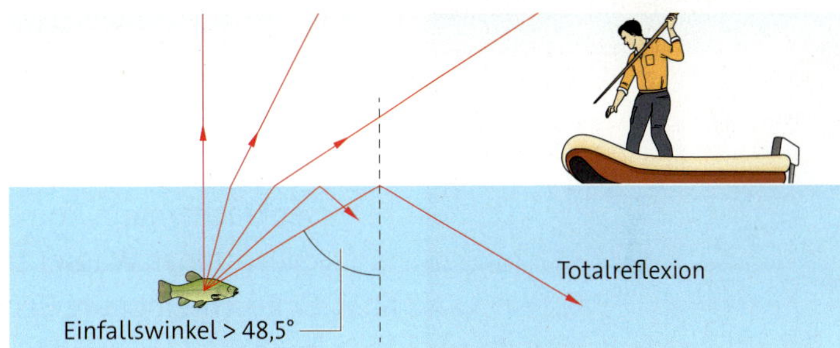

5 Totalreflexion: Der Fischer sieht den Fisch nicht.

Aufgaben

1 ○ Ergänze die Sätze im Heft:
a Licht wird gebrochen, wenn es ◈ auf die Wasseroberfläche trifft.
b Beim Übergang von Luft in Wasser wird das Licht ◈ gebrochen.
Tipp: vom Lot weg, zum Lot hin
c Beim Übergang von Wasser in Luft wird das Licht ◈

2 Man sieht den Fisch unter Wasser nicht dort, wo er sich befindet.
a ◑ Erkläre, wie es zum Trugbild des Fischs kommt. → 4
b ● Erkläre, warum kein Trugbild entsteht, wenn man sich genau über dem Fisch befindet.

Trugbilder durch Brechung

Material A

Licht geht von Luft in Wasser über

Materialliste: Glasbecken, Wasser, Laserpointer (Klasse-1-Laser), Beobachtungsschirm, Stativmaterial

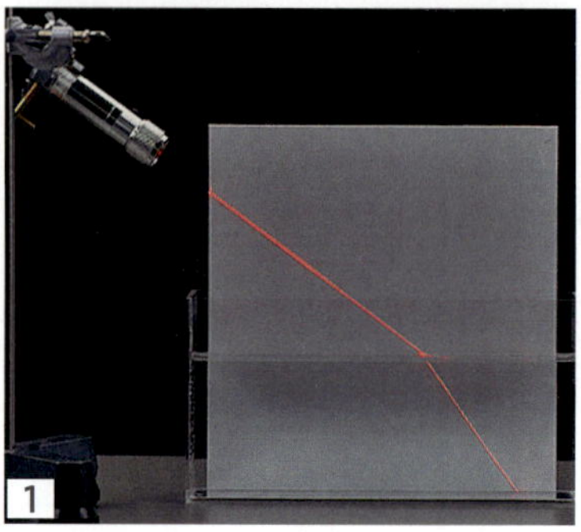

1

Achtung • Mit dem Laserpointer nicht in Augen leuchten! Nicht hineinblicken! Vorsicht: Das Licht wird an der Wasseroberfläche auch reflektiert!

1 ◐ Der Laserpointer leuchtet auf die Wasseroberfläche. → 1 Der Laserstrahl streift am Schirm entlang. Richtet den Laserpointer aus. Das Licht soll zuerst senkrecht, dann immer flacher auf das Wasser treffen. ○ Beschreibt eure Beobachtungen.

Material B

Licht geht von Wasser in Luft über

1 Die Lampe leuchtet unter Wasser. → 2
○ Ergänze: „Je flacher das Licht auf die Luft trifft, desto ◇? wird es gebrochen. Wenn das Licht sehr flach auftrifft, wird es ◇? “

2

Material C

Der richtige „Knick“

1 In beiden Bildern ist jeweils von den Lichtstrahlen 1–3 nur einer richtig gezeichnet. → 3 4

a ○ Gib an, welche beiden Lichtstrahlen richtig sind.

b ◐ Begründe jeweils deine Auswahl.

c ◐ Übertrage die Bilder in dein Heft. Zeichne aber nur die richtigen Lichtstrahlen ein. Trage außerdem jeweils den Einfalls- und den Brechungswinkel ein.

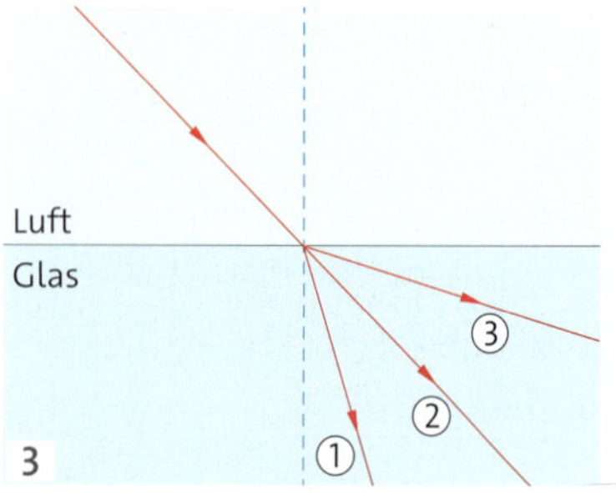

3

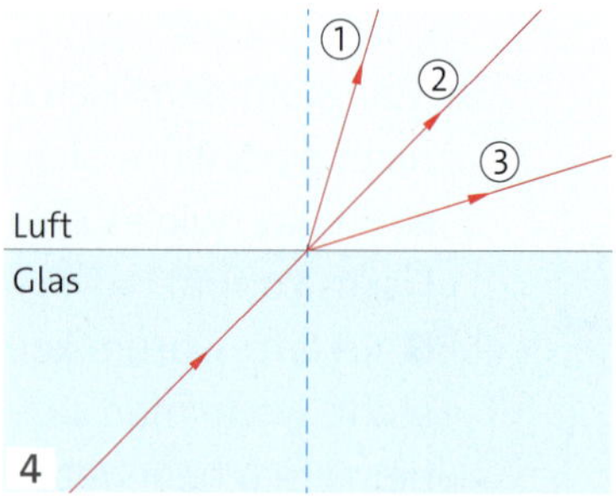

4

Material D

Ein Bild wird entschlüsselt

1 ◐ Beschreibe den Versuch und deine Beobachtung. → 5

2 ● Erkläre deine Beobachtung.

5

Material E

Richtig zielen

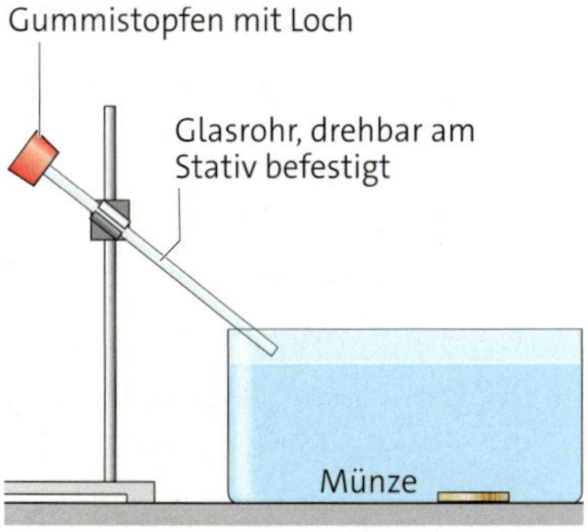

6 Triffst du die Münze?

Materialliste: Münze, großes Glasbecken, Wasser, Glasrohr, Gummistopfen mit Loch, langer Stab, Stativmaterial

1 Du sollst mit einem langen Stab durch das Glasrohr die Münze treffen. → 6
Zuerst musst du das Glasrohr durch Drehen und Verschieben so einstellen, dass die Münze getroffen wird.

2 ◐ Überprüfe deine Einstellung, indem du den Stab durch das Rohr schiebst. Hast du die Münze getroffen?

a Wenn du getroffen hast: Erkläre, wie du beim Einstellen des Rohrs vorgegangen bist.

b Wenn du nicht getroffen hast: Erkläre, warum du dich geirrt hast.

Material F

Leuchtendes Wasser

Materialliste: Wanne, Joghurtbecher (500 ml), etwas durchsichtige Folie, Kleber, Laserpointer, Wasser, Nadel, verdunkelbarer Raum

Achtung • Mit dem Laserpointer nicht in Augen leuchten! Nicht hineinblicken!

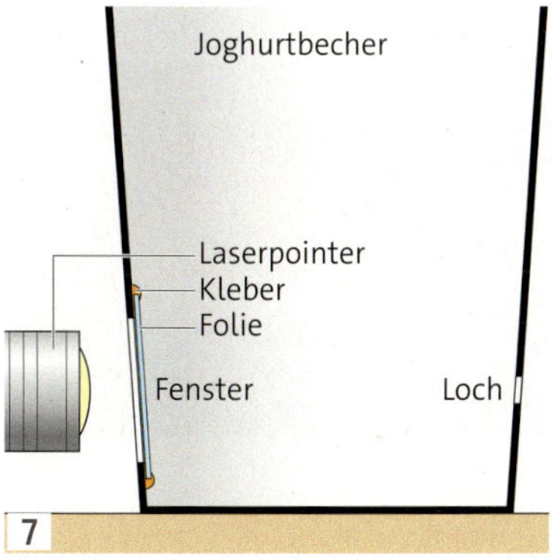

7

1 Vorbereitung → 7

a Schneide in den Joghurtbecher ein ca. 2 cm x 2 cm großes Fenster. Klebe über das Fenster ein Stück durchsichtige Folie. Die Ränder müssen wasserdicht verklebt sein.

b Bohre genau gegenüber dem Fenster ein ca. 2 mm großes Loch in den Becher.

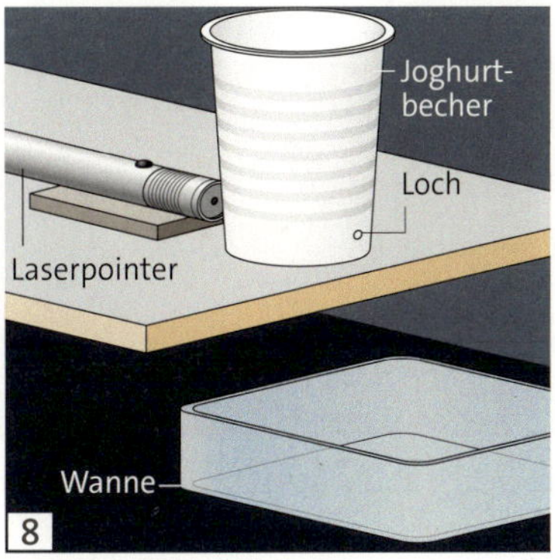

8

2 Durchführung → 8

a Stelle den Joghurtbecher an eine Tischkante.

b Schalte den Laserpointer ein und richte ihn aus. Sein Licht soll genau durch das Fenster und das gegenüberliegende Loch fallen.

c Stelle die Wanne auf den Boden unter den Becher.

d ○ Fülle Wasser in den Becher. Gehe sicher, dass die Wanne das Wasser auffängt. Beobachte den Wasserstrahl von verschiedenen Seiten und beschreibe.

3 ● Erkläre deine Beobachtung mit den Begriffen Reflexion, Brechung oder Totalreflexion.

Trugbilder durch Brechung

Erweitern und Vertiefen

Wundervoller Sonnenuntergang

1 Untergehende Sonne

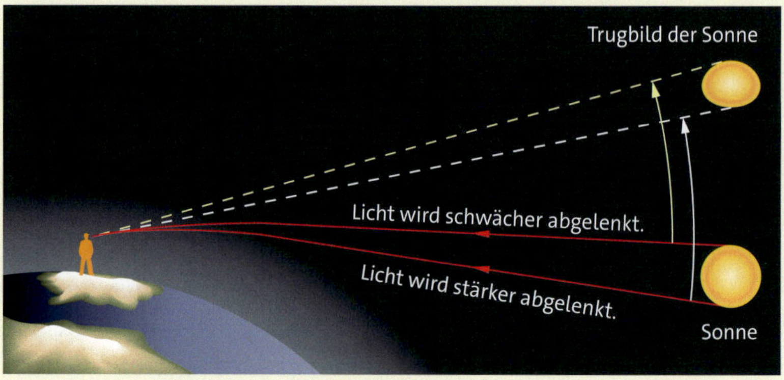

2 So entsteht dasTrugbild der untergehenden Sonne.

Die Abendsonne ist nicht rund • Beim Sonnenuntergang erscheint uns die Sonne platt gedrückt. → 1 Das hat folgenden Grund: Wir sehen ein Trugbild der Sonne. Es entsteht, weil das Sonnenlicht in der Lufthülle der Erde gebrochen wird. Die Lufthülle wird zur Erdoberfläche hin immer dichter. Wenn das Licht in die Lufthülle eindringt, wird es nach und nach immer stärker gebrochen. Dadurch macht es eine Kurve. Unsere Augen bekommen diese Kurve nicht mit. Wir sehen die Sonne in der Richtung, aus der das Licht ins Auge fällt. → 2 Die Sonne wird scheinbar angehoben. Das Licht von ihrem unteren Rand wird stärker gebrochen als das vom oberen. Der untere Rand scheint somit stärker angehoben als der obere. So kommt es zur scheinbaren Abplattung.

Der goldene Wal • Die Sonne wird jeden Abend von einem goldenen Wal verschlungen – so erzählt es eine indianische Legende. Tatsächlich scheint an warmen, klaren Sommerabenden eine zweite Sonne aus dem Meer aufzutauchen und mit der echten Sonne zu verschmelzen. → 3 Bei der zweiten Sonne handelt es sich um ein Spiegelbild. Es entsteht durch Totalreflexion. → 4 Die Luftschicht direkt über dem warmen Meer ist viel wärmer als die Luft wei-

3 Die untergehende Sonne spiegelt sich – in der Luft!

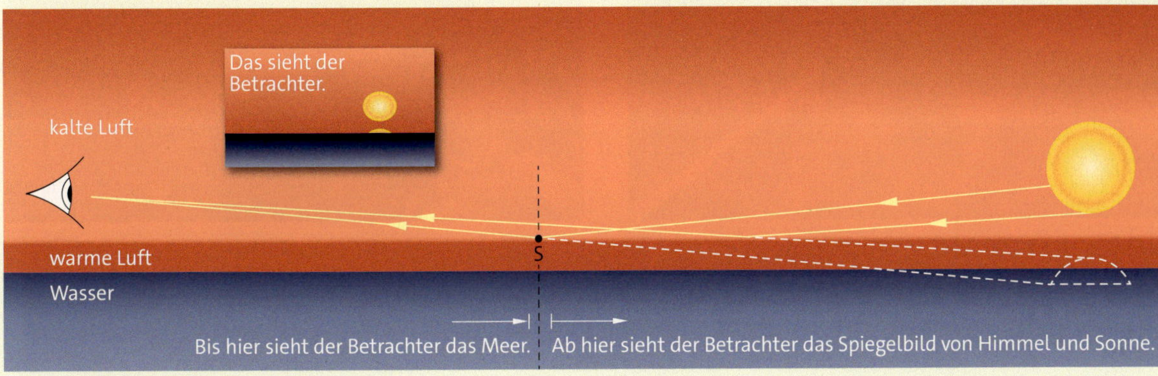

4 So entsteht die Luftspiegelung.

ter oben. Wenn das Licht von der kalten Luft her sehr flach auf die warme Luftschicht trifft, wird es vollständig reflektiert. Die Grenze zwischen kalter und warmer Luft wirkt dann wie ein riesiger Spiegel:

- Bis zum Punkt S sieht der Betrachter die Oberfläche des Meers.
- Weiter entfernt sieht er ein Spiegelbild des Himmels mit der Sonne. Das Licht von allem, was hinter dem Punkt S ganz flach über dem „Luftspiegel" liegt, wird vollständig reflektiert.
- Das Licht von Gegenständen weiter oben trifft so steil auf die warme Luftschicht, dass es nicht mehr vollständig reflektiert wird.

Aufgaben

1 Die „platte" Sonne ist ein Trugbild. → 1
○ Gib an, ob du ihren oberen Rand zu tief oder ihren unteren Rand zu hoch siehst.

2 Die untergehende Sonne sieht „platt" aus.
◐ Erkläre diese Beobachtung einem Mitschüler anhand von Bild 2.

3 Beim Blick über das warme Meer sieht man manchmal merkwürdige „Inseln", die in der Luft zu schweben scheinen. → 5
● Erkläre, wie die „Inseln" zustande kommen.

5 Was schwebt denn da?

Weißes Licht steckt voller Farben

1 Weißes Licht trifft auf ein Prisma aus Glas.

2 Regenbogen

Material zur Erarbeitung: A

Hinter dem Prisma leuchtet ein bunter Streifen auf dem Boden. Die Farben sind wie beim Regenbogen.

Licht wird zerlegt • Licht wird am Prisma gebrochen, ähnlich wie an einer Linse. → 3 Dabei wird es zu einem bunten Streifen aufgespreizt. So wird etwas sichtbar, das wir sonst nicht erkennen: Das weiße Licht besteht aus Licht mit ganz vielen verschiedenen Farben. Die Brechung ist je nach Farbe verschieden stark: Rotes Licht wird am schwächsten gebrochen, violettes Licht am stärksten. Dadurch laufen die farbigen Bestandteile des weißen Lichts ab dem Prisma auseinander.

3 Weißes Licht wird vom Prisma gebrochen und zerlegt.

Auch Regentropfen brechen Licht. Sie zerlegen das Sonnenlicht in seine farbigen Bestandteile. Das farbige Licht von vielen Tropfen ergibt den Regenbogen.

Spektrum • Alle farbigen Bestandteile des Lichts nebeneinander bilden sein Spektrum. → 4

Licht wird je nach Farbe unterschiedlich stark gebrochen.

4 Sichtbares Spektrum des weißen Lichts und Spektralfarben

Aufgaben

1 ▢ Nenne die Spektralfarben in der richtigen Reihenfolge. → 4 Beginne mit der Farbe, die das Prisma am schwächsten bricht.

2 ◔ Wie kann man zeigen, dass weißes Licht aus farbigem Licht besteht? Beschreibe es.

Material A

Weißes Licht geht durch ein Prisma

Materialliste: Prisma aus Glas, Tageslichtprojektor, schwarzer Karton, weißer Karton, Stativmaterial

1 Deckt die Glasscheibe des Projektors mit der dunklen Pappe ab, sodass nur ein schmaler Spalt in der Mitte frei bleibt. Stellt das Prisma in den Lichtweg. → 5
Haltet den weißen Karton dicht hinter das Prisma. Entfernt ihn dann langsam bis auf 2 m Abstand. Dabei soll der Karton weiterhin das Licht auffangen.
▢ Beschreibt (und fotografiert), was ihr in verschiedenen Entfernungen auf dem weißen Karton beobachtet.

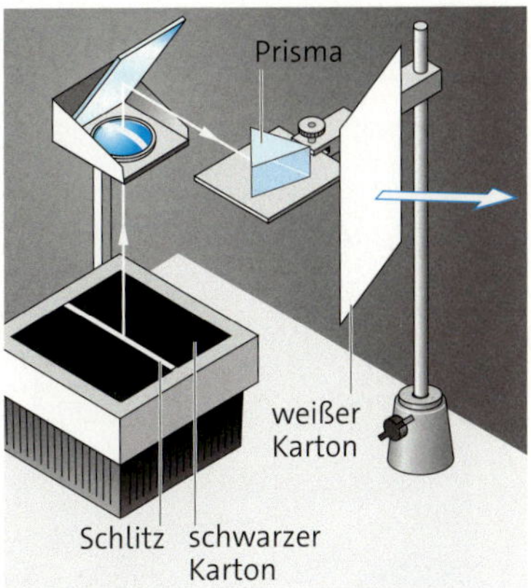

5 Prisma im Lichtweg

Material B

Weißes Licht trifft auf eine DVD

Materialliste: DVD oder CD

1 Halte die spiegelnde Unterseite der DVD ins Sonnenlicht.
▢ Beschreibe (und fotografiere) deine Beobachtung.

2 Wenn euer Unterrichtsraum verdunkelt werden kann, könnt ihr diesen Versuch durchführen:
Lasst die Verdunklung bis auf einen kleinen Streifen herunter. Lenkt das Licht mit der DVD auf eine weiße Wand oder Leinwand.
▢ Beschreibt (und fotografiert) eure Beobachtung.

Material C

Rotes Licht geht durch ein Prisma

1 Der Laserstrahl wird nicht zu einem bunten Streifen aufgespreizt. → 6
◐ Erkläre die Beobachtung.

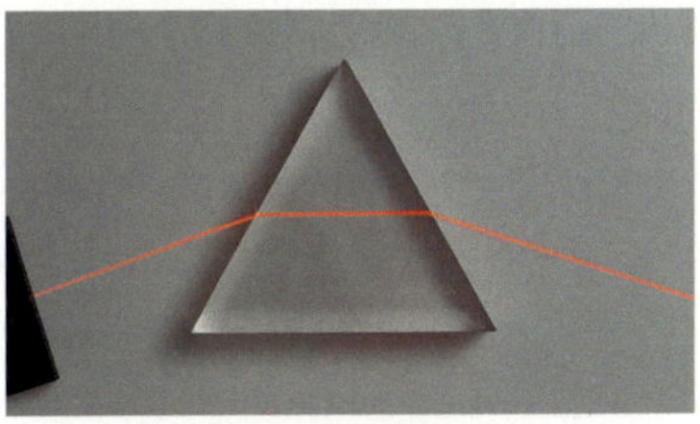
6 Kein „Regenbogenstreifen"?

Material D*

Dreimal weißes Licht

1 Drei verschiedene Leuchten mit weißem Licht – ihre Spektren sind aber verschieden. → 7 – 9
a ▢ Vergleiche die Spektren.
b ◐ „Weißes Licht muss nicht aus allen Farben bestehen." Erläutere diese Aussage an einer der Lampen.

7 Spektrum Halogenleuchte

8 Spektrum Energiesparleuchte

9 Spektrum LED-Leuchte

Weißes Licht steckt voller Farben

Erweitern und Vertiefen

Farben des Regenbogens

1 Hauptregenbogen und lichtschwächerer Nebenregenbogen

Bedingungen für Regenbögen • Du hast wahrscheinlich schon häufig einen farbenfrohen Regenbogen am Himmel bewundert. Einen Regenbogen kannst du sehen, wenn hinter dir die Sonne scheint und du in die Richtung einer Regenwand blickst.
Wie entsteht ein Regenbogen? Zur Klärung dieser Frage musst du Regentropfen betrachten, auf die Sonnenlicht trifft.

Lichtzerlegung im Regentropfen • Wenn das Sonnenlicht in einen Regentropfen eintritt, wird es an der Grenzfläche zwischen der Luft und dem Wasser gebrochen. → 2 Dabei wird das Licht in seine farbigen Bestandteile zerlegt (1). Auf der Rückseite des Wassertropfens wird das Licht total reflektiert (2). Wenn das Licht wieder aus dem Tropfen austritt, wird es an der Grenzfläche zwischen Wasser und Luft erneut gebrochen (3). Je nach Farbe wird das Licht beim Austritt aus dem Tropfen unterschiedlich stark abgelenkt. So beträgt der Winkel zwischen dem eintretenden Licht und dem austretenden violetten Licht 41°. Unter diesem Winkel wird besonders viel violettes Licht auf der Tropfenrückseite reflektiert. Für rotes Licht ist dieser Winkel 42,5° groß.

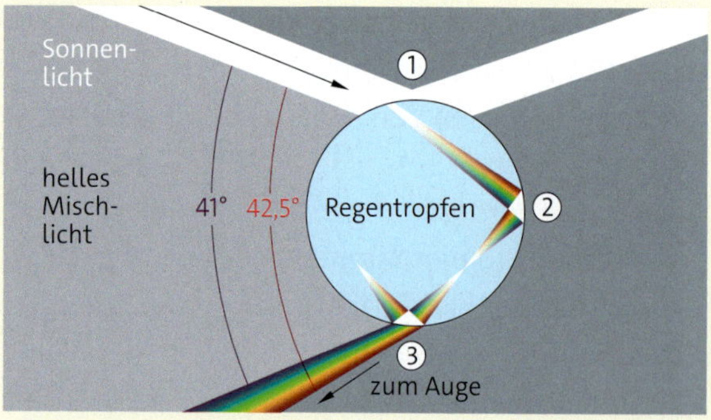

2 Hauptregenbogen: Licht wird im Tropfen zerlegt.

Nebenregenbogen • Manchmal siehst du zwei Regenbögen. Dann erscheint über dem Hauptregenbogen noch ein lichtschwächerer Nebenregenbogen. → 1 Beim Nebenregenbogen ist die Reihenfolge der Farben vertauscht. Er entsteht, wenn Licht in den unteren Teil des Tropfens eintritt und zweimal total reflektiert wird. → 3 Bei jeder Reflexion wird die Reihenfolge der Farben vertauscht.

Bogenform • In unsere Augen gelangt gleichzeitig Licht nicht nur aus einem, sondern aus vielen verschiedenen Tropfen. → 4
Beim Hauptregenbogen sehen wir von höher gelegenen Tropfen rotes Licht und von tiefer gelegenen Tropfen violettes Licht. Alle Tropfen, die in einem Moment Licht einer bestimmten Farbe in unser Auge senden, liegen auf einem Kreis. Der rote Kreis ist am größten und liegt außen, der violette Kreis liegt ganz innen. Alle Farben zusammen bilden einen „Regenkreis". Mit etwas Glück kannst du ihn aus einem Flugzeug beobachten. → 5 Auf der Erde sehen wir nur einen Teil davon: den Regenbogen.

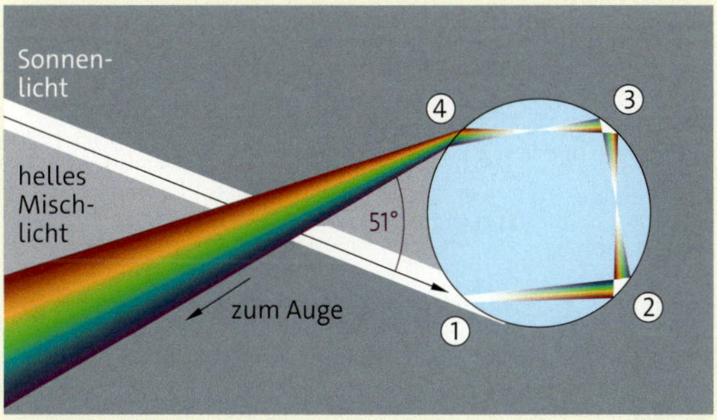

3 Nebenregenbogen: zweimalige Totalreflexion

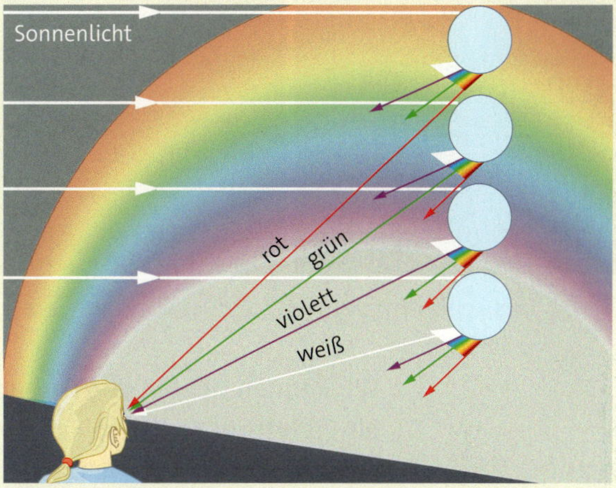

4 Aus jedem Tropfen tritt farbiges Licht aus.

5 „Regenkreis" um den Schatten eines Flugzeugs

Aufgaben

1 ▢ Gib an, in welche Richtung du blicken musst, um einen Regenbogen zu sehen.

2 ▢ Beschreibe, wie das Sonnenlicht durch einen Regentropfen verläuft. → 2

3 ◪ Erkläre, warum die Reihenfolge der Farben beim Nebenregenbogen vertauscht ist.

4 ◪ „Jede Person sieht einen eigenen Regenbogen." Begründe die Aussage.

Infrarot und Ultraviolett

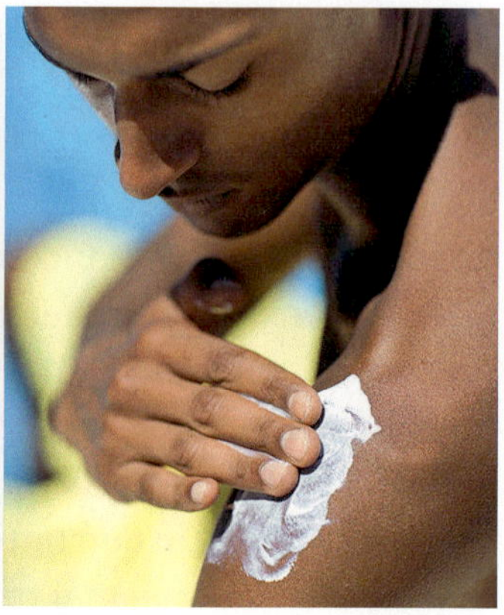

1 – 3 Das Spektrum des Lichts ist bei Rot und Violett nicht zu Ende.

Wir können Licht in den Farben von Rot bis Violett sehen. Diese Farben sind im Sonnenlicht enthalten. Das Sonnenlicht enthält aber noch mehr: Wir können dieses Licht zwar nicht sehen, aber unsere Haut reagiert darauf.

Infrarotes Licht (IR) • Von der Sonne erreicht uns unsichtbares Licht, das wir mit dem Wärmesinn der Haut spüren. Dieses wärmende Licht liegt im Spektrum der Sonne vor dem roten Licht. → 4 Man nennt es infrarotes Licht (lat. infra: unterhalb von).
Auch eine Rotlichtlampe strahlt viel infrarotes Licht ab und erwärmt dadurch unsere Haut. → 1

Ultraviolettes Licht (UV) • Im Sonnenlicht ist weiteres unsichtbares Licht enthalten. Es ruft auf unserer Haut rasch einen Sonnenbrand hervor. → 3

4 Spektrum der Sonnenstrahlung – sichtbar und unsichtbar

Dieses Licht schließt sich im Spektrum an das violette Licht an. → 4 Man nennt es ultraviolettes Licht (lat. ultra: darüber hinaus). Obwohl das ultraviolette Licht für uns Menschen nicht sichtbar ist, kann es die Augen schädigen. Daher sollte man bei grellem Sonnenlicht immer eine Sonnenbrille tragen. Die Haut kann man mit lichtundurchlässiger Kleidung und Sonnencreme schützen.

Das Sonnenlicht erhält infrarotes Licht und ultraviolettes Licht, die für uns unsichtbar sind.
IR-Licht erwärmt unsere Haut, UV-Licht bräunt sie. UV-Licht kann Haut und Augen schädigen.

Aufgaben

1 ▢ Nenne die unsichtbaren Bestandteile der Sonnenstrahlung.

2 ▢ Nenne Eigenschaften von infrarotem und von ultraviolettem Licht.

das infrarote Licht (die Infrarotstrahlung)
das ultraviolette Licht (die UV-Strahlung)

Material A

Infrarot nachweisen

Materialliste: Fernbedienung (infrarot), Handy mit Kamera

1 Dunkelt den Raum ab. Eine Person zielt mit der Fernbedienung auf euch und drückt eine Taste. Dabei fotografiert oder filmt ihr die Fernbedienung.
Beschreibt und erklärt eure Beobachtung.

Material B

Sonnenschutz

1 Zu viel UV-Licht kann deine Haut schädigen. Die Eigenschutzzeit gibt an, wie lange du in der starken Mittagssonne „von Natur aus“ geschützt bist. Sie hängt vom Hauttyp ab. → 5

a Bestimme deinen Hauttyp und die Eigenschutzzeit.

b Gib an, welchen Lichtschutzfaktor deine Sonnencreme haben sollte.

c Lichtschutzfaktor 10 bedeutet: Mit dieser Sonnencreme bist du 10-mal so lange geschützt wie ohne.
Berechne, wie lange du mit deiner Sonnencreme geschützt bist.

	**Hauttyp 1** • sehr helle Haut, Sommersprossen, helle Augen, rotblondes Haar • keine Bräunung, in kürzester Zeit Sonnenbrand • Eigenschutzzeit: unter 10 min • Lichtschutzfaktor: 35 und mehr	**Hauttyp 2** • helle Haut, helle Augen, blonde oder braune Haare, oft Sommersprossen • langsame Bräunung, häufig Sonnenbrand • Eigenschutzzeit: zirka 10–20 min • Lichtschutzfaktor: 25 und mehr	
	**Hauttyp 3** • mittlere Hautfarbe, helle bis dunkle Augen, dunkelblondes oder braunes Haar • langsame Bräunung, manchmal Sonnenbrand • Eigenschutzzeit: zirka 20–30 min • Lichtschutzfaktor: 20 und mehr	**Hauttyp 4** • bräunliche oder olivfarbene Haut, braune Augen, dunkles Haar • schnelle Bräunung, selten Sonnenbrand • Eigenschutzzeit: zirka 30–45 min • Lichtschutzfaktor: 15 und mehr	
	**Hauttyp 5** • braune Haut, schwarze Augen, schwarzes Haar • schnelle Bräunung bis dunkelbraun, selten Sonnenbrand • Eigenschutzzeit: zirka 90 min • Lichtschutzfaktor: 10 und mehr	**Hauttyp 6** • dunkelbraune bis schwarze Haut, schwarze Augen, schwarzes Haar • wenig empfindliche Haut, sehr selten Sonnenbrand • Eigenschutzzeit: mehr als 90 min • Lichtschutzfaktor: 5 und mehr	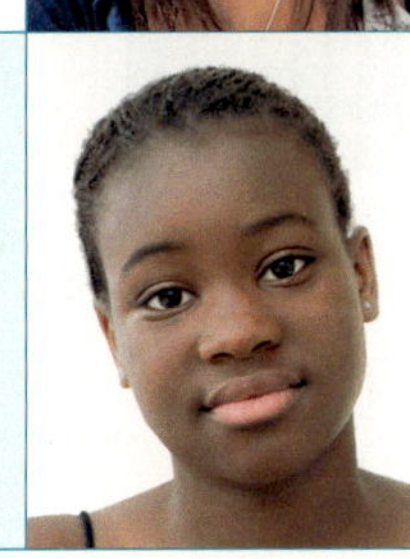

5 Hauttypen und Eigenschutzzeiten

Farben auf dem Display*

1 Leuchtendes Gelb = gelbes Licht?

Materialien zur Erarbeitung: A–B

Im Display des Handys leuchten winzige Lämpchen – aber nur in den Farben Rot, Grün und Blau!

2 Bunte Leuchtpunkte

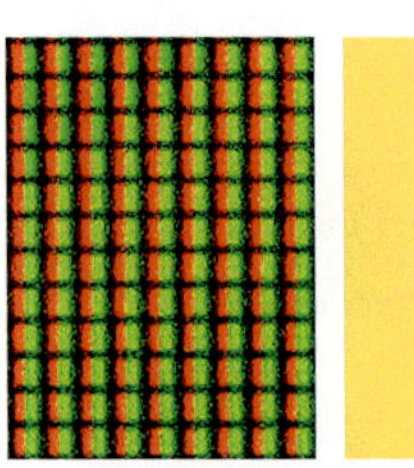

3 Rot + Grün: Farbeindruck Gelb

Farben auf dem Display • Unter dem Mikroskop sieht man auf einem Display bunte Leuchtpunkte. → 2 Gelbe Punkte gibt es nicht. Dort, wo die gelbe Tasse auf dem Display zu sehen ist, leuchten rote und grüne Punkte. → 3 Sie sind winzig und liegen so dicht zusammen, dass unser Auge benachbarte Punkte ohne Mikroskop nicht getrennt wahrnimmt. Rotes und grünes Licht „mischen" sich und ergeben für uns einen neuen Farbeindruck: Gelb. Millionen weitere Farbeindrücke entstehen, indem man die roten, grünen und blauen Streifen auf dem Display verschieden hell leuchten lässt.

Wenn sich Licht mit verschiedenen Farben im Auge mischt, entstehen neue Farbeindrücke. Man spricht von Farbaddition.

Farbaddition • Auf eine Wand treffen rotes, grünes und blaues Licht. → 4 Die Farbaddition ergibt:

- Rot + Grün = Gelb
- Rot + Blau = Magenta
- Grün + Blau = Cyan
- Rot + Grün + Blau = Weiß

Je mehr Licht dazukommt, desto heller erscheint der Wandbereich. Leuchtstofflampen geben rotes, grünes und blaues Licht ab. → 5 Die Farbaddition ergibt den Farbeindruck Weiß. Das Licht von der Sonne oder von Glühlampen enthält alle Farben. Die Farbaddition ergibt ebenfalls Weiß.

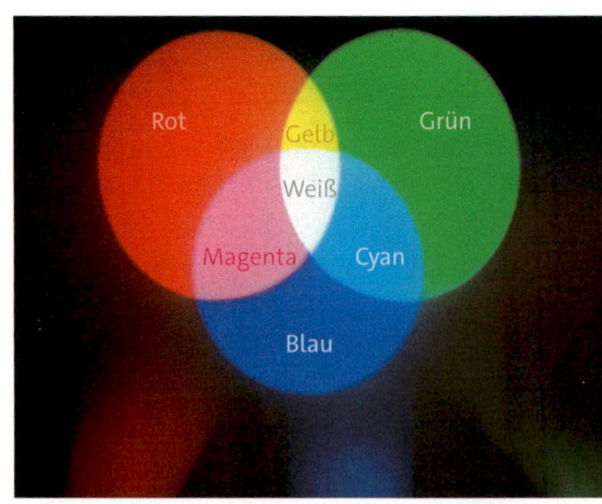

4 Farbiges Licht auf einer Wand

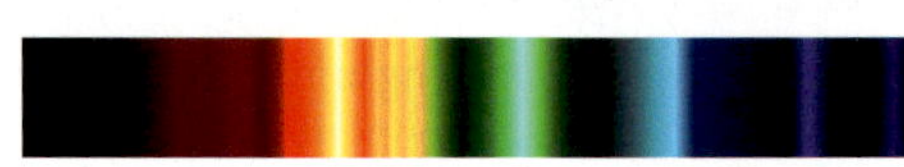

5 Spektrum einer Leuchtstofflampe

Aufgaben

1 ○ Nenne die Farben der Leuchtstreifen im Display eines Handys.

2 ○ Gib an, wie die Farbeindrücke Magenta und Cyan entstehen. → 4

Material A

Das Handy unter der Lupe

Materialliste: Stereolupe, Handy

1 Betrachte das leuchtende Display deines Handys mit der Stereolupe. → 6

a ▢ Stelle auf dem Display ein Bild mit großen weißen Stellen ein. Untersuche die weißen Stellen unter der Stereolupe. Skizziere deine Beobachtung.

b ▢ Untersuche auch farbige Stellen auf dem Display. Skizziere wieder.

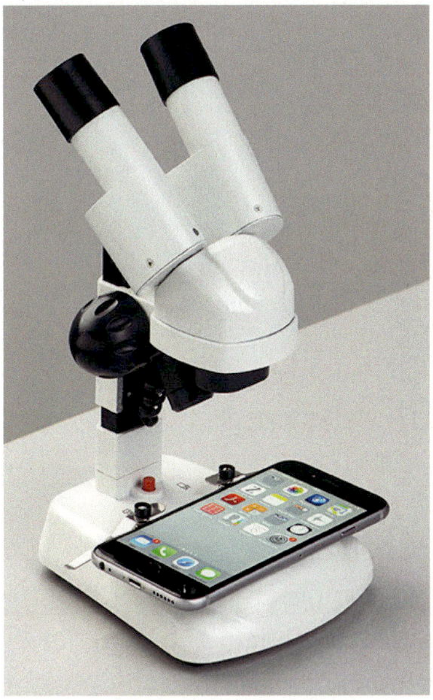

6 Stereolupe und Handy

Material B

Farben auf der Wand

Materialliste: Taschenlampen oder Strahler mit rotem, blauem und grünem Licht

1 ▢ Richte die Lampen auf eine weiße Wand (oder den Tisch). Ihre Lichtflecke sollen sich überlappen.

a Beobachte die Farben auf der Wand genau. Gib an, wie du die „neuen" Farben erzeugst.

b Erzeuge einen weißen Lichtfleck. Beschreibe, wie du vorgehst.

Material C

Newtons Versuch zur Farbaddition

1 Isaac Newton war einer der ersten Naturforscher, die mit farbigem Licht experimentierten. Der Versuch rechts geht auf ihn zurück. → 7

a ▢ Beschreibe den Versuchsaufbau.

b ◪ Beschreibe und erkläre, was du auf dem weißen Karton (ganz rechts) beobachtest.

7

c Wir führen den Versuch noch einen Schritt weiter: Mit einer Pappe blockieren wir den roten und den gelben Lichtstreifen kurz vor der Sammellinse.

● Stelle eine Vermutung an, was jetzt auf dem weißen Karton zu sehen sein wird. Begründe deine Vermutung. Überprüfe sie nach Möglichkeit.

Spiegel, Trugbilder, farbiges Licht

Zusammenfassung

Trugbilder durch Spiegelung • Glatte Oberflächen lenken das Licht um. → 1 Wir sprechen von Reflexion. Spiegelbilder entstehen durch Reflexion des Lichts. → 2 Wir sehen das Trugbild in der Richtung, aus der das reflektierte Licht ins Auge fällt. Vom Trugbild geht kein Licht aus.

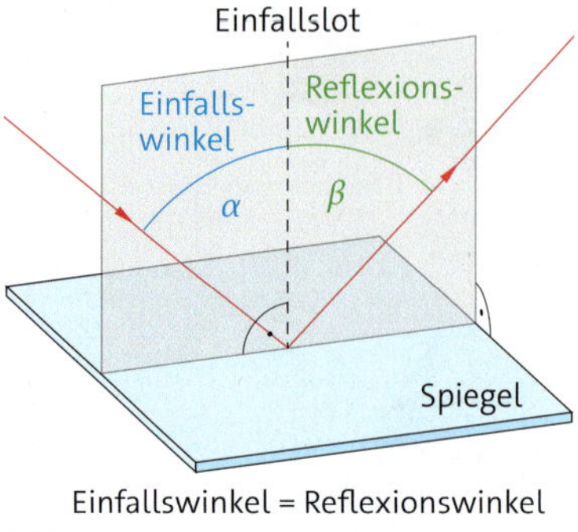

1 Reflexionsgesetz

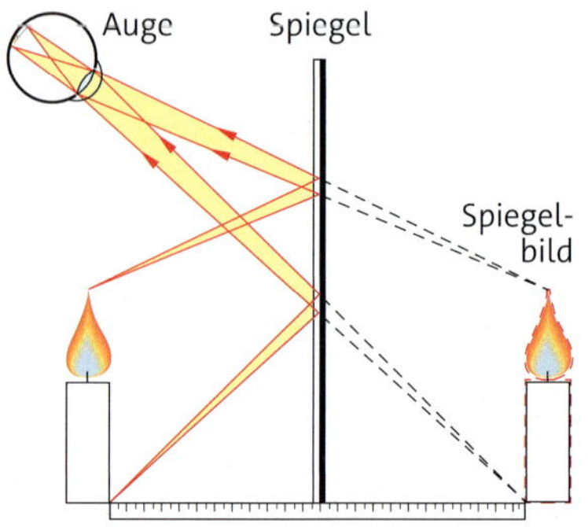

2 Ein Spiegelbild entsteht.

Trugbilder durch Brechung • Licht wird gebrochen, wenn es von einem Stoff schräg in einen anderen übergeht. → 3 Beim Übergang aus Wasser oder Glas in die Luft kann es zur Totalreflexion kommen. → 4 Gegenstände unter Wasser sehen wir scheinbar angehoben. Wir sehen das Trugbild in der Richtung, aus der das gebrochene Licht ins Auge fällt. → 5

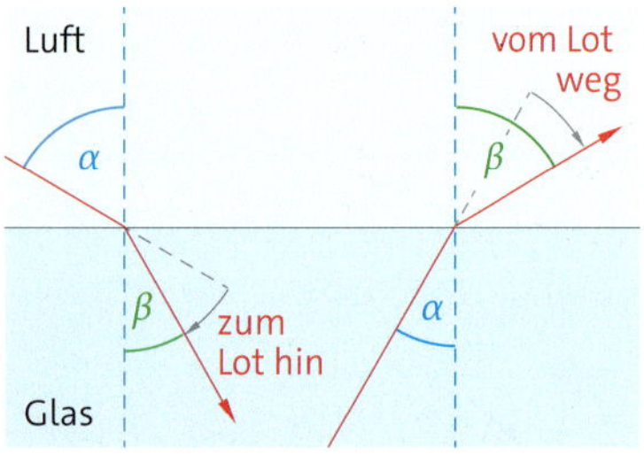

3 Brechung

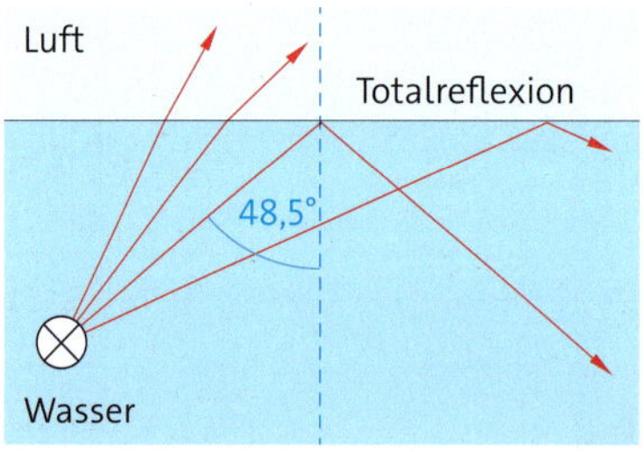

4 Totalreflexion

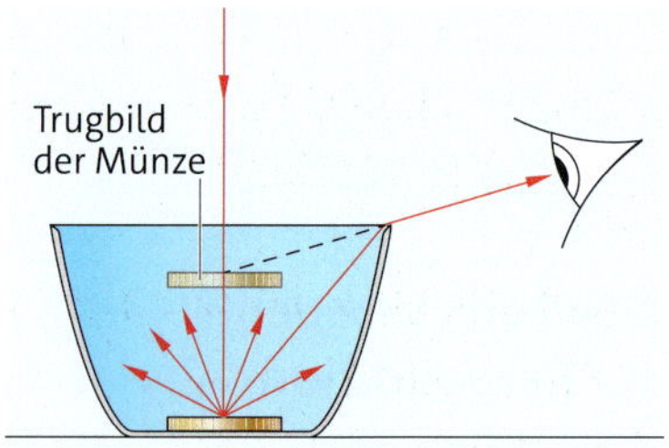

5 Optische Hebung

Weißes Licht steckt voller Farben • An einem Prisma wird Licht je nach Farbe unterschiedlich stark gebrochen. → 6

Farben auf dem Display* • Wenn sich farbiges Licht im Auge mischt, entstehen neue Farbeindrücke. → 7 Wir sprechen von Farbaddition.

Infrarot und Ultraviolett • Sonnenlicht enthält infrarotes und ultraviolettes Licht. Es ist für uns unsichtbar.

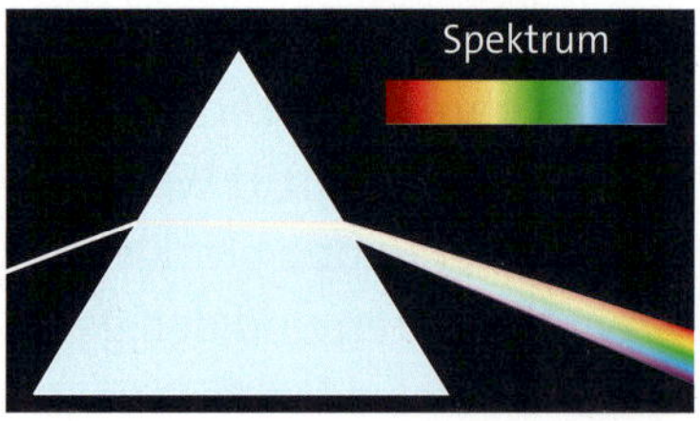

6 Zerlegung des Lichts

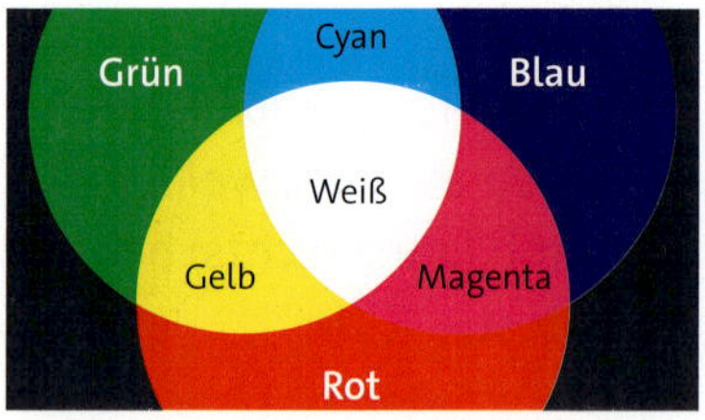

7 Addition von Rot, Grün, Blau

Teste dich! (Lösungen auf Seite 436)

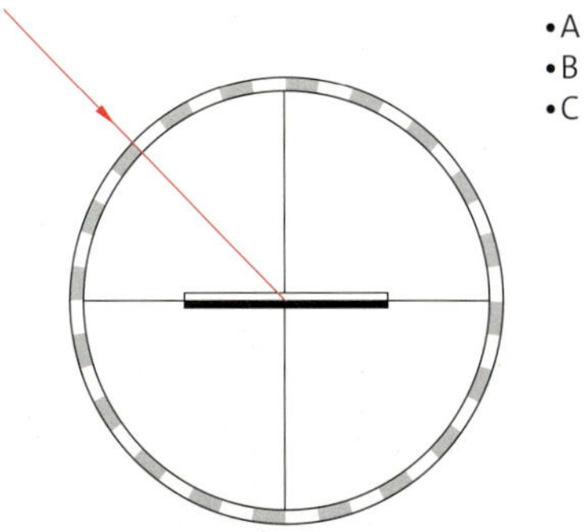

8 Reflexion am Spiegel

9 Labyrinth aus Spiegeln

10 Abbieger

Trugbilder durch Spiegelung

1 ○ Licht fällt auf einen Spiegel. → 8 Gib an, auf welchen Punkt (A, B oder C) das Licht reflektiert wird. Begründe deine Antwort.

2 ◐ Im Kasten sind mehrere Spiegel. → 9 Gib an, welchen Gegenstand (Auto, Blume oder Kerze) das Mädchen sieht. Begründe.

3 ◐ Beim Blick in den Rückspiegel sieht der Fahrer ein blinkendes Auto. → 10 In welche Richtung wird es abbiegen? Begründe.

4 ◐ Schreibe deinen Namen auf ein Blatt Papier. Betrachte die Schrift im Spiegel. Erkläre deine Beobachtung.

Trugbilder durch Brechung – farbiges Licht

5 Der Taucher will seinem Freund auf dem Boot ein Lichtsignal geben. → 11

a ○ Gib an, welcher Lichtstrahl in das Auge des Freunds gelangt.

b ◐ Begründe deine Antwort.

6 ◐ Auf welchen Punkt muss der Fischer mit dem Speer zielen, um den Fisch zu treffen? → 12 Begründe deine Antwort.

7 Das Prisma aus Glas wird mit weißem Licht beleuchtet. → 13

a ○ Erkläre den „Knick“ im Licht.

b ◐ Erkläre, wie es zu dem bunten Streifen auf dem Tisch kommt.

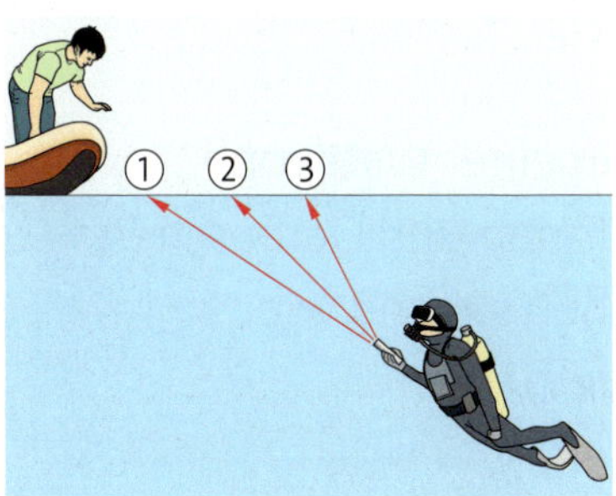

11 Nur ein Lichtstrahl trifft.

12 Wohin zielen?

13 Brechung am Prisma

Wie wir hören

Wir leben in einer Welt von Stimmen, Tönen und Geräuschen – wie entstehen sie und wie kommen sie zu uns?

Lärm stört. Ab welcher Lautstärke gefährdet er die Gesundheit?

Licht und Schall sind verschieden – und haben doch viel gemeinsam.

Schallquellen und Schallempfänger

1 Jahrmarkt

Material zur Erarbeitung: A

Menschen, Lautsprecher, Sirenen, Motoren, Blätter im Wind, Fahrgeschäfte – sie alle erzeugen Schall.

Schall • Schall ist alles, was wir hören: den Ton einer Stimmgabel, das Geräusch eines Motors oder das Gebell von Hunden ...

So entsteht Schall • Mit einer Stricknadel oder einem Lineal kannst du Schall erzeugen. → 2 Nach dem Anzupfen schwingt das freie Ende schnell auf und ab – und du hörst einen Ton. Auch die angezupfte Saite der Gitarre schwingt schnell hin und her. → 3 Bei einer angeschlagenen Stimmgabel schwingen die Zinken. Hält man sie ins Wasser, spritzt es hoch. → 4
Das Trommelfell einer angeschlagenen Trommel schwingt ebenfalls schnell hin und her – das zeigen die hüpfenden Reiskörner. → 5
Wenn du über eine Flasche pustest, schwingt die Luft darin schnell hin und her. Es ist ein „Huuuh“ zu hören. → 6

Schall entsteht, wenn Gegenstände und Luft schnell hin- und herschwingen.

So wird Schall in der Luft übertragen • Beim Anschlagen eines Tamburins wird sein Trommelfell rasch eingedrückt. → 7 Die Luft direkt hinter dem Trommelfell kann nicht so schnell ausweichen und wird zusammengepresst. Es entsteht eine Luftverdichtung.
Gleich nach dem Anschlagen schwingt das Trommelfell zurück. Die Luft kann nicht so schnell folgen, es entsteht eine Luftverdünnung. → 8
Die Folge aus Luftverdichtung und Luftverdünnung überträgt sich von einer Luftschicht auf die nächste. Sie „wandert“ vom Trommelfell weg. → 9
Gleich danach folgen die nächsten Luftverdichtungen und -verdünnun-

2

3

4

5

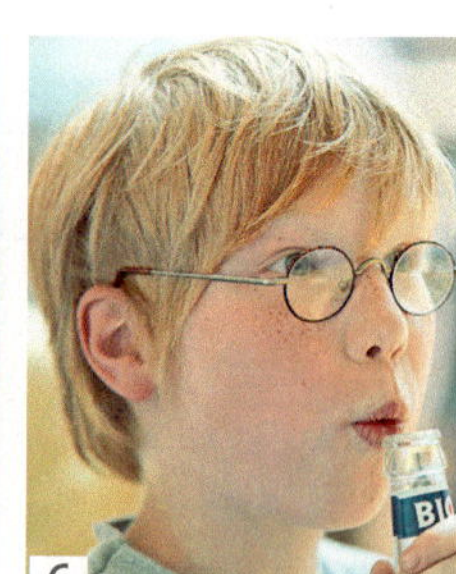

6

der Schall
die Schallquelle
der Schallempfänger

gen – das Trommelfell schwingt ja weiter hin und her.

Der Schall legt in 3 Sekunden etwa 1 Kilometer zurück. → 10 Das entspricht einer Geschwindigkeit von 1200 Kilometern pro Stunde.

Schall – in vielen Stoffen • Du hörst nicht nur in der Luft etwas, sondern auch unter Wasser, durch eine Wand, eine Tür, ein Fenster hindurch ... Schall breitet sich im Prinzip in allen Stoffen aus, nicht aber im fast leeren Weltall.

Schall braucht einen Stoff, um sich auszubreiten.

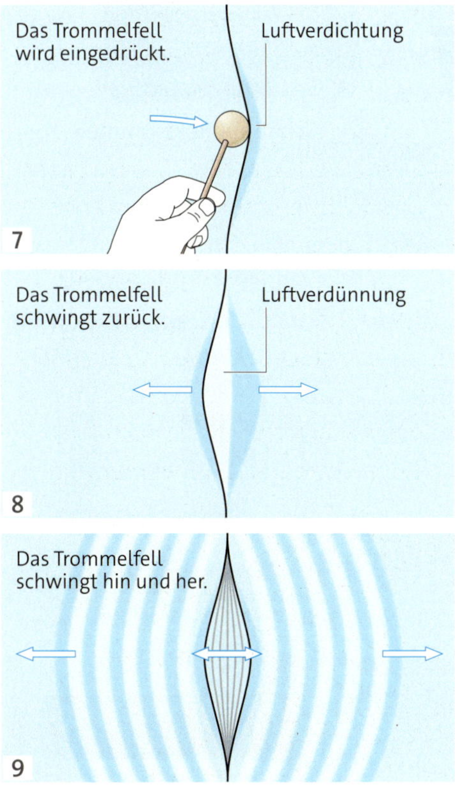

7 – 9 Schallausbreitung in Luft

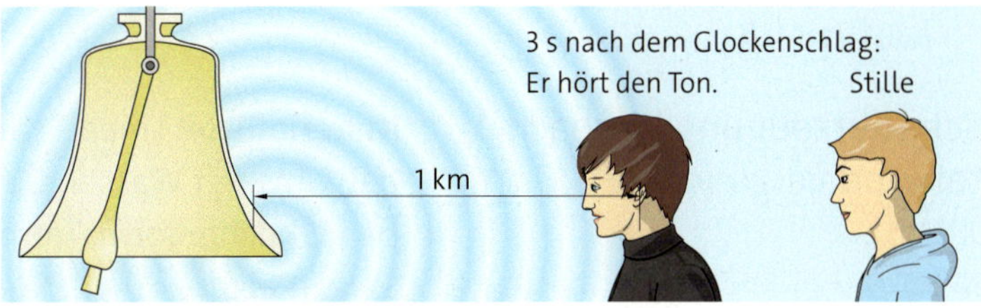

10 So schnell ist der Schall in Luft.

Vom Sender zum Empfänger • Schallquellen senden Schall aus. → 11 Die Luft oder ein anderer Stoff überträgt den Schall. Wenn der Schall an unsere Ohren gelangt, hören wir etwas. Die Ohren sind Schallempfänger.

11 Schall – vom Sender zum Empfänger

Aufgaben

1 ○ Eine fliegende Mücke ist eine Schallquelle. Gib an, was bei ihr schwingt.

2 ◔ Nenne fünf Schallquellen. Beschreibe jeweils, was schwingt.

3 ○ Es blitzt. Den Donner hörst du 6 Sekunden später. Berechne, wie weit der Blitz entfernt war.

4 ○ Schallquelle oder Schallempfänger? Ordne zu: Klingel, Ohr, Handy, Mikrofon.

Schallquellen und Schallempfänger

Material A

Schallerzeugung beobachten und vergleichen

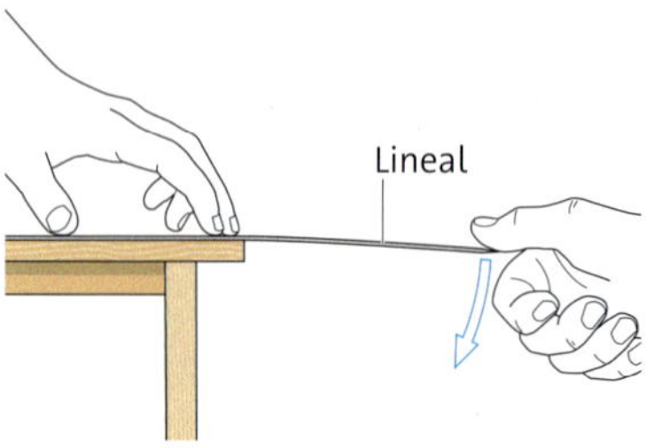

1 Schallquelle: Lineal

Materialliste: Lineal, Stimmgabel, Glas mit Wasser, Gummiband, Kuchenform, Trommel, Sand (Reis)

1 ◐ Führt die Versuche durch. Beschreibt, was ihr hört und seht. Nennt Gemeinsamkeiten.

a Spannt das Lineal mit einem Ende an der Tischkante fest. Zupft am freien Ende des Lineals. → 1

b Schlagt die Stimmgabel an. Haltet ihre Enden dann in das Glas Wasser. → 2

c Spannt das Gummiband über die Kuchenform. Zupft an dem Band. → 3

d Streut Sand oder Reis auf das Trommelfell. Schlagt die Trommel an. → 4

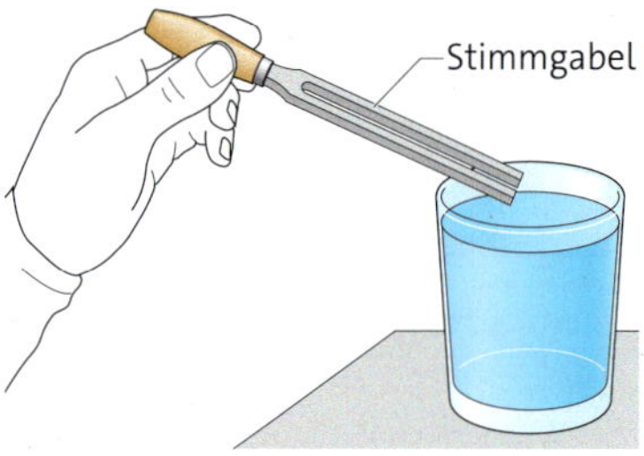

2 Schallquelle: Stimmgabel

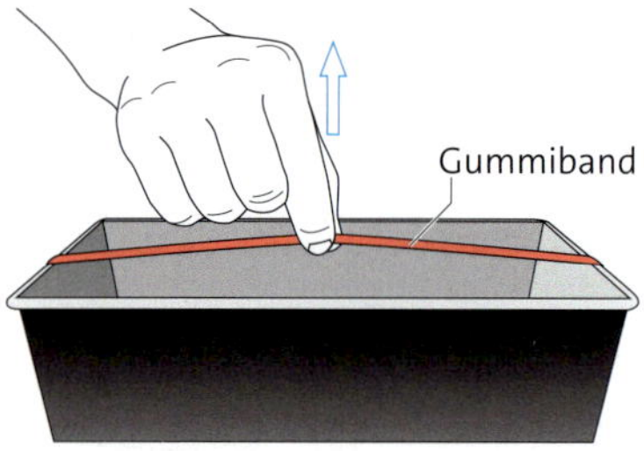

3 Schallquelle: Gummiband

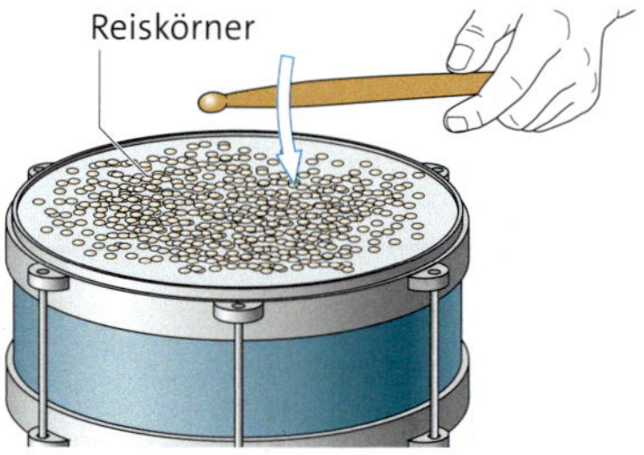

4 Schallquelle: Trommel

Material B

Schallausbreitung

Materialliste: 3 Stative, 2 Stativklemmen, 2 Handtrommeln (Tamburine), Faden, Tischtennisball, Klöppel; Pappröhre, Luftballon, Gummiband, Kerze, Feuerzeug

1 Führt die beiden folgenden Versuche durch.
○ Beschreibt jeweils, was ihr hört und seht.

a Schallquelle – Schallempfänger: → 5
Schlagt das linke Tamburin kräftig mit dem Klöppel an.

b „Schallkanone“: → 6
Verschließt eine Seite der Pappröhre mit einer gespannten Luftballonhaut. Haltet das offene Ende an die brennende Kerze und schlagt dann die Ballonhaut an.

c ◐ Erklärt eure Beobachtungen.

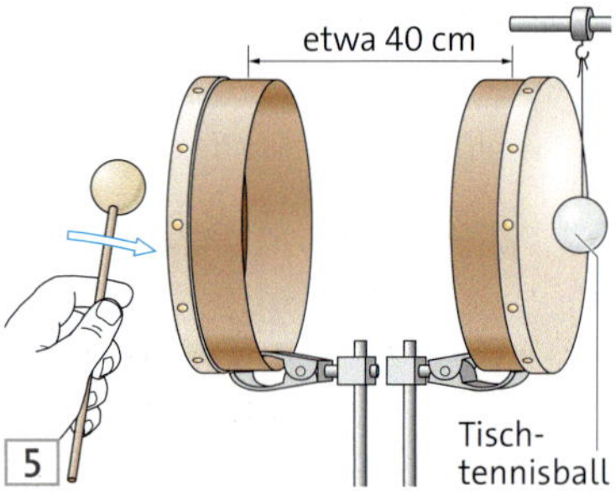

5

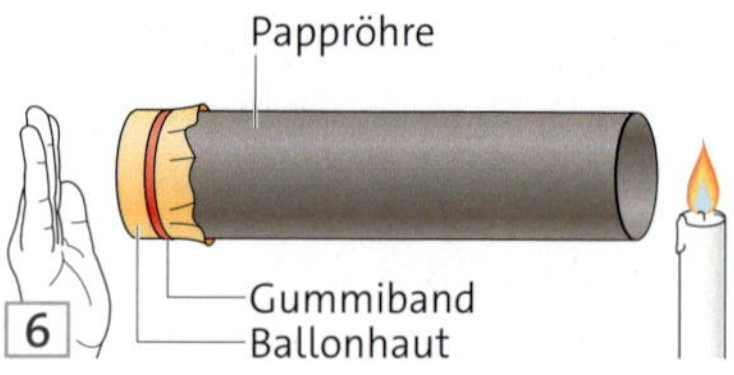

6

Material C

Welche Schnur leitet am besten?

Materialliste: 2 Kunststoffbecher, abgebrannte Streichhölzer, je 5 m lange Schnüre aus Angelschnur, Wollfaden, Metalldraht und Nähgummi

1 ▢ Baut mit eurem Tischnachbarn ein Schnurtelefon. Spannt dazu Angelschnur straff zwischen zwei Kunststoffbecher. → 7

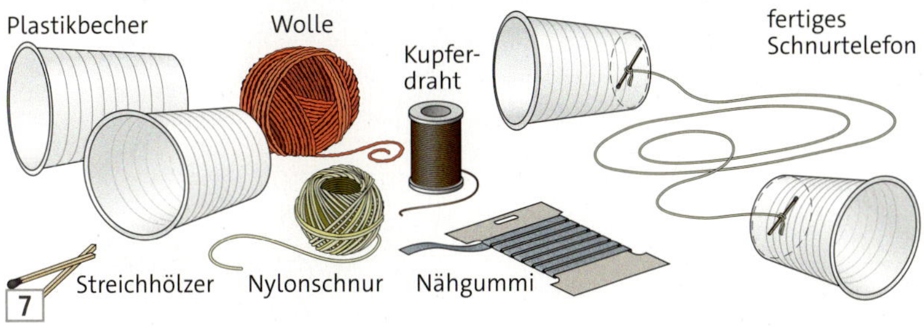

7

a Flüstert leise in den einen Becher. Beschreibt, wie gut man es im zweiten Becher hören kann.

b Ersetzt die Angelschnur durch den Wollfaden, dann durch den Metalldraht und zum Schluss durch Nähgummi. Beschreibt die Unterschiede.

c Ermittelt den besten Schallleiter.

Material D

Wie schnell ist der Schall?

Materialliste: Kuchenblech, Hammer, mehrere Stoppuhren, Messband

1 So geht ihr vor:

a Messt im Freien mit einem Messband eine Strecke von mindestens 200 m ab. Sie soll gut zu überblicken sein.

b An einem Ende der Strecke schlägt eine Schülerin oder ein Schüler kräftig und gut sichtbar mit dem Hammer auf das Blech. Am anderen Ende stoppen einige Schüler die Zeit zwischen „Hammerschlag sehen" und „Hammerschlag hören". → 8

c ▢ Notiert die Messwerte in einer Tabelle und bildet den Mittelwert. So verringert ihr Messungenauigkeiten.

2 ▢ Berechnet die Schallgeschwindigkeit mit euren Messwerten; Beispiel: Entfernung 250 m; Durchschnittszeit 0,7 s.
Die Schallgeschwindigkeit ist gleich Entfernung geteilt durch Durchschnittszeit = 250 m : 0,7 s = 357 Meter pro Sekunde.

3 ◪ Vergleicht euer Ergebnis mit dem Wert für die Schallgeschwindigkeit von der vorigen Doppelseite. Vermutet Gründe für den Unterschied.

4 ◪ Macht Vorschläge, wie man die Schallgeschwindigkeit genauer bestimmen kann.

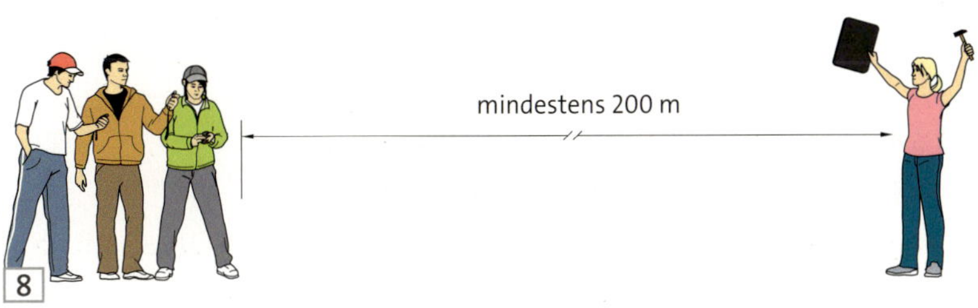

8

Hoch und tief – laut und leise

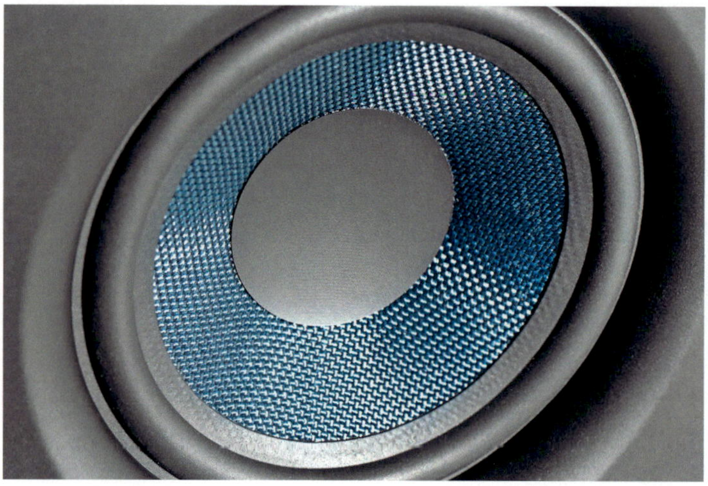

1 Lautsprecher

Material zur Erarbeitung: A

Die glänzende, runde Fläche in dem Lautsprecher wirkt wie ein Trommelfell. Bei einem Song erzeugt sie verschieden laute und hohe Töne.

Lautstärke • Je kräftiger das Gummiband angezupft wird, desto lauter ist der Ton. → 2 Es schwingt weiter hin und her als beim leisen Ton. Die Amplitude („Schwingungsweite") ist größer.

Je weiter eine Schallquelle hin- und herschwingt, desto größer ist die Lautstärke.

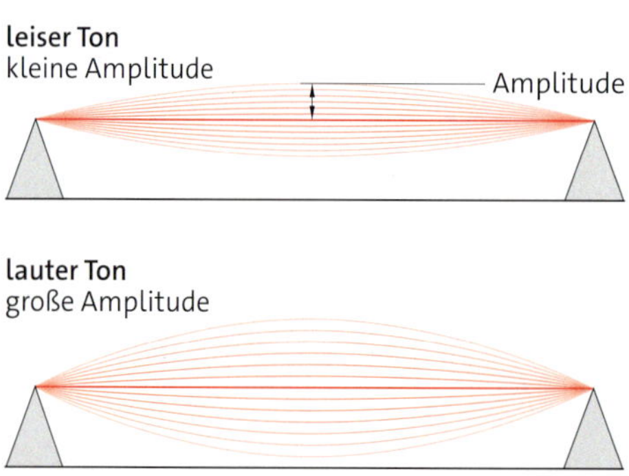

2 Lautstärke

Tonhöhe • Je kürzer die Stricknadel übersteht, desto höher ist der Ton. → 3 Die verkürzte Stricknadel schwingt schneller hin und her. Die Frequenz („Anzahl der Schwingungen pro Sekunde") ist größer.

Je schneller eine Schallquelle hin- und herschwingt, desto höher ist der Ton.

Die Frequenz wird in Hertz (Hz) angegeben. Heinrich Hertz (1857–1894) war ein wichtiger deutscher Physiker.

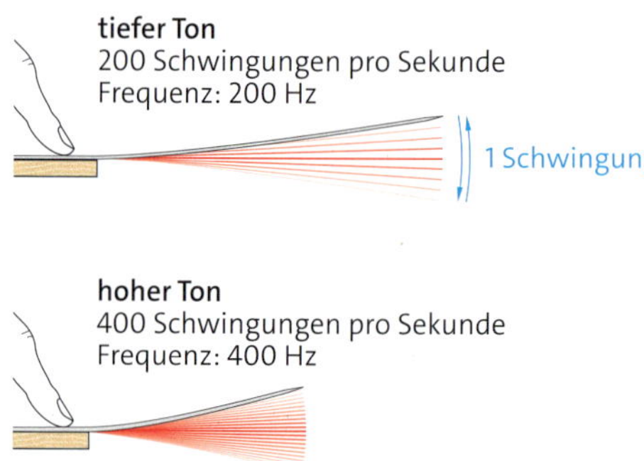

3 Tonhöhe

Aufgaben

1 ○ Auf einer Stimmgabel steht „440 Hz", auf einer anderen „261,62 Hz". Vergleiche die Töne der beiden Stimmgabeln. Erkläre.

2 ◐ Die „Trommelfelle" in den Lautsprecherboxen schwingen hin und her. → 1 Beschreibe, wie sich ihre Schwingungen verändern:

a wenn der Ton höher wird.

b wenn der Ton lauter wird.

die Lautstärke
die Amplitude
die Tonhöhe
die Frequenz
die Schwingung

Material A

Verschiedene Töne

Materialliste: Gummiband, Lineal, Stimmgabel, PET-Flasche, Wasser

1 ◐ Erzeuge verschieden laute Töne mit der gleichen Schallquelle. Verwende:
- ein gespanntes Gummiband
- ein Lineal, das an der Tischkante festgehalten wird
- eine Stimmgabel

a Beschreibe jeweils, wie du die verschieden lauten Töne erzeugst.

b Wie hängt die Lautstärke mit den Schwingungen der Schallquelle zusammen? Stelle eine Regel auf: „Je stärker die Schallquelle hin- und herschwingt, desto ◈“

2 ◐ Erzeuge verschieden hohe Töne mit der gleichen Schallquelle. Verwende:
- ein gespanntes Gummiband
- ein Lineal, das an der Tischkante festgehalten wird
- eine teilweise mit Wasser gefüllte Flasche

a Beschreibe jeweils, wie du die verschieden hohen Töne erzeugst.

b Wie hängt die Tonhöhe mit den Schwingungen der Schallquelle zusammen? Stelle eine Regel auf: „Je schneller die Schallquelle hin- und herschwingt, desto ◈“

Material B

Eine „Saite“ – verschieden hohe Töne

Materialliste: Nylonfaden (2 m lang), 2 PET-Flaschen voll Wasser (1 l), 2 Bleistifte

1 Binde die Flaschen an den Enden des Nylonfadens fest. Lege den Faden dann so auf den Tisch, dass die Flaschen links und rechts herunterhängen. → 4 Schiebe nun die Bleistifte mit einem Abstand von rund 60 cm unter den Faden.

a ○ Zupfe an dem gespannten Fadenstück zwischen den Bleistiften. Berühre es dann leicht mit dem Handrücken. Beschreibe, was du hörst und fühlst.

b ◐ Wie verändert sich der Ton der „Saite“, wenn die Bleistifte enger zusammen- oder weiter auseinanderliegen? Untersuche es.

4 Gespannter Faden als „Saite“

Stelle Regeln auf:
- Je kürzer das schwingende Fadenstück ist, desto ◈
- Je länger ◈

c ◐ Wie verändert sich die Tonhöhe, wenn der Faden stärker gespannt wird? Ziehe dazu die Flaschen vorsichtig noch etwas weiter nach unten. Der Abstand zwischen den Bleistiften soll gleich bleiben. Stelle eine Regel auf: „Je stärker der Faden gespannt ist, ◈“

d ◐ Wie erzeugt man möglichst hohe Töne mit der „Saite“? Fasse deine Ergebnisse zusammen.

Na hör mal!

1 Die Richtung bestimmen – mit dem Gehör!

Auch mit verbundenen Augen kannst du bestimmen, woher ein Geräusch kommt. Wie arbeitet unser Gehör?

Ohr • Schall wird von der Ohrmuschel aufgefangen und zum Trommelfell geleitet. → 2 Die Schwingungen des Trommelfells werden von den Gehörknöchelchen auf die Schnecke übertragen. Sie ist mit Flüssigkeit gefüllt. Die Schwingungen erzeugen Wellen, die durch die Flüssigkeit wandern. In der Schnecke sitzen rund 20 000 Hörsinneszellen. Je nach Tonhöhe werden verschiedene Hörsinneszellen von den Wellen gereizt. Die Hörsinneszellen eines Kinds reagieren auf Töne zwischen 16 Hz und 20 000 Hz. Die obere Grenze sinkt mit dem Lebensalter.

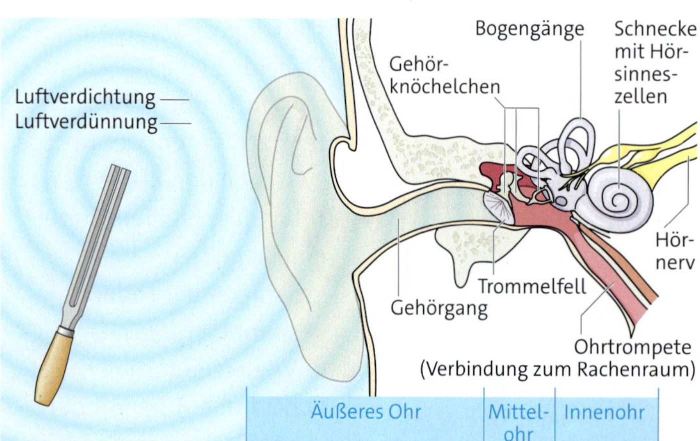

2 So ist unser Ohr aufgebaut.

Ohren und Gehirn • Die gereizten Hörsinneszellen schicken elektrische Signale über den Hörnerv zum Gehirn. Das Gehirn wertet die Signale aus: Jetzt erst nimmst du die Stimmgabel wahr, unterscheidest Stimmen und weißt, ob ein Geräusch weit entfernt oder bedrohlich ist. Die Richtung einer Schallquelle kann dein Gehirn bestimmen, weil du zwei Ohren hast: Liegt die Schallquelle links von dir, kommt der Schall erst ins linke Ohr und ganz kurze Zeit später ins rechte Ohr. Das Gehirn nutzt den winzigen Zeitunterschied zur Richtungsbestimmung.

Unsere Ohren empfangen Schall und schicken daraufhin Signale ans Gehirn. Das Gehirn erzeugt aus den Signalen beider Ohren einen gemeinsamen Höreindruck.

Aufgaben

1 „Das Ohr wandelt den Schall erst in Schwingungen und dann in Wellen um.“ Erkläre diese Aussage.

2 Jemand kommt von rechts auf dich zu. Obwohl du ihn nicht siehst, drehst du deinen Kopf zur richtigen Seite. Erkläre diese Beobachtung.

das Ohr
der Höreindruck

Material A

Richtungshören

Materialliste: Wattestöpsel, Gummischlauch (1 m lang)

1 So könnt ihr das Richtungshören erproben.

a Alle stehen im Kreis um die Versuchsperson herum und klatschen einzeln. Sie soll mit verbundenen Augen angeben, aus welcher Richtung das Klatschen kommt.

b Die Versuchsperson verschließt ein Ohr mit einem Wattestöpsel. Kann sie die Richtungen immer noch erkennen?

c Erklärt den Unterschied.

2 Wenn eine Schallquelle schräg hinter uns ist, kann das Gehirn ihre Richtung bestimmen. Denn der Schall braucht unterschiedlich lang zu beiden Ohren. Wie groß ist der Zeitunterschied?

a Markiere genau die Mitte des Gummischlauchs. Dein Versuchspartner hält nun die beiden Schlauchenden an seine Ohren. → 3 Klopfe mit einem Stift leicht in der Mitte auf den Schlauch. Gehe dann langsam von der Mitte weg, bis dein Versuchspartner sagt, dass er das Klopfen rechts oder links von der Mitte hört. Markiere die Stelle und miss den Abstand zur Mitte.

b Berechne, wie lange der Schall von dieser Stelle zu jedem Ohr braucht. Berechne aus beiden Werten den Zeitunterschied.
Tipp: Der Schall legt 340 m in 1 s zurück.

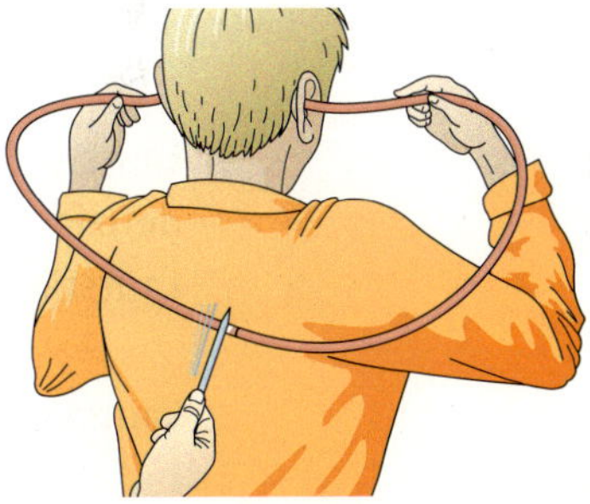

3 Mitte oder links?

Material B

Hohe Töne hören

Materialliste: Tongenerator oder Handy mit Tongenerator-App, Kopfhörer

1 Wer hört die höchsten Töne?

a Messt eure Hörgrenze mit dem Tongenerator. → 4
Achtung • Die Ohren können bei zu großer Lautstärke geschädigt werden!

b Vergleicht die Werte. Hört die Lehrkraft so gut wie ihr? Begründet den Unterschied.

4 So könnt ihr die obere Hörgrenze bestimmen.

Wenn Schall zu laut wird

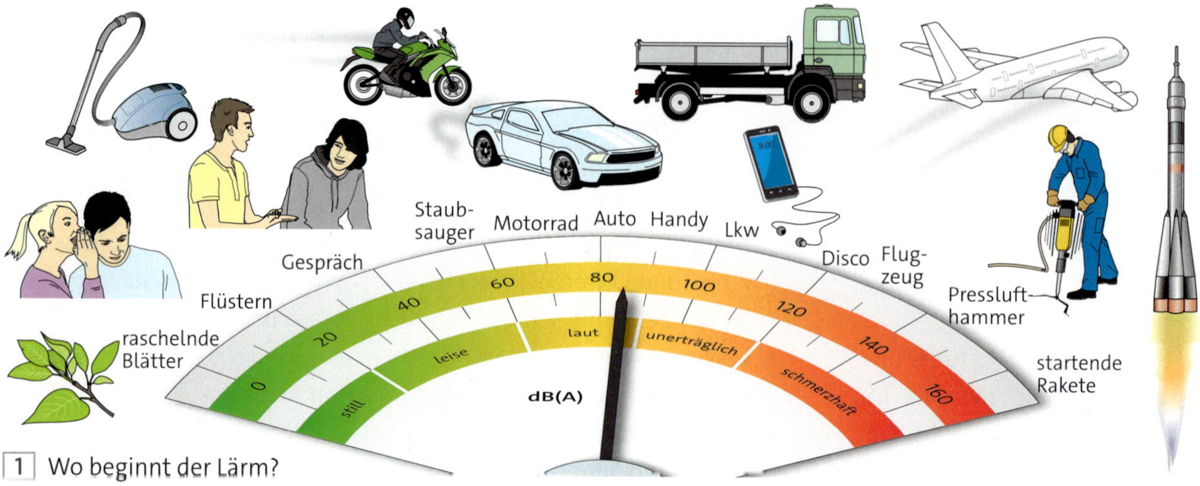

1 Wo beginnt der Lärm?

Laute Musik gefällt dem einen, der andere ist vom Lärm genervt. Ab welcher Lautstärke sind die Ohren in Gefahr?

Lautstärke messen • Die Lautstärke wird mit dem „Schallpegel"-Messgerät oder dem Handy gemessen und in dB(A) (Dezibel A) angezeigt. → 2
Bei 0 dB(A) hören wir nichts. → 1
Geräusche bis 30 dB(A) empfinden wir als ruhig. Ab 70 dB(A) setzen nervliche Belastungen ein. Dauernder Lärm über 85 dB(A) macht schwerhörig.
Zehn gleiche Schallquellen sind zusammen doppelt so laut wie eine. → 3

Lärmschutz • Der Lärmschutz ist im Arbeitsleben gesetzlich geregelt. Im Büro darf es nicht lauter als 70 dB(A) sein. Ab 90 dB(A) ist ein Gehörschutz Pflicht. In der Freizeit bist du für deinen Lärmschutz selbst verantwortlich. Du stellst dich bei einem Rockkonzert gerne an die Lautsprecherboxen? Dann bekommen deine Ohren Schall wie bei einem Presslufthammer ab. Dabei können Hörsinneszellen zerstört werden. Sie wachsen nie wieder nach – und du bist für den Rest des Lebens schwerhörig!

Die Lautstärke wird in Dezibel A gemessen. Bei zu großer Lautstärke ist unsere Gesundheit gefährdet.

2 Messung der Lautstärke

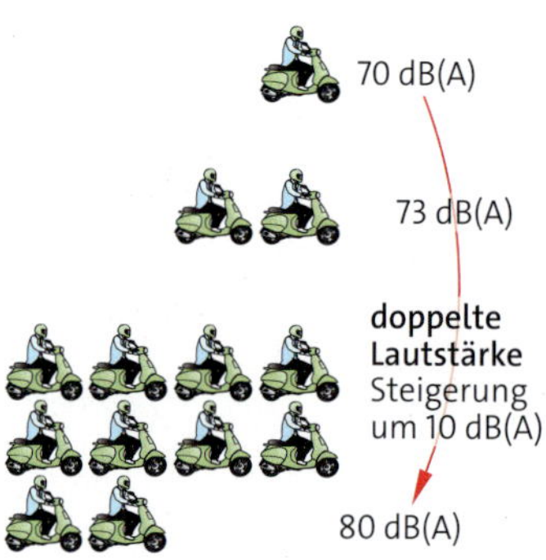

3 Doppelte Lautstärke

Aufgaben

1 ○ Liste Schallquellen auf, die das Gehör schädigen können.

2 ◐ „Doppelt so viele Autos sind doppelt so laut." Bewerte die Aussage.

Material A

Lautstärke messen

Materialliste: Schallpegelmesser oder Handy mit App zur Schallpegelmessung

1 ▢ Messt die Lautstärke an verschiedenen Orten in der Schule, direkt an einem Kopfhörer bei lauter Musik, an einer Lautsprecherbox, an Mofas ... → 4 Notiert die Messwerte in einer Tabelle.

2 ◐ Übertragt die Beispiele aus der Lärmskala in eure Tabelle. → 1 Beurteilt, ob euer Alltag eher leise oder laut ist.

4 Schallpegelmesser

Material B

Schall dämpfen

Materialliste: Schallpegelmesser oder Handy mit App zur Schallpegelmessung, Wecker, Schuhkarton, Dämmstoffe (Styropor, Watte, Teppich, Waben von Eierkartons ...)

1 ▢ Viele Dämmstoffe „verschlucken" den Schall. Welcher Stoff dämpft den Schall am besten?

a Miss die Lautstärke eines klingelnden Weckers in 1 m Abstand. Notiere den Messwert in einer Tabelle.

b Miss die Lautstärke bei gleichem Abstand für folgende Anordnungen:
- Wecker im Schuhkarton
- Karton, mit verschiedenen Dämmstoffen ausgelegt

c Gib an, welche Anordnung Schall am besten dämpft.

Material C

Schall weglenken

Materialliste: Schallpegelmesser oder Handy mit App zur Schallpegelmessung, Tongenerator, Lautsprecher, tiefe Box, Schaumstoff, Spanplatte

1 Kleide die tiefe Box mit Schaumstoff aus und lege den Lautsprecher hinein. → 5 Schließe den Lautsprecher an den Tongenerator an.

a ▢ Miss die Lautstärke 1 m über dem Lautsprecher.

b ▢ Halte jetzt erst die Spanplatte schräg über die Box. Miss die Lautstärke an der gleichen Stelle wie zuvor. Vergleiche mit der Lautstärke ohne Spanplatte.

c ◐ Untersuche, wo der „fehlende" Schall bleibt.

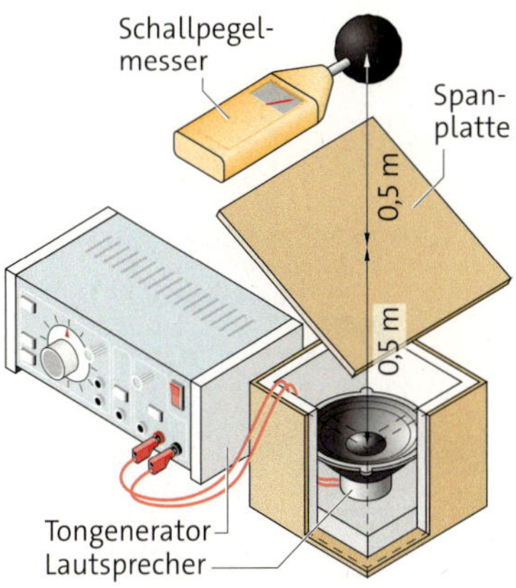

5 Schall weglenken

Schall und Licht

1 Von Licht und Klang umgeben – eine tolle Party!

Wir brauchen Schall und Licht, um etwas hören und sehen zu können. Sie haben erstaunlich viel gemeinsam!

Senden • Schallquellen erzeugen Schall. → 2 Natürliche Schallquellen sind z. B. unsere Stimmbänder oder die rasch schlagenden Flügel einer Biene. Beispiele für technische Schallquellen sind Lautsprecher und Autohupen. Lichtquellen erzeugen Licht. Natürliche Lichtquellen sind z. B. die Sonne, Blitze und Flammen. Technische Lichtquellen sind z. B. Lampen und Displays.

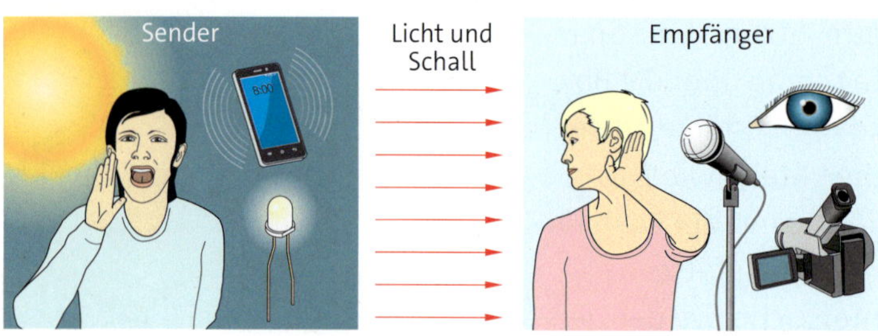

2 Sender, Übertragung, Empfänger

Übertragen • Schall breitet sich von der Schallquelle in den Raum aus. Er legt in der Luft 340 m pro Sekunde zurück. Im Wasser oder im Erdboden breitet er sich noch schneller aus. Schall braucht einen Stoff, um sich auszubreiten.
Licht breitet sich von der Lichtquelle in den Raum aus. Es ist fast eine Million Mal schneller als Schall: Licht legt fast 300 000 km pro Sekunde zurück. Für 300 m braucht es nur eine millionstel Sekunde – das ist so schnell, dass wir seine Ausbreitung im Alltag gar nicht bemerken. Licht braucht keinen Stoff, um sich auszubreiten, es durchquert auch den Weltraum.

Empfangen • Wir können Schall empfangen. Ohren und Mikrofone sind Schallempfänger. Unsere Ohren unterscheiden sehr fein zwischen laut und leise, hoch und tief. Wir nehmen Ton-

der Ultraschall
der Infraschall

höhen zwischen 16 Hz und 20 000 Hz wahr. → 3 Unter 16 Hz schließt sich der Infraschall an, über 20 000 Hz der Ultraschall. Zu lauter Schall kann Ohren und Nervensystem schädigen.
Wir können Licht empfangen. Augen und die Chips in Digitalkameras und Handys sind Lichtempfänger. Unsere Augen unterscheiden hell und dunkel sowie Millionen Farben. Das sichtbare Spektrum beginnt bei Rot und endet bei Violett. → 4 Jenseits von Rot schließt sich Infrarot an, jenseits von Violett folgt Ultraviolett. Zu helles Licht kann Augen und Haut schädigen.

Gegenstände im Weg • Schall kann durchgelassen, aufgenommen und umgelenkt werden. Harte, glatte Oberflächen werfen den Schall in eine bestimmte Richtung zurück (Reflexion). → 5 Raue Wände, Gardinen und Vorhänge absorbieren Schall.
Licht kann durchgelassen, aufgenommen und umgelenkt werden. Eine Glasscheibe lässt Licht fast ungehindert hindurch. Ein Spiegel reflektiert es. → 6 Eine weiße Wand streut das Licht in alle Richtungen. Ein mattschwarzer, dicker Vorhang absorbiert das Licht fast ganz.

Schall und Licht werden erzeugt und breiten sich aus. Sie können unterwegs von Gegenständen beeinflusst werden. Wir können Schall und Licht empfangen. Unser Gehirn erzeugt daraus einen Eindruck unserer Umwelt.

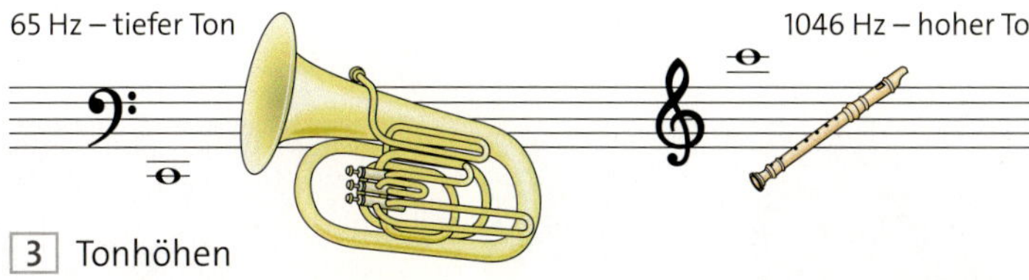

3 Tonhöhen

4 Spektrum des Lichts und Farben

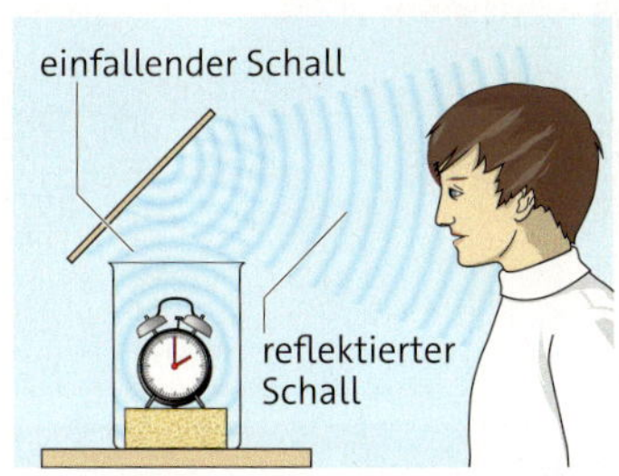

5 Reflexion von Schall

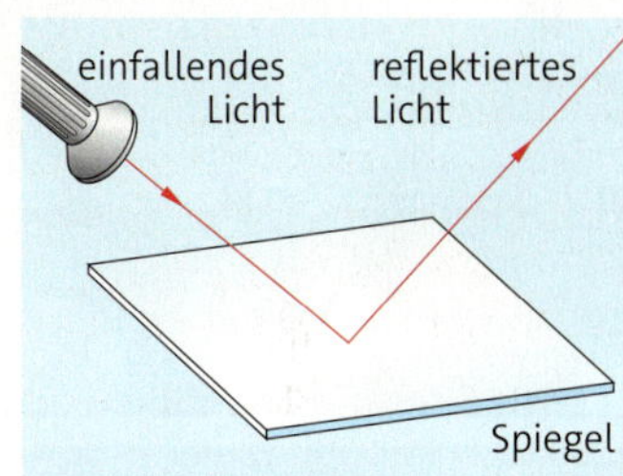

6 Reflexion von Licht

Aufgaben

1 ○ Nenne Schall- und Lichtsorten, die wir mit Ohren und Augen nicht wahrnehmen können.

2 ◐ Beim Sportfest hören weit entfernte Zuschauer den Knall der Starterpistole später als die Sportler. Erkläre den Unterschied.

3 ◐ Vergleiche Schall und Licht. → 7

	Schall	Licht
Quellen	?	?
Empfänger	?	?
Geschwindigkeit	?	?
...	...	...

7 Beispieltabelle

Schall und Licht

Material A

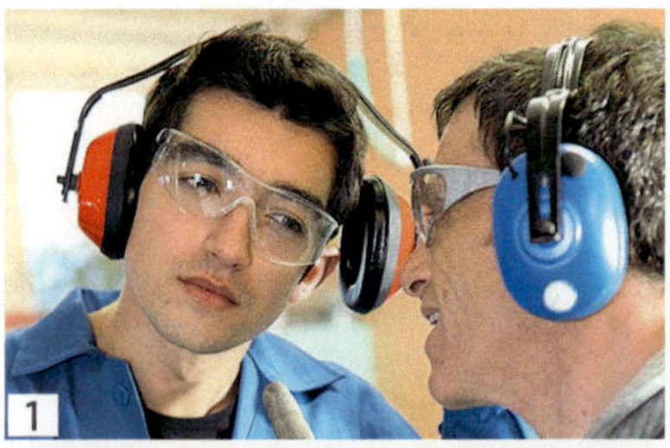
1

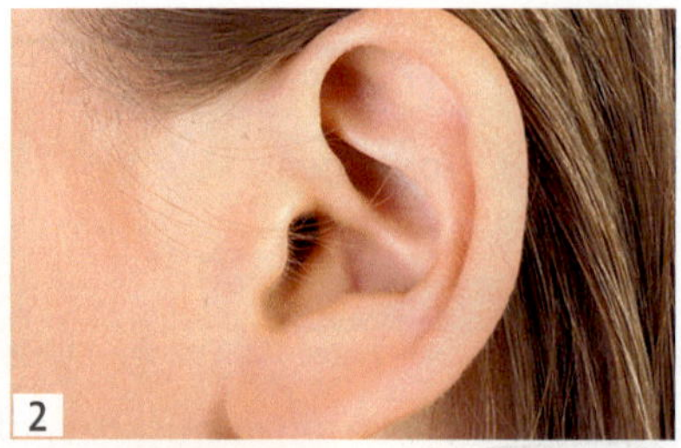
2

3

4

5

6

7

8

Schall und Licht haben viel gemeinsam

1 Sortiere die Bilder 1–8. Es sollen Paare aus den Bereichen Schall und Licht entstehen, bei denen es um das Gleiche geht. Trage zu jedem Paar eine Überschrift in eine Tabelle ein. Begründe jeweils deine Zuordnung. → 9

Gehören zusammen	Überschrift	Begründung
2 und 7	?	?
?	?	?

9 Beispieltabelle

Material B

Feuerwerk

1 Maren ist begeistert vom Feuerwerk. → 10 Zum Schluss steigt eine Rakete besonders hoch und explodiert direkt über ihr. Kurz darauf ist ein lauter Knall zu hören. Maren fragt sich, wie hoch die Rakete gekommen ist. Beschreibe, wie man es berechnen kann.

10 Wie hoch steigen die Raketen?

Erweitern und Vertiefen

Zwei „Ultras“ auf Nahrungssuche

Bienen sehen Ultraviolett • Bienen können kein rotes oder gelbes Licht wahrnehmen, dafür aber ultraviolette Strahlung. Die Blüte der Sumpfdotterblume erscheint für uns einfarbig gelb. → 11 Für eine Biene ist sie zweifarbig und weist ein Muster auf. → 12 13 Das Muster zeigt der Biene den Zugang zum Nektar.

11 Biene im Anflug auf eine Sumpfdotterblume

12 13 Die Sumpfdotterblume sieht für uns anders aus als für eine Biene.

Fledermäuse „sehen“ mit den Ohren • Fledermäuse jagen in der Dämmerung nach Insekten. → 14 Sie orientieren sich mit ihren sehr empfindlichen und großen Ohren. Dazu stoßen sie rasch hintereinander Schreie im Ultraschallbereich aus. Wenn der Schall auf einen Gegenstand oder ein Beutetier trifft, wird er wie ein Echo zurückgeworfen. → 15 Die Fledermaus hört das Echo. Es zeigt ihr an, wo und wie weit entfernt das Beutetier ist, wie groß es ist und wie es sich bewegt. Dann passt die Fledermaus ihr Flugverhalten daran an. Einige Nachtfalter können Ultraschall hören. Wenn sie von den Schreien einer Fledermaus getroffen werden, lassen sie sich im Flug plötzlich fallen. Der Jäger verliert die Beute dann „aus den Ohren“.

Aufgabe

1 Entfernungen bestimmen – mit dem Echo: Jana steht vor einer Felswand und ruft. Nach 1 s hört sie das Echo. Berechne den Abstand zwischen Jana und der Felswand.

14 Schreiende Fledermaus

15 Das Echo verrät den Nachtfalter.

Wie wir hören

Zusammenfassung

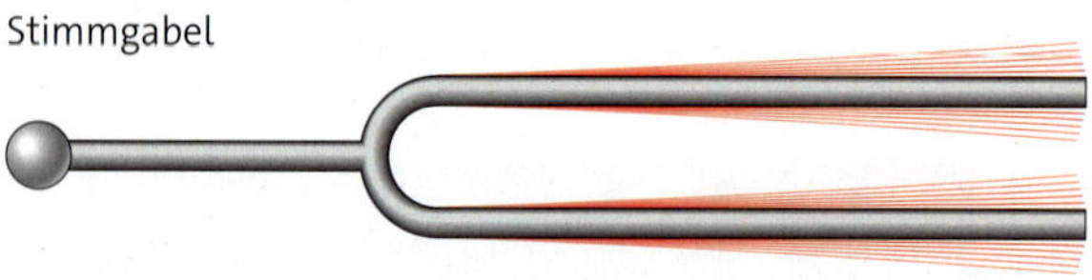

1 Schallquelle: schwingende Zinken

Schallquellen und Schallempfänger • Schall ist alles, was wir hören können. Er entsteht, wenn eine Schallquelle schnell hin- und herschwingt. → 1 Unser Ohr ist ein Schallempfänger. → 2 Schall braucht einen Stoff, um sich auszubreiten. In der Luft breitet er sich als Folge von Luftverdichtungen und Luftverdünnungen aus. → 3 Dabei legt der Schall 1 km in rund 3 s zurück. Schall kann von Gegenständen durchgelassen, aufgenommen und umgelenkt werden. Harte, glatte Oberflächen reflektieren den Schall.

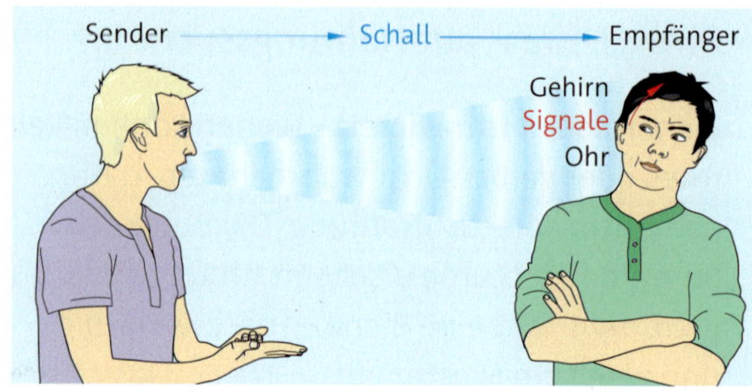

2 Senden – Übertragen – Empfangen

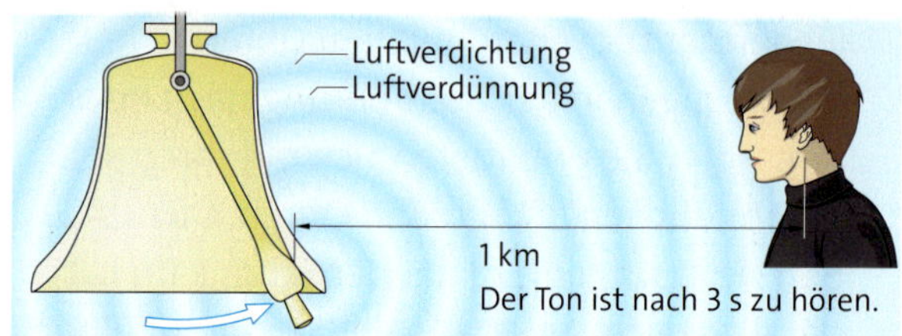

3 Ausbreitung von Schall in der Luft

Laut und leise • Je weiter eine Schallquelle hin- und herschwingt, desto größer ist ihre Lautstärke. → 4
Die Amplitude gibt an, wie weit die Schallquelle schwingt.

Hoch und tief • Je schneller eine Schallquelle hin- und herschwingt, desto größer ist ihre Tonhöhe. → 5
Die Frequenz gibt an, wie oft die Schallquelle pro Sekunde hin- und herschwingt.
Kinder können Töne zwischen 16 Hz und 20 000 Hz hören.

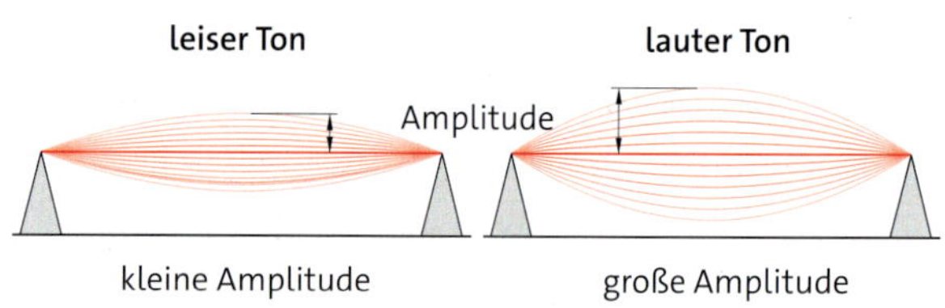

4 Je größer die Amplitude, desto lauter der Ton.

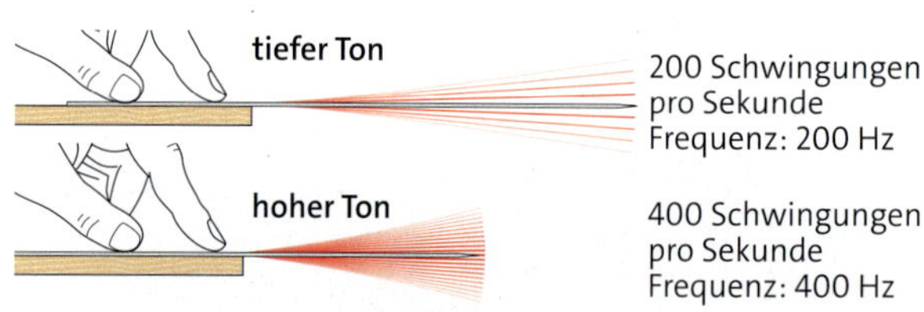

5 Je größer die Frequenz, desto höher der Ton.

Na hör mal! • Schall reizt die Hörsinneszellen im Innenohr, die daraufhin Signale an das Gehirn senden. Das Gehirn erzeugt daraus einen Höreindruck unserer Umgebung.

Wenn Schall zu laut wird • Die Lautstärke wird in Dezibel A gemessen. Bei zu großer Lautstärke ist unsere Gesundheit gefährdet. Wir sprechen von Lärm. Er kann die Hörsinneszellen zerstören.

Teste dich! (Lösungen auf Seite 437)

Schallquellen und Schallempfänger

1 ▢ Nenne jeweils mehrere Beispiele für Schallquellen und Schallempfänger.

2 ◪ Sara spielt Gitarre, Björn hört zu. Bringe die Sätze dazu in die richtige Reihenfolge und schreibe sie in dein Heft:
- Sara zupft die Gitarrensaite an.
- Die breiten sich in der Luft aus.
- Die Saite beginnt zu schwingen.
- Wenn sie Björns Ohr erreichen, hört er den Gitarrenton.
- Dadurch entstehen Luftverdichtungen und -verdünnungen.
- Die schwingende Saite reißt die Luft in der Umgebung immer wieder mit.

3 ◪ Blitz und Donner
a Es blitzt – und eine Sekunde später donnert es. Berechne, wie weit entfernt der Blitz war.
b Du siehst den Blitz immer zuerst und hörst den Donner später. Erkläre den Unterschied.
c Beschreibe eine Methode, mit der du die Entfernung eines Gewitters bestimmen kannst.

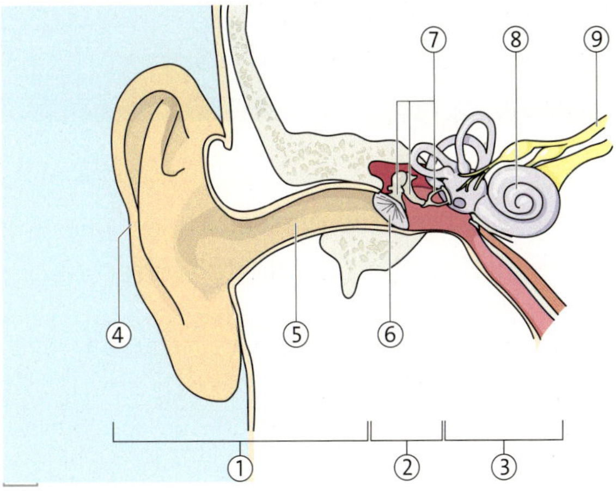

Hoch und tief – laut und leise

4 ◪ Ein gespanntes Gummiband wird angezupft. Setze den folgenden Satz richtig fort: Das Gummiband erzeugt einen lauten, hohen Ton, wenn es
a schwach angezupft wird und schnell schwingt.
b straff gespannt und stark angezupft wird.
c langsam schwingt und stark angezupft wird.
d schwach angezupft wird und stark schwingt.

5 Viele Insekten senden beim Fliegen Summtöne aus.
a ▢ Beschreibe, wie diese Töne entstehen.
b ◪ Eine Hummel summt mit 240 Hz und eine Mücke mit 600 Hz. Vergleiche die Tonhöhe und erkläre den Unterschied.

Na hör mal! – Wenn Schall zu laut wird

6 ◪ „Jedes Ohr besteht aus drei Ohren!"
a Erkläre, was mit dieser Aussage gemeint ist.
b Beschreibe den Aufbau des Ohrs und nenne die Bereiche des Ohrs mit ihren wichtigsten Teilen. → 6 Beschreibe jeweils ihre Funktion.
c Morgens klingelt der Wecker. Du drückst mit geschlossenen Augen die Abschalttaste. Erkläre, weshalb du sie zielsicher finden kannst.

7 Eine Zeitungsmeldung: „Die neue Lärmschutzwand senkt die Lautstärke an der Bundesstraße von 80 auf 70 Dezibel. Die Anwohner sind aber unzufrieden. Sie haben eine Verringerung um mindestens ein Drittel gefordert."
a ◪ Beschreibe, wie die Lärmschutzwand funktioniert.
b ● Nimm Stellung zur Zeitungsmeldung.

Warm und kalt

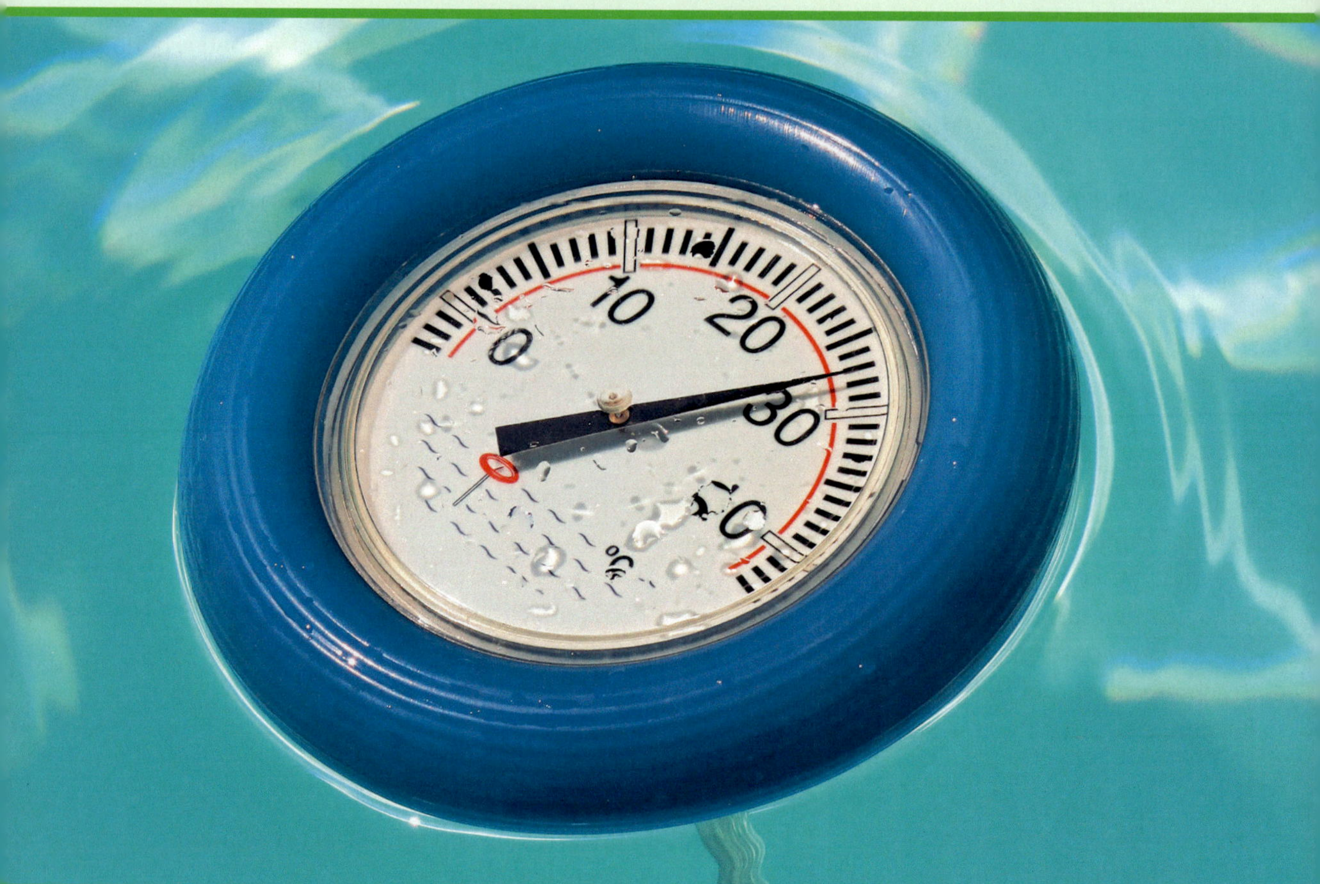

Je wärmer das Wasser im Schwimmbad ist, desto weiter dreht sich der Zeiger des Thermometers.

Wasser hat besondere Eigenschaften. Dass Eis auf Wasser schwimmt, ist gut für Pinguine und gefährlich für die Schifffahrt.

In der Lava sind gewaltige Mengen Energie gespeichert. Warum trägt der Vulkanforscher einen metallisch glänzenden Anzug?

Temperatur fühlen und messen

1 Frieren oder wohlfühlen?

Materialien zur Erarbeitung: A–B

Im Schwimmbad findet Vanessa das Wasser angenehm warm. Peter dagegen zittert vor Kälte. Beide haben sich vorher abgeduscht.

Temperaturen fühlen • Wir können Temperaturen mit unserer Haut wahrnehmen. Besonders gut funktioniert der Temperatursinn im Bereich unserer Körpertemperatur. Für uns ist es wichtig, Temperaturschwankungen schnell zu spüren. Der Temperatursinn schützt uns so vor Gefahren, zum Beispiel beim Berühren von heißen Gegenständen. Doch der Temperatursinn lässt sich täuschen: Vanessa empfindet das Wasser im Schwimmbad als warm, weil sie vorher kalt geduscht und somit ihre Haut als Temperaturfühler abgekühlt hat. Peter hingegen hat vorher warm geduscht und damit seine Haut aufgeheizt. Für ihn fühlt sich das Schwimmbadwasser kalt an.

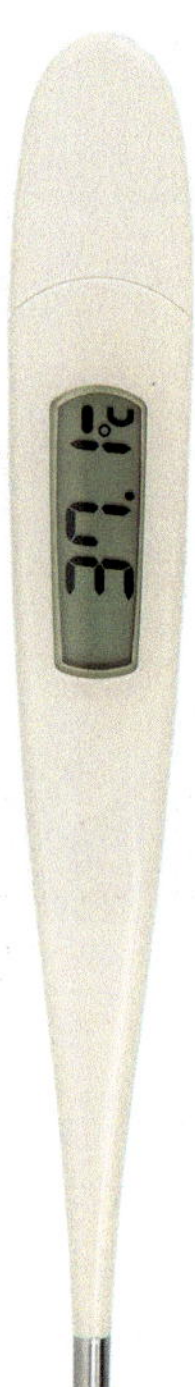

2 Elektronisches Fieberthermometer

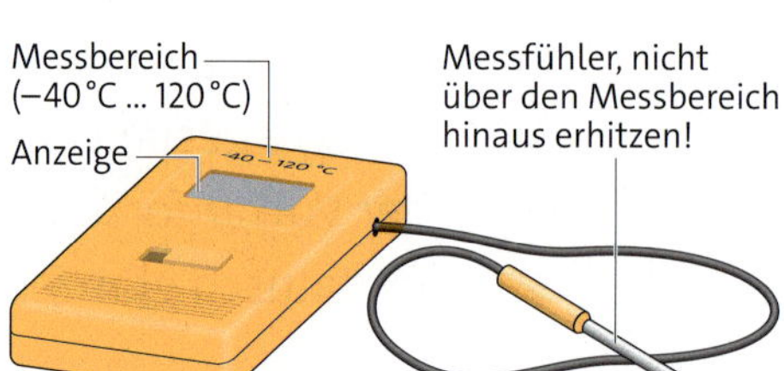

3 Elektronisches Thermometer

Temperaturen messen • Oft reicht es nicht, die Temperatur nur ungefähr zu kennen. In vielen Fällen wäre es zudem gefährlich, die Temperatur mit der Haut zu bestimmen.
Wir messen deshalb Temperaturen mit Thermometern. In Deutschland geben wir die Temperaturen in Grad Celsius (°C) an. Unsere normale Körpertemperatur beträgt etwa 37 °C.

Wir messen die Temperatur mit Thermometern. Die Temperatur wird in Grad Celsius (°C) angegeben.

Elektronische Thermometer • Oft nutzen wir elektronische Thermometer, zum Beispiel zum Fiebermessen. → 2 Elektronische Thermometer haben einen Messfühler aus Metall. → 3 Metalle leiten den elektrischen Strom – je nach Temperatur – unterschiedlich gut. Elektronische Thermometer können so auch kleine Temperaturunterschiede im Messfühler erkennen.
Im Fachunterricht benutzen wir sehr genaue elektronische Thermometer.

Aufgabe

1 ○ Gib die Einheit der Temperatur an.

die Temperatur
der Temperatursinn
das Thermometer
das Grad Celsius

Material A

Temperatur empfinden

Materialliste: 3 Schüsseln mit kaltem, lauwarmem und warmem Wasser

1 Halte eine Hand 2 Minuten lang in warmes Wasser und die andere gleichzeitig in kaltes. Tauche dann beide Hände gemeinsam in das lauwarme Wasser. → 4
○ Beschreibe, was du empfindest.

2 ◐ Plane einen Versuch: Was muss die Versuchsperson tun, um das kalte Wasser als lauwarm zu empfinden?

4

Material B

Bibliothek	Turnhalle	Pausenhof	Klassenraum	Cafeteria	Kühlschrank
21 °C	18 °C	11 °C	21 °C	19 °C	6 °C

5 Temperaturen im Schulgelände

Messwerte darstellen

Jonas und Paula waren mit einem Thermometer unterwegs im Schulgebäude. Ihre Messwerte haben sie in einer Tabelle zusammengetragen. → 5

1 ◐ Stelle die Messwerte als Säulendiagramm dar. → 5 Zeichne die kälteste Temperatur in Blau und die wärmste Temperatur in Rot ein.

2 ◐ Vergleiche die Temperaturen im Pausenhof, in der Turnhalle und im Klassenraum. Vermute eine Ursache für die Unterschiede. → 5

3 Ein Thermometer ist den ganzen Tag im Klassenraum liegen geblieben. → 6
a ○ Beschreibe den Temperaturverlauf.
b ◐ Stelle die Messwerte in einem Säulendiagramm dar.

Zeit	8 Uhr	12 Uhr	17 Uhr	23 Uhr
Temperatur	21 °C	24 °C	21 °C	17 °C

6 Temperaturen im Klassenraum

Material C

Temperaturen messen

Materialliste: Thermometer (am besten elektronisch)

1 ◐ Welcher ist der wärmste und welcher der kälteste Ort des Schulgeländes?
a Skizziert einen Plan des Geländes. Markiert einige Orte. Sie sollen über das ganze Gelände verteilt sein. Notiert eure Vermutungen, welcher der wärmste und welcher der kälteste Ort ist.
b Überprüft mit dem Thermometer eure Vermutungen. Schreibt eure Messwerte in eine Tabelle.

2 ◐ Stellt eure Ergebnisse in einem Diagramm dar. Es hilft, die Versuchsfrage schnell zu beantworten.

Ausdehnen beim Erwärmen

1 2 Flüssigkeitsthermometer

Materialien zur Erarbeitung: A–D

3 Elektrizitätsleitung bei höherer (oben) und bei niedrigerer Temperatur (unten)

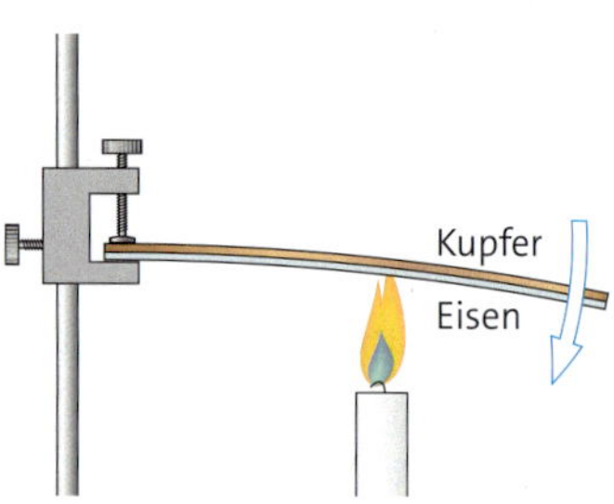

4 Bimetall (Zwei-Metall)

5 Bimetallthermometer

In einem Flüssigkeitsthermometer befindet sich rot gefärbter Alkohol. Bei steigender Temperatur steigt auch die Flüssigkeit im Thermometer an. Wenn es kälter wird, sinkt sie ab.

Volumen • Alle Flüssigkeiten, festen Körper und Gase nehmen Raum ein. Wir sagen: Sie haben ein Volumen.

Flüssigkeiten • Wenn Flüssigkeiten erwärmt werden, dehnen sie sich in der Regel aus – umso mehr, je stärker die Temperatur zunimmt. Ihr Volumen wächst. Kühlt man Flüssigkeiten ab, ziehen sie sich zusammen. Ihr Volumen verringert sich. Bei einem Flüssigkeitsthermometer macht man sich das zunutze, um die Temperatur mithilfe einer Skala zu messen.

Feste Körper • Auch feste Körper dehnen sich beim Erwärmen aus. In der Regel ist die Ausdehnung bei festen Körpern geringer als bei Flüssigkeiten. Wir können sie besonders gut bei lang gestreckten Körpern beobachten. Die Elektrizitätsleitung hängt bei höheren Temperaturen mehr durch – sie ist länger geworden. → 3
Ein Bimetall besteht aus zwei fest verbundenen Metallen. Bei Erwärmung verbiegt es sich, weil sich die Metalle unterschiedlich stark ausdehnen. → 4
Im Bimetallthermometer klebt ein Zeiger am aufgerollten Bimetall. → 5 Er zeigt die Temperatur an der Skala an.
In einem heißen Sommer können sich Betonplatten auf älteren Straßen und Landebahnen so stark ausdehnen, dass

6 „Blow-ups“ auf einer Landebahn

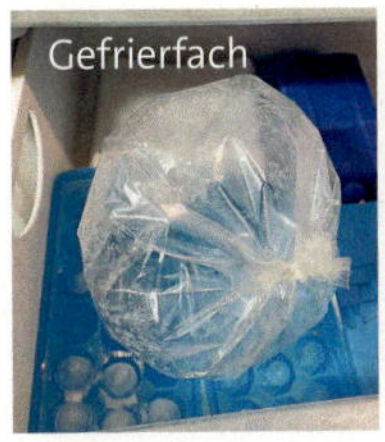

7 8 Bratschlauch, gefüllt mit Luft

sich „Blow-ups“ bilden. → 6 Sie stellen ein Gefahr für Autos, Motorräder oder Flugzeuge dar.

Gase • Bei einem Bratschlauch im Backofen kann man es gut beobachten: Auch das Gasgemisch Luft dehnt sich beim Erwärmen aus. → 7 8

Flüssigkeiten, feste Körper und Gase dehnen sich beim Erwärmen aus. Beim Abkühlen ziehen sie sich wieder zusammen.
Je größer der Temperaturunterschied ist, desto größer ist die Volumenänderung.

Dehnen sich alle Stoffe gleich aus? • Alle Gase dehnen sich gleich stark bei Erwärmung aus – egal ob es sich um Luft, reinen Sauerstoff oder Stickstoff handelt. → 9
Anders verhält es sich bei festen Körpern und Flüssigkeiten. → 9
Wasser dehnt sich zum Beispiel weniger stark aus als Alkohol und Eisen weniger stark als Aluminium.

Es hängt vom Stoff ab, wie stark Flüssigkeiten und feste Körper ihr Volumen beim Erwärmen und Abkühlen ändern.

	Stoff	Ausdehnung
Gase	Sauerstoff	3,41 %
	Stickstoff	3,41 %
	Kohlenstoffdioxid	3,41 %
	Helium	3,41 %
Flüssigkeiten	Alkohol	1,40 %
	Mineralöl	0,70 %
	Wasser	0,21 %
	Quecksilber	0,18 %
Feste Körper	Blei	0,09 %
	Aluminium	0,07 %
	Kupfer	0,05 %
	Eisen	0,04 %
	Beton	0,04 %

9 Ausdehnung beim Erwärmen von 20 °C auf 30 °C

Aufgaben

1 ○ Ausdehnung verschiedener Stoffe
a Nenne zwei Stoffe, die sich gleich stark beim Erwärmen ausdehnen.
b Gib den Feststoff mit der größten und den mit der kleinsten Ausdehnung an.

2 ◐ Erkläre, warum es im Sommer zu Aufsprengungen im Straßenbelag („Blow-ups“) kommen kann. → 6

Ausdehnen beim Erwärmen

Material A

Steigendes Wasser

Materialliste: Erlenmeyerkolben, Stopfen, Glasrohr, Becherglas, heißes Wasser, Klebeband

1 Fülle den Kolben bis zum Rand mit kaltem Wasser. Verschließe ihn mit Stopfen und Glasrohr. → 1
Markiere den Wasserstand am Glasrohr. Gieße heißes Wasser in das Becherglas.
▢ Beschreibe, was passiert.

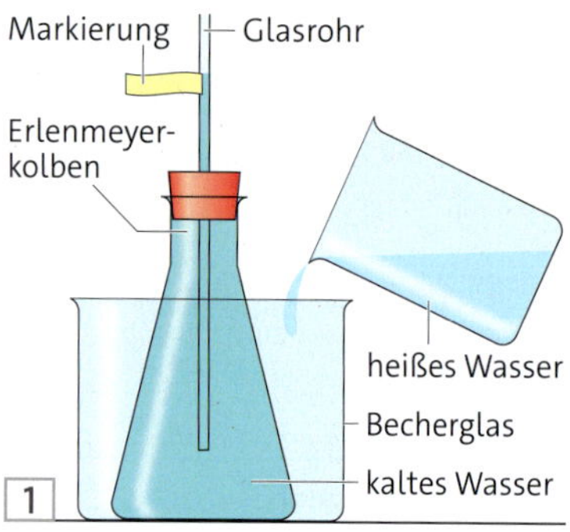

1

Material B

Flaschenballon

Materialliste: leere Glasflasche, Wanne mit warmem Wasser (ca. 50 °C), Luftballon

1 Stülpe den Luftballon über die Glasflasche. Stelle die Flasche in die Wanne mit warmem Wasser. → 2

a ▢ Beschreibe, was mit dem Luftballon geschieht.

b ▢ Nimm die Flasche aus der Wanne und spüle sie kalt ab. Beschreibe, was passiert.

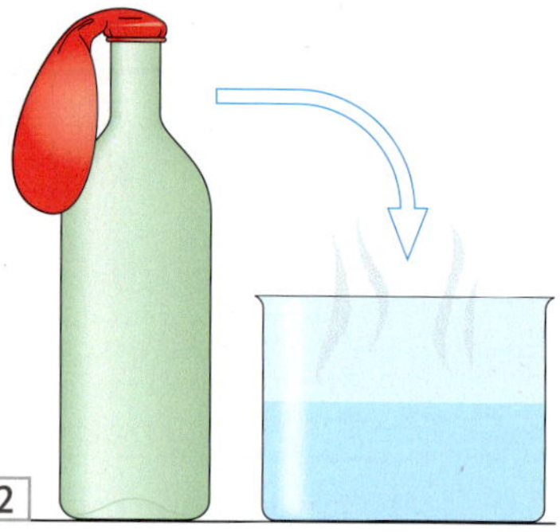
2

Material C

Durchhänger

Materialliste: Eisen-, Kupfer- und Zinkdraht (0,2 mm dick), Gewichtsstück mit Haken (50 g), 4 Kerzen, Stativmaterial, feuerfeste Unterlage

1 Baue den Versuch auf. → 3

a ▢ Erwärme den Eisendraht mit 4 Kerzen. Beschreibe deine Beobachtungen. Lösche dann die Kerzen.

b ▢ Wiederhole Versuchsteil a mit weniger Kerzen.

c ▢ Wiederhole Versuchsteil a mit den anderen Drähten.

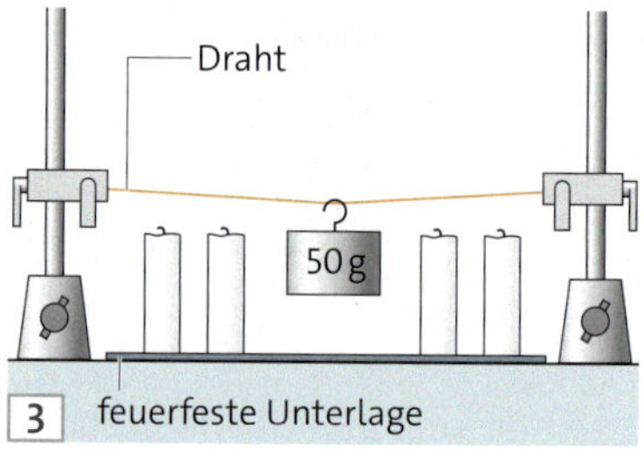

3

Material D

Was geschieht, wenn man „Silberpapier" erwärmt?

Materialliste: „Silberpapier" (Kaugummi), Messerklinge, Pinzette, Streichholz, Schere

1 Schneide einen langen, schmalen Streifen „Silberpapier" ab.

a Ziehe die Metallseite des Streifens über den Rücken einer Messerklinge. Der Streifen rollt sich zu einer Spirale auf.

b Halte die Spirale mit der Pinzette über die Flamme. → 4

c Puste die Flamme aus.

d ▢ Beschreibe deine Beobachtungen.

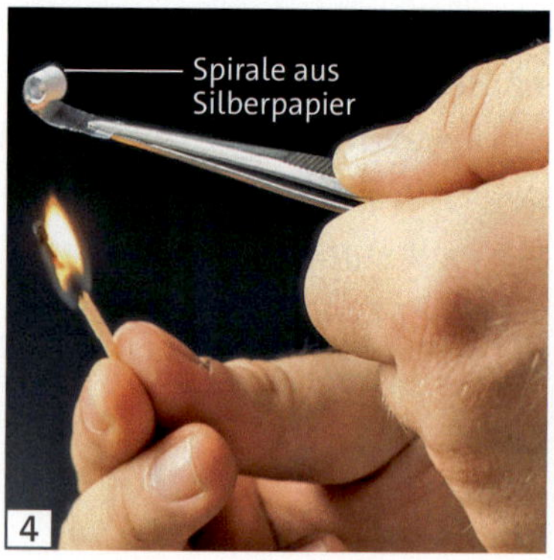

4

Material E

Wird eine Eisenkugel durch Erhitzen größer? (Lehrerversuch)

Materialliste: Gasbrenner, Eisenkugel, Becher, Winkelblech mit Loch, Tiegelzange, Wasser

1 Man probiert, ob die Kugel durch die Öffnung passt. → 5 Dann wird sie erhitzt und in Wasser abgekühlt. Nach jedem Schritt prüft man, ob die Kugel passt.

2 ▢ Schreibe die Sätze ab. Ergänze *gut, gar nicht, nur schwer* oder *von unten*:
- Wenn die Eisenkugel erwärmt ist, dann passt sie ◈ durch die Öffnung.
- Wenn die Eisenkugel abgekühlt ist, dann passt sie ◈ durch die Öffnung.

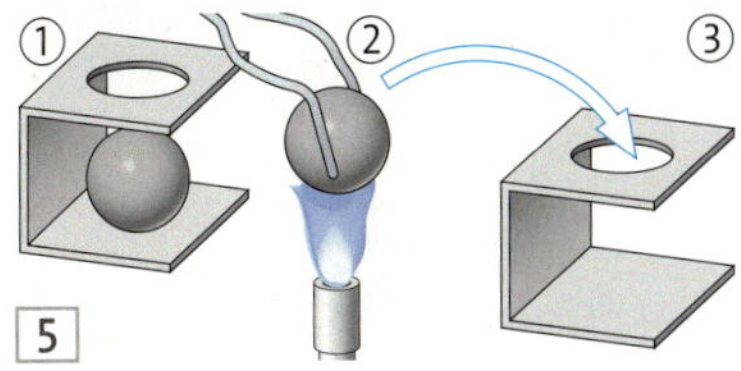

5

Material F

6

7

8

Sprinkler

Automatische Löschanlagen bestehen aus Wasserleitungen, die von Sprinklern verschlossen sind. → 6
Die Sprinkler enthalten ein Glasröhrchen mit einer Flüssigkeit. Wenn es brennt, zerspringt das Röhrchen. Der Weg für das Löschwasser ist frei.
→ 7 8

1 ▢ Wie funktioniert der Sprinkler genau? Ordne die Sätze in der richtigen Reihenfolge und schreibe sie in dein Heft. Der erste Satz steht richtig:
- Es brennt.
- Das Löschwasser tritt aus.
- Die Flüssigkeit dehnt sich aus und sprengt das Glasröhrchen.
- Die Temperatur steigt.
- Die Flüssigkeit im Glasröhrchen erwärmt sich.

Material G

Luft – eisgekühlt

Materialliste: leere 1,5-l-PET-Flasche, Becherglas mit Eiswasser, Glaswanne

1 Gieße etwa 100 ml Eiswasser in die Flasche. Verschließe die Flasche rasch mit dem Schraubdeckel und schüttle gut.

a ▢ Beschreibe, was du beobachtest.

b ◩ Erkläre, was mit der Luft in der Flasche geschieht.

c ▢ Öffne den Deckel. Beschreibe wieder, was passiert.

2 ● Um wie viele Milliliter schrumpft das Volumen der Flasche?
Plane dazu einen Versuch.

Die Celsiusskala

1

Lisa und Anton haben das Wetterhäuschen auf dem Dachboden gefunden. Leider ist die Skala nicht mehr lesbar – bis auf die Markierung bei 50 °C. Ist das Häuschen noch zu retten?

Die ersten Thermometer • Wenn man Flüssigkeiten erwärmt, steigen sie in einem Glasrohr auf. Mit diesem Wissen bauten Naturforscher in Italien vor über 400 Jahren die ersten Flüssigkeitsthermometer. → 2 Dies waren oft kunstvolle Rohre aus Glas. Auf ihnen waren kleine Glaskügelchen aufgeschmolzen. Diese stellten die Skala dar (ital. scala: Treppe). Solche Thermometer wurden einzeln angefertigt. Nie besaßen zwei von ihnen genau die gleiche Skala. Auch die Durchmesser der Glasrohre unterschieden sich. Man konnte Temperaturen nur vergleichen, wenn sie mit ein und demselben Thermometer gemessen wurden.

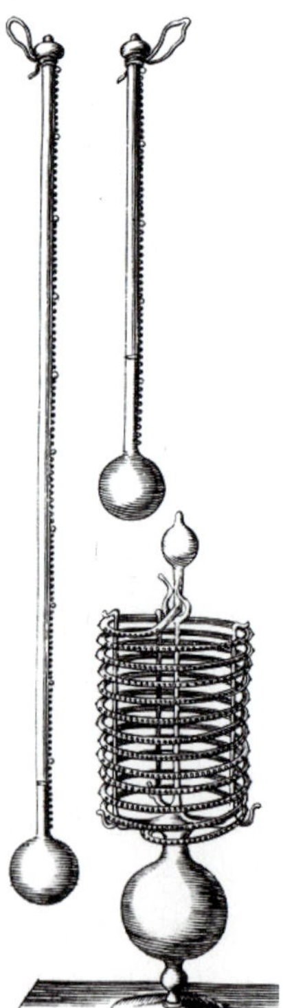

2 Thermometer (17. Jahrhundert)

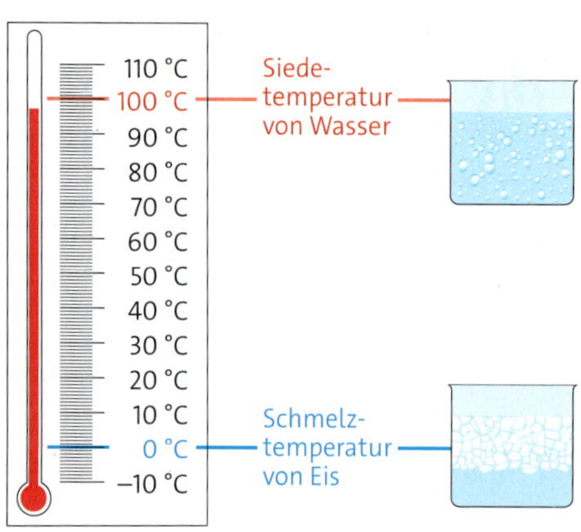

3 Fixpunkte auf der Celsiusskala

Fixpunkte • Anders Celsius (1701–1744) verwendete für seine Skala zwei Temperaturen, die leicht zu ermitteln sind:

- die Temperatur, bei der Eis schmilzt
- die Temperatur, bei der Wasser siedet

Weil diese Temperaturen feststehen, nennen wir sie Fixpunkte (lat. fixus: fest).

Celsius teilte den Abstand zwischen den Fixpunkten auf der Skala in 100 gleiche Teile. → 3 Mit den gleichen Abständen verlängerte er die Skala auch nach oben und unten. Vorteil der Celsiusskala: Man kann Temperaturen vergleichen, die mit verschiedenen Thermometern gemessen wurden – egal, wie sie gebaut sind.

Die Celsiusskala wird von zwei Fixpunkten bestimmt:

- der Temperatur, bei der Eis schmilzt (0 °C)
- der Temperatur, bei der Wasser siedet (100 °C)

Der Abstand zwischen den Fixpunkten ist in 100 gleiche Teile geteilt.

Aufgabe

1 Erkläre, wie Lisa und Anton das Wetterhäuschen retten könnten.

die Celsiusskala
die Fixpunkte

Material A

Thermometerskala – selbst entwickelt

Materialliste: Thermometerrohling, feuerfeste Unterlage, Gasbrenner, Dreibein, Drahtnetz, Becherglas, Eiswürfel, Rührstab, wasserfester Stift, elektronisches Thermometer

Achtung • Siedendes Wasser: Verbrühungsgefahr! Beachtet die Sicherheitsvorkehrungen beim Umgang mit dem Gasbrenner (siehe Anhang)!

1 ◔ Der Thermometerrohling soll eine Celsiusskala erhalten. Plant und experimentiert selbstständig mit dem gegebenen Material. → 4 Protokolliert den Versuch.

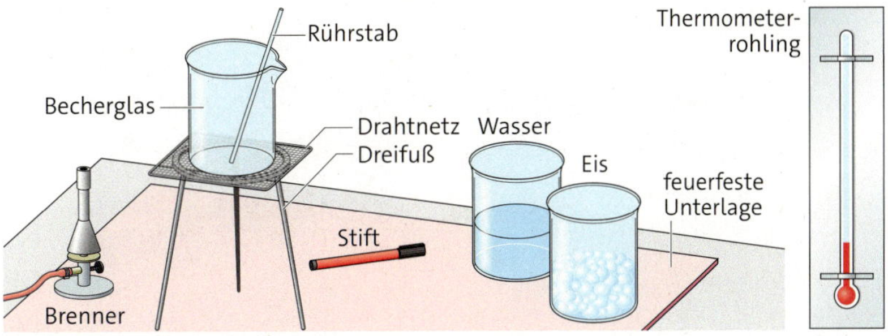

4 Versuchsgeräte

Probe	Thermometer mit neuer Skala	Elektronisches Thermometer	Abweichung
Leitungswasser	7 °C	8 °C	1 °C
?	?	?	?

5 Beispieltabelle

2 ○ Erprobt euer Thermometer, indem ihr verschiedene Temperaturen messt. Prüft jedes Mal mit dem elektronischen Thermometer. Tragt jeweils beide Messwerte in eine Tabelle ein und vergleicht sie. → 5 Gebt an, wie groß die Abweichung ist.

Material B

Thermometerskala – richtig oder falsch?

In der Klasse 7b entwickeln alle Schülerinnen und Schüler eine Thermometerskala. Es gibt verschiedene Lösungen:

- Marvin überträgt einfach die Skala eines Zimmerthermometers auf seinen Thermometerrohling. → 6
- Linda stellt dagegen den Thermometerrohling in Schmelzwasser. Sie markiert mit dem Stift den Stand der Flüssigkeit und beschriftet ihn mit „0 °C". Dann trägt sie im Abstand von jeweils 1 cm darüber die Werte „10 °C", „20 °C" ... ein.

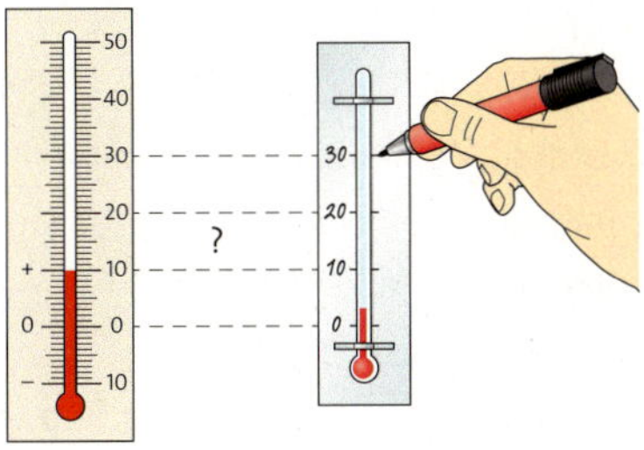

6 Richtig oder falsch?

1 ◔ Werden die Thermometer von Marvin und Linda die richtige Temperatur anzeigen? → 4 Begründe deine Antwort.

Unsere Welt besteht aus Teilchen

1 Hier fließt glühend heiße Lava ins Meer.

Material zur Erarbeitung: A

Im antiken Griechenland dachte man, dass die Welt aus Erde, Wasser, Feuer und Luft besteht – nicht so Demokrit.

Demokrit • Vor ca. 2400 Jahren lebte in Griechenland der Philosoph Demokrit. Demokrit stellte sich Folgendes vor: Er zerteilt einen Salzkristall. Dabei entstehen kleinere Teile, die er weiter zerkleinert. Er wiederholt den Vorgang oftmals. Dabei werden die Teile jedes Mal kleiner. Am Ende entsteht ein so kleines Teilchen, dass er es nicht weiter zerkleinern kann. → 2
Demokrit bezeichnete dieses kleinste Teilchen als Atom (griech. atomos: unteilbar).

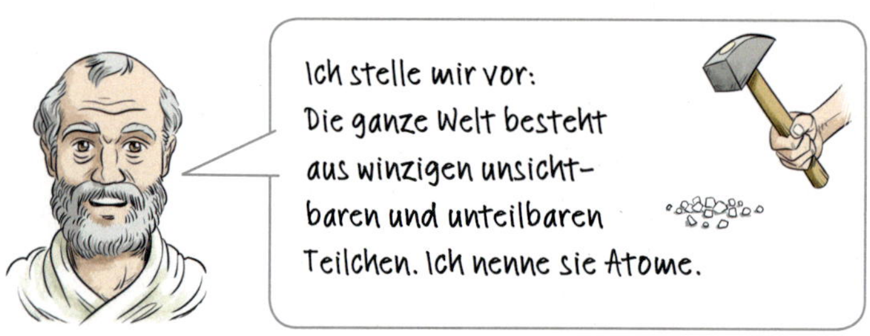

2 Demokrits Vorstellung

Teilchenbewegung • Wir stellen uns vor, dass diese winzigen Teilchen unveränderlich sind und sich ständig bewegen. Je höher die Temperatur ist, desto heftiger ist die Bewegung.
Wie kann man sich die Ausdehnung von Gegenständen bei Erwärmung erklären?
Die Teilchen eines Gegenstands brauchen mehr Platz, wenn sie sich heftiger bewegen. Der Gegenstand hat deshalb bei höherer Temperatur ein größeres Volumen als bei einer niedrigen Temperatur. → 3 4

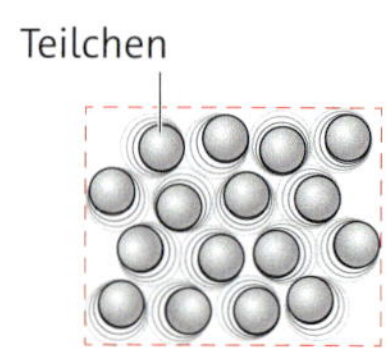

3 Niedrige Temperatur – geringes Volumen

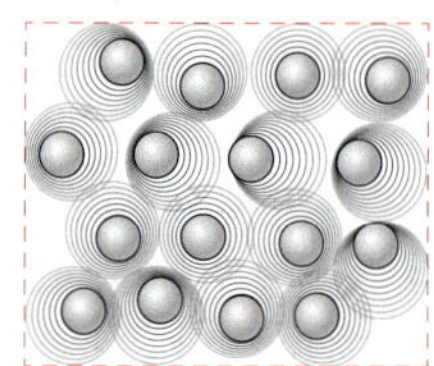

4 Hohe Temperatur – großes Volumen

Wir stellen uns vor, dass unsere Welt aus kleinsten unveränderlichen Teilchen aufgebaut ist. Die Teilchen bewegen sich ständig. Je höher die Temperatur ist, umso schneller bewegen sich die Teilchen und umso mehr Platz nehmen sie ein.

Aufgaben

1 ○ Gib die Eigenschaften der Teilchen im Teilchenmodell an.

2 ○ Gib an, wie Demokrit die kleinsten Teilchen nannte.

das Teilchen
das Atom
das Teilchenmodell

Material A

Teilchenspiel

5

Wir stellen uns vor, dass Gegenstände aus kleinen unveränderlichen Teilchen bestehen, die sich stets bewegen.

1 Ihr stellt nun Teilchen dar.
a Stellt euch dicht zusammen und seid ganz ruhig. → 5
b Bewegt euch nun immer stärker.
c ▢ Beschreibt, was ihr beobachtet.
d ▢ Übertragt die Sätze in euer Heft. Ersetzt dabei die Fragezeichen durch die physikalisch richtigen Wörter:
- Bei niedriger Temperatur gibt es eine ⟨?⟩ Teilchenbewegung und ein geringes Volumen.
- Bei hoher Temperatur gibt es eine ⟨?⟩ Teilchenbewegung und ein ⟨?⟩ Volumen.

Material B*

Die brownsche Bewegung

Materialliste: Mikroskop mit 400-facher Vergrößerung und „Dunkelfeldbeleuchtung", Objektträger, Deckglas, Dosenmilch, Tasse voll Wasser, Löffel

1 Das Einstellen von Mikroskop und Beleuchtung ist nicht einfach. Lasst euch von einer erfahrenen Lehrkraft helfen.
a Vermische etwa 20 Tropfen Dosenmilch mit dem Wasser und rühre gut um.
b Gib einen Tropfen der verdünnten Milch auf den Objektträger. Decke ihn mit dem Deckglas ab.
c ▢ Betrachte den Tropfen bei 400-facher Vergrößerung. Stelle auf mehrere Fetttröpfchen scharf. → 6 Beschreibe ihre Bewegung.
d ◪ Lies den Text und erkläre die Bewegung der Fetttröpfchen. → 7
e ◪ Was würdest du bei höherer Temperatur beobachten? Vermute es.

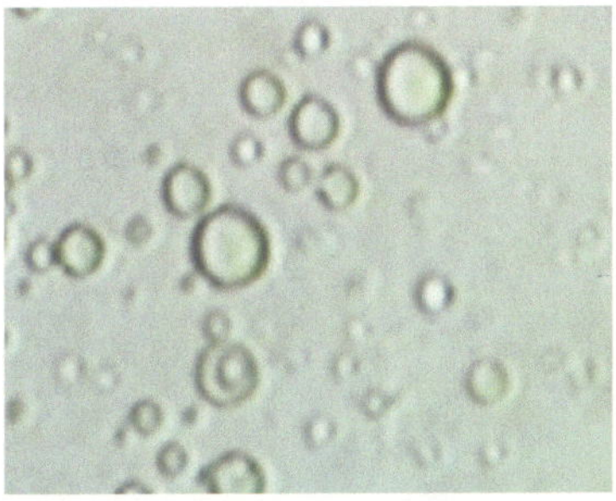

6 Fetttröpfchen in Wasser

Der schottische Biologe Robert Brown hat 1827 zerstoßene Pollenstückchen in Wassertropfen gegeben und diese unter dem Mikroskop beobachtet. Die Pollenstücke haben sich ständig im Zickzack hin- und herbewegt! Die gleiche Beobachtung machte er mit Ruß- und Eisenteilchen. Erst viel später hat der weltberühmte Physiker Albert Einstein eine Erklärung für diese sogenannte brownsche Bewegung gefunden. Das Wasser besteht wie alle Stoffe aus kleinsten Teilchen, die man nicht unter dem Mikroskop sieht. Die Wasserteilchen bewegen sich ständig. Sie stoßen immer wieder an die viel größeren Pollenstücke und schubsen sie mal in die eine, mal in die andere Richtung.

7

Wasser – nicht immer flüssig

[1] Eis schmilzt.

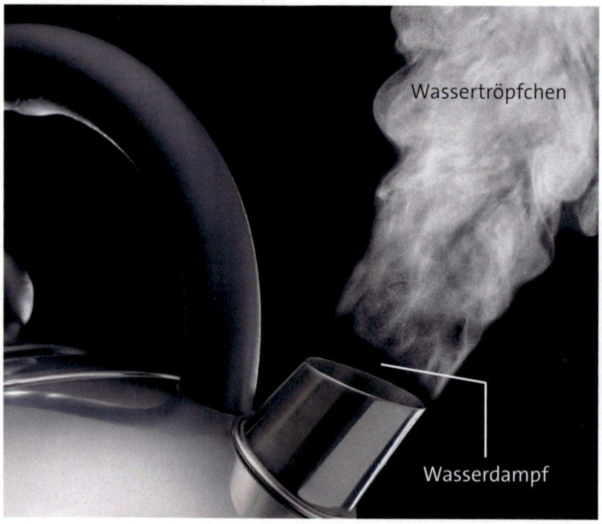

[2] Wasser verdampft – Dampf kondensiert.

[3] Wasser gefriert.

Wasser, das seinen Zustand ändert – oder gleich ändern wird

Fest – flüssig – gasförmig • Feste Eiswürfel schmelzen in einem Glas Tee rasch zu flüssigem Wasser. → [1] Das Wasser im Teekessel wird erhitzt. Es siedet zu gasförmigem Wasserdampf, der sich mit der Luft vermischt. → [2] Erst wenn der Wasserdampf abkühlt, wird das Wasser wieder flüssig und sichtbar – als Tröpfchen an einem Topfdeckel oder in einer Wolke. → [2] Flüssiges Wasser gefriert an kalten Wintertagen zu festem Eis. → [3]

Zustandsänderungen • Die Zustände fest, flüssig und gasförmig nennt man Aggregatzustände.
Wasser ist unter 0 °C festes Eis. → [4] Wenn es erwärmt wird, erreicht es bei 0 °C seine Schmelztemperatur. Es wird flüssig. Erwärmt man das flüssige Wasser weiter, erreicht es seine Siedetemperatur von 100 °C. Das Wasser verdampft dann und wird gasförmig. Wenn man Wasserdampf abkühlt, dann wird er beim Erreichen der Siedetemperatur flüssig. Man sagt: Der Wasserdampf kondensiert. Flüssiges Wasser erstarrt beim Erreichen der Schmelztemperatur und wird fest.

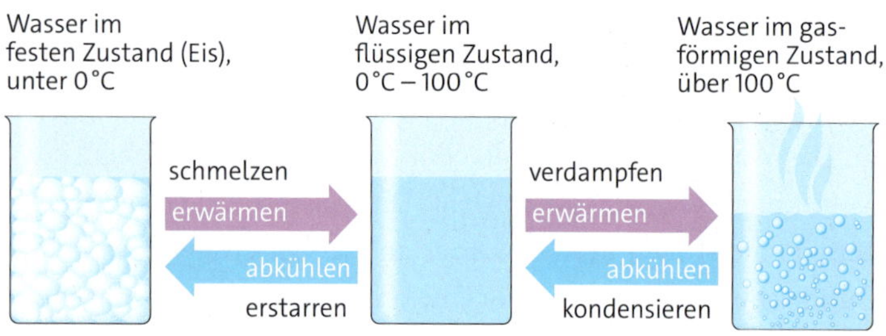

[4] Zustandsänderungen von Wasser

Der Aggregatzustand von Wasser ändert sich mit der Temperatur. Die Zustandsänderungen nennt man:
fest → flüssig: schmelzen
flüssig → gasförmig: verdampfen
gasförmig → flüssig: kondensieren
flüssig → fest: erstarren

der Aggregatzustand
die Zustandsänderung
das Teilchenmodell
kondensieren
verdampfen

fest (Eis)	flüssig (Wasser)	gasförmig (Wasserdampf)
Die Wasserteilchen haben • wenig Abstand. Ihr Zusammenhalt ist stark. • feste Plätze, an denen sie sich kaum bewegen können. Beim Erwärmen bewegen sich die Teilchen immer stärker und verlassen ihre Plätze. Das Eis beginnt zu schmelzen.	Die Wasserteilchen haben • einen schwächeren Zusammenhalt als im festen Zustand. • keine festen Plätze. Sie können sich gegeneinander verschieben. Wenn weiter erwärmt wird, bewegen sich die Teilchen immer schneller, bis sie sich voneinander losreißen. Das Wasser beginnt zu verdampfen.	Die Wasserteilchen • haben keinen Zusammenhalt mehr. • bewegen sich sehr schnell. • benötigen sehr viel Platz.

5 Aggregatzustände im Teilchenmodell

Teilchenmodell • Wie können wir uns die Aggregatzustände im Teilchenmodell vorstellen? Die Wasserteilchen bewegen sich bei niedriger Temperatur nur wenig. Je höher die Temperatur steigt, desto stärker bewegen sich die Teilchen. → 5

Andere Stoffe • Alle Stoffe ändern ihre Aggregatzustände. Kerzenwachs ist bei Raumtemperatur fest. Wenn man es erwärmt, wird es flüssig. Das Kerzenwachs ändert seinen Aggregatzustand. Erwärmt man das flüssige Kerzenwachs weiter, verdampft es.
Es können auch Stoffe flüssig oder fest sein, die bei Raumtemperatur gasförmig sind. Stickstoff kondensiert, wenn er unter –196 °C abgekühlt wird. Der flüssige Stickstoff wird dann in vielen technischen Bereichen zur Kühlung eingesetzt.
Ein besonderes Verhalten zeigt das Kohlenstoffdioxid. Wenn man das Gas unter –78 °C abkühlt, wird es fest, ohne zuvor flüssig zu werden.

Viele Stoffe können in den Aggregatzuständen fest, flüssig und gasförmig vorliegen.

Aufgaben

1 ▢ Nenne die drei Aggregatzustände.

2 ▢ Nenne die Zustandsänderungen:
a die beim Erhitzen eines anfangs festen Stoffs auftreten.
b die beim Abkühlen eines anfangs gasförmigen Stoffs auftreten.

3 ◪ Zeichne mithilfe des Teilchenmodells, wie Wasser verdampft.

Wasser – nicht immer flüssig

Material A

Eiswasser erhitzen

Wenn ihr Eiswasser erhitzt, schmilzt das Eis und die Temperatur steigt. Aber wie hoch?

Achtung • Siedendes Wasser: Verbrühungsgefahr! Beachtet die Sicherheitsvorkehrungen beim Umgang mit dem Gasbrenner (siehe Anhang)!

Materialliste: Gasbrenner, Dreifuß, Keramikdrahtnetz, Becherglas (400 ml), digitales Thermometer, Glasrührstab, Stoppuhr, Eiswürfel

1 Legt eine Tabelle an, in die ihr später eure Messwerte und Beobachtungen eintragen könnt. → 1

2 Gebt 5 Eiswürfel und 150 ml kaltes Wasser in das Becherglas und rührt gut um.

3 Messt die Temperatur und wartet, bis die Anzeige stillsteht. Tragt den Messwert in die Tabelle ein.

4 Stellt das Becherglas auf das Keramikdrahtnetz. Entzündet den Gasbrenner und schiebt ihn unter das Becherglas. → 2 Startet die Stoppuhr.

Zeit nach dem Einschalten	Wassertemperatur	Beobachtungen
0 s	? °C	?
30 s	? °C	?
60 s	? °C	?

1 Beispieltabelle

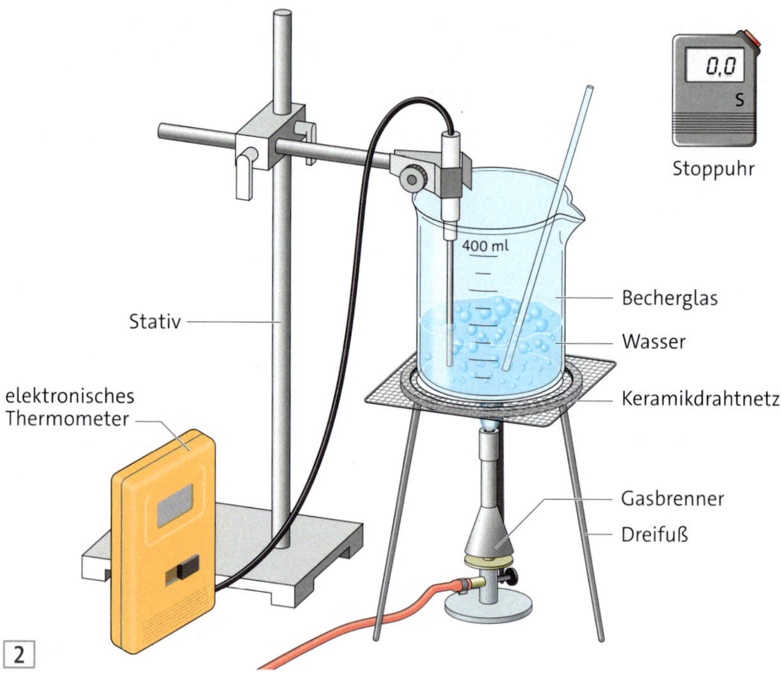

2

5 Lest alle 30 Sekunden die Temperatur ab und tragt sie in eure Tabelle ein. Vergesst nicht, weiter umzurühren.

6 Irgendwann siedet das Wasser. Messt danach noch 2–3 Minuten weiter und tragt die Messwerte in die Tabelle ein.

7 Tabelle

a ○ Lest aus eurer Tabelle ab, wie heiß das Wasser wird.

b ◐ Stieg die Temperatur gleichmäßig an? Beschreibt den Temperaturverlauf.

c ● Findet heraus, zu welchen Zeiten die Temperatur am wenigsten und zu welchen Zeiten sie am meisten anstieg.

Methode

Ein Liniendiagramm zeichnen

Zeit nach dem Einschalten in s	0	30	60	90	120	150	180	210	240	270	300	330
Wassertemperatur in °C	0	3	6	22	35	48	60	71	85	97	100	100

3 Aufzeichnung der Messwerte

Wenn du Wasser erhitzt und dabei regelmäßig die Temperatur abliest, erhältst du ähnliche Messwerte wie in der Tabelle. → 3
So gehst du vor, um diese Messwerte in einem Liniendiagramm aufzuzeichnen: → 4

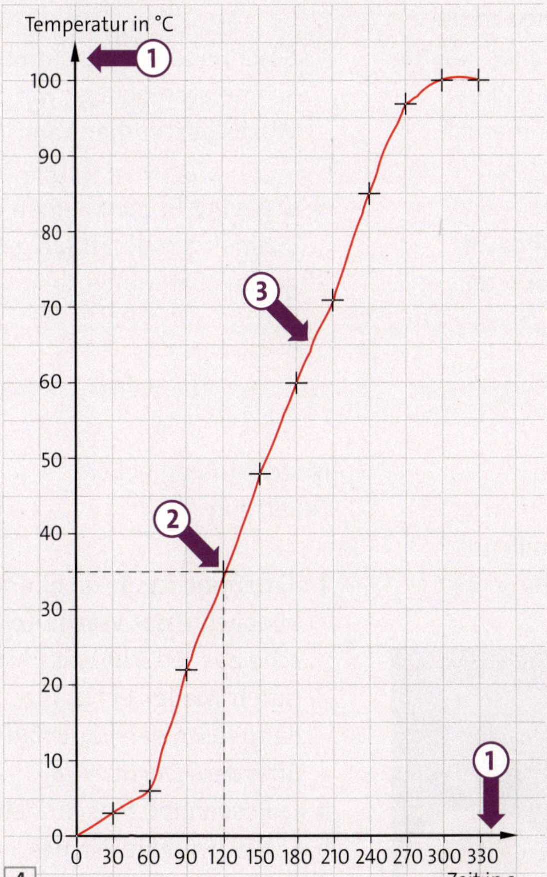

4

1. Achsen zeichnen Zeichne mit Bleistift und Lineal die Achsen auf Kästchenpapier. Schreibe an jede Achse die Größe und die Einheit:
- senkrechte Achse: Temperatur in °C
- waagerechte Achse: Zeit in s

2. Messpunkte eintragen Suche zunächst einen Messwert auf der Zeitachse (z. B. 120 s). Ziehe eine dünne Hilfslinie nach oben.
Suche dann auf der Temperaturachse den zugehörigen Messwert (35 °C). Zeichne eine Hilfslinie waagerecht nach rechts.
Mache am Schnittpunkt der Linien ein Kreuz.
Radiere die Hilfslinien am Ende wieder aus.

3. Messpunkte verbinden Verbinde die Messpunkte ohne Lineal mit einer Linie.

Aufgabe

1 ◔ Erstelle ein Liniendiagramm aus deiner Messwerttabelle von Material A.

a Lies aus deinem Diagramm die Temperatur nach 45 s und nach 225 s ab.

b Lies aus deinem Diagramm ab, wann die Temperatur wenig oder gar nicht steigt.

c Beschreibe, was zu diesen Zeiten im Becherglas passiert.

d Nenne die Vorteile, die ein Diagramm gegenüber einer Tabelle bietet.

Wasser – nicht immer flüssig

Material B

„Bleigießen“

Das Bleigießen zu Silvester hat eine lange Tradition. Heutzutage darf das hochgiftige Blei nicht mehr verwendet werden. Stattdessen kommt meist Zinn zum Einsatz, das eine niedrige Schmelztemperatur besitzt.

Materialliste: Zinn, Kerze (Teelicht), Becherglas, Wasser, kleiner Tiegel, Schutzbrille, Spatel, feuerfeste Unterlage

Achtung • Schutzbrille tragen!

1 So gehst du vor:
a Entzünde das Teelicht.
b Gib etwas Zinn in den kleinen Tiegel. Halte den Tiegel mit der Tiegelzange über die Flamme. Erhitze das Zinn, bis es geschmolzen ist. → 1
c Schütte das flüssige Zinn in das Becherglas mit Wasser.
d Lege die Tiegelzange und den Tiegel auf der feuerfesten Unterlage ab.

2 ▢ Beschreibe deine Beobachtungen.

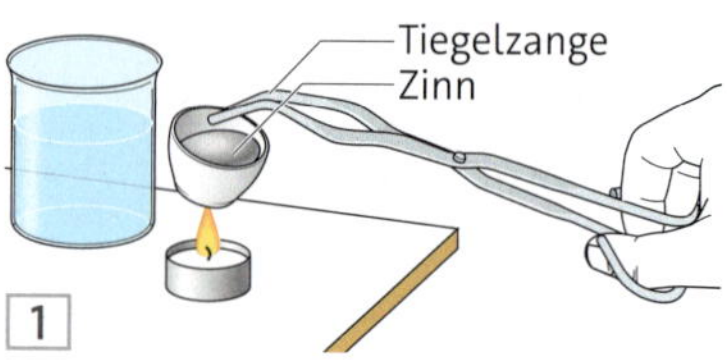

1

Material C

Schmelztemperaturen bestimmen

Materialliste: Heizplatte, Becherglas (250 ml), Thermometer, Spatel, je ein Reagenzglas mit Margarine, Schokolade und Gelatinepulver

1 Baue den Versuch auf. → 2
a Stelle ein Reagenzglas hinein. Erhitze vorsichtig.
b ▢ Wenn der Stoff schmilzt, notierst du seine Schmelztemperatur in einer Tabelle.
c Untersuche die anderen Stoffe. Starte immer mit kaltem Wasser.

2 ◪ Du hast ein Teelicht und ein Thermometer.

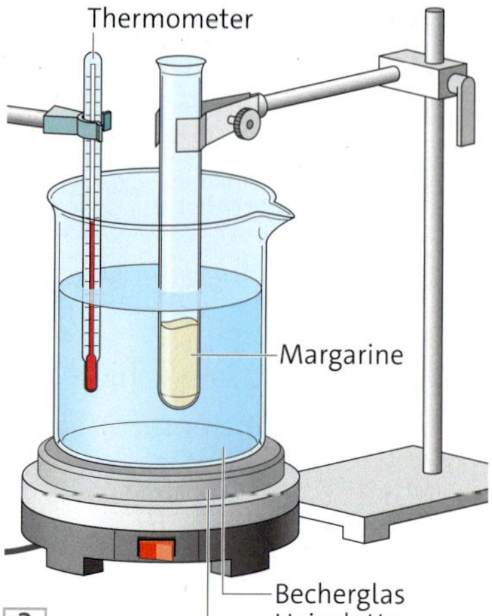

2

Beschreibe, wie du damit die Schmelztemperatur von Wachs bestimmen kannst.

3 ◪ Nenne Tipps, wie man Schmelztemperaturen ganz genau bestimmen kann.

Material D

Dreimal Wachs

Festes, flüssiges und gasförmiges Wachs → 3

3

4

Materialliste: Teelicht, Feuerzeug

1 Entzünde das Teelicht und beobachte das Wachs. Lösche das Teelicht nach 3 Minuten wieder. Entzünde dann rasch den Rauchfaden über dem Docht. → 4
a ▢ Beschreibe, was du siehst.
b ◪ Wo befindet sich das gasförmige Wachs? Erkläre es.

Material E

Aggregatzustände verschiedener Stoffe

1 Lies ab, welche der Stoffe bei Zimmertemperatur (20 °C) fest, flüssig oder gasförmig sind. → 5

2 Nenne die Stoffe, die bei:
a 150 °C flüssig sind.
b 80 °C gasförmig sind.
c 100 °C fest sind.

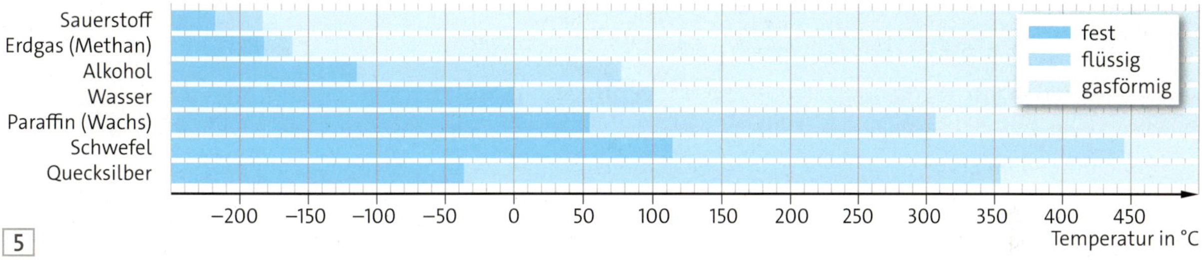

5

Material F

Flüssiger Stickstoff

1 Lies den Text. → 7
a Nenne drei Anwendungen von flüssigem Stickstoff.
b Gib die Siedetemperatur von Stickstoff an.
c Recherchiere die Schmelztemperatur von Stickstoff.

6 Flüssiger Stickstoff

Vielseitige Verwendung von flüssigem Stickstoff

Mit −196 °C hat Stickstoff eine sehr niedrige Siedetemperatur. Stickstoff eignet sich deshalb ausgezeichnet als Kühlmittel für Lebensmittel. Sie gefrieren sofort, wenn sie in flüssigen Stickstoff getaucht werden.
Ein Gefäß mit flüssigem Stickstoff dient als Kühltruhe für Tiersperma. So kann man das Erbgut wertvoller Zuchttiere aufbewahren und transportieren.
In der Medizin verwendet man flüssigen Stickstoff zum Konservieren von Blut, Gewebeproben, Impfstoffen und Bakterienkulturen. Flüssiger Stickstoff eignet sich auch zum Entfernen von Warzen.
In tiefe Baugruben kann manchmal Wasser aus der Umgebung eindringen. Um das zu verhindern, wird flüssiger Stickstoff durch „Gefrierlanzen“ in die Erde gepresst. Dort kühlt er die Erde so stark ab, dass das Wasser gefriert.
Im Tiefbau verwendet man flüssigen Stickstoff zum „Rohrfrosten“. Wenn ein Rohr repariert werden muss, kann die darin enthaltene Flüssigkeit mit flüssigem Stickstoff eingefroren werden. Es bildet sich dann ein Eispfropfen, der das Rohr verschließt.

7 Verwendung von flüssigem Stickstoff

Wasser verhält sich nicht normal

1 Fisch unter dem Eis

Materialien zur Erarbeitung: A–B

Wie überleben die Fische im zugefrorenen See? Wieso schwimmt das Eis oben auf dem Wasser?

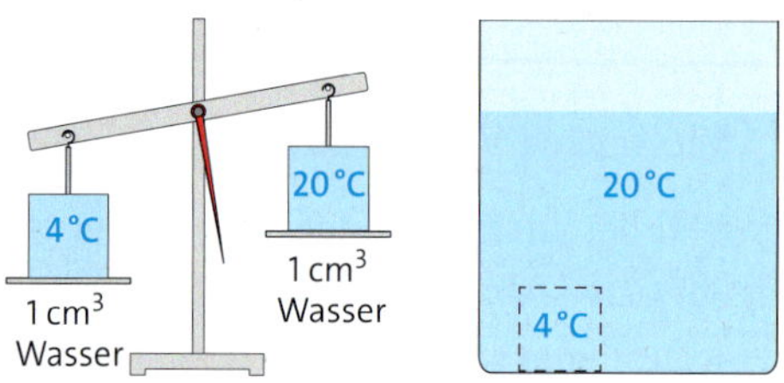

2 Wasser wird beim Abkühlen schwerer.

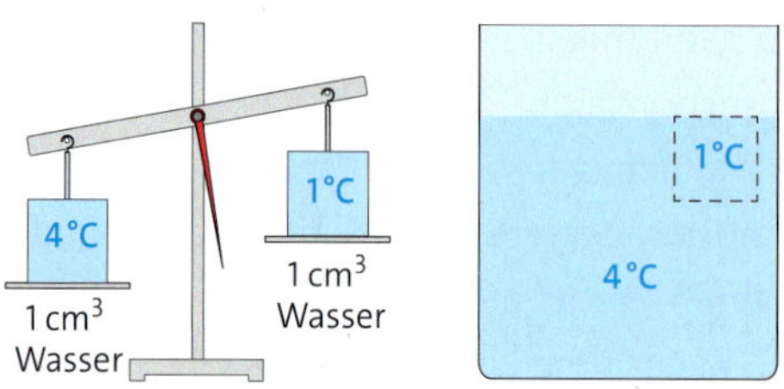

3 Bei 4 °C ist Wasser am schwersten.

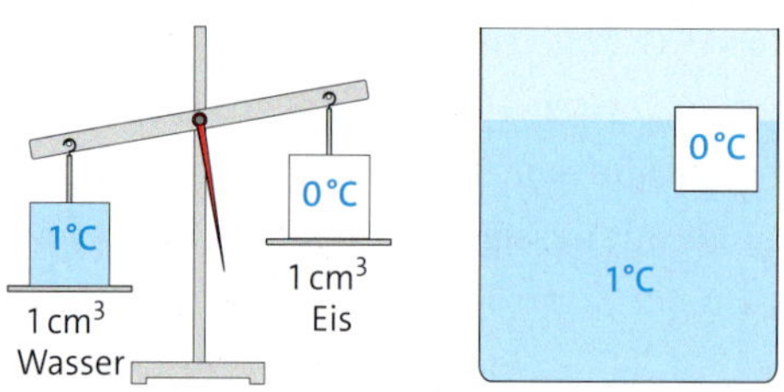

4 Eis ist leichter als flüssiges Wasser.

Wassertemperaturen im See • Wer im Sommer in einem tiefen See taucht, stellt fest: Das Wasser wird nach unten hin kälter. Im Winter dagegen wird es unter dem Eis nach unten hin wärmer. Woran liegt das?

Eine besondere Flüssigkeit • Du weißt bereits, dass sich Flüssigkeiten beim Abkühlen zusammenziehen. Auch Wasser zieht sich zusammen, wenn es von 20 °C auf 4 °C abgekühlt wird. Dabei wird es schwerer. In Gewässern sinkt es nach unten. → 2 Wenn die Temperatur aber unter 4 °C fällt, dehnt sich das Wasser wieder aus – anders als andere Flüssigkeiten. Das Wasser wird dabei leichter. In Gewässern steigt es auf. → 3
Bei 0 °C gefriert das Wasser zu Eis und dehnt sich dabei aus. Eis ist leichter als flüssiges Wasser, es schwimmt. → 4

Wasser von 4 °C ist am schwersten. Es sinkt in Gewässern nach unten. Eis ist leichter als flüssiges Wasser. Eis schwimmt auf dem Wasser.

See im Sommer • Die warme Luft und die Sonneneinstrahlung erwärmen das Wasser an der Oberfläche des Sees. Beim Erwärmen dehnt es sich aus und wird damit leichter. Das warme Wasser bleibt an der Oberfläche, kälteres Wasser liegt am Grund des Sees. → 5

See im Winter • Im Winter kühlt sich das Wasser an der Oberfläche des Sees ab. Dabei zieht es sich zusammen, es wird schwerer. Bei 4 °C ist Wasser am schwersten. Es sinkt im See nach ganz unten. Wenn das Wasser an der Oberfläche unter 4 °C abkühlt, wird es wieder leichter und sinkt deshalb nicht ab. Die Wassertemperatur nimmt so lange an der Oberfläche ab, bis das Wasser zu Eis erstarrt. Unten im See ist es dann mit 4 °C am wärmsten. → 6

Folgen für Natur und Technik • Wenn Gewässer tief genug sind, frieren sie im Winter nicht zu. Dann befindet sich unter der Eisschicht flüssiges Wasser. Das ist sehr wichtig für Fische und Wasserpflanzen. Sie können so in der kalten Jahreszeit überleben.
Dass sich Wasser beim Gefrieren ausdehnt und leichter wird, hat noch mehr Folgen:
- Eisberge schwimmen auf dem Wasser. → 7
- Wasser in Felsritzen und -spalten gefriert im Winter. Dabei dehnt es sich aus und „sprengt" so Stücke aus dem Fels. Auch Schlaglöcher im Straßenbelag entstehen so.
- Rohre platzen im Winter, wenn das Wasser darin gefriert.

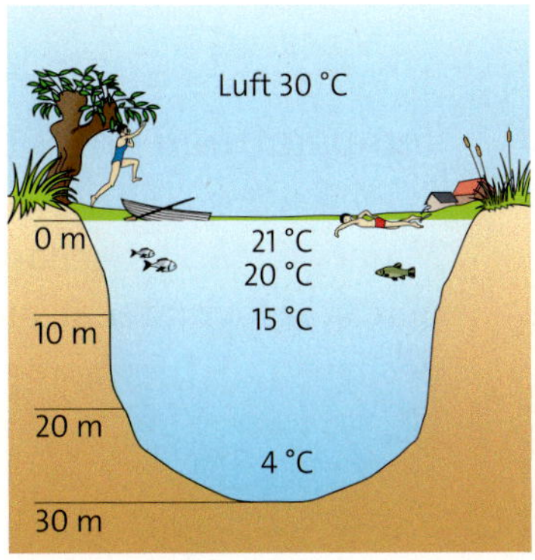

5 See im Sommer

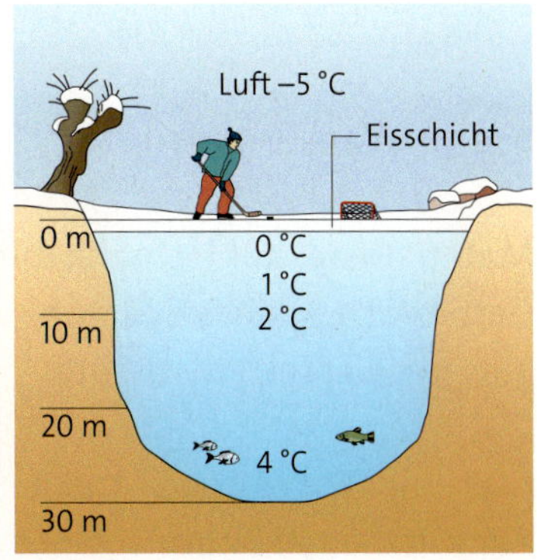

6 See im Winter

7 Eisberge

Aufgaben

1 ○ Beschreibe die Temperaturen des Wassers in einem See im Sommer und im Winter.

2 ◐ Das besondere Verhalten von Wasser hat für die Tiere in einem See große Bedeutung. Begründe es.

3 ◐ Erkläre, warum ein Eisberg auf dem Wasser schwimmt.

Wasser verhält sich nicht normal

Material A

Wenn Wasser gefriert ...

Materialliste: Kühlschrank mit Gefrierfach, kleines Schraubglas mit Deckel, Plastiktüte

Achtung • Führe den Versuch nur mit deinen Eltern oder einer Lehrkraft durch.

1 So gehst du vor:
a Fülle das Glas randvoll mit Wasser. Schraube es zu. Vermeide dabei Luftblasen.
b Hülle das Glas in eine Plastiktüte und stelle es kalt.
c Am nächsten Tag ist das Wasser nicht nur gefroren, sondern ◈
▢ Vervollständige den Satz.

Material B

Temperaturen unter Eis

Materialliste: Hartschaumplatte, Stativmaterial, großes Becherglas, 3 Thermometer, Eis, Wasser

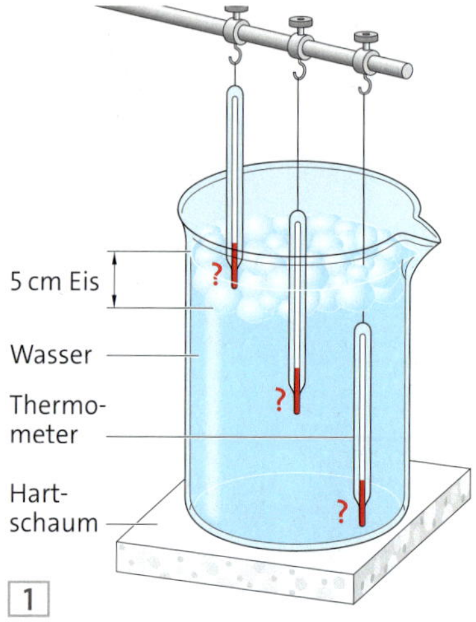

1

1 Sieh dir das Bild an. → 1
a ◪ Vermute, wo man die höchste und wo die niedrigste Wassertemperatur misst. Notiere deine Vermutungen.
b Baue den Versuch dann auf.
c ▢ Lies nach ein paar Minuten die Temperaturen an den Thermometern ab und notiere sie.

2 ▢ Vergleiche die Ergebnisse mit deinen Vermutungen von Versuchsteil 1a.

Material C

Volumenänderung beim Gefrieren

Materialliste: Becherglas mit „Kältemischung" aus 300 g Eis und 100 g Salz, Reagenzglas, Wasser, wasserfester Filzstift

1 So gehst du vor:
a Fülle das Reagenzglas zur Hälfte mit Wasser. Markiere den Wasserstand. → 2
b Stelle das Reagenzglas in die Kältemischung.

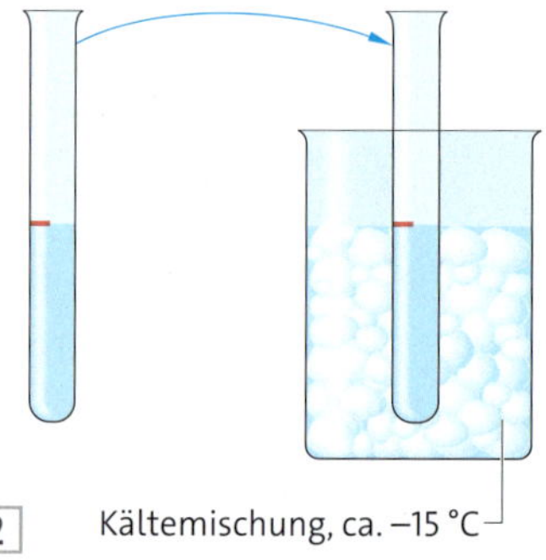

2

c Warte 15 Minuten und beobachte den Wasserstand.

2 ◪ Erkläre das Ergebnis.

Material D

Wachs schmelzen (Lehrerversuch)

Materialliste: Reagenzglas mit Wachs, Gasbrenner, Reagenzglasklammer, Schutzbrille

1 Das Reagenzglas enthält flüssiges Wachs. Eine Kugel festes Wachs wird zugefügt.

2 ◪ Vergleiche das Verhalten der Wachskugel mit dem Verhalten von Eis in Wasser.

Erweitern und Vertiefen

Sprengstoff: gefrierendes Wasser

Fels und Boden • Die Wirkung gefrierenden Wassers ist gewaltig. Man sieht sie an den Schotter- und Geröllfeldern im Gebirge. → 3 Jeder Fels hat winzige Spalten und Risse, in die Wasser eindringt. → 4 Im Winter gefriert das Wasser zu Eis. Dabei kann sich das Eis so weit ausdehnen, dass der Fels bricht. Solange das Eis nicht taut, hält es den Fels noch zusammen. → 5 Erst wenn im Frühjahr das Eis schmilzt, zerfällt der Fels in kleinere Brocken. → 6 Selbst große Felsen werden so allmählich in immer kleinere Stücke zerlegt.
Bei Frost zerkleinert gefrorenes Wasser den Lehm im Boden. Im Frühjahr ist der Boden lockerer und das Feld besser zu bearbeiten.

Schlaglöcher • Wasser dringt in kleine Risse in der Straße ein und gefriert dort im Winter. Das Eis dehnt sich aus. Im Frühjahr schmilzt es, das Wasser versickert. Der entstandene Hohlraum bricht ein, wenn Autos darüberfahren. → 7

Wasserrohre • Wenn Wasser in Rohren gefriert, kann es großen Schaden anrichten. Deshalb werden Wasserleitungen wärmeisoliert oder bei Frostgefahr entleert. Dem Kühlwasser im Auto setzt man Stoffe zu, die es erst bei niedrigeren Temperaturen gefrieren lassen.

3 Geröllfeld in den Dolomiten (Italien)

Stein im Schnitt

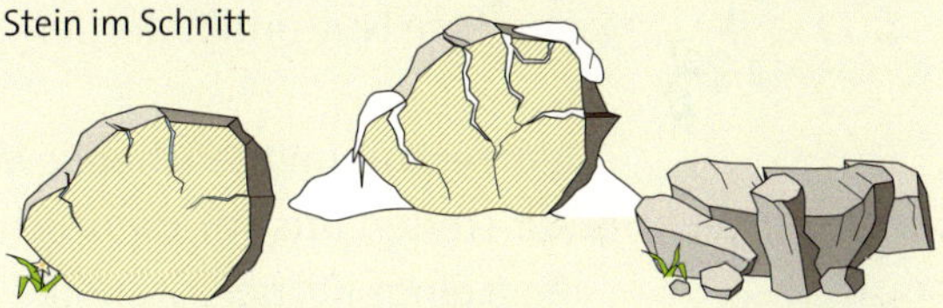

4 Sommer 5 Winter 6 Frühling

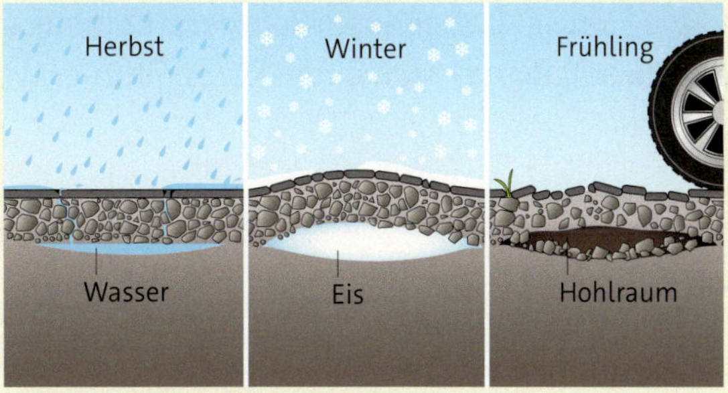

7 Ein Schlagloch entsteht.

Aufgabe

1 „Ein Landwirt muss nach einem kalten Winter sein Feld weniger pflügen als nach einem warmen Winter."
Begründe die Aussage.

Der absolute Nullpunkt*

1 Spaziergang bei minus 272 °C

Astronauten tragen Schutzanzüge – auch wegen der tiefen Temperaturen.

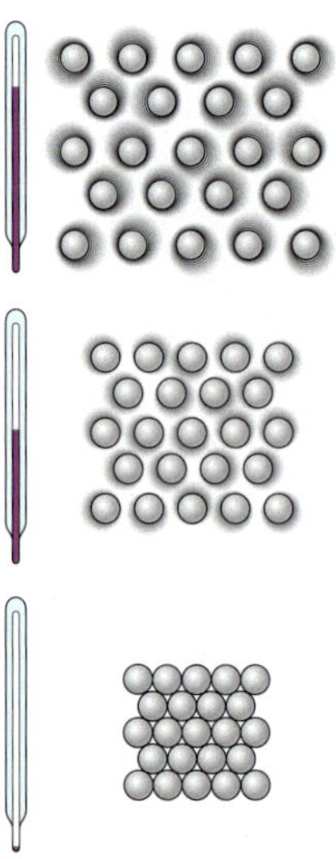

2 Temperatur – Teilchenbewegung

Absoluter Nullpunkt • In explodierenden Sternen wird es Milliarden Grad Celsius heiß. Auf der Erde liegt die Temperatur zwischen 50 °C und –90 °C. Im Weltall hat man –272 °C gemessen. Temperaturen unter –273,15 °C gibt es aber nicht – sagt die Physik. Das ist der absolute Nullpunkt der Temperatur.

Temperatur und Teilchenbewegung • Wir stellen uns vor, dass sich die Teilchen eines Körpers ständig hin- und herbewegen. → 2 Bei hoher Temperatur bewegen sie sich sehr schnell, bei geringer Temperatur langsamer. Wenn man einen Körper immer weiter abkühlt, bewegen sich die Teilchen irgendwann gar nicht mehr. Dann ist der absolute Nullpunkt erreicht.

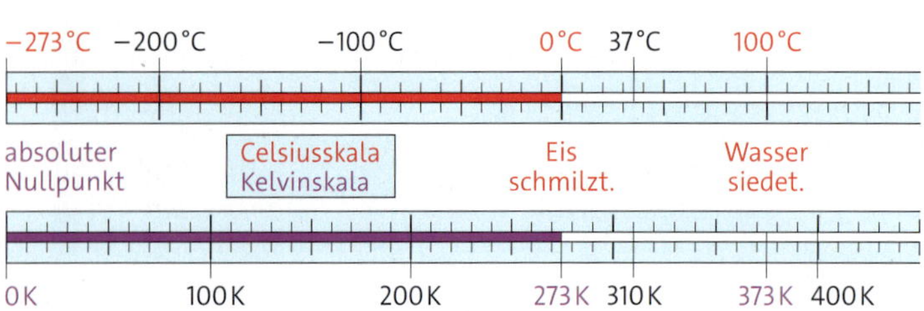

3 Celsiusskala und Kelvinskala

Kelvinskala • Jede Temperaturskala richtet sich an besonderen Temperaturen aus: → 3

- Die Fixpunkte der Celsiusskala sind die Schmelztemperatur von Eis und die Siedetemperatur von Wasser.
- Im Jahr 1848 schlug William Thomson, der spätere Lord Kelvin of Largs, den absoluten Nullpunkt der Temperatur als Fixpunkt vor. Dieser Fixpunkt wird als 0 Kelvin (0 K) bezeichnet.

0 °C entsprechen 273,15 K; 100 °C entsprechen 373,15 K. Der Unterschied wird oft auf 273 Grad gerundet.

Es gibt eine untere Grenze für die Temperatur: –273,15 °C (absoluter Nullpunkt). Bei dieser Temperatur hört die Bewegung der Teilchen auf. Die Kelvinskala beginnt mit dem absoluten Nullpunkt der Temperatur. Sie ist gegenüber der Celsiusskala um rund 273 Grad verschoben.

Aufgaben

1 ○ Bestimme auf der Kelvinskala: Siedetemperatur von Wasser, Schmelztemperatur von Eis, –200 °C, 200 °C.

2 ◐ Bestimme auf der Celsiusskala: absoluter Nullpunkt, 100 K, 500 K.

3 ◐ Die Oberfläche der Sonne ist rund 5600 °C heiß. Berechne in Kelvin.

der absolute Nullpunkt der Temperatur
die Kelvinskala

Material A

Bestimmung des absoluten Nullpunkts

1 In einem Versuch ist das Volumen eines Gases bei verschiedenen Temperaturen gemessen worden. → 4 Du kannst mit diesen Messwerten den absoluten Nullpunkt der Temperatur bestimmen!

a ○ Übertrage das Diagramm sorgfältig auf ein DIN-A4-Blatt im Querformat. Das Diagramm soll am rechten Rand des Blatts liegen.

b ◐ Setze die Temperaturachse mit gleicher Einteilung nach links fort. Verlängere auch die Messgerade nach links, bis sie die waagerechte Achse trifft. Lies die Temperatur am Schnittpunkt ab.

c ● Im Diagramm nimmt das Volumen des Gases bis zum absoluten Nullpunkt der Temperatur auf null ab. Erkläre, warum das in der Realität nicht sein kann. Tipp: Die Größe der Gasteilchen ist unveränderlich.

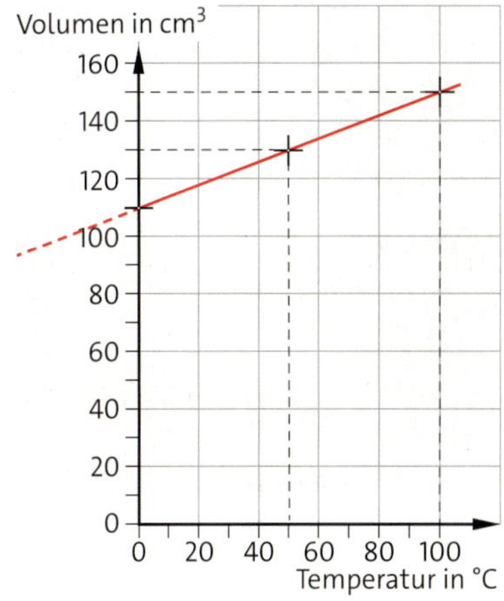

4 Volumen eines Gases bei Temperaturen zwischen 0 °C und 100 °C

Material B

Farbtemperatur

1 Lampen gibt es in vielen Weißtönen. Sie haben eine Farbtemperatur in Kelvin. → 5 6 Ein Glühdraht mit dieser Temperatur würde in der gleichen Farbe leuchten.

a ○ Gib die Farbtemperaturen in den Räumen an. → 7

b ◐ Welche Farbtemperaturen würdest du für ein Klassenzimmer, ein Wohnzimmer und eine Arztpraxis wählen?
Begründe deine Entscheidungen. → 8

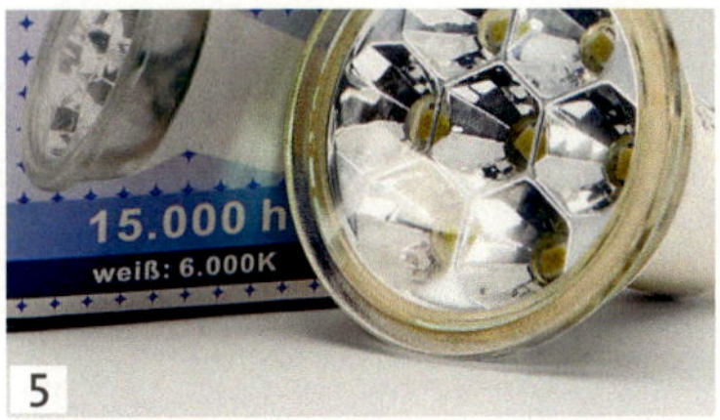

5

7

6

Farbe	Warmweiß	Kaltweiß	Tageslichtweiß
Farbtemperatur	< 3300 K	3300–5300 K	> 5300 K
Eigenschaften	warm, behaglich, gemütlich; wie bei Glühlampen	unaufdringlich, hell, freundlich, einladend	kühl, fördert Aufmerksamkeit und Konzentration; wie Tageslicht

8 Weißtöne

Ohne Energie läuft nichts

1 Elektrischer Wasserkocher

2 Sonnenkollektor

3 Kessel im Lagerfeuer

Drei Wege, um Wasser zu erwärmen ...

Energie und Wärme • Man kann Wasser auf unterschiedliche Weise erwärmen: in einem elektrischen Wasserkocher, in einem Sonnenkollektor mit Sonnenlicht, über dem Lagerfeuer ...
In allen Fällen ist die Wirkung gleich: Das Wasser wird wärmer. Wir können uns vorstellen, dass es etwas Gemeinsames gibt, was für die Erwärmung sorgt. Dieses Gemeinsame nennen wir Energie.
Die Energie kommt mit der Elektrizität in den Wasserkocher und mit dem Sonnenlicht in den Sonnenkollektor. In Erdgas, Benzin oder Holz ist Energie gespeichert. Sie wird beim Verbrennen abgegeben.
Im erwärmten Wasser ist die zugeführte Energie dann gespeichert: in Form von thermischer Energie (Wärme).

> Um einen Gegenstand zu erwärmen, braucht man Energie.
> Die Energie wird in Form von thermischer Energie in dem Gegenstand gespeichert.

Thermische Energie und Temperatur • Stelle dir vor, du lässt warmes Wasser in eine Badewanne laufen:
- Je höher die Wassertemperatur ist, desto mehr thermische Energie ist im Wasser gespeichert. → 4
- Je mehr Wasser in die Wanne eingelaufen ist, desto mehr thermische Energie ist in ihm gespeichert. → 5

> Wie viel thermische Energie im Wasser gespeichert ist, hängt von der Temperatur und von der Menge des Wassers ab.

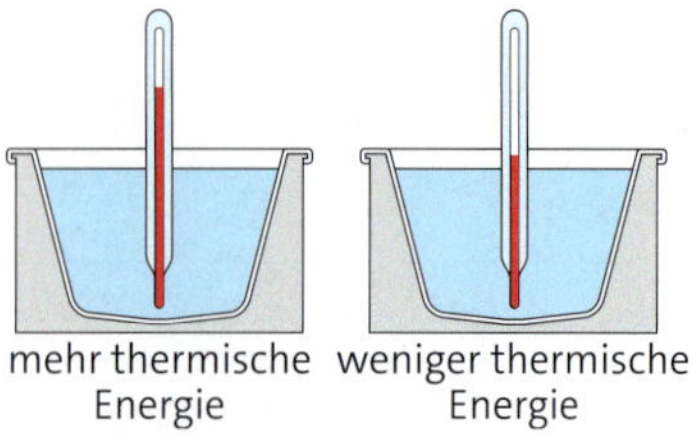

4 Gleiche Menge – unterschiedliche Temperatur

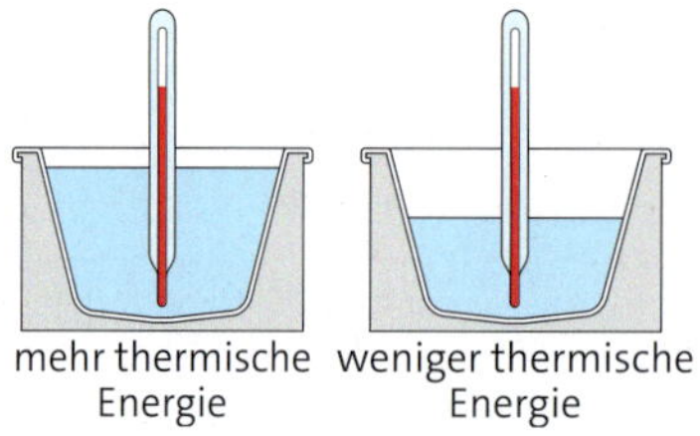

5 Gleiche Temperatur – unterschiedliche Menge

die Energie
die Energieform
der Energiewandler
die Energieumwandlung
die Energiekette

Energieformen • Die Energie tritt in verschiedenen Energieformen auf: → 6

- elektrische Energie
- Strahlungsenergie
- chemische Energie
- thermische Energie (Wärme)
- Bewegungsenergie
- Lageenergie
- Spannenergie

Energieumwandlungen • Energie wird immer nur von einer Form in eine andere umgewandelt – sie geht nicht verloren. Wir stellen Energieumwandlungen mit Energieketten dar. → 7

Energie wird transportiert und gespeichert • Das Wasser im Sonnenkollektor wird von der Strahlungsenergie der Sonne erwärmt. → 2 Sie wurde mit dem Sonnenlicht 150 Millionen Kilometer bis zur Erde befördert.
Energie kann transportiert werden:

- elektrische Energie mit Kabeln
- Strahlungsenergie mit Licht, Radiowellen, Mikrowellen ...
- Bewegungsenergie mit Ketten und Seilen oder mit Wind und Wasser

Nicht nur thermische Energie kann gespeichert und so transportiert werden:

- chemische Energie in Erdöl, Erdgas, Benzin, Kohle und Nahrungsmitteln, Batterien und Akkus
- Spannenergie in einer Stahlfeder
- Lageenergie in gestautem Wasser

Energiewandler wandeln Energie von einer Form in eine andere um. Energie geht nie verloren. Energie lässt sich transportieren.

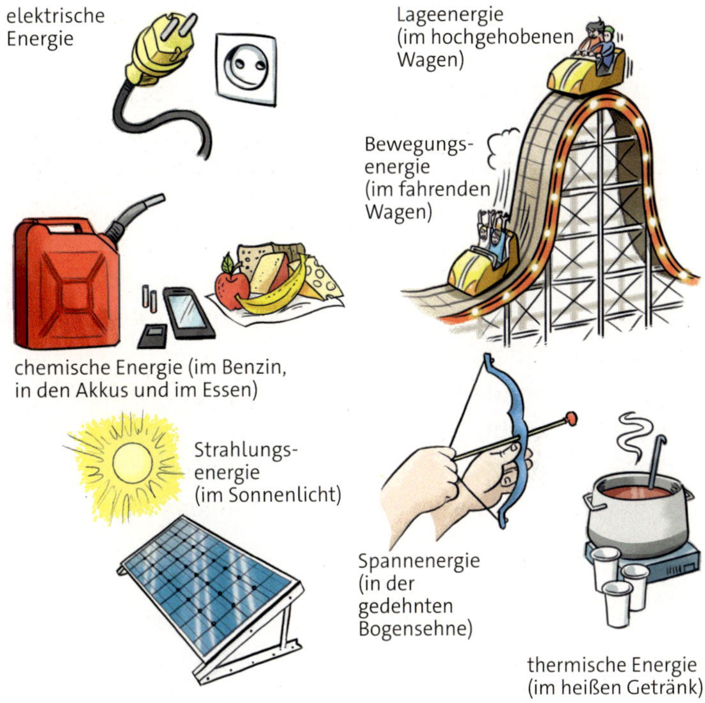

6 Energieformen

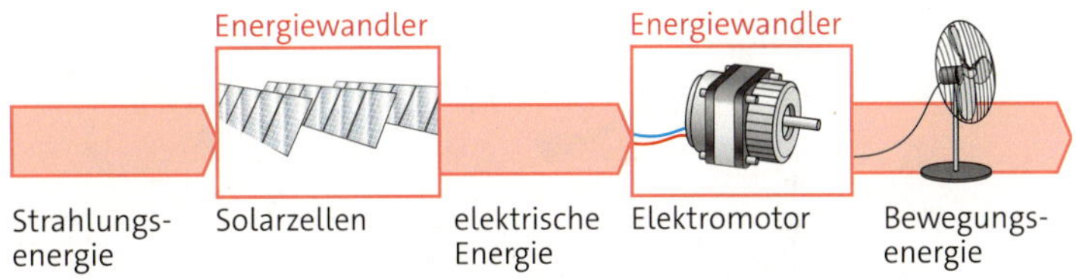

7 Energiekette: Die Strahlungsenergie der Sonne wird durch Solarzellen aufgefangen und umgewandelt in elektrische Energie. Die elektrische Energie treibt den Elektromotor im Ventilator an, wodurch Bewegungsenergie erzeugt wird.

Aufgaben

1 ○ Nenne mindestens drei Energieformen. Finde zu jeder Energieform ein Beispiel aus deinem Alltag.

2 ◐ Zeichne die Energiekette für das Aufladen deines Handyakkus.

Ohne Energie läuft nichts

Material A

Feuer durch Sonnenlicht

Materialliste: Lupe (groß und dick), Streichhölzer, Knete (nicht brennbar)

1 Halte die Lupe so ins Sonnenlicht, dass ein heller Fleck oben auf den Streichhölzern entsteht. → 1
Warte ein wenig ...
▢ Beschreibe, was du beobachtest.

2 ▢ Nenne die beteiligten Energieformen.

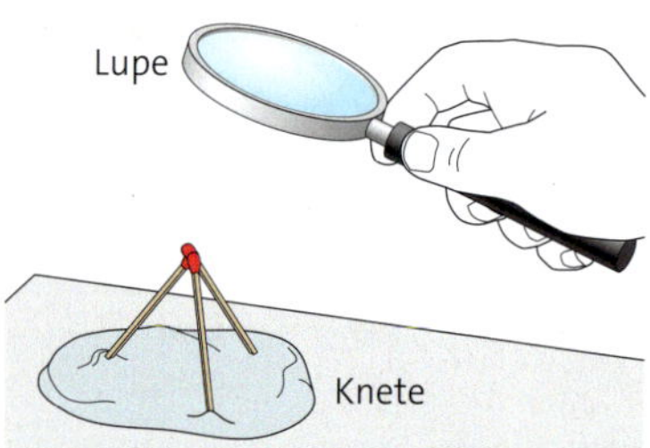

1 Brennglas im Einsatz

Material B

Pflanzenöl verbrennen

Materialliste: Olivenöl, Sonnenblumenöl, Rapsöl, Baumwollfaden, Teelichthülsen, Sand, Blechkiste, Büroklammern, Streichhölzer

1 ▢ Probiere die Pflanzenöle als Brennstoff aus. → 2
Beschreibe deine Beobachtungen.

2 ◩ Zeichne die Energiekette von der Sonne bis zum brennenden Pflanzenöl.

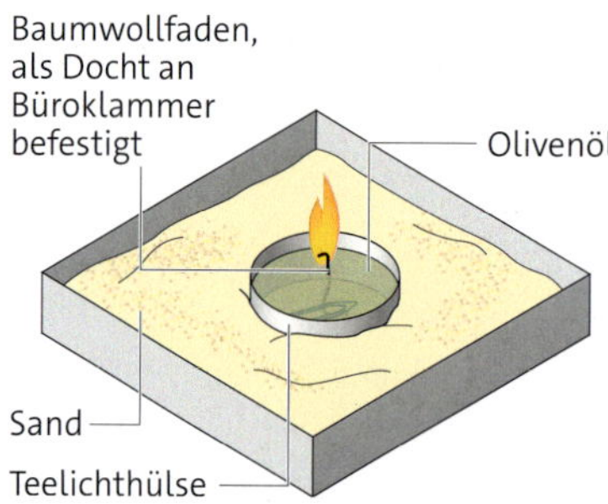

2 Brennendes Pflanzenöl

Material C

Solarantrieb

Materialliste: Solarzelle, Kabel, Solarmotor

1 Treibe mit der Solarzelle einen Solarmotor an. → 3
▢ Lass den Motor besonders schnell laufen. Beschreibe, wie du dafür vorgehst.

2 ▢ Nenne die beteiligten Energieformen.

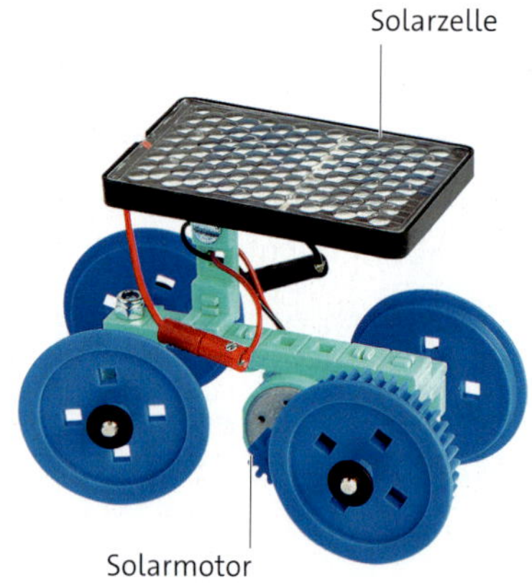

3 Modellauto

Material D

Brauserakete

Materialliste: Filmdose, Brausetablette, Wasser, Auffangbecken oder Backblech

1 Fülle die Dose zu einem Viertel mit Wasser. → 4
Lege die Brausetablette hinein. Schließe dann schnell den Deckel. Stelle die Dose kopfüber in das Becken.

a ▢ Beschreibe deine Beobachtung.

b ◩ Zeichne die Energiekette und beschrifte sie.

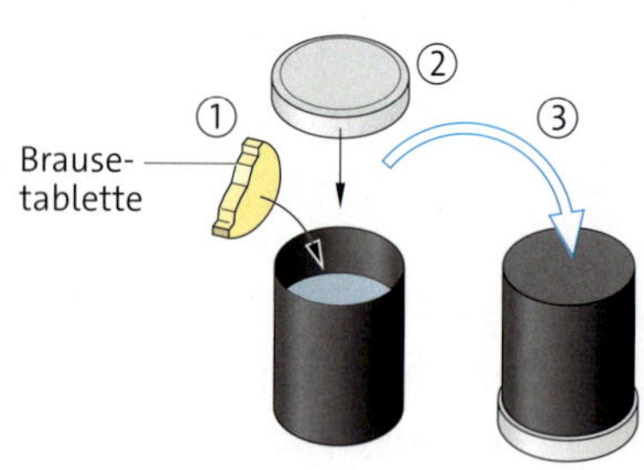

4 Brauserakete

Material E

Thermogenerator

Materialliste: Thermogenerator, Solarmotor mit Propeller, 2 Honiggläser mit Metalldeckeln, Wasser (60 °C, 0 °C), Topflappen

Achtung • Hände schützen: Topflappen benutzen!

1 Stecke den Thermogenerator vorsichtig zwischen die beiden Gläser. → 5

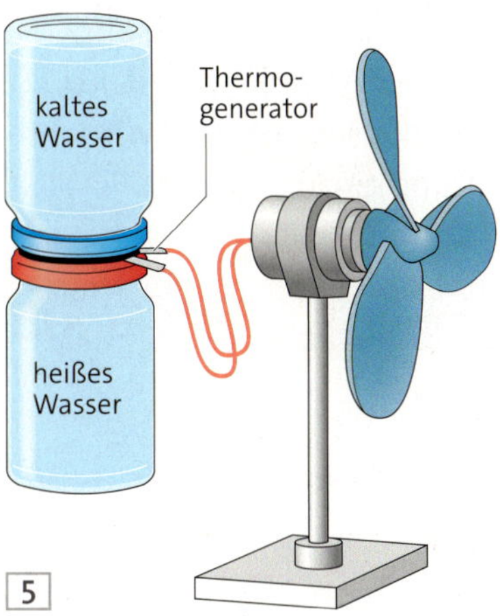

5

a ○ Beschreibe, was du beobachtest.
b ◐ Zeichne die Energiekette und beschrifte sie.

2 ◐ Tausche die Gläser: heißes Wasser nach oben, kaltes nach unten. Beobachte den Propeller. Vergleiche.

Material F

Wasser schütteln

Materialliste: Mixbecher (aus Kunststoff), Thermometer (auf 0,1 °C genau), Wasser (10 cm^3), Taschentücher

6

1 Fülle das Wasser in den Becher. Miss die Wassertemperatur. Notiere den Messwert.
a ○ Nimm den Becher mit den Taschentüchern in die Hand. → 6 Schüttle ihn 1 Minute lang kräftig. Miss wieder die Temperatur. Schüttle ihn dann noch mehrmals 1 Minute lang und miss danach jedes Mal die Temperatur.
b ○ Beschreibe, wie sich die Wassertemperatur durch das Schütteln verändert.
c ◐ Erkläre das Versuchsergebnis:
- mithilfe der Energie
- mit der Teilchenvorstellung

Material G

Trampolinspringen

1 ○ Ordne die Aussagen den Einzelbildern aus dem Trampolinvideo zu: → 7 – 10
a Die Lageenergie ist am größten.
b Die Spannenergie ist am größten.
c Die Bewegungsenergie nimmt zu.

2 ◐ Zeichne die Energiekette für Bild 9.

7

8

9

10

Energietransport: Die Wärmeleitung

1 Töpfe mit verschiedenen Griffen

Materialien zur Erarbeitung: A–B

Der Topf und die Pfanne sind beide sehr heiß. Warum kann der Koch die Pfanne ohne Lappen anfassen?

Wärmeleitung • Wenn du einen Topf mit Wasser auf eine heiße Herdplatte stellst, wird erst der Topf heiß und dann das Wasser. Die thermische Energie wird von der Herdplatte über den Topfboden in das Wasser geleitet. → 2

Thermische Energie breitet sich in Gegenständen von alleine aus – immer vom Heißen zum Kalten. Wir sprechen von Wärmeleitung.

Gute und schlechte Wärmeleiter • Ein Topf aus Stahl leitet die thermische Energie schnell weiter: Er ist ein guter Wärmeleiter. Ein Kunststoffgriff leitet die thermische Energie eines heißen Topfs dagegen kaum weiter. Er ist ein sehr schlechter Wärmeleiter. Es gilt:

- Metalle wie Kupfer und Eisen sind gute Wärmeleiter.
- Wasser, Glas, Beton und Stein sind keine guten Wärmeleiter.
- Holz, Wolle, Kunststoff, Hartschaum und Luft sind sehr schlechte Wärmeleiter.

Dämmstoffe • Sehr schlechte Wärmeleiter nennt man Dämmstoffe oder Isolatoren. Dämmstoffe wie Kork und Hartschaum enthalten viel Luft. → 3 Man verwendet sie, um unerwünschte Wärmeleitung einzudämmen.

Stoffe unterscheiden sich in ihrer Wärmeleitfähigkeit.

Aufgaben

1 ○ Ordne diese Gegenstände: Wollpullover, Esslöffel, Trinkglas. Beginne mit dem besten Wärmeleiter.

2 ◐ Entscheide jeweils, ob die Wärmeleitung erwünscht ist oder nicht. Begründe deine Entscheidungen.
a Der Topf besteht aus Metall.
b Der Topfgriff ist aus Kunststoff.
c Ein heißer Topf steht auf einem Untersetzer aus Kork.
d Heizkörper bestehen aus Metall.

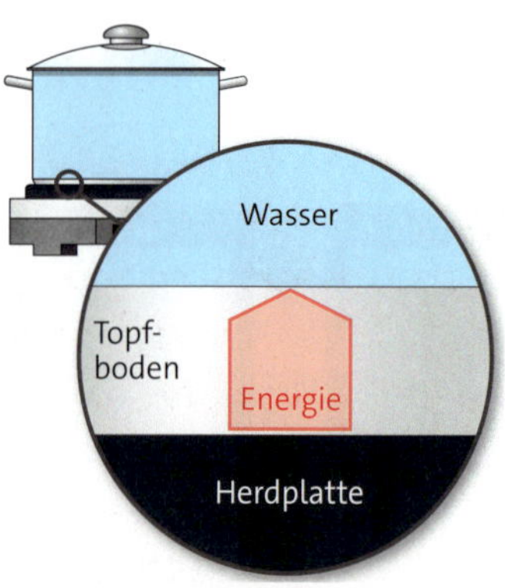

2 Wärmeleitung

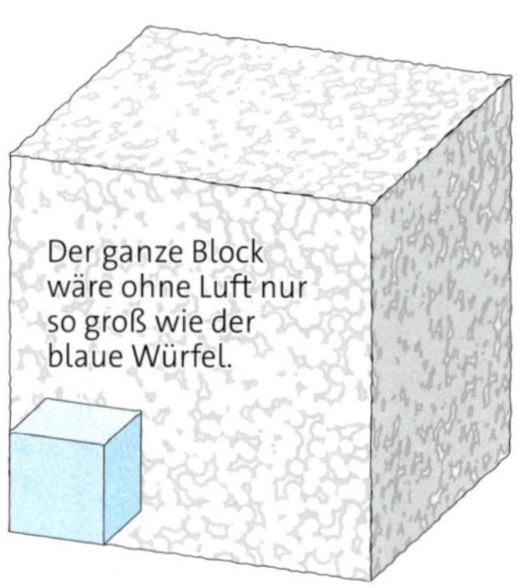

3 Luft im Hartschaumblock

die Wärmeleitung
der Wärmeleiter
der Dämmstoff
der Isolator
die Wärmeleitfähigkeit

Material A

Welcher Becher leitet die Wärme besser?

Zwei kleine Becher aus Aluminium und Kunststoff wurden mit gleich viel kaltem Wasser gefüllt und in ein großes Becherglas mit heißem Wasser gestellt. → 4 Alle 30 s wurde die Temperatur im heißen und im kalten Wasser gemessen. → 5

1 ▢ Vergleiche die Messwerte in den Bechern. → 5 Beantworte die Versuchsfrage.

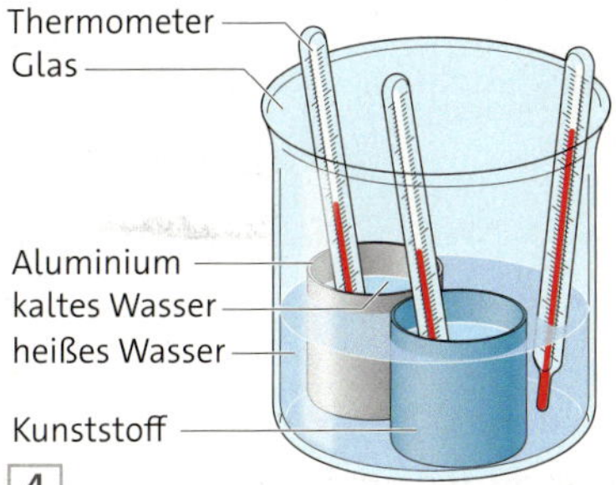

4

Zeit	Temperatur		
	Glas	Kunststoffbecher	Aluminiumbecher
0 s	49 °C	15 °C	15 °C
30 s	48 °C	16 °C	19 °C
60 s	47 °C	17 °C	22 °C
90 s	46 °C	18 °C	23 °C
120 s	45 °C	18 °C	25 °C
150 s	44 °C	19 °C	27 °C

5 Messwerte

Material B

Was wird schneller heiß?

Materialliste: Becherglas, heißes Wasser, Stäbe aus Eisen, Kupfer, Plexiglas und Holz, Pappe mit Löchern, Wachs

1 Forme Kugeln aus Wachs. Schiebe die Stäbe mit den Wachskugeln durch die Pappe. Stelle dann alles ins heiße Wasser. → 6

a ▢ Gib an, welcher Stab am schnellsten heiß wird.

b ◪ Gib an, für welche Küchengegenstände sich die 4 Stoffe jeweils eignen. Begründe deine Vorschläge.

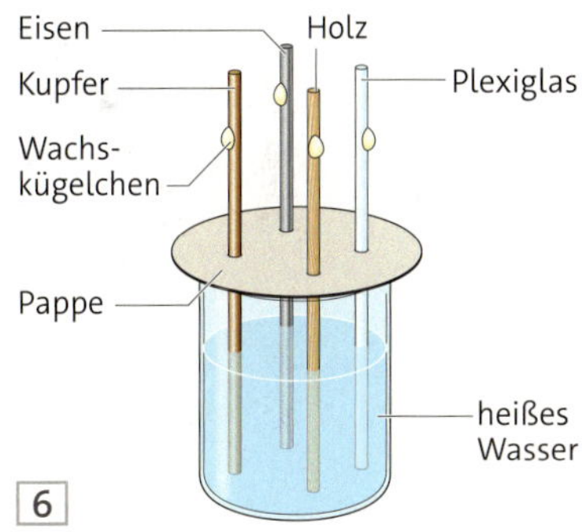

6

Material C

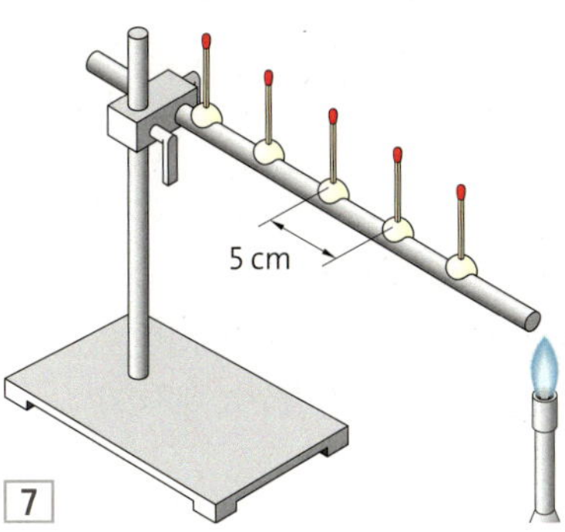

7

Sofort warm?

Materialliste: Gasbrenner, Streichhölzer, Wachskügelchen, Stativmaterial

1 Befestige die Streichhölzer mit den Wachskugeln auf einer Stativstange. → 7 Lass dabei immer 5 cm Abstand zwischen den Kugeln.

a ▢ Was passiert, wenn du das Ende der Stange erhitzt? Stelle eine Vermutung auf.

b ▢ Führe den Versuch durch. Beschreibe, was geschieht.

c ◪ Erkläre deine Beobachtung.

Energietransport: Die Wärmeströmung

1 Spukt es hier?

Materialien zur Erarbeitung: A–B

Tarek macht an einem kalten Wintertag Hausaufgaben. Plötzlich bewegt sich die Gardine über der Heizung. Türen und Fenster sind geschlossen – spukt es etwa?

Thermische Energie wird von Wasser mitgeführt • Im Winter sorgt die Heizung dafür, dass es in deinem Zimmer angenehm warm ist. Wie funktioniert sie?
Im Heizkessel verbrennt Holz, Öl oder Gas. → 2 Die Flamme erwärmt das Wasser im Rohr. Das heiße Wasser wird durch einen Kreislauf gepumpt und transportiert die thermische Energie zu den Heizkörpern. Dort wird sie an die Luft abgegeben. Das Wasser kühlt sich dabei ab und strömt zum Heizkessel zurück.

Thermische Energie wird von Luft mitgeführt • Vom Heizkörper strömt warme Luft zur Zimmerdecke. → 3 Sie gibt dabei die mitgeführte thermische Energie an die Wände und Gegenstände im Raum ab und kühlt sich dabei ab. Wenn die Luft wieder am Heizkörper vorbeiströmt, wird sie erneut erwärmt.
In Tareks Zimmer „spukt" also warme Luft, die von der Heizung aufsteigt.

Strömende Stoffe wie Wasser oder Luft können thermische Energie transportieren. Wir sprechen von Wärmeströmung (Konvektion).

Aufgabe

1 ○ Beschreibe, wie thermische Energie aus dem Heizkessel in dein Zimmer gelangt. → 2

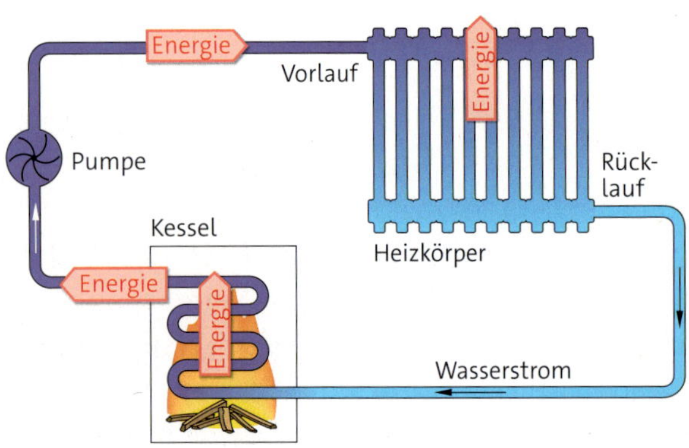

2 Das strömende Wasser führt Energie mit.

3 Die strömende Luft verteilt Energie im Zimmer.

die Wärmeströmung (Konvektion)

Material A

Warmer Wasserstrom (Lehrerversuch)

Materialliste: Rundkolben, Wasser, farbiges Badesalz, Gasbrenner, Glasrohr, Stativmaterial

Achtung • Flamme nicht zu lange auf eine Stelle richten!

1 Die Lehrkraft erhitzt den Rundkolben an einer Seite mit kleiner Flamme. → 4
▢ Beobachte, was im Wasser geschieht. Schreibe und zeichne es auf.

2 Das Glasrohr wird mit kleiner Flamme an einer Seite erhitzt. → 5
◪ Beobachte, was passiert. Vergleiche mit Versuch 1.

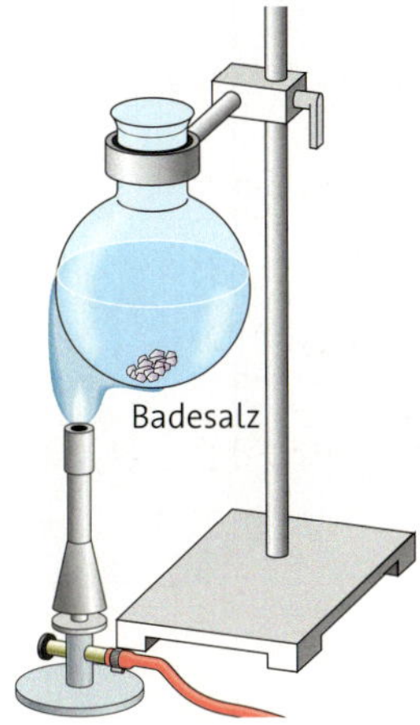

4 Wasserstrom im Kolben

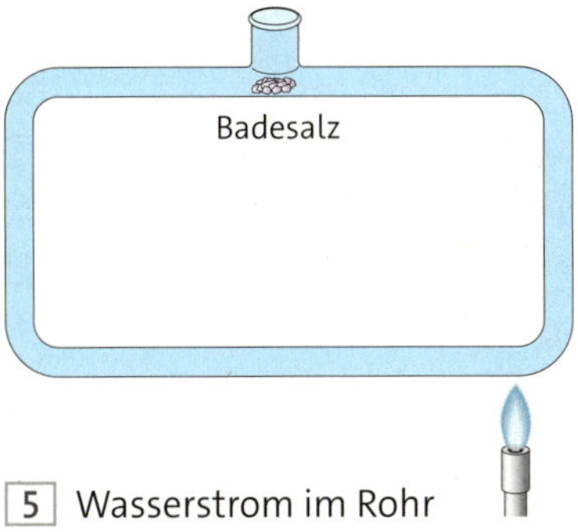

5 Wasserstrom im Rohr

Material B

Warmer Luftstrom

Materialliste: Blatt Papier, Stecknadel, Schere

1 Schneide die Papierspirale aus. → 6 Stich die Stecknadel von unten hindurch. Halte die Spirale über eine heiße Kochplatte, einen warmen Heizkörper ...
◪ Beschreibe, was du beobachtest.

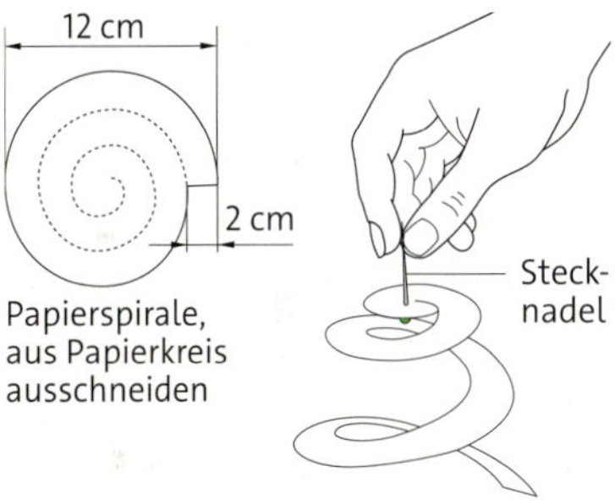

6 Papierspirale

Material C

Verschiedene Transportmittel

1 ◪ Dreimal Wärmeströmung: Nenne jeweils den strömenden Stoff. → 7 – 9

7 – 9 „Schokobrunnen", Weihnachtspyramide, Vulkan

Energietransport: Die Strahlung

1 Angenehm warm – aber nur in der Sonne

Materialien zur Erarbeitung: A–C

Sonnenbaden mitten im Winter. Die Luft ist ziemlich kalt. Was wärmt wohl die Skifahrerin?

Strahlung von der Sonne • Im prallen Sonnenschein wird der Wintersportlerin warm. Auch in einem Auto kann es heiß werden, wenn es von der Sonne beschienen wird. Die Sportlerin und das Auto werden durch die Strahlung von der Sonne erwärmt. → 2

Strahlung geht aber nicht nur von der Sonne aus:

- Ein heißes Bügeleisen erwärmt deine Hand, wenn du sie in die Nähe des Bügeleisens hältst.
- Deine Hand erwärmt deine Wange, wenn du sie nahe daran hältst.

Strahlung breitet sich in Luft, in Wasser oder in Glas aus – und auch im praktisch leeren Weltall zwischen der Sonne und der Erde.

Strahlung auffangen • Ein dunkles Auto wird im Sonnenschein schneller aufgeheizt als ein helles:

- Dunkle Flächen nehmen viel Strahlung auf. → 3
- Helle Flächen werfen einen großen Teil der Strahlung zurück.

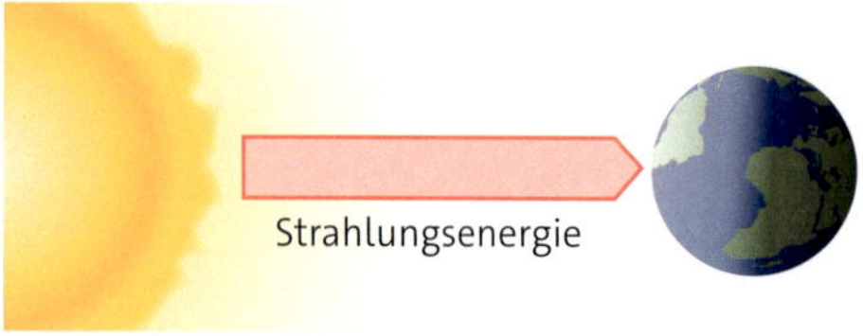

2 Energie von der Sonne

Alle Gegenstände senden Energie durch Strahlung aus – je heißer der Gegenstand ist, desto mehr.
Wenn die Strahlung auf einen Gegenstand trifft, kann sie ihn erwärmen.

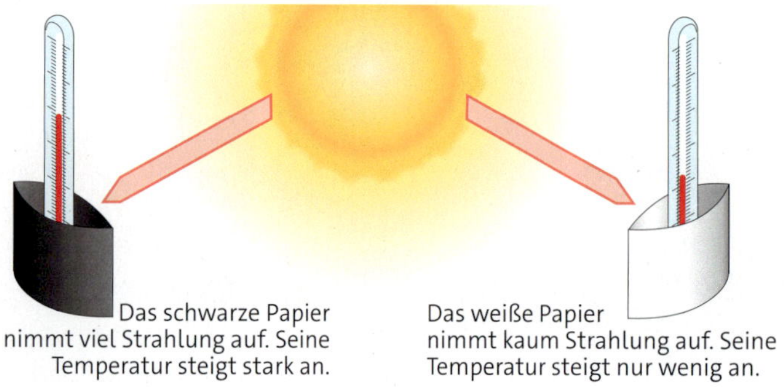

3 Strahlung auffangen

Aufgaben

1 ○ Beschreibe, wie die Skifahrerin erwärmt wird. → 1 Nenne die beteiligten Energieformen.

2 ◐ Die Sonne erwärmt die Erde nicht durch Wärmeleitung oder Wärmeströmung. Erkläre es.

Material A

Strahlung auffangen

Materialliste: je 1 Rechteck (10 cm x 15 cm) aus schwarzem und weißem Tonkarton, Stoppuhr

1 Lege die Rechtecke 15 Minuten lang in die Sonne. → 4
Halte sie danach abwechselnd dicht an deine Wange.
▢ Beschreibe und vergleiche, was du spürst.

4

Material B

Strahlung umlenken

Materialliste: Tischlampe, Karton (10 cm x 15 cm), Alufolie

1 ▢ Überziehe den Karton glatt mit der Alufolie.

a Halte den Karton mit der Folienseite nah ans Gesicht. Beschreibe, was du spürst.

b Benutze den Karton wie einen Spiegel. Lenke mit ihm das Licht der Tischlampe auf deine Wange. Beschreibe wieder, was du spürst.

Material C

Heißes Bügeleisen

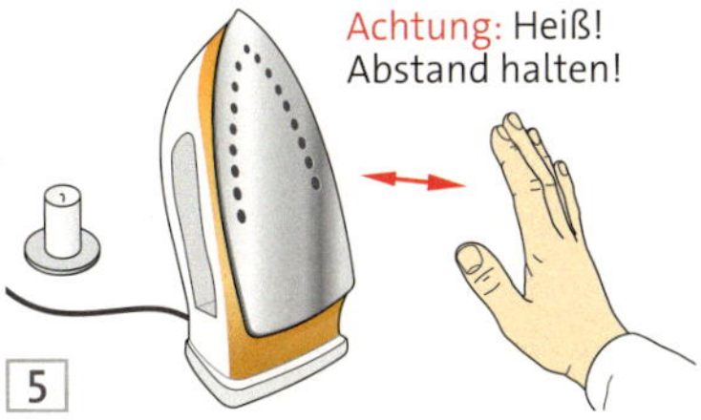

5

Materialliste: Bügeleisen, Kerze, Streichhölzer

1 Stelle das Bügeleisen aufrecht hin. Schalte es ein. → 5
Achtung • Heiße Fläche nicht berühren!

a ▢ Halte die Hand einige Zentimeter seitlich von der heißen Fläche. Beschreibe, was du spürst.

b ▢ Weht heiße Luft vom Bügeleisen zur Hand? Prüfe es mit der brennenden Kerze.

Material D

Schwarz oder weiß?

1 ◔ Der Astronaut hat einen weißen Raumanzug. → 6
Sonnenkollektoren sind schwarz. → 7
Begründe den Unterschied.

6

7

Energietransport: Die Strahlung

Material E

Ein Sonnenofen aus einer Chipsdose

Materialliste: leere Chipsdose, Messer oder Schere, Frischhaltefolie, elektronisches Thermometer

1 Baue den Sonnenofen. → 1
Achtung • Verletzungsgefahr!

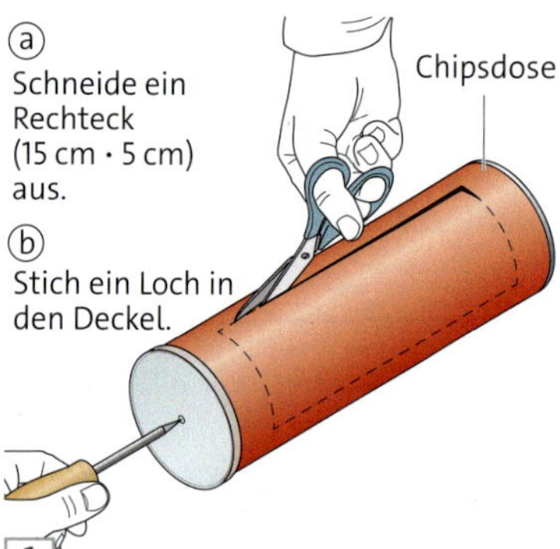

1

2 ○ Schiebe den Messfühler durch das kleine Loch. → 2

a Miss die Temperatur im Innern des Sonnenofens. Notiere den Messwert.

b Lass die Sonne in die rechteckige Öffnung scheinen. Miss erneut die Temperatur im Innern. Notiere den Messwert.

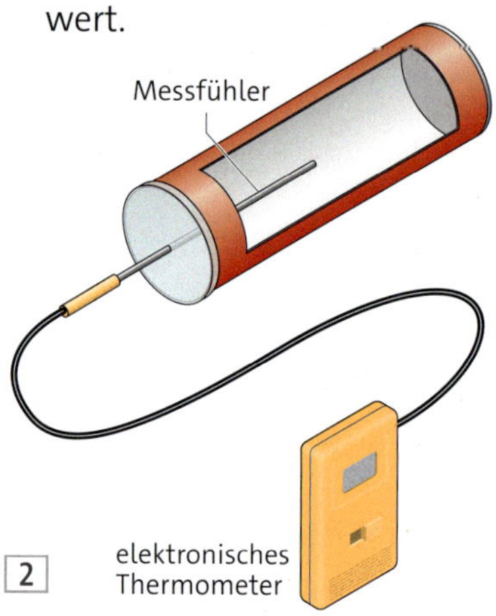

2

3 Bedecke nun die Öffnung mit der Folie. → 3 Miss die Temperatur im Innern.

a ○ Notiere den Messwert.

b ◐ Versuche, eine Erklärung für die veränderten Messwerte zu finden.

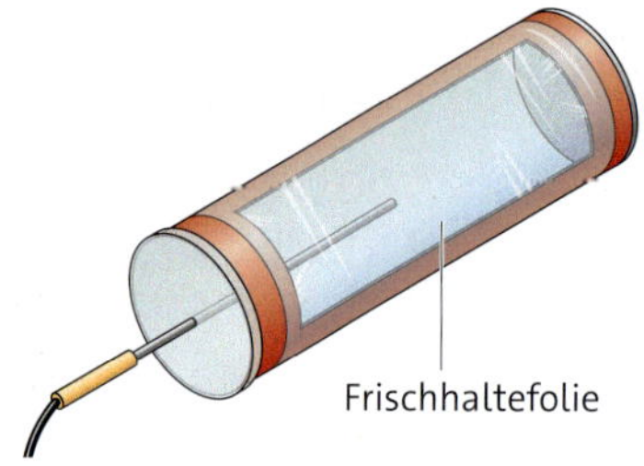

3

4 ● Hast du eine eigene Idee? Nutze Alltagsmaterialien, um deinen eigenen Sonnenofen zu basteln. Teste ihn mit dem Thermometer.

Material F

Der erste Sonnenofen

1 Lies den Text. → 4

a ○ Beschreibe, wie der Sonnenofen funktioniert.

b ● Wo müssen die Sonne und die flachen Spiegel stehen, damit die Strahlung zum gewölbten Spiegel gelangt? Skizziere es.

c ● Suche Informationen zu weiteren Anwendungen. Berichte in der Gruppe.

Seit 1949 betreibt man in Frankreich den ersten großen Sonnenofen. Er braucht weder Brennstoffe noch elektrische Energie. Sonnenlicht wird von kleinen, flachen Spiegeln auf einen großen, gewölbten Spiegel gelenkt. Er führt die Strahlung in einem Fleck zusammen. Dort wird es mit über 3000 °C so heiß, dass sich Holz in Sekunden entzündet. Fingerdicke Stahlplatten werden durchlöchert. In anderen Sonnenöfen brennt man Keramik oder schmilzt Metalle.

4 Der erste Sonnenofen der Welt

Erweitern und Vertiefen

Warmes Wasser und elektrische Energie vom Hausdach

Energiewandler auf dem Dach • Auf den Südseiten vieler Hausdächer kannst du dunkle Kästen sehen. → 5 Mit ihrer Hilfe wird die Strahlungsenergie der Sonne nutzbar gemacht.

Sonnenkollektoren • Strahlungsenergie wird von Sonnenkollektoren in thermische Energie umgewandelt. → 6
Strahlung dringt durch eine Glasscheibe und wird von einer schwarzen Metallplatte aufgefangen. → 7 Die Temperatur der Platte steigt. Die warme Platte erwärmt die Flüssigkeit in den Rohren. Die erwärmte Flüssigkeit wird ins Haus geleitet und gibt dort thermische Energie an das Wasser zum Heizen, Duschen ... ab.

5 Sonnenkollektoren (oben) und Solarzellen

Solarzellen • Sie wandeln Strahlungsenergie in elektrische Energie um. → 8 Damit können wir viele elektrische Geräte im Haushalt betreiben.

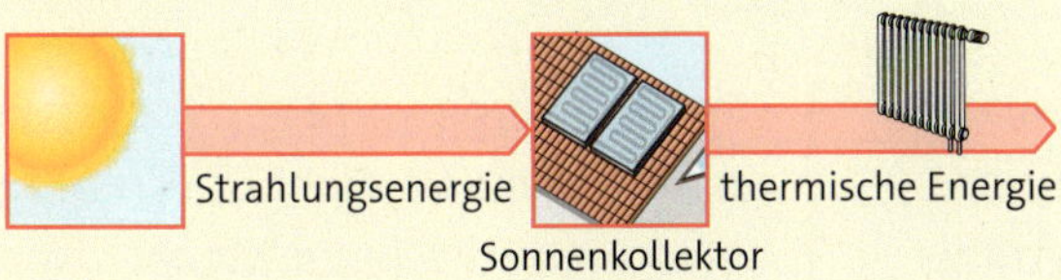

6 Energiewandler Sonnenkollektor

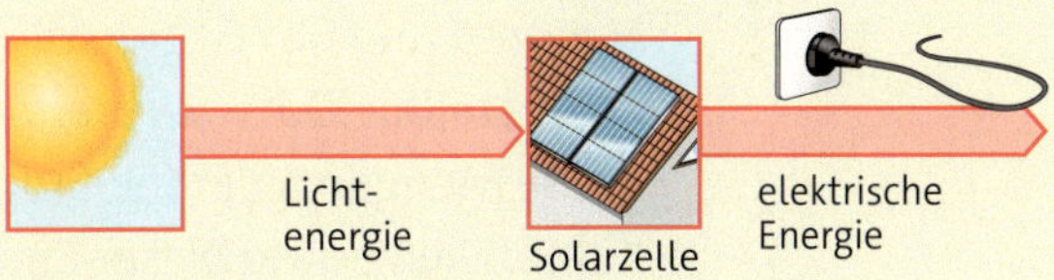

8 Energiewandler Solarzelle

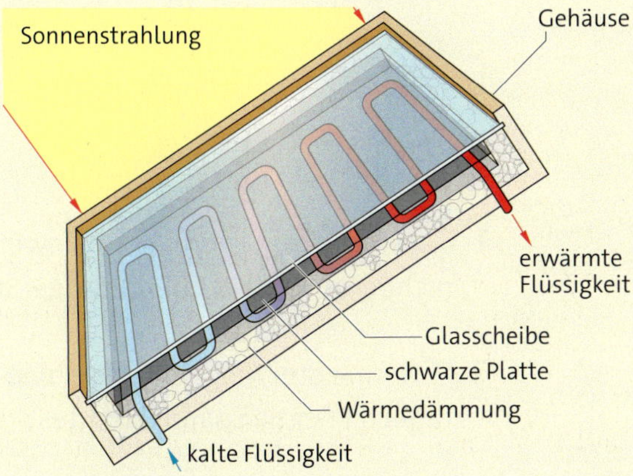

7 Aufbau eines Sonnenkollektors

Aufgaben

1 ○ Nenne den Unterschied zwischen den Energiewandlern Solarzelle und Sonnenkollektor.

2 ◐ Bei uns gibt es keine Sonnenkollektoren auf der Nordseite von Dächern. Erkläre.

3 ● Erläutere, wie thermische Energie im Sonnenkollektor mittels Wärmeleitung und Wärmeströmung transportiert wird.

Energie ist kostbar

1 Nicht zu lange lüften!

Materialien zur Erarbeitung: A–C

Auch im Winter muss ab und zu frische Luft ins Zimmer. Wer clever lüftet, heizt dabei die Umgebung nur ein wenig.

Erschöpfbare Energievorräte • Wir nutzen täglich Energie: zum Heizen, zum Beleuchten, zum Antreiben von Motoren und um Gegenstände herzustellen. Dazu verbrennen wir große Mengen an Erdöl, Erdgas und Kohle. Die Vorräte dieser Energieträger auf der Erde sind nicht unendlich und sie erneuern sich nicht. Eines Tages werden sie erschöpft sein.

Erneuerbare Energieträger • Auch in bewegter Luft und strömendem Wasser steckt Energie. Ebenso wie die Strahlungsenergie der Sonne steht sie uns immer wieder neu zur Verfügung. In Deutschland nutzen wir derzeit zur Bereitstellung der benötigten elektrischen Energie, zum Heizen und für den Verkehr eine Mischung aus erneuerbaren und nicht erneuerbaren Energieträgern. → 2

Warum Energie sparen? • Unser „Energiehunger“ lässt die Vorräte der Erde an Erdgas, Kohle und Erdöl schwinden. Bei der Gewinnung der Brennstoffe, bei der Erzeugung elektrischer Energie, beim Antrieb eines Fahrzeugs oder beim Heizen einer Wohnung wird die Umwelt belastet durch Abgase, Abfälle oder Abwärme.

Um die Energievorräte zu schonen und die Umwelt nicht übermäßig zu belasten, sollte jeder Mensch sparsam und verantwortungsvoll mit Energie umgehen. → 2

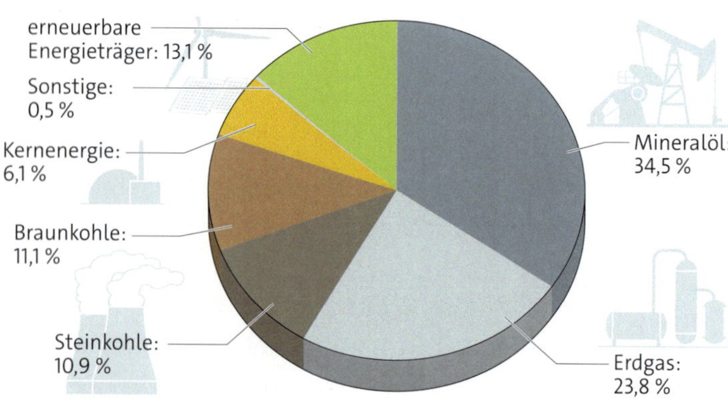

2 Energiemix in Deutschland

Aufgaben

1 ○ Gib zwei erneuerbare und zwei nicht erneuerbare Energieträger an.

2 ○ Nenne drei Möglichkeiten, wie du täglich Energie sparen könntest.

3 ◐ „Es ist sinnvoll, keine Energie zu verschwenden.“ Begründe.

die Energieträger
die erneuerbaren Energieträger
der Energiemix

Material A

Energiesparen beim Lüften

Materialliste: Thermometer, das auf 0,1 °C genau anzeigt

1 ▢ Wie verändert sich die Lufttemperatur im Zimmer beim Lüften?
a Miss die Lufttemperatur im geschlossenen Zimmer. Notiere deinen Messwert.
b Öffne 5 Minuten lang das Fenster ganz. Miss gleich danach die Temperatur.
c Lüfte das warme Zimmer diesmal 30 Minuten lang mit gekipptem Fenster. Miss danach die Temperatur.
d Vergleiche die Abkühlung.

Material B

Energiesparen beim Kochen

Materialliste: Wasserkocher, 2 l kaltes Wasser, Stoppuhr

1 ▢ Fülle 1 l kaltes Wasser in den kalten Wasserkocher. Schließe den Deckel. Schalte den Wasserkocher ein. Miss die Zeit, bis das Wasser kocht.

2 ▢ Wiederhole den Versuch mit offenem Deckel. Vergleiche die Zeiten.

Material C

Energiesparen im Alltag

1 ▢ Schreibe zu jedem Bild einen Energiespartipp auf. → 3 – 9 Ergänze eigene Tipps.

3 Ein Absenken der Raumtemperatur um 1 °C spart im Winter 6 % Energie.

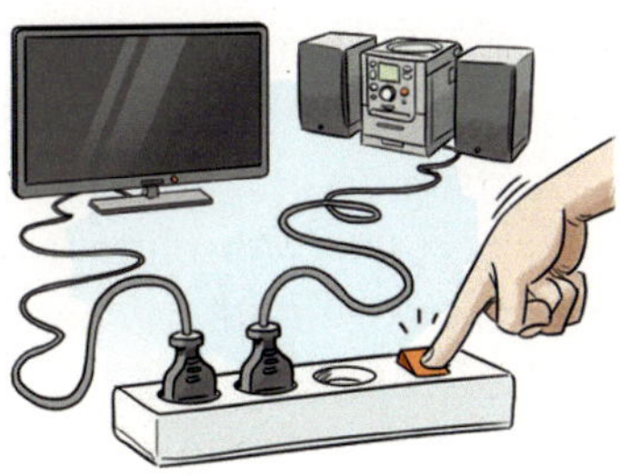

4 Fernseher und Computer verbrauchen auch im Stand-by-Betrieb elektrische Energie.

5 Wenn beim Lüften im Winter die Fenster lange gekippt sind, geht viel Energie verloren.

6 Ein Raum ohne Menschen muss nicht beleuchtet werden.

7 Wer zur Schule läuft oder mit dem Rad fährt ist, schont die Umwelt und lebt gesund.

8 Es kostet Energie, Getränke auf der Warmhalteplatte oder dem Herd warmzuhalten.

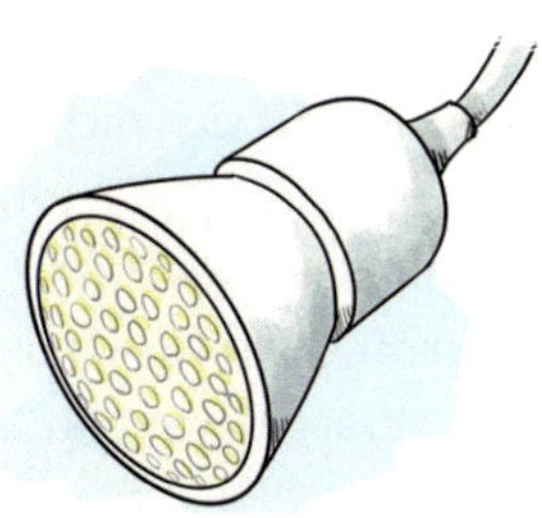

9 LED-Lampen leuchten so hell wie Glühlampen, brauchen aber viel weniger elektrische Energie.

Warm und kalt

Zusammenfassung

Temperatur fühlen und messen • Die Temperatur gibt an, wie warm oder kalt ein Gegenstand ist. Sie wird in Grad Celsius (°C) angegeben. Man misst die Temperatur mit Thermometern. → 1

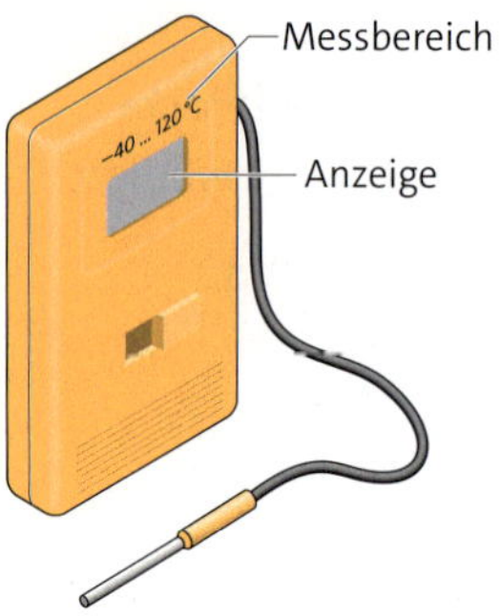

1 Thermometer

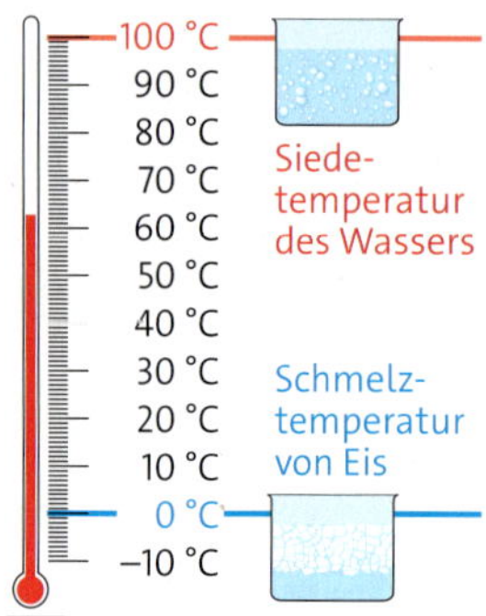

2 Celsiusskala

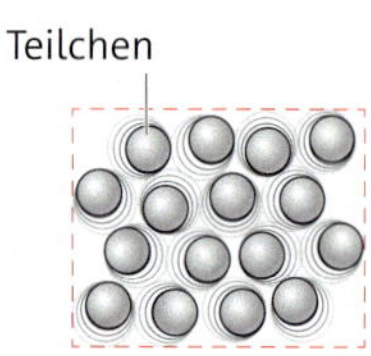

3 Niedrige Temperatur

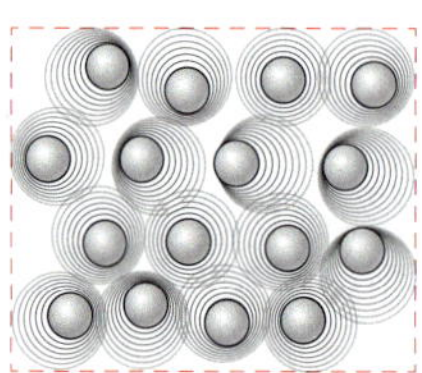

4 Hohe Temperatur

Ausdehnen beim Erwärmen • Festkörper, Flüssigkeiten und Gase dehnen sich bei Erwärmung aus. Beim Abkühlen ziehen sie sich zusammen. Die Volumenänderung hängt von der Temperaturänderung und bei Festkörpern und Flüssigkeiten auch vom Stoff ab.

Die Celsiusskala • Zwei Fixpunkte bestimmen die Celsiusskala: die Schmelztemperatur von Eis (0 °C) und die Siedetemperatur von Wasser (100 °C). → 2 Der Abstand dazwischen wird in 100 gleiche Teile geteilt. Jeder Teil entspricht 1 °C.

Unsere Welt besteht aus Teilchen • Wir stellen uns vor, dass ein Gegenstand aus winzigen unveränderlichen Teilchen besteht. Sie bewegen sich immer – umso heftiger, je höher die Temperatur ist. → 3 4 Mit steigender Temperatur wächst deshalb das Volumen des Gegenstands.

Absoluter Nullpunkt* • Bei –273,15 °C = 0 K hört die Teilchenbewegung auf.

Wasser – nicht immer flüssig • Wasser kann wie viele Stoffe fest, flüssig oder gasförmig sein. Der Aggregatzustand hängt von der Temperatur ab. → 5

Wasser verhält sich nicht normal • Wasser unterscheidet sich von anderen Stoffen:

- Wasser zieht sich zusammen, wenn es auf 4 °C abgekühlt wird. Es ist bei 4 °C am schwersten. Wenn Wasser weiter auf 1 °C abgekühlt wird, dehnt es sich aus. Es wird wieder leichter. → 6
- Bei 0 °C gefriert Wasser. Dabei dehnt es sich aus. Eis ist leichter als flüssiges Wasser. → 6 Eis schwimmt deshalb auf Wasser.

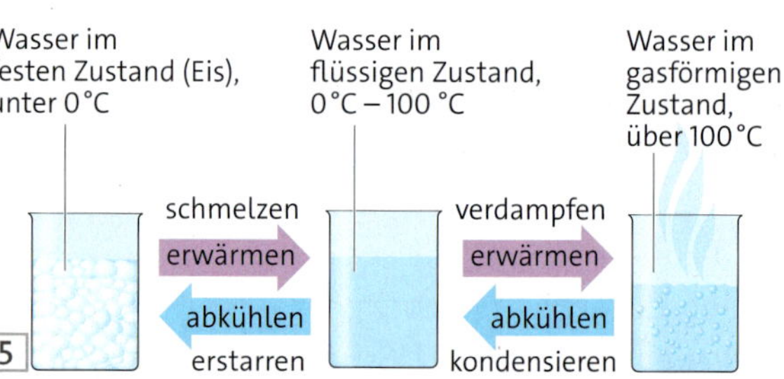

5

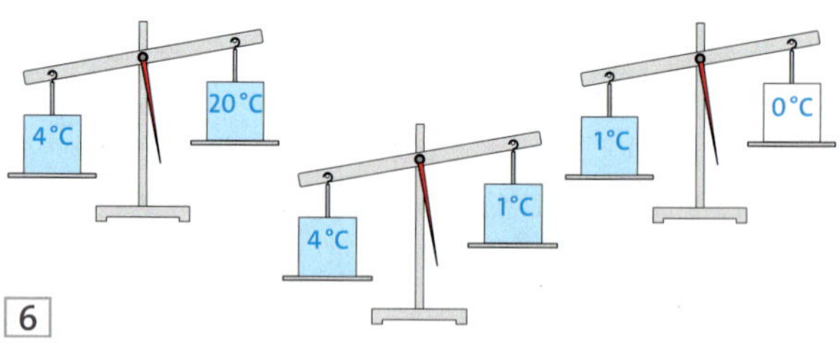

6

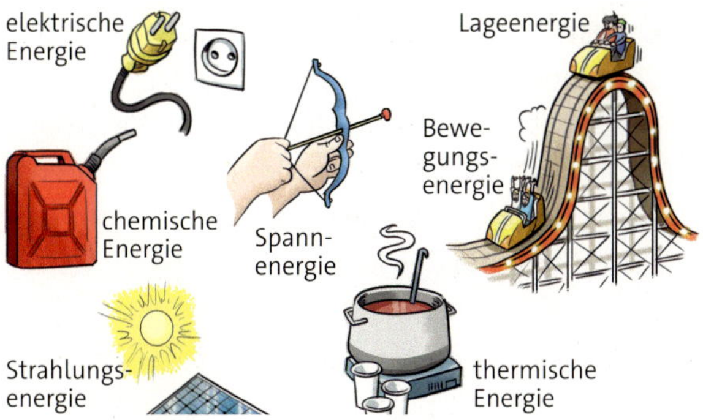

7 Energieformen

Ohne Energie läuft nichts • Wir brauchen Energie, um Dinge zu bewegen, zu erwärmen, zu beleuchten, zu heben ... Energie begegnet uns in vielen Formen. → 7 Energie kann transportiert, umgewandelt und gespeichert werden. → 8

Energie ist kostbar • Unser Energiebedarf lässt die Vorräte der Erde an Erdgas, Kohle und Erdöl schwinden. Jede Verbrennung belastet die Umwelt. Deshalb sollten wir Energie sparen.

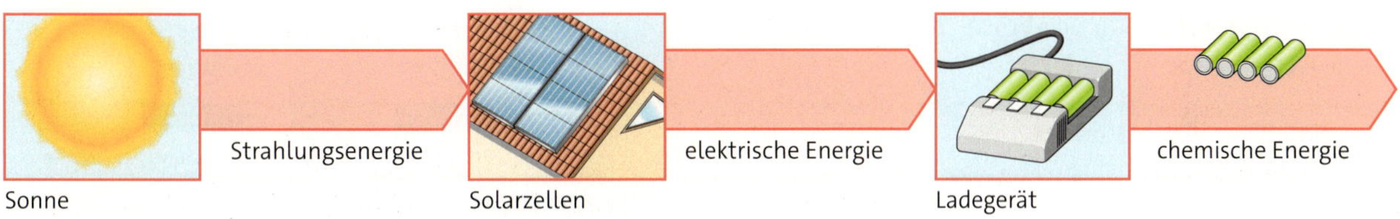

8 Einfache Energiekette (genutzte Energieumwandlungen)

Wärmeleitung • Thermische Energie kann sich in einem Gegenstand ganz von alleine ausbreiten. Sie breitet sich immer vom heißen zum kalten Ende des Gegenstands aus. → 9
Metalle sind gute Wärmeleiter. Wasser, Glas, Beton und Stein sind keine guten Wärmeleiter. Luft, Holz, Kunststoffe und Gase sind sehr schlechte Wärmeleiter.

Wärmeströmung • Thermische Energie kann von strömenden Stoffen mitgeführt werden. → 10

Strahlung • Jeder Gegenstand sendet Energie durch Strahlung aus – je heißer er wird, desto mehr. Wenn Strahlung auf einen Gegenstand trifft, kann sie ihn erwärmen: Strahlungsenergie wird in thermische Energie umgewandelt. → 11

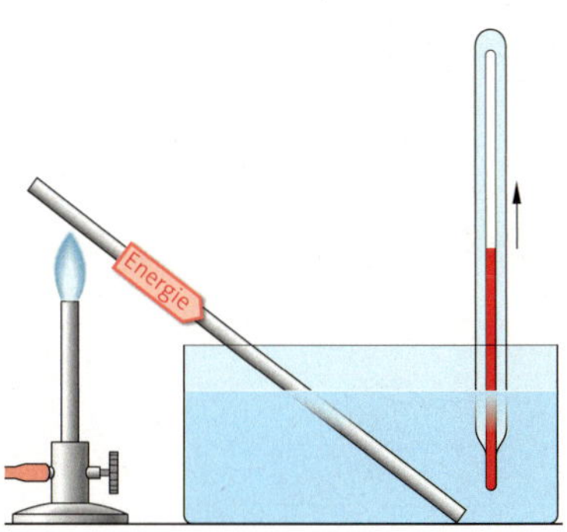

9 Wärmeleitung

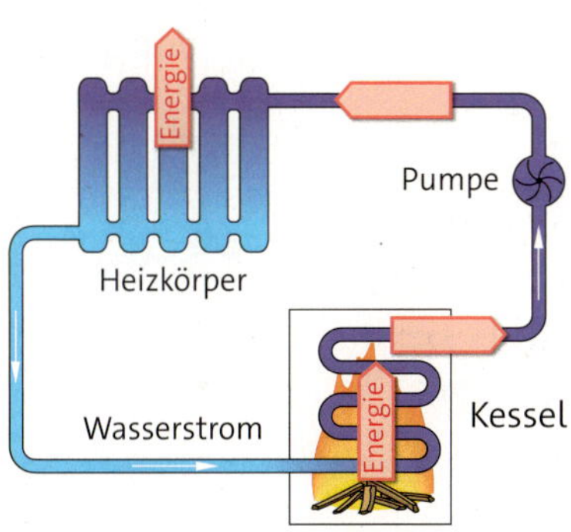

10 Wärmeströmung

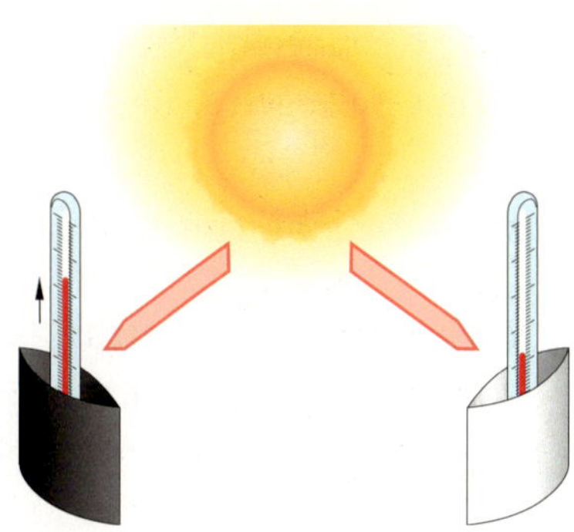

11 Strahlung

Warm und kalt

Teste dich! (Lösungen auf Seite 438)

Temperatur fühlen und messen

1 Temperatursinn
a ▢ Nenne eine Situation, in der unser Temperatursinn wichtig ist.
b ◐ Oft täuscht uns unser Temperatursinn. Beschreibe dazu ein Beispiel.

Ausdehnen beim Erwärmen

2 ◐ Beschreibe, wie du einen verformten Tischtennisball auf einfache Weise „reparieren“ kannst.

Die Celsiusskala

3 ▢ Die Temperaturen 0 °C, 37 °C und 100 °C solltest du dir merken. Nenne die Bedeutung dieser Temperaturen.

Unsere Welt besteht aus Teilchen

4 ▢ Gib an, welche Aussagen zum Teilchenmodell passen.
a Man kann Atome nicht teilen.
b Man kann Atome zusammenpressen.
c Die ganze Welt besteht aus Atomen.
d Man kann Stoffe endlos immer weiter teilen.
e Atome können nicht zerstört werden.
f Atome bewegen sich nicht.

Wasser – nicht immer flüssig

5 ◐ Nenne die Aggregatzustände. Wähle sie aus den folgenden Begriffen aus: schwer, heiß, elastisch, fest, flüssig, unsichtbar, kalt, hart, gasförmig, leicht.

6 ◐ Beschreibe mithilfe des Bilds die folgenden Vorgänge mit Fachbegriffen: → 1
Das Wasser für den Tee kocht; eine Wasserpfütze gefriert; Morgentau bildet sich; Eiszapfen „verschwinden“; Schokolade wird im Sonnenlicht weich; heißes Kerzenwachs wird wieder fest.

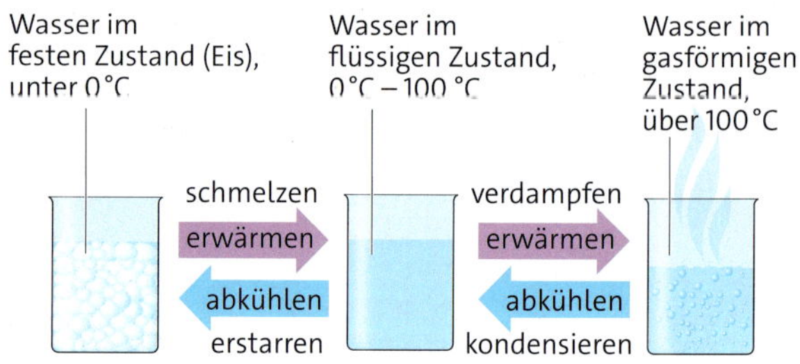

1 Fest – flüssig – gasförmig

Wasser verhält sich nicht normal

7 Ordne den Ziffern im Bild die richtigen Temperaturen zu: → 2
a ▢ See im Sommer: 4 °C, 15 °C, 22 °C
b ▢ See im Winter: 0 °C, 3 °C, 4 °C
c ◐ Erkläre die Reihenfolge der Temperaturen.

Absoluter Nullpunkt*

8 ▢ Sheldon sagt: „Ich habe eine Temperatur von 309 Kelvin.“ Rechne nach, ob er Fieber hat.

2 See im Sommer und im Winter

3

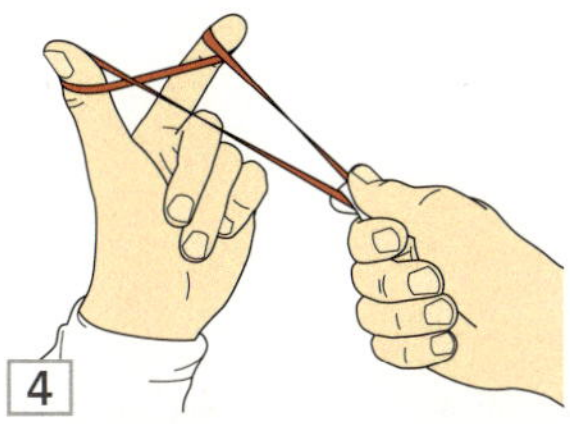

4

5

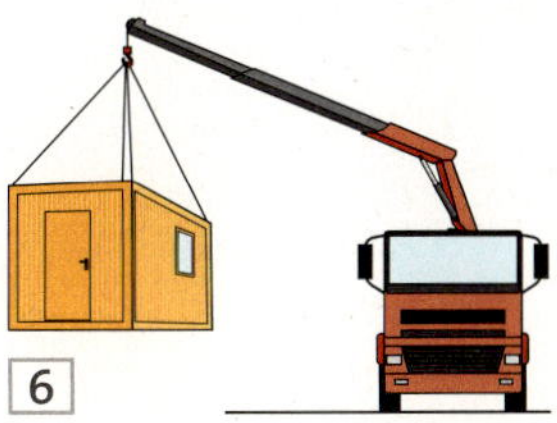

6

Ohne Energie läuft nichts

9 ▢ Gib jeweils an, welche Energieformen beteiligt sind. → 3 – 6

10 Diese Gegenstände speichern Energie: Kerze, gespannter Bogen, Apfel, Tank mit Heizöl, Warmwasserspeicher, rollendes Fahrrad, Magma im Vulkan, Kachelofen, zusammengedrückte Stahlfeder, Wasser im Stausee, Batterie, heiße Kochplatte, Achterbahnwagen ganz oben, fahrendes Auto, Wind.

a ▢ Übertrage die Tabelle ins Heft. → 7 Ordne die Gegenstände den Energieformen zu.

b ◩ Ergänze zu jeder Energieform noch drei weitere Energiespeicher.

Energieform	Energiespeicher
chemische Energie	?
thermische Energie	?
Spannenergie	?
Lageenergie	?
Bewegungsenergie	?

7 Energiespeicher (Beispieltabelle)

Energietransport: Wärmeleitung – Wärmeströmung – Strahlung

11 ▢ Übertrage die Sätze a–c in dein Heft. Ersetze die Fragezeichen durch die Begriffe Wärmeleitung, Wärmeströmung oder Strahlung:

a Von der Herdplatte wird Wärme durch ⟨?⟩ auf den Topfboden übertragen.

b Die Sonne erwärmt die Erde durch ⟨?⟩.

c Die Wärme aus dem Heizkessel gelangt durch ⟨?⟩ zum Heizkörper.

12 ◩ Wie funktioniert die Heizungsanlage? → 8 Schreibe die Sätze in richtiger Reihenfolge auf (der erste Satz steht schon richtig):

- Im Brenner verbrennt Öl.
- Die Pumpe pumpt heißes Wasser zum Heizkörper.
- Das Wasser kühlt im Heizkörper ab und strömt zurück zum Kessel.
- Der Heizkörper gibt Wärme ans Zimmer ab.
- Das Wasser wird im Kessel erhitzt.

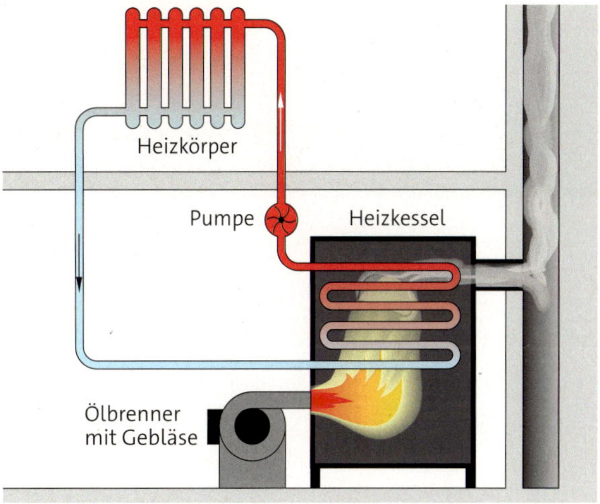

8 Heizungsanlage

Elektrische Geräte im Alltag

Modellautos brauchen Energie, um im Kreis fahren zu können. Wie wird die Energie zu den kleinen Flitzern übertragen?

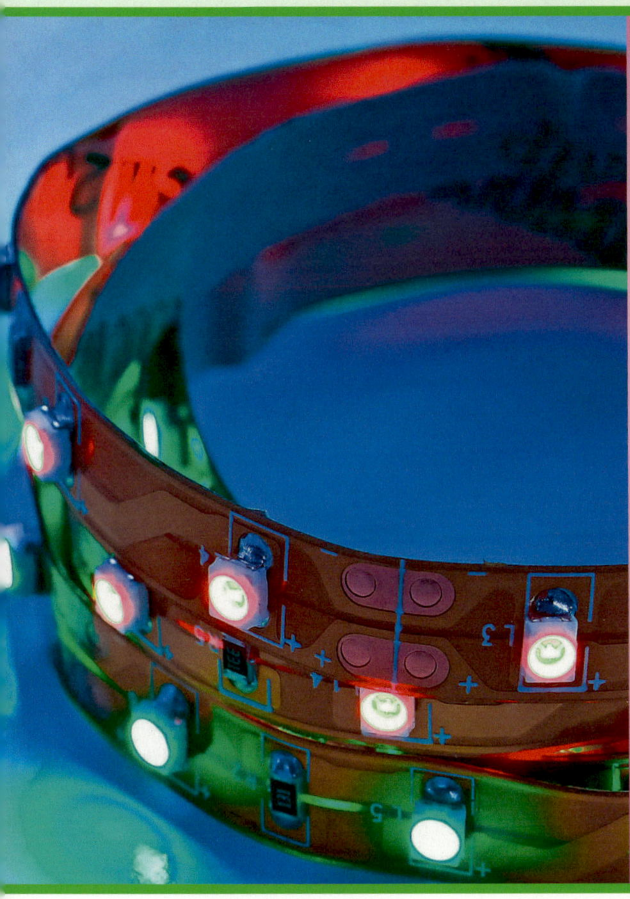

Energieumwandlung für stimmungsvolles Licht – die LEDs wandeln elektrische Energie überwiegend in Strahlungsenergie um.

Der Haartrockner macht mithilfe elektrischer Energie aus kalter Luft bewegte warme Luft.

So funktioniert ein Stromkreis

1 Waschmaschine

Material zur Erarbeitung: A

Die Waschmaschine ist eingeschaltet, doch nichts passiert. Was ist zu tun, damit die Maschine läuft?

Der Stromkreis • Mit einfachen Stromkreisen kennst du dich bereits aus. Sicher hast du schon einmal eine Lampe an eine Batterie angeschlossen. Für einen Stromkreis braucht man immer eine elektrische Energiequelle und ein elektrisches Gerät, zum Beispiel eine Lampe oder einen Motor. Alle elektrischen Geräte haben zwei Kontakte. Kabel verbinden sie mit der elektrischen Energiequelle. → 2 Mit einer Batterie und zwei Kabeln kannst du also eine Lampe leuchten oder einen Motor laufen lassen.

Geschlossener Stromkreis • Wenn du einen einfachen Stromkreis aufgebaut hast, dann fahre mit einem Finger vom Minuspol der Batterie am Kabel entlang zur Lampe und am anderen Kabel weiter. → 2 So kommst du wieder zur Batterie zurück. Wir sprechen von einem geschlossenen Stromkreis – auch wenn die Schaltung nicht wie ein Kreis aussieht.

Unterbrochener Stromkreis • Die Lampe leuchtet nicht mehr, wenn auch nur eine Verbindung im Stromkreis unterbrochen ist. Das ist zum Beispiel der Fall, wenn ein Schalter geöffnet wird oder der Glühdraht in der Lampe zerrissen ist. → 3

Glühlampen, Motoren und andere elektrische Geräte funktionieren nur, wenn sie einen geschlossenen Stromkreis mit der elektrischen Energiequelle bilden.
Jeder Anschluss des Geräts muss mit einem Pol der elektrischen Energiequelle verbunden sein.

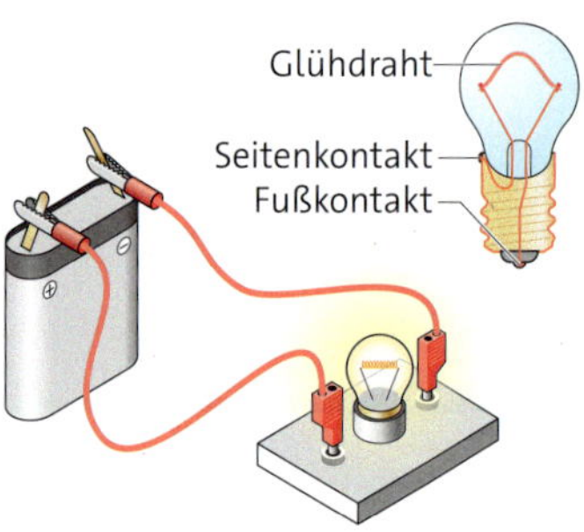

2 Geschlossener Stromkreis

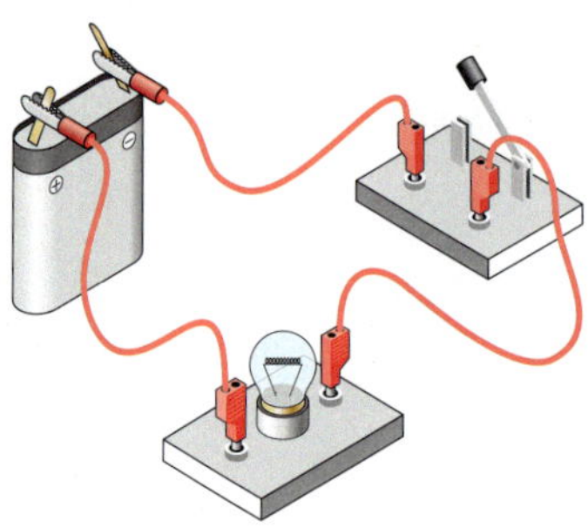

3 Unterbrochener Stromkreis

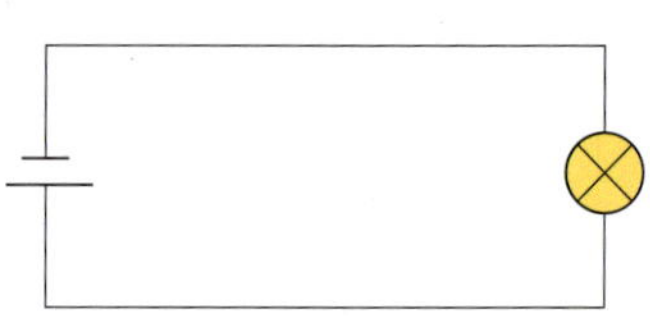

4 Schaltplan

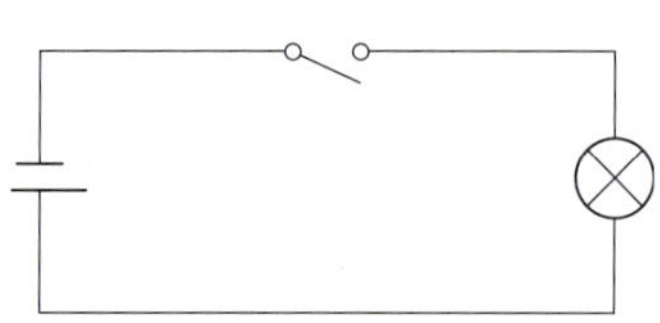

5 Schaltplan

Schaltpläne • Stromkreise werden einfach und übersichtlich als Schaltpläne gezeichnet. → 4 5 Schaltzeichen stehen dabei für die elektrische Energiequelle, die Kabel sowie die elektrischen Geräte. → 8

der Stromkreis
das Schaltzeichen
der Schaltplan
die Reihenschaltung
die Parallelschaltung

Reihenschaltung • Die Schaltung für den Motor der Waschmaschine ist komplizierter. Der Motor läuft nur, wenn der Schalter am Gerät *und* der Taster in der Tür gedrückt werden. → 6 Die Tür muss also noch geschlossen werden.

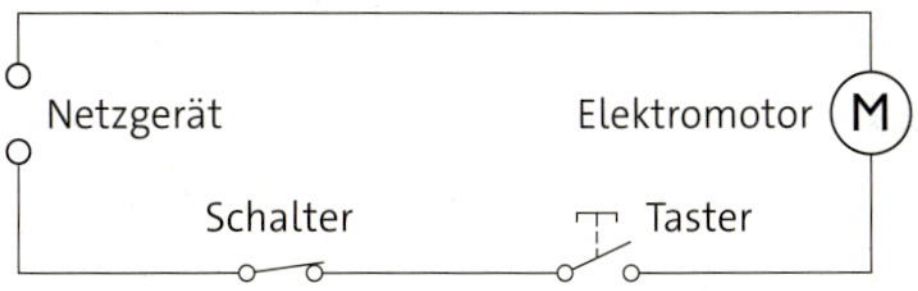

6 Reihenschaltung (unterbrochen)

Parallelschaltung • Wenn mehrere elektrische Geräte an eine Batterie angeschlossen werden und unabhängig voneinander funktionieren sollten, wählt man eine Parallelschaltung. Jedes Gerät wird einzeln an die Batterie angeschlossen und bildet einen eigenen Stromkreis. → 7

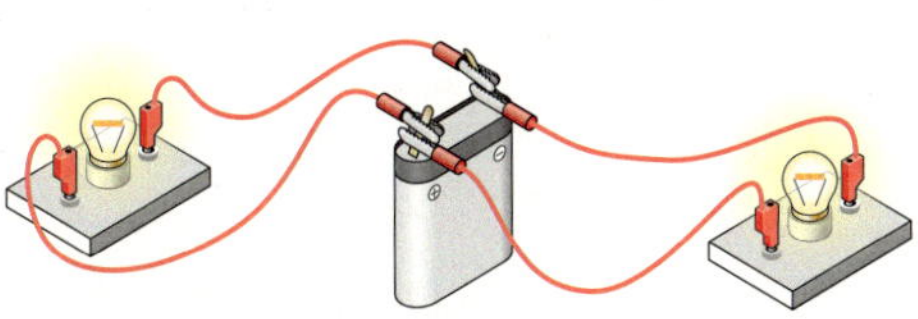

7 Parallelschaltung

Aufgaben

1 ○ Zeichne den Schaltplan für einen Stromkreis aus Batterie, Motor, Schalter und Kabeln.

2 ◐ Zwei Lampen sind gleichzeitig an eine Batterie angeschlossen. Dafür gibt es zwei Möglichkeiten. Zeichne die Schaltpläne.

Bauteil	Zeichnung	Schaltzeichen
Batterie 		 Minuspol Pluspol
Netzgerät (elektrische Energiequelle) 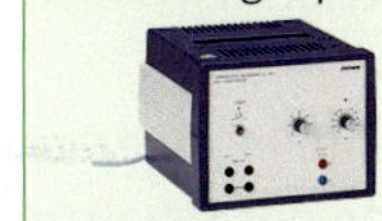	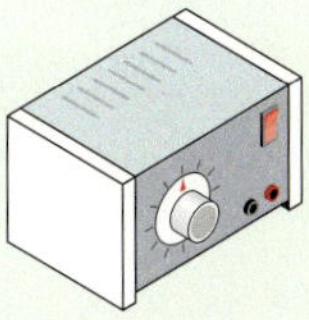	
Kabel (Leitung) 	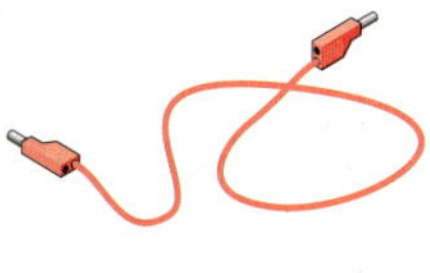	
Schalter (geöffnet) 	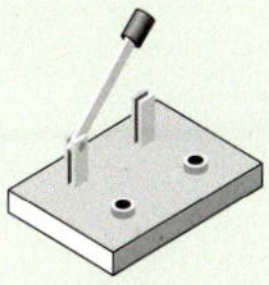	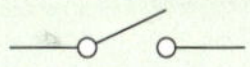
Taster (EIN-Taster) 		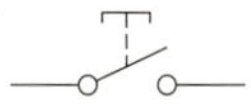
Glühlampe 		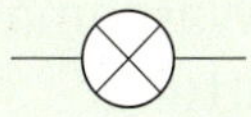
Elektromotor 	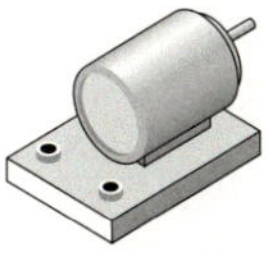	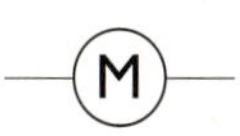 M
Klingel 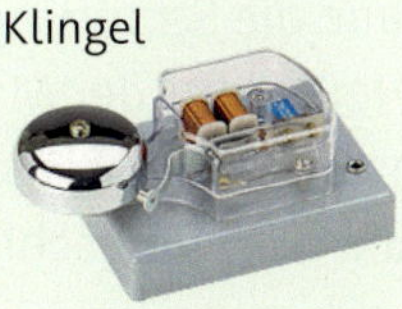	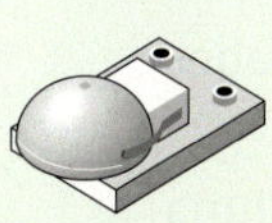	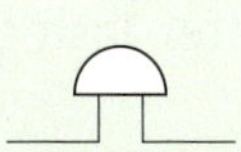

8 Schaltzeichen (weitere siehe Anhang)

So funktioniert ein Stromkreis

Material A

Geschlossener Stromkreis

Materialliste: Batterie (4,5 V), Schalter, Taster, Lampe (6 V; 2,4 W), Kabel, Krokodilklemmen

1 Baue mit der Batterie, der Lampe und den Kabeln jeweils einen geschlossenen Stromkreis auf: → 1
- ohne Schalter
- mit Schalter
- mit Taster

○ Beschreibe, wie sich die Funktion der Schaltungen unterscheidet.

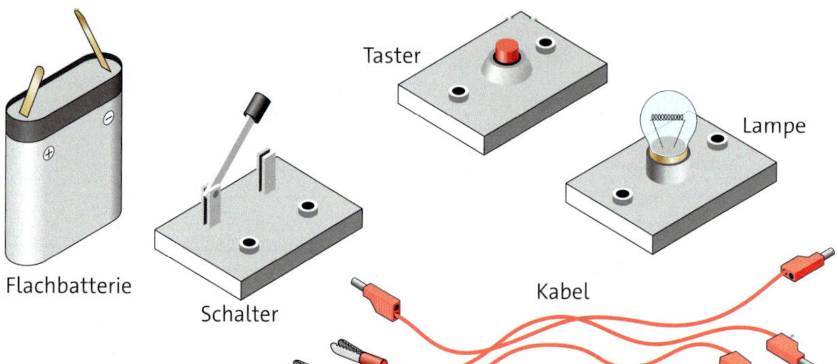

1

Material B

Fehler im Stromkreis

1 Du hast eine Schaltung aufgebaut aus einer Batterie und einer Lampe. → 2 Doch die Lampe leuchtet nicht.
◐ Nenne mögliche Gründe, warum die Lampe nicht leuchtet.

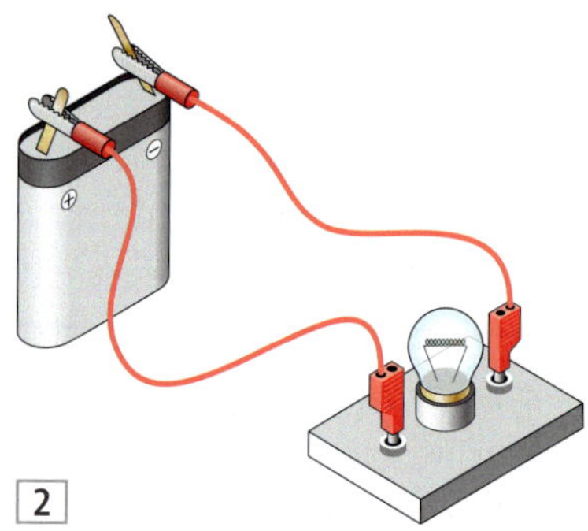

2

Material C

Die Waschmaschinenschaltung

Eine Waschmaschine läuft nur, wenn ihr Schalter auf EIN gestellt ist und der Taster von der Tür hereingedrückt wird.

Materialliste: Batterie (4,5 V), Schalter, Taster, Motor, Kabel

1 ○ Wann soll die Waschmaschine laufen? Ergänze die Tabelle im Heft. → 3

Schalter am Gerät	Taster an der Tür	Waschmaschine
aus (offen)	nicht gedrückt	aus
aus (offen)	gedrückt	?
ein (geschlossen)	nicht gedrückt	?
ein (geschlossen)	gedrückt	?

3 Beispieltabelle

2 ◐ Baue die Schaltung mit den Teilen aus der Materialliste auf. Der Motor steht für die Waschmaschine.

3 ◐ Überprüfe deine Schaltung. Funktioniert sie so wie in der Tabelle?

4 ◐ Zeichne den Schaltplan.

Material D

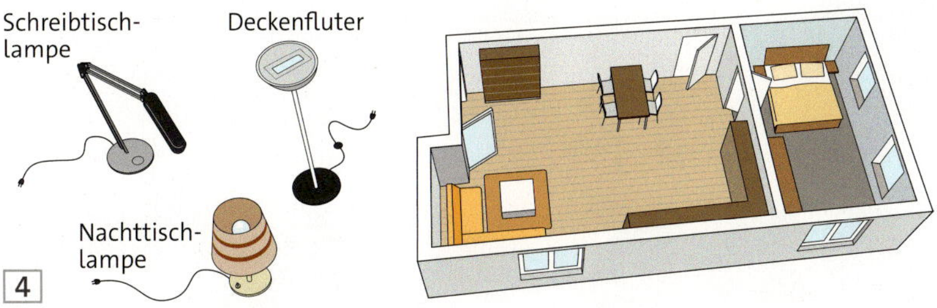

4

Die Wohnungsbeleuchtung

In dieser Wohnung fehlt Licht. Im Wohnzimmer soll es zwei Lampen geben, im Schlafzimmer eine. → 4

Materialliste: Batterie (4,5 V), 3 Lampen (6 V; 2,4 W), 3 Schalter, Kabel

1 Drei Lampen sollen mit einer Batterie betrieben werden.

a ◐ Plane die Schaltung und zeichne einen Schaltplan.

b ○ Baue die Schaltung nach Plan auf und teste sie.

c ○ Gib an, wie man eine solche Schaltung bezeichnet.

d ○ Gib eine weitere Schaltungsart für drei Lampen an. Zeichne den Schaltplan.

e ◐ Welche Schaltung eignet sich für die Wohnungsbeleuchtung? Begründe deine Entscheidung.

2 ◐ Ergänze noch Schalter, um jede Lampe einzeln an- und auszuschalten.

a Zeichne dazu einen Schaltplan.

b Baue die Schaltung nach Plan auf und teste sie.

Material E

Geht es besser?

1 ◐ Der Motor läuft nicht, wenn die Lampe aus der Fassung gedreht ist. → 5

a Erkläre es.

b Motor und Lampe sollen unabhängig voneinander funktionieren.

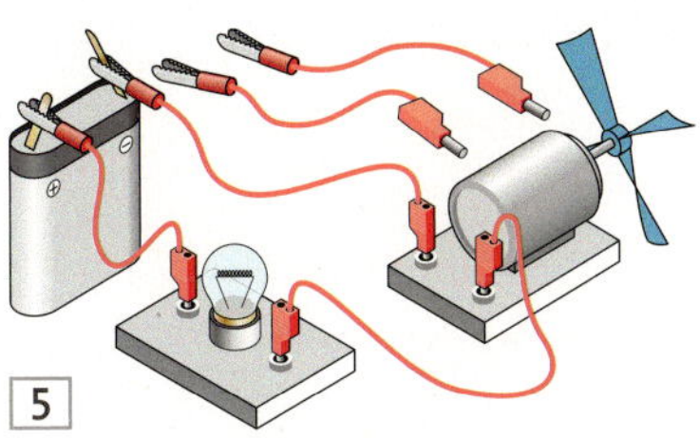
5

Zeichne den Aufbau einer verbesserten Schaltung.

Material F

Auf Fehlersuche

1 Nicht jede der abgebildeten Schaltungen funktioniert. → 6 – 9

a ○ Nenne die fehlerhaften Schaltungen.

b ◐ Begründe, warum diese Schaltungen nicht funktionieren.

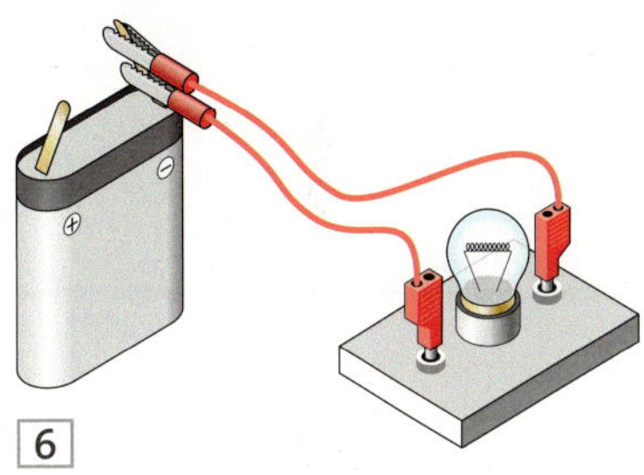
6

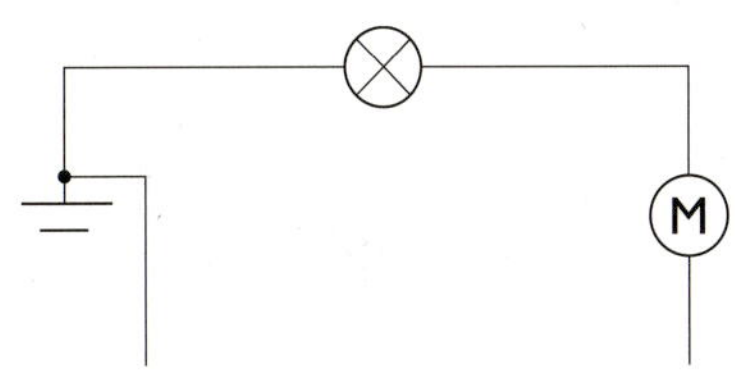

7

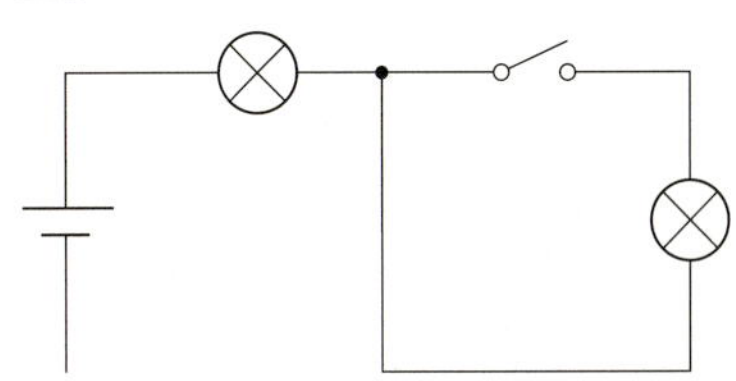
8

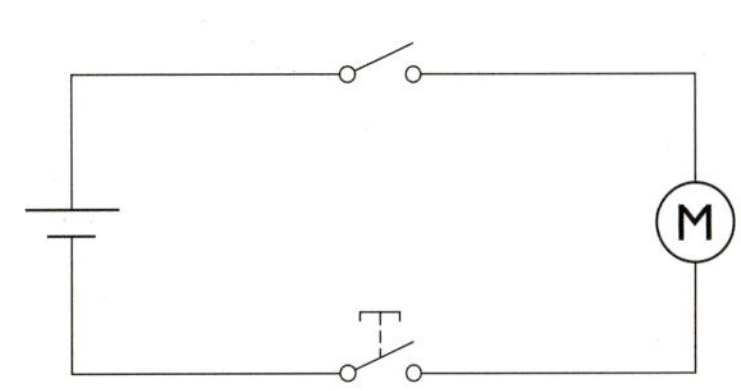

9

Was elektrische Energie alles kann

1 Viele Elektrogeräte für vielfältige Aufgaben

Materialien zur Erarbeitung: A–C

Elektrogeräte machen uns das Leben leichter.

Elektrische Energie nutzen • Mit elektrischer Energie können wir Wasser kochen, Kuchenteig rühren, unsere Haare trocknen oder ein Zimmer beleuchten. Dazu benötigen wir immer eine elektrische Energiequelle. → 2 Die Energie aus Batterien, Akkus, Dynamos, Netzgeräten, Steckdosen oder Solarzellen wird zu den Elektrogeräten übertragen. Wasserkocher, Mixer, Haartrockner und Lampen sind Energiewandler. Sie wandeln elektrische Energie in Energieformen um, die wir nutzen.

Elektrogeräte nehmen elektrische Energie auf und wandeln sie in die Energieformen um, die wir zum Erwärmen, Beleuchten, Bewegen ... nutzen.

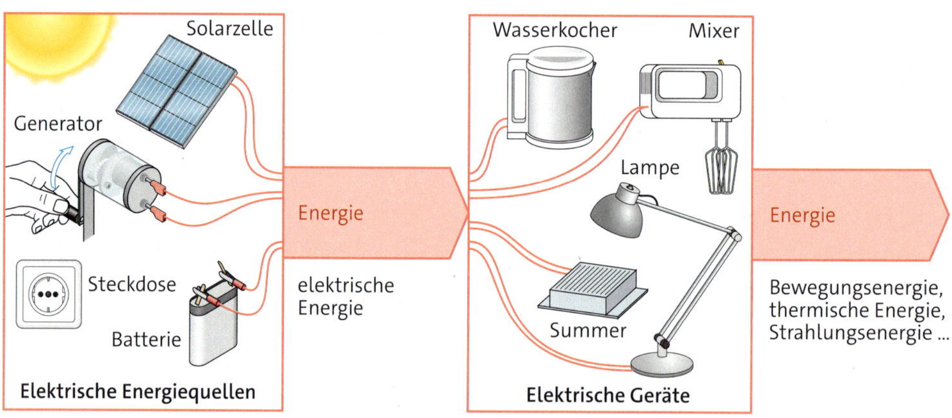

2 Energiekette: Elektrogeräte wandeln elektrische Energie um.

die elektrische Energie
das Elektrogerät

Thermische Energie • Elektrische Energie wird oft in thermische Energie umgewandelt. Das wird vor allem an den Heiz- oder Glühdrähten elektrischer Geräte sichtbar. → 3 Die Heizspiralen dürfen nicht berührt werden. Sie sind deshalb beim Bügeleisen in Keramik eingebettet oder beim Haartrockner (Föhn) von einem schützenden Gehäuse umgeben.

Strahlungsenergie • Glühlampen und Halogenlampen enthalten einen Draht, der zu einer Wendel gewickelt ist. → 4 Der Draht wird bis zur Weißglut erhitzt und gibt dann Strahlungsenergie ab. Ein Teil der Strahlung ist sichtbar (Licht), ein Teil ist unsichtbar (Infrarotstrahlung).
In Energiespar- und LED-Lampen wird elektrische Energie auf andere Weise in Strahlungsenergie umgewandelt. → 5 Sie erwärmen die Umgebung nicht so stark wie Glühlampen.
Auch Mikrowellen und Handys wandeln elektrische in Strahlungsenergie um. Ihre Strahlung ist unsichtbar.

Bewegungsenergie • Wenn ein elektrischer Strom durch eine Spule fließt, wirkt sie wie ein Magnet. Elektromagnete werden zum Beispiel in Elektromotoren von Bohrmaschinen und Haartrocknern genutzt. → 6

Chemische Energie • Elektrische Energie kann chemische Veränderungen in Stoffen hervorrufen. Das wird beim Laden von Akkus oder zum Beschichten von Metallen genutzt.

3 Toaster: rot glühender Heizdraht

4 Glühlampe: hell glühende Glühwendel

5 LED-Lampe: hell, aber nicht heiß

6 Föhn: Elektromotor (mit Propeller) und Heizdraht

Aufgaben

1 Forsche zu Hause nach verschiedenen Elektrogeräten.
- a ○ Fotografiere zehn Geräte oder Maschinen, die mit elektrischer Energie betrieben werden.
- b ○ Nenne jeweils die Energieform, die das Elektrogerät liefert.
- c ◐ Zeichne für drei deiner Beispiele eine Energiekette. → 2
- d ◐ Gestalte mit deinen Ergebnissen ein Plakat mit dem Titel „Was elektrische Energie alles kann".

2 ◐ Nenne fünf Elektrogeräte, die bei Betrieb warm werden und deren Wärme wir nicht nutzen.

Was elektrische Energie alles kann

Methode

Elektrische Versuche sicher durchführen

Alle elektrischen Schaltungen in diesem Buch werden mit Batterien oder Netzgeräten als Energiequelle aufgebaut. So sind die Versuche bei korrekter Durchführung ungefährlich.

Achtung • Lebensgefahr! Führe niemals Versuche ohne Netzgerät direkt an der Steckdose durch! Bastle nicht an Elektrogeräten herum!

So baust du eine Schaltung richtig auf:

1. Netzgerät aufstellen Prüfe, ob das Netzgerät ausgeschaltet ist. Außerdem muss der Spannungsregler auf „0 V“ stehen. Stecke das Netzkabel des Netzgeräts in die Steckdose an deinem Arbeitsplatz. → 1

1

2. Schaltung aufbauen Baue die elektrische Schaltung mit den Bauteilen auf. Überprüfe die Verbindungen nach dem Schaltplan. → 2

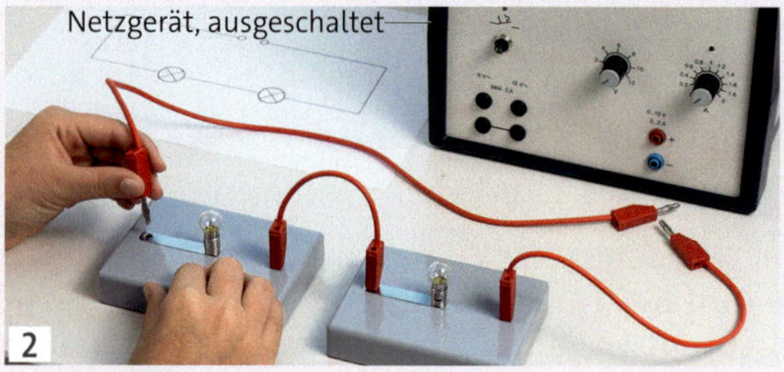

2

3. Netzgerät anschließen Jetzt kannst du die Schaltung an das Netzgerät anschließen. Dazu steckst du die Experimentierkabel von der Schaltung in die rote Buchse sowie in die blaue oder schwarze Buchse. → 3

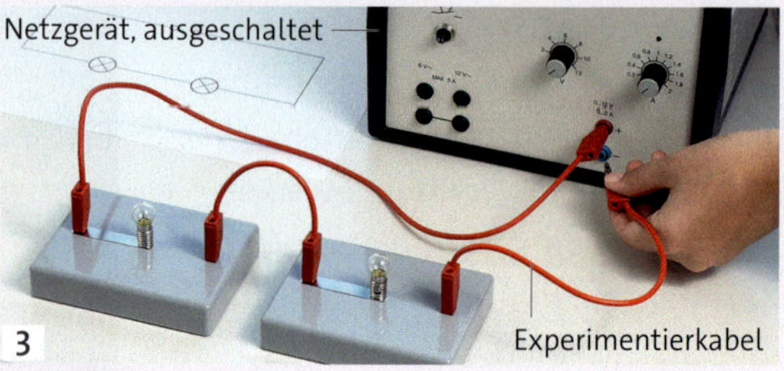

3

4. Netzgerät einschalten Schalte das Netzgerät zunächst ein und drehe den Spannungsregler auf den vereinbarten Wert. → 4 Jetzt überprüfst du, ob deine Schaltung funktioniert. Wenn es Fehler in der Schaltung gibt, schalte das Netzgerät sofort aus. Dann überprüfe die Schaltung erneut. Oft ist es hilfreich, alles neu aufzubauen.

4

Aufgabe

1 ○ Beschreibe, wie du das Netzgerät richtig einschaltest.

Material A

Ein einfacher Toaster

Materialliste: Konstantandraht (50 cm lang, 0,2 mm dick), 2 Kabel, 2 Krokodilklemmen, Netzgerät (regelbar bis 12 V), Toastscheibe, Brettchen, Nägel

Achtung • Heißen Draht nicht berühren!

1 Baue das Modell eines Toasters nach. → 5

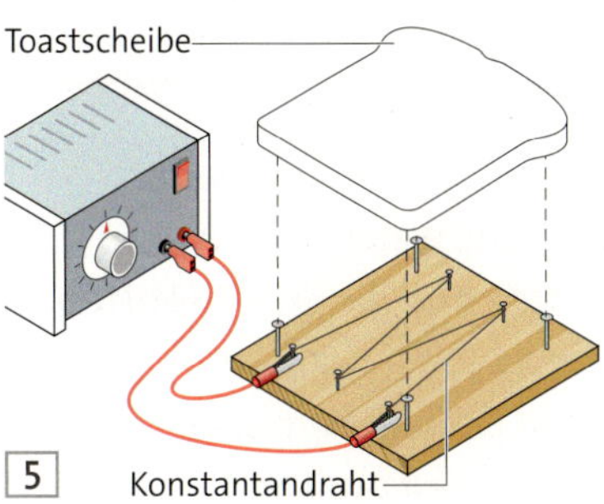

5

a Der Draht wird einmal um jeden Nagel gewickelt.
b Schließe die Drahtenden mit Krokodilklemmen und Kabeln an ein Netzgerät an.
c Regle das Netzgerät langsam hoch, bis der Draht zu glühen beginnt.
d Lege einen Toast auf und warte 2 Minuten.
○ Beschreibe deine Beobachtungen.

2 ○ Nenne Unterschiede zu einem Toaster im Haushalt.

Material B

Wärme und Licht durch elektrische Energie

Materialliste: Glühlampe, Lupe, Konstantandraht (50 cm lang, 0,2 mm dick), Stricknadel, Isolatoren, Tonnenfüße, Kabel, Netzgerät (regelbar, 5 A)

Achtung • Heißen Draht nicht berühren!

1 ○ Betrachte die Glühwendel der Lampe unter der Lupe. Beschreibe sie.

2 ○ Selbst gebaute Wendel
a Wickle den Konstantandraht eng um die Stricknadel. → 6 Ziehe die Nadel dann aus der Wendel heraus.

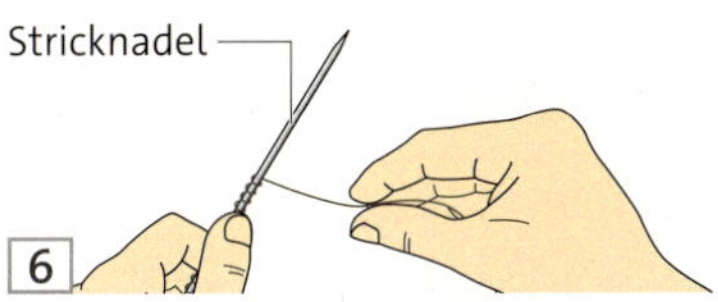

6

b Schließe die Wendel an das Netzgerät an. → 7 Schalte es ein. Drehe den Regler, bis die Wendel glüht.

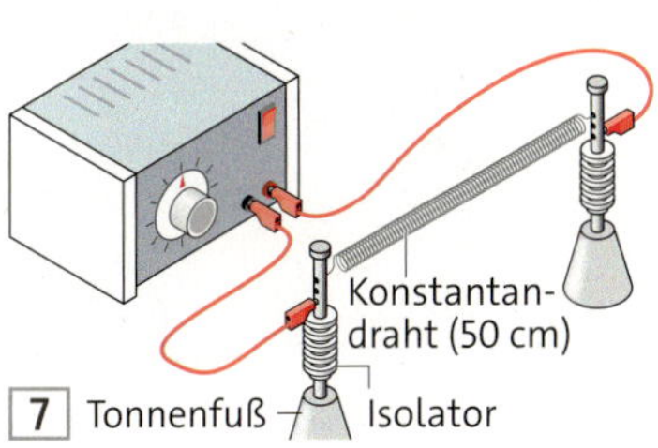

7

Material C

Ein selbst gebauter Magnet

In jedem Elektromotor kommen Magnete zum Einsatz, um die Drehbewegung zu erzeugen. Einer dieser Magnete ist ein Elektromagnet, den du selbst nachbauen kannst.

Materialliste: Batterie (4,5 V), dünner lackierter Kupferdraht (1 m), Eisennagel, Büroklammern, Kompass

1 Baue das Gerät zusammen. Der Lack muss an beiden Enden des Kupferdrahts abgekratzt werden. → 8

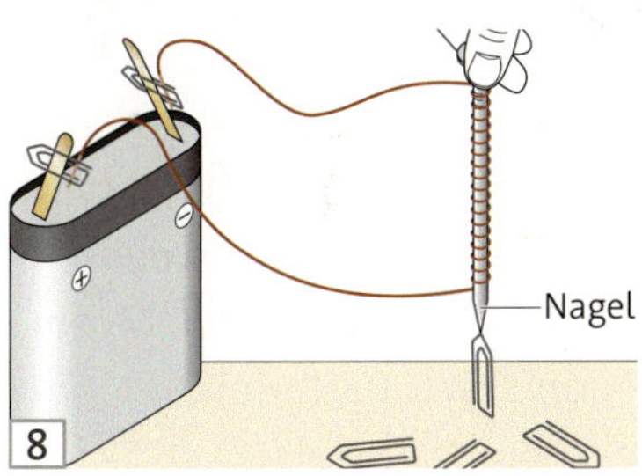

8

a ○ Untersuche mit diesem Elektromagneten, welche Stoffe er anzieht.
b ○ Probiere aus, wie dein Elektromagnet auf einen Kompass wirkt.
c ◑ In welchen Haushaltsgeräten könnten Elektromagnete verborgen sein? Stelle Vermutungen auf.

Was elektrische Energie alles kann

Material D

Bewegung durch elektrische Energie

Materialliste: Elektromotor (6 V), 2 Flachbatterien, Umschalter, Kabel

1 ○ Nenne Haushaltsgeräte mit Elektromotoren, bei denen man verschiedene Geschwindigkeiten einstellen kann.

2 ◐ Experimentiere mit dem Elektromotor und den beiden Batterien. → 1
Verändere:
a die Geschwindigkeit des Motors
b die Drehrichtung des Motors

3 ◐ Baue das Modell eines Bohrers mit zwei Geschwindigkeitsstufen. Verwende den Umschalter, den Motor und zwei Batterien.

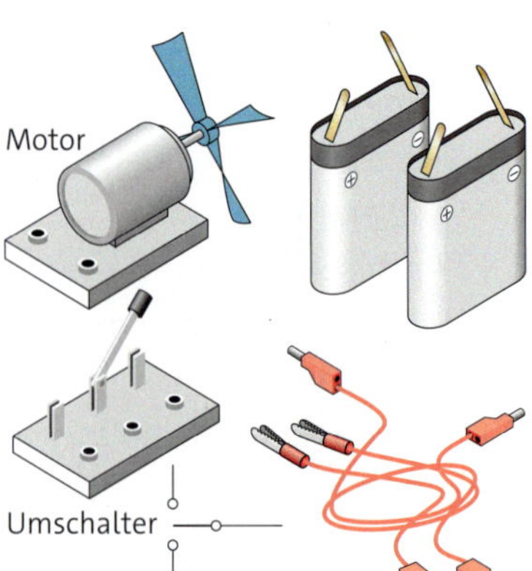

1

Material E

Geräte im Haushalt – heute und früher

2 Staubsauger – Teppichklopfer

3 Bohrmaschinen

1 ○ Im Haushalt benutzen wir einige dieser Geräte. → 2 – 5 Gib jeweils an, wozu sie dienen. → 6

Gerät	Dazu dient es:
Staubsauger	reinigt die Wohnung
...	...

6 Beispieltabelle

2 ◐ „Die Handbohrmaschine wandelt die Energie aus den Muskeln in Bewegungsenergie um." → 3
Beschreibe vier weitere Geräte auf diese Weise. Zeichne die Energieketten.

3 ◐ Schreibe eine Geschichte „Ein Tag ohne elektrische Geräte". Beschreibe deinen Tagesablauf ohne Handy, elektrische Beleuchtung ... Beschreibe auch Vorteile.

4 Waschmaschine – Waschbrett

5 Bügeleisen

Material F

Metall veredeln

Mithilfe elektrischer Energie können Oberflächen von Metallen veredelt werden. → 7 8

1 ▢ Lies den Text. → 9
a Beschreibe, wie Metallstücke elektrisch veredelt werden.
b Gib Produkte an, die durch Galvanisieren veredelt werden.

7 Gabeln mit Silberüberzug

8 Verzinkte Gegenstände

Galvanisieren

Beispiel Fahrradlenker: Man taucht das Stahlrohr für den Lenker in eine leitfähige Flüssigkeit und verbindet es mit dem Minuspol einer Energiequelle. Am Pluspol ist ein Stück des Metalls Chrom zum Veredeln angeschlossen. Die Oberfläche des Lenkers wird dann mit einer dünnen Schicht Chrom überzogen. Das Stück Chrom am Pluspol löst sich auf.
Diese Methode wird als Galvanisieren bezeichnet. Der dünne Metallüberzug soll das veredelte Werkstück vor Umwelteinflüssen schützen oder für ein schön glänzendes Aussehen sorgen. Man verzinkt so zum Beispiel Schrauben und Nägel, um sie gegen Rost zu schützen. Schmuck, Besteck und Autoteile werden mit Gold, Silber oder Chrom überzogen und erhalten so ihren Glanz.

9 Galvanisieren

Material G

Verkupfern (Lehrerversuch)

Materialliste: Netzgerät, Kabel, Lämpchen mit Sockel, Krokodilklemmen, Kupferdraht, Kupferblech, Messinggegenstand (alte Münze), Becherglas (400 ml), fettlösender Reiniger, 20 %ige Kupfer(II)-chloridlösung (Gefahr!), Haushaltsessig, Schutzbrille, Schutzhandschuhe, Stativ

Achtung • Schutzbrille und Schutzhandschuhe tragen!

1 Aufbau des Versuchs → 10
a Der Messinggegenstand wird mit dem Reinigungsmittel fettfrei gereinigt.
b 250 ml Kupfer(II)-chloridlösung und 25 ml Haushaltsessig werden in das Becherglas gegeben.
c Das Netzgerät wird eingeschaltet (auf „6 V“ stellen).

2 ▢ Beschreibe, was passiert.

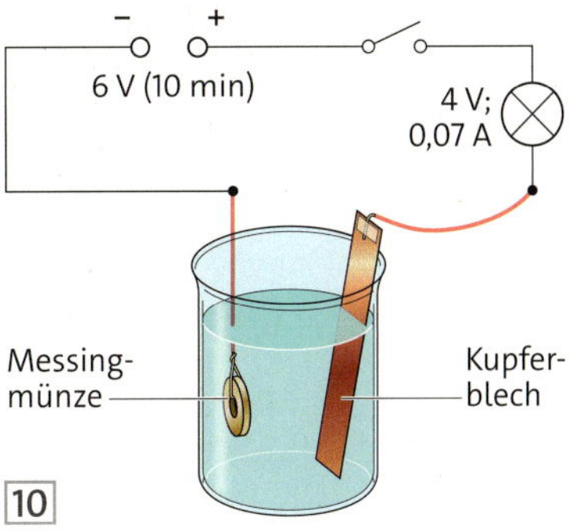

10

Wir bauen einen Haartrockner nach

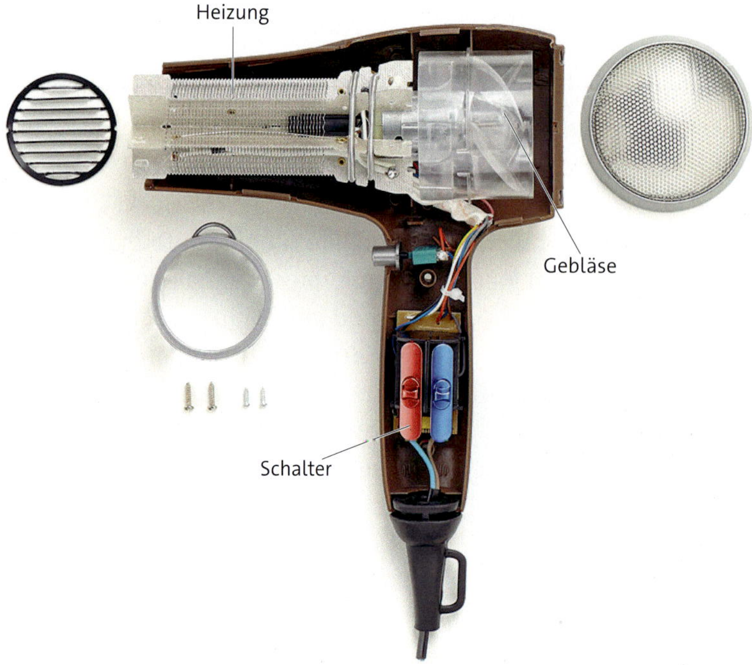

1 Zerlegter Haartrockner

Viele von euch benutzen einen Haartrockner. Wer hat schon einmal genau untersucht, wie er funktioniert?

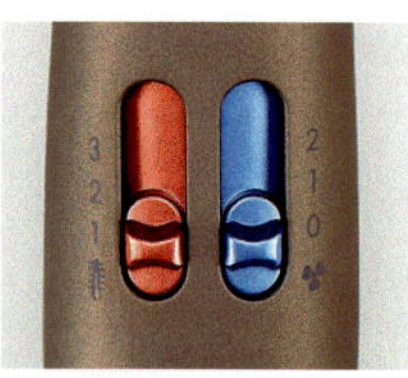

2 Schalter

Achtung • Das Basteln an Elektrogeräten kann lebensgefährlich sein. Darum dürfen Elektrogeräte nur von Fachleuten aufgeschraubt werden.
Du darfst Elektrogeräte nur bei ungeöffnetem Gehäuse untersuchen.

Was wird gemacht?		Was passiert?	
Schalter Gebläse (blau)	Schalter Heizung (rot)	Gebläse (Motor)	Heizung (Lampe)
aus	aus	aus	aus
aus	ein	aus	?
ein	aus	?	?
ein	ein	?	?

3 Funktionstabelle

Untersuchen und Nachbauen • Du kannst die Funktionen eines Geräts genau untersuchen und sie dann nachbauen – auch ohne das Gerät zu öffnen. Beim Haartrockner können folgende Funktionen festgestellt werden:

- Wenn der blaue Schalter betätigt wird, bläst der Haartrockner kalte Luft. → 2
- Wenn zusätzlich der rote Schalter betätigt wird, strömt warme Luft aus dem Gerät.
- Wenn die zweite Stufe am Schalter gewählt wird, bläst die Luft stärker heraus.

Funktionstabelle • Die Funktionen eines untersuchten Geräts kann man in einer Tabelle übersichtlich darstellen. Sie dient dann als Testtabelle für die Modellschaltung. → 3
Um eine Schaltung zu bauen, die so funktioniert wie das untersuchte Gerät, müssen die Bauteile bestimmt werden: Motor als Ventilator, Heizspirale für warme Luft, Schalter ...

Aufgaben

1 ○ Nenne wichtige Bauteile, die zum Nachbau des Haartrockners benötigt werden.

2 ◐ Beschreibe, wozu eine Funktionstabelle beim Nachbau nützlich ist.

3 ○ Nenne Unterschiede zwischen einer Modellschaltung und dem realen Gerät.

die Funktionstabelle

Material A

Luft blasen

Materialliste: Batterie (4,5 V) oder Netzteil (6 V), Motor (6 V), Propeller, Schalter, Kabel

1 Baue die erste Funktion des Haartrockners mit einem Schalter nach.
a ○ Teste deine Schaltung und beschreibe deine Beobachtungen.
b ◐ Zeichne einen Schaltplan.

Material B

Luft erwärmen

Materialliste: 50 cm Konstantandraht (0,2 mm dick), Netzgerät (6 V), Krokodilklemmen, mehrere Kabel, feuerfeste Unterlage

Achtung • Heißen Draht nicht berühren!

1 ○ Wickle den Draht eng um eine Stricknadel. Ziehe dann die Nadel heraus: Fertig ist die Heizspirale.
Schließe die Heizspirale mit den Klemmen an das Netzgerät an. → 4 Fühle, ob der Draht warm wird.

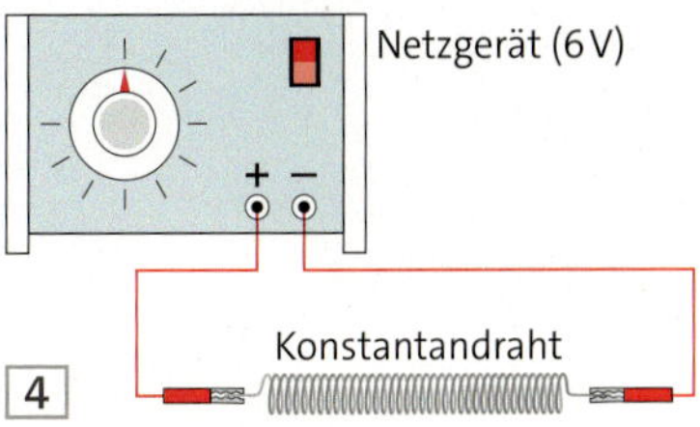

4

Material C

Warme oder kalte Luft

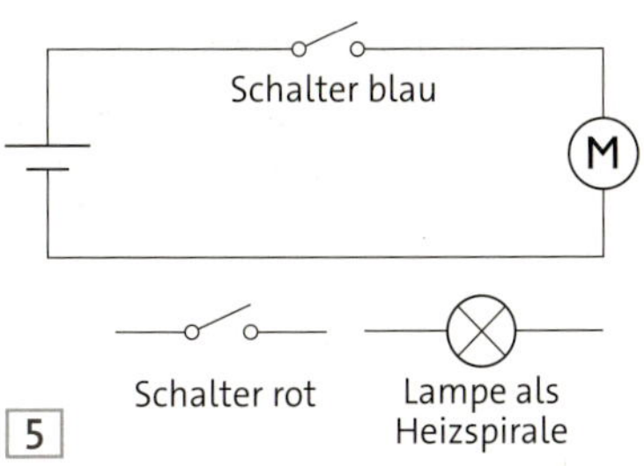

5

In der Modellschaltung nutzen wir als Heizspirale eine Lampe. In jeder Glühlampe ist eine Spirale, die neben Licht viel thermische Energie erzeugt.

Materialliste: Batterie (4,5 V), 2 Schalter, Motor (6 V), Lampe (6 V; 2,4 W), Kabel

1 ◐ Baue die Schaltung nach dem Schaltplan auf. → 5
a Ergänze die Schaltung so, dass die Lampe nur heizt, wenn der Motor läuft und der zweite Schalter (rot) geschlossen ist.
b Teste die Schaltung. Nutze die Funktionstabelle. → 3

Material D

Viel und wenig Luft

Materialliste: Motor (6 V), 2 Batterien (4,5 V), Umschalter

6

1 Am Haartrockner kannst du mit einem Stufenschalter regeln, ob viel oder wenig Luft ausströmt.
a ○ Probiere, den Motor mit einer oder zwei Batterien langsam oder schnell laufen zu lassen.
b ◐ Zeichne einen Schaltplan für die „schnelle" Schaltung.
c ● Baue eine Schaltung mit dem Umschalter. → 6
Er schaltet eine oder zwei Batterien an den Motor und ermöglicht damit zwei Motorgeschwindigkeiten.

Leiter und Nichtleiter

1 Kabel kaputt – was nun?

Materialien zur Erarbeitung: A–B

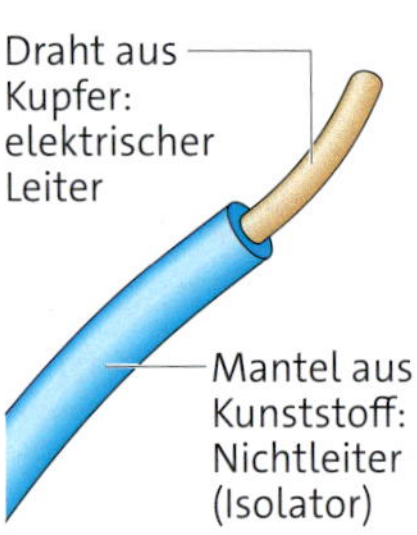

2 Kabel

Warum besteht ein Kabel aus so vielen Schichten?

Leiter • Viele Kabel haben innen einen Draht aus Kupfer. → 2 Kupfer und alle anderen Metalle leiten elektrischen Strom gut.

> Alle Metalle sind elektrische Leiter. Kupfer und Silber gehören zu den besten Leitern.

Nichtleiter • Der Mantel des Kabels schützt uns vor elektrischem Strom. Kunststoffe leiten nämlich den elektrischen Strom nicht. Auch Glas, Holz, Gummi oder Kork leiten den elektrischen Strom praktisch nicht.

> Kunststoffe, Glas, Holz, Gummi oder Kork sind Nichtleiter (Isolatoren).

Achtung • Beschädigte Kabel müssen entsorgt oder fachgerecht repariert werden. Fasse nie ein beschädigtes Kabel an, das an einer Steckdose angeschlossen ist: Lebensgefahr! → 3

Flüssigkeiten • Öl und destilliertes Wasser sind Nichtleiter. Manche Flüssigkeiten sind Leiter: Dazu gehören Limonade, Essig und Salzwasser.

Mensch • Unser Körper besteht zu zwei Dritteln aus salzhaltigem Wasser.

> Unser Körper leitet elektrischen Strom. Bei Stromunfällen mit der Steckdose besteht Lebensgefahr.

Maßnahmen beim Stromunfall

- Unterbrich als Erstes den Stromkreis. Drücke dazu den Not-AUS-Schalter oder schalte die Sicherung aus.
- Fasse den Verunglückten auf keinen Fall vorher an – sonst fließt der Strom auch durch dich!
- Rufe den Notarzt bzw. den Rettungswagen (112).
- Bei Atemstillstand sind Maßnahmen zur Wiederbelebung erforderlich: Atemspende, Herzdruckmassage (Defibrillator).

3 Was tun im Notfall?

Aufgaben

1 ○ Nenne jeweils drei Stoffe, die
a elektrischen Strom leiten.
b elektrischen Strom nicht leiten.

2 ○ Unser Körper ist ein elektrischer Leiter. Nenne den Grund dafür.

3 ◐ Erkläre, warum Kabel aus Draht und Kunststoffmantel bestehen.

der Leiter
der Nichtleiter
der Isolator
der Stromunfall

Material A

Leitungstester für feste Stoffe

Materialliste: 3 Kabel, Batterie (4,5 V), Glühlampe (6 V; 2,4 W), Testgegenstände

1 Baue den Leitungstester auf. → 4 Überbrücke dann die „Leitungslücke“ nacheinander mit Gegenständen. Wenn die Lampe aufleuchtet, leitet ein Gegenstand den elektrischen Strom gut.
a ▢ Notiere die Ergebnisse in einer Tabelle. → 5
b ▢ Schreibe jeweils in einer Liste auf, welche Stoffe den elektrischen Strom gut leiten und welche nicht.

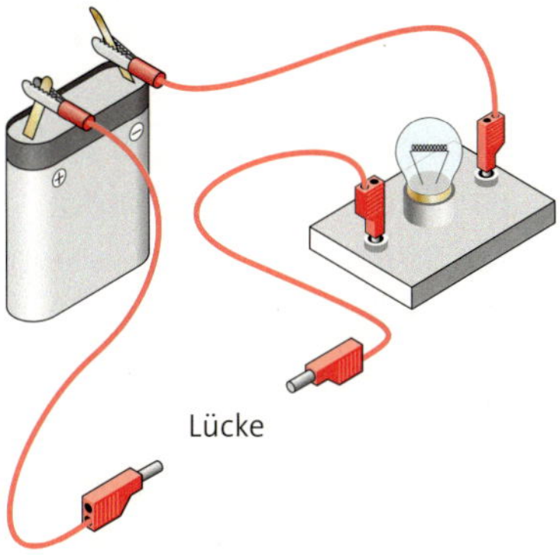

4 Leitungstester

Gegenstand	Leitet?	Stoff
Schere	ja	Stahl
?	?	?

5 Beispieltabelle

Material B

Leitungstester für Flüssigkeiten

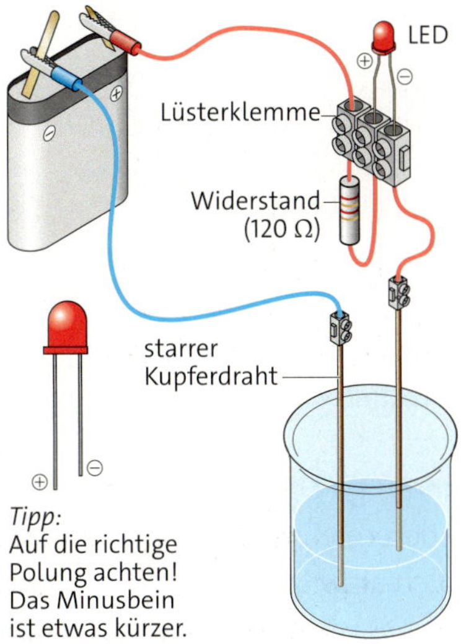

6 Leitungstester

Gegenstand	Leitet gut
Speiseöl	?

7 Beispieltabelle

Materialliste: biegsamer Kupferdraht, starrer Kupferdraht (oder Metallstricknadeln), Batterie (4,5 V), LED-Lampe (5 mm, 20 mA), Widerstand (120 Ω), Lüsterklemmen, Becherglas; Testflüssigkeiten: Speiseöl, Saft, Salzwasser, Essig, Seifenwasser ...

1 Baue den Leitungstester auf. → 6 Die Drahtenden müssen abisoliert sein. Die starren Kupferdrähte dürfen sich nicht berühren. Gieße eine Testflüssigkeit ins Becherglas. Wenn die LED leuchtet, leitet die Flüssigkeit den Strom gut.
▢ Trage deine Beobachtungen in eine Tabelle ein. → 7 Gib an, welche Flüssigkeiten gut leiten.

Material C

Ein ungewöhnlicher Stromkreis

1 Die rote LED-Lampe leuchtet. → 8 Zwischen den beiden roten Kabeln ist doch aber eine breite Lücke!
◪ Erkläre, wie der elektrische Stromkreis in diesem Fall dennoch geschlossen wird.

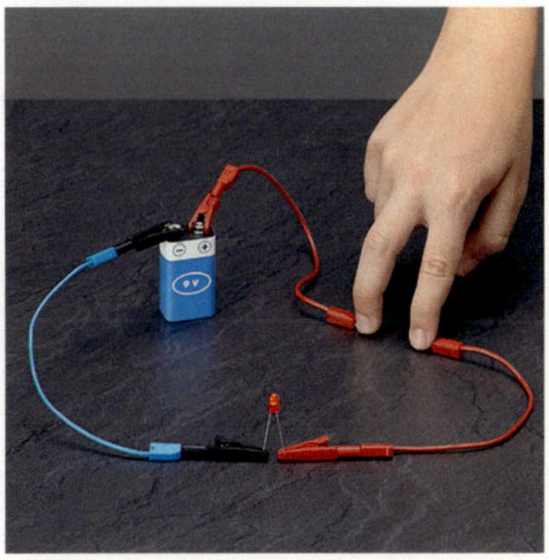

8 Geschlossener Stromkreis

Sicherer Umgang mit Elektrizität

1 Achtung: Lebensgefahr!

Lebenswichtige Regel: In eine Steckdose gehören nur gut isolierte Stecker.

Gefährliche Spannung • Die Steckdosen in Deutschland liefern eine Spannung von 230 Volt. Solch eine Spannung ist lebensgefährlich. Du weißt schon, dass unser Körper Elektrizität leitet. Die Elektrizität der Steckdose kann im Körper Muskelkrämpfe und Verbrennungen verursachen. Das kann zum Herzstillstand und zum Tod führen!

Gefahr durch Berührung • Schon bei der Berührung eines defekten Kabels oder Elektrogeräts kann es zu einem Stromschlag kommen. In diesem Fall wird der menschliche Körper Teil des Stromkreises. Darum gilt die Regel, dass die Isolierung von Gerätekabeln nicht beschädigt sein darf. Kabel dürfen nicht gequetscht werden, beispielsweise in Türritzen. Fasse Kabel immer am Stecker an, wenn du sie aus der Steckdose ziehst. Es könnten die Steckdose aus der Wand gerissen und nicht isolierte Drähte freigelegt werden.

Gefahr durch Wasser • Elektrogeräte gehören nicht in die Badewanne. Auch sollen sie nicht unter Wasser gereinigt werden. Da Wasser Elektrizität leitet, kann es zu einem elektrischen Schlag kommen.

Hochspannung: Lebensgefahr • Frei- und Oberleitungen haben Spannungen von bis zu 400 000 Volt. Je höher die Spannung, desto größer ist die Gefahr. Bei Hochspannung muss die Leitung nicht einmal berührt werden. Schon bei einem Abstand von mehreren Metern kann es zu einem tödlichen Funkenüberschlag kommen. Das Spielen mit Drachen oder Drohnen in der Nähe von Hochspannungsleitungen kann tödlich enden. Auch Bahnanlagen sind kein Spielplatz. Hier droht Lebensgefahr durch die Oberleitungen. → 2 3

2 3 Lebensgefahr an Bahnanlagen und Freileitungen

Beim Umgang mit Elektrizität sind Regeln zu befolgen, um Elektrounfälle zu vermeiden.

Aufgabe

1 ○ Nenne wichtige Regeln für einen sicheren Umgang mit Elektrizität.

der Stromschlag
die Hochspannung

Material A

Regeln retten Menschenleben

Beim Umgang mit Elektrizität sind wichtige Regeln zu befolgen.

1 In den Bildern wird gegen wichtige Regeln verstoßen. → 4 – 9

a ○ Gib an, welche Fehler gemacht werden.
b ◐ Begründe, warum die Situationen gefährlich sind.
c ◐ Beschreibe, wie du dich richtig verhältst.

2 ◐ Entwirf ein Plakat zum Thema: „Richtiger Umgang mit Elektrizität“.

4

5

6

7

8

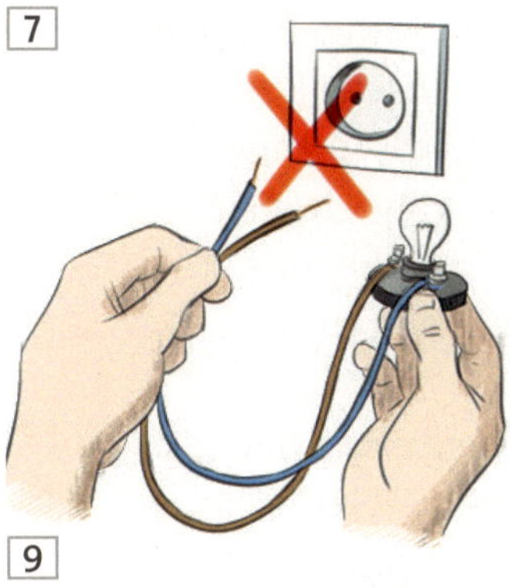

9

Material B

Tödliches Spiel

Auch ohne Berührung kann Elektrizität tödlich sein.

1 ○ Lest die Meldung. Beschreibt, wie es zu dem Unfall kam. → 10

2 ● Plant ein Rollenspiel, in dem Eltern ihre Kinder über die Gefahren von Oberleitungen informieren. Führt es der Klasse vor.

Spiel auf dem Bahngelände endet tödlich

Das Spiel zweier Kinder auf einem Bahngelände endete gestern für ein Kind tödlich. Das zweite Kind kam mit schweren Brandverletzungen ins Krankenhaus. Es ist nicht mehr in Lebensgefahr.
Die beiden Jungen hatten von einer Brücke Gegenstände auf die Oberleitung der ICE-Strecke geworfen. Dabei kam es zu einem Funkenüberschlag, der einen Jungen tödlich traf. Das deutlich an der Brücke befestigte Warnschild hatten sie ignoriert. Die Deutsche Bahn rief nach dem Unfall Eltern auf, ihre Kinder vor den Gefahren zu warnen.

10

So wird elektrische Energie transportiert

1 Hier wird die Beleuchtung am Fahrrad getestet.

Material zur Erarbeitung: A

Was gehört alles zur Beleuchtung des Fahrrads?

Elektrische Stromkreise • Wenn am Fahrrad das Licht nicht leuchtet, überprüft man die Lampe, das Kabel und vielleicht auch den Dynamo. Diese drei Teile bilden zusammen einen elektrischen Stromkreis.

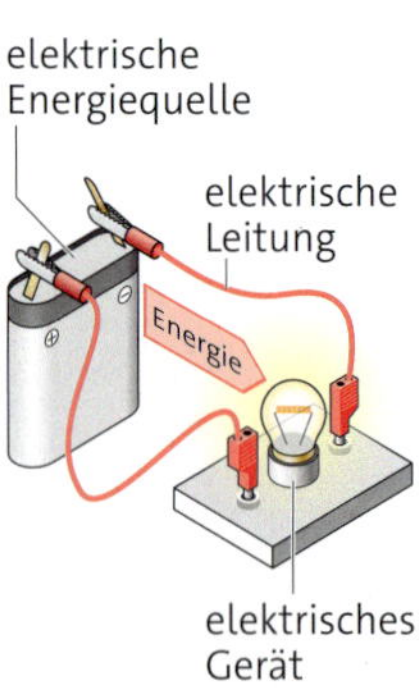

2 Einfacher Stromkreis

Elektrische Stromkreise enthalten drei Teile: → 2
- Die elektrische Energiequelle (Dynamo, Batterie ...) gibt elektrische Energie ab.
- Die elektrischen Leitungen transportieren die elektrische Energie.
- Das elektrische Gerät (Lampe, Elektromotor ...) wandelt die transportierte elektrische Energie in die gewünschte Energieform um.

Energiequellen – Energiewandler • Der Fahrraddynamo gibt nur elektrische Energie ab, wenn sich das Rad dreht. Er wandelt Bewegungsenergie in elektrische Energie um. Auch andere elektrische Energiequellen sind Energiewandler: Batterien wandeln chemische Energie in elektrische um, Solarzellen wandeln Strahlungsenergie um ...

Kreisläufe • Energie wird nicht nur beim elektrischen Stromkreis mithilfe von Kreisläufen transportiert:
- Bei der Heizung strömt Wasser im Kreis. → 3 Im Kessel erhält es thermische Energie, am Heizkörper gibt es wieder Energie ab.
- Beim Radfahren läuft die Kette im Kreis. → 4 Am Antriebskranz erhält sie Bewegungsenergie, am hinteren Kranz gibt sie wieder Energie ab.

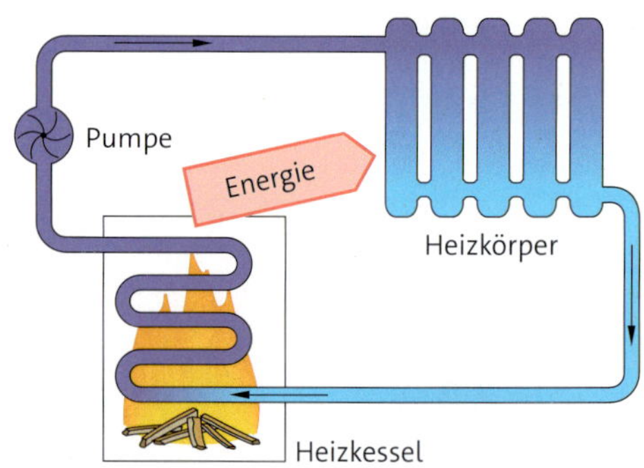

3 Kreislauf „Heizung“

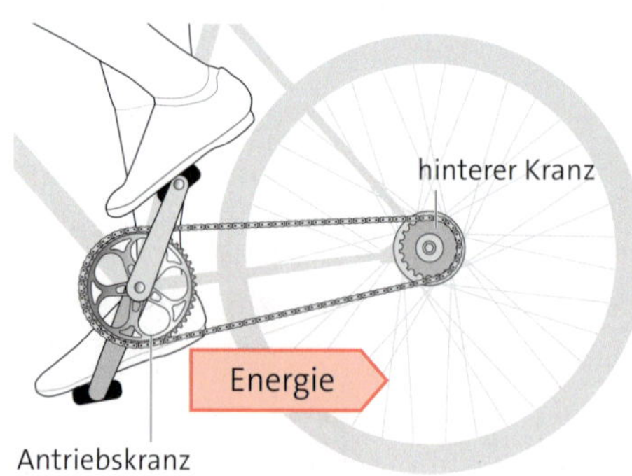

4 Kreislauf „Fahrrad“

die elektrische Energiequelle
das Elektron
der Elektronenstrom

Energie kann von Kreisläufen transportiert werden. Die Energiequelle treibt das Transportmittel (Wasser, Kette, Riemen ...) an. Das Transportmittel bewegt sich im Kreis und überträgt Energie zum Nutzer.

Elektrischer Strom im Draht • Bei elektrischen Stromkreisen kann man das Transportmittel nicht sehen. Wir stellen uns vor, dass in den Drähten sehr viele elektrische Teilchen fließen. → 5 Diese Teilchen bezeichnen wir als Elektronen.
Die Elektronen sind frei beweglich. Sie transportieren die elektrische Energie. Die elektrische Energiequelle treibt die Elektronen an und verschiebt sie im Kreis – so ähnlich wie der Antriebskranz die Kettenglieder beim Fahrrad. → 4

In elektrischen Stromkreisen strömen Elektronen im Kreis. → 6 Die elektrische Energiequelle treibt den Elektronenstrom an. Er transportiert Energie von der Quelle zum Gerät.

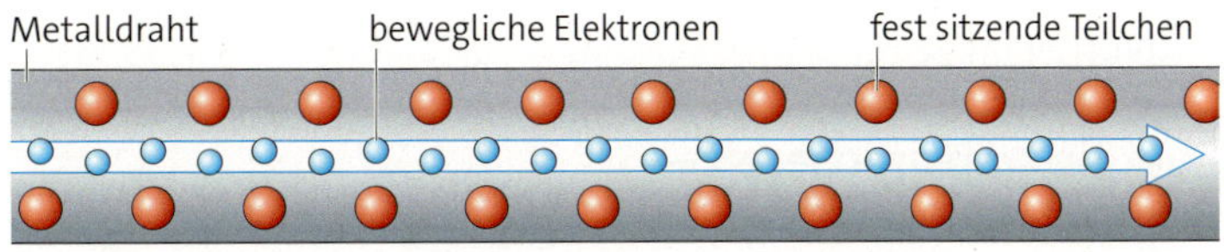

5 Modell für den elektrischen Strom im Draht

Aufgaben

1 Die Fahrradbeleuchtung ist ein elektrischer Stromkreis.
a ○ Nenne die Bestandteile dieses elektrischen Stromkreises.
b ○ Nenne die beteiligten Energieformen.
c ◐ Zeichne die Energiekette.

2 Stromkreise transportieren elektrische Energie.
a ○ Nenne die drei Grundbestandteile eines elektrischen Stromkreises.
b ○ Gib an, was beim Stromkreis im Kreis strömt.
c ◐ „Bei elektrischen Anlagen strömt die elektrische Energie immer im Kreis." Nimm Stellung zu dieser Aussage.

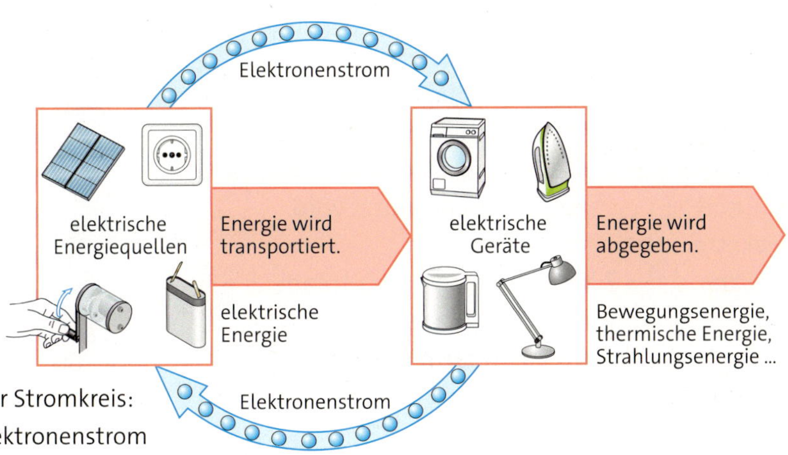

6 Elektrischer Stromkreis: Energie und Elektronenstrom

So wird elektrische Energie transportiert

Material A

Energie transportieren – mit Kreisläufen

Materialliste: 2 Räder, Riemen, Gewichte (1 kg, 5 kg), Faden, 2 Handgeneratoren, 2 Kabel, Stativmaterial

1 Am linken Rad wird Energie zugeführt. → 1 Der Riemen transportiert sie zum rechten Rad. Dort wird die Energie zum Heben eines Gewichts genutzt.
○ Hebe die Gewichte mit dem Riemenkreislauf an. Vergleiche, was du spürst.

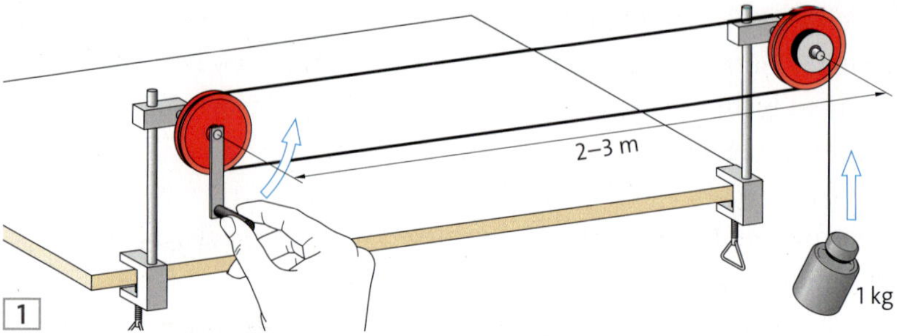

1

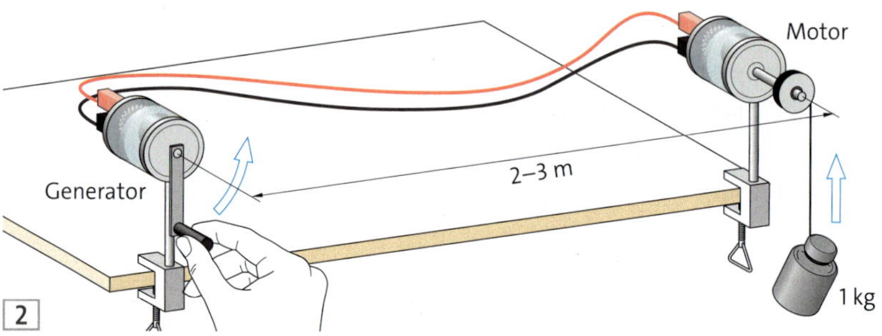

2

2 Tausche die Räder gegen Generatoren aus und den Riemen gegen Kabel. → 2

a ○ Hebe die Gewichte mit dem elektrischen Kreislauf hoch. Vergleiche wieder.

b ◑ Beschreibe Gemeinsamkeiten und Unterschiede der beiden Anlagen.

Material B

Kreislauf Heizung

1 Schau dir die Heizungsanlage auf der vorigen Seite an.

a ○ Nenne die thermische Energiequelle, die Leitungen und das „thermische Gerät“.

b ◑ Zeichne die Energiekette.

c ◑ Vergleiche Heizungsanlage und elektrischen Stromkreis. Stelle die Bauteile und Energieformen in einer Tabelle gegenüber.

Material C

Solaranlage

1 ◑ Zeichne die Energiekette der Solaranlage. → 3 Gib jeweils an, in welcher Form die Energie zugeführt, transportiert und genutzt wird.

2 ◑ Zeichne den Schaltplan der Solaranlage. Verwende für das Solarmodul das Schaltzeichen einer Solarzelle. → 4

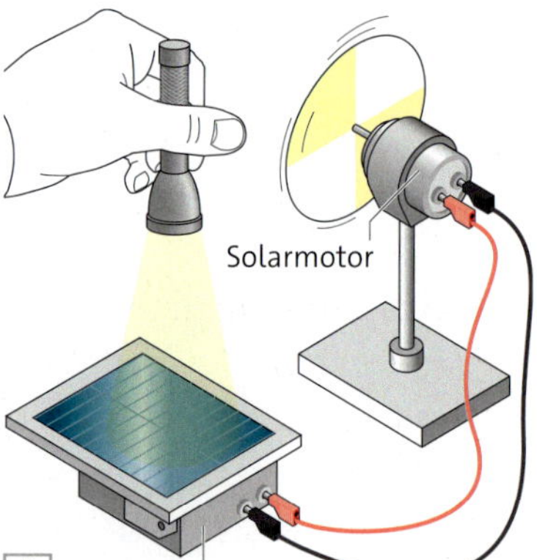

3 Solarmodul

4 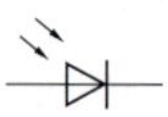

Material D

Licht durch Kurbeln

Materialliste: Handgenerator, ein Lämpchen (6 V; 2,4 W), eine Lampe (6 V; 30 W), Autoscheinwerfer (12 V; 60 W), Kabel, Fassung,

1 Elektrische Energie gibt es nicht umsonst. Das spürst du beim Kurbeln. → 5 Bringe erst das Lämpchen zum Leuchten. Schließe dann die 30-W-Lampe an.
▢ Beschreibe den Unterschied, den du spürst.

2 ▢ Verwende nun die Scheinwerferlampe.
Achtung • Die Lampe kann heiß werden!

a Vergleiche deine Beobachtung mit Versuch 1.

b Unterbrich beim Kurbeln die Verbindung zur Lampe. Beschreibe die Veränderung.

3 ◪ Benötigen mehrere Lampen mehr Energie, wenn sie unabhängig voneinander funktionieren? Plane einen Versuch dazu.

a Skizziere den Versuchsaufbau.

b Beschreibe die Versuchsdurchführung.

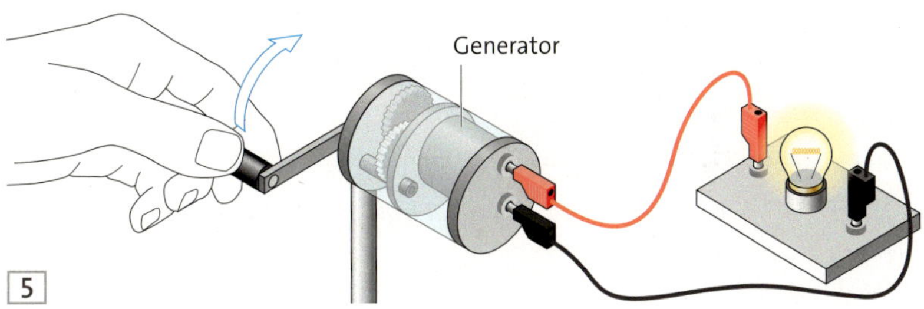

5

Material E

Erwärmen durch Kurbeln

Materialliste: Handgenerator, Krokodilklemmen, Kabel, Chromnickeldraht (20 cm lang, 0,4 mm dick), Kugelschreibermine, Becherglas, 50 ml Wasser, Thermometer, Stoppuhr

1 Wickle den Draht immer wieder um die Kugelschreibermine, sodass eine Wendel entsteht. Benutze sie als Minitauchsieder. → 6

a ▢ Miss die Wassertemperatur. Notiere den Wert.

b ▢ Kurble 5 Minuten lang am Handgenerator. Miss, um wie viel Grad Celsius die Wassertemperatur steigt.

2 Wie lange müsstest du kurbeln, bis das Wasser siedet: 10 Minuten?

a ◪ Berechne die Zeit.

b Wie viele Menschen müssten kurbeln, um in der gleichen Zeit 1 Liter Wasser zum Kochen zu bringen?
◪ Berechne es.

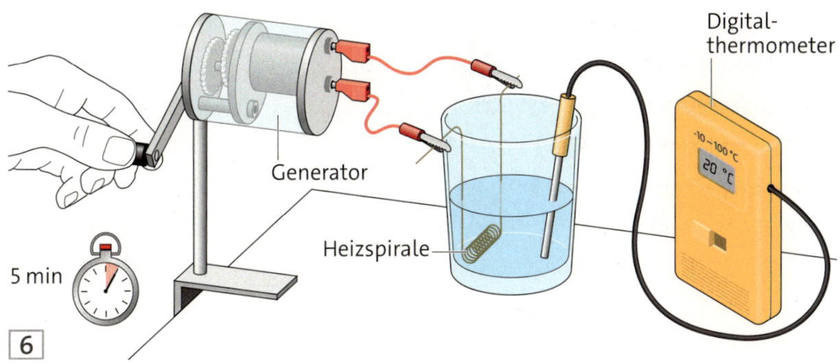

6

Elektrische Geräte im Alltag

Zusammenfassung

So funktioniert ein elektrischer Stromkreis • Ein elektrisches Gerät leuchtet nur, wenn seine beiden Anschlüsse durch je ein Kabel mit den beiden Anschlüssen einer elektrischen Energiequelle verbunden sind.
Der Stromkreis muss geschlossen sein. → 1

Schalter schließen oder unterbrechen einen Stromkreis. → 2

Reihenschaltung • Zwei Taster sind in Reihe geschaltet. → 3 Das elektrische Gerät läuft nur, wenn beide Taster betätigt werden.

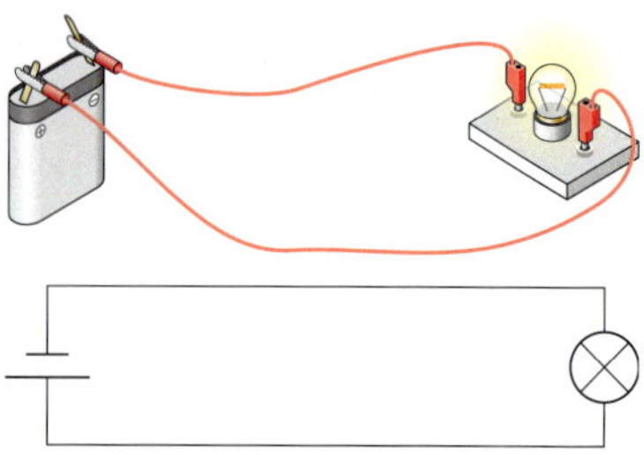

1 Stromkreis geschlossen

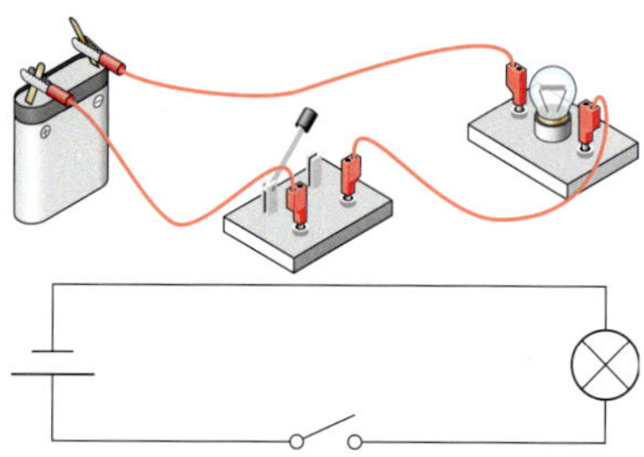

2 Stromkreis unterbrochen

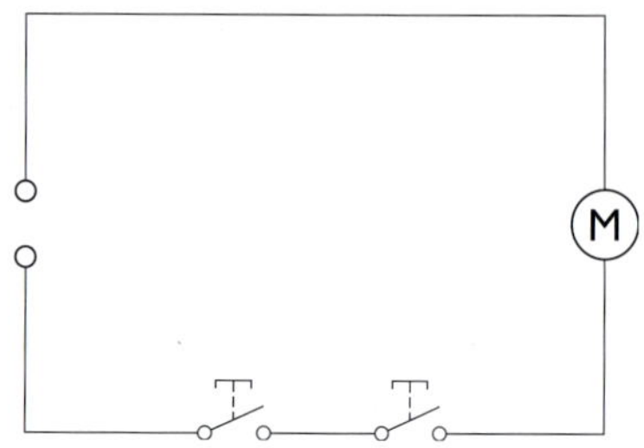

3 Reihenschaltung

Leiter und Nichtleiter • Alle Gegenstände aus Metall leiten elektrischen Strom. Auch salzige oder saure Flüssigkeiten gehören zu den Leitern. Kunststoffe, Glas und Porzellan sind Nichtleiter (Isolatoren). Sie verhindern bei Kabeln und elektrischen Geräten, dass wir mit dem elektrischen Strom in Berührung kommen.

Sicherer Umgang mit Elektrizität • Beim Umgang mit Elektrizität sind Regeln zu befolgen, um Elektrounfälle zu vermeiden. → 4

Achtung • Dein Körper darf nicht Teil eines geschlossenen Stromkreises mit der Steckdose sein – Lebensgefahr!

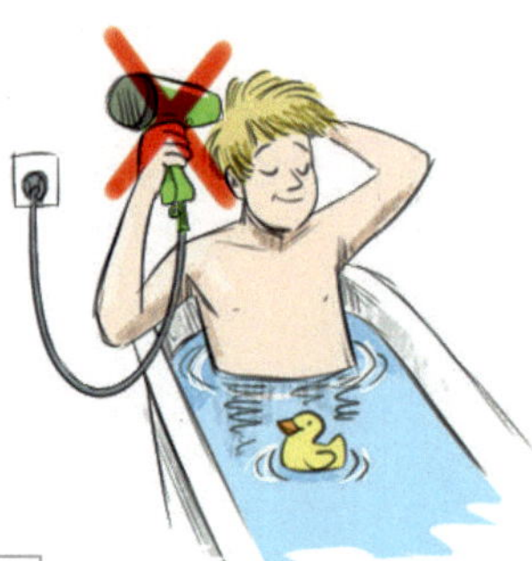

4

So wird elektrische Energie transportiert • Elektrische Stromkreise bestehen aus der elektrischen Energiequelle, den elektrischen Leitungen und dem elektrischen Gerät. Die elektrische Energiequelle treibt den Elektronenstrom an. Er transportiert elektrische Energie von der Quelle zum Gerät. → 5

Was elektrische Energie alles kann • Elektrogeräte wandeln elektrische Energie in Energieformen um, die wir zum Bewegen, Erwärmen ... nutzen.

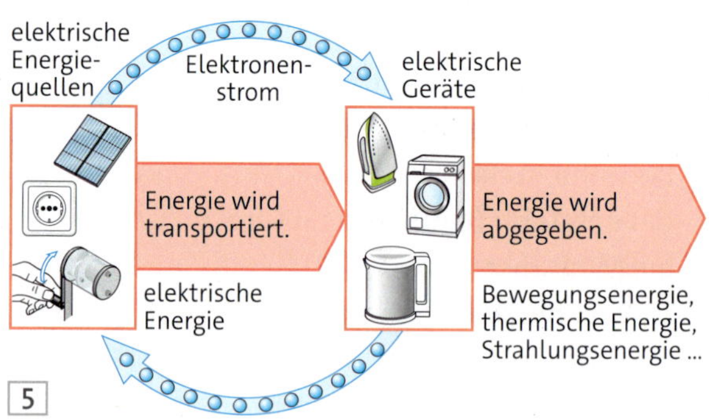

5

Teste dich! (Lösungen auf S. 438)

So funktioniert ein Stromkreis

1 In einer Kiste liegen mehrere Kupferkabel, Lampen und eine Flachbatterie.

a ◐ Du sollst testen, ob die Lampen funktionieren. Beschreibe, wie du vorgehst. Zeichne, wie dein Lampentester aufgebaut ist.

b ◐ „Keine der Lampen leuchtet – sind alle kaputt?" Begründe deine Antwort.

2 Die Mikrowelle läuft nur, wenn der Geräteschalter auf EIN steht und die Tür geschlossen ist.

a ○ Nenne Bauteile, mit denen du die Schaltung nachbauen kannst. Für die Maschine wird ein Motor eingebaut.

b ◐ Skizziere den Aufbau des Stromkreises. Baue ihn danach auf.

c ◐ Nenne weitere Geräte, die die gleiche Schaltung verwenden.

Was elektrische Energie alles kann

3 Elektrogeräte wandeln elektrische Energie in andere Energieformen um.

a ○ Gib die elektrische Energiequelle der Geräte an. → 6 – 9

b ○ Zeichne Energieketten für die Geräte.

c ◐ Zeichne einen Stromkreis mit einem der Geräte.

Leiter und Nichtleiter

4 ○ Nenne je drei Leiter und Nichtleiter.

5 ◐ Erkläre, warum der menschliche Körper ein elektrischer Leiter ist.

6 ◐ Begründe, warum in elektrischen Leitungen und Geräten Nichtleiter wichtig sind.

Sicherer Umgang mit Elektrizität

7 ○ Nenne drei Regeln für den sicheren Umgang mit elektrischen Geräten.

So wird elektrische Energie transportiert

8 ○ Woraus bestehen elektrische Stromkreise?

a Nenne drei Bestandteile.

b Beschreibe, wie die elektrische Energie von der Quelle zum Gerät transportiert wird.

9 Einen elektrischen Stromkreis kann man mit einer Warmwasserheizung vergleichen.

a ○ Gib jeweils an, was bei dem Stromkreis und der Heizung im Kreis strömt.

b ○ Zeichne jeweils die Energiekette.

c ◐ Stelle die wichtigsten Teile der Heizungsanlage und des elektrischen Stromkreises in einer Tabelle gegenüber.

d ◐ Beschreibe jeweils die Aufgabe der einzelnen Bestandteile.

6

7

8

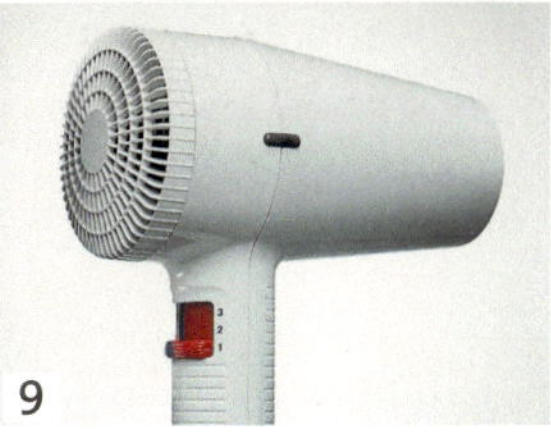
9

Elektrizität anwenden und verstehen

Bei einem Gewittersturm wird die ungeheure Kraft der Elektrizität deutlich.

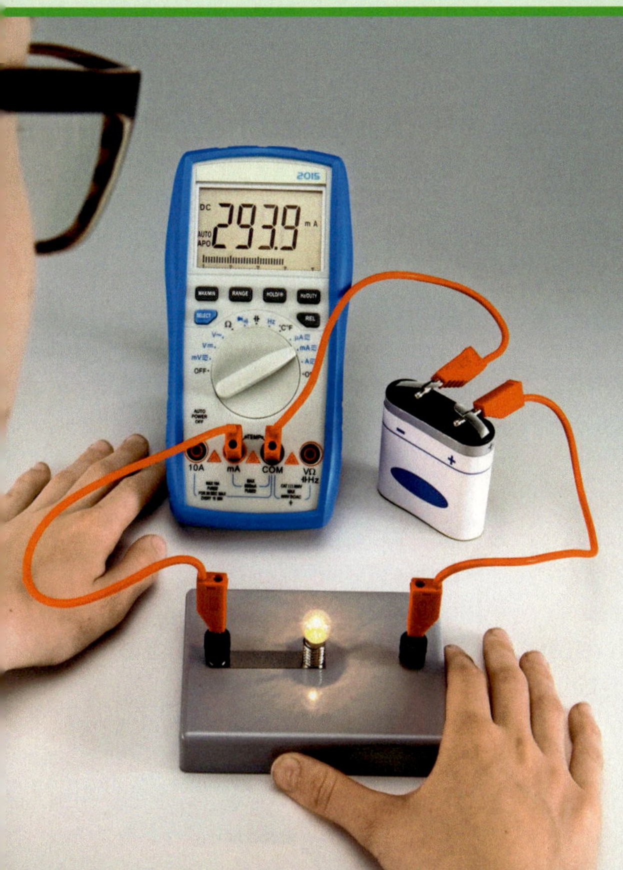

Mit diesem Messgerät kannst du wie ein Profi elektrische Größen messen.

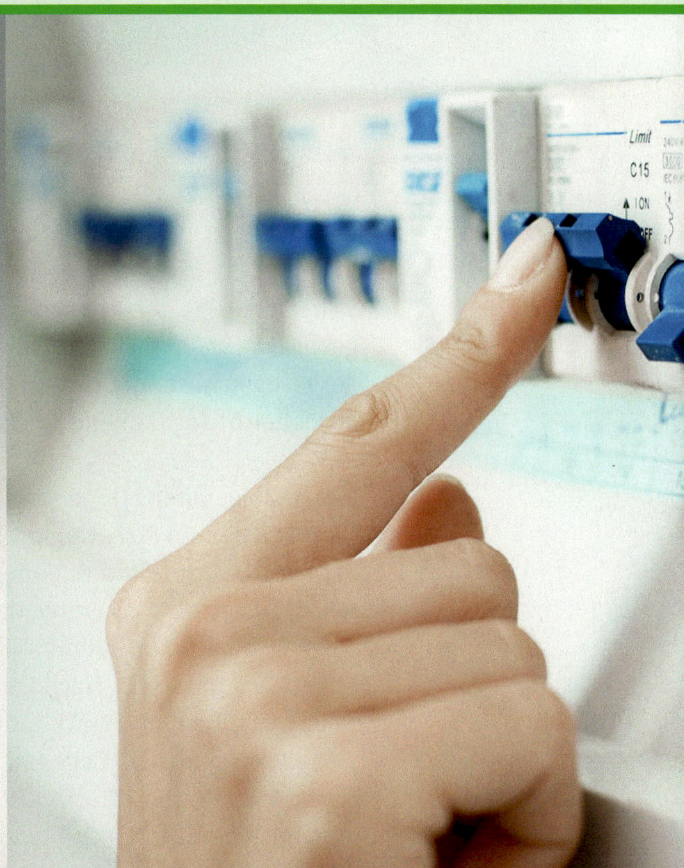

Sicherungen schützen vor Unfällen mit dem elektrischen Strom.

Elektrisch geladen

1 Die Haare „kleben“ am Pullover.

Material zur Erarbeitung: A

Sicher hat es bei dir schon manchmal geknistert, wenn du einen Pullover ausgezogen hast. Im Dunkeln siehst du vielleicht sogar kleine Funken.

Elektrisch geladene Gegenstände • Wenn du deinen Pullover ausziehst, reibt er sich am T-Shirt oder den Haaren. Das Gleiche passiert, wenn du einen Luftballon an einem Tuch reibst: Es knistert und funkt. Nach dem Reiben ziehen sich Tuch und Luftballon an. → 2 Wir sagen: Die Gegenstände sind elektrisch geladen. Wir stellen uns vor, dass nach dem Reiben ein „elektrischer Stoff“ auf Tuch und Ballon ist. Wir bezeichnen diesen „Stoff“ als elektrische Ladung.

Reibt man einen zweiten Luftballon am Tuch, so stoßen sich danach die beiden Ballons voneinander ab. → 3 Vom Tuch werden die Ballons angezogen. Zur Erklärung nehmen wir an, dass es zwei Arten elektrischer Ladung gibt: negative und positive Ladung.

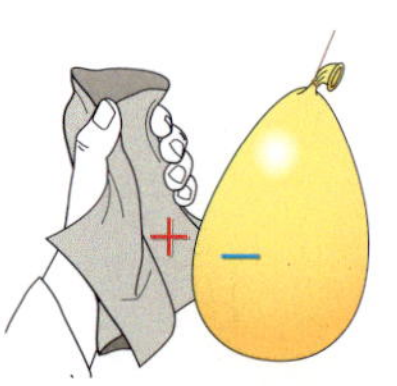

2 Anziehung bei ungleicher Ladung

3 Abstoßung bei gleicher Ladung

Gegenstände können positiv (+) oder negativ (–) geladen sein. Zwei ungleich geladene Gegenstände ziehen einander an. → 2 Zwei gleich geladene Gegenstände stoßen sich ab. → 3

Elektrische Teilchen • Du kennst bereits das Teilchenmodell. Wir stellen uns vor, dass alle Gegenstände aus Teilchen aufgebaut sind. Dieses Modell erweitern wir jetzt, um die Versuche mit elektrisch geladenen Gegenständen genauer erklären zu können: Wir nehmen an, dass alle Gegenstände aus elektrisch positiv und elektrisch negativ geladenen Teilchen bestehen. Nur die negativ geladenen Teilchen können von einem zum anderen Gegenstand übergehen. Wir nennen sie Elektronen.

Wir stellen uns vor, dass Gegenstände aus positiv und negativ geladenen Teilchen (Elektronen) bestehen. Die Elektronen sind frei beweglich.

Elektrisch laden • Ungeladene Gegenstände sind elektrisch neutral. Das bedeutet, sie haben jeweils gleich viele positiv und negativ geladene Teilchen (Elektronen). → 4 Wenn sich zwei Gegenstände beim Reiben berühren, können Elektronen des einen Gegenstands auf den anderen übergehen. In unserem Fall gehen Elektronen vom Pullover auf den Ballon über: → 4

- Der Pullover hat Elektronen abgegeben. Die positiv geladenen Teilchen sind in der Überzahl. Daher ist der Pullover insgesamt positiv geladen.

die **elektrische Ladung**
das **Elektron**
der **Ladungsausgleich**

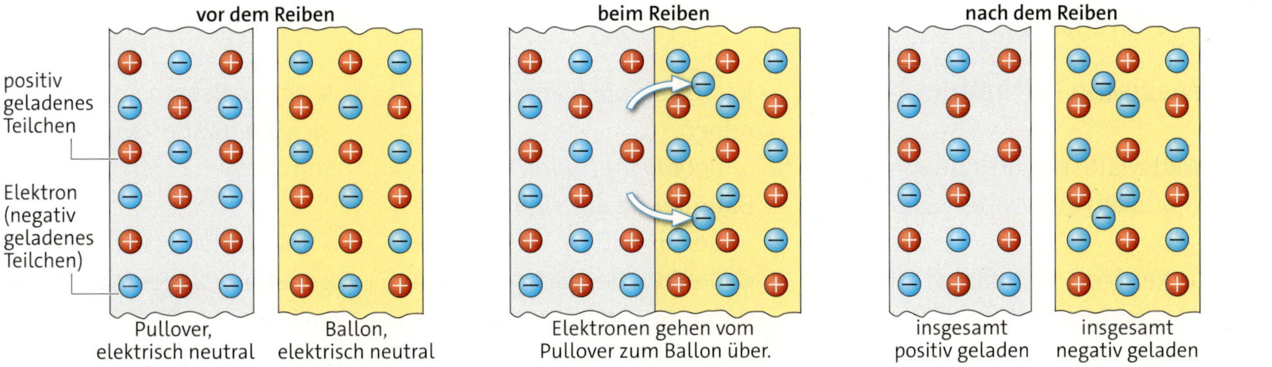

4 Vorstellung vom elektrischen Aufladen

- Der Ballon hat beim Reiben zusätzliche Elektronen aufgenommen. Die negativ geladenen Teilchen sind nun in der Überzahl. Der Ballon ist deshalb insgesamt negativ geladen.

Beim Reiben werden keine geladenen Teilchen erzeugt, sondern Elektronen gehen von einem Gegenstand auf einen anderen über.

Ein ungeladener Gegenstand hat gleich viele positiv und negativ geladenen Teilchen.
Der Gegenstand erhält eine Ladung, wenn er negativ geladene Teilchen (Elektronen) aufnimmt oder abgibt.

Ladungausgleich • Die Natur ist bestrebt, die Anzahl von positiv und negativ geladenen Teilchen in einem Gegenstand auszugleichen. Bei diesem Ladungsausgleich fließen Elektronen von einem negativ geladenen Gegenstand auf einen anderen. Dabei kann es knistern und funken. → 5 Eine elektrische Ladung kannst du mit einer Glimmlampe nachweisen. Sie leuchtet beim Ladungsausgleich auf. → 6

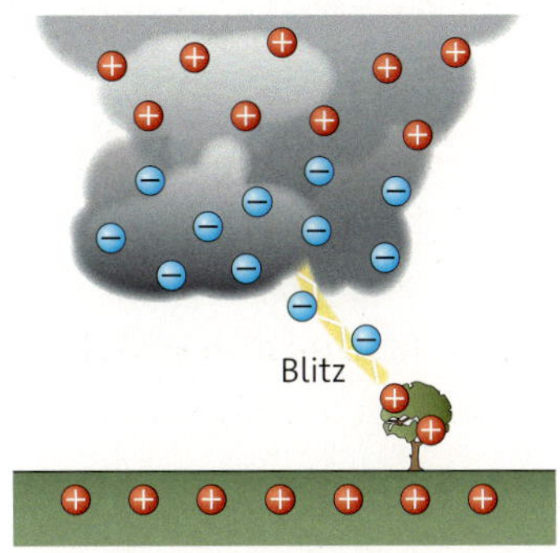

5 Ladungsausgleich zwischen Wolke und Boden

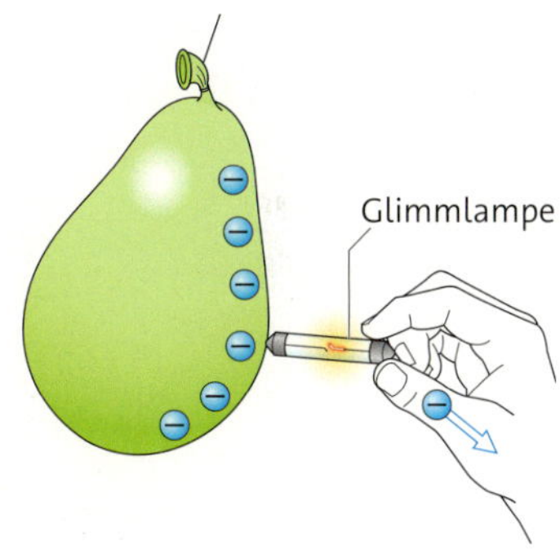

6 Ladungsausgleich zwischen Ballon und Boden

Aufgaben

1 ○ Zwei Gegenstände ziehen sich an. Gib an, wie sie geladen sind.

2 ◔ Beschreibe, wie Pullover und Ballon geladen sind. → 4

3 ◔ Wenn du deinen Pullover ausziehst, knistert und funkt es. Erkläre es.

4 ● „Reiben erzeugt elektrische Ladung.“
Nimm Stellung zu der Aussage.

Elektrisch geladen

Material A

Magische Luftballons?

Materialliste: Luftballons, Tuch (Pullover) aus Wolle, Faden

1 Reibe die Luftballons mit dem Tuch (Pullover). Du kannst sie auch aneinanderreiben.

a ○ Beobachte, wann sich die Ballons wie auf einem der Bilder verhalten. → 1 – 3

b ◐ Beschreibe, was du tust, damit sie sich so verhalten.

c ◐ Stelle Regeln auf, wann sich die Ballons wie verhalten.

2 ○ Nenne Fälle, in denen sich geriebene Gegenstände anziehen oder abstoßen. → 4

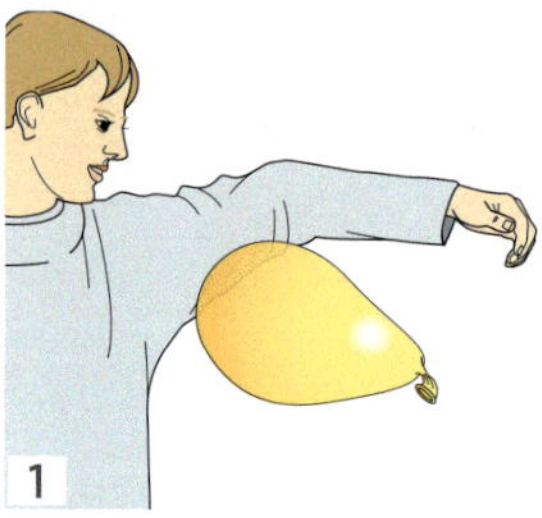
1

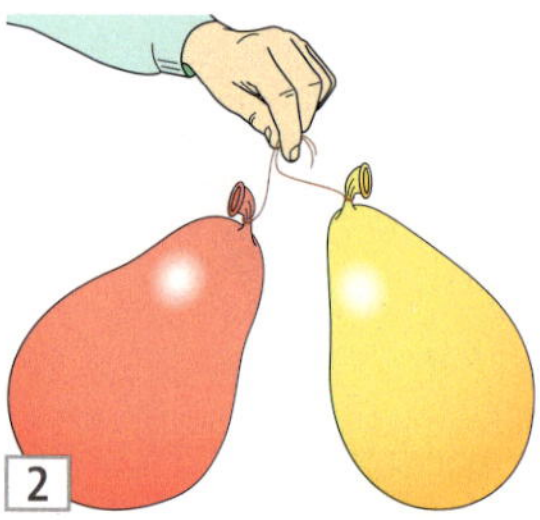
2

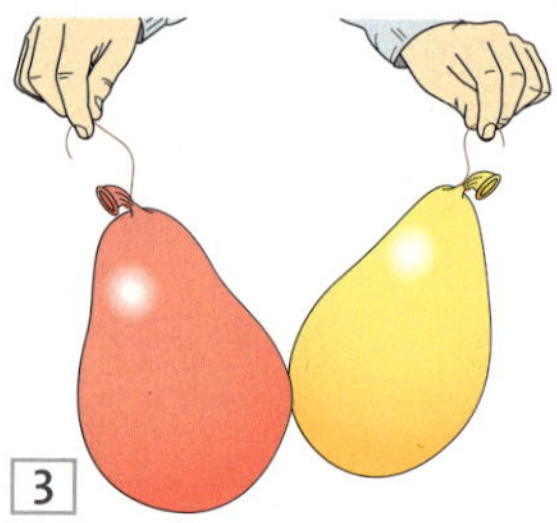
3

4

Material B

Funken ziehen

Materialliste: Luftballon, Wolltuch, Blechboden einer Tortenform, Trinkglas, dunkler Raum

1 ○ Reibe den ganzen Ballon mit dem Tuch. Lege ihn auf den Blechboden. → 5 Du darfst das Metall nicht mit den Fingern berühren. Nähere einen Finger dem Rand des Blechbodens. Beschreibe deine Beobachtung.

5 Funkenbildung

Material C

Ladungsprüfer

Materialliste: Glimmlampe, Ballon, dunkler Raum

1 Halte die Glimmlampe an einer Anschlusskappe. → 6 Drücke die Lampe mit der anderen Kappe an den geriebenen Ballon. Leuchtet die Elektrode an seiner Seite auf, ist er negativ geladen. Leuchtet die andere Elektrode auf, ist er positiv geladen.

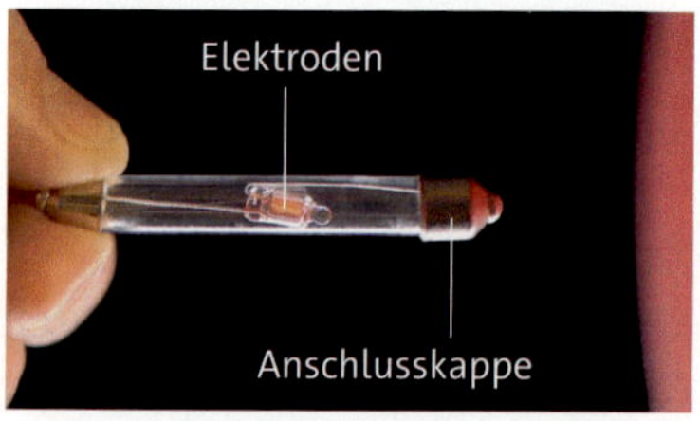

6 Glimmlampe

Erweitern und Vertiefen

Das Gewitter

Wolkenturm • Gewitterwolken haben gewaltige Ausmaße. Die Wolkenunterseite schwebt 1–2 km über dem Erdboden. Die Wolke türmt sich von dort bis in eine Höhe von 10 km auf. Die Temperatur beträgt im unteren Bereich ca. 20 °C. Oben sind es oft weniger als –50 °C.

Ladungstrennung • Durch den großen Temperaturunterschied herrscht in der Wolke ein starker Aufwind. Er reißt Regentropfen und Schneekristalle mit nach oben. Gleichzeitig sind schwere Hagelkörner auf dem Weg nach unten. Beim Fallen streifen sie die aufsteigenden Tropfen und Kristalle. Dadurch wird Ladung getrennt wie beim Reiben eines Luftballons.
Am oberen Wolkenrand sammeln sich Eiskristalle, die positiv geladen sind. Im unteren Bereich der Wolke befinden sich negativ geladene Wassertropfen. → [7] So entstehen in der Wolke riesige Ladungsunterschiede.

[7] Gewitter

Blitz und Donner • Wenn die Ladungsunterschiede zu groß werden, dann gleichen sie sich plötzlich durch einen Blitz aus. Blitze sind riesige elektrische Funken. Sie können innerhalb der Wolke verlaufen oder in Richtung Erdboden springen. Auf ihrem Weg erhitzt sich die Luft bis auf 30 000 °C und lässt sie grell aufleuchten. Dabei dehnt sich die Luft explosionsartig aus, es donnert.

Verhalten bei Gewitter • Gefährlich sind für uns die Blitze, die auf die Erde kommen. Man sollte sich bei Gewitter möglichst nicht im Freien aufhalten. Geschützt ist man in gesicherten Gebäuden und im Auto.
Im Freien sollte man nicht der höchste Punkt im Umkreis sein, nicht baden sowie Abstand zu Bäumen und Gebäuden halten.

Aufgaben

1 Gewitterwolke

a ○ Beschreibe den Aufbau.

b ◐ Erkläre die Ladungstrennung in der Wolke.

2 ○ Nenne Verhaltensregeln bei Gewitter.

Die elektrische Stromstärke

1 Flaschenstrom

Materialien zur Erarbeitung: A–B

Der Arbeiter überprüft die Flaschen. Wie viele sind es pro Minute?

„Stromstärke" • Je schneller das Fließband läuft und je mehr Flaschen nebeneinanderstehen, desto mehr Flaschen fahren pro Minute am Arbeiter vorbei. Die „Stromstärke" ist dann besonders groß.

Elektrische Stromstärke • Im elektrischen Stromkreis ist es ähnlich wie am Fließband. Wir stellen uns vor, dass in den Drähten sehr viele negativ geladene Elektronen im Kreis strömen – von der elektrischen Energiequelle zum Gerät und zurück. → 2 Je mehr Elektronen und somit negative Ladung pro Sekunde an einer bestimmten Stelle des Stromkreises vorbeiströmen, desto größer ist die Stromstärke.

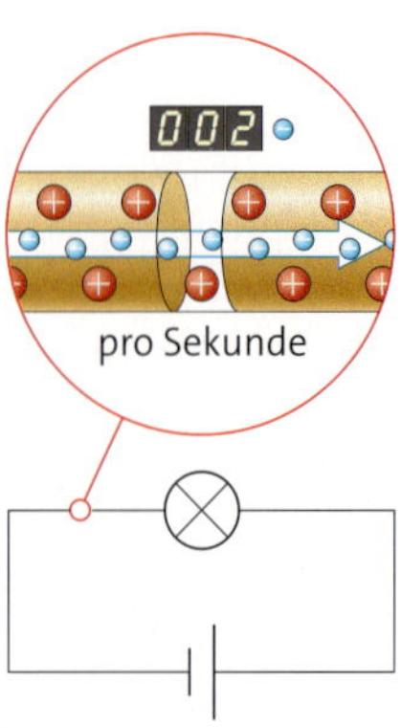

2 Stromstärke

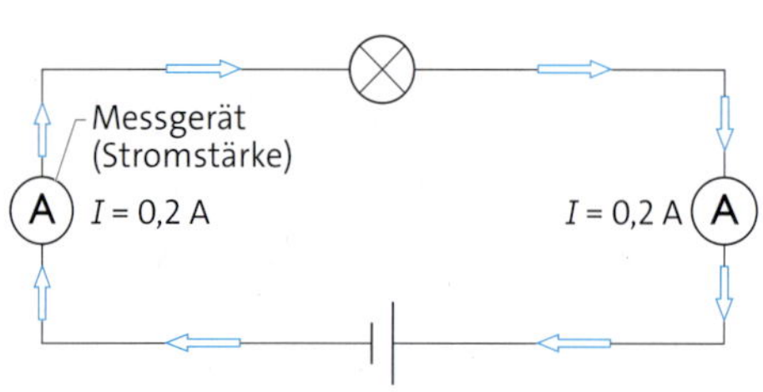

3 Die Stromstärke ist gleich groß.

> Die elektrische Stromstärke I gibt an, wie viele negativ geladene Elektronen pro Sekunde an einer Stelle des Stromkreises vorbeiströmen. Die elektrische Stromstärke wird in Ampere (sprich: Ampehr) gemessen. Die Einheit ist 1 Ampere (1 A).

Kleine Stromstärken gibt man oft in Milliampere (mA) an: 1 A = 1000 mA; Beispiel: I = 0,02 A = 20 mA.

Stromstärke – davor und danach • Wenn du die Stromstärke vor und nach einem Gerät misst, kommst du zu einem überraschenden Ergebnis. → 3

> Im einfachen Stromkreis ist die Stromstärke überall gleich groß.

Wir stellen uns vor, dass sich die Elektronen im Stromkreis wie die Glieder einer Fahrradkette bewegen. Dabei gehen keine Elektronen verloren.

Stromstärke und elektrische Energie • Der Scheinwerfer leuchtet heller als das Rücklicht – obwohl beide vom selben Dynamo betrieben werden. → 4 Das liegt an der größeren Stromstärke im Stromkreis des Scheinwerfers. → 5

> Bei gleicher elektrischer Energiequelle gilt: Je größer die Stromstärke ist, desto mehr elektrische Energie wird pro Sekunde zum elektrischen Gerät transportiert.

die Stromstärke
das Ampere
die Spannung
der Widerstand

Wenn wir im Alltag von elektrischem Strom sprechen, können damit verschiedene Dinge gemeint sein:

- „Ich habe einen Strom von 2 A gemessen.“ Hier geht es um den Elektronenstrom und die Stromstärke.
- „Wir haben 3000 kWh Strom verbraucht.“ Hier geht es um die genutzte elektrische Energie.

Größen im Stromkreis • Die Stromstärke kennst du jetzt. Die Spannung und der Widerstand kommen bald dazu. Sie sind ebenfalls wichtig, um Stromkreise zu beschreiben: → 6

- Die elektrische Energiequelle treibt den Elektronenstrom an. Die Spannung gibt an, wie kräftig die Quelle den Elektronenstrom antreibt.
- Das elektrische Gerät bremst den Elektronenstrom. Der Widerstand gibt an, wie kräftig das Gerät den Elektronenstrom bremst.

4 Scheinwerfer und Rücklicht

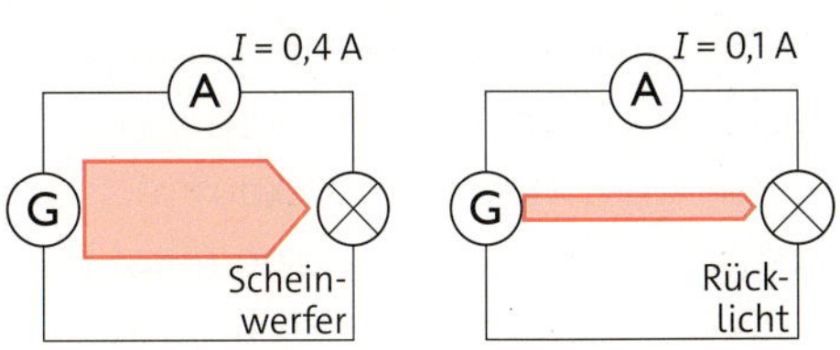

5 Größere Stromstärke → mehr Energie

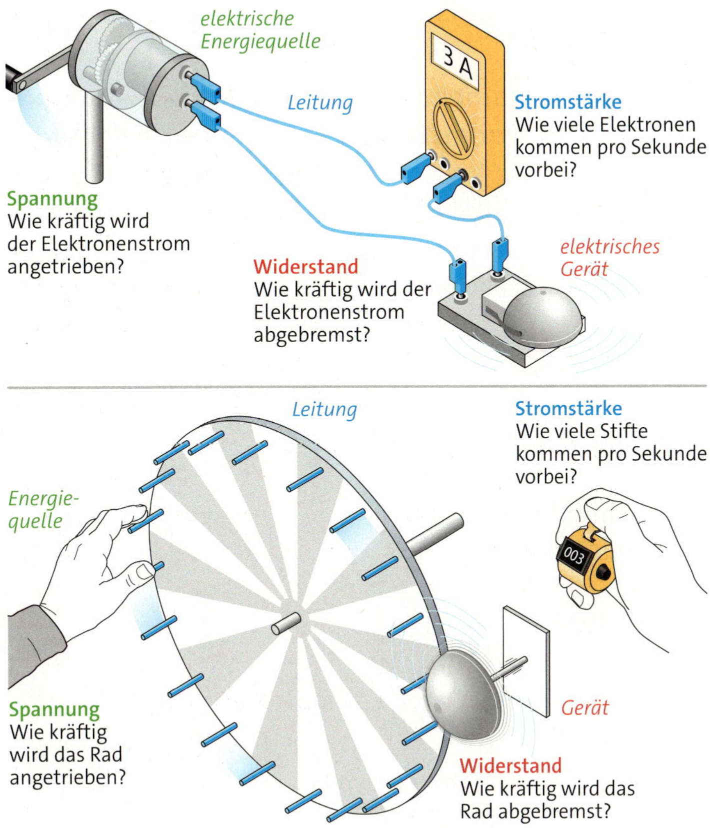

6 Größen im Stromkreis und im Modell

Aufgaben

1 ○ Auf der Landstraße fahren 10 Autos pro Minute, auf der Autobahn 30. Vergleiche die Stromstärken.

2 ◐ Gib die größere Stromstärke an: $I = 0{,}4\,\text{A}$ oder $I = 300\,\text{mA}$. Begründe.

3 ◐ Elektrische Energie oder Elektronenstrom? Gib jeweils deine Entscheidung an und begründe:

a Der Stromkreis ist geschlossen.
b Eine Lampe verbraucht viel Strom.
c Lena misst einen Strom von 3 A.
d Unsere Stromrechnung ist zu hoch.

Die elektrische Stromstärke

Material A

Verschiedene Lampen – verschiedene Stromstärke?

Materialliste: Messgerät (Ampere), 2 verschiedene Lämpchen (Fahrrad: Scheinwerfer, Rücklicht), Netzgerät (6 V)

1 Baue einen einfachen Stromkreis mit dem Netzgerät und einem Lämpchen auf. ▢ Miss die Stromstärke (siehe Methode „Elektrische Stromstärke messen"). → 4 Notiere den Messwert.

2 Wiederhole die Messung mit dem anderen Lämpchen. ◪ Formuliere einen Zusammenhang zwischen der Stromstärke und der Helligkeit der Lämpchen.

Material B

Ist der Elektronenstrom nach der Lampe kleiner?

Materialliste: Messgerät (Ampere), 2 Lämpchen (6 V; 2,4 W), Netzgerät (6 V)

1 Baue den Stromkreis mit den beiden Lämpchen auf. → 1

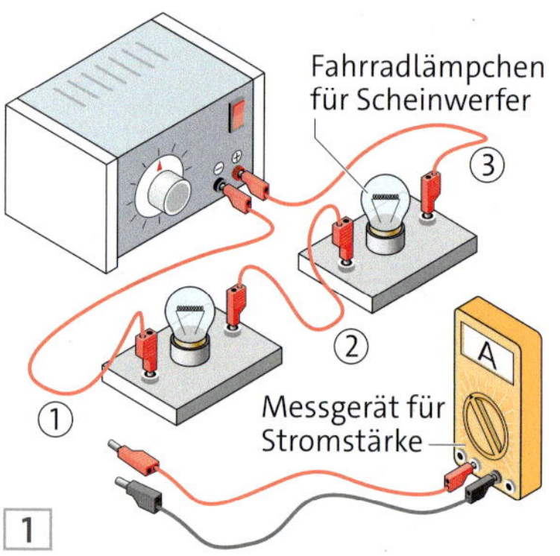

1

a ▢ Miss die Stromstärke am Minuspol des Netzgeräts (1).
b ▢ Miss auch die Stromstärke zwischen den Lämpchen (2) und am Pluspol (3).
c ◪ Vergleiche die Messwerte. Formuliere das Versuchsergebnis: „Die Stromstärke ist im einfachen Stromkreis überall ⟨?⟩"

Material C

Das Stromstärkespiel

Materialliste: Tennisbälle, Stoppuhr oder Handy

1 ▢ Stellt euch im Kreis auf. → 2 Ihr seid unbewegliche positiv geladenen Teilchen im Stromkreis. Jeder hat einen Tennisball als negativ geladenes und frei bewegliches Elektron.

2

a Eine Person schiebt als „Batterie" die Elektronen an: Sie gibt ihren Ball an einen Nachbarn weiter. Auch alle anderen geben ihren Ball in die gleiche Richtung weiter.

b Eine zweite Person macht immer „Klick", wenn ein Elektron vorbeikommt.

c Eine dritte Person misst die Stromstärke. Stellt große und kleine Ströme dar ...

Methode

Elektrische Stromstärke messen

1. Stromkreis aufbauen Baue den Stromkreis ohne Messgerät auf. Teste, ob er richtig funktioniert. Unterbrich ihn dann an der Stelle, wo die Stromstärke gemessen werden soll.

2. Messgerät vorbereiten Stelle das Gerät auf Stromstärke ein: A⎓ oder DC bei Gleichströmen (z. B. von einer Batterie), A ~ oder AC bei Wechselströmen (z. B. von einem Dynamo). → 3 Wähle den größten Messbereich (die größte Amperezahl). Stecke das rote Kabel (Pluskabel) in die Buchse, über der mA oder A steht. Das schwarze Kabel (Minuskabel) gehört in die COM-Buchse (engl. common: gemeinsam).

3. Messgerät anschließen Alle Elektronen müssen durch das Messgerät fließen. Daher wird es in die Lücke des Stromkreises eingebaut. Das rote Pluskabel des Messgeräts wird mit der Seite des Stromkreises verbunden, die zum Pluspol der elektrischen Energiequelle führt. → 4 Das schwarze Minuskabel wird mit der Seite des Stromkreises verbunden, die zum Minuspol der Quelle führt.

Nur bei Messgeräten mit Zeiger:

4. Skaleneinteilung beachten Die Amperezahl des eingestellten Messbereichs ist bei Vollausschlag des Zeigers erreicht. → 5

5. Messbereich anpassen Ist der Ausschlag kleiner als die höchste Amperezahl des nächstkleineren Messbereichs? Dann unterbrich den Stromkreis und schalte auf diesen Messbereich um. Schließe den Stromkreis wieder.

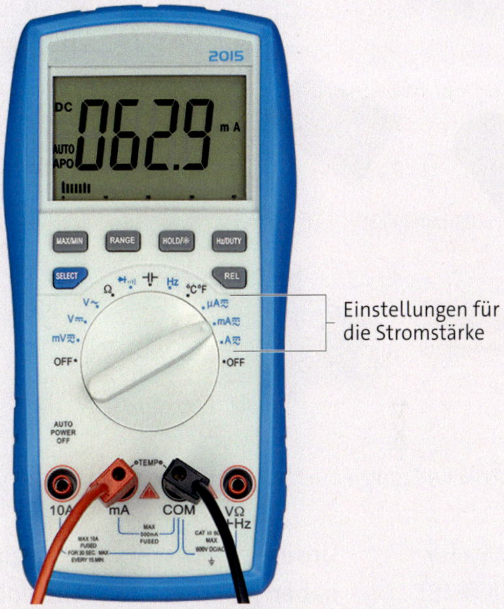

3 Elektronisches Messgerät

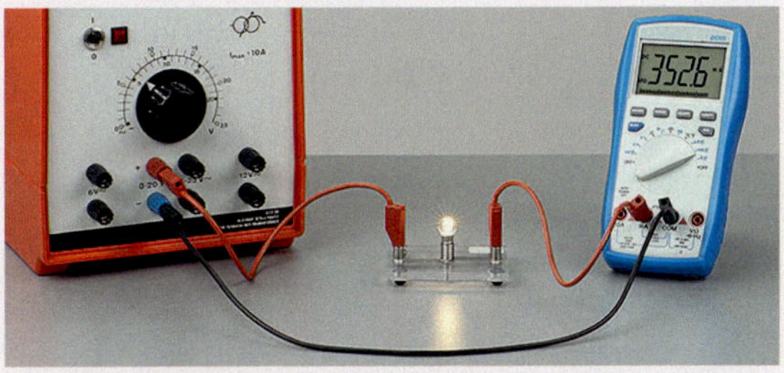

4 Stromkreis mit Messgerät für die Stromstärke

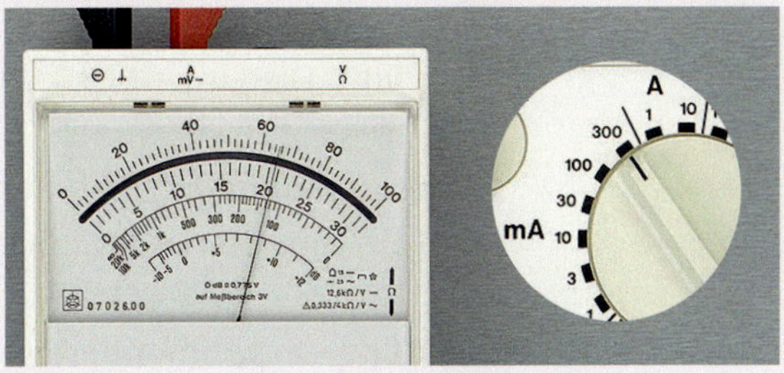

5 Zeigermessgerät; Messwert: $I = 205\,\text{mA}$

Die elektrische Spannung

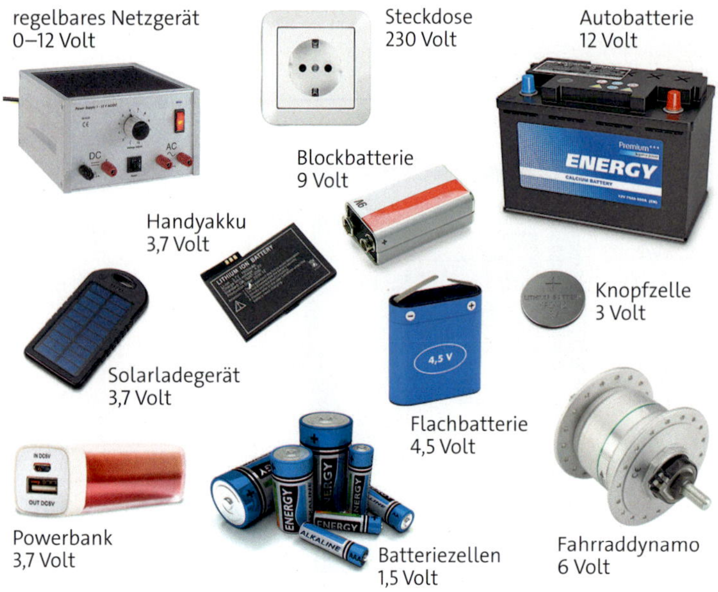

1 Elektrische Energiequellen – entscheidend ist die Voltzahl.

Materialien zur Erarbeitung: A–B

Unsere elektrischen Energiequellen haben ganz verschiedene Voltzahlen. Was bedeutet das?

Elektrische Spannung • Elektrische Energiequellen treiben die negativ geladenen Elektronen an – eine Batterie mit 4,5 Volt dreimal so kräftig wie eine Batterie mit 1,5 Volt.

Die Spannung *U* gibt an, wie kräftig die elektrische Energiequelle die negativ geladenen Elektronen antreibt. Die Spannung misst man in Volt. Die Einheit ist 1 Volt (1 V).

Große Spannungen gibt man in Kilovolt (kV) an, kleine in Millivolt (mV): 1 kV = 1000 V; 1 mV = 0,001 V.
Achtung • Experimentiere niemals mit Spannungen über 25 V. Es besteht Lebensgefahr!

Die Spannung muss passen • Wenn du eine Fahrradlampe an eine Batterie mit 4,5 Volt anschließt, leuchtet die Lampe nur schwach. Wird die Lampe an eine Batterie mit 12 Volt angeschlossen, geht sie kaputt. Die Lampe ist für eine Spannung von 6 Volt ausgelegt.
Für alle Elektrogeräte gilt: Sie müssen mit der passenden Spannung betrieben werden. Sie ist auf den Typenschildern der Geräte in Volt angegeben.

Spannung und elektrische Energie • Die Energiesparlampe leuchtet heller als das Lämpchen. → 2 3 Sie wandelt mehr elektrische Energie in Strahlungsenergie um. Die Stromstärke ist in beiden Lampen gleich groß. Es strömen gleich viele negativ geladene Elektronen pro Sekunde. Aber die Spannung

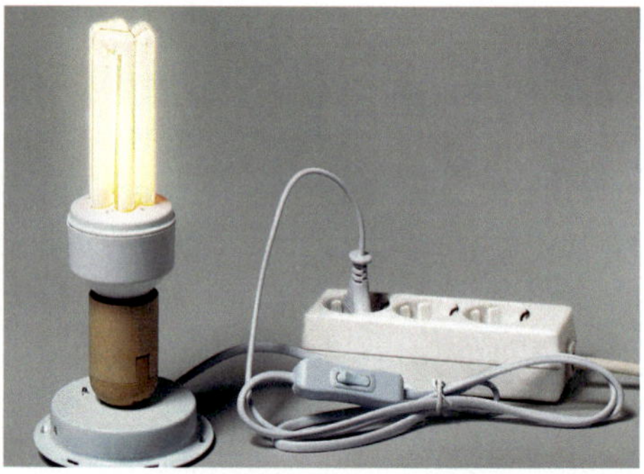

2 Energiesparlampe: $I = 0{,}1\,A$; $U = 230\,V$

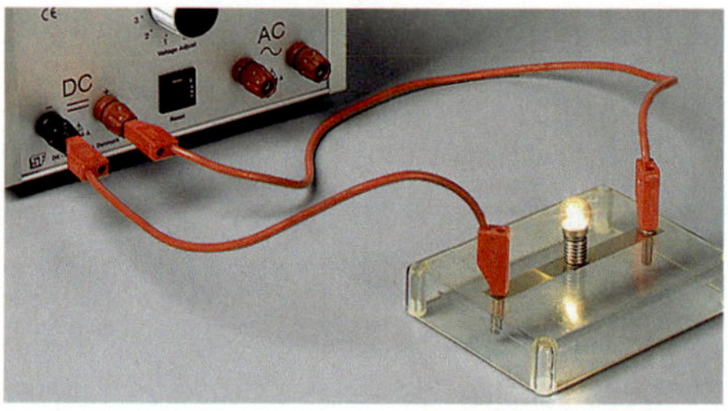

3 Fahrradlämpchen: $I = 0{,}1\,A$; $U = 6\,V$

die elektrische Spannung
das Volt
die Reihenschaltung

ist verschieden. Die Spannung gibt an, wie viel Energie pro negativ geladenem Elektron transportiert wird.

Je größer die Spannung einer elektrischen Energiequelle ist, desto mehr elektrische Energie wird pro Sekunde bei gleicher Stromstärke transportiert.

Reihenschaltung von Batterien • Die Taschenlampe braucht eine Spannung von 3 Volt. → 4 Die 1,5-V-Batterien werden in einer Reihe hintereinander in das Gehäuse geschoben. → 5 Sie treiben den Elektronenstrom nacheinander an. Dadurch ist der Antrieb doppelt so groß wie bei nur einer Batterie.

Bei der Reihenschaltung von elektrischen Energiequellen addieren sich einzelne Spannungen zur Gesamtspannung:
$U_{gesamt} = U_1 + U_2 + ...$

Reihenschaltung von Geräten • Die Lichterkette ist an eine Steckdose mit 230 V angeschlossen. → 6 Die Lämpchen sind in Reihe geschaltet. → 7 Jedes Lämpchen ist für nur 6,5 V ausgelegt. Das heißt: Um den Elektronenstrom durch ein Lämpchen zu treiben, sind 6,5 V erforderlich, für 35 Lämpchen sind es insgesamt 227,5 V. An jedem einzelnen Lämpchen liegen aber nur 6,5 V.

Bei der Reihenschaltung von elektrischen Geräten teilt sich die Spannung der Quelle auf die Geräte auf:
$U_{Quelle} = U_1 + U_2 + ...$

4 3-Volt-Taschenlampe

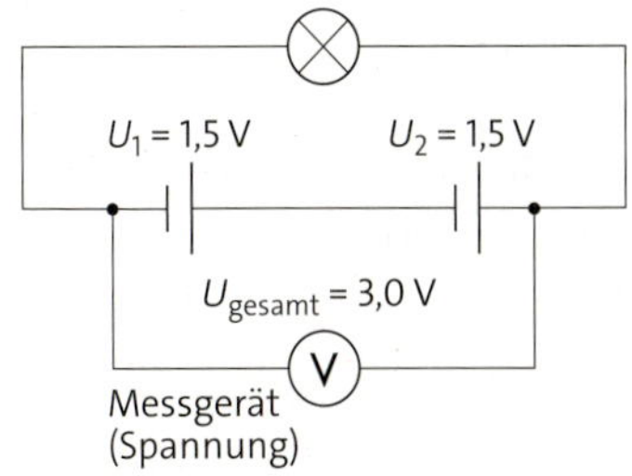

5 Reihenschaltung Batterien

6 230-Volt-Lichterkette

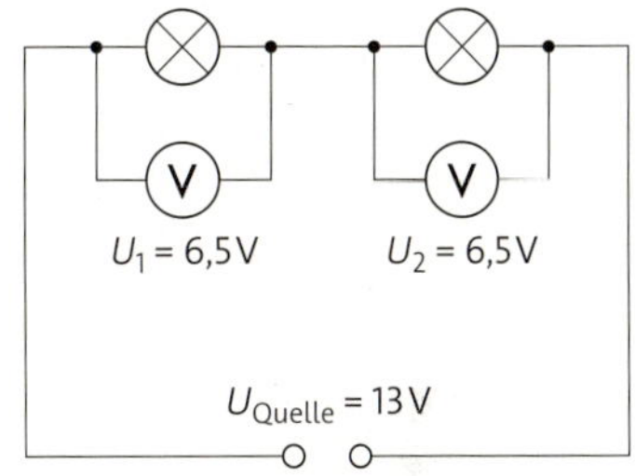

7 Reihenschaltung Lampen

Aufgaben

1 ○ Rechne in V um: 2,5 kV, 200 mV, 380 kV und 80 mV.

2 ◐ Ergänze die Sätze im Heft:
a Die ◇ gibt an, wie kräftig der Elektronenstrom angetrieben wird.
b Die ◇ gibt an, wie viele Elektronen pro Sekunde ◇

3 Bei einer Taschenlampe sind drei 1,5-V-Batterien in Reihe geschaltet.
a ○ Berechne die Gesamtspannung.
b ◐ Zeichne den Schaltplan. Füge auch den Schalter ein.

4 ◐ Bei einer 230-V-Lichterkette sind 46 Lämpchen in Reihe geschaltet. Berechne, für welche Spannung jedes Lämpchen ausgelegt ist.

Die elektrische Spannung

Material A

Spannung von elektrischen Energiequellen

Materialliste: Batterien, Netzgerät, Handgenerator, Messgerät (Volt), Kabel

1 ○ Lies die Voltzahlen auf den Batterien und am Netzgerät ab. Notiere sie. → 1

Quelle	Flachbatterie	?
Spannung:		
• abgelesen	4,5 V	?
• gemessen	4,3 V	?

1 Beispieltabelle

2 Miss die Spannung an den Batterien und am Netzgerät (siehe Methode). → 2 Vergleiche mit den abgelesenen Voltzahlen.

3 ○ Miss die Spannung am Generator. Drehe einmal langsam, einmal schnell.

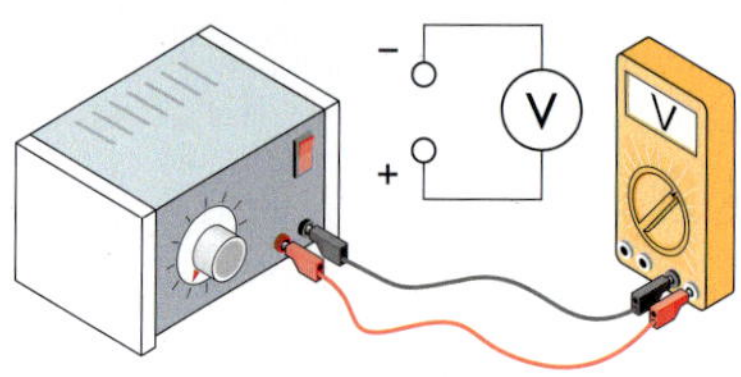

2 Spannung messen

Material B

Reihenschaltung Batterien

Materialliste: 3 Mignonzellen (1,5 V; AA), zerlegte Flachbatterie, Messgerät (Volt), Kabel

1 ○ Miss die Spannung jeder einzelnen Mignonzelle. Notiere die Werte.

2 Schalte zwei Mignonzellen auf drei Arten in Reihe.

a ○ Skizziere, wie du die Batterien kombiniert hast.

b ◐ Miss die Spannung an den äußeren Polen der kombinierten Batterien. Notiere die Messwerte an der Zeichnung.

3 ◐ Erzeuge mit Mignonzellen eine Spannung von 4,5 V.

a Beschreibe, wie die Batterien geschaltet werden.

b Zeichne den Schaltplan.

4 ◐ Sieh dir die zerlegte Flachbatterie an. Beschreibe, wie die Spannung von 4,5 V erzeugt wird.

5 ◐ Gestalte ein Plakat mit Verhaltensregeln, wie gebrauchte Batterien richtig entsorgt werden. Suche nach Informationen im Internet oder erkundige dich bei einem Wertstoffhof.

Material C

Reihenschaltung Lampen

Materialliste: Lampe 1 (3,7 V; 0,3 A), Lampe 2 (6 V; 0,3 A), Messgeräte (Stromstärke, Spannung), Netzgerät (12 V), Kabel

1 Baue die Schaltung auf. → 3

a ○ Stelle die Spannung am Netzgerät so ein, dass die Stromstärke 0,3 A beträgt.

b ○ Miss die Spannung am Netzgerät und an den Lampen. Notiere die Messwerte.

c ◐ Formuliere einen Zusammenhang zwischen den gemessenen Spannungen.

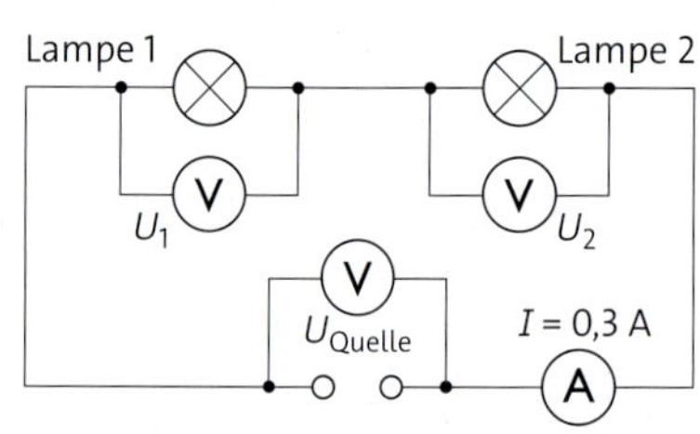

3 Reihenschaltung: Spannung

2 ◐ Die Lampen für 3,7 V sind an eine neue Batterie angeschlossen. → 4 Erkläre, warum sie kaum leuchten.

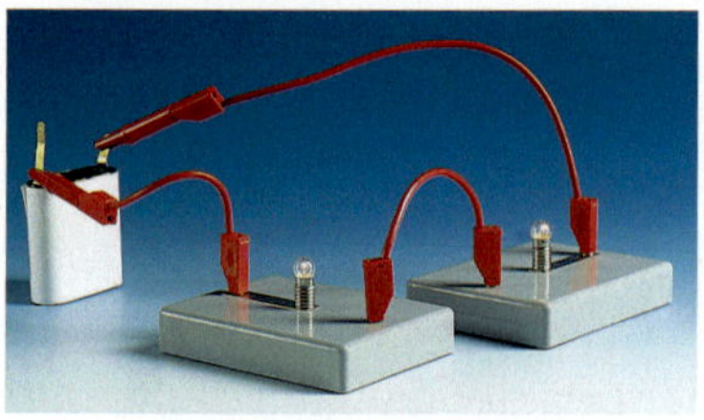

4 Geringe Helligkeit

Methode

Die elektrische Spannung messen

1. Stromkreis aufbauen Baue den Stromkreis ohne Messgerät auf.

2. Messgerät vorbereiten Schalte das Gerät auf Spannungsmessung (V– oder V⎓). → 5 Wenn die elektrische Energiequelle ein Generator ist, musst du V~ einstellen. Wähle den größten Messbereich (die größte Voltzahl). Stecke das rote Kabel (Pluskabel) in die Buchse, die mit V gekennzeichnet ist. Das schwarze Kabel (Minuskabel) gehört in die COM-Buchse.

3. Messgerät anschließen Schließe die Kabel des Messgeräts an den beiden Punkten im Stromkreis an, zwischen denen du die Spannung messen sollst. Diese Punkte können z. B. an den Polen einer Batterie sein. → 6 Das Gerät misst, wie stark die Elektronen zwischen den beiden Messpunkten angetrieben werden. Dazu müssen nur wenige Elektronen durch das Messgerät umgeleitet werden. Deshalb wird der Stromkreis bei der Messung der Spannung nicht unterbrochen.

Nur bei Zeigermessgeräten:

4. Skaleneinteilung beachten Die Voltzahl des eingestellten Messbereichs ist bei Vollausschlag des Zeigers erreicht.

5. Messbereich anpassen Ist der Ausschlag kleiner als die höchste Voltzahl des nächstkleineren Messbereichs? Dann schalte auf diesen Messbereich um.

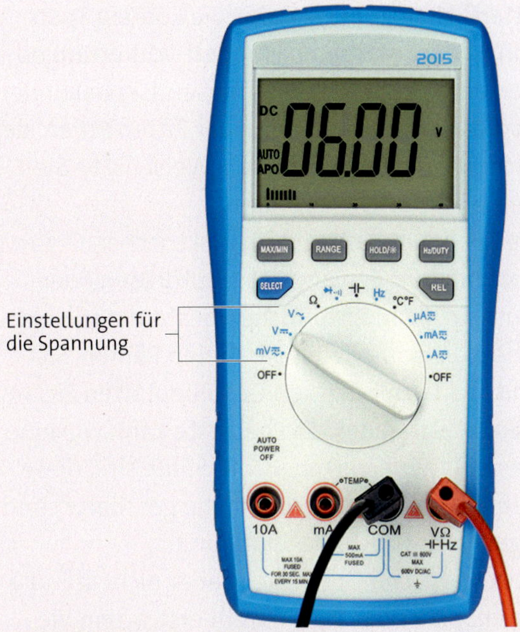

5 Elektronisches Messgerät

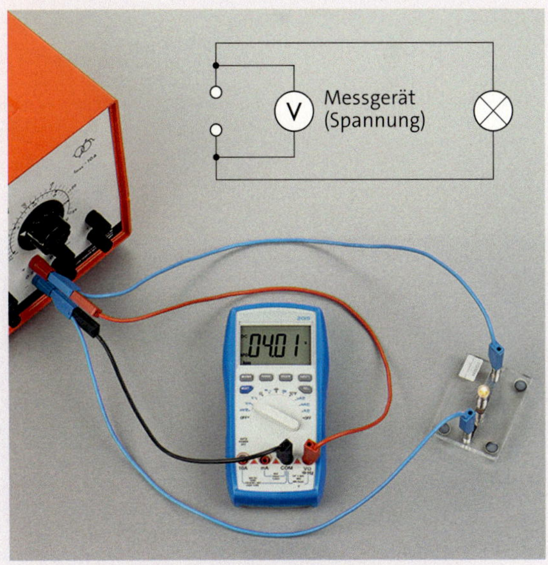

6 Spannung an einem Netzgerät messen

Die elektrische Spannung

Erweitern und Vertiefen

Vom Zitterrochen zum Defibrillator

Zitterfische • Es gibt Fische, die können Spannungen von mehreren Hundert Volt erzeugen – wenn auch nur für einige Tausendstelsekunden. Zu diesen Fischen gehören der Zitterrochen, der Zitteraal und der elektrische Wels. → [1] Sie werden Zitterfische genannt.
Die Spannung entsteht im elektrischen Organ. Es enthält umgewandelte Hautdrüsen oder Muskeln. Beim Zitterrochen besteht das elektrische Organ aus vielen parallelen Säulen. Sie sind aus Tausenden von Gewebeplatten zusammengesetzt. Jede Gewebeplatte kann wie eine kleine Batterie wirken. In der Säule sind diese kleinen Batterien in einer Reihe geschaltet und ergeben so eine hohe Spannung.
Das elektrische Organ steht aber nicht ständig unter Spannung. Sie entsteht erst, wenn die Gewebeplatten vom Gehirn ein Signal dazu erhalten.

Die hohe Spannung an den Säulenenden – also der Körperhaut – erzeugt einen elektrischen Strom im Wasser zwischen der Ober- und Unterseite des Rochens. Dadurch werden andere Fische in unmittelbarer Nähe gelähmt und Angreifer abgeschreckt.

Nerven und Spannung • Unsere Nerven leiten elektrische Signale von den Sinnesorganen zum Gehirn und vom Gehirn zu den Muskeln. Jede Nervenzelle ist über Nervenfasern mit anderen Nerven- oder Muskelzellen verbunden. → [2]

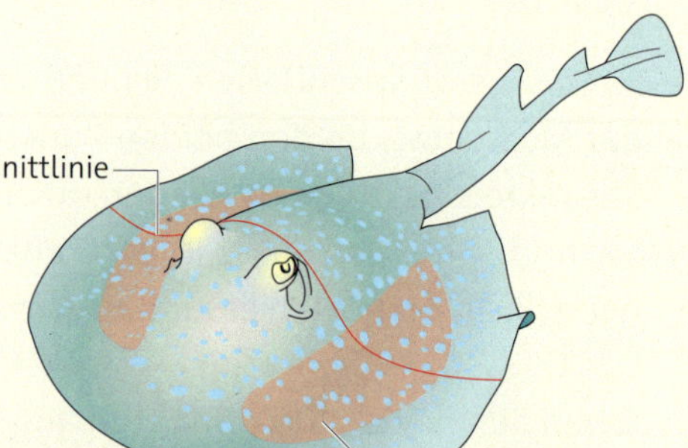

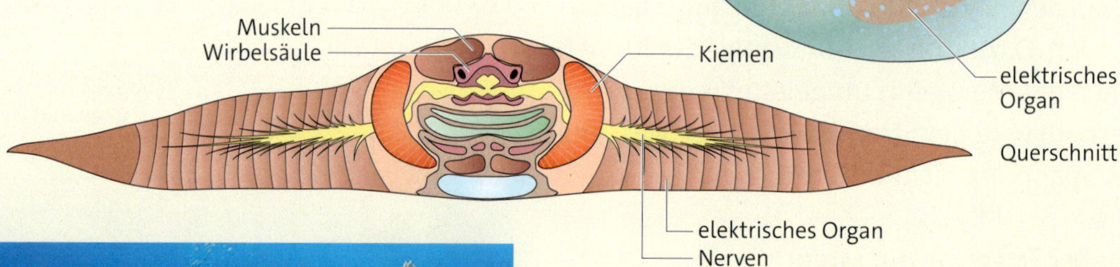

[1] Taucher und Zitterrochen

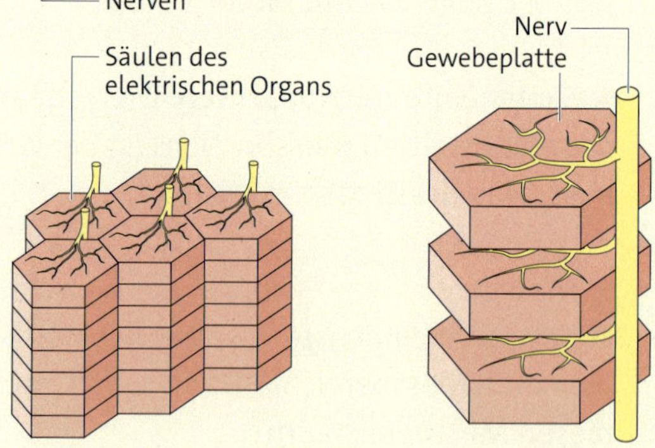

Milliarden Nervenfasern durchziehen deinen Körper. Aneinandergelegt würden sie bis zum Mond und zurück reichen. Vom Gehirn zum Fuß braucht ein elektrisches Signal aber nur eine Hundertstelsekunde! Das Signal ist eine Spannung von 0,1V zwischen dem Inneren und dem Äußeren einer Nervenzelle. Die Spannung „wandert“ die Nervenfaser entlang, von einer Nervenzelle zur nächsten. Für starke Muskelbewegungen werden viele Signale von 0,1V gesendet.

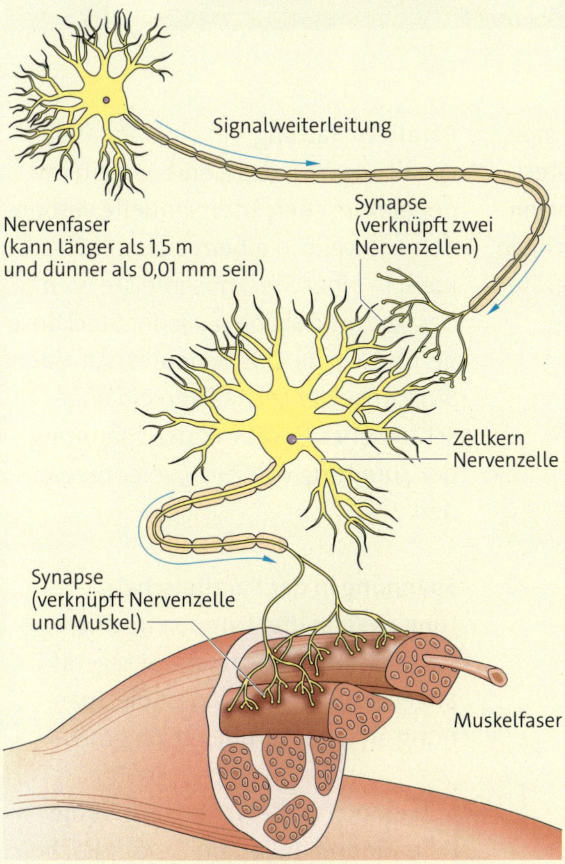

2 Nerven leiten elektrische Signale.

Defibrillator • Wenn der Herzmuskel schwer erkrankt ist, kann es zu Herzkammerflimmern und zum Herzstillstand kommen. Damit der Mensch nicht stirbt, muss sein Herz ganz schnell wieder in Gang gesetzt werden. Dazu dient der Defibrillator. → 3 Seine beiden elektrischen Kontakte werden an den Brustkorb gesetzt. Dann wird für einige Millisekunden eine Spannung von mehreren Hundert Volt eingeschaltet. Es fließt ein Strom von mehreren Ampere durch den Herzmuskel. Durch den Schock fängt das Herz wieder an, regelmäßig zu schlagen – wenn alles gut geht.

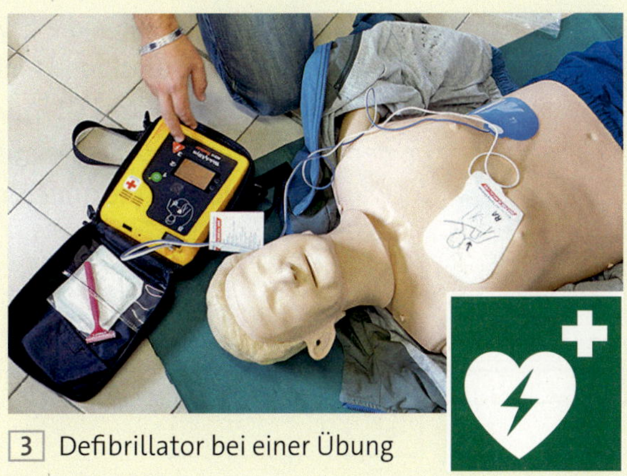

3 Defibrillator bei einer Übung

Aufgaben

1 Beschreibe, wozu Zitterrochen ihr elektrisches Organ nutzen. Erkläre, wie die hohe Spannung zustande kommt.

2 Beschreibe, wie ein Reiz vom Gehirn zu einem Muskel übertragen wird.

Energieversorgung im Haushalt

1 Wie viele Stromkreise?

Material zur Erarbeitung: A

Der Laptop, der Drucker, die Lavalampe und das Radio – alle sind in einer Steckdosenleiste angeschlossen. Auch wenn der Stecker des Druckers herausgezogen wird, funktionieren die anderen Geräte weiter.

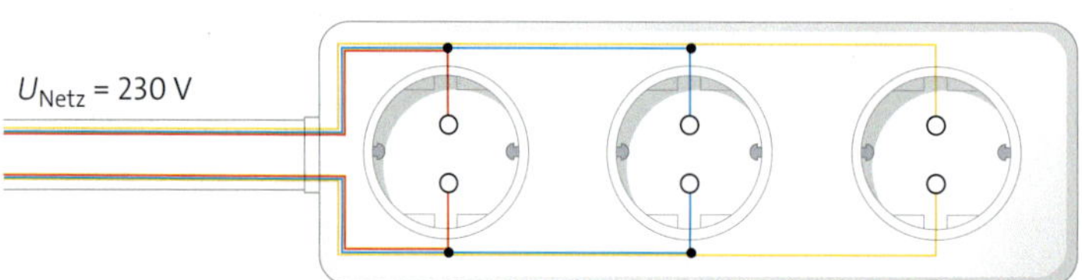

2 Steckdosenleiste

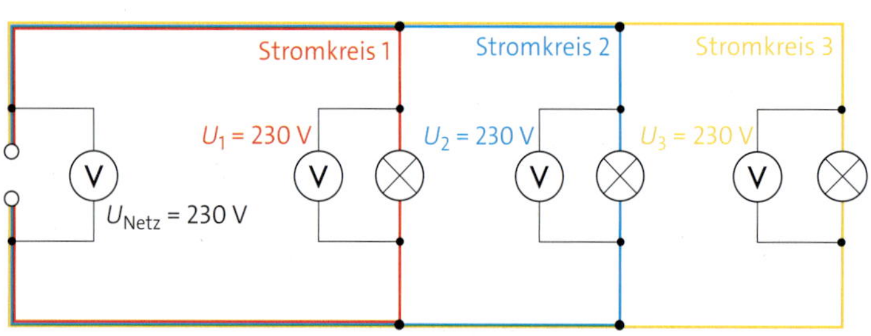

3 Drei Lampen in Parallelschaltung

Parallelschaltung • In einer Parallelschaltung ist jedes Gerät einzeln mit der elektrischen Energiequelle verbunden – jeweils in einem eigenen Stromkreis. In einer Steckdosenleiste wird das Anschlusskabel zu jeder Steckdose geführt. → 2 Das bedeutet: An jeder Steckdose der Leiste kann ein angeschlossenes Gerät mit der Spannung der Zuleitung von 230 V versorgt werden.

Spannung in der Parallelschaltung • Wenn drei Lampen in einer Parallelschaltung an ein Netzgerät angeschlossen sind, so ist die Spannung an jeder Lampe gleich groß. → 3

In einer Parallelschaltung ist die Spannung an jedem Gerät gleich groß.
$U_1 = U_2 = U_3 = U_{Netz}$

die Parallelschaltung

Stromstärke in der Parallelschaltung • Je mehr Lampen parallel geschaltet sind, desto größer ist die Stromstärke in der Zuleitung. → 4 Jede Lampe muss mit Elektronen versorgt werden. In der Zuleitung kommen die Elektronenströme der drei Stromkreise zusammen.

> In einer Parallelschaltung summieren sich die Stromstärken:
> $I_{gesamt} = I_1 + I_2 + I_3 + ...$

Wenn du an eine Steckdosenleiste zu viele leistungsstarke Geräte anschließt, kann die Stromstärke sehr groß werden. Dann werden die Kabel warm und die Sicherungen können „herausspringen".

Energie in der Parallelschaltung • In einer Parallelschaltung wird jedes Gerät mit der nötigen Energie versorgt. Das kannst du mit einem Handgenerator spüren. Der Generator lässt sich umso schwerer drehen, je mehr Lampen parallel angeschlossen sind. → 5 Damit der Handgenerator mehr elektrische Energie pro Sekunde abgeben kann, müssen mehr Elektronen fließen. Das heißt, die Stromstärke muss größer werden – und das strengt an.

> Bei parallel geschalteten Geräten gilt für die transportierte Energie:
> - 2-fache Stromstärke → 2-fache Energie pro Sekunde
> - 3-fache Stromstärke → 3-fache Energie pro Sekunde

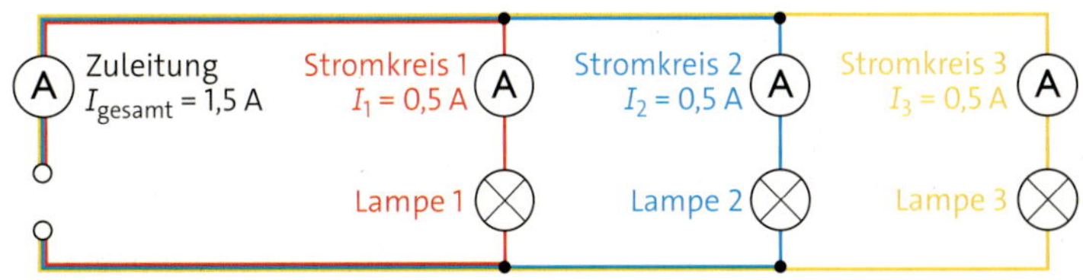

4 Drei Lampen in Parallelschaltung

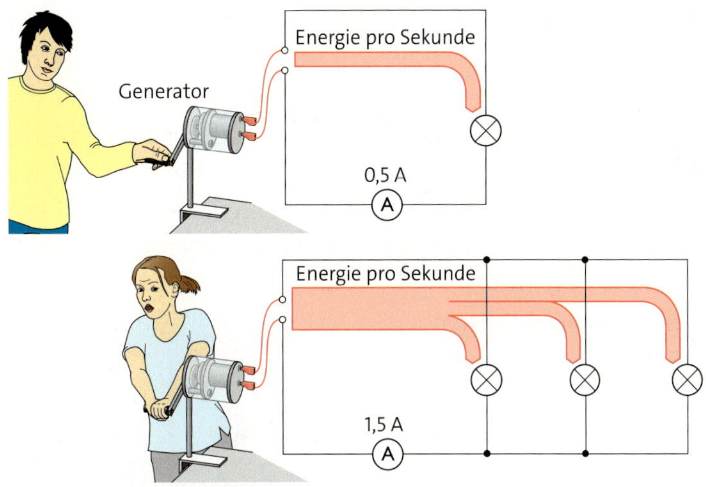

5 Energietransport bei der Parallelschaltung

Aufgaben

1 Die Fahrradbeleuchtung ist eine Parallelschaltung.
a Zeichne den Schaltplan.
b Füge ein Messgerät für I_{gesamt} ein.
c Die Stromstärke beträgt im Scheinwerfer 0,4 A, im Rücklicht 0,1 A. Berechne die Gesamtstromstärke.

2 Begründe, warum nicht viele leistungsstarke Geräte in einer Steckdosenleiste betrieben werden sollen.

3 Begründe, dass Sicherungen sinnvolle Einrichtungen sind.

Energieversorgung im Haushalt

Material A

Parallelschaltung von Lampen

Materialliste: Messgerät (Ampere), 4 gleiche Lampen (4 V; 0,3 A), Netzgerät (6 V), Handgenerator

1 ○ Wie verändert sich die Stromstärke in der gemeinsamen Zuleitung, wenn man immer mehr Lampen parallel schaltet? → 1

a Baue einen einfachen Stromkreis mit einer Lampe und dem Messgerät auf. Miss die Stromstärke. Trage den Messwert in eine Tabelle ein. → 2

b Schalte eine weitere Lampe parallel hinzu, ohne den Stromkreis zu öffnen. Miss wieder die Stromstärke in der Zuleitung.

c Wiederhole die Messung mit drei und vier Lampen.

d Ergänze: „Je mehr Lampen parallel an das Netzgerät angeschlossen werden, desto ◇?◇ wird die Stromstärke in der gemeinsamen Zuleitung."

e Ergänze: „Je mehr Lampen leuchten, desto mehr ◇?◇ muss von der elektrischen Energiequelle übertragen werden."

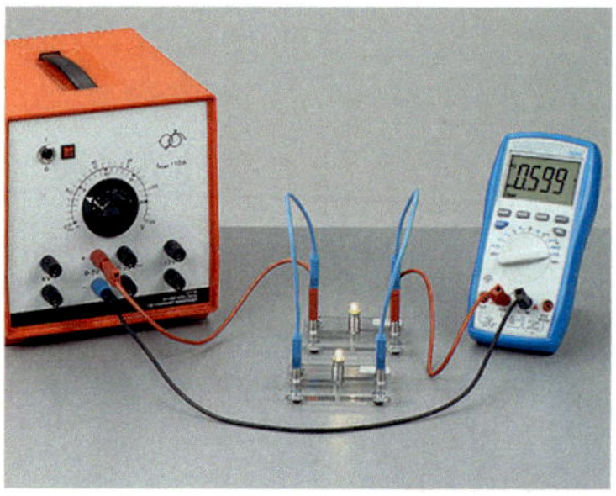

1 Lampen in Parallelschaltung

2 Ersetze das Netzgerät durch den Handgenerator.

a ○ Wiederhole den Versuch. Kurble beim Messen der Stromstärke immer etwa gleich schnell!

b ○ Beschreibe, was dir beim Kurbeln auffällt, wenn immer mehr Lampen dazukommen.

c ◐ Erkläre deine Beobachtung mithilfe der Energie.

Lampen	1	2	3	4
Stromstärke in der Zuleitung	?	?	?	?

2 Beispieltabelle

Material B

Stromstärke bei Haushaltsgeräten (Lehrerversuch)

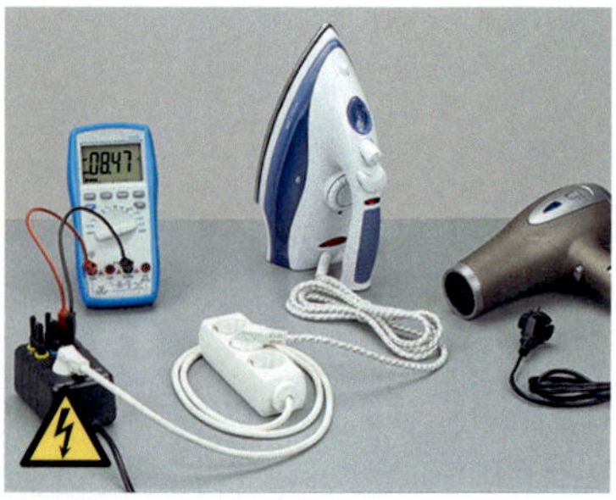

3 Stromstärke messen

Materialliste: Messgerät (Ampere), Steckdosenleiste, Sicherheitssteckdose, Elektrogeräte

Das Messgerät wird über die Sicherheitssteckdose in die Zuleitung einer Steckdosenleiste geschaltet. → 3

1 Die Elektrogeräte werden zuerst einzeln an die Steckdosenleiste angeschlossen. ○ Notiere die Stromstärke für jedes einzelne Gerät.

2 Nun werden alle Geräte gleichzeitig angeschlossen. Notiere die Gesamtstromstärke.
◐ Vergleiche die Gesamtstromstärke mit den einzelnen Stromstärken. Formuliere einen Zusammenhang.

Material C

Die Fahrradbeleuchtung

Am Fahrrad sind der Scheinwerfer und das Rücklicht gemeinsam am Dynamo angeschlossen. → 4

Materialliste: Batterie (4,5 V) oder Netzgerät (6 V), 2 Scheinwerferlampen (6 V; 2,4 W), Rücklichtlampe (6 V; 0,6 W), Schalter, Kabel, Stromstärkemessgerät

1 ◐ Baue die Fahrradbeleuchtung nach. Die Batterie (das Netzgerät) ersetzt den Dynamo.
Die Scheinwerferlampe und die Rücklichtlampe sollen gemeinsam ein- und ausgeschaltet werden.

a Baue die Schaltung auf. Beide Lampen müssen zugleich hell leuchten.
b Drehe eine Lampe aus der Fassung. Prüfe, ob auch die andere Lampe ausgeht.
c Zeichne den Schaltplan.
d Miss die Stromstärke in der Zuleitung und notiere sie.

2 ◐ Ergänze eine zweite Scheinwerferlampe.
a Beschreibe, wie du vorgehst.
b Zeichne den Schaltplan.
c Miss die Stromstärke in der Zuleitung und notiere sie.

3 ◐ Vergleiche die Messwerte für die Stromstärke in der Zuleitung aus den Versuchsteilen 1d und 2c. Berechne die Stromstärke der zweiten Scheinwerferlampe.

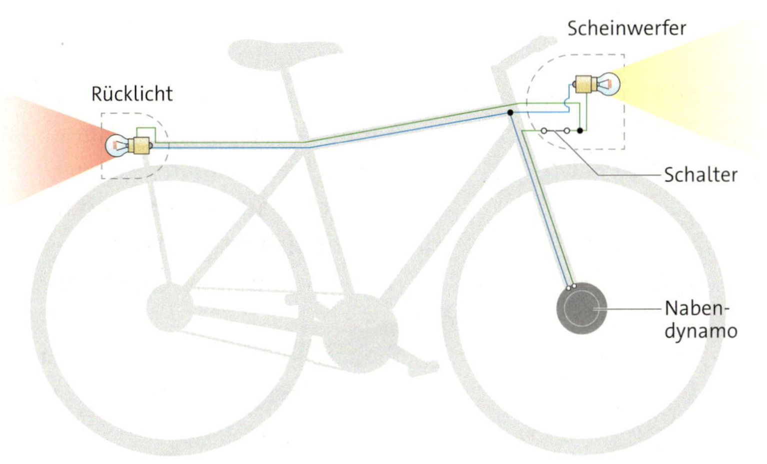

4 Fahrradbeleuchtung

Material D

Mehrfachsteckdose

Auf dem Schulfest sind mehrere Geräte an einer Mehrfachsteckdose angeschlossen. → 5

5 Waffeleisen in Betrieb

1 Zwei Waffeleisen sind in Betrieb. Jedes Gerät benötigt eine Stromstärke von 4,3 A.
a ○ Gib an, in welcher Schaltungsart die beiden Geräte betrieben werden.
b ◐ Berechne die Stromstärke in der Zuleitung der Mehrfachsteckdose.

2 Nun wird noch ein Elektrogrill angeschlossen. Er benötigt eine Stromstärke von 8,9 A. Beim Einschalten des Grills geht plötzlich nichts mehr – der Strom ist weg.
a ○ Erkläre, was passiert ist.
b ◐ Berechne die Stromstärke, die zur Unterbrechung geführt hat.
c ◐ Begründe, warum eine Unterbrechung bei dieser Stromstärke sinnvoll ist.

Schutzmaßnahmen im Stromnetz

1 Warum sind plötzlich alle Geräte aus?

Material zur Erarbeitung: A

Uli hat die Mikrowelle eingeschaltet – und plötzlich sind alle Geräte in der Küche aus. Die Sicherung ist „raus“.

Sicherungen • Je mehr Geräte an eine Steckdose angeschlossen werden, desto größer wird die Stromstärke in der Zuleitung. Bei großer Stromstärke werden die Drähte heiß. Bevor ein Feuer ausbricht, unterbricht eine Sicherung den Stromkreis. → 2 Sie ist die „schwächste Stelle“ im Stromkreis.

Schmelzsicherungen enthalten einen dünnen Draht. → 3 Er schmilzt, bevor die Stromstärke zu groß wird. Sicherungsautomaten enthalten einen Elektromagneten. Bei großer Stromstärke öffnet er einen Schalter. Sicherungsautomaten können immer wieder von Hand eingeschaltet werden.

Schutzleiter • Die meisten Leitungen im Haushalt haben drei „Adern“: Außenleiter, Neutralleiter und Schutzleiter. → 4 Außen- und Neutralleiter sind für den Transport der elektrischen Energie zuständig. Der Neutralleiter in der Zuleitung zum Haus ist leitend mit dem Erdreich verbunden („Erdung“). Der gelb-grüne Schutzleiter soll uns vor Elektrounfällen schützen:

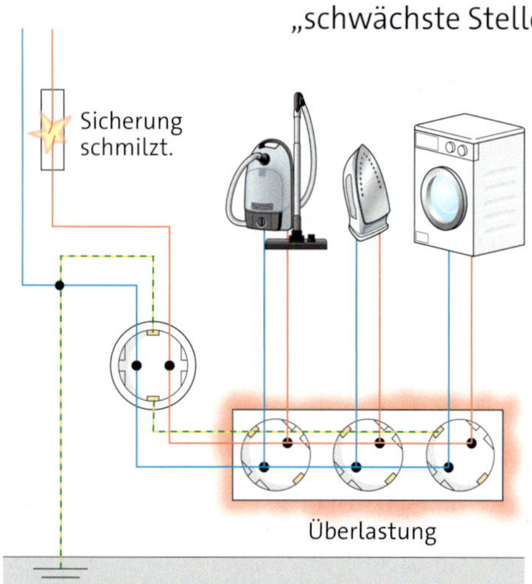

2 Überlastung und Schmelzsicherung

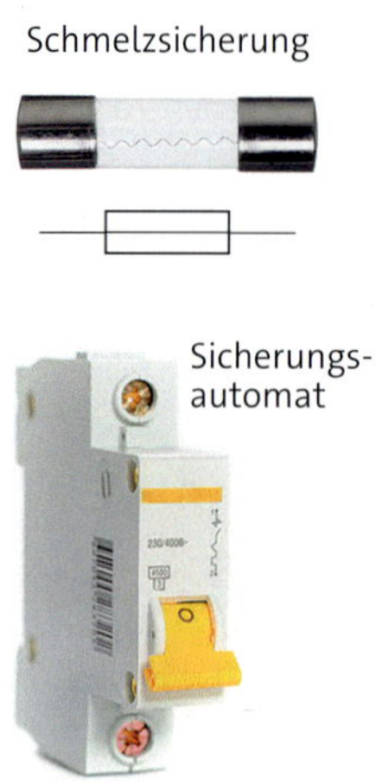

3 Sicherungen

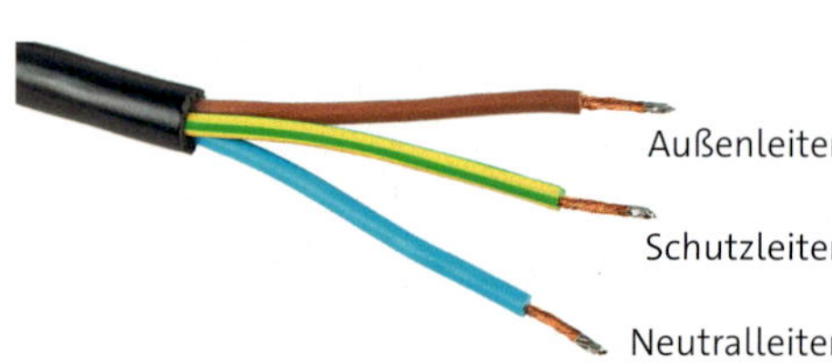

4 Leitung mit drei „Adern“

die Sicherung
der Schutzleiter
der Fehlerstromschutzschalter

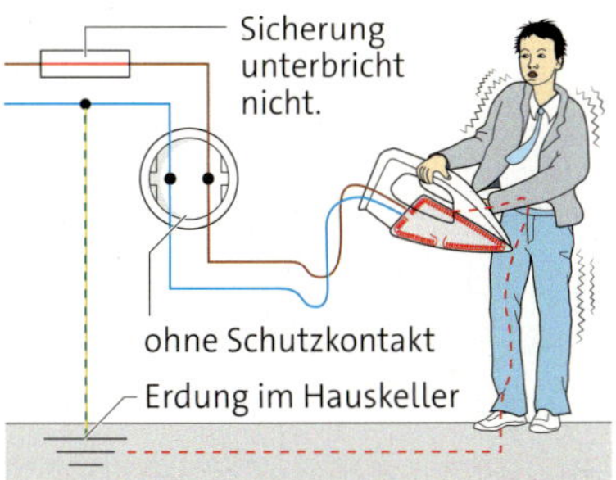

5 Bügeleisen ohne Schutzleiter

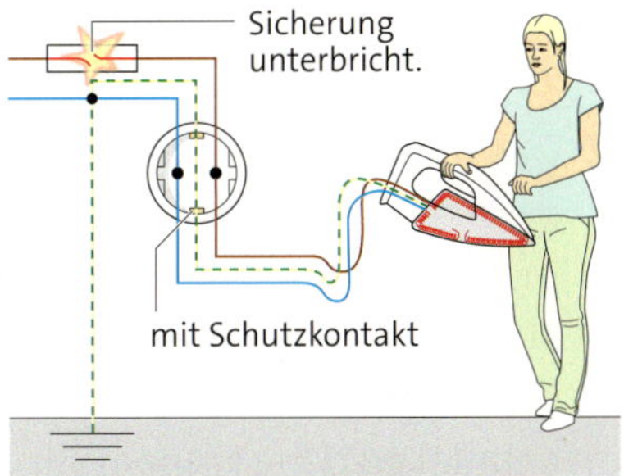

6 Bügeleisen mit Schutzleiter

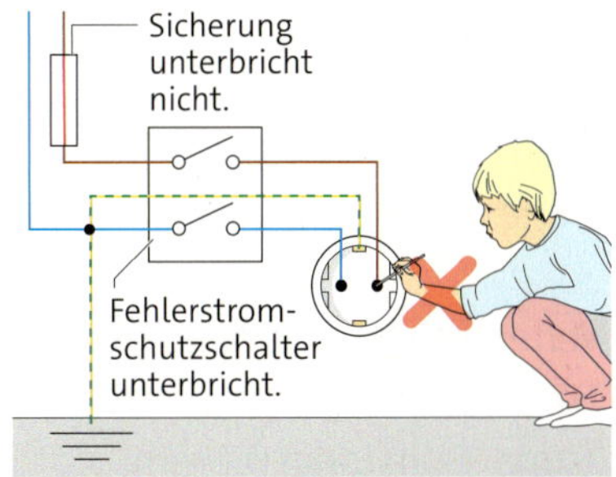

7 Fehlerstromschutzschalter

- Ulis Bügeleisen hat keinen Schutzleiter, die Steckdose keinen Schutzkontakt. → 5 Der Außenleiter im Bügeleisen ist kaputt, der blanke Draht stößt gegen das Gehäuse aus Metall. Uli fasst ans Gehäuse – und bekommt einen lebensgefährlichen Stromschlag! Ein Elektronenstrom fließt vom Außenleiter durch das Gehäuse, Uli, den Fußboden und die Erdung zum Neutralleiter. Der lebensgefährliche Strom ist nicht so groß, dass die Sicherung auslöst.
- Sarahs Bügeleisen hat einen Schutzleiter, die Steckdose einen Schutzkontakt. → 6 Der Schutzleiter ist leitend mit dem Gehäuse des Bügeleisens verbunden. Auch hier stößt der blanke Draht des Außenleiters gegen das Gehäuse aus Metall. Sarah schaltet das Bügeleisen ein – und sofort gehen alle elektrischen Geräte im Zimmer aus. Eine Sicherung hat den Stromkreis unterbrochen. Der Elektronenstrom ist vom Außenleiter durch den Schutzleiter direkt zum Neutralleiter geflossen – an Sarah vorbei. Die Stromstärke war so hoch, dass die Sicherung den Stromkreis unterbrochen hat.

Fehlerstromschutzschalter • Der Schalter unterbricht den Stromkreis automatisch, wenn die Stromstärken im Außenleiter und im Neutralleiter verschieden sind: → 7 8 Ein Kind steckt eine Nadel in die Steckdose. → 7 Nun fließt ein Elektronenstrom durch das Kind. Die Stromstärke ist so klein, dass die Sicherung nicht unterbricht. Im Fehlerstromschutzschalter ist die Stromstärke im Außenleiter aber ein klein wenig größer als im Neutralleiter. Deshalb unterbricht er den Stromkreis.

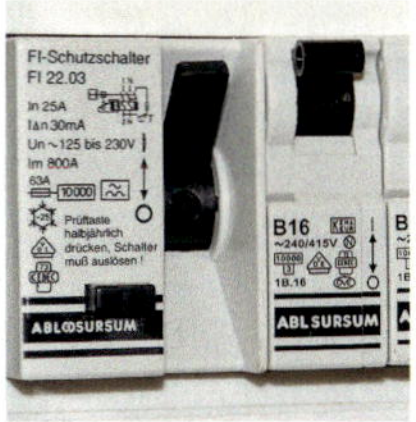

8 Fehlerstromschutzschalter

Sicherungen schützen elektrische Anlagen vor zu großer Stromstärke. Schutzleiter und Fehlerstromschutzschalter schützen den Menschen vor Elektrounfällen.

Aufgaben

1 ○ Viele Leitungen haben drei „Adern“. Nenne sie und ihre Aufgaben. → 4

2 ◐ Erkläre, was mit der Sicherung bei Überlastung geschieht. → 2

Schutzmaßnahmen im Stromnetz

Material A

Überlastung und Sicherung (Lehrerversuch)

Materialliste: 3 Lampen (6 V; 2,4 W), 2 Konstantandrähte (5 und 15 cm lang, 0,2 mm dick), Netzgerät (6 V; 5 A), Messgerät (Ampere), 4 Tonnenfüße, 4 Isolatoren, Kabel

1 Nacheinander werden immer mehr Lampen parallel an das Netzgerät angeschlossen. → 1
○ Beobachte, wie sich die Stromstärke in der gemeinsamen Zuleitung verändert.

2 Das Netzgerät wird ausgeschaltet. Dann wird das Messgerät durch den kurzen Konstandraht ersetzt und der lange Konstantandraht parallel zu den Lampen geschaltet. Jetzt wird das Netzgerät wieder eingeschaltet und die Stromstärke langsam erhöht, bis die „Sicherung" durchbrennt.
◐ Erkläre die Beobachtung.

Achtung • Konstantandrähte nicht berühren, solange sie Teil des Stromkreises sind.

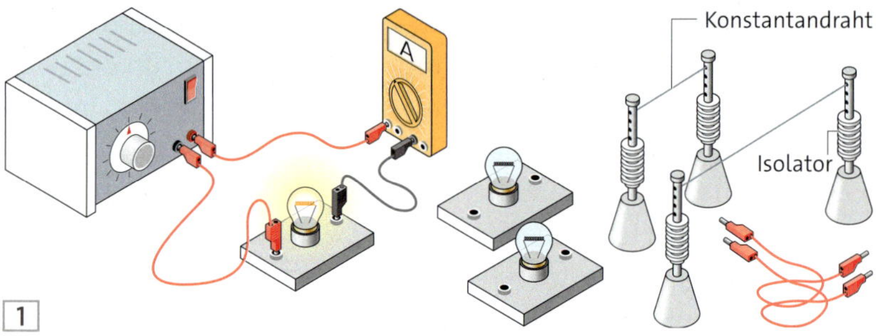

1

Material B

Kurzschluss (Lehrerversuch)

Das Kabel ist kaputt. → 2
Der Außenleiter hat Kontakt mit dem Neutralleiter. Es fließt ein großer Strom an der Lampe vorbei. Die Sicherung unterbricht den Stromkreis. Stelle diesen Kurzschluss im Versuch nach.

Materialliste: Lampe (6 V; 2,4 W), Konstantandraht (50 cm lang, 0,2 mm dick), Netzgerät (6 V; 5 A), Schraubendreher, 2 Tonnenfüße, 2 Isolatoren, Kabel

1 Baue den Versuch auf. → 3
Wenn die Lampe leuchtet, wird kurzzeitig mit dem Schraubendreher ein Kurzschluss hergestellt.
◐ Beschreibe und erkläre deine Beobachtung.

Achtung • Konstantandraht nicht berühren, solange er Teil des Stromkreises ist.

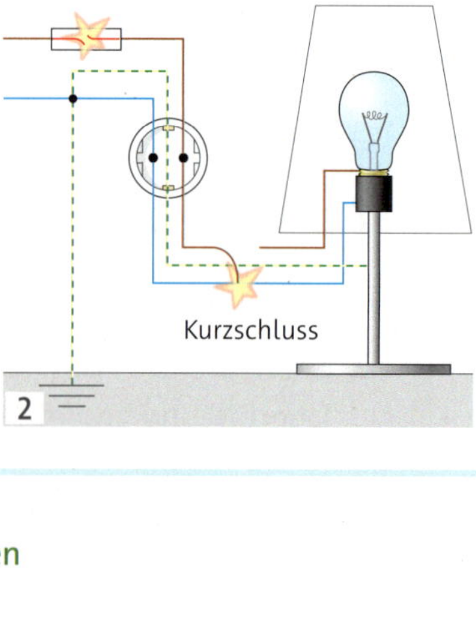

2

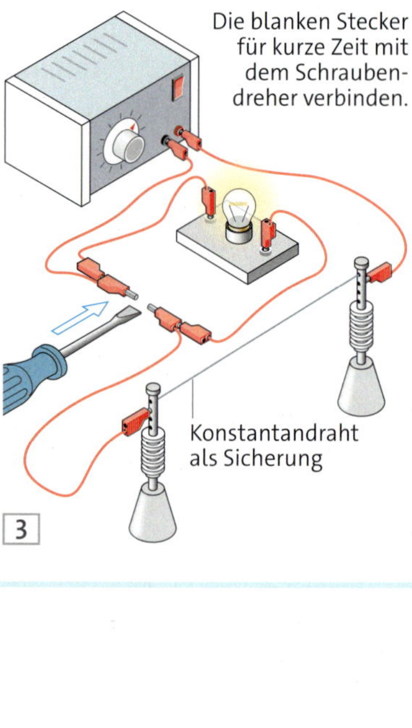

3

Material C

Alles gesichert

1 Zwei Elektromotoren und eine Glühlampe sind parallel geschaltet. → 4

a ▢ Gib an, für welche Geräte die Sicherung wirkt.

b ▢ Übertrage den Schaltplan in dein Heft. Ändere die Schaltung so, dass alle Geräte abgesichert sind.

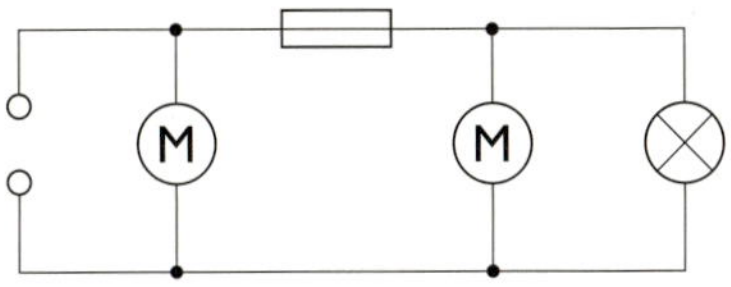

4

Material D

Überlastung?

1 ◪ Die Waschmaschine wird gleich eingesteckt. → 5 Die Sicherung unterbricht den Stromkreis bei mehr als 16 A. Berechne, was geschieht.

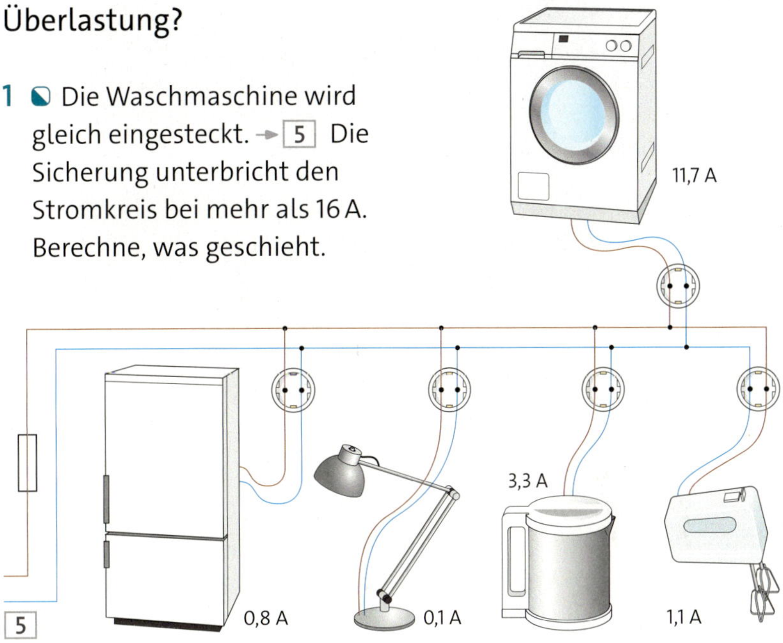

5

Material E

Ohne Schutzleiter

1 Zwei Geräte in dieser Steckdosenleiste haben Stecker ohne Schutzkontakt und ohne Schutzleiter. → 6
◪ Wähle dazu die richtige Aussage aus:

a Die beiden Geräte sind lebensgefährlich.

b Die beiden Geräte haben einfache Stecker, weil das billiger ist.

c Die beiden Geräte haben Gehäuse aus Kunststoff, der nicht leitet.

6

Material F

Sichere Kabeltrommel

1 ● Bevor man an der Kabeltrommel Geräte mit großem Energiebedarf betreibt, sollte man das Kabel abwickeln. → 7 Begründe diese Sicherheitsmaßnahme.

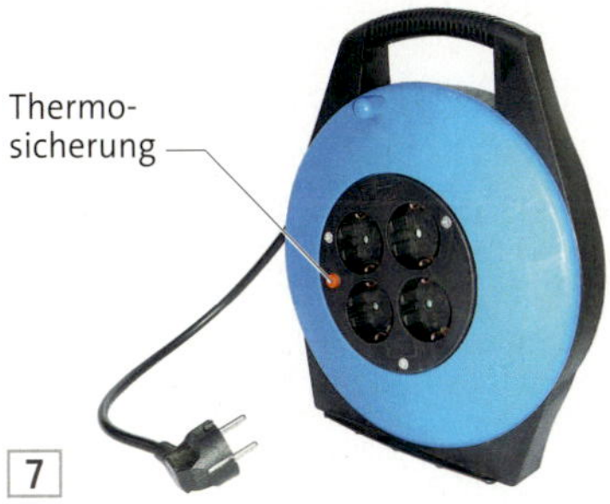

7

„Power“ – gemessen in Watt

1 Hoher Ton und volle Leistung

Materialien zur Erarbeitung: A–B

Diese Box hat viel „Power“. Dein Lautsprecher im Handy könnte das Glas nicht zerspringen lassen.

Leistung von Elektrogeräten • Die Box hat mehr als 100 Watt, der Lautsprecher im Handy nur ein paar Watt. Mehr Watt bedeutet hier: Die Box wandelt mehr elektrische Energie pro Sekunde in Schall um als das Handy – die Box ist viel lauter.
Ähnlich ist es bei Tauchsiedern: → 2
Der Tauchsieder mit 1000 Watt wandelt viel mehr elektrische Energie pro Sekunde in thermische Energie um als der Tauchsieder mit 300 Watt. Daher kocht das Wasser beim Tauchsieder mit 1000 Watt viel schneller als beim Tauchsieder mit 300 Watt.

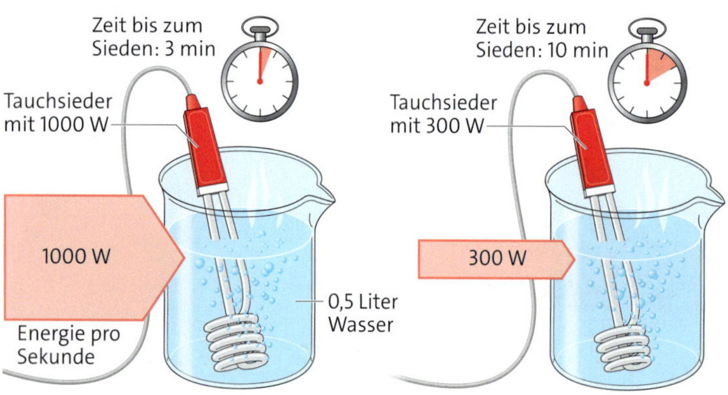

2 Große Leistung – kleine Leistung

Die elektrische Leistung *P* gibt an, wie viel elektrische Energie ein Elektrogerät pro Sekunde umwandelt.
Die elektrische Leistung wird in Watt gemessen.

Strömende Energie • In elektrischen Anlagen strömt die elektrische Energie von der Quelle zum Gerät. Im Alltag meinen wir oft diesen Energiestrom, wenn wir vom „elektrischen Strom“ reden.

Aufgaben

1 ○ Beschreibe, wie sich ein Toaster mit 600 Watt von einem Toaster mit 1200 Watt in der Anwendung unterscheidet.

2 „Je größer die Leistung eines Elektrogeräts ist, desto [?] Energie wandelt es pro [?] um.“
○ Ergänze den Zusammenhang im Heft. Wähle aus: Sekunde, weniger, Minute, mehr, Watt

3 „Der Mixer braucht einen elektrischen Strom von 300 Watt.“
◐ Erkläre, was in diesem Fall mit „Strom“ gemeint ist.

die elektrische Leistung
das Watt

Material A

„Wattzahlen“ auf Geräten

Auf den Typenschildern von Elektrogeräten ist die „Wattzahl“ angegeben. → 3 Was bedeutet diese Zahl?

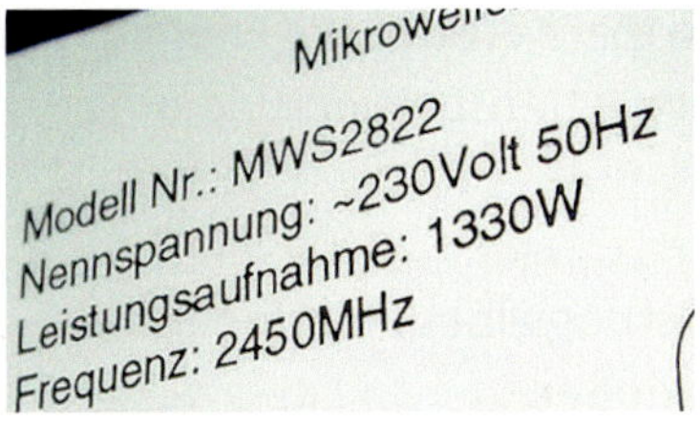

3 Mikrowelle: 1330 Watt

1 ○ Lies die Wattzahlen von einigen Geräten ab und notiere sie in einer Tabelle.

2 ◐ Lies die Wattzahl von verschiedenen LED-Lampen ab. Stelle die Wattzahl und die Helligkeit der Lampen in einer Tabelle gegenüber. → 4

Wattzahl	Helligkeit
11 Watt	sehr hell
?	?

4 LED-Lampen

3 ◐ Untersuche die Wirkung von Haartrocknern mit verschiedenen Wattzahlen. Tipp: Welcher Haartrockner heizt stärker? Welcher pustet stärker?

Material B

Wasserkocher

Materialliste: Tauchsieder, Wasserkocher, Becherglas, 1 l Wasser, Stoppuhr

1 Mit welchem Gerät kocht das Wasser schneller?

a ○ Lies die Wattzahl von den Geräten ab und notiere sie.

b ○ Bringe jeweils einen halben Liter Wasser zum Sieden. Miss die Zeit.

c ◐ Ergänze: „Je höher die Wattzahl des Geräts ist, desto ⟨?⟩“

Material C

Leistung messen

Materialliste: Messgerät für elektrische Leistung (Energie), Elektrogeräte

1 ○ Miss die Leistung einiger Elektrogeräte. → 5 Dokumentiere die Ergebnisse übersichtlich. Beispiele:

a Wasserkocher

b Bohrmaschine, im Leerlauf und beim Bohren von Holz oder Beton

c Computer und Drucker im Betrieb und im Stand-by

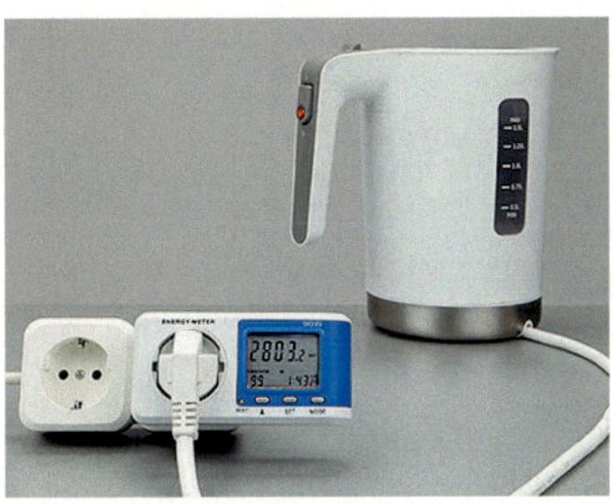

5 Leistung messen

Material D

Elektrische Energie – gut genutzt?

1 ◐ Diese Lampen leuchten alle ungefähr gleich hell. → 6 Trotzdem sind ihre Leistungen ganz verschieden. Erkläre diesen Unterschied.

Glühlampe 40 W

LED-Lampe 6 W

Energiesparlampe 9 W

6 Lampen und ihre Leistung

Leistung: Spannung und Stromstärke*

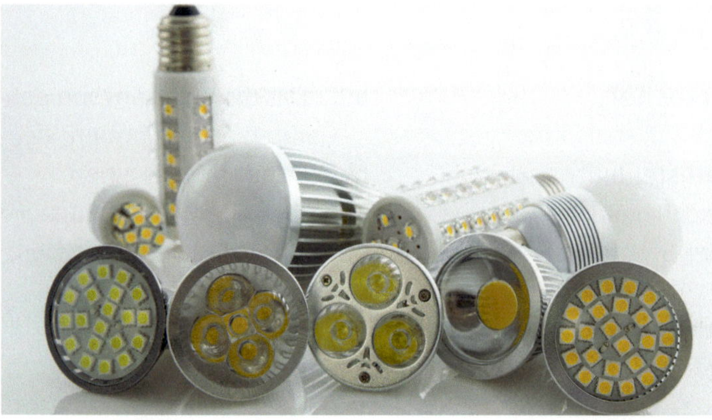

1 LED-Lampen für 230 Volt

Diese LED-Lampen werden alle mit 230 Volt betrieben. Sie leuchten aber verschieden hell. Wie ist das möglich?

Stromstärke, Spannung und Energie • Auf den LED-Lampen ist ihre Leistung angegeben: 3 W, 6 W, 7 W ... Je größer die Wattzahl ist, desto heller leuchtet die Lampe. Die Spannung an den Lampen ist jeweils gleich groß: 230 V. Aber die Stromstärke ist verschieden. Je größer sie ist, desto mehr elektrische Energie wird pro Sekunde transportiert und umgewandelt. → 2

Auch die Glühlampen in Bild 4 leuchten unterschiedlich hell. Bei ihnen ist die Stromstärke gleich groß. Aber die Spannung ist verschieden. Je höher sie ist, desto mehr elektrische Energie wird pro Sekunde transportiert und umgewandelt. → 3

Die Leistung eines Elektrogeräts ist umso größer:
- je höher die Spannung ist.
- je größer die Stromstärke ist.

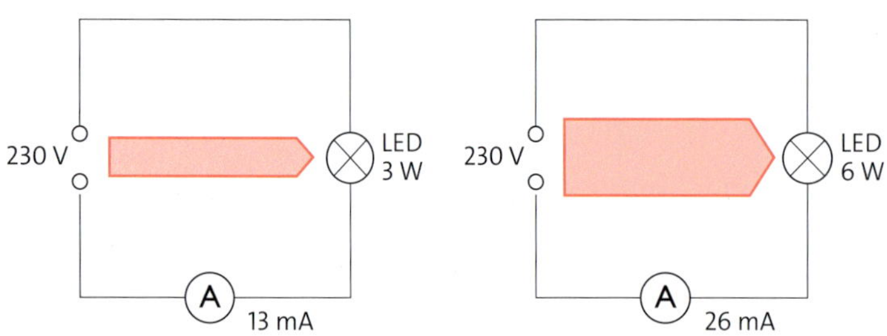

2 Gleiche Spannung, verschiedene Stromstärke

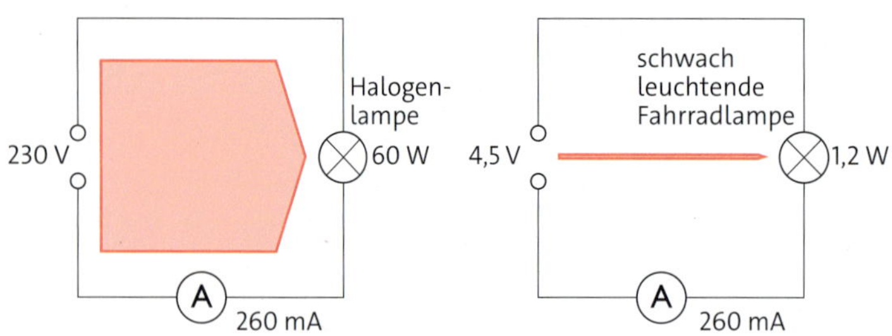

3 Gleiche Stromstärke, verschiedene Spannung

Leistung berechnen • Wenn du die Spannung U und die Stromstärke I kennst, kannst du die Leistung P eines Elektrogeräts so berechnen:

Leistung =
Spannung mal Stromstärke

$P = U \cdot I$

$1\,W = 1\,V \cdot 1\,A = 1\,VA$

Aufgaben

1 ○ Eine LED-Lampe hat eine Leistung von 3 W, eine andere 6 W. → 1
Vergleiche:
a die Stromstärken
b die Spannungen

2 ○ Berechne jeweils die Leistung:
a Fahrradscheinwerfer (6 V; 0,4 A)
b Halogenlampe (230 V; 0,13 A)

Material A

Verschiedene Leistungen

1 In diesem Versuch sind zwei verschiedene Glühlampen an zwei verschiedene elektrische Energiequellen angeschlossen. → 4

a ○ Gib die Spannungen an, mit denen die Lampen betrieben werden.

b ○ Gib an, welche Größe gemessen wird. → 4

c ◐ Gib an, welche Lampe die größere Leistung hat. Begründe mithilfe von:
- Helligkeit und Energie
- Spannung und Stromstärke

d ○ Berechne die Leistung der beiden Lampen. Rechne mit $I = 0{,}26\,A$.

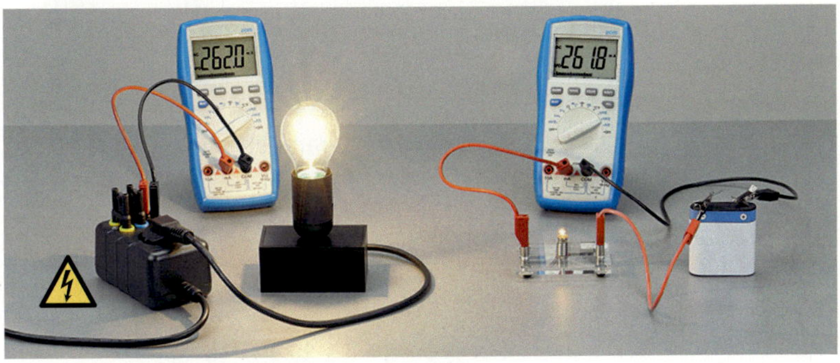

4 Stromstärke, Spannung, Leistung

Material C

Leistung bestimmen

Materialliste: 2 Messgeräte (Ampere, Volt), Netzgerät (6 V), Elektrogeräte für 6 V (Lampen, Motor ...), Kabel

1 Aus Spannung und Stromstärke kann man die Leistung eines Geräts berechnen.

a ● Plane einen Versuch, mit dem du gleichzeitig die Spannung (in Volt) und die Stromstärke (in Ampere) der Geräte messen kannst. Zeichne den Schaltplan.

b ◐ Baue den Versuch auf. Miss bei jedem Gerät Spannung und Stromstärke.

c ○ Berechne jeweils die Leistung.

Material B

Leistung und Stromstärke

Materialliste: Leistungsmesser, Elektrogeräte mit verschiedenen Leistungen (Wasserkocher, Haushaltslampen, Bügeleisen, Haartrockner ...)

1 ○ Lies die Wattzahlen auf den Geräten ab. → 5 Überprüfe sie mit dem Messgerät.

2 ◐ Berechne jeweils die Stromstärke. → 6 Ergänze die Tabelle.

Gerät	Leistung, abgelesen	Leistung, gemessen	Stromstärke
Wasserkocher	1000 W	1001 W	4,35 A
Lampe	?	?	?

5 Beispieltabelle

Ein 1000-W-Tauchsieder wird mit 230 V betrieben. Berechne die Stromstärke.

$P = U \cdot I$

$1000\,W = 230\,V \cdot I \quad | : 230\,V$

$I = \frac{1000\,W}{230\,V} = \frac{1000\,VA}{230\,V} = 4{,}35\,A$

Die Stromstärke im Tauchsieder beträgt 4,35 A.

6 Beispielrechnung

Leistung: Spannung und Stromstärke *

Erweitern und Vertiefen

7 Radfahrer = 1 Toast

Angenehmes Leben • Elektrische Geräte erleichtern unseren Alltag. Wir können uns ein Leben ohne elektrische Lampen, Fernseher, Computer, Handys, Waschmaschinen ... kaum noch vorstellen. Keine Fabrik, kein Krankenhaus und kein Supermarkt kann ohne elektrische Energie arbeiten. Was wäre, wenn die elektrische Energie nicht einfach aus der Steckdose käme?

[1] Robert Förstemann strampelt für einen Toast.

Robert toastet • Ein Fahrraddynamo erzeugt elektrische Energie und damit kann man einen Toaster antreiben. Bekommt man eine Scheibe Toast durch Radfahren goldbraun? Der Bahnradprofi Robert Förstemann hat es versucht. → [1] Seine Trainingsmaschine war so eingestellt, als ob er einen extrem steilen Berg hochfahren würde. Sein Puls stieg beim Fahren bis auf 170 Herzschläge pro Minute – in Ruhe sind es nur rund 60. Nach 2 Minuten war der Profi völlig ausgepowert und musste sich auf dem Boden ausruhen. Und der Toast? Der ist blassgelb geworden.

[2] 20 Radfahrer für einmal saubere Wäsche

Das „Radelkraftwerk" • Nur wenige Menschen sind so durchtrainiert wie Robert Förstemann. Um zu Hause einen 700-W-Toaster mit dem Fahrrad zu betreiben, bräuchte man rund 7 „normale" Radfahrer, die für mehrere Minuten kräftig in die Pedale treten. Zum Betrieb einer Waschmaschine mit 2 kW müssten 20 normale Radfahrer mehr als eine Stunde strampeln. → [2] Selbst drei Robert Förstemanns würden diese Zeit nicht durchhalten. Sie müssten ständig abgelöst werden.

Aufgaben

1 Ermittle, wie viele „normale" Radfahrer mindestens nötig wären, um deinen Computer zu betreiben.

2 Jeder Einwohner einer Großstadt nutzt rein rechnerisch ständig eine elektrische Leistung von 1 kW. Berechne, wie viele Radfahrer Tag und Nacht für eine Millionenstadt schuften müssten.

Erweitern und Vertiefen

Mit weniger Leistung genauso hell

3 Glühlampe

4 Halogenlampe

5 Energiesparlampe

6 LED-Lampe

Größe	Angabe in	Bedeutung
Leistung	Watt (W)	Je größer die „Wattzahl“ ist, desto mehr elektrische Energie wandelt die Lampe pro Sekunde um.
Lichtstrom	Lumen (lm)	Je größer die „Lumenzahl“ ist, desto heller leuchtet die Lampe.
Farbtemperatur	Kelvin (K)	Je niedriger die Farbtemperatur einer Lampe ist, desto „wärmer“ erscheint uns ihr Licht.
Lebensdauer	Stunden (h)	Je größer die Lebensdauer einer Lampe ist, desto länger leuchtet sie im Durchschnitt.
Energieeffizienz	verschiedenen Klassen	Lampen mit Energieklasse A nutzen die eingesetzte elektrische Energie besser als Lampen mit Energieklasse B (C, D)

7 Angaben auf Verpackungen von Lampen

Energieverbrauch senken • Glühlampen werden nicht mehr hergestellt, weil sie fast 95 % der elektrischen Energie in thermische Energie statt in Licht umwandeln! Energiesparlampen und LED-Lampen sind genauso hell, brauchen dafür aber viel weniger elektrische Energie. Die Angaben auf den Verpackungen helfen, die Lampen zu vergleichen. → 3 – 7

Lebensdauer • LED-Lampen „leben“ besonders lange. Energiesparlampen „leben“ kürzer, wenn sie oft ein- und ausgeschaltet werden.

Umweltverträglichkeit • Energiesparlampen enthalten hochgiftiges Quecksilber. Defekte Sparlampen gehören auf den Sondermüll!

Lichtausbeute • Die LED-Lampe braucht für etwa die gleiche Helligkeit weniger Watt als die Glühlampe. → 3 6 Die LED-Lampe hat die bessere „Lichtausbeute“ (in Lumen pro Watt):

LED: $\frac{400\,\text{lm}}{6\,\text{W}} \approx 67\,\frac{\text{lm}}{\text{W}}$; Glühlampe: $\frac{415\,\text{lm}}{40\,\text{W}} \approx 10\,\frac{\text{lm}}{\text{W}}$

Aufgaben

1 ○ Nenne Gründe, die für den Kauf von LED-Lampen sprechen.

2 ◐ Auf der Verpackung einer LED-Lampe sind Watt-, Lumen- und Kelvinzahlen angegeben.
Erkläre, was diese Zahlen bedeuten.

Wie teuer ist elektrische Energie?

1 Elektrische Energie gibt es nicht umsonst.

Material zur Erarbeitung: A

Ständig sind bei uns zu Hause elektrische Geräte eingeschaltet. Wie teuer ist wohl der „Strom“ dafür?

„Stromkosten“ • Um den Preis für die elektrische Energie zu berechnen, braucht man zwei Informationen:

- Wie viel elektrische Energie hat das Elektrogerät umgewandelt?
- Wie viel muss man für eine „Einheit“ elektrische Energie bezahlen?

Elektrische Energie • Eine Zimmerlampe braucht in zwei Stunden doppelt so viel Energie wie in einer Stunde. → 2

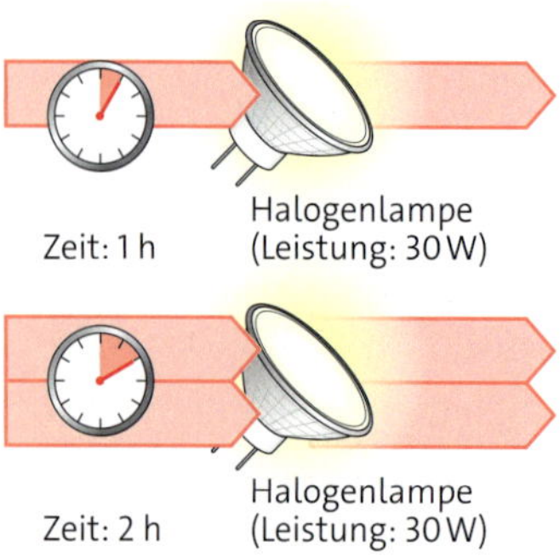

2 Doppelte Zeit – doppelte Energie

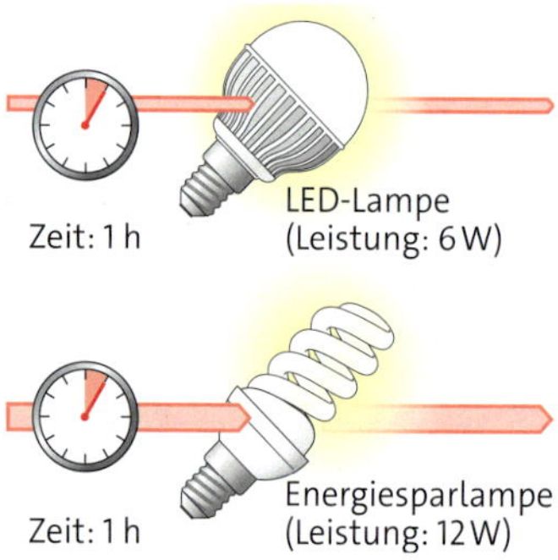

3 Doppelte Leistung – doppelte Energie

Eine Energiesparlampe mit 12 W Leistung wandelt in einer Stunde doppelt so viel elektrische Energie um wie eine LED-Lampe mit 6 W. → 3

Ein Elektrogerät wandelt umso mehr elektrische Energie E um, je größer seine Leistung P ist und je länger die Einschaltzeit t ist. Es gilt:
Energie = Leistung mal Zeit; $E = P \cdot t$.

Einheiten • Die Einheit für die Leistung ist 1 W. Die Einheit für die Zeit ist 1 s. Nimmt man sie miteinander mal, erhält man 1 Wattsekunde (1 Ws) als Einheit für die Energie. Es gilt: 1 Ws = 1 J. Auf „Stromrechnungen“ wird die elektrische Energie in Kilowattstunden (kWh) angegeben. Zum Rechnen setzen wir die Geräteleistung daher in kW (1 kW = 1000 W) ein und die genutzte Zeit in Stunden (h). 1 kWh elektrische Energie kostet uns rund 0,30 €.

Aufgaben

1 ○ Max bügelt 2 Stunden lang Wäsche. Das Bügeleisen hat 1000 Watt.

a Berechne die genutzte elektrische Energie. → 5

b Berechne die „Stromkosten“.

2 ◑ Ergänze: „Bei doppelter Einschaltzeit und doppelter Leistung wandelt ein Elektrogerät ◇ so viel elektrische Energie um.“

3 ● Es gilt: 1 kWh = 3 600 000 J. Begründe durch eine Rechnung.

die elektrische Energie
die Wattsekunde
die „Stromrechnung“
die Kilowattstunde

Material A

Elektrische Energie in der Schule messen

Materialliste: Energiemessgerät, Stoppuhr, Elektrogeräte (Wasserkocher, Bügeleisen, Computer ...)

1 Schließe jeweils ein Elektrogerät über das Energiemessgerät an eine Steckdose an. Schalte das Gerät ein und starte gleichzeitig die Stoppuhr.
○ Miss die Energie nach 1 min, 2 min ... Notiere die Messwerte. → 4

2 ◐ Ergänze: Die elektrische Energie ist umso größer,
a je ? die Leistung ist.
b je ? die Einschaltzeit ist.

Elektrogerät	Leistung	Elektrische Energie		
		nach 1 min	nach 2 min	...
Wasserkocher	? kW	? kWh	? kWh	? kWh
Bügeleisen	? kW	? kWh	? kWh	? kWh

4 Beispieltabelle

Material B

Energiekosten berechnen

1 ◐ Berechne die „Stromkosten“: → 5
a Haare trocknen: 15 min mit 600 W
b Bügeln: 20 min mit 1200 W
c Akku laden: 5 h mit 10 W

2 ◐ Ermittle die Jahreskosten für das Staubsaugen, Akkuladen und Haaretrocknen. Schätze, an wie vielen Tagen das Gerät benutzt wird.

Frau Blacks Kaffeemaschine läuft jeden Tag 15 min lang mit 400 W. Berechne die Kosten für die Energie am Tag und im Jahr.

Umrechnungen: $P = 400\,W = 0{,}4\,kW$
$t = 15\,min = 15 \cdot \frac{1}{60}\,h = \frac{15}{60}\,h = 0{,}25\,h$

Elektrische Energie am Tag: $E = P \cdot t$; $E = 0{,}4\,kW \cdot 0{,}25\,h = 0{,}1\,kWh$

„Stromkosten“ am Tag: $0{,}1\,kWh \cdot 0{,}30\,\frac{Euro}{kWh} = 0{,}03\,Euro$

„Stromkosten“ im Jahr: $0{,}03\,\frac{Euro}{Tag} \cdot 365\,Tage = 10{,}95\,Euro$

5 Beispielrechnung

Material C

Kilowattstunde

1 Mit 1 kWh kann man: → 6

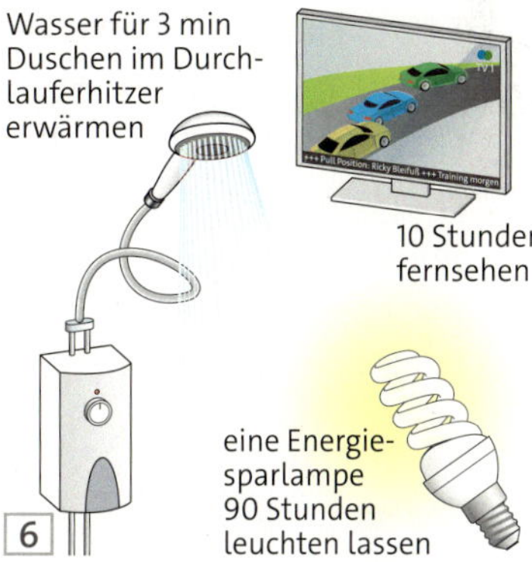

6

a ○ Trage die elektrischen Geräte und Einschaltzeiten in eine Tabelle ein. Beginne mit der kürzesten Zeit.
b ● Welches Gerät hat die größte Leistung? Begründe deine Antwort.

Wie teuer ist elektrische Energie?

Erweitern und Vertiefen

Projekt: Energiesparen in der Schule – wir helfen mit

Projektideen

- Startet eine Umfrage zum Energiebedarf an eurer Schule. Dabei ergeben sich vielleicht schon Ideen für Einsparmöglichkeiten ...
- Man kann Energiemessgeräte kaufen oder beim Elektrizitätswerk leihen. Führt Messungen damit durch und veröffentlicht Messprotokolle (Klassenräume, Computerraum, Stand-by-Schaltungen von Fernsehern oder Computern).
- Lest den Stand der Energiezähler in der Schule regelmäßig ab. → 2 Zeichnet monatlich den elektrischen Energieverbrauch der Schule auf und veröffentlicht die Daten (Plakate, Grafiken, Spitzenwerte ...).
- Messt den Energiebedarf der Elektrogeräte in jedem Raum (Lampen, Computer, Projektor ...).
- Entwickelt Energiespartipps für die ganze Schule und für jeden Klassenraum. → 3 Holt euch dazu Informationen von Verbraucherzentralen und von Energieversorgern. Informiert alle Schüler und Lehrer über energiesparendes Verhalten (Plakate, Flugblätter, Videofilm, Internetseite ...).

2

3

1 Wir sparen Energie ein!

Aufgaben

1 Zählt die Lampen in den Klassenzimmern und notiert ihre Wattzahl. Schätzt ab, wie viel elektrische Energie sie insgesamt brauchen.
Beispiel: In jedem Klassenzimmer leuchten 30 Glühlampen zu je 75 Watt an 200 Schultagen durchschnittlich 2 Stunden lang. Bei 20 Klassenräumen ergibt sich ein Jahresbedarf von 18 000 kWh.

a Die Glühlampen wurden durch Sparlampen mit 13 W ersetzt. Schätzt den Energiebedarf ab. Vergleicht mit den Glühlampen.

b Rechnet auf gleiche Weise für Computer, Beamer ...

2 Stellt den geschätzten Jahresenergiebedarf für unterschiedliche elektrische Geräte in eurer Schule dar (Lampen, Computer, Beamer ...). Fertigt dazu ein Säulendiagramm an.

Erweitern und Vertiefen

Energiesparen zu Hause

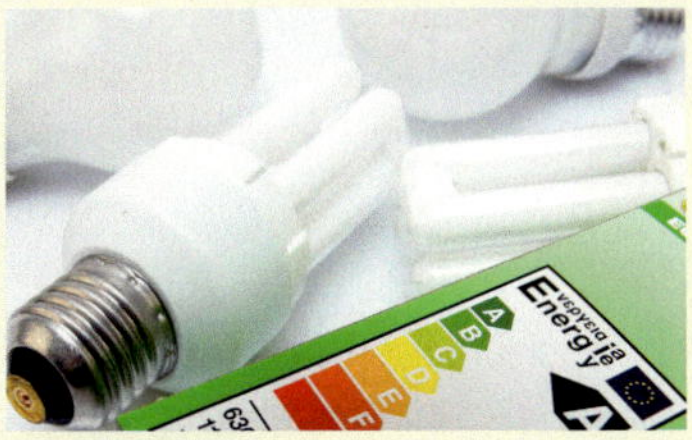

4 Energielabel

5 Kostenlos Wäsche trocknen

6 Schnellkochtopf

Beim Einkauf auf das Energielabel achten • Je größer die Leistungsangabe auf dem Typenschild des Geräts, desto teurer seine Benutzung! Das Energielabel zeigt, wie sparsam das Gerät mit Energie umgeht. → 4

Kühler Ort fürs Kühlgerät • Kühlschränke sollte man nicht neben den Elektroherd stellen. Gefrierschränke gehören in den Keller und nicht in die warme Küche (Spareffekt: ca. 30 %).

Geräte vollpacken • Zwei „Sparwäschen“ mit halb vollem Geschirrspüler oder halb voller Waschmaschine sind oft teurer als ein normaler Waschgang!

Kühler Tipp für heiße Wäsche • Viele meinen: „Wäsche muss gekocht werden, sonst wird sie nicht ganz sauber.“ Für nur leicht verschmutzte Kochwäsche reicht aber oftmals eine Waschtemperatur von 60 °C aus (Spareffekt: ca. 40 %).

Sonne und Wind einsetzen • Auf der Leine trocknet die Wäsche kostenlos. Das zählt – da mag ein elektrischer Wäschetrockner noch so bequem sein (Spareffekt: 100 %). → 5

„Spartopf“ verwenden • Im Schnellkochtopf steigt die Temperatur über 100 °C. → 6 Das Essen wird so schneller gar. Hier gilt: „Zeit ist Geld“ (Spareffekt: über 50 %). Übrigens: Nicht jeder Topf ist für jede Kochplatte geeignet.

Nachwärme nutzen • Bleiben Speisen länger als 30 Minuten im Backofen, braucht man nicht vorzuheizen. Die Nachwärme kann man immer nutzen: 6 Minuten vor Ende der Backzeit abschalten (Spareffekt: bis zu 20 %).

Geräte vom Netz trennen • Fernseher, Musikanlagen, Spielkonsolen, Computer, Drucker usw. benötigen auch im Stand-by-Betrieb Energie.

Energienutzung messen • Bei vielen Energieunternehmen kann man kostenlos Energiemessgeräte ausleihen, um zu Hause den „Stromverbrauch“ von Elektrogeräten zu überprüfen. So kann man beurteilen, ob es sich lohnt, einen „Energiefresser“ zu ersetzen.

Aufgabe

1 ▢ Nenne drei Spartipps mit den größten Spareffekten.

Zusammenfassung

Elektrisch geladen • Gegenstände können positiv (+) oder negativ (–) geladen sein. Gleich geladene Gegenstände stoßen sich ab. Ungleich geladene Gegenstände ziehen einander an. → 1 2

Aufladen • Ein ungeladener Gegenstand enthält gleich viele positive und negative Teilchen (Elektronen). Durch Abgeben oder Aufnehmen von Elektronen wird er elektrisch geladen. → 3

1 Abstoßung elektrisch geladener Gegenstände

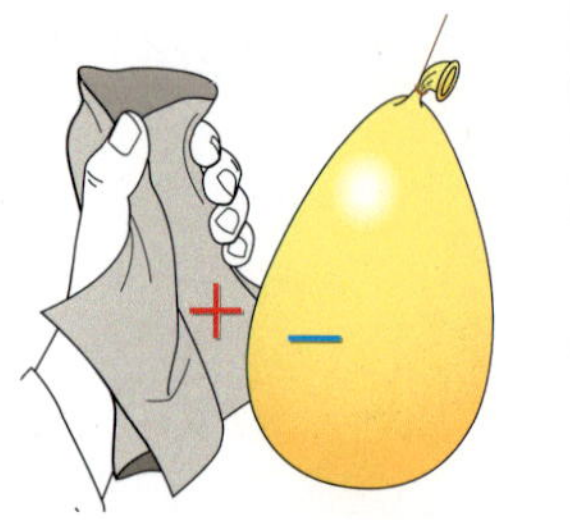

2 Anziehung elektrisch geladener Gegenstände

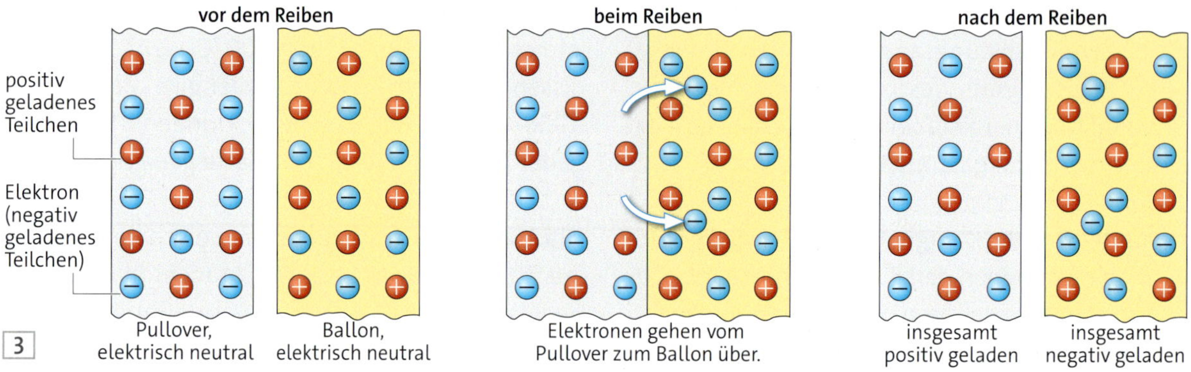

3

Elektrische Stromstärke • Je mehr Elektronen und somit negative Ladung pro Sekunde an einer Stelle des Stromkreises vorbeiströmen, desto größer ist die Stromstärke. → 4
Das Messgerät wird in Reihe eingebaut. → 5
Einheit: 1 Ampere (1 A)
Im einfachen Stromkreis ist die Stromstärke überall gleich groß. → 5
Je größer die Stromstärke ist, desto mehr elektrische Energie wird pro Sekunde zum Gerät transportiert (bei gleicher Spannung).

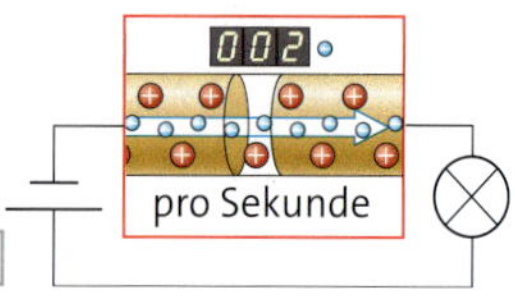

4

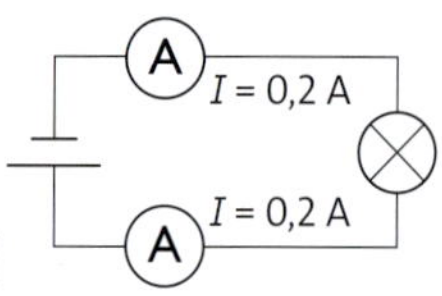

5

Elektrische Spannung • Die Spannung gibt an, wie viel Energie pro Elektron und somit negativer Ladung transportiert wird.
Das Messgerät wird parallel angeschlossen. → 6
Einheit: 1 Volt (1 V)
Im einfachen Stromkreis ist die Spannung am Gerät genauso groß wie an der Quelle.
Je größer die Spannung ist, desto mehr elektrische Energie wird pro Sekunde zum Gerät transportiert (bei gleicher Stromstärke).

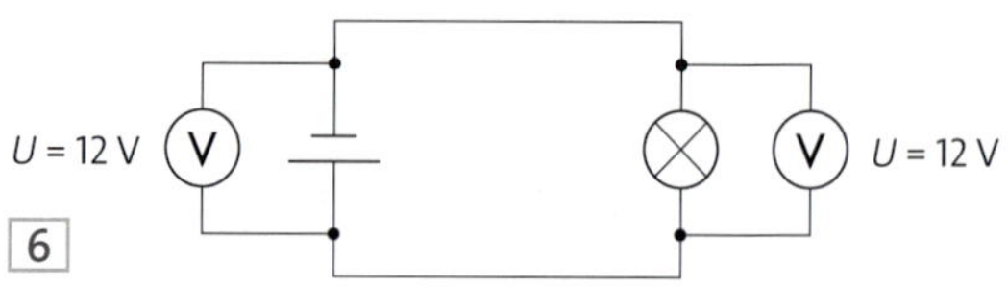

6

Einfache Stromkreise • In Reihenschaltungen summieren sich die Spannungen bei elektrischen Energiequellen: $U_{gesamt} = U_1 + U_2$ → 7
Bei Geräten teilt sich die Spannung auf:
$U_{Quelle} = U_1 + U_2$ → 8
Die Stromstärke ist in jedem Gerät gleich groß.

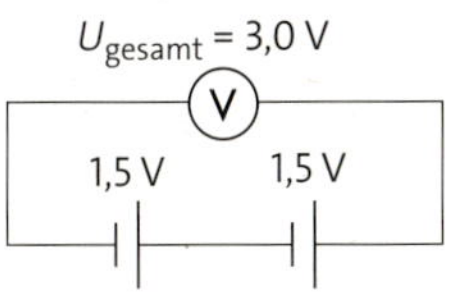

7

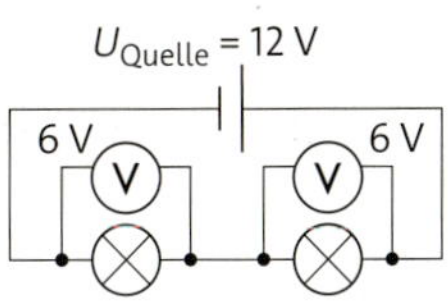

8

Energieversorgung im Haushalt • Die Steckdosen im Haushalt und die Lampen am Fahrrad sind parallel geschaltet. In Parallelschaltungen summieren sich die Stromstärken: $I_{gesamt} = I_1 + I_2$
→ 9
Die Spannung ist an jedem Gerät gleich groß.

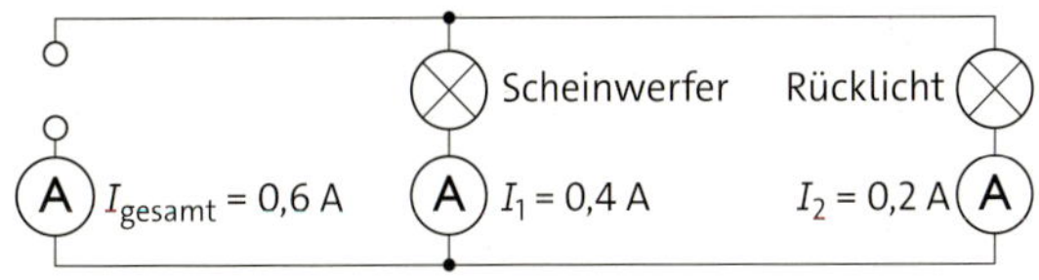

9

Schutzmaßnahmen • Sicherungen schützen elektrische Anlagen vor zu großer Stromstärke. → 10
Schutzleiter und Fehlerstromschutzschalter schützen den Menschen vor Elektrounfällen.

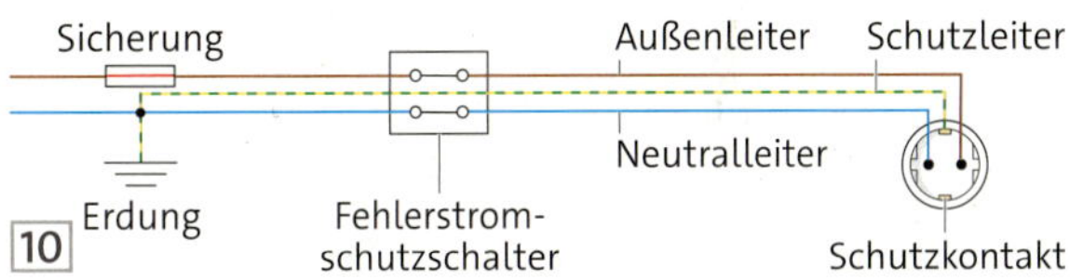

10

„Power" – gemessen in Watt • Die Leistung gibt an, wie viel elektrische Energie das Gerät pro Sekunde umwandelt.
Die Einheit der Leistung ist 1 Watt (1 W).

Leistung: Spannung und Stromstärke* • Wenn du die Spannung U und die Stromstärke I kennst, kannst du die Leistung P eines Elektrogeräts so berechnen: $P = U \cdot I$
$1\,W = 1\,V \cdot 1\,A = 1\,VA$

Wie teuer ist elektrische Energie? • Ein Elektrogerät wandelt umso mehr elektrische Energie E um, je höher seine Leistung P und je länger die Einschaltzeit t ist: Energie = Leistung mal Zeit
$E = P \cdot t$ → 11
Die elektrische Energie wird oft in Kilowattstunden (kWh) angegeben: 1 kWh = 3,6 MJ.
1 kWh elektrische Energie kostet rund 0,30 €.

Ein Bügeleisen mit einer Leistung von 800 W wird 30 min lang benutzt.
Berechne die umgewandelte elektrische Energie und die Kosten dafür.

Umrechnungen:
800 W = 0,8 kW; 30 min = 0,5 h

Elektrische Energie: $E = P \cdot t$
$E = 0{,}8\,kW \cdot 0{,}5\,h = 0{,}4\,kWh$

Energiekosten: $0{,}4\,kWh \cdot 0{,}30\,\frac{Euro}{kWh} = 0{,}12\,Euro$

11 Elektrische Energie und Kosten berechnen

Teste dich! (Lösungen auf Seite 439)

Elektrisch geladen

1 ○ Wie unterscheidet sich ein negativ geladener Gegenstand von einem ungeladenen? Beschreibe es mit einer Modellvorstellung.

2 ◐ Positive Teilchen können in Metallen und vielen festen Stoffen nicht wandern. Trotzdem können die Gegenstände positiv geladen sein. Erkläre dies mit einer Modellvorstellung.

Die elektrische Stromstärke

3 Ein Stromkreis besteht aus Netzgerät, Motor, Schalter und Kabeln.

a ○ Beschreibe, wie du die Stromstärke misst.

b ◐ Zeichne den Schaltplan mit Messgerät.

4 ○ Lies die Stromstärke richtig ab. → 1 – 3 Gib jeden Messwert in A und mA an.

1 – 3 Ableseübung

5 ● „Meine Taschenlampe verbraucht Strom.“ Bewerte diese Aussage.

Die elektrische Spannung

6 Ein Stromkreis besteht aus Generator, Lampe, Schalter und Kabeln.

a ○ Beschreibe, wie du die Spannung am Generator misst.

b ◐ Zeichne den Schaltplan mit dem Messgerät.

7 ◐ Eine Energiesparlampe leuchtet nicht, wenn sie an eine Flachbatterie angeschlossen wird. Erkläre die Beobachtung.

8 ◐ Eine Campinglampe braucht eine Spannung von 12 V.

a Gib an, mit wie vielen Batterien (1,5 V) man diese Spannung erreichen kann.

b Zeichne, wie die Batterien geschaltet sind.

9 ◐ Eine Lichterkette für das Wohnmobil hat 10 Lampen in einer Reihenschaltung. Sie ist an die Autobatterie (12 V) angeschlossen. Berechne die Spannungen an den Lampen.

Energieversorgung im Haushalt

10 Drei gleiche Lampen werden parallel an ein Netzgerät angeschlossen.

a ○ Zeichne den Schaltplan und markiere die einzelnen Stromkreise mit verschiedenen Farben.

b ◐ In der gemeinsamen Zuleitung beträgt die Stromstärke 1,2 A. Berechne die Stromstärke in jeder Lampe.

Schutzmaßnahmen im Stromnetz

11 ◐ Erkläre die Funktion eines Fehlerstromschutzschalters (FI-Schalters). → 4

12 ● Klara schaltet das Bügeleisen ein – und die Sicherung springt heraus. Erkläre drei Möglichkeiten, wie das passiert sein kann.

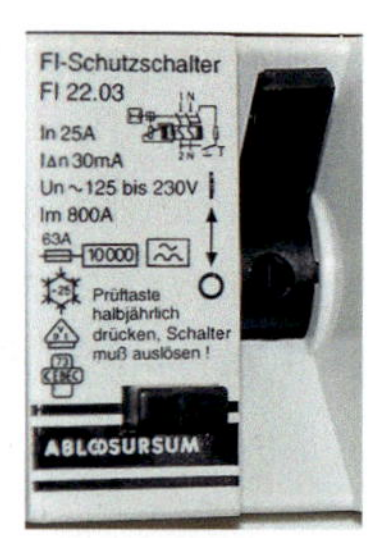

4 Fehlerstromschutzschalter

„Power“ – gemessen in Watt

13 Beim Kauf eines Bügeleisens musst du dich zwischen einem Gerät mit 1000 W und einem mit 3000 W entscheiden. Begründe deine Kaufentscheidung. Gehe dabei auf die „Wattzahl“ ein.

Leistung: Spannung und Stromstärke*

14* Berechne:
a Leistung einer Taschenlampe (4,5 V; 0,3 A)
b Stromstärke in einer Glühlampe (6 V; 2,4 W)
c Spannung an einer Lampe (2,4 W; 400 mA)

Wie teuer ist elektrische Energie?

15 Das Energielabel eines Haushaltgeräts zeigt, wie viel elektrische Energie das Gerät benötigt. → 5
a Gib an, um welches Gerät es sich handelt.
b Berechne die jährlichen Energiekosten.
c „A^{+++} ist viel günstiger als A^{+}.“ Erkläre, was damit gemeint ist.

16 Die Elektrogeräte in unserem Haushalt brauchen unterschiedlich viel elektrische Energie im Jahr. → 6
a Berechne für jedes Gerät die jährlichen „Stromkosten“. Gehe davon aus, dass 1 kWh elektrische Energie 0,30 € kostet.
b Berechne die jährlichen „Stromkosten“ für einen LED-Fernseher. Er hat eine Leistung von 120 W und läuft an 300 Tagen im Jahr durchschnittlich 5 h lang.
c In der Studenten-WG von Antonia läuft die Musikanlage jeden Tag im Durchschnitt 3 h lang. Den Rest der Zeit „wartet“ die Anlage im Stand-by. Dabei beträgt ihre Leistung 10 W.
Bewerte den Stand-by-Betrieb. Berechne dazu auch die jährlichen „Stromkosten“, die im Stand-by anfallen.

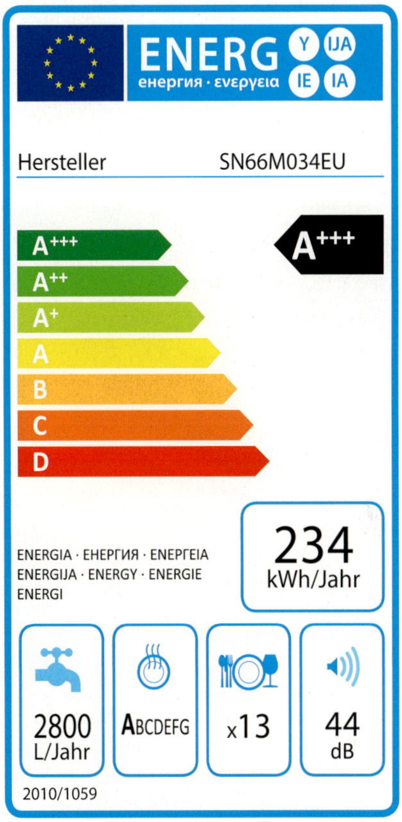

5 Energielabel Haushaltsgerät

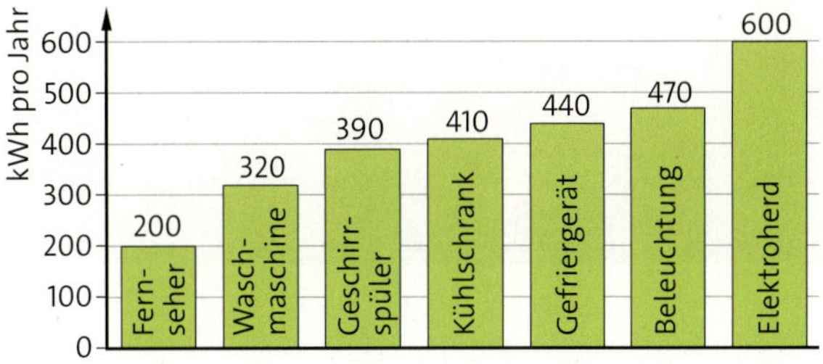

6 Elektrische Energie für einen 4-Personen-Haushalt

Der elektrische Widerstand

Wenn der Elektronenstrom fließt, wird der Draht so heiß, dass er glüht.

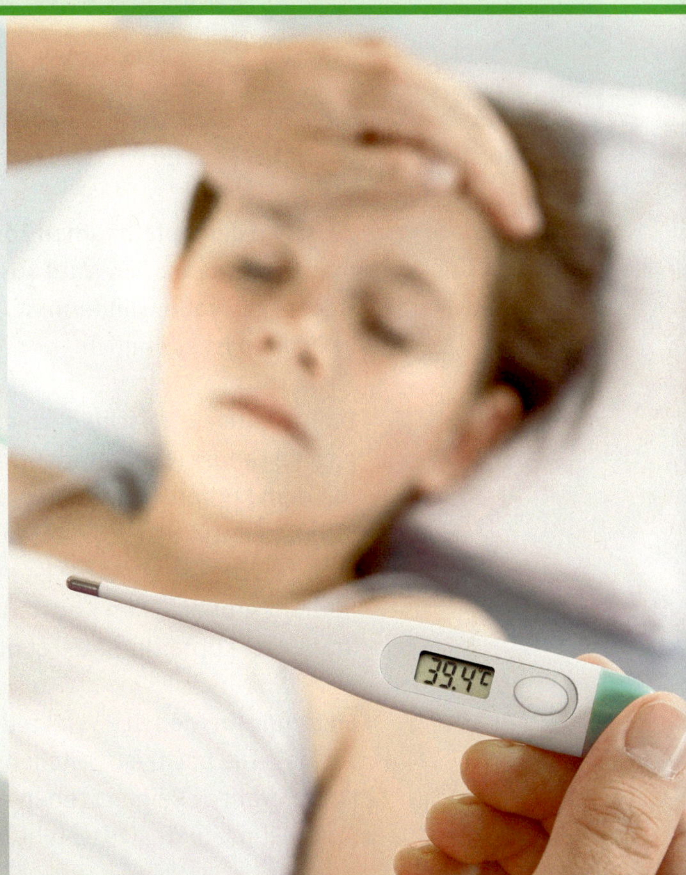

Das Erdkabel zur Elektrizitätsversorgung enthält viel teures Kupfer. Warum verwendet man keine billigen Eisendrähte?

Dieses Fieberthermometer misst die Temperatur mithilfe des elektrischen Widerstands. Ein kleines Bauteil ist dafür verantwortlich. Wie funktioniert es?

Elektronenstrom mit Hindernissen

1 2 Durch welchen „Wald“ könntest du schneller laufen?

Material zur Erarbeitung: A

Zwischen den Apfelbäumen kommt man leicht voran. Der Wald aus Bambus ist dagegen voller Hindernisse. In Drähten ist es ähnlich.

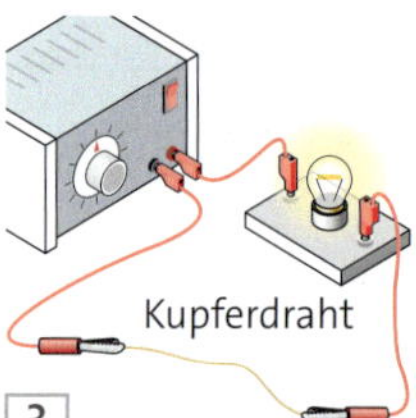

3

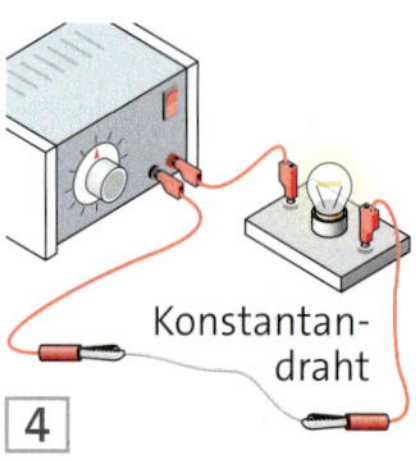

4

Drähte leiten unterschiedlich gut • Die gleiche Lampe leuchtet im Stromkreis mit dem Kupferdraht heller als im Stromkreis mit dem Konstantandraht. → 3 4 Die Stromstärke ist im Kupferdraht größer als im Konstantandraht. Der Kupferdraht leitet besser.

Erklärung im Modell • Wir stellen uns vor, dass die positiven Teilchen im Kupferdraht in Reihen stehen wie die Apfelbäume in der Obstplantage. → 5 Die Elektronen können relativ schnell durch den Kupferdraht strömen. Sie stoßen nur selten gegen die positiven Teilchen. Die Stromstärke ist groß. Im Konstantandraht sind die positiven Teilchen dagegen nicht in Reihen angeordnet. → 6 Die Elektronen stoßen oft an und kommen relativ langsam voran. Die Stromstärke ist gering. Die Stöße der Elektronen lassen die positiven Teilchen stärker hin- und herschwingen: Der Draht wird warm.

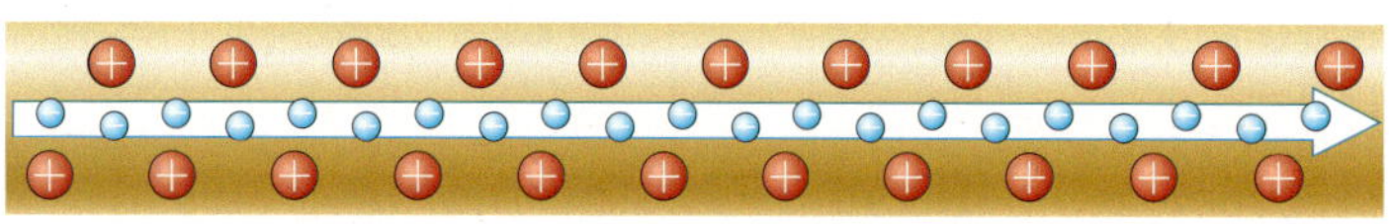

5 Leitung im Kupferdraht (Modellvorstellung)

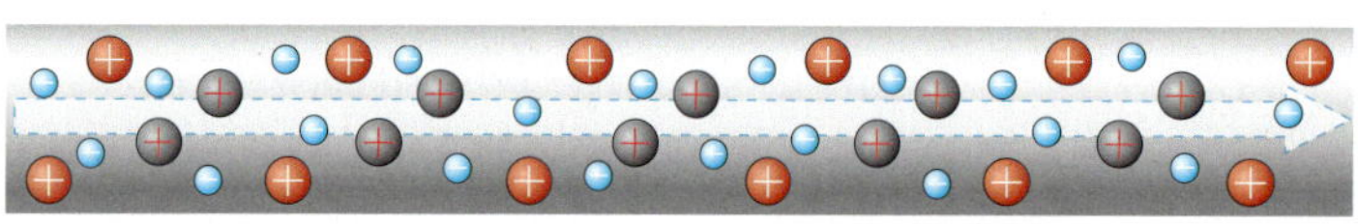

6 Leitung im Konstantandraht (Modellvorstellung)

Drähte lassen den Elektronenstrom nicht ungehindert durch. Sie haben einen elektrischen Widerstand. Je schlechter ein Draht leitet, desto größer ist sein Widerstand.

Widerstand • Er wird in Formeln mit R bezeichnet (engl. resistance: Widerstand). Die Einheit ist 1 Ohm (1 Ω). Große Widerstände gibt man in Kiloohm (kΩ) oder Megaohm (MΩ) an: 1000 Ω = 1 kΩ; 1000 kΩ = 1 MΩ. Vielfachmessgeräte können Stromstärke, Spannung und Widerstand messen.

Aufgaben

1 ○ Ergänze: „Je besser ein Draht leitet, desto ◈ ist sein Widerstand.“

2 ◐ Nenne den Draht mit dem größeren Widerstand. → 5 6 Begründe.

3 ○ Rechne um:

2000 Ω = ? kΩ	200 kΩ = ? MΩ
32 kΩ = ? Ω	12 MΩ = ? kΩ = ? Ω

Material A

Stromstärke bei verschiedenen Drähten

Materialliste: Glühlampe (4 V; 1 A oder 6 V; 0,6 A), Netzgerät (4 oder 6 V), Drähte aus Kupfer, Eisen, Konstantan (jeweils 0,2 mm dick und 0,5 m lang), Messgerät (Ampere), 2 Tonnenfüße, 2 Isolatoren, Kabel

1 ▢ Die Lampe wird über die verschiedenen Drähte angeschlossen. → 7 Leuchtet sie immer gleich hell?

a Schließe die Lampe direkt an das Netzgerät an. Beschreibe, wie hell sie leuchtet.

b Gleich sollen die Drähte in den Stromkreis eingebaut werden. Wird sich die Helligkeit der Lampe verändern? Schreibe deine Vermutung auf.

c Baue die Drähte nacheinander in den Stromkreis ein. Beobachte und vergleiche jeweils, wie hell die Lampe leuchtet. Vergleiche auch mit deiner Vermutung.

2 ▢ Baue das Messgerät in den Stromkreis ein.

a Miss bei den drei Drähten jeweils die Stromstärke. Trage die Messwerte in eine Tabelle ein. → 8

b Gib an, welcher Draht den größten Strom zulässt und welcher den kleinsten.

c Der Widerstand eines Drahts ist groß, wenn er nur einen kleinen Strom zulässt. Ordne den Drähten einen Widerstand zu: groß, mittel, klein. Ergänze die Tabelle.

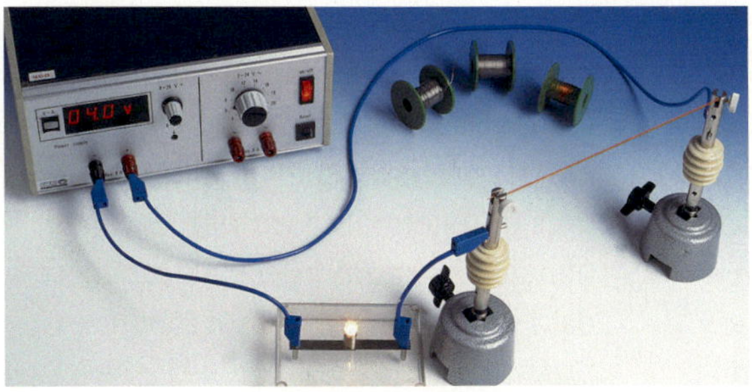

7 Die Lampe zeigt die Stromstärke an.

Draht aus:	Stromstärke	Widerstand
Kupfer	? mA	?
Eisen	? mA	?
Konstantan	? mA	?

8 Stromstärke und Widerstand der Drähte

Achtung • Blanke Drähte nicht berühren, solange sie Teil des Stromkreises sind.

Material B

Drähte und Stromstärke

Draht aus:	Stromstärke
Kupfer	3,64 A
Eisen	0,63 A
Konstantan	0,12 A

9 Gleiche Spannung – verschiedene Stromstärken

1 ▢ In einem Versuch werden gleich lange und dicke Drähte aus verschiedenen Stoffen an ein Netzgerät angeschlossen. Es werden unterschiedliche Stromstärken gemessen. → 9

a Sortiere die Drähte nach ihrem Widerstand. Beginne mit dem größten Widerstand.

b Ergänze:
- Der Draht mit der größten Stromstärke hat den ◈ Widerstand.
- Der Draht mit dem größten Widerstand lässt den ◈ Strom zu.

Wovon hängt der Widerstand ab?

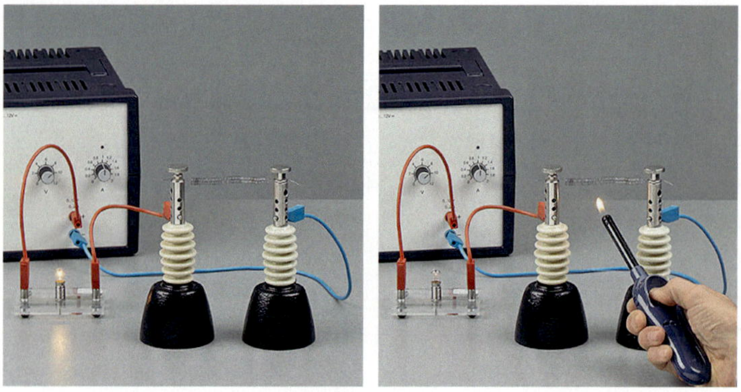

1 Die Glühlampe wird abgedunkelt – mit einer Flamme!

Materialien zur Erarbeitung: A–B

Der Draht wird heiß – die Lampe wird dunkel. Der Widerstand des Drahts hat sich verändert. Wovon hängt er ab?

Temperatur • Je wärmer ein Draht ist, desto größer ist in der Regel sein Widerstand. → 2
Bei steigender Temperatur schwingen die positiven Teilchen im Draht stärker hin und her, sodass die strömenden Elektronen häufiger gegen sie stoßen. Stelle dir vor, dass dein Gegenspieler beim Fußball nicht nur einfach dasteht, sondern sich rasch hin- und herbewegt. Dann wird es schwerer, an ihm vorbeizukommen.
Nur bei Konstantan hängt der Widerstand nicht von der Temperatur ab.

Länge • Je länger ein Draht ist, desto größer ist sein Widerstand. → 2
Auf ihrem Weg durch den langen Draht stoßen die Elektronen viel häufiger gegen positive Teilchen als im kurzen Draht.

Dicke • Je dünner ein Draht ist, desto größer ist sein Widerstand. → 2
Im dünnen Draht haben die Elektronen nur wenig Platz, um gleichzeitig durchzukommen.

Material • Kupfer hat nur einen geringen Widerstand. Deshalb benutzt man es oft für elektrische Leitungen. Die meisten anderen Metalle haben einen größeren Widerstand. → 3
Kunststoffe und andere Isolatoren haben einen besonders hohen Widerstand. Das liegt aber nicht daran, dass die positiven Teilchen in ihnen besonders unregelmäßig verteilt sind. In ihnen gibt es kaum freie Elektronen, sodass praktisch kein Strom möglich ist.

Der Widerstand eines Drahts hängt vom Material ab.
Der Widerstand ist umso größer:
- je länger der Draht ist.
- je dünner der Draht ist.
- je höher die Temperatur ist.

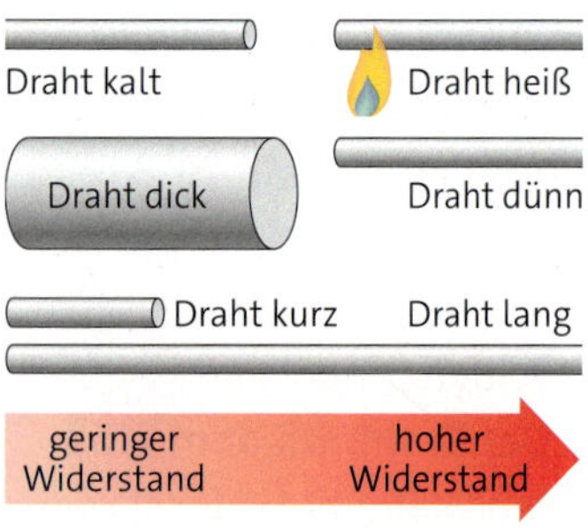

2 Temperatur, Länge, Dicke

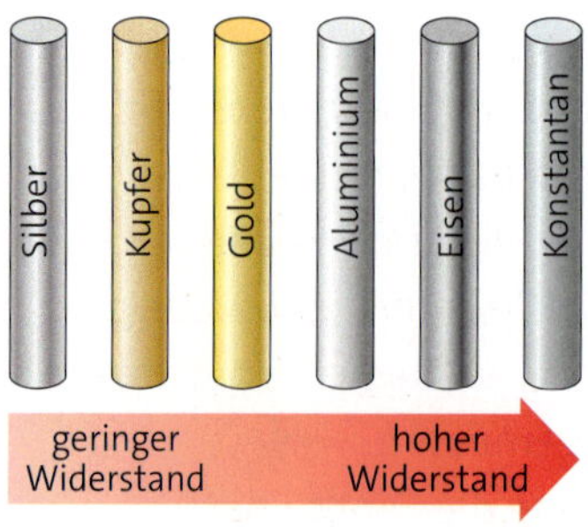

3 Material

Aufgabe

1 ◯ Bilde Sätze zu Bild 2 nach folgendem Muster: „Je länger der Draht ist, desto ⟨?⟩ ist sein Widerstand und desto ⟨?⟩ leitet der Draht."

der Konstantandraht

Material A

Widerstand beim Erwärmen und Abkühlen

Materialliste: Drähte aus Eisen und Konstantan (jeweils 0,5 m lang, 0,2 mm dick), Bleistiftmine, Messgerät (Ohm), 2 Tonnenfüße, 2 Isolatoren, Kabel, Föhn, Eisspray oder Kühlpack

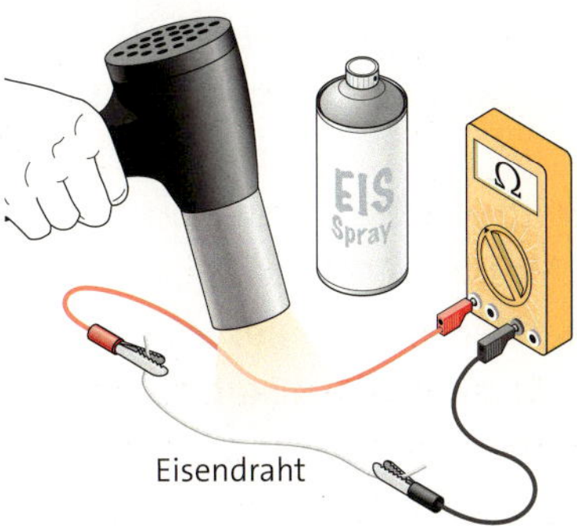

4 Ändert sich der Widerstand?

1 Wie verändert sich der Widerstand von Gegenständen, wenn sie erwärmt oder abgekühlt werden?

a Miss nacheinander den Widerstand der Drähte und der Bleistiftmine. → 4 Lege eine Tabelle an. → 5 Notiere die Messwerte unter „bei Raumtemperatur“.

b Erwärme mit dem Föhn. Miss den Widerstand der Drähte und der Mine. Trage in die Tabelle ein, wie sich der Widerstand verändert: wird größer, wird kleiner, bleibt gleich.

c Kühle mit dem Eisspray. Miss wieder den Widerstand. Ergänze die Tabelle.

d Vergleiche, wie sich der Widerstand der Gegenstände beim Erwärmen und beim Abkühlen verhält.

Gegenstand	Widerstand		
	bei Raumtemperatur	bei Erwärmung	bei Abkühlung
Eisendraht	? Ω	? Ω	? Ω
Konstantandraht	? Ω	? Ω	? Ω
Bleistiftmine	? Ω	? Ω	? Ω

5 Beispieltabelle

Material B

Widerstand – Länge und Dicke von Drähten

Materialliste: Netzgerät (6 V), Eisendrähte (1 m lang, verschieden dick), 2 Tonnenfüße, 2 Isolatoren, Messgerät (Ohm), Kabel

1 Untersuche, wie der Widerstand eines Drahts von seiner Länge abhängt.

a Plane den Versuch. Lies vorher die Methode „Versuche planen“ auf der nächsten Doppelseite.

b Lass die Planung vom Lehrer oder von der Lehrerin überprüfen. Wenn deine Planung in Ordnung ist, kannst du den Versuch durchführen.

c Beschreibe, ob der Versuch deine Vermutung bestätigt.

2 Untersuche, wie der Widerstand eines Drahts von seiner Dicke abhängt.

Material C

Heizdraht

1 Der Toaster ist eingeschaltet, der Draht wird heiß. → 6

a Gib an, wie sich der Widerstand des Drahts ändert.

b Erkläre mit einem Modell, warum der Draht heiß wird.

6 Glühender Heizdraht

Wovon hängt der Widerstand ab?

Methode

Versuche planen

„Wovon hängt der Widerstand eines Drahts ab?" Solche Fragen werden in der Physik oft gestellt. Der erste Schritt auf dem Weg zur Antwort ist eine Vermutung: „Der elektrische Widerstand eines Drahts hängt vom Material, von der Länge, der Dicke und der Temperatur ab."
Die Vermutung muss überprüft werden. Das geschieht mit einem Versuch. Er muss gut geplant sein:

1. Vermutung genau aufschreiben Beschränke dich auf nur einen Zusammenhang. Beispiel: „Je länger ein Draht ist, desto größer ist sein elektrischer Widerstand."

2. Versuchsidee und -skizze Jetzt brauchst du eine Idee, wie du den Zusammenhang untersuchen kannst. Zeichne sie als Skizze auf. Gib die benötigten Materialien und Messgeräte an. Die Skizze hilft dir, den Versuchsablauf zu verstehen und den Versuch richtig aufzubauen. → 1

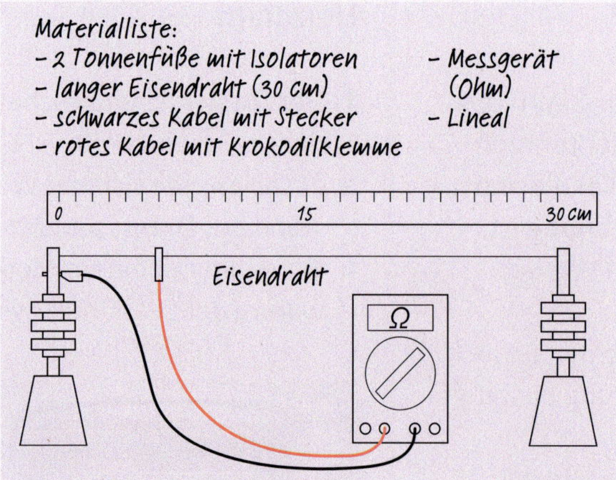

1 Versuchsskizze: Länge und Widerstand des Drahts

3. Durchführung planen Beschreibe genau, wie der Versuch durchgeführt werden soll. Verändere nur eine physikalische Größe! Die folgenden Fragen können dir bei der Planung helfen:
- Welche Größen werden gemessen?
  Beispiel: Länge des Drahts, Widerstand
- Welche Größe wird verändert?
  Beispiel: Länge des Drahts
- Welche Größen müssen gleich bleiben?
  Beispiel: Material, Dicke und Temperatur des Drahts
- Welche Messgeräte werden benutzt?
  Beispiel: Lineal, Messgerät (Ohm)
- In welchen Abständen wird gemessen?
  Beispiel: Widerstand bei 5 cm, 10 cm, 15 cm ... Drahtlänge messen
- Wie groß sind die Messbereiche?
  Beispiel: Der Draht ist 50 cm lang. Beim Messgerät (Ohm) wird zunächst der größte Messbereich eingestellt.

4. Aufgaben verteilen Wenn ihr den Versuch in einer Gruppe durchführt, müsst ihr euch vorher absprechen:
- Wer besorgt das Material?
- Wer baut den Versuch auf (und wieder ab)?
- Wer misst?
- Wer schreibt das Protokoll?

Nun ist die Planung abgeschlossen. Der Versuch kann beginnen.

Aufgaben

1 Merles Planung für einen Versuch ist nicht vollständig. → 2

a ◐ Beschreibe, was in der Skizze fehlt.

b ○ In der Durchführung ist eine Angabe überflüssig. Nenne sie.

c ◐ Vervollständige die Skizze und die Durchführung im Heft.

2 ◐ Michael kann aus seinen Messwerten nicht ablesen, ob seine Vermutung stimmt. → 3

a Beschreibe, was Michael ändern muss, damit er seine Vermutung überprüfen kann.

b Teile Michaels Vermutung in zwei auf.

c Plane einen Versuch, um eine dieser Vermutungen zu überprüfen.

Vermutung: Je dicker der Draht ist, desto kleiner ist sein Widerstand.

Versuchsskizze:

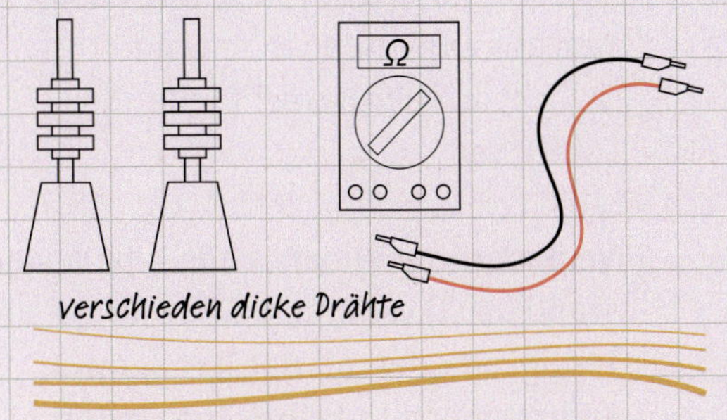

Durchführung: Ich spanne erst einmal den dünnsten Draht zwischen den Isolatoren ein. Beim Widerstandsmesser stelle ich den größten Messbereich ein. Dann schalte ich das Messgerät ein. Ich messe den Widerstand des Drahts. Wenn der Messwert sehr klein ist, schalte ich auf den nächstkleineren Messbereich um. Ich notiere den Messwert.

Dann ...

2 Merles Versuchsplanung

Vermutung: Der Widerstand eines Drahts hängt von der Länge und vom Material ab.

Versuchsskizze:

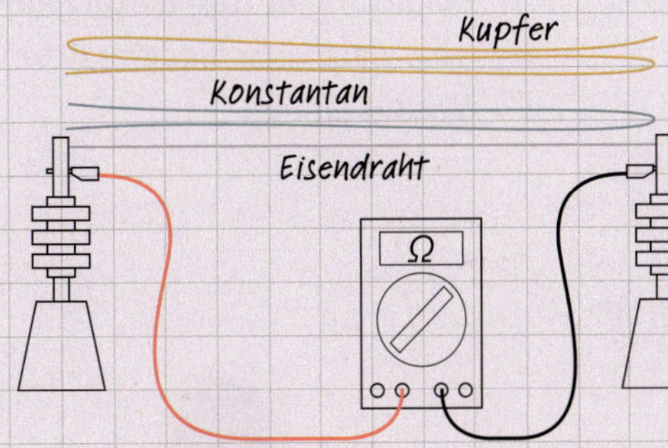

Durchführung: Ich messe den Widerstand bei verschieden langen Drähten aus unterschiedlichen Materialien.

Messwerte:

Messung	Länge	Material	Widerstand
1	1 m	Eisen	2 Ohm
2	2 m	Konstantan	8 Ohm
3	3 m	Kupfer	2 Ohm

3 Michaels Versuch

Widerstand: Spannung und Stromstärke

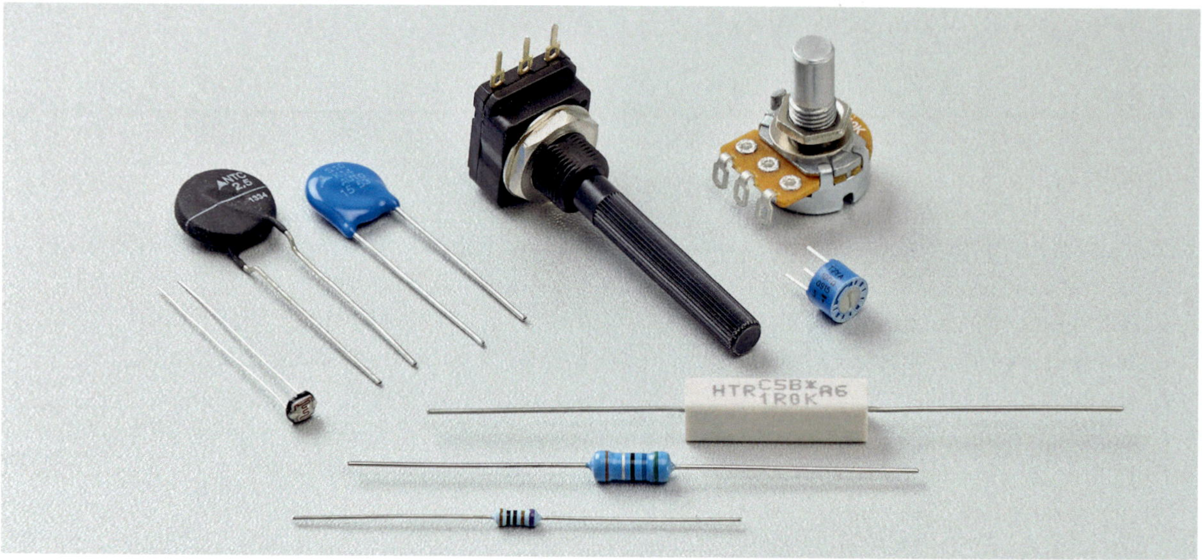

1 Viele Widerstände mit verschiedenen Eigenschaften

Material zur Erarbeitung: A

Widerstände sind Bauteile, die in vielen Schaltungen zum Einsatz kommen. Es gibt viele verschiedene Arten von Widerständen.

Festwiderstände • Ihr Widerstand (in Ω) bleibt immer „fest“. Sie bestehen aus einer dünnen leitenden Schicht auf einem nicht leitenden „Stäbchen“. → 2

Veränderliche Widerstände • Ihr Widerstand (in Ω) verändert sich z. B. mit der Helligkeit oder mit der Temperatur:

- Der Widerstand eines Fotowiderstands sinkt, wenn es heller wird. Man spricht auch von einem LDR (engl. light dependent resistor). → 3
- Der Widerstand eines Heißleiters sinkt, wenn die Temperatur steigt. Man spricht von einem NTC-Widerstand (engl. negative temperature coefficient). → 4
- Der Widerstand eines Kaltleiters steigt, wenn die Temperatur steigt. Man spricht von einem PTC-Widerstand (engl. positive temperature coefficient). → 5

Schaltzeichen

2 Festwiderstand

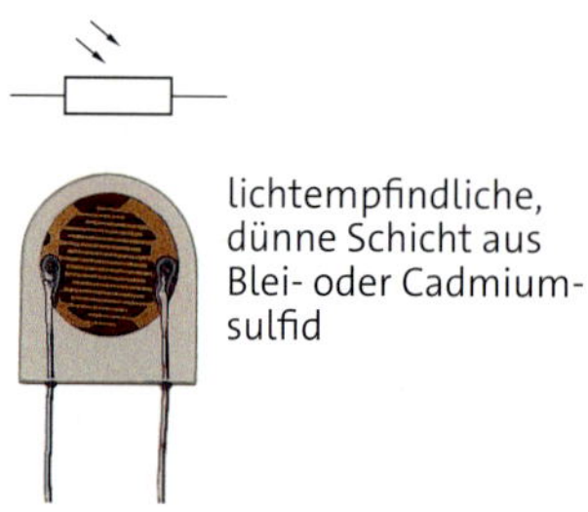

3 Fotowiderstand (LDR)

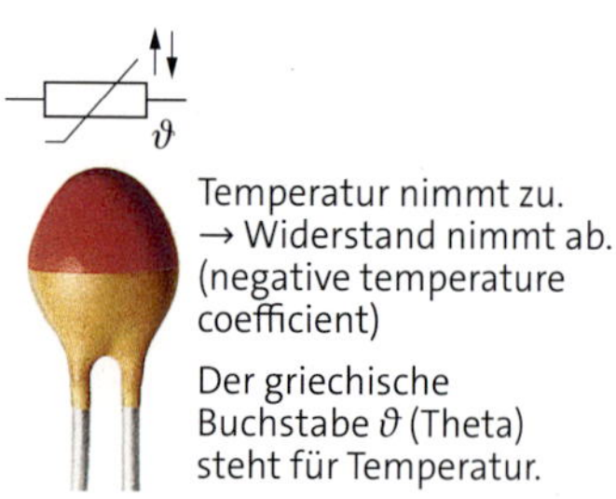

4 Heißleiterwiderstand

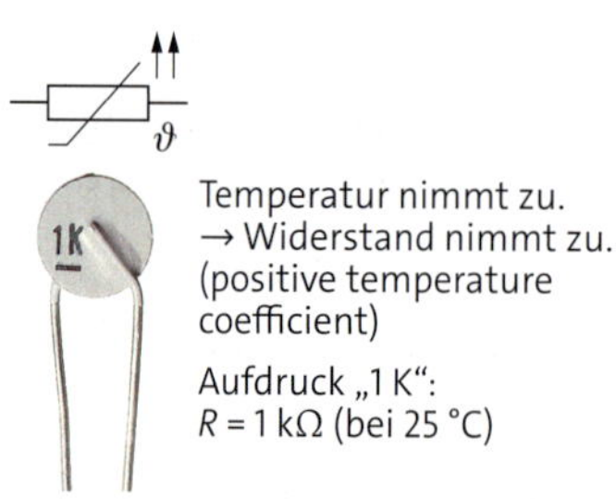

5 Kaltleiterwiderstand

der Widerstand
die Kennlinie
der Festwiderstand

Spannung und Stromstärke an der Glühlampe • Wenn man die Spannung an einer Glühlampe erhöht, beginnt sie zu leuchten und wird immer heller. Je größer die Spannung ist, desto größer ist die Stromstärke. → 6 Es gilt aber nicht „doppelte Spannung → doppelte Stromstärke“. Die Stromstärke wächst mit zunehmender Spannung immer langsamer an. Die Kennlinie wird immer flacher. Die Stromstärke ist nicht proportional zur Spannung.

Spannung und Stromstärke am Festwiderstand • Festwiderstände werden in vielen Schaltungen verwendet. Wenn man die Spannung kennt, kann man einfach berechnen, welche Stromstärke die Bauteile zulassen. Bei Festwiderständen gilt: „Doppelte Spannung → doppelte Stromstärke“. → 7 Die Stromstärke ist proportional zur Spannung. Die Kennlinie ist eine Gerade. Wenn man die Spannung durch die Stromstärke teilt, ergibt sich immer derselbe Wert:

$\frac{U}{I} = 1000 \frac{\text{V}}{\text{A}}$.

Misst man den Widerstand des Bauteils, erhält man den gleichen Zahlenwert: $R = 1000\,\Omega$!
Das ist kein Zufall, denn der elektrische Widerstand ist so festgelegt:

$$\text{Widerstand} = \frac{\text{Spannung}}{\text{Stromstärke}}$$

$$R = \frac{U}{I};\ 1\,\Omega = 1\,\frac{\text{V}}{\text{A}}$$

Bei dem Bauteil von Bild 2 bleibt der Widerstand immer (nahezu) gleich.

U in V	1,0	2,0	4,0	6,0
I in A	0,1	0,2	0,3	0,4

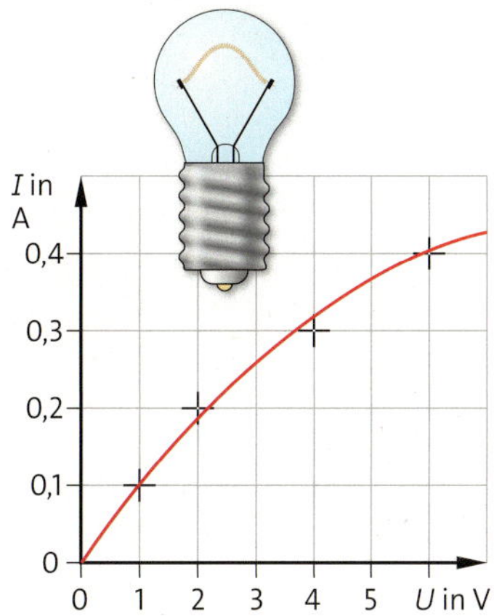

6 Glühlampe

U in V	1,0	2,0	4,0	6,0
I in mA	1,0	2,0	4,0	6,0

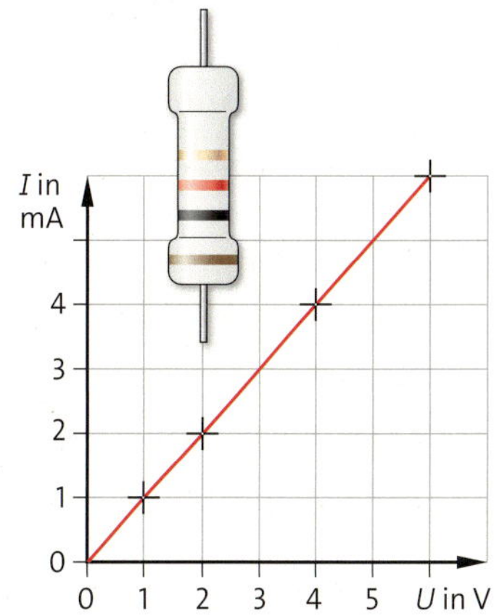

7 Festwiderstand

Aufgaben

1 ○ Nenne zwei verschiedene Arten von Widerständen.

2 ◐ Vergleiche die Funktion von zwei verschiedenen Widerstandsarten miteinander.

3 ○ Am Festwiderstand liegt eine Spannung von 10 V. → 7 Berechne die Stromstärke.

4 ○ Berechne den Widerstand der Glühlampe bei den vier Messungen. → 6 Beschreibe, wie sich der Widerstand mit zunehmender Stromstärke verändert.

5 ○ Gib jeweils für Heißleiter und Kaltleiter an, wie sich der Widerstand bei sinkender und steigender Temperatur verändert.

Widerstand: Spannung und Stromstärke

Material A

Spannung und Stromstärke

Wenn die Spannung an einem Draht erhöht wird, steigt die Stromstärke. Überprüfe die folgende Vermutung:
- Doppelte Spannung → doppelte Stromstärke.
- Dreifache Spannung → dreifache Stromstärke.

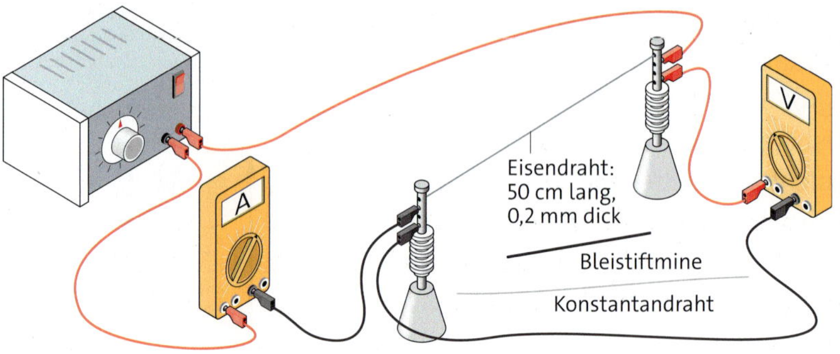

1 Spannung und Stromstärke am Draht messen

Materialliste: Netzgerät (6 V), Drähte aus Eisen und Konstantan (jeweils 0,5 m lang, 0,2 mm dick), Bleistiftmine, 2 Tonnenfüße, 2 Isolatoren, 2 Messgeräte (Ampere, Volt), Kabel

Achtung • Blanke Drähte und die Bleistiftmine nicht berühren, solange sie Teil des Stromkreises sind.

1 Spanne den Eisendraht in die Schaltung ein. → 1 Erhöhe die Spannung in 1-Volt-Schritten von 0 auf 6 V.

a Miss jeweils Spannung und Stromstärke. Trage die Messwerte in eine Tabelle ein. → 2

U in V	0	1,0	…	6,0
I in A	0	?	?	?

2 Beispieltabelle

b Zeichne ein Diagramm für die Messwerte. Die Spannung kommt an die waagerechte Achse, die Stromstärke an die senkrechte.

c Trage die Messwerte in das Diagramm ein.

d Gib an, ob die Vermutung für den Eisendraht gilt.

2 Wiederhole Messung und Auswertung:

a mit dem Konstantandraht

b mit der Bleistiftmine

Material B

R, *U*, *I* berechnen

Festwiderstand	A	B	C
U in V	12	?	1,5
I in A	0,18	1,28	?
R in Ω	?	180	1000

3 Messwerte

1 Die Tabelle ist lückenhaft. → 3 Berechne:

a den Widerstand von Bauteil A

b die Spannung an Bauteil B
Tipp: Löse $R = \frac{U}{I}$ nach *U* auf. Du kannst auch das Hilfsdreieck benutzen. → 4

c die Stromstärke im Bauteil C
Tipp: Löse $R = \frac{U}{I}$ nach *I* auf.

4 Decke die gesuchte Größe ab.

Material C

Messungen an technischen Widerständen

Materialliste: Messgerät (Ohm), verschiedene Festwiderstände, Fotowiderstand (LDR), Heißleiter (NTC), Kaltleiter (PTC), Kabel mit Krokodilklemmen, Föhn

1 ○ Festwiderstände

a Miss jeweils den Widerstand (in Ω) und notiere ihn.

b Erwärme einen Festwiderstand mit dem Föhn. → 5 Miss dabei mehrmals den Widerstand und notiere die Messwerte. Vergleiche mit dem Widerstand des kalten Festwiderstands.

2 Fotowiderstand (LDR)

a Miss den Widerstand (in Ω):
- LDR beleuchtet
- LDR abgedunkelt

b ○ Gib an, ob der Widerstand (in Ω) im Hellen oder im Dunkeln größer ist.

c ◐ Überlege und beschreibe, wozu man den Fotowiderstand verwenden könnte.

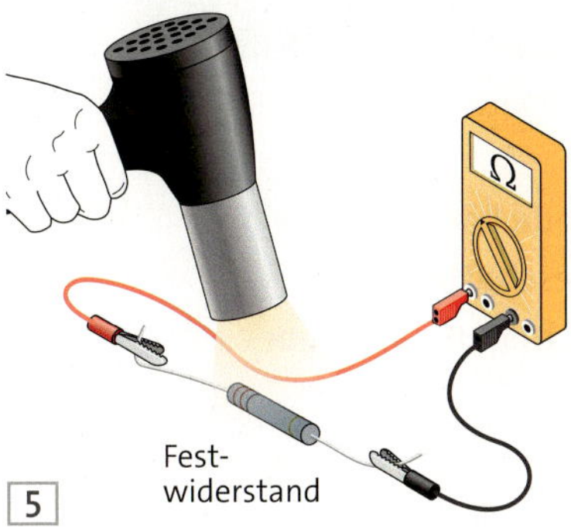

5

3 Heißleiter (NTC)

a Miss den Widerstand (in Ω):
- NTC bei Raumtemperatur
- NTC bei höherer Temperatur (mit Föhn erwärmen)

b ○ Gib an, wie sich der Widerstand beim Erwärmen verändert.

c ◐ Überlege und beschreibe, wozu man den Heißleiter verwenden könnte. Finde mehrere Möglichkeiten.

4 Kaltleiter (PTC)

a Führe den Versuch und die Messung wie beim Heißleiter durch.

b ◐ Überlege und beschreibe, wozu man den Kaltleiter verwenden könnte.

Material D

Heißleiter als Sensor

1 Dieses Fieberthermometer hat in seiner Spitze einen kleinen Heißleiter (NTC). → 6 Je höher die Temperatur ist, desto niedriger ist sein Widerstand. → 7 Ein kleiner Computer rechnet den gemessenen Widerstand mithilfe der Kennlinie des Heißleiters in Grad Celsius um. Das Display des Thermometers zeigt diesen Wert an.

a ○ Lies den Widerstand des Heißleiters bei 0 °C ab. → 7

b ○ Der Widerstand beträgt 5 kΩ. Lies ab, wie hoch die Temperatur ist. → 7

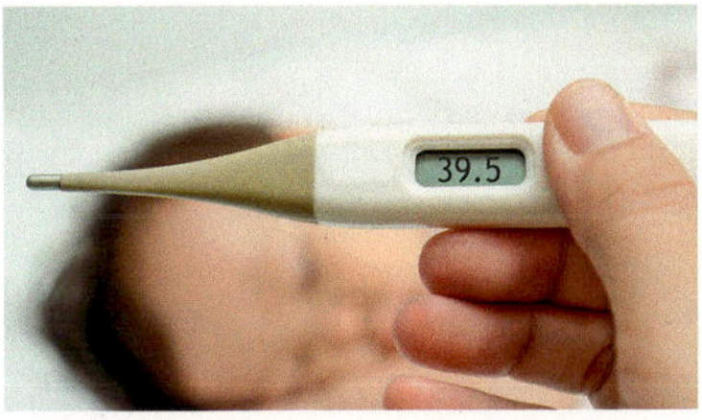

6 Elektronisches Fieberthermometer

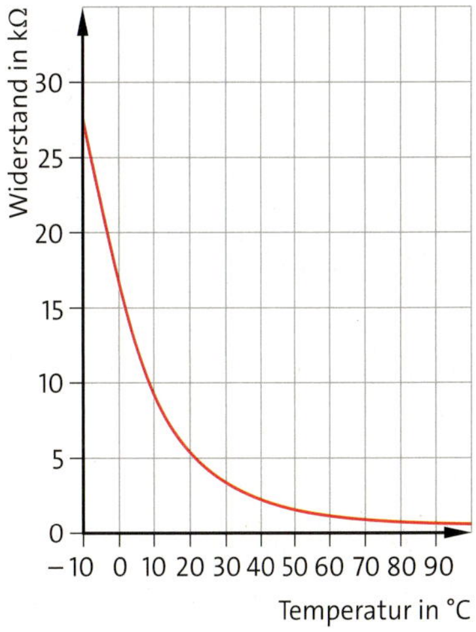

7 Kennlinie des Heißleiters

Schaltungen von zwei Widerständen*

[1] Elektronische Schaltung mit Festwiderständen und LEDs

Material zur Erarbeitung: A

Zwei Widerstände können in Reihe oder parallel geschaltet werden. Dadurch erhält man neue Widerstandswerte.

Reihenschaltung • In einem Versuch ist die Stromstärke bei verschiedenen Schaltungen von Festwiderständen gemessen worden. → [2]

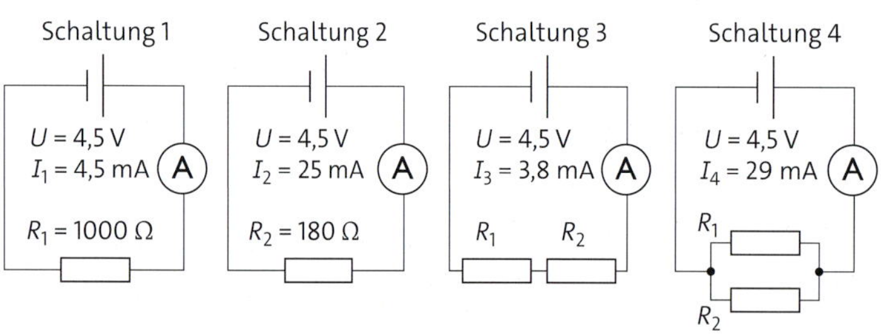

Schaltung	Spannung	Stromstärke	Widerstand
1	4,5 V	4,5 mA	1000 Ω
2	4,5 V	25 mA	180 Ω
3 Reihenschaltung	4,5 V	3,8 mA	1180 Ω
4 Parallelschaltung	4,5 V	29 mA	153 Ω

[2] Verschiedene Schaltungen von zwei Widerständen

Die Reihenschaltung lässt eine kleinere Stromstärke zu als die einzelnen Festwiderstände. Also hat die Reihenschaltung einen größeren Gesamtwiderstand als jedes einzelne Bauteil. Es gilt:

Bei der Reihenschaltung summieren sich die Widerstände R_1 und R_2 zum Gesamtwiderstand R_{gesamt}:
$R_{gesamt} = R_1 + R_2$.

Parallelschaltung • Sie lässt eine größere Stromstärke zu als die einzelnen Festwiderstände. → [2] Also hat die Parallelschaltung einen kleineren Gesamtwiderstand als jedes einzelne Bauteil. Es gilt:

Bei der Parallelschaltung summieren sich die Kehrwerte der Widerstände R_1 und R_2 zum Kehrwert des Gesamtwiderstands R_{gesamt}:

$$\frac{1}{R_{gesamt}} = \frac{1}{R_1} + \frac{1}{R_2}.$$

Aufgaben

1 ▢ Ergänze im Heft:

a Bei der ◈schaltung ist der Gesamtwiderstand größer als der größte Einzelwiderstand.

b Bei der ◈schaltung ist der Gesamtwiderstand kleiner als der kleinste Einzelwiderstand.

2 ◔ Zwei Widerstände (180 Ω) werden einmal in Reihe und einmal parallel geschaltet. Berechne die Gesamtwiderstände.

Material A

Zwei Widerstände in verschiedenen Schaltungen

Materialliste: 2 Festwiderstände (100 Ω, 220 Ω), Glühlampe (6 V; 0,1 A), Netzgerät (6 V), Messgerät (Ohm), Kabel

1 Schalte die beiden Widerstände einmal in Reihe und einmal parallel. Miss die Gesamtwiderstände. → 3

2 Finde heraus, in welcher Schaltung die Glühlampe heller leuchtet. → 4
Erkläre deine Beobachtung.

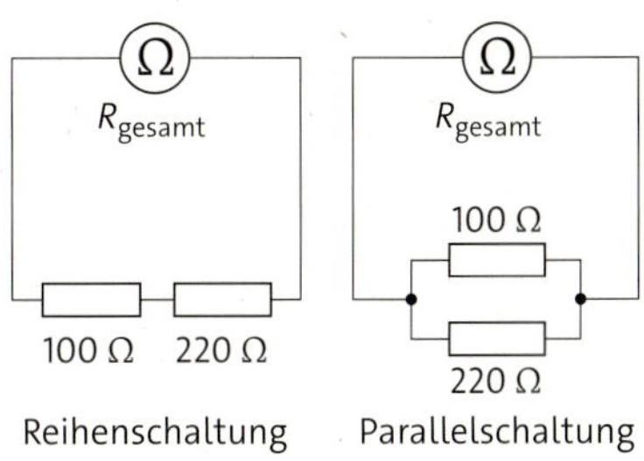

3

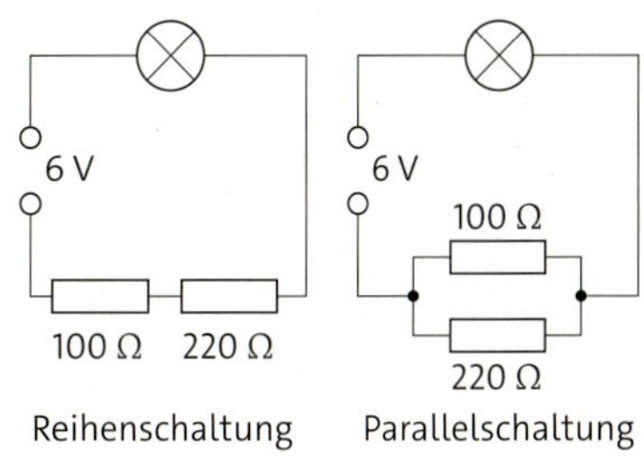

4

Material B

Widerstände berechnen

1 Berechne die fehlenden Werte. → 5
Achtung: Die letzte Zeile ist besonders knifflig!

R_1 in Ω	R_2 in Ω	R_{gesamt} in Ω	
		Reihe	Parallel
100	100	?	?
100	200	?	?
100	1	?	?
100	1000	?	?
100	1 MΩ	?	?
100	?	500	?
?	200	300	?
?	$= R_1$	?	$\frac{100}{6}$

5

Material C

Die Gleichung für den Gesamtwiderstand herleiten

1 Zwei Widerstände sind parallel geschaltet. → 6
Die Gleichung für den Gesamtwiderstand lässt sich aus den Beziehungen zwischen Spannung, Stromstärke und Widerstand herleiten. Bringe dazu die Rechenschritte in die richtige Reihenfolge. → 7

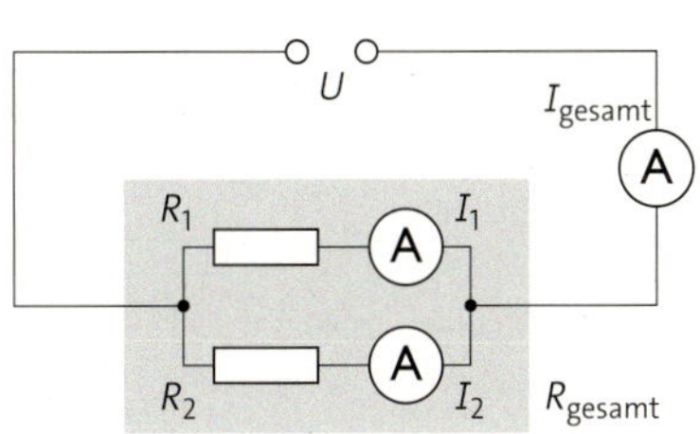

6

Für die Stromstärke I gilt: $I = \frac{U}{R}$
Kürzen von U führt zur gewünschten Gleichung: $\frac{1}{R_{gesamt}} = \frac{1}{R_1} + \frac{1}{R_2}$
An beiden Widerständen liegt die gleiche Spannung U.
Für die Gesamtstromstärke folgt: $I_{gesamt} = I_1 + I_2$ $\frac{U}{R_{gesamt}} = \frac{U}{R_1} + \frac{U}{R_2}$
Die Stromstärken in den beiden Widerständen summieren sich zur Gesamtstromstärke: $I_{gesamt} = I_1 + I_2$

7 Rechenschritte zum Gesamtwiderstand (falsche Reihenfolge)

Der elektrische Widerstand

Zusammenfassung

Elektronenstrom mit Hindernissen • Drähte lassen den Elektronenstrom nicht ungehindert durch. Sie haben einen elektrischen Widerstand. → 1 2

Je schlechter ein Draht leitet, desto größer ist sein Widerstand.

Wovon hängt der Widerstand ab? • Der Widerstand eines Drahts hängt vom Material ab. → 3 Der Widerstand ist umso größer, je länger und je dünner der Draht ist. → 4 Der Widerstand nimmt in der Regel mit der Temperatur zu.

Veränderliche Widerstände • Bei Heißleitern wird der Widerstand kleiner, wenn die Temperatur steigt. → 5

Bei Kaltleitern wird er größer, wenn die Temperatur steigt.

Bei Fotowiderständen wird der Widerstand kleiner, wenn sie heller beleuchtet werden.

Bei verstellbaren Widerständen verändert man den Widerstand durch einen Regler.

Widerstand: Spannung und Stromstärke • Festwiderstände haben einen konstanten Widerstand (in Ω). Für Festwiderstände gilt: → 6

$$\text{Widerstand} = \frac{\text{Spannung}}{\text{Stromstärke}};\ R = \frac{U}{I};\ 1\,\Omega = 1\,\frac{\text{V}}{\text{A}}.$$

Schaltungen von zwei Widerständen* • Bei Reihenschaltungen ist der Gesamtwiderstand so groß wie die Summe der einzelnen Widerstände: $R_{gesamt} = R_1 + R_2$. → 7

Für Parallelschaltungen gilt:

$$\frac{1}{R_{gesamt}} = \frac{1}{R_1} + \frac{1}{R_2}. \rightarrow 8$$

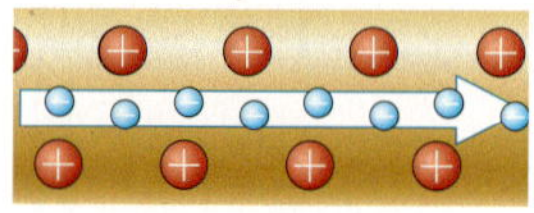

1 Kupferdraht: Widerstand klein

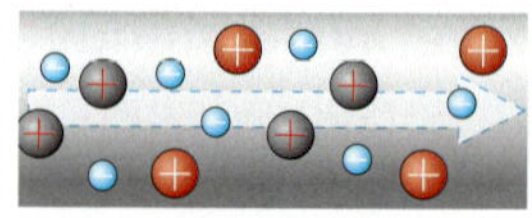

2 Konstantandraht: Widerstand größer

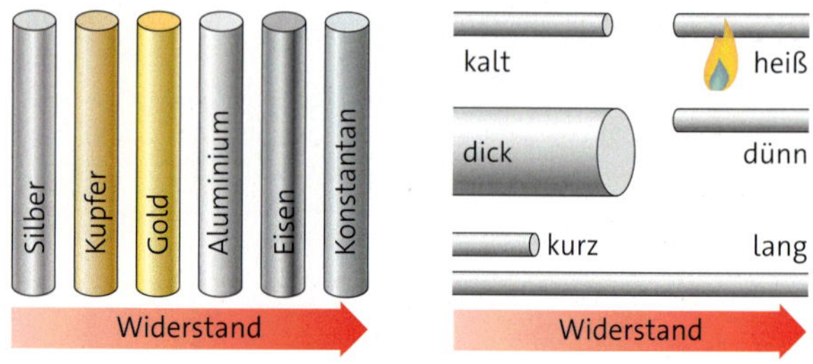

3 4 Abhängigkeit des Widerstands von Material, Temperatur, Dicke und Länge des Drahts

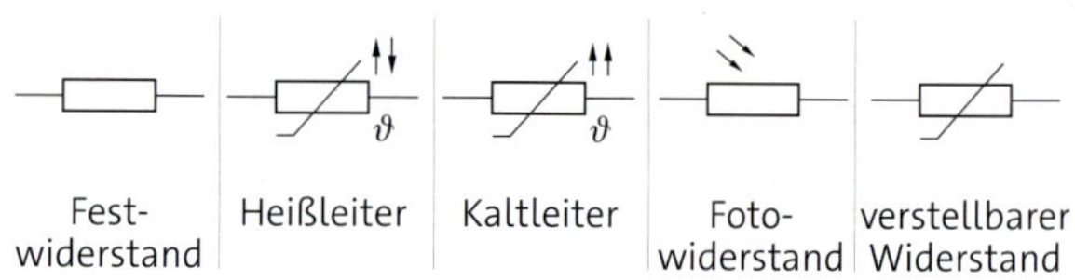

5 Schaltzeichen für technische Widerstände

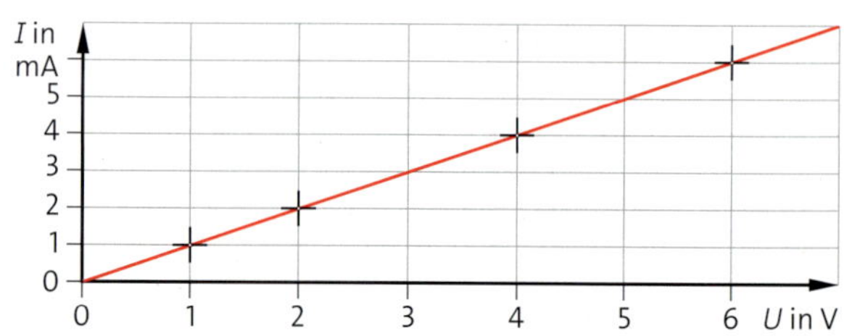

6 Die Stromstärke ist proportional zur Spannung.

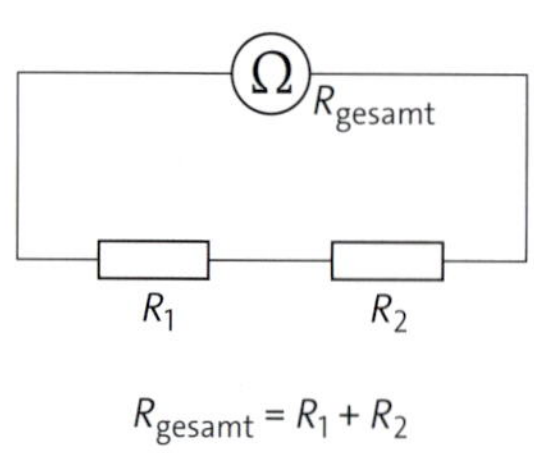

7 Reihenschaltung

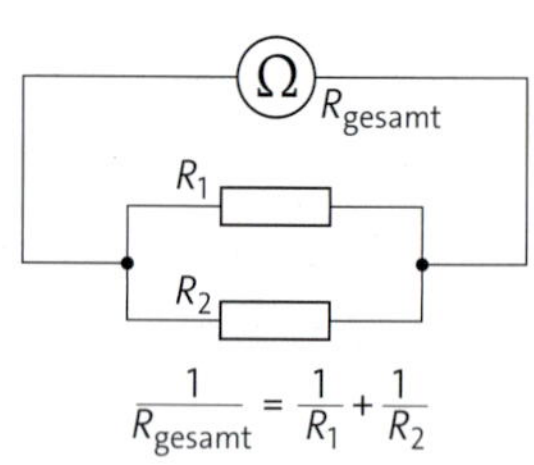

8 Parallelschaltung

Teste dich! (Lösungen auf Seite 440)

Elektronenstrom mit Hindernissen

1 Erkläre mithilfe eines Modells, warum Kupfer einen geringeren Widerstand hat als Konstantan.

Wovon hängt der Widerstand ab?

2 Ergänze die Zusammenhänge (bei gleicher Spannung).

a An verschiedenen Drähten gilt:
Großer Widerstand → ? Stromstärke.

b An einem Kupferdraht gilt:
Temperatur nimmt zu → Widerstand ?

3 Du hast vier gleich lange Drähte zur Auswahl:
- 2 Eisendrähte, 0,2 mm und 0,4 mm dick
- 2 Kupferdrähte, 0,2 mm und 0,4 mm dick

a Gib den Draht mit dem geringsten Widerstand an.

b Gib den Draht mit dem größten Widerstand an.

c Begründe deine Auswahl.

d An allen Drähten liegt die gleiche Spannung. Gib an, in welchem Draht die Stromstärke am größten ist. Begründe.

Veränderliche Widerstände

4 Ordne die Tabelle im Heft richtig: → 9

Bauteil	Zusammenhang
Heißleiter	Temperatur ↑ → Widerstand ↑
Fotowiderstand	Temperatur ↑ → Widerstand ↓
Festwiderstand	Beleuchtung ↑ → Widerstand ↑
Kaltleiter	Widerstand ändert sich nicht.

9 Verschiedene technische Widerstände

Widerstand: Spannung und Stromstärke

5 An einem Konstantandraht sind Spannung und Stromstärke gemessen worden. → 10

a Ergänze die Tabelle im Heft.

b Berechne den Widerstand des Drahts.

U in V	2,0	4,0	6,0	9,0
I in A	0,050	?	?	?

10 Konstantandraht

6 Ein Bügeleisen, eine Kaffeemaschine und ein Toaster sind an Steckdosen angeschlossen. Es werden folgende Stromstärken gemessen: Bügeleisen 5,2 A; Kaffeemaschine 2,6 A; Toaster 4,3 A.
Berechne jeweils den Widerstand der Heizdrähte in den eingeschalteten Geräten.

7 Berechne die fehlenden Werte. → 11

U	10,2 V	9 V	10 V	50 V	?	?
I	20 mA	0,2 A	?	?	25 mA	0,23 A
R	?	?	18 Ω	1 kΩ	180 Ω	1 kΩ

11 *R*, *U* und *I* berechnen

Schaltungen von zwei Widerständen*

8 Zwei Festwiderstände werden einmal in Reihe und einmal parallel geschaltet:
$R_1 = 180\,\Omega$, $R_2 = 560\,\Omega$.

a Ergänze: Bei der Reihenschaltung ist der Gesamtwiderstand ? als 560 Ω.

b Ergänze: Bei der Parallelschaltung ist der Gesamtwiderstand ? als 180 Ω.

c Berechne die Gesamtwiderstände.

Weg, Zeit, Geschwindigkeit

Den Smiley bekommen nur die Autofahrer zu sehen, die sich ans Tempolimit halten. Ihre Geschwindigkeit wird gemessen.

Der Wegweiser steht an einer Forschungsstation in der Arktis. Wie lange wäre man von hier nach Hamburg mit dem Flugzeug unterwegs?

Lena joggt gleichmäßig schnell. Ihr Hund läuft mal schneller und mal langsamer. Die Bewegungen der beiden unterscheiden sich. Ein Diagramm macht es sichtbar.

Die Geschwindigkeit

1 Welche Geschwindigkeit kannst du auf dem Board erreichen?

Material zur Erarbeitung: A

Kati ist eine begeisterte Longboarderin. Ihr Freund Tom behauptet: „Ich bin mit meinem Skateboard schneller!“

Gleicher Weg – verschiedene Zeiten • Kati und Tom begeben sich auf den Schulhof und markieren eine Rennstrecke. Dann stoppen sie die Zeit, die jeder für den Weg benötigt. Tom sagt zu Kati: „Ich habe 20 Sekunden gebraucht. Weil du für denselben Weg nur 16 Sekunden gebraucht hast, warst du schneller.“ → 2

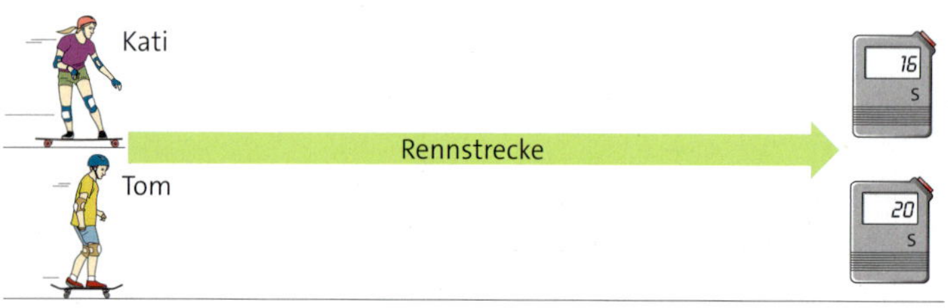

2 Kati braucht weniger Zeit für denselben Weg.

Wer weniger Zeit für denselben Weg benötigt, ist schneller.

Gleiche Zeit – verschiedene Wege • Beide wollen es ganz genau wissen. Sie messen mit dem Maßband jeweils den Weg, der in 5 Sekunden zurücklegt wird. Kati sagt zu Tom: „Ich war schneller, weil ich in 5 Sekunden 25 Meter zurückgelegt habe. Du hast in derselben Zeit nur 20 Meter geschafft.“ → 3

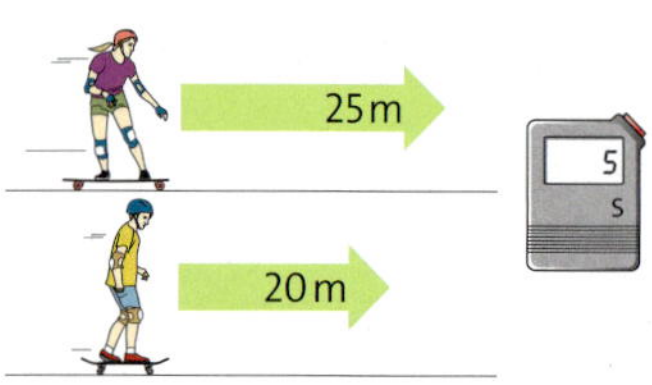

3 Kati legt in derselben Zeit einen längeren Weg zurück.

Wer in derselben Zeit einen längeren Weg zurücklegt, ist schneller. Die Geschwindigkeit gibt den Weg an, der in einer bestimmten Zeit zurückgelegt wird.

Geschwindigkeit berechnen • Leon geht auch in Katis Klasse. Er behauptet: „Ich schaffe mit meinem Skateboard die 60 Meter auf dem Sportplatz in 15 Sekunden.“ Hat Kati eine größere oder eine kleinere Geschwindigkeit als Leon?
Kati meint: „Lass uns berechnen, wie viele Meter jeder von uns in einer Sekunde schafft.“

- Kati: In 5 s fuhr sie 25 m.
  In 1 s fuhr sie also 25 m : 5 = 5 m.
- Leon: In 15 s fuhr er 60 m.
  In 1 s fuhr er also 60 m : 15 = 4 m.

Kati hat eine größere Geschwindigkeit als Leon, weil sie mehr Meter in einer Sekunde zurückgelegt hat.

$$\text{Geschwindigkeit} = \frac{\text{Weg}}{\text{Zeit}}$$

$$v = \frac{s}{t}$$ → 4

Die Geschwindigkeit gibt man in Metern pro Sekunde ($\frac{m}{s}$) oder in Kilometern pro Stunde ($\frac{km}{h}$) an.

Kati legt in einer Zeit von 5 s einen Weg von 25 m zurück. Berechne Katis Geschwindigkeit.

Gegeben: Zeit $t = 5\,s$
Weg $s = 25\,m$

Berechnung: $v = \frac{s}{t}$

$v = \frac{25\,m}{5\,s} = 5\,\frac{m}{s}$

Katis Geschwindigkeit beträgt 5 Meter pro Sekunde.

4 Beispiel: Geschwindigkeit berechnen

Kilometer pro Stunde • Kati weiß, dass man vor der Schule nicht schneller als 30 Kilometer pro Stunde ($\frac{km}{h}$) fahren darf. → 5 Sie schafft mit dem Longboard $5\,\frac{m}{s}$. Wäre sie damit schneller, als die Polizei erlaubt?
Wer mit der Geschwindigkeit $1\,\frac{m}{s}$ unterwegs ist, legt in 1 min 60 m und in 1 h 3600 m zurück. → 6

5 Geschwindigkeit $30\,\frac{km}{h}$

Weg *s*	Zeit *t*
1 m	1 s
·60 → 60 m	·60 → 60 s = 1 min
·60 → 3600 m = 3,6 km	·60 → 3600 s = 60 min = 1 h

6 Umrechnung: Meter pro Sekunde in Kilometer pro Stunde

$$1\,\frac{m}{s} = 3{,}6\,\frac{km}{h}$$

Mit einem einfachen Trick wandelt Kati den Zahlenwert der Geschwindigkeit in $\frac{m}{s}$ in den Zahlenwert der Geschwindigkeit in $\frac{km}{h}$ um. → 7

$5\,\frac{m}{s} = 18\,\frac{km}{h}$ (·3,6)

7 Kati fährt nicht zu schnell.

Aufgaben

1 ○ Ergänze die Aussagen im Heft:
a Je weiter ein Auto in 1 h kommt, desto ◇ ist seine Geschwindigkeit.
b Je weniger Zeit ein Auto für 10 km benötigt, desto ◇ ist seine Geschwindigkeit.

2 ◐ Max fährt 48 m in 8 s, Sara in 6 s.
a Gib an, wer schneller ist – ohne zu rechnen. Begründe deine Antwort.
b Berechne die Geschwindigkeiten in $\frac{m}{s}$ und $\frac{km}{h}$.

Die Geschwindigkeit

Methode

Genau messen – sinnvolle Messwerte angeben

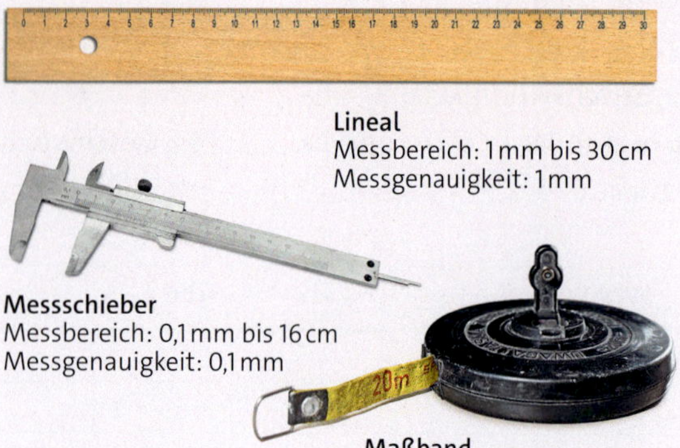

1 Messgeräte für die Länge

Es gibt viele Messgeräte zur Längenmessung. Nicht alle sind gleich gut geeignet, um beispielsweise den Abstand zwischen den Pfosten eines Fußballtors zu messen. → 1

So gehst du vor:

1. Messgerät mit dem richtigen Messbereich auswählen Der Messbereich eines Messgeräts wird durch den kleinsten und den größten ablesbaren Wert begrenzt.
Beispiel: Beim Maßband ist 1 cm der kleinste ablesbare Wert, 20 m der größte. Der Messbereich geht von 1 cm bis 20 m.
Das Fußballtor ist breiter als 30 cm. Es kann deshalb nicht mit dem Messschieber oder dem Lineal gemessen werden. Das Maßband hat für diese Messung den richtigen Messbereich.

2. Messgenauigkeit bestimmen Die Messgenauigkeit eines Messgeräts wird durch die kleinste Einteilung der Skala bestimmt.
Beispiel: Mit dem Maßband kann man messen, ob der Abstand zwischen den Pfosten 732 cm oder 733 cm beträgt – genauer geht es nicht. Die Messgenauigkeit des Maßbands beträgt 1 cm.

3. Messfehler bestimmen Wenn mehrere Personen das Fußballtor ausmessen, gibt es oft verschiedene Messwerte. Jede Messung ist mit einem Fehler verbunden. Messfehler können beim Ablesen, durch ungenaue Messgeräte oder durch die Messmethode entstehen.
Beispiel: Der Abstand zwischen den Pfosten beträgt 732 cm. Bei mehreren Messungen wirst du sehen, dass es auch 730 cm oder 734 cm sein können. Der Messfehler liegt bei ±2 cm.

4. Sinnvolle Messwerte angeben Messwerte sollen in Einheiten angegeben werden, die das gewählte Messgerät auch anzeigen kann.
Beispiel: Für den Abstand der Pfosten wurden mit dem Maßband 7,32 m ermittelt. Das lässt sich umrechnen: 7,32 m = 732 cm = 7320 mm. Die Angabe in Millimeter ist aber nicht sinnvoll, da das Maßband mit einer Messgenauigkeit von 1 cm dafür zu ungenau ist. Ein Wert von 7321 mm könnte beispielsweise mit dem Maßband gar nicht gemessen werden.

Aufgabe

1 ○ Wähle für die Messwerte jeweils ein passendes Messgerät. Gib auch die Messgenauigkeit an:
$l = 17{,}5\,\text{cm}$; $d = 2{,}6\,\text{mm}$; $h = 15{,}0\,\text{m}$.

Material A

Wie schnell bist du?

Materialliste: Stoppuhr, Maßband, Smartphone-App, Tacho, Schrittzähler ...

1 ◐ Wie kannst du deine Geschwindigkeit als Fußgänger und als Radfahrer ermitteln?
Finde verschiedene Möglichkeiten und notiere sie.

Material B

Wie schnell ist ...?

Materialliste: Stoppuhren, Maßband, Modellautos mit Antrieb, Fußball

1 Legt eine 10 m lange „Rennstrecke“ fest.

a ○ Schätzt, wie lange die Modellautos für die Strecke benötigen. Notiert die Zeiten in Sekunden (s).

b ◐ Messt, wie lange die Modellautos benötigen.
Tipp: Oft drückt man die Stoppuhr nicht genau zur rechten Zeit. Messt die Zeit daher mit mehreren Stoppuhren und bildet dann den Mittelwert. → 3 So mitteln sich die Ungenauigkeiten meistens wieder heraus.

c ◐ Berechnet und vergleicht die Geschwindigkeiten eurer Modellautos.

2 Wie schnell ist ein scharf geschossener Fußball?
◐ Plant einen Versuch, um seine Geschwindigkeit zu bestimmen. Führt den Versuch nach Absprache mit eurer Lehrerin oder eurem Lehrer durch.

2 Funkgesteuertes Modellauto

Drei Zeitnehmer haben Jans Modellauto gestoppt:
1,5 s ; 1,3 s ; 1,7 s.
Berechne den Mittelwert.

Rechnung:
$t_{mittel} = (1{,}5\,s + 1{,}3\,s + 1{,}7\,s) : 3$
$t_{mittel} = 4{,}5\,s : 3 = 1{,}5\,s$

Der Mittelwert beträgt 1,5 s.

3 Beispielrechnung: Mittelwert

Material C

Geschwindigkeitskontrolle

Vor der Schule wurde kontrolliert, wie schnell die Autos unterwegs sind.
Dabei wurde gemessen, wie viel Zeit ein vorbeifahrendes Auto für einen bestimmten Weg braucht. → 4

Auto	A	B	C
Weg s	50 m	50 m	100 m
Zeit t	3 s	4 s	13 s
Geschwindigkeit v	? $\frac{m}{s}$	? $\frac{m}{s}$	? $\frac{m}{s}$
	? $\frac{km}{h}$	? $\frac{km}{h}$	? $\frac{km}{h}$

4 Autos mit verschiedenen Geschwindigkeiten?

1 Welches Fahrzeug war schneller: das Auto A oder das Auto B?

a ○ Gib es an, ohne zu rechnen.

b ◐ Begründe deine Antwort.

2 Wer war schneller: das Auto B oder das Auto C?

a ○ Beantworte die Frage, ohne die Geschwindigkeiten zu berechnen.

b ◐ Begründe deine Antwort.

3 ◐ Übertrage die Tabelle ins Heft. → 4
Berechne für jedes Auto die Geschwindigkeit.

Mit Geschwindigkeiten rechnen

1 Wegweiser für Wanderer

4 Stunden bis zum Gipfel des Rachel: Wie viele Kilometer muss man laufen?

Wege berechnen • Der Wegweiser steht an einem Wanderweg in den Bergen. → 1 Ein Wanderer legt hier im Mittel 3 Kilometer in einer Stunde zurück. In 4 Stunden wandert er 4-mal so weit, also 12 Kilometer. → 2 Der Weg zum Gipfel ist also 12 Kilometer lang.

Wege berechnen – mithilfe der Gleichung für die Geschwindigkeit • Die Gleichung $v = \frac{s}{t}$ musst du nach dem Weg auflösen. Du erhältst $s = v \cdot t$. → 3 Für die Umstellung kannst du auch ein Hilfsdreieck benutzen. → 4 Dazu deckst du den gesuchten Weg s ab. Die umgestellte Gleichung wird angezeigt. Nun kannst du die Werte für die Geschwindigkeit und die Zeit in die umgestellte Gleichung einsetzen. → 5

Weg = Geschwindigkeit · Zeit
$s = v \cdot t$

Berechne den Weg, den ein Wanderer bis zum Gipfel zurücklegt.

Gegeben: $v = 3\,\frac{km}{h}$
$t = 4\,h$

	Weg s	Zeit t	
	3 km	1 h	
·4 ↓	12 km	4 h	↓ ·4

In 4 Stunden legt der Wanderer 12 km zurück.

2 Weg berechnen

$v = \frac{s}{t} \quad | \cdot t$
$v \cdot t = s \quad |$ Umstellen
$s = v \cdot t$

3 Auflösen der Gleichung für die Geschwindigkeit nach s

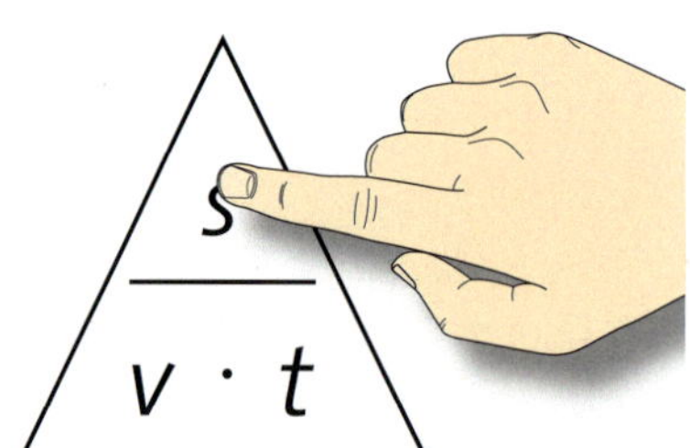

4 Auflösen mit dem Hilfsdreieck ($s = v \cdot t$)

Berechne den Weg, den ein Wanderer bis zum Gipfel zurücklegt.

Gegeben: $v = 3\,\frac{km}{h}$
$t = 4\,h$

Berechnung: $s = v \cdot t$
$s = 3\,\frac{km}{h} \cdot 4\,h$
$s = 12\,km$

In 4 Stunden legt der Wanderer 12 km zurück.

5 Weg mithilfe der nach s aufgelösten Gleichung berechnen

das Hilfsdreieck

Zeiten berechnen • Ein Jogger ist mit $10\,\frac{\text{km}}{\text{h}}$ unterwegs. Wie lange braucht er bis zum Gipfel? Für 1 km braucht er 6 min. → 6 Für 12 km braucht er 12-mal so lange, also 72 min = 1 h, 12 min.

Zeiten berechnen – mithilfe der Gleichung für die Geschwindigkeit • Die Gleichung $v = \frac{s}{t}$ kannst du nach der Zeit auflösen. Du erhältst $t = \frac{s}{v}$. → 7 Diese Gleichung zeigt auch das Hilfsdreieck. → 8
Nach dem Einsetzen der Werte für die Geschwindigkeit und die Zeit erhältst du das Ergebnis. → 9 Umrechnung von 1,2 h in min:
1,2 h = 1,2 · 60 min = 72 min
72 min = 1 h, 12 min

$$\text{Zeit} = \frac{\text{Weg}}{\text{Geschwindigkeit}}$$

$$t = \frac{s}{v}$$

Aufgaben

1 Auf der Wanderung zum Gipfel des Rachel kann man einen reizvollen Abstecher von 1,5 h machen.
Um wie viele Kilometer wird die Tour dadurch länger?
○ Berechne den zusätzlichen Weg. Gehe von $v = 3\,\frac{\text{km}}{\text{h}}$ aus.

2 Ein langsamerer Wanderer ist mit $2{,}5\,\frac{\text{km}}{\text{h}}$ unterwegs.
◐ Berechne für den langsameren Wanderer die Zeit bis zum Gipfel des Rachel.

3 Maike fährt mit dem Fahrrad in die Schule, die 4500 m entfernt ist. Mit dem Fahrrad hat sie eine Geschwindigkeit von $18\,\frac{\text{km}}{\text{h}}$.
● Berechne, wie viele Minuten Maike unterwegs ist.

Berechne die Zeit, die der Jogger bis zum Gipfel braucht.

Gegeben: $v = 10\,\frac{km}{h}$
$s = 12\,km$

	Weg s	Zeit t	
	10 km	60 min	
: 10	1 km	6 min	: 10
· 12	12 km	72 min	· 12

Der Jogger braucht 1 Stunde und 12 min bis zum Gipfel.

6 Zeit berechnen

$v = \frac{s}{t}$ | · t
$v \cdot t = s$ | : v
$t = \frac{s}{v}$

7 Auflösen der Gleichung für die Geschwindigkeit nach *t*

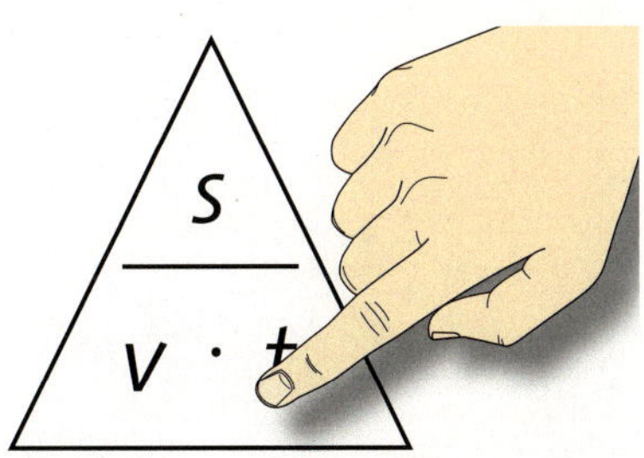

8 Auflösen mit dem Hilfsdreieck ($t = \frac{s}{v}$)

Berechne die Zeit, die der Jogger bis zum Gipfel braucht.

Gegeben: $v = 10\,\frac{km}{h}$; $s = 12\,km$

Rechnung: $t = \frac{s}{v}$

$t = \frac{12\,km}{10\,\frac{km}{h}} = \frac{12\,km \cdot h}{10\,km}$

$t = 1{,}2\,h = 72\,min$

Der Jogger braucht 1 Stunde und 12 min bis zum Gipfel.

9 Zeit mithilfe der nach *t* aufgelösten Gleichung berechnen

Mit Geschwindigkeiten rechnen

Material A

Rechnen mit Geschwindigkeiten

Berechne mithilfe der Angaben in Tabellen und Fotos.
→ 1 – 8
Tipp: Achte jeweils auf die Größenangaben.

1 ○ Wie weit geht ein Fußgänger in 1 h?

2 ○ Wie weit fährt ein Radler in 8 h mit dem Fahrrad?

3 ◐ Wer ist schneller: ein Auto auf der Landstraße oder ein Gepard?

4 ◐ Wie viele Minuten benötigt eine Schnecke für 1 m?

5 ◐ Wie lange benötigt der Schall für 1 km?

6 Licht ist von der Sonne zur Erde 500 s lang unterwegs.
a ○ Wie viele Minuten braucht das Licht von der Sonne zu uns?
b ◐ Vergleiche damit, wie lange das Licht vom Mond zur Erde benötigt (Entfernung: rund 400 000 km).

7 ◐ Rechne um, wie viele Kilometer der Mond in einer Stunde zurücklegt.

Geschwindigkeiten in der Natur	
mäßiger Wind (Windstärke 4)	$7\,\frac{m}{s}$
Rennpferd	$25\,\frac{m}{s}$
Falke	$28\,\frac{m}{s}$
Orkan (Windstärke 12)	$60\,\frac{m}{s}$
Schall in Luft	$340\,\frac{m}{s}$
Erde um die Sonne	$30\,\frac{km}{s}$
Licht	$300\,000\,\frac{km}{s}$

1

Geschwindigkeiten im Alltag	
Fußgänger	$5\,\frac{km}{h}$
Radfahrer	$15\,\frac{km}{h}$
Mofa	$25\,\frac{km}{h}$
Auto (im Ort)	$50\,\frac{km}{h}$
Auto (Landstraße)	$100\,\frac{km}{h}$
Regionalexpress	$160\,\frac{km}{h}$
Düsenverkehrsflugzeug	$950\,\frac{km}{h}$

2

3 Schnecke: $5\,\frac{mm}{s}$

4 Gepard: $34\,\frac{m}{s}$

5 Fußball: bis zu $130\,\frac{km}{h}$

6 Mond umkreist Erde: $1\,\frac{km}{s}$

7 Rennwagen: bis zu $360\,\frac{km}{h}$

8 ICE: bis zu $350\,\frac{km}{h}$

Material B

Der Schulweg

Materialliste: Routenplaner, Computer

1 Wie kommst du zur Schule? Wie lange dauert es?
a ○ Schätze die Zeiten: zu Fuß, mit dem Rad, mit dem Bus ...
b ◐ Gib deine Adresse ins Startfeld des Routenplaners ein und die Adresse der Schule ins Zielfeld. Wähle aus, wie du zur Schule kommst. Lass den Routenplaner die Wege und Zeiten berechnen.
c ◐ Vergleiche die berechneten Zeiten mit deinen geschätzten.
Vergleiche auch den vorgeschlagenen Weg mit deinem tatsächlichen Schulweg.
Erkläre jeweils die Abweichungen.

2 Suche weitere Ziele in der Umgebung.
a ◐ Lass den Routenplaner jeweils die Wege und Zeiten berechnen.
b ● Stelle Vermutungen an, wie der Routenplaner die Zeiten berechnet.

Material C

Zeiten berechnen

1 ◐ Mirko überlegt, ob er baden oder klettern möchte. → 9 Wohin braucht er weniger Zeit? Berechne es.
Tipp: Im Durchschnitt läuft Mirko $4\,\frac{\text{km}}{\text{h}}$ schnell und er radelt mit $18\,\frac{\text{km}}{\text{h}}$.

9 Mirko hat die Wahl.

Material D*

Wege berechnen

1 Von A-Dorf nach B-Stadt kommt man über die Landstraße oder über die Autobahn. → 10 Von der Zeit her nimmt sich das nichts: Man braucht auf beiden Wegen 40 min.
a ○ Gib an, welcher Weg länger ist.
b ◐ Berechne, wie lang beide Wege sind.
Tipp: Auf der Landstraße beträgt die durchschnittliche Geschwindigkeit $60\,\frac{\text{km}}{\text{h}}$, auf der Autobahn sind es $100\,\frac{\text{km}}{\text{h}}$.

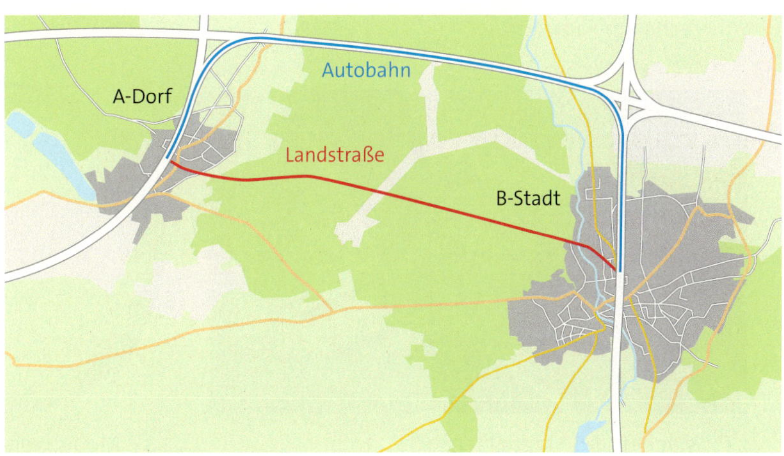

10 Verschiedene Wege berechnen

Mit Geschwindigkeiten rechnen

Erweitern und Vertiefen

Der Fahrradtacho

Wie schnell fahre ich? • Der Tachometer (kurz: Tacho) zeigt in jedem Moment die Geschwindigkeit an. → 1 Er ist ein kleiner Computer. So wird die Geschwindigkeit ermittelt: An einer Speiche des Vorderrads ist ein Magnet befestigt. → 2 An der Vordergabel sitzt ein Magnetsensor. Bei jeder Drehung des Vorderrads kommt der Magnet einmal am Magnetsensor vorbei. Dann fließt kurzzeitig elektrischer Strom. Ein elektrisches Signal wird an den Tacho gesendet.
Das Fahrrad legt zwischen zwei Signalen einen Weg zurück, der dem Umfang des Reifens entspricht. Der Tacho „kennt" diesen Umfang und misst die Zeit zwischen zwei Signalen.
Aus dem Umfang und der gemessenen Zeit berechnet der Tacho die Geschwindigkeit.

1 Tacho am Fahrrad

2 Magnet und Magnetsensor

Aufgaben

1 Der Tacho muss den Reifenumfang „kennen". Bestimme dazu, wie weit das Fahrrad mit einer Radumdrehung fährt. Beschreibe, wie du vorgehst.

2 Ein Modellversuch zeigt, wie der Tacho funktioniert. → 3

a Drehe das Rad. Zähle die Signale in 10 s.

b Berechne den Weg, den das Fahrrad nach 10 s zurückgelegt hätte.

c Berechne die Geschwindigkeit.

3 Misst dein Tacho die richtige Geschwindigkeit?
Überlege dir einen Versuch, um die Messung zu überpüfen.

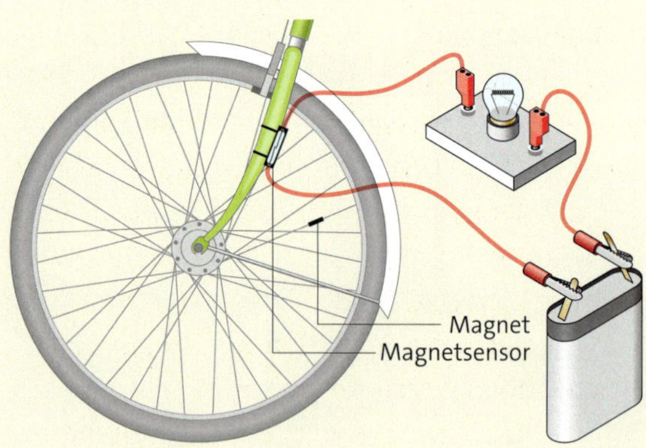

3 Modellversuch zum Tacho

Erweitern und Vertiefen

Der „Blitzer“ am Straßenrand

4 Blitzerkasten

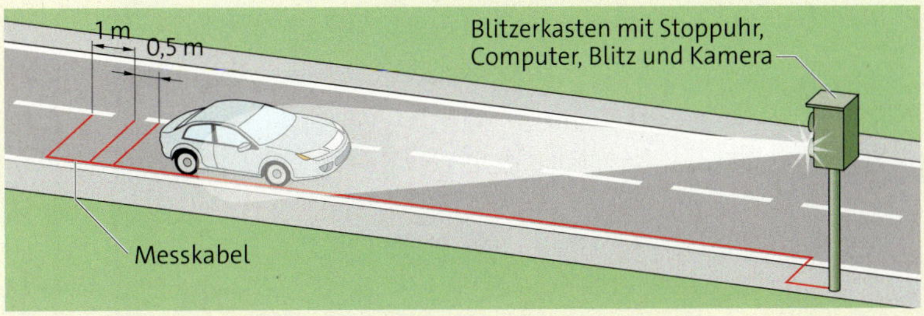

5 Aufbau der Messung

Drei Kabel in der Straße • Solche Kästen siehst du an Ortseinfahrten und Kreuzungen. → 4 Damit fotografiert die Polizei Raser.
Zum Blitzerkasten gehören drei Kabel in der Straße. → 5 Wenn ein Auto über das erste Kabel fährt, wird die Stoppuhr im Blitzerkasten gestartet. Sie misst, wie lange das Auto bis zum zweiten und dritten Kabel braucht. Daraus berechnet der Computer die Geschwindigkeit zwischen den Kabeln. Wenn sie höher ist als erlaubt, fotografiert die Kamera das Auto. Der Blitz sorgt für Helligkeit.

Lasersäule • In der Säule ist ein Laser. → 6 Er sendet rasch hintereinander Blitze aus, die für das Auge ungefährlich sind. Die Blitze werden von einem vorbeifahrenden Auto zurückgeworfen, ein Messgerät in der Säule fängt sie wieder auf. Ein Computer berechnet aus der Laufzeit der Laserblitze den Ort des Autos zu verschiedenen Zeiten. Dann berechnet er den Weg des Autos zwischen zwei Laserblitzen, teilt ihn durch die Zeitdifferenz und erhält so die Geschwindigkeit des Autos.
Raser werden fotografiert. Das Blitzlicht dafür kann infrarot (also unsichtbar) sein.

Aufgaben

1 ○ Gib an, wie viele Messkabel quer zur Fahrtrichtung verlegt sind und wie groß der Abstand zwischen ihnen ist. → 5

2 ◐ Der „Blitzer“ misst zwischen den ersten beiden Kabeln folgende Zeiten: → 5
0,045 s; 0,050 s; 0,060 s; 0,040 s; 0,070 s.
Berechne die Geschwindigkeit der Autos.
Wer fährt schneller als $70\,\frac{km}{h}$?

3 ◐ Ein Auto ist 50 m von der Lasersäule entfernt. → 6 Berechne die Zeit vom Aussenden des Laserblitzes bis zum Auffangen.
Tipp: Der Blitz hat Lichtgeschwindigkeit.

6 Lasersäule

Verschiedene Bewegungen

1 Gleiches Ziel – verschiedene Bewegungen

Seilbahn und Mountainbiker fahren ins Tal. Ihre Bewegungen sind verschieden.

Gleichförmige Bewegung • Die Seilbahn fährt mit gleichbleibender Geschwindigkeit: Ihre Bewegung ist gleichförmig.

Bei einer gleichförmigen Bewegung bleibt die Geschwindigkeit gleich.

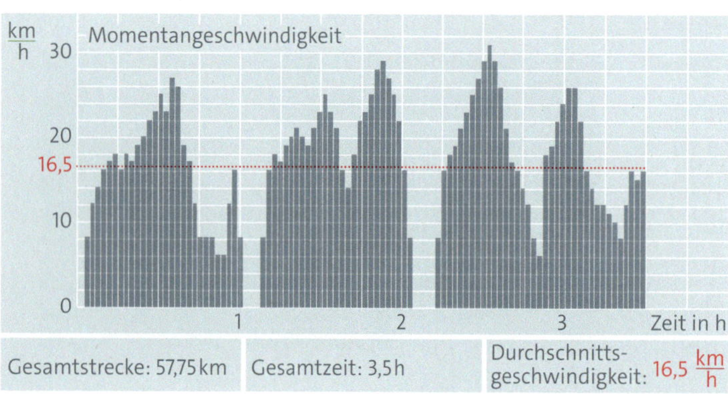

2 Aufzeichnung einer Radtour in einer App

Ungleichförmige Bewegung • Die Mountainbiker fahren mal schnell und mal langsam: Ihre Bewegung ist ungleichförmig.

Ändert sich die Geschwindigkeit eines Körpers, ist die Bewegung ungleichförmig.
Wenn die Geschwindigkeit des Körpers zunimmt, sprechen wir von einer beschleunigten Bewegung.
Nimmt die Geschwindigkeit des Körpers ab, sprechen wir von einer verzögerten Bewegung.

Momentangeschwindigkeit und Durchschnittsgeschwindigkeit • Der Tacho zeigt an, wie schnell der Mountainbiker gerade fährt: Er misst die momentane Geschwindigkeit.
Bei der Talfahrt sind die Mountainbiker an vielen Stellen sehr schnell unterwegs. Dort zeigt der Tacho eine hohe Momentangeschwindigkeit an. An holprigen Stellen oder kleinen Anstiegen fahren die Mountainbiker langsamer. Der Tacho zeigt eine niedrige Momentangeschwindigkeit an. → 2
Nach der Radtour berechnet der Tacho die durchschnittliche Geschwindigkeit für die gesamte Strecke:

$$v_d = \frac{s_{gesamt}}{t_{gesamt}}.$$ → 2

Da sich die Seilbahn gleichförmig bewegt, entspricht ihre Momentangeschwindigkeit an jeder Stelle der Durchschnittsgeschwindigkeit.

Der Tacho zeigt die Momentangeschwindigkeit an.

die gleichförmige Bewegung
die ungleichförmige Bewegung
die beschleunigte Bewegung
die verzögerte Bewegung
die Momentangeschwindigkeit
die Durchschnittsgeschwindigkeit

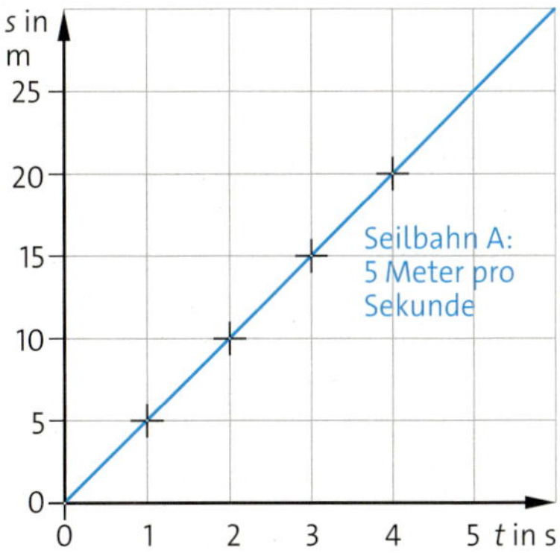

3 Gleichförmige Bewegung

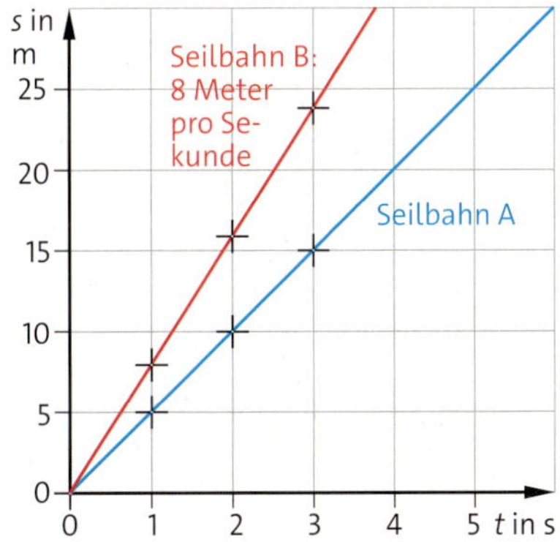

4 Gleichförmige Bewegungen

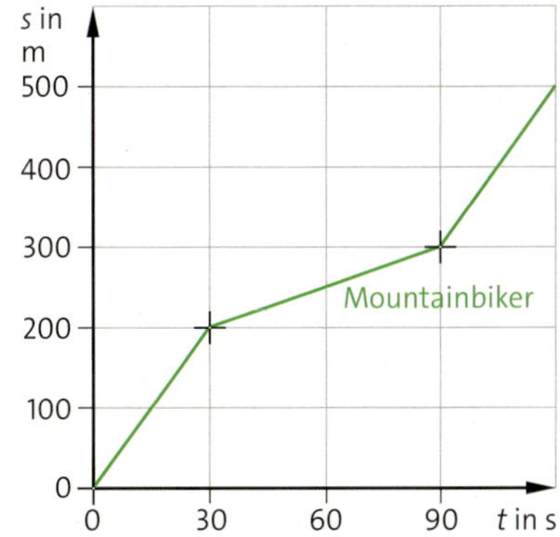

5 Ungleichförmige Bewegung

Gleichförmige Bewegung im Diagramm • Seilbahn A fährt in einer Sekunde 5 m weit, in zwei Sekunden 10 m, in drei Sekunden 15 m ... Es gilt:

- doppelte Zeit → doppelter Weg
- dreifache Zeit → dreifacher Weg

Der Weg ist proportional zur Zeit. Wege und Zeiten liegen im Diagramm auf einer Geraden durch den Ursprung. → 3
Seilbahn B fährt mit 8 m pro Sekunde. Sie ist schneller als Seilbahn A. Ihre Gerade im Diagramm ist steiler. → 4

Ungleichförmige Bewegung im Diagramm • Die Fahrt der Mountainbiker ergibt im Diagramm eine „geknickte" Linie. → 5

Bei einer gleichförmigen Bewegung liegen im Diagramm die Messwerte für Wege und Zeiten auf einer Ursprungsgeraden. Bei ungleichförmigen Bewegungen ergeben sich im Diagramm „geknickte" Linien.

Geschwindigkeit* • Mit einem Steigungsdreieck kannst du die Geschwindigkeit im Diagramm ermitteln. → 6

Aufgaben

1 ○ Nenne je drei gleichförmige und ungleichförmige Bewegungen.

2 ◐ Viele Fahrradtachos zeigen auch die Maximalgeschwindigkeit einer Radtour an. Handelt es sich hierbei um eine Momentangeschwindigkeit oder um die Durchschnittsgeschwindigkeit?
Begründe deine Antwort.

3 ◐ Seilbahn C fährt mit $4\,\frac{m}{s}$. Übertrage Diagramm 3 in dein Heft. Zeichne die Gerade für Seilbahn C ein.

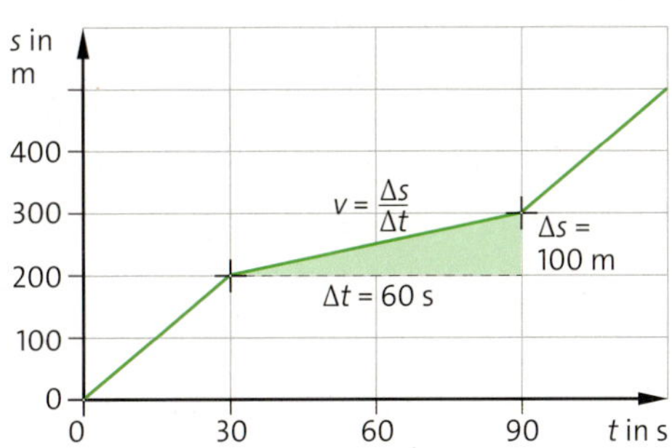

6 Geschwindigkeit ermitteln

Verschiedene Bewegungen

Material A

Gleichförmig oder ungleichförmig?

1 Ordne nach gleichförmigen und ungleichförmigen Bewegungen. → 1 – 8 Begründe jeweils.

1

2

3

4

5

6

7

8

Material B

Bewegung im Diagramm

1 Das Diagramm zeigt die Fahrten von drei Autos.

a Gib an, welche Autos sich gleichförmig bewegen. Begründe jeweils.

b Die Autos mit den gleichförmigen Bewegungen fahren unterschiedlich schnell. Gib an, welches Auto schneller fährt. Begründe deine Antwort.

c Gib die richtige Beschreibung an und begründe:
- Auto 2 fährt erst schneller und dann langsamer.
- Auto 2 fährt erst langsamer und dann schneller.

d* Bestimme die Geschwindigkeiten von Auto 2 mit Steigungsdreiecken.

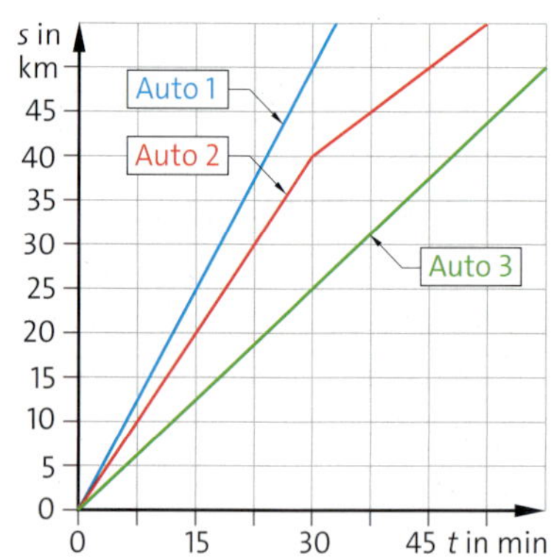

9 Bewegungen im Diagramm

Material C*

Lena und Toni

Lena joggt zu einem See. Ihr Tempo bleibt immer gleich. Ihr Hund Toni läuft mit. Mal bleibt er zurück, mal ist er recht weit voraus. Das Diagramm zeigt ihre Bewegungen. → 10

1 Beantworte die folgenden Fragen mithilfe des Diagramms:

a ○ Welche Linie gehört zu Lenas Lauf?

b ○ Wann erreicht Lena den See?

c ◔ Wann macht Toni Pause?

2 ◔ Notiere weitere Fragen und Antworten.

3 ● Beschreibe Tonis Bewegung genauer. Berechne seine höchste Geschwindigkeit. Tipp: Ein ähnliches Beispiel ist unten beschrieben. → 11

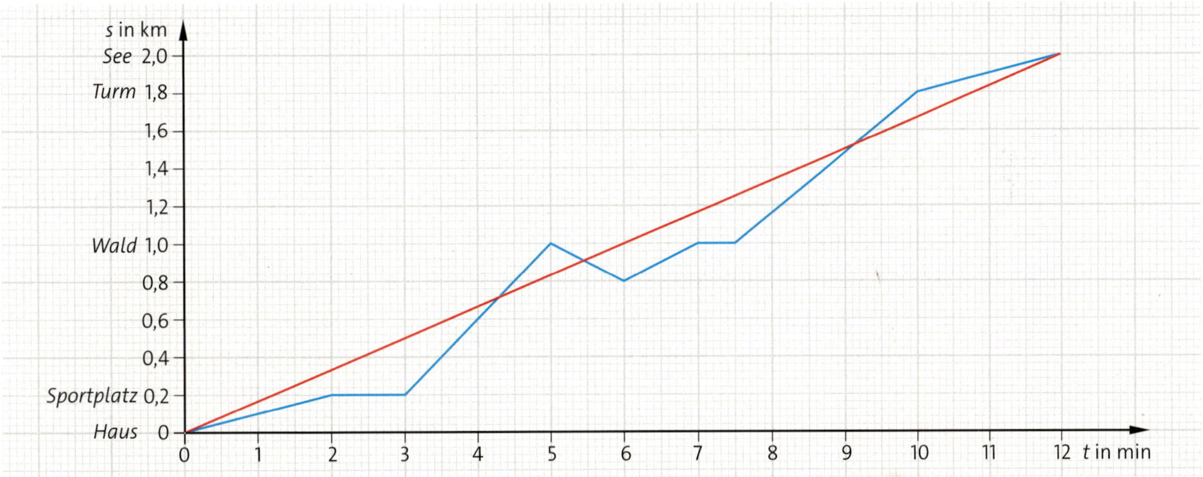

10 Lena joggt mit ihrem Hund Toni.

1 In den ersten 15 min legt Laura 5 km zurück:
$v = \frac{5000\,\text{m}}{15 \cdot 60\,\text{s}} = 5{,}56\,\frac{\text{m}}{\text{s}} = 20\,\frac{\text{km}}{\text{h}}$.

2 In den folgenden 10 min geht es bergauf. Laura kommt in dieser Zeit nur 2 km weiter:
$v = \frac{2000\,\text{m}}{10 \cdot 60\,\text{s}} = 3{,}33\,\frac{\text{m}}{\text{s}} = 12\,\frac{\text{km}}{\text{h}}$.

3 Bei Kilometer 7 macht Laura 5 min lang Pause.

4 Dann fährt sie 5 min weiter.

5 Laura hat ihre Trinkflasche vergessen! Sie fährt 5 min mit gleicher Geschwindigkeit zurück. Im Diagramm geht die Kurve nach unten.

6 Nun geht es wieder vom Rastplatz los.

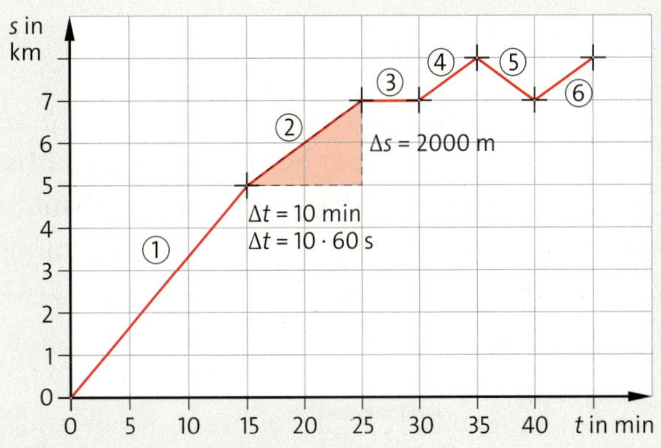

Lauras Radtour im Diagramm

11 So fängt Lauras Radtour an – genauer beschrieben.

Reagieren und bremsen

1 Rechtzeitiges Anhalten kann Leben retten!

Materialien zur Erarbeitung: A–B

Ein Kind rennt auf die Straße. Was geschieht bis zum Stillstand des Autos?

Anhalteweg • Der Autofahrer braucht einen Moment zum Reagieren und bremst dann ab. Der Weg bis zum Anhalten besteht aus zwei Abschnitten:

Anhalteweg =
Reaktionsweg plus Bremsweg

Reaktionsweg • Das Auto fährt während der Reaktionszeit einige Meter ungebremst mit $30\,\frac{km}{h}$ weiter (gleichförmige Bewegung). → 2

Der Reaktionsweg ist umso länger:
- je länger die Reaktionszeit ist.
- je größer die Geschwindigkeit ist.

Bremsweg • Dann bremst der Autofahrer. Der Bremsweg ist abhängig von der Bremskraft, der Masse des Autos und den Reifen. Ganz besonders wichtig sind die Geschwindigkeit und die Beschaffenheit der Fahrbahn. → 3

Geschwindigkeit	Bremsweg
$25\,\frac{km}{h}$	3,2 m (trocken)
$50\,\frac{km}{h}$	12,8 m (trocken)
$100\,\frac{km}{h}$	51,2 m (trocken) 64,3 m (nass) 128,6 m (Schnee) 192,8 m (Eis)

3 Bremswege eines Autos

Der Bremsweg nimmt viel schneller zu als die Geschwindigkeit:
Zweifache Geschwindigkeit → vierfacher Bremsweg!
Auch die Beschaffenheit der Fahrbahn beeinflusst den Bremsweg.

Aufgaben

1 ▢ Gib jeweils an, wie sich Reaktionsweg und Bremsweg ändern:
Zweifache Geschwindigkeit → ⟨?⟩.

2 ▢ Gib den Bremsweg bei $200\,\frac{km}{h}$ auf der nassen Autobahn an. → 3

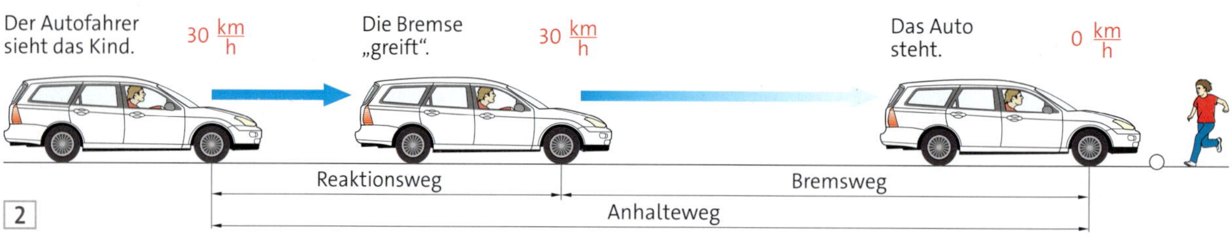

2

der Anhalteweg
der Reaktionsweg
der Bremsweg

Material A

Wer reagiert am schnellsten?

Materialliste: Leiste mit Markierungen → 4

1 Dein Versuchspartner hält die Leiste hoch. Wenn er sie fallen lässt, musst du schnell zufassen.
Lest die Reaktionszeit an der Oberkante der Hand auf der Leiste ab.

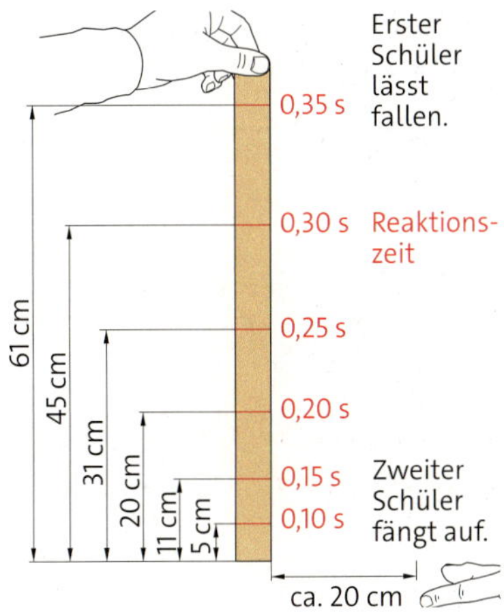

4 Reaktionszeit messen

Material B

Bremsweg messen

Materialliste: Fahrrad mit Tacho, Messband, Fahrradhelm

1 Steckt eine lange, gerade Strecke auf dem Schulhof ab. Etwa 30 m vor dem Ende der Strecke zieht ihr eine Linie. → 5
Einer von euch fährt auf dem Fahrrad mit $5\frac{\text{km}}{\text{h}}$ (10, 15) bis zur Linie. Dann bremst er immer gleich stark ab.

Achtung • Nur mit dem Hinterrad bremsen!

a Messt den Bremsweg jeweils dreimal. Bildet den Mittelwert. Notiert ihn.

b Übertragt die Ergebnisse in ein Diagramm: Bremsweg in Abhängigkeit von der Geschwindigkeit.

c Stellt eine Regel auf:
- 2-fache Geschwindigkeit → ?-facher Bremsweg.
- 3-fache Geschwindigkeit → ?-facher Bremsweg.

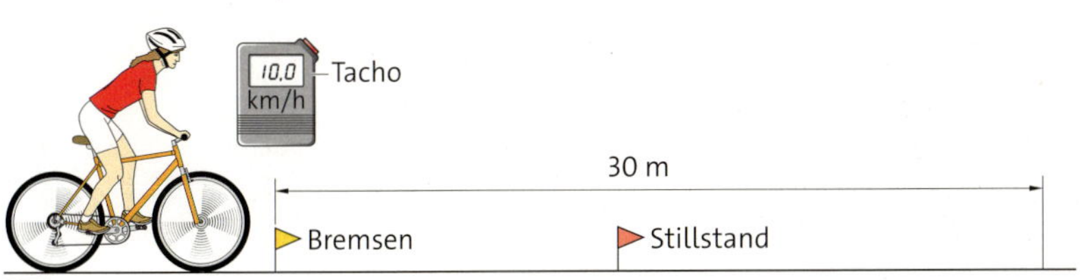

5

Material C

Anhalteweg

1 Berechne mit der Faustformel den Anhalteweg auf trockener Straße für $30\,\frac{\text{km}}{\text{h}}$ $\left(50\,\frac{\text{km}}{\text{h}};\ 100\,\frac{\text{km}}{\text{h}}\right)$. → 6

Reaktionsweg für $v = 80\,\frac{\text{km}}{\text{h}}$
Reaktionsweg =
(Tachoanzeige durch 10) mal 3
Reaktionsweg = $(80 : 10) \cdot 3$
Reaktionsweg (in m) = 24 m

Bremsweg für $v = 80\,\frac{\text{km}}{\text{h}}$
Bremsweg =
(Tachoanzeige durch 10) mal
(Tachoanzeige durch 10)
Bremsweg = $(80 : 10) \cdot (80 : 10) = 64$
Bremsweg (in m) = 64 m

Anhalteweg = Reaktionsweg plus
Bremsweg = 88 m

6

2 Viele Umstände verlängern den Anhalteweg: Müdigkeit, Nässe, abgefahrene Reifen, Alkohol, Kopfsteinpflaster, abgenutzte Bremsbeläge, hohe Geschwindigkeit.

a Gib an, welche Umstände Auswirkungen haben:
- auf den Reaktionsweg
- auf den Bremsweg

b Beurteile, auf welche Umstände die Fahrerin oder der Fahrer Einfluss haben.

Weg, Zeit, Geschwindigkeit

Zusammenfassung

Geschwindigkeit • Die Geschwindigkeit gibt an, wie schnell sich ein Gegenstand bewegt.

$$\text{Geschwindigkeit} = \frac{\text{Weg}}{\text{Zeit}}$$

$$v = \frac{s}{t}$$

Wir geben die Geschwindigkeit in Metern pro Sekunde $\left(\frac{\text{m}}{\text{s}}\right)$ oder in Kilometern pro Stunde $\left(\frac{\text{km}}{\text{h}}\right)$ an.

Umrechnung: $1\,\frac{\text{m}}{\text{s}} = 3{,}6\,\frac{\text{km}}{\text{h}}$ (·3,6 ; :3,6) → 1

Gleichförmige Bewegungen • Bei gleichförmigen Bewegungen bleibt die Geschwindigkeit gleich groß. → 1
Weg und Zeit sind proportional zueinander:
- doppelte Zeit → doppelter Weg
- dreifache Zeit → dreifacher Weg

Im Diagramm der gleichförmigen Bewegung liegen die Messwerte für Weg und Zeit auf einer Geraden durch den Nullpunkt. → 2

Ungleichförmige Bewegungen • Bei ungleichförmigen Bewegungen ändert sich die Geschwindigkeit. → 3
Im Weg-Zeit-Diagramm liegen die Messwerte für Weg und Zeit nicht auf einer Geraden. → 4
Bei beschleunigten Bewegungen nimmt die Geschwindigkeit zu, bei verzögerten Bewegungen nimmt die Geschwindigkeit ab.

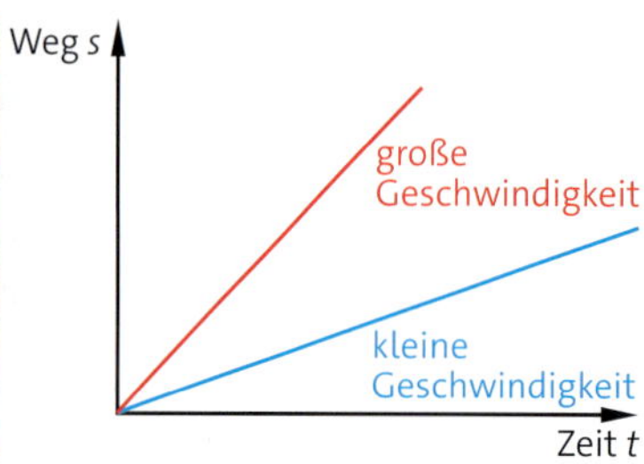

1 2 Gleichförmige Bewegungen

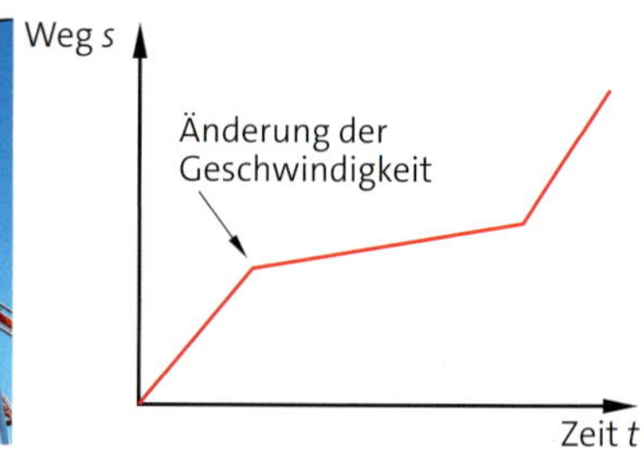

3 4 Ungleichförmige Bewegung

Reagieren und Bremsen • Der Anhalteweg setzt sich aus Reaktionsweg und Bremsweg zusammen: → 5

- 2-fache Reaktionszeit oder Geschwindigkeit → 2-facher Reaktionsweg
- 2-fache Geschwindigkeit → 4-facher Bremsweg

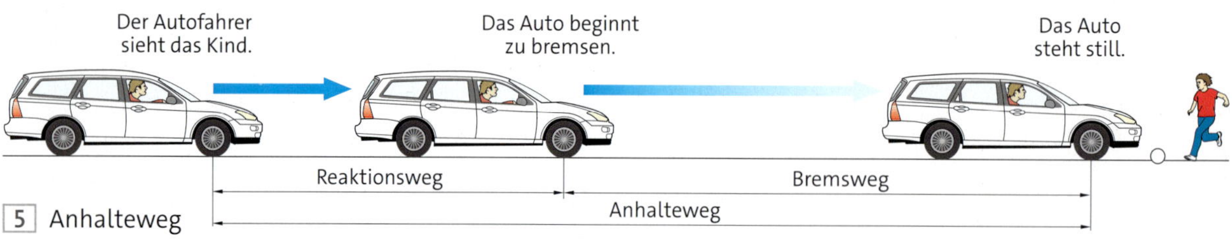

5 Anhalteweg

Teste dich! (Lösungen auf Seite 441)

Die Geschwindigkeit

1 ○ Max sagt: „Ich bin mit meinem Fahrrad schon einmal 45 Stundenkilometer gefahren." Beschreibe, was er damit meint. Gib die Geschwindigkeit physikalisch richtig an.

2 Frau Meier erzählt: „Das war ein Verkehr auf der Autobahn. Ich habe für die 270 Kilometer heute 3 Stunden gebraucht!"

a ○ Berechne ihre durchschnittliche Geschwindigkeit in $\frac{km}{h}$.

b ◑ An normalen Tagen fährt sie die Strecke im Schnitt mit $120\,\frac{km}{h}$. Berechne, wie lange sie dann für die Fahrt braucht.

c ◑ Berechne, wie weit Frau Meier in 3,5 h bei einer Geschwindigkeit von $120\,\frac{km}{h}$ kommt.

3 Marina fährt mit dem Fahrrad $18\,\frac{km}{h}$ schnell. Felix sagt: „Da bin ich ja zu Fuß noch schneller! Ich bin 75 m in 12,5 s gelaufen."

◑ Rechne nach, ob Felix recht hat.

Tipp: Berechne zuerst seine Geschwindigkeit in $\frac{m}{s}$. Rechne dann in $\frac{km}{h}$ um.

Verschiedene Bewegungen

4 ○ Ordne in gleichförmige und in ungleichförmige Bewegungen:

Auto in der Stadt, Radfahrer auf dem Schulweg, Minutenzeiger der Uhr, Flugzeug in Reiseflughöhe, Sprung vom 5-m-Turm, Tanker in ruhiger See, Läufer beim Start.

5 Bewegungen zweier Autos → 6

a ○ Nenne das insgesamt schnellere Auto.

b ◑ Berechne die Durchschnittsgeschwindigkeit in $\frac{m}{s}$ und $\frac{km}{h}$ für beide Autos.

c ◑ Stelle die Bewegungen in einem Diagramm dar.

d ◑ Gib an, welches Auto (nahezu) gleichförmig fuhr. Begründe deine Auswahl.

Weg *s* in m	0	50	100	150	200	
Zeit *t* in s	0	4	8	13	30	**Auto A**
	0	5	9	15	20	**Auto B**

6 Fahrten zweier Autos

6 Bewegung eines Radfahrer → 7

a ○ Ist die Bewegung gleichförmig oder ungleichförmig? Begründe deine Antwort.

b ○ Gib an, wann der Radfahrer gestoppt hat.

c ◑ Woran erkennst du im Diagramm, wann der Radfahrer schnell gefahren ist und wann langsam? Beschreibe es an Beispielen.

d* ◑ Bestimme die Geschwindigkeit des Radfahrers zwischen Minute 3 und Minute 10.

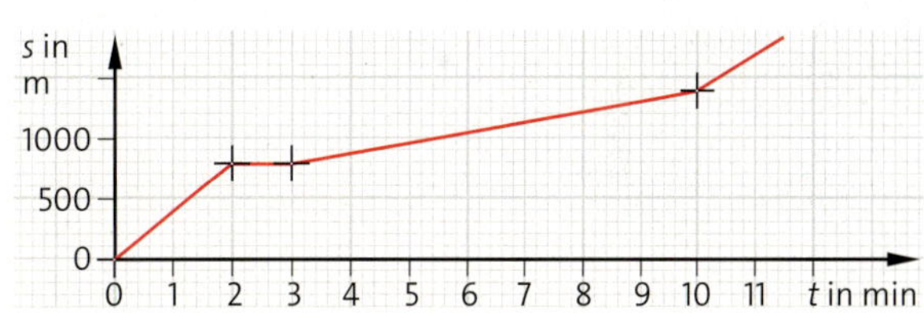

7 Fahrt mit dem Fahrrad

Reagieren und Bremsen

7 Ein Auto fährt auf trockener Straße mit $40\,\frac{km}{h}$. Bei einer Vollbremsung steht es nach 9 m.

a ○ Gib an, wie lang der Bremsweg bei $80\,\frac{km}{h}$ (und gleicher Bremskraft) ist: 9 m, 18 m, 27 m oder 36 m.

b ◑ Begründe deine Antwort.

c ◑ Berechne den Anhalteweg bei $40\,\frac{km}{h}$. Der Reaktionsweg beträgt 11 m.

Kräfte und ihre Wirkungen

Beim Judo gewinnt nicht unbedingt die größere Kraft – wenn die kleinere Kraft geschickt eingesetzt wird.
Was ist das überhaupt: die Kraft?

Eine Kraft wirkt auf den Bungeespringer und das Seil. Der Springer fällt nach unten. Was geschieht mit dem Seil?

Mit hohem Druck wird Wasser durch die Düsen gepresst. Wie kann man auf einer Wassersäule stehen?

Was Kräfte bewirken

[1] Beschleunigt von der Kraft eines Pferds

[2] Kräfte erkennt man an ihren Wirkungen.

Volle Kraft voraus! Was können Kräfte alles bewirken?

Kräfte – physikalisch gesehen • Im Alltag sprechen wir von kräftigen Farben und Worten, von der „Sehkraft" oder von der „Waschkraft".
In der Physik verstehen wir etwas anderes unter Kraft. → [2]

Physikalische Kräfte erkennt man an ihren Wirkungen. Auf einen Gegenstand wirkt eine Kraft, wenn er:
- schneller oder langsamer (beschleunigt oder verzögert) wird,
- umgelenkt wird,
- verformt wird.

Für eine physikalische Kraft braucht man immer zwei Gegenstände: Ein Gegenstand übt die Kraft auf den anderen aus.

Aufgabe

1 In den folgenden Beispielen ist von Kräften die Rede:
- Im Alter lässt die Sehkraft nach.
- Ein Autofahrer gibt Gas und überholt einen Bus.
- Ein Apfel fällt vom Baum.
- Tom schlägt einen Nagel in die Wand – und verbiegt ihn dabei.
- Lanin hat starke Waschkraft.

a ○ Nenne die Beispiele, in denen physikalische Kräfte eine Rolle spielen.

b ◔ Begründe jeweils deine Entscheidung. Schreibe dazu jeweils die Wirkung der Kraft auf.

beschleunigen
verzögern
umlenken
verformen
die Kraft

Material A

Kräfte im Sport

1 ◐ Im Sport werden überall physikalische Kräfte ausgeübt. → 3 – 10

a Gib für jedes Beispiel die Wirkung(en) der Kraft an.

b Nenne jeweils die beiden Gegenstände, die aufeinander einwirken.

3

4

5

6

7

8

9

10

Material B

Kräfte auf eine Kugel

Materialliste: Teppich, starker Magnet, Klötze, schmale Rinne (U-Profil), Stahlkugel

1 ○ Stelle die Rinne etwas schräg auf dem Boden auf.

a Lass die Kugel in der Rinne hinunterrollen. Markiere, wie weit sie gerollt ist.

b Verändere den Aufbau so, dass die Kugel weiterrollt. Notiere, was du veränderst.

c Vergleiche, wie weit die Kugel auf glattem Boden und auf dem Teppich rollt.

d Beschreibe die Bewegung der Kugel in der Rinne und auf dem Boden genau.

2 Ändere mit dem Magneten die Geschwindigkeit und die Richtung der rollenden Stahlkugel auf dem Boden. → 11 Probiere verschiedene Möglichkeiten aus.
○ Beschreibe jeweils genau, wie sich die Bewegung der Kugel ändert.

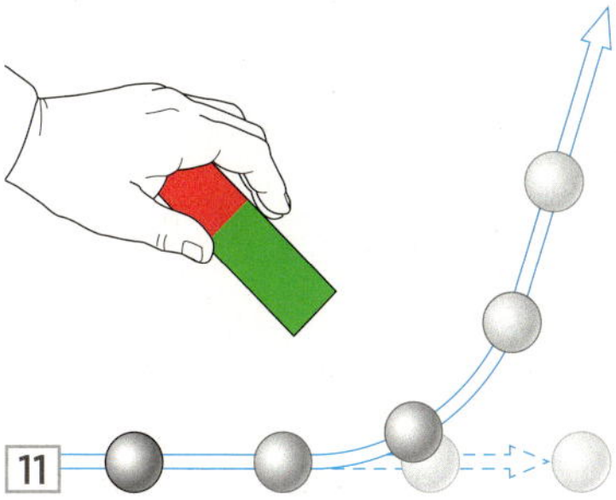
11

Kräfte messen

1 Wie stark bist du?

Die Kraft wird in Newton (1 N) gemessen. 1 N ist die Kraft, die du zum Heben einer 100-g-Tafel Schokolade benötigst. Große Kräfte werden in kN gemessen. 1 kN = 1000 N.

Wir messen Kräfte mithilfe der Dehnung einer Schraubenfeder. Die Verlängerung der Schraubenfeder entspricht der Zunahme der Kraft. Diesen proportionalen Zusammenhang nennt man hookesches Gesetz.

Material zur Erarbeitung: A

Mit dem elastischen Band trainierst du deine Muskeln. Du kannst damit auch messen, wie stark du bist.

Kräfte messen • Je weiter du das Band dehnst, desto größer ist deine Kraft. Nach dem gleichen Prinzip funktionieren viele Kraftmesser. → 2 In diesen Kraftmessern wird anstelle des Bands eine Schraubenfeder gedehnt. Bei kleinen Kräften gilt: → 3

- 2-fache Kraft → 2-fache Verlängerung
- 3-fache Kraft → 3-fache Verlängerung

Kräfte zeichnen • Ein Pfeil zeigt, wie die Kraft auf einen Gegenstand wirkt:

- Der Kraftpfeil beginnt an dem Punkt, an dem der Ball getroffen wird. Dort greift die Kraft an. → 4
- Je härter der Ball getroffen wird, desto größer ist die Kraft auf den Ball. Umso länger ist auch der Kraftpfeil.
- Die Pfeilspitze zeigt, in welche Richtung die Kraft auf den Ball wirkt.

Ein Kraftpfeil zeigt Größe, Richtung und Angriffspunkt der Kraft.

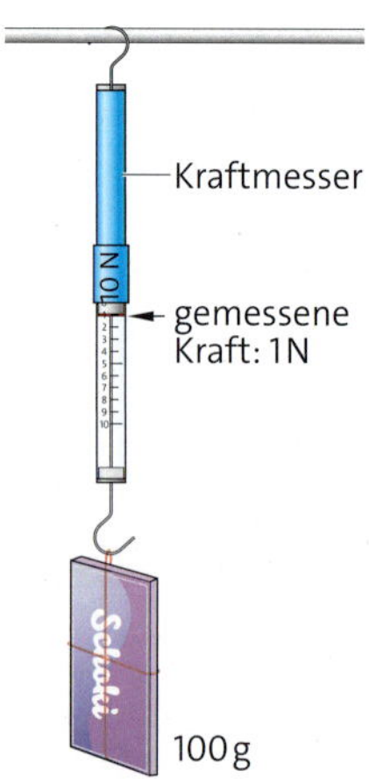

2 Kraftmessung

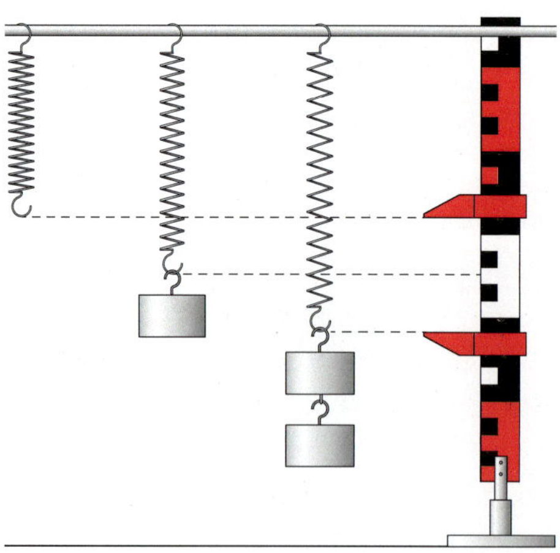

3 Dehnung einer Schraubenfeder

4 So zeichnen wir eine Kraft.

Aufgabe

1 Beschreibe die Veränderung einer Schraubenfeder, wenn die angehängte Masse 5-mal (3-mal, halb) so groß ist.

die Schraubenfeder
das Newton (N)
das hookesche Gesetz
der Kraftmesser
der Kraftpfeil

Methode

Kräfte messen mit dem Kraftmesser

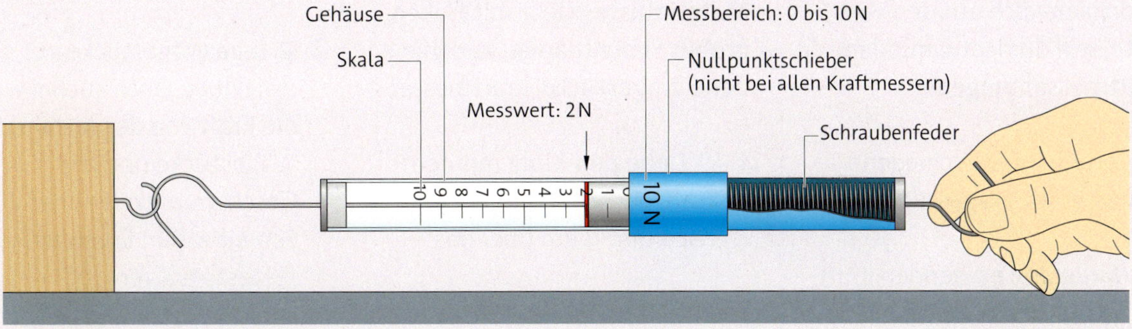

5 Aufbau eines Kraftmessers

Kraftmesser • So misst du richtig mit dem Kraftmesser: → 5

1. Kraftmesser auswählen Es gibt Kraftmesser für größere und für kleinere Kräfte. → 6 Auf jedem Kraftmesser ist sein Messbereich angegeben. Eine zu große Kraft kann die Schraubenfeder des Kraftmessers beschädigen. Mache eine Probemessung mit dem Kraftmesser für den größten Messbereich. Wenn die Schraubenfeder nur wenig gedehnt wird, probiere den nächstkleineren. Wenn dann die Feder weit ausgedehnt wird, ist der richtige Kraftmesser gefunden.

2. Auf null stellen Halte den Kraftmesser auf Augenhöhe und schiebe den Nullpunktschieber auf die Markierung „0".

3. Messen Hänge ein Wägestück ein oder ziehe mit dem Kraftmesser einen Gegenstand.

4. Richtig ablesen Gehe auf Augenhöhe zur Skala. Lies den angezeigten Wert ab. → 7

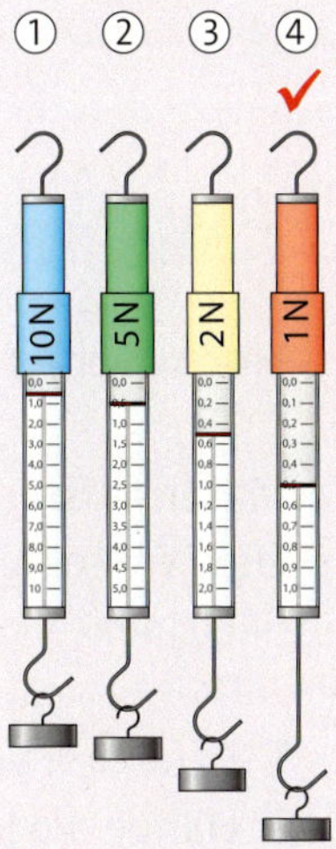

6 Kraftmesser auswählen

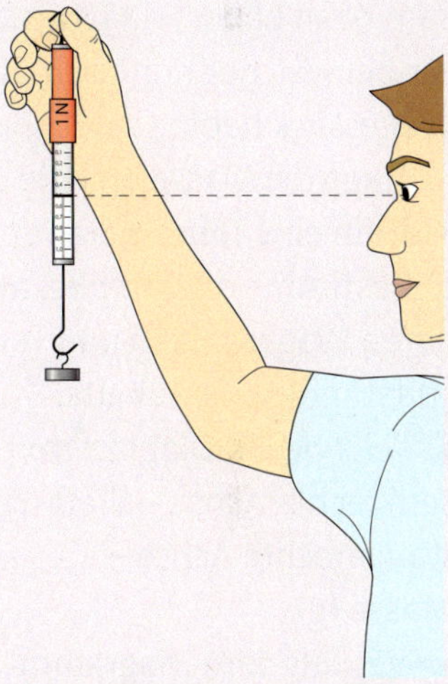

7 Auf Augenhöhe ablesen!

Aufgaben

1 ○ Kraftmesser
a Nenne die Teile des Kraftmessers.
b Beschreibe, wie du ihn richtig benutzt.

2 ◐ Miss die Kraft, die zum Heben von 70 g (1200 g) nötig ist.

Kräfte messen

Material A

Kraft beim Heben messen

Informiere dich auf den Vorseite, wie du richtig mit dem Kraftmesser umgehst.

Materialliste: verschiedene Kraftmesser, Wägestücke

1 Wähle den passenden Kraftmesser und hänge ein Wägestück daran.
a Hebe den Kraftmesser langsam nach oben. → 1 Lies ab, bei welcher Kraft sich das Wägestück hebt.
b ○ Trage die Masse und die Kraft in eine Tabelle ein.
c ○ Bestimme die Kraft bei anderen Wägestücken und vervollständige die Tabelle.
d ◐ Zeichne ein Diagramm: senkrechte Achse – Kraft (N), waagerechte Achse – Masse (g).
e ◐ Lies aus dem Diagramm die Kraft zum Heben von 120 g (260 g; 700 g) ab.

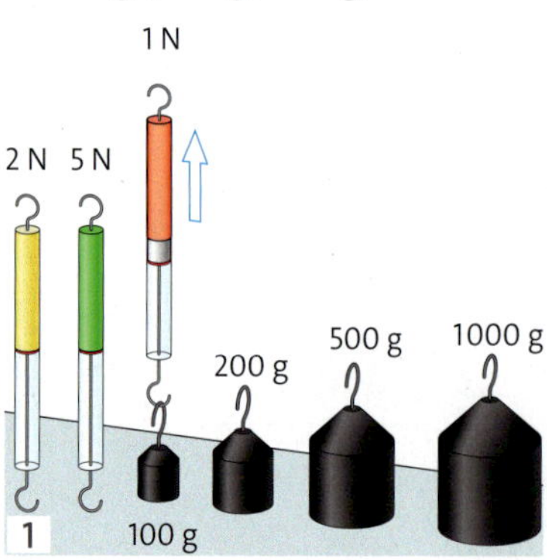

1

Material B

Kraft beim Ziehen messen

Materialliste: Klotz mit Haken, grobes Schleifpapier, verschiedene Wägestücke, Kraftmesser

1 ○ Ziehe den Klotz mit dem Kraftmesser erst über den Tisch und dann über das Schleifpapier. → 2 Vergleiche die Messwerte.

2 ◐ Lege Wägestücke auf den Holzklotz. Untersuche, wie die Kraft von der Anzahl der Wägestücke und der Geschwindigkeit abhängt. Schreibe dein Ergebnis in Je-desto-Sätzen auf.

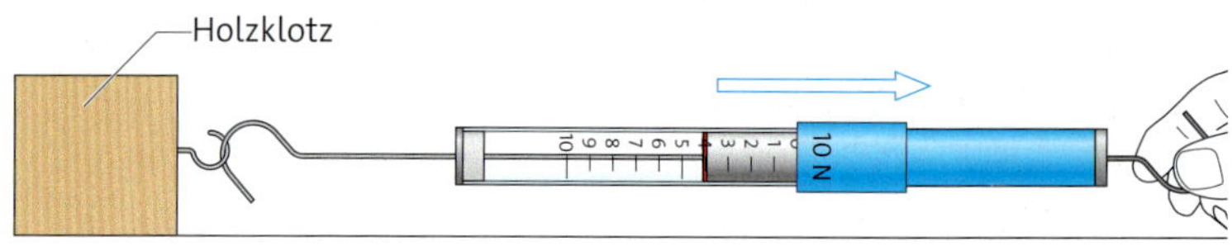

2

Material C

Hookesches Gesetz

Materialliste: Schraubenfeder, viele Wägestücke, Stativmaterial, Lineal

1 Baue den Versuch auf. → 3
a Hänge die Schraubenfeder an den Haken. Stelle den Schieber am Lineal auf die Unterkante der Feder ein.
b ○ Hänge Wägestücke an. Miss jeweils die Verlängerung der Feder. Notiere die Massen und die Verlängerungen in einer Tabelle.
c ◐ Zeichne ein Diagramm: senkrechte Achse – Verlängerung (cm), waagerechte Achse – Masse (g).

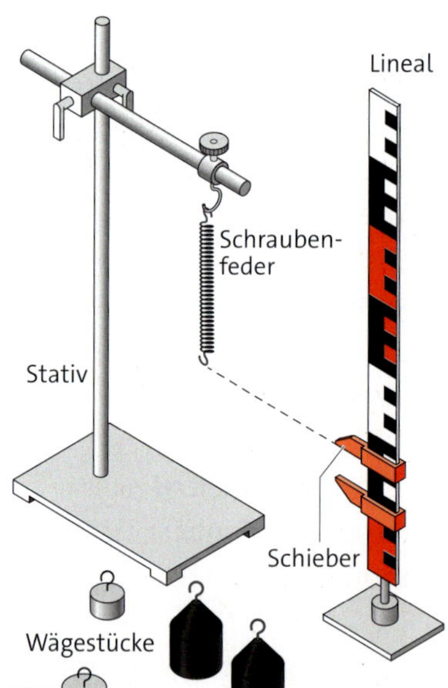

3

d ◐ Begründe, warum eine Schraubenfeder zur Kraftmessung gut geeignet ist.

Material D

Kraftpfeile

1 Sechs Kinder ziehen an einem Sprungtuch. → 4

a ▢ Gib an, welche Kräfte den gleichen Betrag haben. Beschreibe, wie du die Kräfte vergleichst.

b ▢ Gib an, welche Kräfte die gleiche Richtung haben.

2 ◐ Wo ist der Kraftpfeil richtig gezeichnet? → 5 6 Begründe deine Antwort.

4 Sechs Kräfte an einem Sprungtuch

3 Hier sind drei Kraftpfeile gezeichnet. → 7

a ▢ Ermittle, wie groß die Kräfte sind.

b ▢ Zeichne im gleichen Maßstab Kräfte mit folgenden Beträgen in dein Heft: 1,6 N; 5 N; 10 N; 20,8 N.

5

6

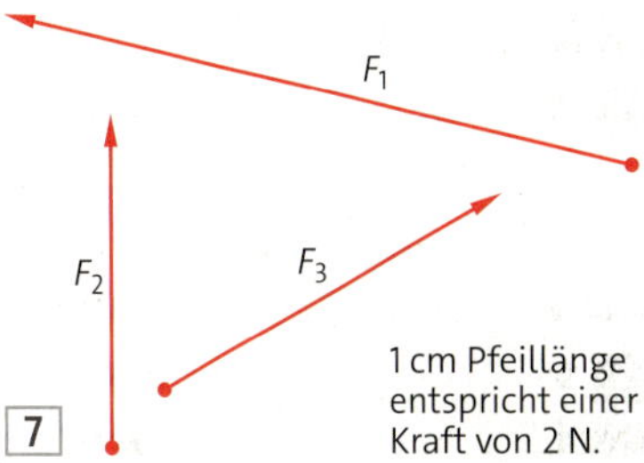

7

Material E

Wo wirken hier Kräfte?

1 ◐ Erkennst du in den Bildern, wo jeweils Kräfte angreifen? → 8 – 11 Skizziere die Bilder in dein Heft und zeichne die Kraftpfeile ein.

8

9

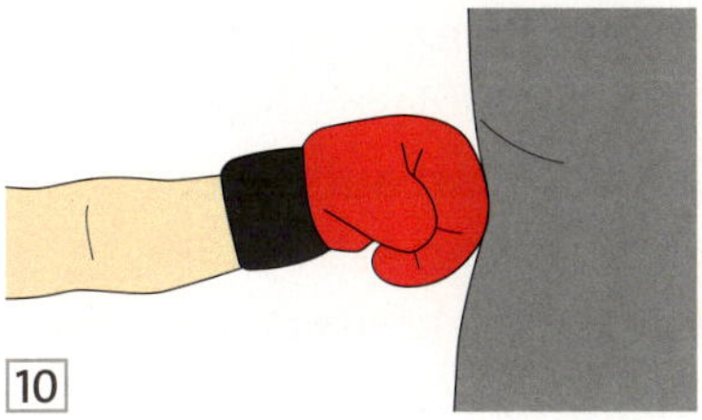

10

11

Auf dem Mond ist alles leichter

1 Alan L. Bean auf dem Mond (Apollo 12, 1969)

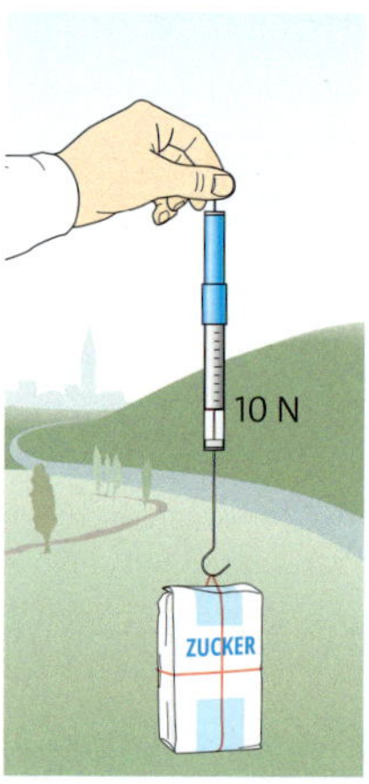

2 Auf der Erde

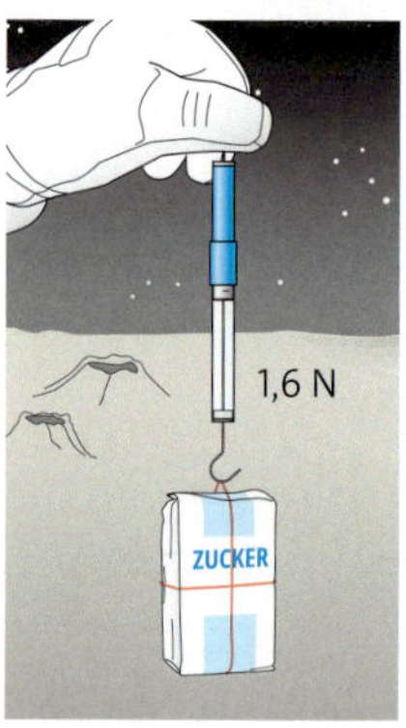

3 Auf dem Mond

Der Astronaut trägt 163 kg Ausrüstung! Auf der Erde könnte er sie nicht heben.

Masse • Ein Kilogramm ist überall gleich viel. Eine Tüte Zucker enthält auf der Erde genauso viel Zucker wie auf dem Mond. Die Masse der Tüte Zucker ist deshalb überall gleich.

Gewichtskraft • Die Erde zieht die Tüte Zucker und alle anderen Gegenstände an. Diese Anziehungskraft bezeichnen wir als Gewichtskraft. Wir müssen sie „überwinden", um einen Gegenstand anzuheben. Für die Tüte Zucker von 1 kg ist dafür auf der Erde eine Kraft von rund 10 N nötig. → 2
Auf dem Mond können wir 1 kg schon mit einer Kraft von 1,6 N anheben. → 3
Der Mond hat nämlich eine kleinere Masse als die Erde. Er übt deshalb auch eine kleinere Gewichtskraft auf Gegenstände aus. Daher kann der Astronaut auf dem Mond die Ausrüstung anheben und tragen.

Die Masse eines Gegenstands ist an allen Orten gleich groß.
Die Gewichtskraft auf einen Gegenstand ist vom Ort abhängig.

Newtons Erkenntnis • Alles fällt nach unten, wenn es losgelassen wird. Aber wie ist es auf der anderen Seite der Erde? → 4 Der Naturforscher Isaac Newton (1643–1727) dachte darüber lange nach. Er kam auf die Idee: „Unten" ist immer die Richtung zum Erdmittelpunkt. Newton erkannte:

Jeder Gegenstand zieht jeden anderen Gegenstand an.

Die Anziehung ist umso größer, je größer die Masse der Gegenstände ist. Dabei ist es unwichtig, aus welchem Stoff die Gegenstände bestehen.

4 Alles fällt nach unten?

Aufgabe

1 ○ Gib an, wie viel Kraft du benötigst, um auf dem Mond 50 kg anzuheben.

die Masse
die Gewichtskraft

Material A

Unterschiedliche Gewichtskräfte

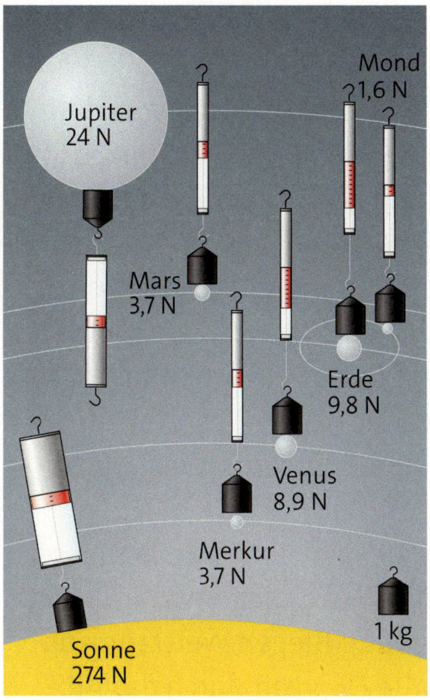

5 Himmelskörper und Gewichtskräfte

1 Die Gewichtskraft ist auf den Himmelskörpern verschieden groß. → 5

a ▢ Ordne die Himmelskörper nach der Größe der Gewichtskräfte.

b ▢ Gib an, wo die Gewichtskraft etwa so groß ist wie auf der Erde.

c ◪ Berechne die Gewichtskraft, die auf dem Merkur auf dich wirken würde.

d ◪ Woran liegt es, dass die Gewichtskräfte verschieden groß sind? Stelle eine Vermutung an.

Material B

Schwere Ausrüstung – leichter gemacht

1 Auf der Erde übte der Astronaut Alan L. Bean seinen Einsatz nicht mit der echten Ausrüstung, sondern mit einer Attrappe. Sie war genauso schwer anzuheben wie die richtige Ausrüstung auf dem Mond. → 1

a ◪ Wog die Attrappe weniger oder mehr als die echte Ausrüstung? Begründe deine Antwort.

b ● Berechne die Masse der Attrappe. Könntest du die Attrappe anheben?

Material C

Isaac Newton

1 ◪ Lies den Text. → 6
Erkläre, warum ein Satellit nicht auf die Erde fällt.

2 ◪ „Der Mond zieht auch die Erde an."
Stimmt die Aussage? Begründe deine Meinung.

Der Naturforscher Isaac Newton saß an einem klaren Herbstabend in seinem Garten und beobachtete den Mond. Plötzlich plumpste ein reifer Apfel neben ihm ins Gras. Er fragte sich: „Warum fällt der Apfel auf die Erde, der Mond aber nicht?" Newton erkannte: Der Mond bewegt sich sehr schnell. Eine Kraft verhindert aber, dass der Mond sich weiter entfernt. Er wird „gezwungen", die Erde zu umrunden.

Es ist dieselbe Kraft, die den Apfel herunterfallen lässt – die Anziehungskraft der Erde. Newton erkannte, dass alle Gegenstände sich gegenseitig anziehen – also auch der Apfel die Erde. Diese Kraft ist jedoch winzig, weil der Apfel eine viel kleinere Masse als die Erde hat.

6 Apfel, Mond und Erde

Die Reibungskraft

1 Wichtig für sicheres Fahren: das Reifenprofil

Material zur Erarbeitung: A

Warum rutschen Fahrräder beim Anfahren nicht einfach weg?

Raue Oberflächen • Die Oberflächen aller Gegenstände sind nie ganz glatt. Es gibt immer Unebenheiten. → 2 Wenn man zwei Gegenstände gegeneinander bewegt, reiben sich die Unebenheiten aneinander. → 3 Es treten Reibungskräfte auf, die die Bewegung bremsen. Je rauer die Oberflächen sind, desto größer sind die Reibungskräfte. Auch bei Bewegungen im Wasser und in der Luft spürst du Reibungskräfte.

Wenn ein Gegenstand gegen einen anderen verschoben wird, treten Reibungskräfte auf.

2 Autoreifen, 300-fach vergrößert

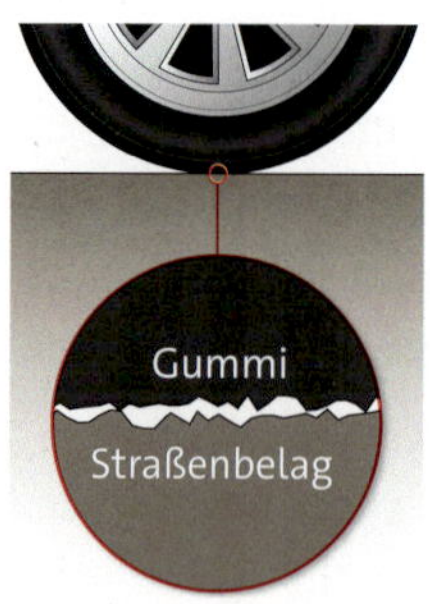

3 Unebenheiten

Bedeutung • Reibungskräfte verhindern, dass du beim Gehen umfällst. Auf Eis kannst du deine Bewegung schwer kontrollieren, weil die Reibungskräfte zwischen dem Eis und deiner Schuhsohle zu gering sind. Es kann zu Unfällen kommen.
Auch Fahrräder und Autos brauchen stets ausreichend große Reibungskräfte zwischen der Straße und den Reifen, damit sie nicht verunglücken. → 4 Ein gutes Reifenprofil hilft, um sicher zu fahren und zu bremsen.
Allzu groß dürfen die Reibungskräfte aber auch nicht sein – sonst muss man zuviel Energie für die Bewegung einsetzen.
Gäbe es gar keine Reibungskräfte, so würde eine Bewegung ewig andauern. Ohne Reibung fliegen Weltraumsonden für alle Ewigkeit durch das All.

4 Achtung: Glatte Straße!

Aufgaben

1 ○ Beschreibe, wie Reibungskräfte entstehen.

2 ◐ Begründe, warum gute Reifen im Verkehr wichtig sind.

Material A

Sichere Fahrt mit guter Reibung

Beim Verschieben von Gegenständen auf einer Unterlage treten Reibungskräfte auf.

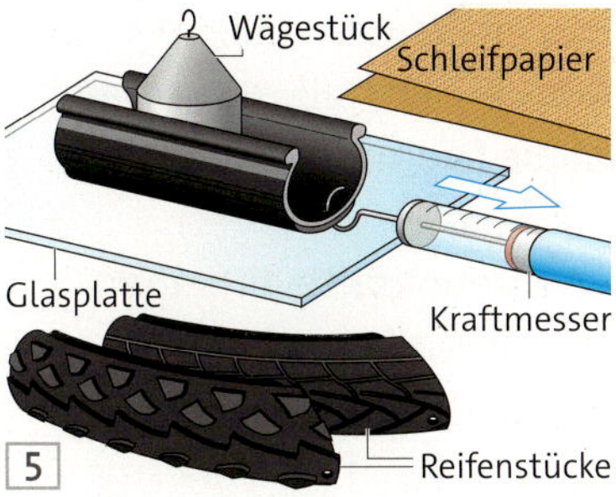

5

Materialliste: Kraftmesser, Wägestück, Glasplatte, einige Stücke Fahrradreifen mit verschiedenen Profilen (mit Loch), Schleifpapier (fein und grob)

1 Untersuche, wie die Reibungskraft vom Reifenprofil abhängt.

a Stelle das Wägestück auf ein Reifenstück. Ziehe beides über die Glasplatte. → 5

b Miss die notwendige Kraft. Wiederhole den Versuch mit den anderen Reifenprofilen.

c ○ Protokolliere die Ergebnisse in einer Tabelle.

2 Wiederhole die Versuche auf anderen Unterlagen.

a Ziehe die verschiedenen Reifenprofile über feines und grobes Schleifpapier.

b ○ Protokolliere die Ergebnisse in einer Tabelle.

c ◐ Stelle alle Messergebnisse gegenüber. Ermittle die Anordnung mit der größten und der kleinsten Reibungskraft.

Material B

Kugellager im Skateboard

Wenn Kugeln rollen, treten nur geringe Reibungskräfte auf. Man verwendet in der Technik oft Kugellager für Achsen, die leicht laufen sollen – zum Beispiel in Skateboards, Inlineskates oder Rollern.

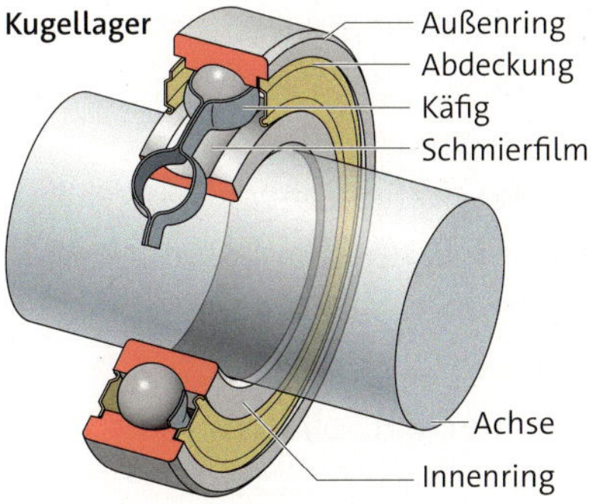

6 Aufbau eines Kugellagers

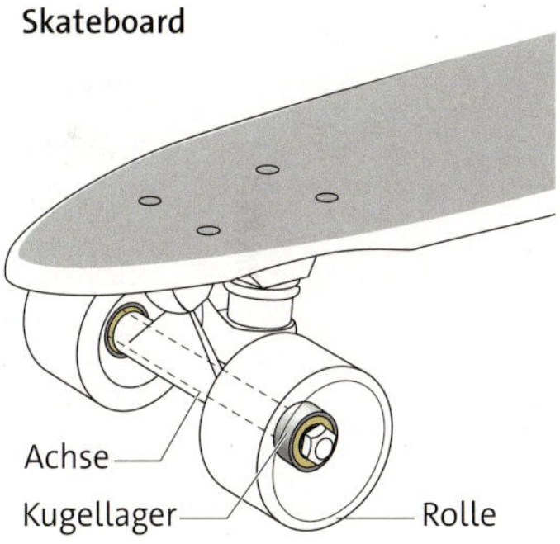

1 ○ Kugellager

a Beschreibe den Aufbau. → 6

b Gib jeweils an, mit welchem Bauteil der Innenring und mit welchem der Außenring verbunden ist.

c Gib die Bauteile an, die geschmiert werden.

2 ◐ Plane einen Versuch, um die Rolleigenschaften verschiedener Skateboards zu vergleichen.

3 ● Kugellager kennzeichnet man mit ABEC-Zahlen von 1–11. Je höher die Zahl ist, umso höher ist die Qualität. Aber auch der Preis und die Schmutzanfälligkeit steigen. Informiere dich im Internet. Gib an, welche Qualität von Kugellagern du an deinem Fahrzeug verwenden würdest. Begründe deine Wahl.

Wenn mehrere Kräfte wirken

1 Geht es hoch oder runter?

Materialien zur Erarbeitung: A–B

Vier Propeller sorgen für Auftrieb, die Gewichtskraft zieht die Drohne nach unten. Wann steigt die Drohne auf, wann sinkt sie ab?

Resultierende Kraft und Kräftegleichgewicht • Alle Auftriebskräfte an den Propellern wirken in dieselbe Richtung. → 2 Sie addieren sich zur gesamten Auftriebskraft auf die Drohne.

Die Gewichtskraft wirkt entgegengesetzt dazu. Sie ergibt zusammen mit der Auftriebskraft die resultierende Kraft auf die Drohne: → 3 – 5

- Wenn die Propeller sehr schnell drehen, ist die Auftriebskraft groß. → 3 Sie ist größer als die Gewichtskraft. Die resultierende Kraft auf die Drohne ist nach oben gerichtet. Die Drohne steigt auf.
- Wenn die Propeller langsam drehen, ist die Auftriebskraft kleiner als die Gewichtskraft. Die resultierende Kraft auf die Drohne ist also nach unten gerichtet. → 4 Die Drohne sinkt ab.
- Wenn die Kräfte nach oben und unten gleich groß sind, ist die resultierende Kraft gleich null. → 5 Dann schwebt die Drohne in einer Höhe.

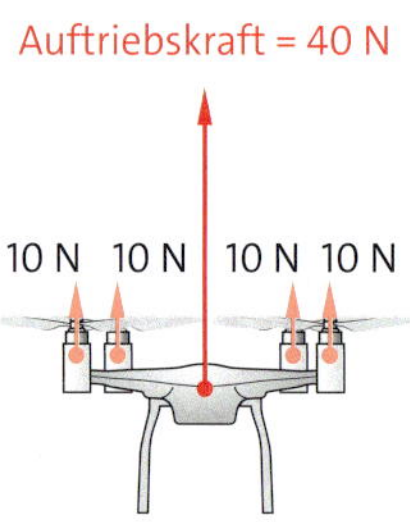

2 Kräfteaddition

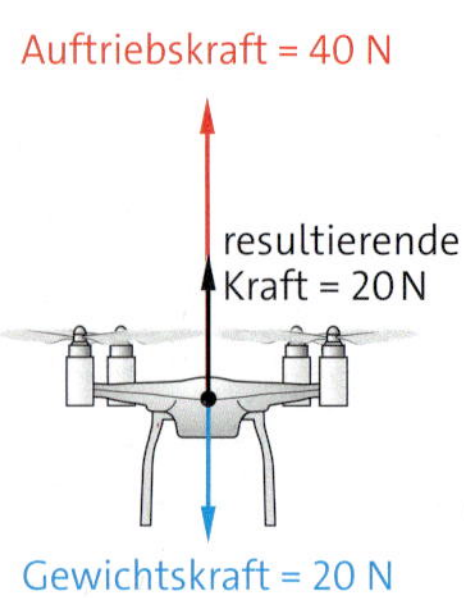

3 Steigt auf

4 Sinkt ab

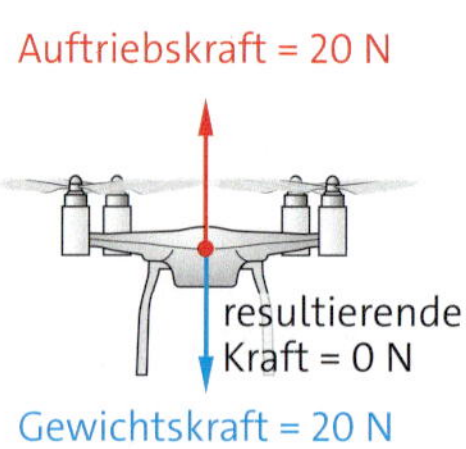

5 Schwebt

Wenn mehrere Kräfte auf einen Gegenstand wirken, gilt:

- Kräfte mit gleicher Richtung addieren sich in ihrer Wirkung.
- Bei zwei entgegengesetzten Kräften ist die resultierende Kraft so groß wie die Differenz der Kräfte. Die resultierende Kraft hat dieselbe Richtung wie die größere Kraft.
- Gleich große entgegengesetzte Kräfte heben sich in ihrer Wirkung auf (Kräftegleichgewicht).

Aufgaben

1 Jeder Propeller der Drohne bewirkt diesmal eine Auftriebskraft von 6 N.

a ○ Berechne, wie groß die resultierende Kraft auf die Drohne ist (Gewichtskraft = 20 N).

b ◐ Gib an, ob die Drohne steigt oder sinkt. Begründe.

2 ◐ Gib an, in welchem Fall die Drohne im Kräftegleichgewicht ist. → 3 – 5 Begründe deine Wahl.

die resultierende Kraft
das Kräftegleichgewicht

Material A

Kräfte in gleicher Richtung

Materialliste: 2 gleiche Kraftmesser, Trinkflasche (gefüllt, aus Kunststoff), Faden

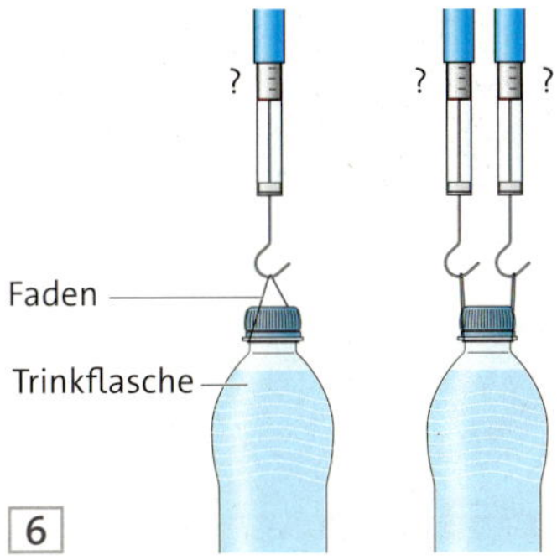

6

1 Hänge die Trinkflasche erst an einen Kraftmesser, dann an zwei. → 6

a ▢ Miss jeweils die Kräfte. Vergleiche die Ergebnisse.

b ◪ Schreibe eine Regel für das Zusammenwirken von zwei gleich gerichteten Kräften auf.

Material B

Wer gewinnt das Tauziehen?

1 ▢ Zwei Gruppen bestreiten einen Wettbewerb im Tauziehen. → 7

a Gib den Sieger an.

b Ein zusätzliches Kind könnte zur unterlegenen Gruppe stoßen. Berechne, wie viel Kraft es haben müsste, damit nun seine Gruppe das Tauziehen gewinnt.

c Lisa hört plötzlich auf. Gib die Gruppe an, die jetzt gewinnt.

2 ◪ „Durch Tauziehen lässt sich nicht feststellen, wer mehr Kraft in den Armen hat." Begründe die Aussage.

7

Max 350 N, Moritz 420 N, Lisa 250 N, Lena 310 N, Anna 470 N

Material C

Kräfte berechnen

1 ▢ Linus schiebt mit aller Kraft. Der Schrank bewegt sich aber erst bei einer Kraft von 600 N. → 8 Berechne, mit welcher Kraft Marie helfen muss.

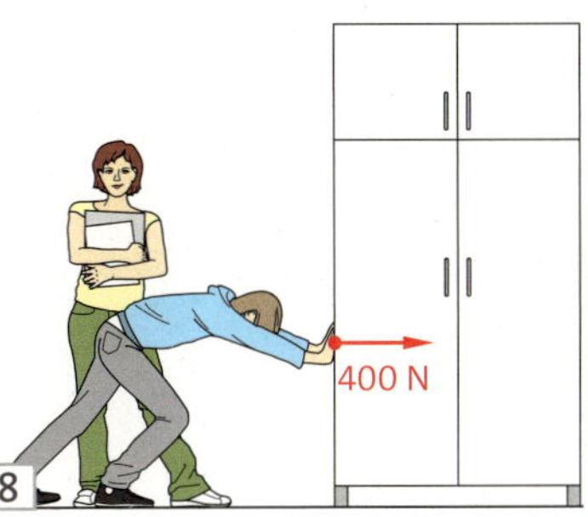

8

2 ▢ Berechne, wie groß die resultierende Kraft ist. → 9 Gib ihre Richtung an.

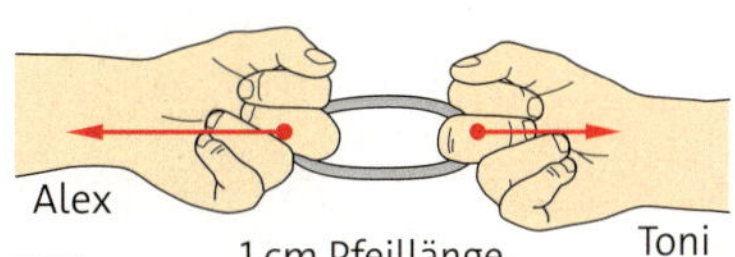

9 1 cm Pfeillänge entspricht einer Kraft von 20 N.

Kraft und Bewegung

1 Ball nach hinten – Tim nach vorn!

Materialien zur Erarbeitung: A–C

Tim hat sich einen seltsamen Antrieb ausgedacht. Wie funktioniert das?

Wechselwirkung • Tim wirft den Ball nach hinten. Er übt eine Kraft aus, die den Ball beschleunigt. Gleichzeitig setzt sich Tim nach vorne in Bewegung. Von alleine geht das nicht: Irgendjemand muss eine Kraft auf Tim ausüben. Dieser Jemand ist der Ball! Jan zieht Jana zu sich – und setzt sich gleichzeitig selbst in Bewegung. → 2 Auf Jana wirkt eine Kraft und auf Jan auch. Jan und Jana treffen sich in der Mitte: Die Kräfte sind gleich groß.

2 Jan zieht – und wird gezogen.

Diese Bewegungen sind Beispiele für das Wechselwirkungsprinzip:

Eine Kraft gibt es nie alleine. Wenn du eine Kraft auf einen Körper ausübst, übt der Körper eine gleich große Kraft auf dich aus. Die Kräfte sind entgegengesetzt gerichtet.

Anders als beim Kräftegleichgewicht greifen die Kräfte an verschiedenen Körpern an und heben sich nicht auf.

Kraft und Beschleunigung • Du musst eine große Kraft ausüben, um einen vollen Mattenwagen anzuschieben, abzubremsen oder um die Kurve zu lenken. Zu zweit beschleunigt ihr den Wagen schneller, weil ihr eine größere Kraft ausübt. Und ein leerer Wagen lässt sich ganz schnell anschieben.

Je größer die Kraft auf einen Körper ist, desto schneller ändert sich seine Geschwindigkeit.
Je schwerer ein Körper ist, desto langsamer ändert sich seine Geschwindigkeit bei gleicher Kraft.

Aufgaben

1 Tim kann den Ball mit großer oder kleiner Kraft werfen. → 1 Welchen Einfluss hat das auf seine Bewegung? Erkläre deine Antwort.

2 Große Wohnmobile fahren langsamer an als Pkws mit gleich starken Motoren. Erkläre den Unterschied.

das Wechselwirkungsprinzip

Material A

Abstoßend

Materialliste: 2 Rollbretter (Rollen in Fahrtrichtung)

1 Zwei gleich schwere Personen sitzen sich auf den Rollbrettern gegenüber. → 3

a ○ Beide stoßen sich gegenseitig ab. Beschreibt eure Beobachtung.

b ○ Diesmal stößt sich nur einer ab, der andere hält die Arme steif. Beschreibt wieder eure Beobachtung.

c ◐ Erklärt die Ergebnisse.

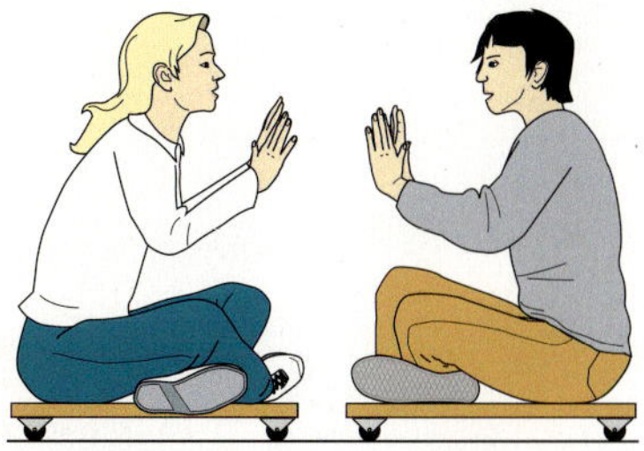

3

Material B

Anziehend

Materialliste: flaches Gefäß mit Wasser, 2 „Flöße“ aus Styropor, Magnet, gleich schwere Schraube, Gummiringe, Knete

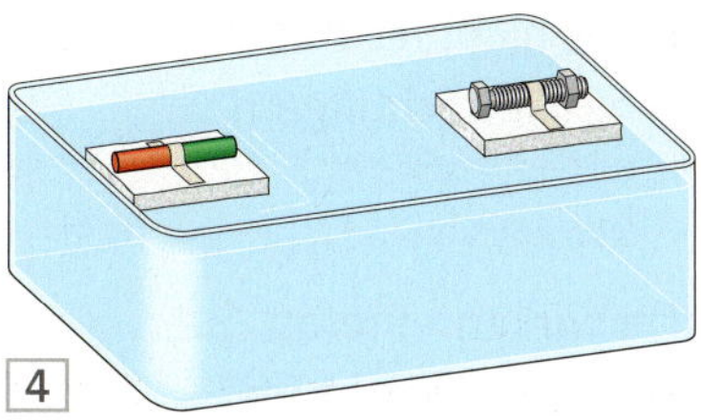

4

1 ○ Setze die Flöße ins Wasser. → 4

a Halte das Magnetfloß fest und lass das Schraubenfloß aus 5 cm Entfernung los. Beobachte und beschreibe.

b Halte das Schraubenfloß fest und lass das Magnetfloß aus 5 cm Entfernung los. Vergleiche.

c Halte die Flöße fest und lass sie aus 10 cm Abstand los. Beobachte und vergleiche.

2 ◐ Beschwere ein Floß zusätzlich mit Knete (ohne es zu versenken). Wiederhole den Versuch 1. Beschreibe und erkläre die Unterschiede.

Material C

Beschleunigend

Materialliste: Mattenwagen, viele Turnmatten

1 ◐ Schiebt den Wagen unterschiedlich schnell an. Verändert dazu die Kraft und die Masse. Schreibt die Ergebnisse so auf: „Je ◇?, desto ◇?“

Material D

Das Airboat

1 Das Boot wird von einem großen Propeller hinter dem Fahrer angetrieben. → 5 Wie kommt es vorwärts?
◐ Setze die Erklärung fort: Der Propeller schleudert Luft mit großer Kraft nach hinten heraus. ◇?

5 Airboat in Florida (USA)

Kräfte beim Bremsen und Kurvenfahren

1 Festhalten, sonst wird es schmerzhaft!

Materialien zur Erarbeitung: A–B

Wenn du dich im Bus nicht festhältst, kannst du ganz schön ins Schlingern kommen.

Wenn keine Kräfte wirken • Stefan steht im Bus und hält sich nicht fest:

- Der Bus bremst heftig. → 2 Stefan bewegt sich aber ungebremst geradeaus weiter, weil keine Kraft an ihm angreift. Deshalb fällt er im Bus nach vorne.
- Der Bus fährt ruckartig an. → 3 Stefan wird aber nicht mitbeschleunigt, weil keine Kraft an ihm angreift. Daher fällt er im Bus nach hinten.
- Der Bus fährt plötzlich nach links. → 4 Stefan bewegt sich aber geradeaus weiter. Seine Bewegungsrichtung ändert sich nicht, weil keine Kraft an ihm angreift.

Anders als Stefan hält sich Laura im Bus fest. → 5 Der Bus übt über die Haltestange Kräfte auf sie aus. So macht Laura alle Bewegungsänderungen mit.

2

3

4

5

Solange keine Kraft auf einen Gegenstand wirkt, bleibt er in Ruhe oder bewegt sich geradeaus mit unveränderter Geschwindigkeit weiter. Wir sprechen von Trägheit.

Aufgabe

1 ○ Laura steht im Bus und hält sich fest. Beschreibe, in welchen Situationen das wichtig ist.

Material A

Die eigensinnige Kugel

Materialliste: Brett (weiches Holz, 10 cm × 20 cm), Faden, Haken, Stahlkugel, Hammer

Lege die Kugel auf das Brett. Schlage mit dem Hammer leicht auf die Kugel, sodass eine kleine Mulde im Brett entsteht.

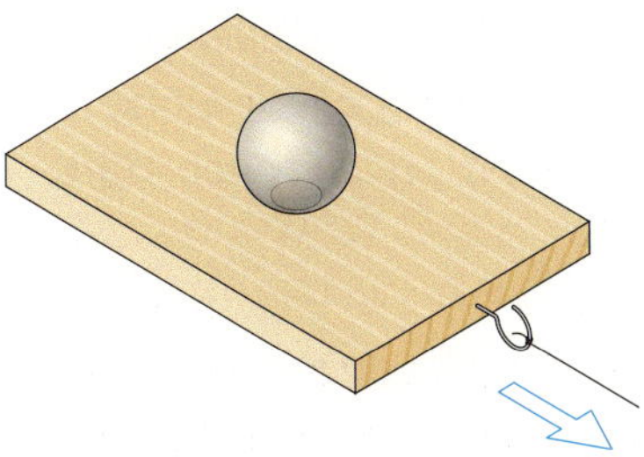

6 Wohin bewegt sich die Kugel?

1 Ziehe das Brett mit der Kugel auf verschiedene Weise: → 6
- langsam und gleichmäßig geradeaus
- schnell und ruckartig geradeaus
- erst langsam, dann etwas schneller und dann plötzlich abstoppen
- erst langsam, dann schneller und dann plötzlich um die Kurve

Sage immer erst voraus, wie sich die Kugel bewegt. Ziehe dann und beobachte.

2 ◐ Beschreibe und erkläre die Beobachtungen.

Material C

Die rollende Flasche

1 Im Zugabteil liegt eine Flasche auf dem Boden. → 8 Immer wenn der Zug anhält oder anfährt, rollt sie weg.

a ○ Gib jeweils an, in welche Richtung die Flasche rollt.

b ◐ Erkläre, warum sie rollt.

8 Warum rollt die Flasche?

Material B

Der träge Turm

Materialliste: 20 gleiche Münzen (1 Euro oder 50 Cent), dünnes Lineal, glatte Tischplatte

1 Staple die Münzen auf dem Tisch zu einem Turm. → 7

a ○ Baue den Turm Münze für Münze mit dem Lineal ab – ohne ihn anzufassen! Beschreibe deine Beobachtung.

b ◐ Erkläre deine Beobachtung. Wie verändert sich die Trägheit des Turms?

7 Wie baust du den Turm ab?

Material D

Raumsonde Voyager

1 ◐ Die Sonde fliegt mit über 60 000 $\frac{km}{h}$ durchs leere All – ganz ohne Treibstoff! → 9 Erkläre, wie das möglich ist.

9 Voyager 1

Kräfte und ihre Wirkungen

Zusammenfassung

1 Wie Kräfte wirken

Was Kräfte bewirken • Auf einen Gegenstand wirkt eine Kraft, wenn er schneller oder langsamer wird, wenn er umgelenkt oder verformt wird. → 1

Kräfte messen • Wir messen Kräfte über die Dehnung einer Schraubenfeder. → 2 Die Einheit der Kraft ist 1 Newton (1 N). Wir zeichnen Kräfte als Pfeile.

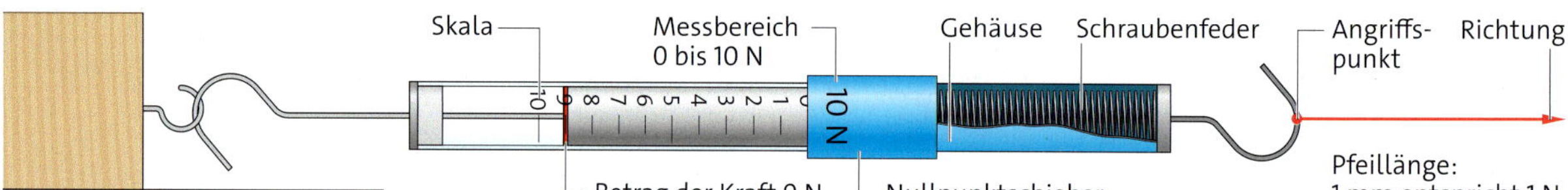

2 Kraftmesser

Auf dem Mond ist alles leichter • Die Masse eines Gegenstands ist überall gleich groß. Die Gewichtskraft auf einen Gegenstand hängt vom Ort ab. → 3 4

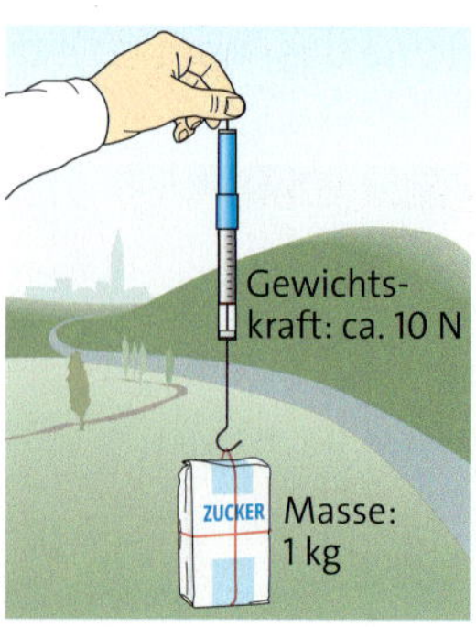

3 Auf der Erde

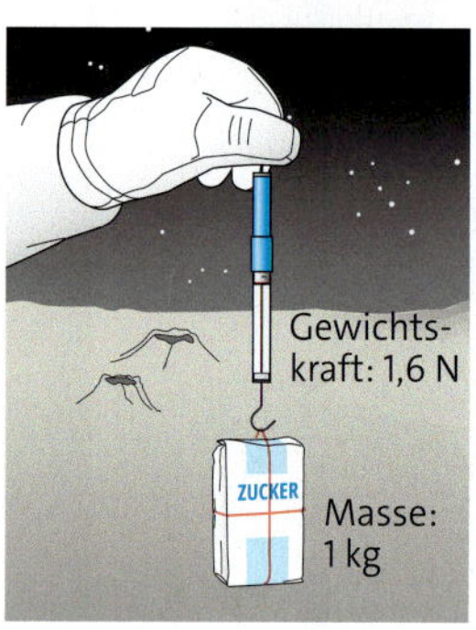

4 Auf dem Mond

Die Reibungskraft • Wenn Gegenstände gegeneinander verschoben werden, treten Reibungskräfte auf. → 5 6 Reibungskräfte haben große Bedeutung im Straßenverkehr.

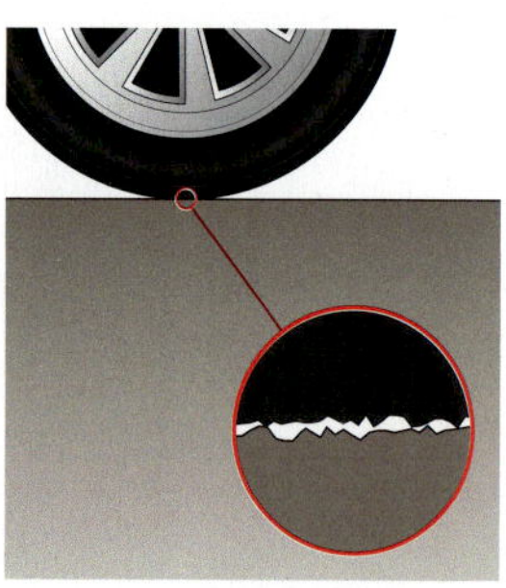

5 Raue Oberflächen verhaken sich.

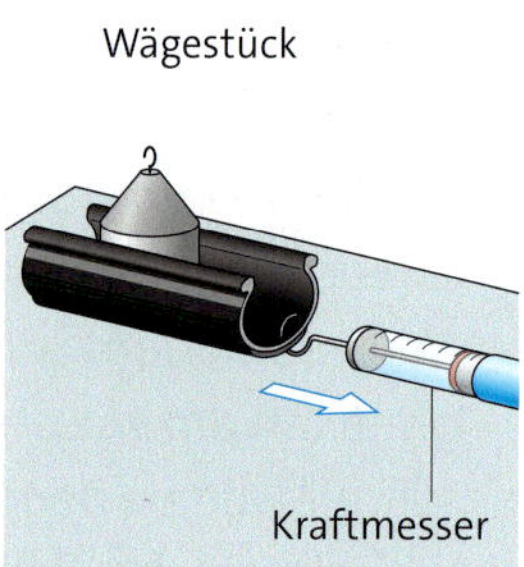

6 Reibungskraft wird gemessen.

Wenn mehrere Kräfte wirken • Kräfte mit gleicher Richtung addieren sich zur resultierenden Kraft. → 7
Bei zwei Kräften mit entgegengesetzter Richtung ist die resultierende Kraft so groß wie die Differenz der Kräfte. → 8 Sie hat dieselbe Richtung wie die größere Kraft.

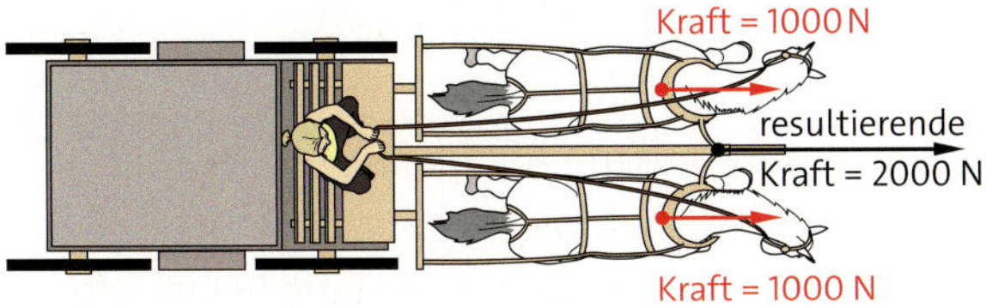

7 Kräfte in gleicher Richtung

Gleich große Kräfte mit entgegengesetzten Richtungen heben sich in ihren Wirkungen auf. Der Gegenstand ist im Kräftegleichgewicht. → 9

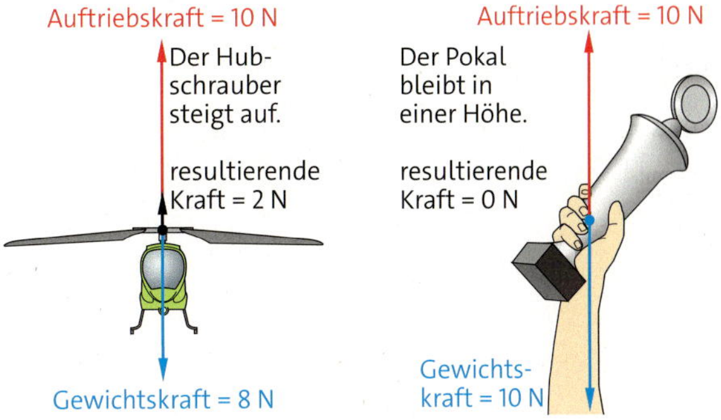

8 9 Entgegengesetzt gerichtete Kräfte

Kraft und Bewegung • Eine Kraft gibt es nie allein. Wenn du eine Kraft auf einen Körper ausübst, übt der Körper eine gleich große Kraft auf dich aus. Die Kräfte sind entgegengesetzt gerichtet. → 10
Je größer die Kraft auf einen Körper ist, desto schneller ändert sich seine Geschwindigkeit. → 11 Je schwerer ein Körper ist, desto langsamer ändert sich seine Geschwindigkeit durch die gleiche Kraft. → 12

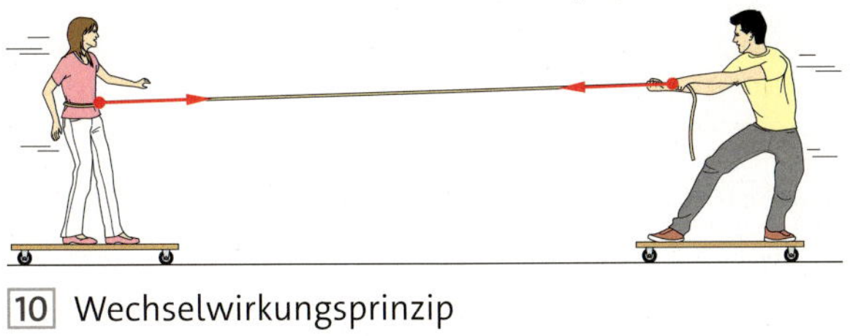

10 Wechselwirkungsprinzip

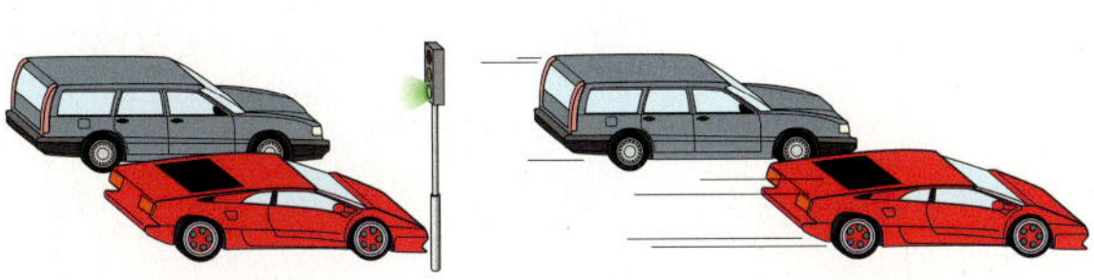

11 Größere Kraft → größere Beschleunigung

12 Größere Masse → kleinere Beschleunigung

Kräfte beim Bremsen und Kurvenfahren • Solange keine Kraft auf ihn einwirkt, bleibt jeder Gegenstand in Ruhe oder bewegt sich geradeaus mit unveränderter Geschwindigkeit weiter. → 13 Das nennt man Trägheit.

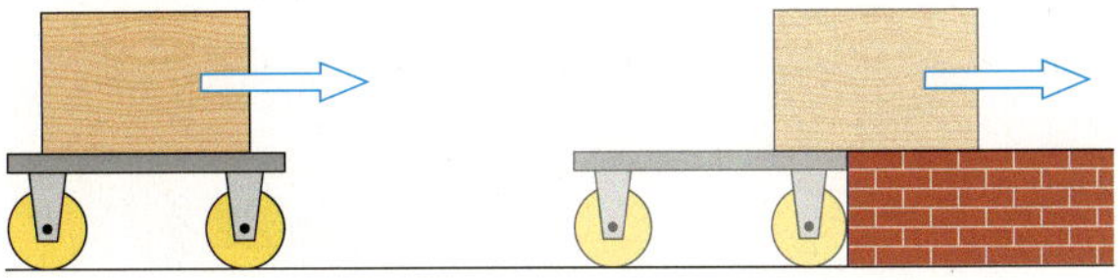

13 Der Klotz ist träge, er rutscht weiter.

Kräfte und ihre Wirkungen

Teste dich! (Lösungen auf Seite 442)

Was Kräfte bewirken

1 ○ Gib an, welche Wirkungen eine Kraft haben kann. Beschreibe jeweils ein Beispiel.

Kräfte messen

2 ◐ Lies die Kräfte richtig ab. → 1

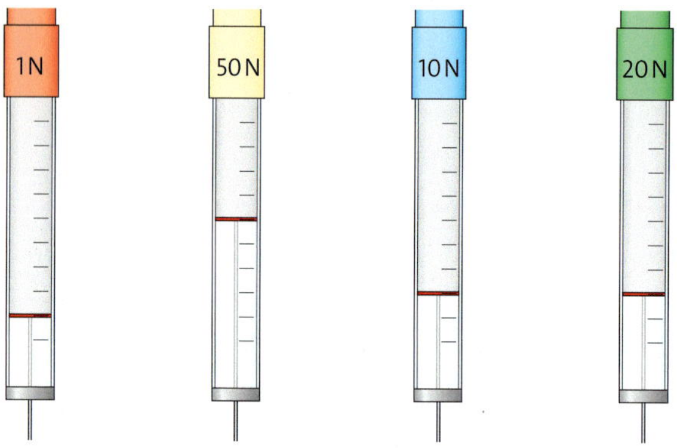

1 Kräfte ablesen

Masse und Gewichtskraft

3 ○ Bilde einen Je-desto-Satz mit den Begriffen: Himmelskörper, Gewichtskraft, Masse.

4 Sieh dir das Bild an. → 2

a ○ Nenne den Gegenstand, der auf der Erde mit einer Kraft von 10 N angezogen wird.

b ○ Gib den Gegenstand an, der auf dem Mond mit 10 N angezogen werden würde.

c ◐ Begründe jeweils deine Auswahl.

2 Verschiedene Gegenstände

Die Reibungskraft

5 ○ Nenne Teile an deinem Fahrrad, bei denen Reibung eine wichtige Rolle spielt.

6 ○ Nenne eine Sportart, bei der Reibung unerwünscht ist.

Wenn mehrere Kräfte wirken

7 Bei diesem Aufzug übt das Gegengewicht eine große Kraft aus. → 3

a ○ Berechne die Kraft, mit der die Seilwinde die Kabine hält.

b ◐ Beschreibe, welchen Vorteil das Gegengewicht bringt.

8 ◐ Die Hantel bewegt sich nicht. → 4 Mate sagt: „Auf die Hantel wirken keine Kräfte." Nimm Stellung dazu. Fertige eine Skizze an.

9 ● Eine Drohne steigt, obwohl die Gewichtskraft sie nach unten zieht. Erkläre es.

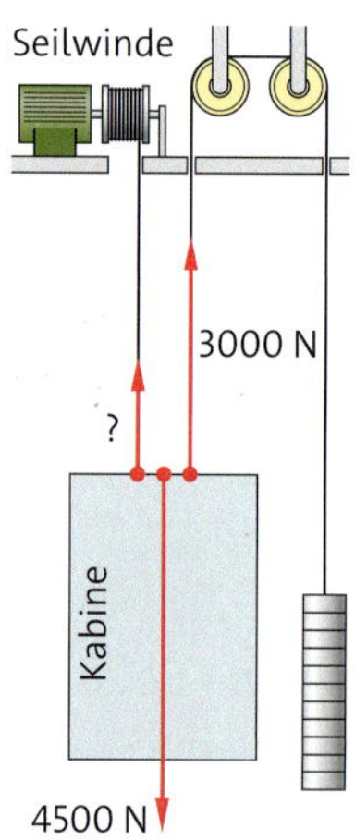

3 Aufzug

4 Hantel in Ruhe

Kraft und Bewegung

10 Beim Start an der Ampel beschleunigen die Autos schneller als Busse, obwohl die Busse stärkere Motoren haben.
Erkläre diese Beobachtung.

11 Plane einen Versuch zum Wechselwirkungsprinzip. Verwende dazu einen Magneten, eine Eisenschraube und zwei kleine Wagen.

12 Erkläre, wie die Rakete vorwärtskommt. → 5

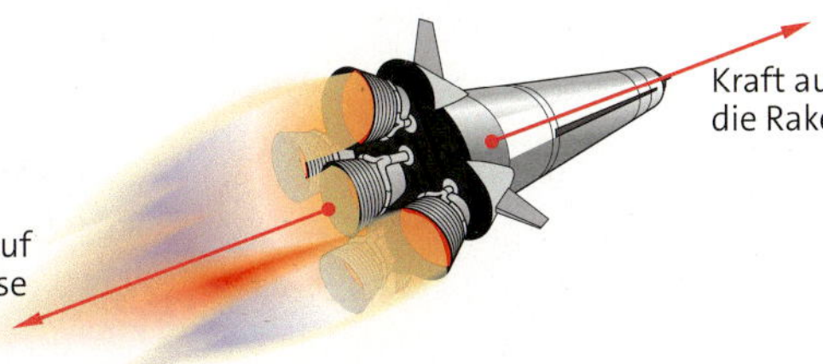

5 Raketenantrieb

13 Erkläre die Verse physikalisch: → 6
„Der Fahrer tritt aufs Gaspedal,
die Straße spürt das allemal!
Sie schiebt das Auto samt Motor
(zum Glück kommt Glatteis selten vor)!"

6 Die Straße schiebt das Auto an?

Kräfte beim Bremsen und Kurvenfahren

14 An einem Wagen ist eine Metallkugel frei beweglich aufgehängt. → 7
Skizziere im Heft, wie die Kugel hängt, wenn:

a der Wagen in Längsrichtung angestoßen wird.
b der Wagen gleichmäßig geradeaus geschoben wird.
c der rollende Wagen plötzlich auf ein Hindernis prallt.
d der rollende Wagen auf einmal nach links um eine Kurve gelenkt wird.

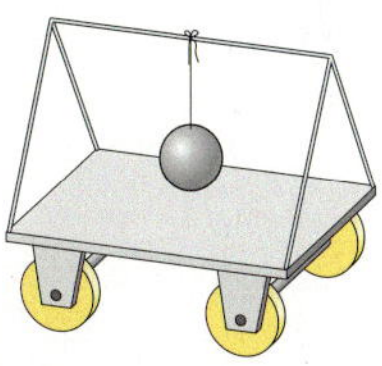

7

15 Bei einem Crashtest fliegt der Dummy über das Auto. → 8 Erkläre seine Bewegung.

8 Crashtest

Technik im Dienst des Menschen

Es kostet viel Kraft, mit dem Fahrrad bergauf zu fahren. Eine Gangschaltung hilft, Kraft zu sparen.

Das riesige Schiff aus Eisen kann man mit fast 20 000 Containern beladen.
Wieso geht es nicht unter?

Mit diesen Flitzern kommt man flott vorwärts. Sie werden von Elektromotoren angetrieben.
Wie funktionieren sie?

Große Wirkung – mit kleiner Kraft

1 Mit dem richtigen Schlüssel geht es leichter.

Materialien zur Erarbeitung: A–B

Manchmal reicht die Kraft nicht. Dann helfen uns die richtigen Werkzeuge.

Muttern lösen • Mit dem Maulschlüssel kannst du festsitzende Muttern lose drehen. Mit einem kurzen Maulschlüssel musst du dabei viel Kraft einsetzen. → 2 Den Abstand vom Angriffspunkt der Kraft bis zum Drehpunkt nennt man Kraftarm. Je länger der Maulschlüssel ist, desto länger ist auch der Kraftarm und desto weniger Kraft wird benötigt. → 2

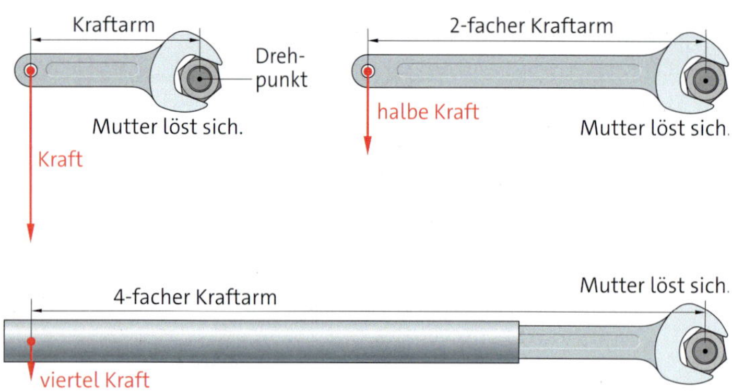

2 Kraft und Kraftarm beim Maulschlüssel

Drähte schneiden • Wenn Nägel oder dicke Drähte durchschnitten werden sollen, kommen Kneifzangen zum Einsatz. → 3 Je länger die Kraftarme der Zangen sind, desto weniger Kraft benötigst du zum Schneiden.

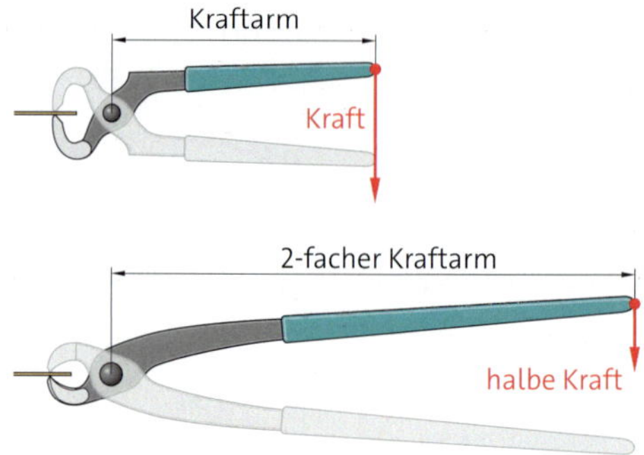

3 Kneifzangen

Werkstücke einspannen • Um ein Werkstück aus Holz oder Metall bearbeiten zu können, klemmt man es in einem Schraubstock fest. → 4 So kann sich das Werkstück während der Bearbeitung nicht verschieben oder verdrehen. Am Schraubstock befindet sich ein Hebel zum Drehen. Er macht es möglich, das Werkstück mit wenig Kraft fest einzuspannen.

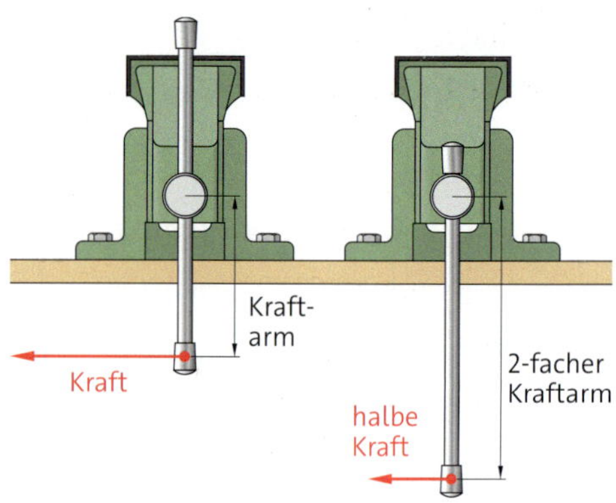

4 Schraubstock

der Kraftarm
der Hebel
der Lastarm
der einseitige Hebel
der zweiseitige Hebel

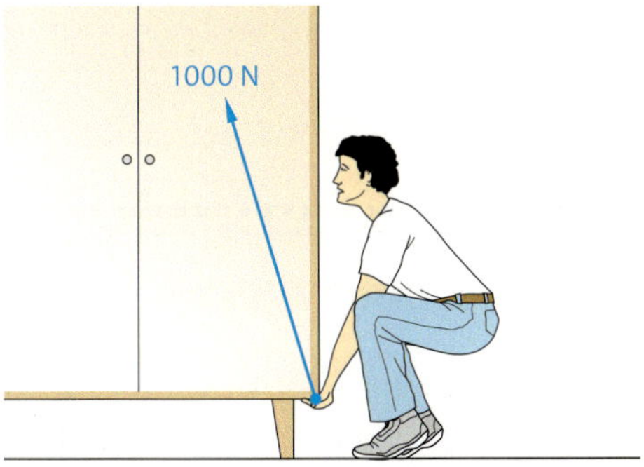

5 Ohne Hebel: Leon kann eine so große Kraft nicht ausüben.

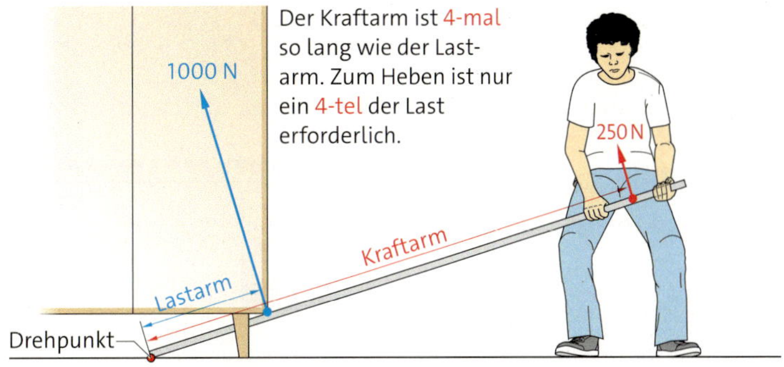

6 Mit dem einseitiger Hebel schafft es Leon.

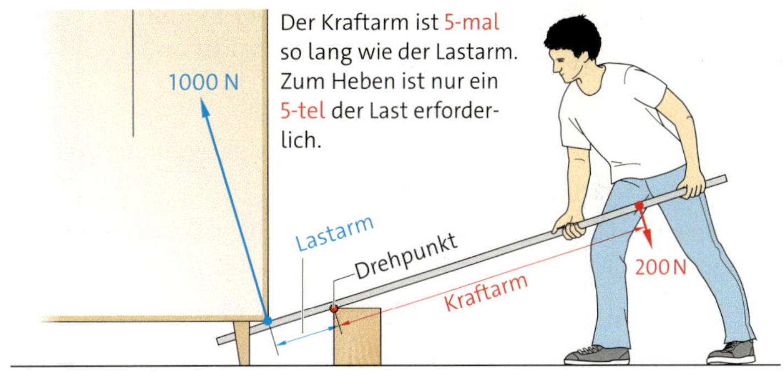

7 Mit dem zweiseitigen Hebel geht es noch besser.

Schränke anheben • Leon will einen schweren Schrank anheben. Dafür braucht er eine Kraft von 1000 N – so viel kann er nicht ausüben. → 5 Stattdessen setzt Leon eine lange Eisenstange als Hebel ein. → 6 Der Lastarm ist der Abstand vom Drehpunkt bis zum Angriffspunkt der Kraft, die auf den Schrank wirkt. Der Kraftarm an dem Hebel ist viermal so lang wie der Lastarm. Leon braucht deshalb nur ein Viertel der Kraft, nämlich 250 N. Wenn Leon einen Klotz unter die Stange legt, ist der Kraftarm sogar fünfmal so lang wie der Lastarm. → 7 Zum Heben ist nur noch ein Fünftel der Kraft nötig. Leon muss deshalb nur noch eine Kraft von 200 N zum Heben des Schranks aufwenden.

Je länger der Kraftarm an einem Werkzeug ist, desto geringer ist die Kraft zum Drehen.
Je länger der Kraftarm und je kürzer der Lastarm eines Hebels ist, desto geringer ist die Kraft zum Heben.

Aufgaben

1 ○ Nenne die beiden Größen, von denen die Drehwirkung eines Maulschlüssels abhängt.

2 Du kannst eine festsitzende Mutter nicht mit deinem Maulschlüssel lösen.

a ○ Beschreibe, wie dir ein langes Eisenrohr helfen kann.

b ◐ Begründe dein Vorgehen.

3 ○ Der Kraftarm soll 10-mal länger sein als der Lastarm.
Bestimme die Kraft, die Leon zum Heben aufbringen muss. → 1

Große Wirkung – mit kleiner Kraft

Material A

Untersuchung am Hebel

Materialliste: Stativ mit Drehachse und Lochstange, Wägestück, Kraftmesser

1 Hängt das Wägestück an der linken Seite der Lochstange ein.

a Zieht mit dem Kraftmesser an einer Stelle an der rechten Seite. Bringt den Hebel ins Gleichgewicht. → 1

b ▢ Notiert in einer Wertetabelle: → 2
- die Länge des Lastarms
- die Länge des Kraftarms
- die gemessene Kraft

c Wiederholt die Kraftmessung an einer anderen Stelle des Kraftarms.

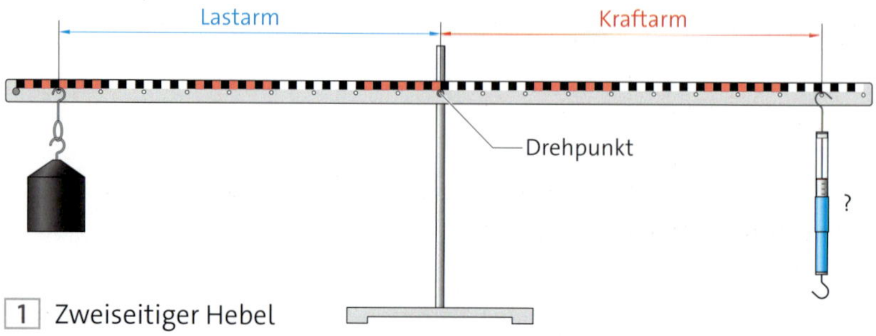

1 Zweiseitiger Hebel

Gewichtskraft am Lastarm	Länge des Lastarms	Länge des Kraftarms	Kraft am Kraftarm
? N	? m	? m	? N

2 Muster für die Wertetabelle

2 ▢ Wertet die Tabelle aus und formuliert eine Regel: „Je länger der Kraftarm, desto ⟨?⟩"

3 ▢ Wiederholt den Versuch mit längeren und kürzeren Lastarmen. Überprüft eure Regel.

4 ◩ Findet den Aufbau heraus, bei dem die geringste Kraft zum Heben des Wägestücks erforderlich ist.

Material B

Einseitiger Hebel

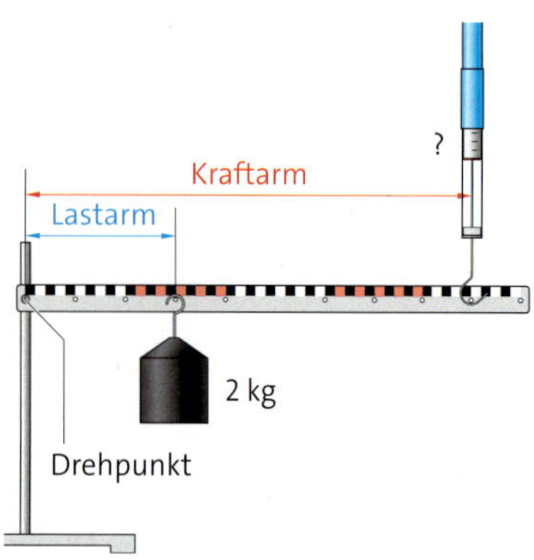

3 Einseitiger Hebel

Materialliste: Stativ mit Drehachse und Lochstange, Wägestück, Kraftmesser

1 Mit diesem Hebel könnt ihr ein Wägestück anheben und oben halten. → 3

a ◩ Untersucht, wie sich die Kraft zum Halten ändert:
- wenn das Wägestück immer weiter außen hängt.
- wenn der Kraftmesser immer weiter innen angreift.

Notiert eure Messwerte in einer Tabelle.

b ▢ Vervollständigt:
- Je weiter außen das Wägestück hängt, desto ⟨?⟩
- Je weiter außen die Kraft angreift, desto ⟨?⟩

2 ◩ Die Kraft zum Heben soll halb so groß sein wie die Gewichtskraft auf das Wägestück. Gebt verschiedene Möglichkeiten an.

Material C

Hebel im Alltag

1 ◯ Lies die Texte und sieh dir die Bilder an. → 4 – 6 Beschreibe, wie bei der Anwendung der verschiedenen Hebel Kraft gespart wird.

2 ◔ Übertrage die Bilder in dein Heft. → 7 – 9 Zeichne bei den Werkzeugen den Kraftarm und den Lastarm ein.

3 ● Fotografiere zu Hause viele Werkzeuge, die Hebel enthalten: Nussknacker, Gartenscheren, Kurbeln … Drucke je ein Foto aus. Zeichne die Hebel in die Fotos ein: Drehpunkt, Kraftarm, Lastarm, Kräfte. Stelle damit ein beschriftetes Poster zusammen.

„Winkelhebel"

Mit einem Nageleisen ziehst du Nägel leicht aus Brettern. Das Nageleisen ist ein Hebel. Kraft- und Lastarm bilden keine Linie, sondern einen Winkel.

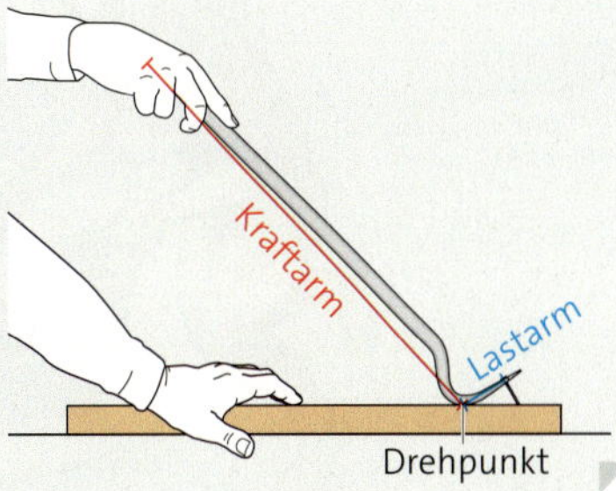

4

Zwei Hebel

Zangen und Scheren bestehen aus zwei Hebeln, die gegeneinandergedreht werden.
Die Handgriffe sind die Kraftarme und die Schneiden die Lastarme.

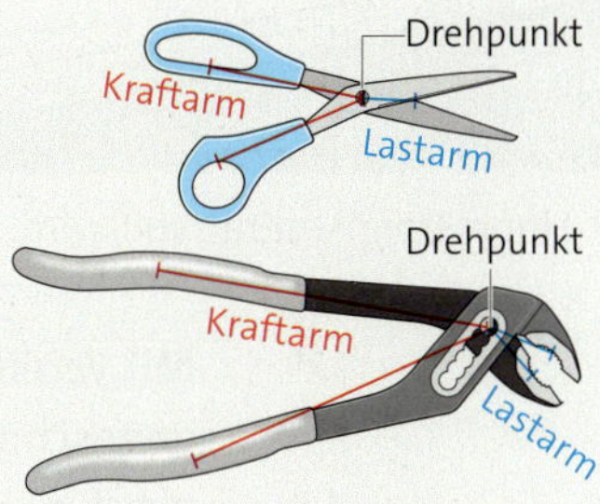

5

„Runde Hebel"

Wasserhähne muss man fest zuschrauben. Die Griffe wirken wie Hebel: Der äußere Radius ist der Kraftarm, der innere ist der Lastarm. Schraubendreher funktionieren nach dem gleichen Prinzip.

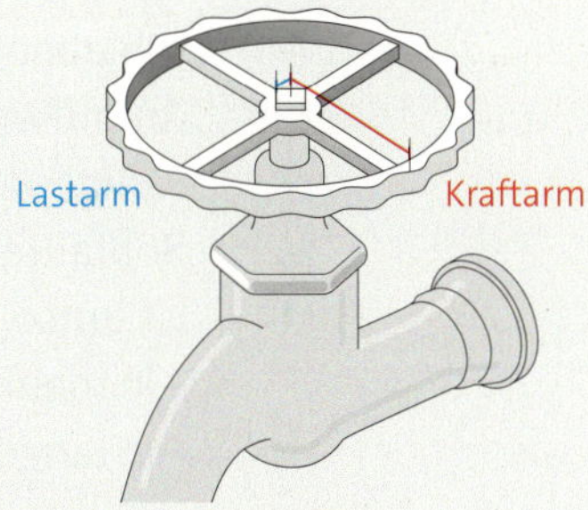

6

7 Der Nagel wird mit dem Hammer aus dem Brett gezogen.

8 Die Kette wird von der Tretkurbel angetrieben.

9 Der Nagel wird mit der Kneifzange durchtrennt.

Arbeit und Energie

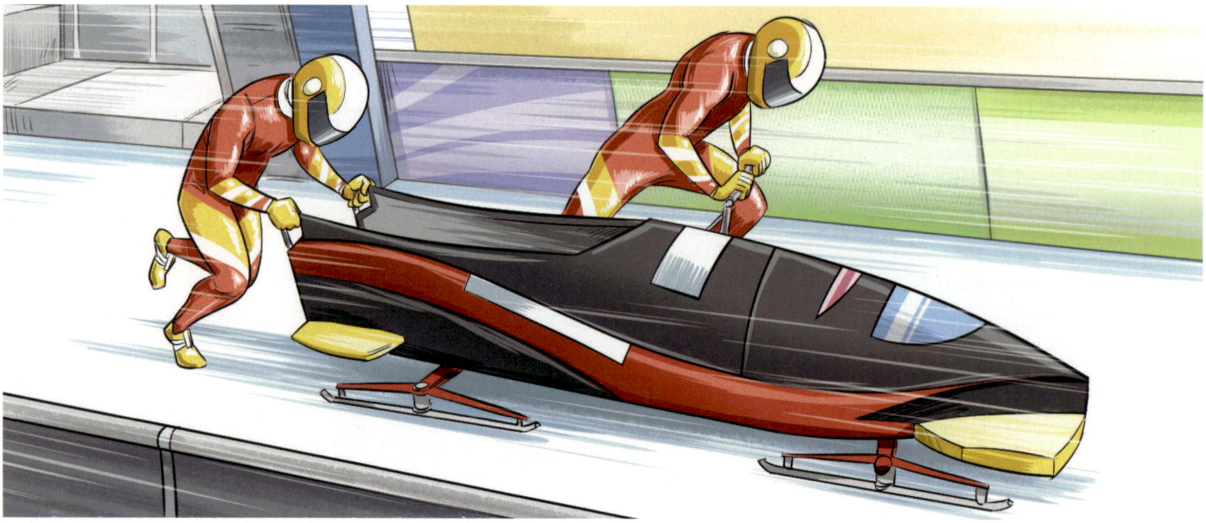

1 Hopp, hopp! – Kraftvoll wird der Zweierbob beschleunigt.

Mit vereinten Kräften wird der Bob angeschoben und auf die Startgeschwindigkeit gebracht.

Beschleunigungsarbeit • Beim Anschieben wirkt eine Kraft über den Anlaufweg auf den Bob. Dabei wird das Fahrzeug immer schneller. → 2 Die Bobfahrer verrichten Arbeit. Die Arbeit ist umso größer:

- je mehr Kraft die Sportler einsetzen.
- je länger der Anlaufweg ist.

Hubarbeit • Beim Heben einer Hantel wirkt eine Kraft über die Hubhöhe. → 3 Die Sportlerin verrichtet Arbeit.

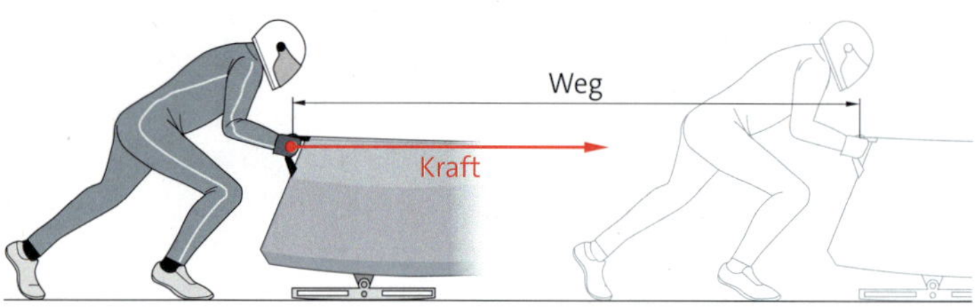

2 Beschleunigungsarbeit = Kraft mal Weg

Die Arbeit ist umso größer:

- je mehr Kraft die Sportlerin einsetzt.
- je höher die Hantel gehoben wird.

Arbeit wird verrichtet, wenn eine Kraft entlang eines Wegs wirkt:
Arbeit = Kraft mal Weg.
Wir geben die Arbeit in Newtonmeter (Nm) an:
1 Newtonmeter (1 Nm) = 1 Joule (1 J).

3 Hubarbeit = Kraft mal Weg

die Arbeit
die Beschleunigungsarbeit
die Hubarbeit
das Newtonmeter
das Joule

Arbeit oder nicht? • Wenn du einen Bob anschiebst oder eine Hantel hochhebst, wirkt jeweils eine Kraft entlang einer Wegstrecke. In diesem Fall wird in der Physik von Arbeit gesprochen. Wenn du dagegen zu Hause am Schreibtisch Hausaufgaben machst, ist das im physikalischen Sinn keine Arbeit.

Arbeit berechnen • Zur Berechnung der Arbeit benötigst du:

- die Kraft, die auf einen Gegenstand wirkt. Beispiel: Zum Bobanschieben wird eine Kraft von 500 N benötigt.
- den Weg, über den die Kraft wirkt. Beispiel: Der Bob wird über einen Weg von 30 m geschoben.

Damit beträgt die verrichtete Arbeit 500 N · 30 m = 15 000 Nm. → 4

Arbeit und Energie • Wenn die Kiste in das untere Regalfach gehoben wird, wird Arbeit verrichtet. → 5 Die doppelte Arbeit wird beim Heben der Kiste vom Boden ins obere Fach verrichtet, weil auch der Weg doppelt so lang ist. Sieht man das den Kisten noch an? Jede Kiste speichert die zugeführte Arbeit als Lageenergie. Eine Kiste im oberen Fach besitzt doppelt so viel Lageenergie wie eine im unteren Fach.

Beim Heben eines Gegenstands wird Arbeit in Energie *E* überführt: Energie = Kraft mal Weg.

Die Energie wird wie die Arbeit in Newtonmeter (1 Nm) oder Joule (1 J) angegeben.

Eine 15 kg schwere Kiste wird um 0,5 m angehoben. Berechne die verrichtete Arbeit.

Gegeben: Masse der Kiste = 15 kg
Gewichtskraft = 150 N
Höhe = 0,5 m

Berechnung: Arbeit = Kraft mal Weg
Arbeit = 150 N · 0,5 m
Arbeit = 75 Nm

Beim Heben der Kiste wurde eine Arbeit von 75 Nm verrichtet.

4 Beispiel: Arbeit berechnen

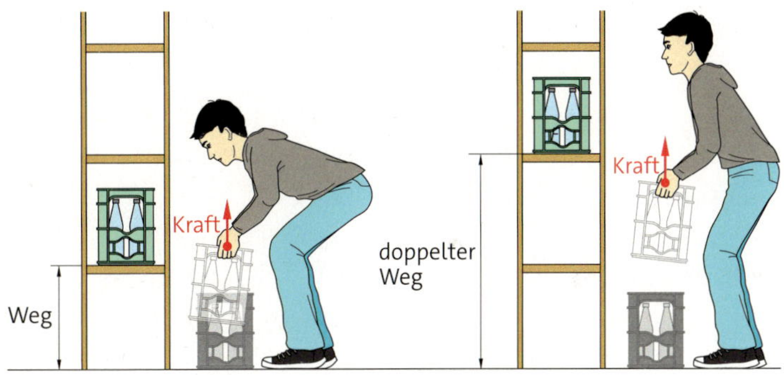

5 Arbeit wird in Lageenergie überführt.

Aufgaben

1 ○ Berechne die verrichtete Arbeit.

a Im Laden werden 10 Kisten von je 8 kg auf 2 m Höhe gehoben.

b Ein defektes Auto wird mit der Kraft von 500 N über 200 m geschoben.

2 ○ Nenne drei Beispiele für Arbeit im physikalischen Sinn.

Arbeit und Energie

Material A

Hubarbeit oder Beschleunigungsarbeit?

1 ○ Hubarbeit oder Beschleunigungsarbeit? Ordne die Bilder den Begriffen zu. → 1 – 3

2 ○ Schätze ab, wo am meisten gearbeitet wird.

3 ○ Berechne für jedes Bild die geleistete Arbeit.

4 ◐ Zeichne in gleicher Weise weitere Situationen, in denen gearbeitet wird.

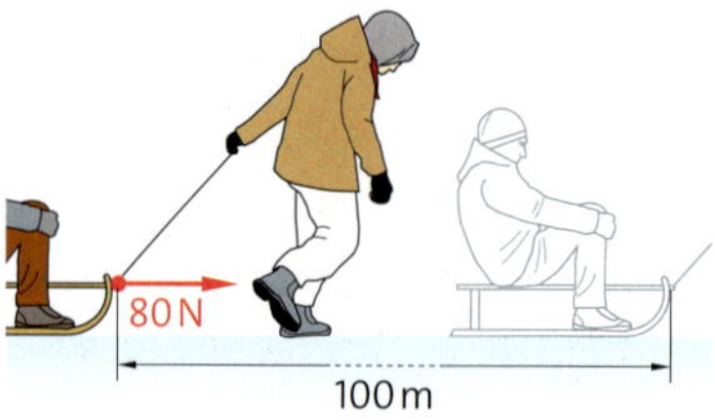

1 Schlitten ziehen

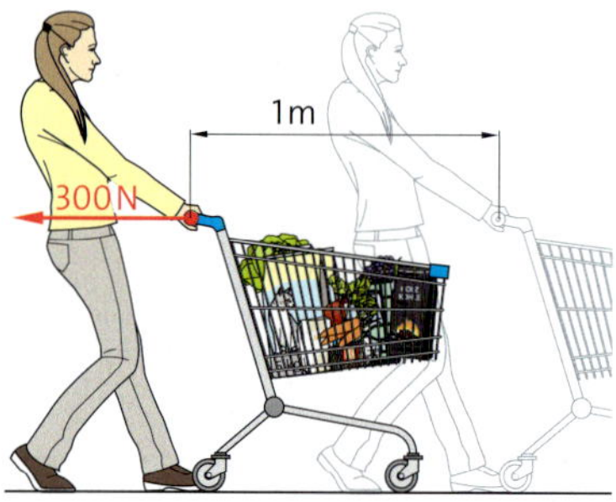

2 Einkaufswagen abbremsen

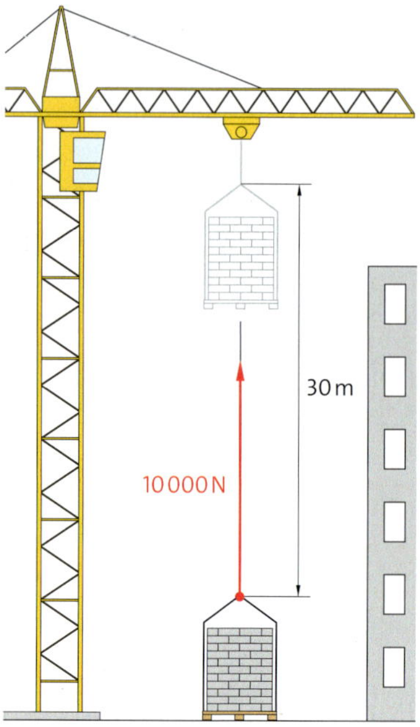

3 Bausteine heben

Material B

Wer arbeitet mehr?

Mirko und Miriam arbeiten eine Stunde im Supermarkt. Beide räumen Regale ein. → 4

1 ○ Schätze ab, wer von beiden mehr arbeitet.

2 ○ Rechne genau nach, wie viel jeder gearbeitet hat.

3 ◐ Jeder bekommt für die Arbeit 10 Euro. Ist das gerecht?
Begründe deine Meinung.

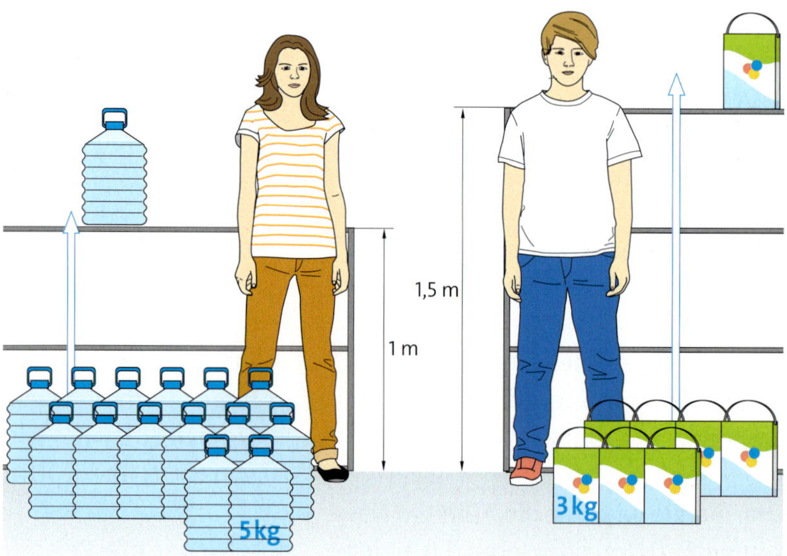

4

Material C

Der Arbeit auf der Spur

1 ○ Hier wird gearbeitet. → 5 – 10

a Gib an, ob jeweils Hubarbeit oder Beschleunigungsarbeit verrichtet wird.

b Gib jeweils an, in welche Richtung und über welchen Weg die Kraft wirkt.

2 Der Gabelstapler hebt eine Palette (200 kg) 4 m hoch. → 9

a ○ Berechne die Arbeit, die er verrichtet.

b ◐ Verrichtet der Stapler mehr Arbeit, wenn er zweimal eine Palette mit 100 kg auf 4 m hebt? Rechne nach.

3 ◐ Die Kugel wird mit einer Kraft von 100 N auf einem Weg von 1,5 m beschleunigt. Berechne die Arbeit. → 10

5

6

7

8

9

10

Material D

Arbeit berechnen

Materialliste: 4 gleiche Wägestücke, Maßband, Waage

Masse	Gewichtskraft	Höhe	Arbeit
? kg	? N	? m	? Nm

11 Hubarbeit

1 Bestimme die Masse und die Gewichtskraft eines Wägestücks. Hebe es auf 0,5 m, auf 1 m und auf 2 m an.
○ Berechne die verrichtete Arbeit und protokolliere die Werte in einer Tabelle. → 11

2 Wiederhole den Versuch mit der zweifachen und der vierfachen Anzahl von Wägestücken.

3 ◐ Vergleiche die Werte der Arbeit bei unterschiedlichen Höhen. Vervollständige die Regel in deinem Heft: „Die Arbeit bleibt gleich, wenn bei zweifacher (vierfacher) Gewichtskraft ◇?"

Kraft und Weg

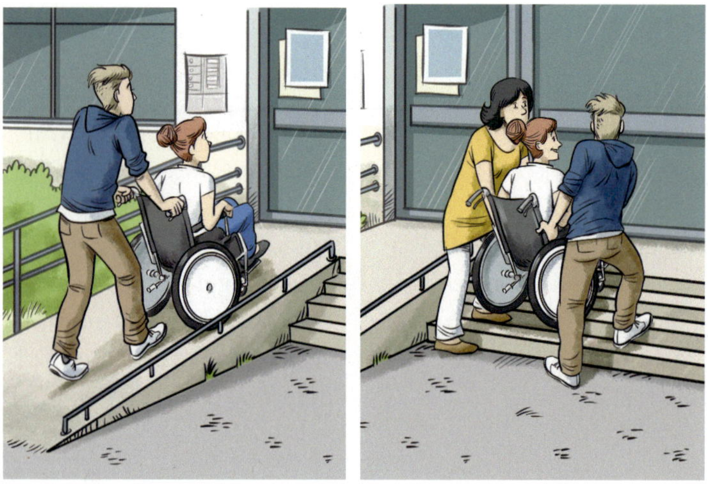

[1] Schieben oder heben?

Material zur Erarbeitung: A

Die Rampe ist viel länger als die Treppe. Dennoch kommt man mit dem Rollstuhl über die Rampe leichter hinauf.

Rampe • Der Rollstuhl wiegt zusammen mit der Rollstuhlfahrerin 60 kg. Es ist mühsam, ihn die Treppe hochzuheben. Man braucht dazu eine Kraft von 600 N. Mit der Rampe geht es leichter. Je länger die Rampe, desto geringer ist die Kraft zum Schieben: → [2]
- 2-facher Weg → halbe Kraft.
- 4-facher Weg → ein Viertel der Kraft.

Kraft	Weg	Kraft mal Weg
600 N	1 m	600 Nm
300 N	2 m	600 Nm
150 N	4 m	600 Nm

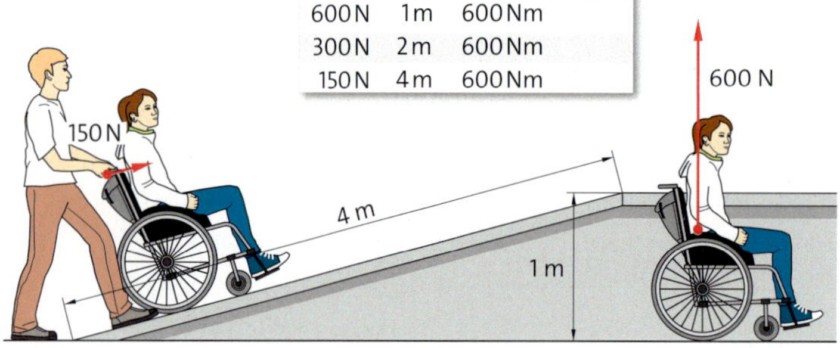

[2] Rampe: Kraft und Weg

Hebel • Auch mit Hebeln kannst du Kraft sparen. Eine Astschere hat sehr lange Griffe. Dadurch wird der Kraftweg sehr lang. → [3] Je länger der Kraftweg an einem Hebel ist, desto weniger Kraft ist aufzubringen. Bei Rampen und Hebeln „erkauft“ man sich die geringere Kraft mit einem längeren Weg.

Bei Rampen und Hebeln gilt die „Goldene Regel der Mechanik“:
Je geringer die Kraft ist, desto länger ist der Weg.
Kraft mal Weg = Arbeit bleibt stets gleich groß. Man kann zwar die Kraft verringern, aber keine Arbeit einsparen.

Kraft	Weg	Kraft mal Weg
60 N	0,4 m	24 Nm
40 N	0,6 m	24 Nm

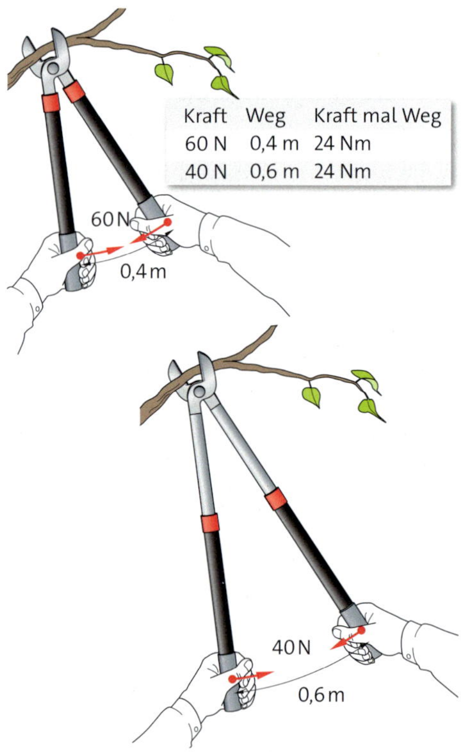

[3] Astschere: Kraft und Weg

die Rampe
die Goldene Regel der Mechanik
die Serpentine

4 Gangschaltung

5 Serpentinenstraße

Kleine Kraft – gesunder Körper • Beim Heben schwerer Gegenstände helfen dir Hebel oder Rampen. Bevor du deinen Rücken oder deine Gelenke schädigst, solltest du diese Hilfsmittel einsetzen. Sie nutzen die Gesetze der Physik und ermöglichen es dir, deine Ziele mit weniger Kraft zu erreichen. Dabei schonst du deinen Körper, überanstrengst dich nicht und bleibst gesund.
Auch andere Hilfsmittel nutzen oft die Goldene Regel der Mechanik. Sie verlängern Wege, damit weniger Kraft gebraucht wird:

- Gangschaltung am Fahrrad: Im Berggang musst du häufiger die Pedale bewegen, um die gleiche Strecke zu fahren. Dafür brauchst du aber auch weniger Kraft. → 4
- Serpentinen sind Rampen: Das Befahren eines Bergs ist im Zickzackkurs einfacher als auf direktem Weg. → 5

Durch den geringeren Krafteinsatz schonen Hebel und Rampen deinen Körper.

Aufgaben

1 Nenne Hilfsmittel, die man zum Heben schwerer Gegenstände einsetzt.

2 Eine Schubkarre (60 kg) soll über eine 6 m lange Rampe auf eine Höhe von 1 m geschoben werden. Berechne die nötige Kraft.

3 Begründe, warum schweres Heben gesundheitsschädlich sein kann.

4 Erkläre mit der Goldenen Regel, warum das Heben mithilfe von Rampen so leicht ist.

5 Zum Heckenschneiden steht eine Schere mit 30 cm und eine mit 60 cm Armlänge zur Verfügung. Begründe deine Auswahl.

Kraft und Weg

Material A

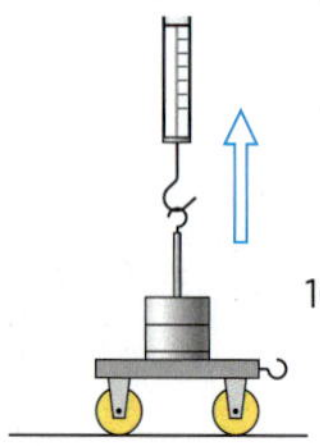

[1] Heben

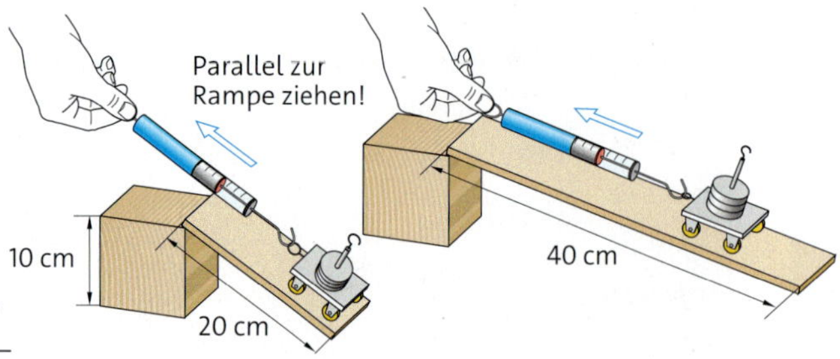

[2] [3] Ziehen auf steiler und flacher Rampe

	Weg in m	Kraft in N	Arbeit in Nm
heben	0,10	?	?
ziehen	0,20	?	?
ziehen	0,40	?	?

[4] Beispieltabelle

Rampe: Weg und Kraft

Materialliste: Wagen, Wägestücke, Kraftmesser, Holzklotz (10 cm hoch), glatte Bretter (20 cm, 40 cm lang), Messband

1 ○ Hebe den Wagen auf verschiedene Weise um 10 cm an. → [1] – [3]

a Miss jeweils die Kraft und notiere sie. → [4]

b Ergänze: „Je länger der Weg, desto ◇ die Kraft."

c Berechne jeweils Kraft mal Weg = Arbeit. → [4]

d Vergleiche deine Ergebnisse. Was fällt dir auf?

Material B

Serpentinen

1 Die Via Krupp auf der Mittelmeerinsel Capri ist etwa 1350 m lang. Sie schlängelt sich in acht Serpentinenschleifen hinunter zum Meer, das 100 m tiefer liegt. Ohne die Kurven wäre der Weg nur 350 m lang. → [5]
◐ Erkläre, welchen Vorteil die Nutzung der 1000 m längeren Serpentinen bietet. Argumentiere mit der Goldenen Regel der Mechanik.

[5]

Material C

Welches Werkzeug?

1 ○ Gib an, welches Werkzeug du für welche Arbeit nutzt: → [6]

a einen Draht zerschneiden

b aus einer dicken Pappe einen Kreis ausschneiden

c im Garten die Äste eines Buschs kürzen

2 ◐ Begründe deine Auswahl.

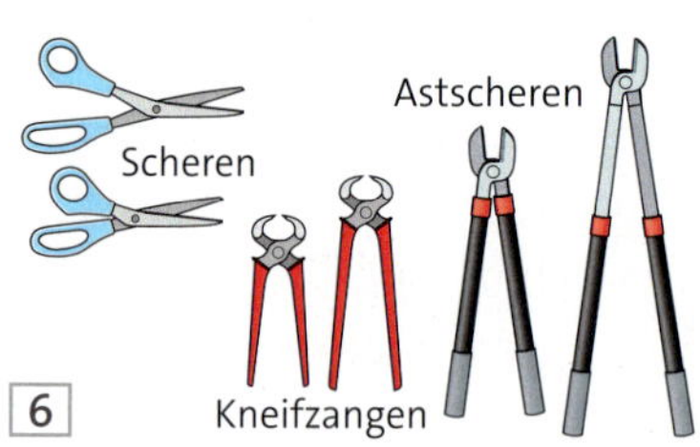

[6]

Material D

„Berggang“

1 Tim muss kräftig in die Pedale treten, er hat den „Schnellgang“ gewählt. → 7 Fenja hat es viel leichter, denn sie hat den „Berggang“ gewählt. ◐ Erkläre, warum die Kraft im Berggang kleiner ist als im Schnellgang.
Tipp: Doppelte Pedalstrecke → ◇ Kraft. → 8

7 „Du hast den falschen Gang drin!“

8 Verschiedene Gänge – verschiedene Wege

Material E*

Seilzug: Weg und Kraft

Materialliste: Wägestück, Kraftmesser, feste Rolle, lose Rolle, Flaschenzug (4 Rollen), Faden, Stativmaterial, Messstab

1 ▢ Mit Rollen kann man Kraft sparen. Kombinierte Rollen ergeben einen Flaschenzug.

a Hebe das Wägestück auf verschiedene Weise um 10 cm an. → 9 – 11

b Miss jeweils die Zugkraft und notiere sie. → 12

c Ergänze in deinem Heft: „Je länger der Zugweg, desto ◇ die Zugkraft.“

d Berechne jeweils Kraft mal Weg = Arbeit. → 12

e Vergleiche die berechneten Werte. Was fällt dir auf?

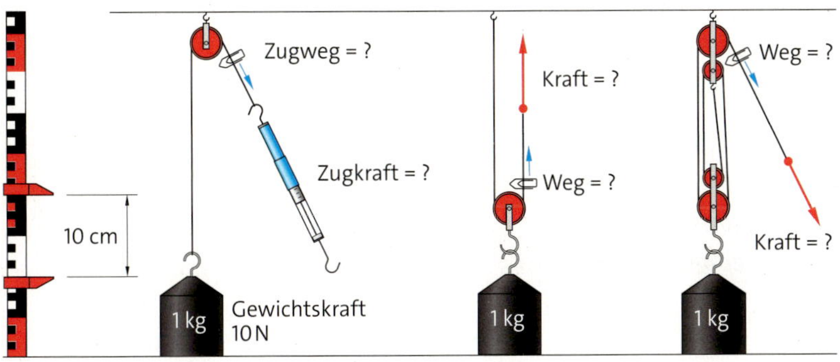

9 Feste Rolle   10 Lose Rolle   11 Flaschenzug

	Zugweg	Zugkraft	Arbeit
Feste Rolle	? m	? N	? Nm
Lose Rolle	? m	? N	? Nm
Flaschenzug	? m	? N	? Nm

12 Beispieltabelle

Was leistest du?

1 Sina und Leon: Treppenlauf zum Ziel in 12 m Höhe

Sina kommt vor Leon oben an. Der Sportlehrer gratuliert zu ihrer Leistung. Die Physiklehrerin meint: „Leon ist schwerer. Seine Leistung war größer!"

Leistung • Im Wettlauf kommt es nur darauf an, wer zuerst oben ist. In der Physik geht es nicht nur um die Zeit: Leon muss mehr chemische Energie in Lageenergie umwandeln, weil er schwerer ist. Je mehr Energie er pro Sekunde umwandelt, desto größer ist seine physikalische Leistung.

Die Leistung *P* (engl. power) gibt an, wie viel Energie pro Sekunde umgewandelt wird.
Die Leistung wird in Watt angegeben. Die Einheit ist 1 Watt (1 W): $1\,W = 1\frac{J}{s}$.

Kleine Leistungen gibt man in Milliwatt (mW) an, große in Kilowatt (kW) oder Megawatt (MW): 1 mW = 0,001 W; 1 kW = 1000 W; 1 MW = 1 000 000 W

Leistung berechnen • Um die Leistung zu berechnen, teilt man die Energie (in J) durch die Zeit (in s):

$$\text{Leistung} = \frac{\text{Energie}}{\text{Zeit}}; \quad P = \frac{E}{t}$$

Leon wiegt 50 kg. Er braucht für die 12 m hohe Treppe 20 s.
Berechne seine Leistung.

Gegeben:
Masse = 50 kg
Gewichtskraft = 500 N
Höhe = 12 m

Berechnung:
Energie = Kraft mal Weg
Energie = 500 N · 12 m = 6000 Nm = 6000 J

$$\text{Leistung} = \frac{\text{Energie}}{\text{Zeit}} = \frac{6000\,J}{20\,s} = 300\,W$$

Leons Leistung beim Treppenlauf beträgt 300 W.

2 Beispielaufgabe

Aufgaben

1 ○ Rechne in Watt um: 2,5 kW; 75 kW; 1,2 MW; 50 mW.

2 ◐ Sina (45 kg) braucht 18 s für die Treppe. Berechne ihre Leistung. → 2

die Leistung
das Watt

Material A

Station: Treppenlauf

Materialliste: Messband, Stoppuhr, Personenwaage

1 Die Gruppe geht (leise) in das Treppenhaus der Schule.
a Jeder bestimmt seine Masse mit der Waage. Tragt die Werte in eine Tabelle ein. → 3
b Messt die senkrechte Höhe der Treppe vom Erdgeschoss bis in den 2. Stock.
c Lauft einzeln möglichst schnell die Treppe hinauf. Die anderen stoppen jeweils die Zeit.
d Berechnet für jeden Läufer die beim Treppenlauf „gewonnene" Lageenergie.
e Berechnet für jeden Läufer die Leistung.

Name	Masse in kg	Höhe in m	Zeit in s	Lageenergie in J	Leistung in W
?	?	?	?	?	?

3 Beispieltabelle

Material C

Station: Heben

Materialliste: Medizinball (4 kg), Messband, Stoppuhr

1 So wird's gemacht:
a Jeder misst den Höhenunterschied: den Ball mit herunterhängenden Armen halten, dann über dem Kopf.
b Jeder hebt den Ball möglichst schnell 10-mal von der tiefsten in die höchste Lage. Die anderen messen die Zeit.
c Berechnet die auf den Ball übertragene Energie.
d Berechnet die Leistung.

Material B

Station: Liegestütze

Materialliste: Personenwaage, Messband, Stoppuhr

4

1 So wird's gemacht:
a Jeder misst die Masse, die die Waage im Liegestütz anzeigt. → 4 Tipp: Wer keine Liegestütze schafft, stützt sich auf den Knien ab. Notiert die Werte in einer Tabelle. → 3
b Bestimmt mit dem Messband jeweils an der Schulter den Höhenunterschied beim Liegestütz.
c Jeder macht möglichst schnell 10 Liegestütze (auf dem Boden, nicht auf der Waage). Die anderen stoppen die Zeit.
d Berechnet die „gewonnene" Lageenergie bei den Liegestützen.
e Berechnet jeweils die Leistung.

Material D

Station: Kniebeugen

Materialliste: Messband, Stoppuhr, Personenwaage

1 So wird's gemacht:
a Jeder bestimmt seine Masse.
b Jeder misst an seiner Schulter den Höhenunterschied beim Kniebeugen.
c Jeder macht möglichst schnell 10 Kniebeugen. Die anderen stoppen die Zeit.
d Berechnet die „gewonnene" Lageenergie.
e Berechnet die Leistung.

Was leistest du?

Erweitern und Vertiefen

So viel kann ein Mensch leisten

1 3000 W: Höchstleistung beim Absprung

2 400 W: hohe Dauerleistung beim Radrennen

Höchstleistung • Die Leichtathletin springt bei einem Sportfest über 185 cm. → 1 Die Muskeln der Sportlerin wandeln die Energie dafür in knapp 0,2 s um. Die Leistung beträgt beim Absprung mehr als 3000 W. Solche Höchstleistungen sind nur für sehr kurze Zeit möglich.

Dauerleistung • Unser Körper kann normalerweise etwa 75 W über längere Zeit leisten. Wenn die Muskelmasse durch Training vergrößert wird, erhöht sich die Leistungsfähigkeit des Körpers. Die besten Rennradfahrer erreichen über längere Zeit Leistungen von mehr als 400 W. → 2

Tätigkeit	Leistung
Spazierengehen	30–40 W
Hausarbeit, Radfahren	75–120 W
Fußballspielen, Sprinten	220 W
Skilanglauf, Schwimmen	250 W

3 Leistung der Muskeln

Leistung und Energiebedarf • Beim Fußballspielen wandeln deine Muskeln chemische Energie in Bewegungsenergie um. Die Leistung der Muskeln beträgt ungefähr 220 W. → 3 Das sind aber nur etwa 25 % ihrer Gesamtleistung: 75 % der zugeführten Energie wandeln die Muskeln in thermische Energie um. → 4 Dazu benötigen die Muskeln Sauerstoff. Bei hohen Leistungen atmet man daher häufiger und das Herz schlägt schneller.

Aufgabe

1 ○ Beschreibe, wie körperliche Leistung, Herzschlag und Atmung zusammenhängen.

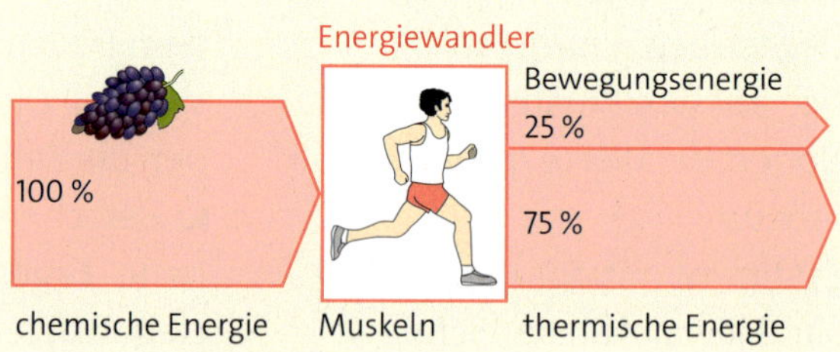

4 Energiekette: Muskeln

Wie viel leisten Motoren?

Verbrennungsmotoren • Die meisten Autos fahren noch mit Verbrennungsmotoren. Der Verbrennungsmotor wandelt chemische Energie in Bewegungsenergie um. Die Leistung der Motoren hängt von deren Hubraum und der Drehzahl ab. Bei voller Leistung beschleunigt ein Verbrennungsmotor zum Beispiel einen 1500 kg schweren Pkw in 10–15 s auf $100\,\frac{\text{km}}{\text{h}}$. Motoren von normalen Pkws haben Leistungen von 50 bis 150 kW. → 5 Sportwagen sollen stärker beschleunigen. Sie haben deshalb Motoren, die bis zu 500 kW leisten. Lkws transportieren schwere Güter und müssen große Massen beschleunigen. Die Leistung ihrer Motoren beträgt 300–500 kW. → 5

Elektromotoren • Zukünftig werden uns immer öfter Elektromotoren bewegen. Elektromotoren wandeln elektrische Energie in Bewegungsenergie um. Elektroautos haben Motoren, die je nach Fahrzeuggröße 50–150 kW leisten. Der Elektromotor in einem Elektrobike ist dagegen ein Schwächling: Er leistet nur 0,25 kW. → 6
Die Bahn nutzt schon seit Langem Elektromotoren. Ein ICE hat gleich mehrere, die zusammen eine Leistung von 4,9 MW auf die Schienen bringen. Der neue ICE4 kann sogar mit einer Leistung von bis zu 9,9 MW Fahrgäste schnell durchs Land bewegen. → 6

Aufgaben

1 ▢ Gib an, wovon die Leistung eines Verbrennungsmotors abhängt.

2 ◩ Vergleiche die Leistung eines Elektroautos (150 kW) mit der Leistung des ICE4 in einem Balkendiagramm.

5 Fahrzeuge mit Verbrennungsmotoren

6 Fahrzeuge mit Elektromotoren

Warum Schiffe schwimmen

1 Containerschiffe haben einen Rumpf aus Eisen.

Materialien zur Erarbeitung: A–C

Wieso schwimmt ein Schiff aus Eisen? Ein Stück Eisen geht doch sofort unter!

Körper in Flüssigkeiten • In der Umgangssprache sagt man: „Eisen sinkt, weil es schwerer ist als Wasser. Ein Holzklotz schwimmt, weil Holz leichter ist als Wasser." Diese Erklärung ist richtig, wenn man die Masse gleich großer Körper vergleicht. → 2

> Die Dichte gibt an, wie groß die Masse eines Körpers mit dem Volumen 1 cm³ ist.
>
> $$\text{Dichte} = \frac{\text{Masse}}{\text{Volumen}}$$

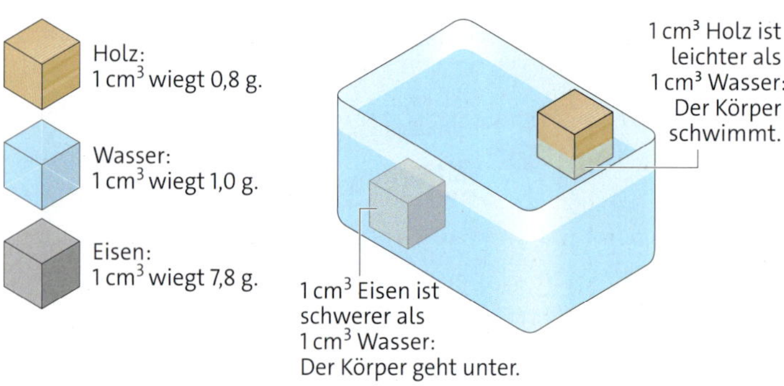

2 Schwerer und leichter als Wasser

Ein Körper sinkt unter Wasser, wenn seine Dichte größer ist als die Dichte von Wasser. Wenn die Dichte des Körpers kleiner ist als die Dichte von Wasser, so schwimmt er. Wenn seine Dichte gleich der Dichte des Wassers ist, so schwebt er. → 2

Eisenschiffe können schwimmen • Das Frachtschiff ist ein riesiger Hohlkörper mit einer Hülle aus Eisen. → 1 Im Innern besteht das Schiff größtenteils aus Luft. Die Dichte des gesamten Schiffs mit seinem Hohlraum ist kleiner als die Dichte von Wasser. → 3
Wir vergleichen ein Schiff mit einem Kasten aus Blech. Beispiel: Ein Eisenkasten (Hülle und Hohlraum) hat ein Volumen von 300 cm³. Seine Masse beträgt 60 g. → 4 1 cm³ des Eisenkastens hat

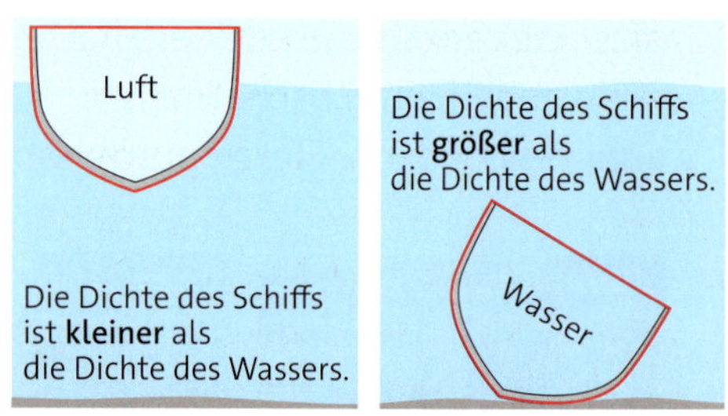

3 Dichte eines Schiffs

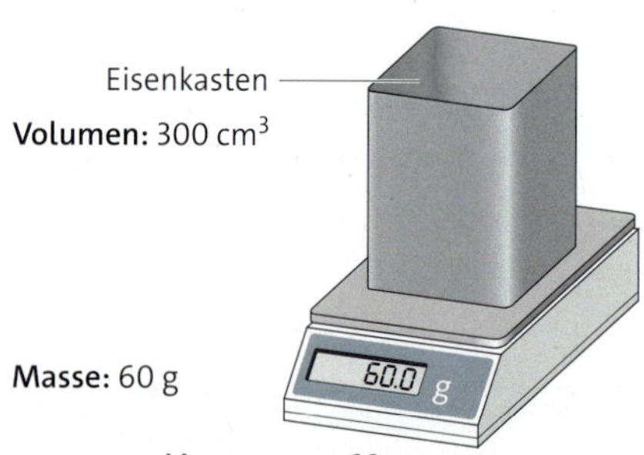

$$\textbf{Dichte} = \frac{\text{Masse}}{\text{Volumen}} = \frac{60\ \text{g}}{300\ \text{cm}^3} = 0{,}2\ \frac{\text{g}}{\text{cm}^3}$$

4 Dichte berechnen

die Dichte
die Auftriebskraft

somit eine Masse von 60 g : 300 = 0,2 g. Das heißt, seine Dichte beträgt $0{,}2\,\frac{g}{cm^3}$ und ist damit kleiner als die von Wasser ($1{,}0\,\frac{g}{cm^3}$). Der Kasten aus Eisen schwimmt also – wie das Schiff.

Kräfte beim Schwimmen • Auf ein Schiff im Wasser wirkt eine Kraft. Diese Kraft bezeichnen wir als Auftriebskraft. Sie ist gegen die Gewichtskraft des Schiffs gerichtet und drückt das Schiff nach oben. → 5 Die Auftriebskraft ist genauso groß wie die Gewichtskraft der verdrängten Wassermenge. Das Schiff schwimmt, wenn es weniger wiegt als die verdrängte Wassermenge. Wenn ein Schiff beladen wird, wird es schwerer und liegt tiefer im Wasser. → 6 Die Gewichtskraft des beladenen Schiffs ist größer. Es geht aber nicht unter: Wenn das beladene Schiff mehr Wasser verdrängt, ist auch seine Auftriebskraft größer. So können auch schwere Containerschiffe schwimmen.

Die Auftriebskraft eines Körpers ist genauso groß wie die Gewichtskraft des Wassers, das er verdrängt.

Auftriebskraft erfahren • Im Schwimmbad kannst du die Auftriebskraft selbst spüren. Im Wasser bist du leichter – so wie alle Gegenstände. Hast du schon einmal versucht, einen Ball unter Wasser zu drücken? Du musst eine Kraft gegen die Auftriebskraft des Balls aufbringen. In der Badewanne kannst du beobachten, wie viel Wasser dein Körper verdrängt. → 7

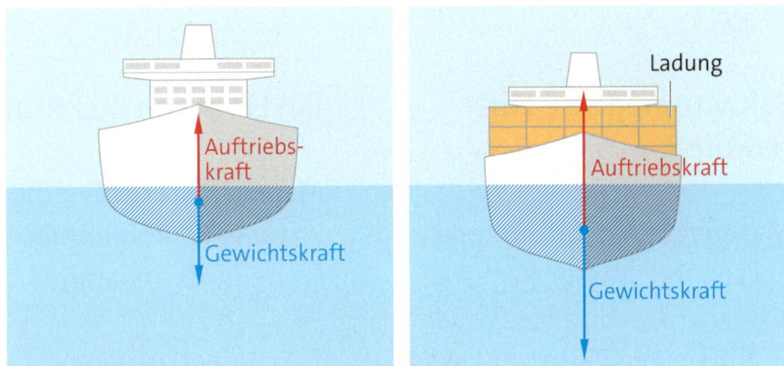

5 | 6 Auftriebs- und Gewichtskraft

7 Wasser wird verdrängt.

Aufgaben

1 Ein Würfel aus Holz schwimmt, einer aus Knetgummi geht unter.
a ○ Erkläre es mithilfe der Dichte.
b ○ Beschreibe, wie du den Knetgummiwürfel zum Schwimmen bringst.
c ◐ Erkläre, was sich im Aufgabenteil b verändert hat.

2 ◐ Im Schwimmbecken bist du leichter als an Land. Erkläre es.

3 ● Ein Schiff wird mit Containern beladen. Seine Gewichtskraft wird durch die Ladung größer.
Erkläre, warum das Schiff weiterhin schwimmt. → 6

Warum Schiffe schwimmen

Material A

Schwimmen alle Luftballons?

Materialliste: 3 Luftballons, Becken mit Wasser, Kochsalz

1 Fülle einen Ballon mit Wasser, einen mit Salzwasser und einen mit Luft. Alle Ballons müssen gleich groß sein.
Lege die Ballons dann in das gefüllte Wasserbecken.

2 ▢ Beschreibe, was passiert.

3 ◔ Vermute eine Erklärung für deine Beobachtung.

Material B

Ein Lastkahn aus Alufolie

Materialliste: Wasserbecken, 2 Stücke Aluminiumfolie (jeweils 40 cm lang)

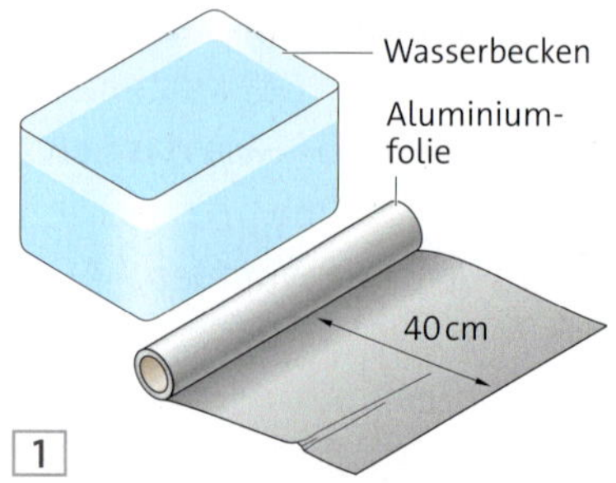

1

1 So gehst du vor: → 1
a Falte ein Stück Folie so klein wie möglich fest zusammen. Fertige aus dem anderen Stück ein „Boot".
b Setze zuerst das kleine, gefaltete Stück auf die Wasseroberfläche.
c Lass vorsichtig dein „Boot" auf das Wasser gleiten.
d Belaste das „Boot" jetzt mit kleinen Gegenständen (zum Beispiel Radiergummi, Büroklammern).
e ▢ Beschreibe deine Beobachtung.
f ◔ Die Gegenstände aus Aluminium sind gleich schwer. Dennoch verhalten sie sich unterschiedlich. Vermute eine Erklärung.

Material C

Schwimmen oder sinken?

Materialliste: Eisenkugel, Holzquader, Kieselstein, Tischtennisball, Gefäß mit Wasser, Waage, große Schale

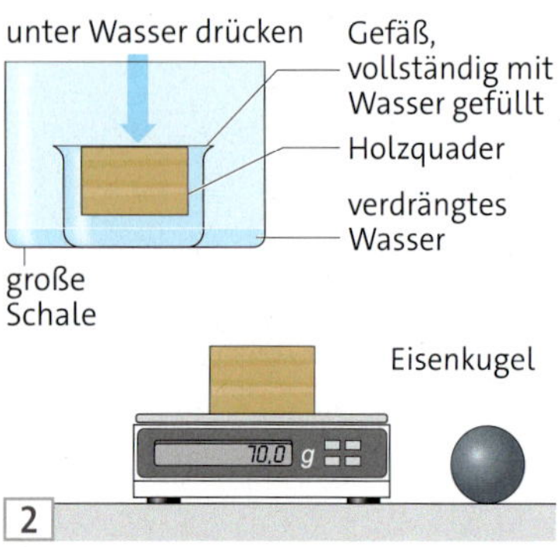

2

1 So gehst du vor: → 2
a Fülle das Gefäß ganz mit Wasser. Stelle es dann in die große Schale. Drücke mit dem Finger den Holzquader vorsichtig und vollständig unter Wasser. Das überlaufende Wasser sammelt sich in der großen Schale.
b ◔ Bestimme die Masse des Holzquaders und die Masse des von ihm verdrängten Wassers. Überlege vorher: Die große Schale hat eine Masse. Was ist also zu tun? Notiere die Messwerte.

2 ◔ Wiederhole die Teile 1 a und b mit den anderen Gegenständen. Notiere deine Beobachtungen. Beschreibe deine Vorgehensweise.

3 ◔ Ergänze folgende Sätze in deinem Heft:
- „Wenn ein eingetauchter Gegenstand schwerer ist als das Wasser, das er verdrängt, ◇?"
- „Wenn ein eingetauchter Gegenstand leichter ist als das Wasser, das er verdrängt, ◇?"

Material D

Auftrieb spüren

Materialliste: Wanne, Wasser, verschiedene Hohlformen: Boote, Kunststoffschüsseln ...

1 Fülle die Wanne zur Hälfte mit Wasser.
Versuche, die verschiedenen Formen unter Wasser zu drücken.

2 ▢ Beschreibe, was du spürst.

3 ◐ Erkläre deine Beobachtung.

Material E*

Auf und ab im Wasser

Wissenschaftlerinnen und Wissenschaftler nutzen das Tauchboot „Jago" zur Erforschung der Meere. Es kann mit zwei Besatzungsmitgliedern bis zu 400 m tief tauchen.

1 Lies den Text. → 3

a ▢ Ergänze in deinem Heft:
- Sinken: „Die Tanks werden mit ◇ gefüllt – das Tauchboot wird ◇"
- Steigen: „◇ wird in die Tanks gedrückt – das Tauchboot wird ◇"

b ◐ Erkläre die Tauchvorgänge deinem Partner – am besten mithilfe einfacher Zeichnungen.

2 ◐ Erkläre, warum Taucher Gürtel mit Gewichten zum Abtauchen verwenden.

Bewegung unter Wasser

Das Tauchboot „Jago" ist mit mehreren Tanks ausgestattet. Diese Tanks können mit Wasser oder mit Luft gefüllt werden. Das Tauchboot kann so im Wasser sinken, schweben und wieder aufsteigen:
- Sinken: Mit Luft in den Tanks schwimmt das Tauchboot auf dem Wasser (1). Zum Sinken pumpt der Pilot Wasser in einige Tanks. Das Boot wird dadurch schwerer. Das bedeutet: Die Dichte des Tauchboots wird größer als die Dichte von Wasser – es taucht unter die Wasseroberfläche. Wenn der Pilot Wasser in weitere Tanks lässt, geht es noch weiter abwärts (2).
- Steigen: Das Tauchboot führt Behälter mit Pressluft mit. Der Pilot drückt mit der Pressluft das Wasser wieder aus den Tanks heraus. Das Boot wird leichter und steigt auf (3).

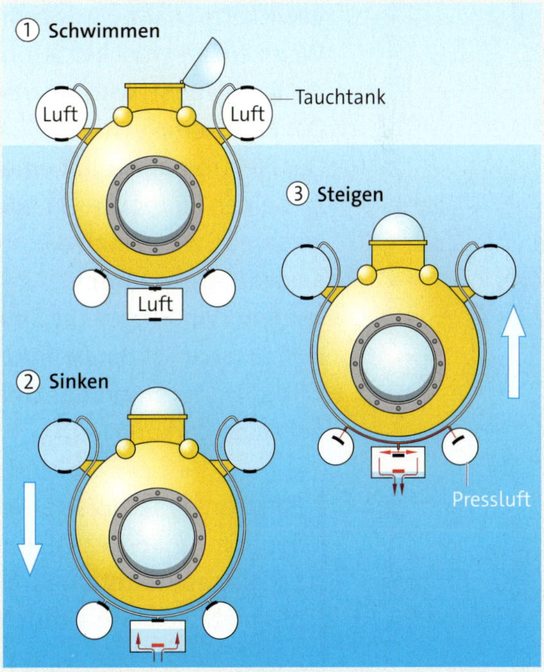

3

Elektromagnete

1 Magnet an einem Kran

Materialien zur Erarbeitung: A–B

Die Eisenteile hängen an einem starken Magneten. Zum Ablegen wird der Magnet einfach ausgeschaltet!

Elektromagnet • Der Magnet besteht aus einem aufgewickelten Draht und einem „Kern" aus Eisen. → 2 Der aufgewickelte Draht wird Spule genannt. Wenn ein elektrischer Strom durch die Spule fließt, wird sie magnetisch. Der Eisenkern verstärkt die Wirkung. Der Elektromagnet hat einen Nord- und einen Südpol. → 3 Die Pole wechseln, wenn man die Anschlüsse an der Batterie tauscht.
Je mehr Windungen die Spule hat, desto stärker ist der Elektromagnet. Ohne Strom verliert der Elektromagnet seine Wirkung. → 4

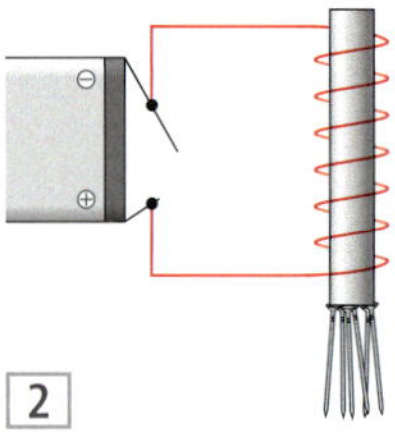

2

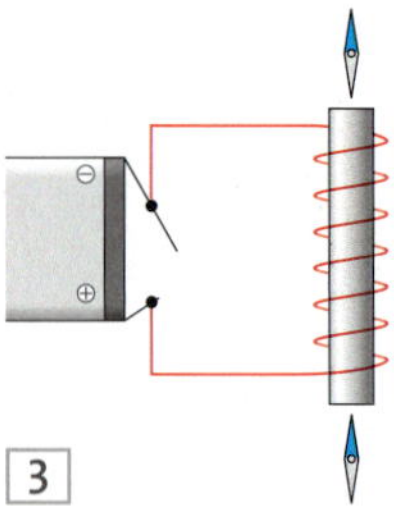

3

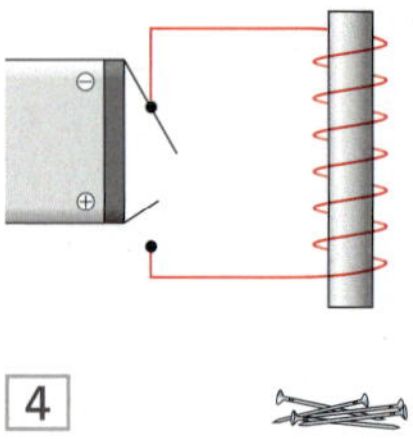

4

Elektromagnete bestehen aus einer Spule mit Eisenkern. Sie wirken nur bei eingeschaltetem Strom wie Magnete aus Eisen. Ihre Magnetpole können vertauscht werden.

Magnetfeld • Eine Spule wird zu einem Magneten, wenn elektrischer Strom durch sie fließt. Solch ein Magnet hat auch ein Magnetfeld. → 5
Jede Drahtwindung der Spule ist am Entstehen des Magnetfelds beteiligt. Eine Drahtwindung allein wirkt wie ein schwacher Scheibenmagnet. → 6 Alle Drahtwindungen zusammen wirken wie ein starker Magnet, der aus vielen Scheibenmagneten besteht.

Jeder Draht, durch den elektrischer Strom fließt, ist von einem Magnetfeld umgeben.

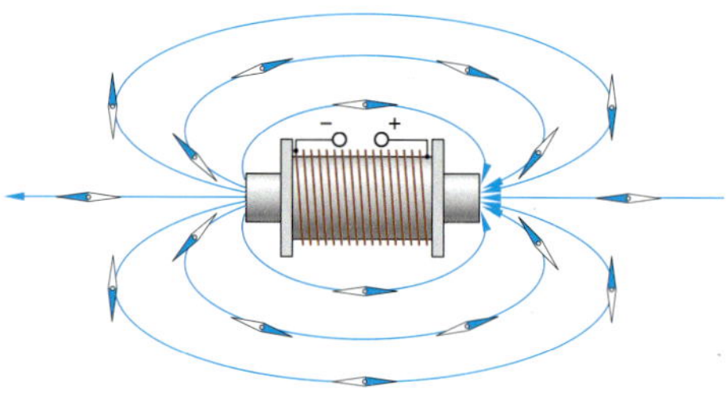

5 Magnetfeld einer Spule

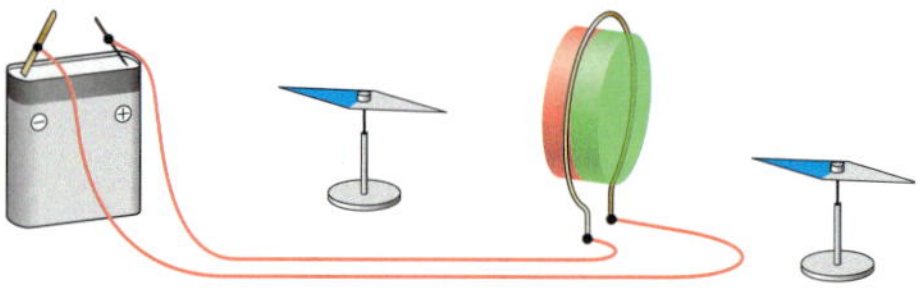

6 Der Drahtring wirkt wie ein Magnet.

Aufgaben

1 ○ Nenne die Bauteile, aus denen ein Elektromagnet besteht.

2 ◐ „Der Elektromagnet ist magnetisch, weil er einen Eisenkern hat." Nimm Stellung dazu.

der Elektromagnet
die Spule

Material A

Elektromagnet – selbst bauen und untersuchen

Materialliste: lackierter Kupferdraht (1 m lang, 0,2 mm dick), Eisenschraube, Batterie (4,5 V), Nägel oder Büroklammern aus Eisen, Kompassnadel, dünner Klebestreifen, Schleifpapier

1 Umwickle das Gewinde der Schraube erst mit einer Lage Klebestreifen und dann mit dem Draht (immer in gleicher Richtung wickeln). → 7 Schleife den Lack von den Drahtenden ab. Schließe den Draht kurz an die Batterie an:

a ▢ Prüfe, ob du einen Magneten hergestellt hast.

b ◪ Prüfe, ob der Magnet zwei Pole hat.

c ▢ Tausche die Drahtenden an der Batterie. Wiederhole die Versuche.

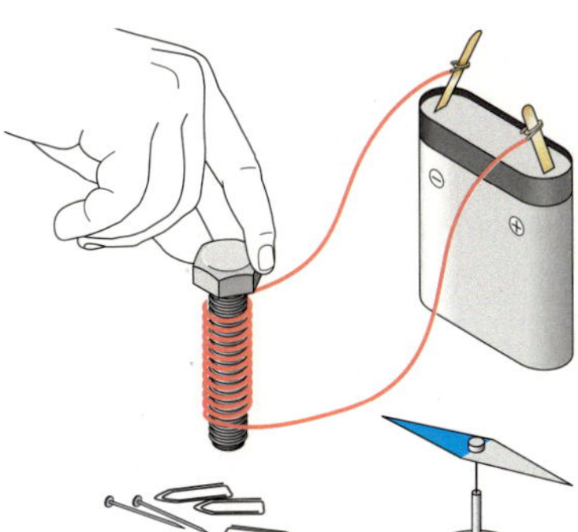

7

Material B

Ein Magnetfeld „abtasten"

Materialliste: Spule, Netzgerät (6 V), Kompassnadel, weißes Papier

1 Lege die Spule auf das Blatt Papier. → 8 Zeichne ihren Umriss ab.

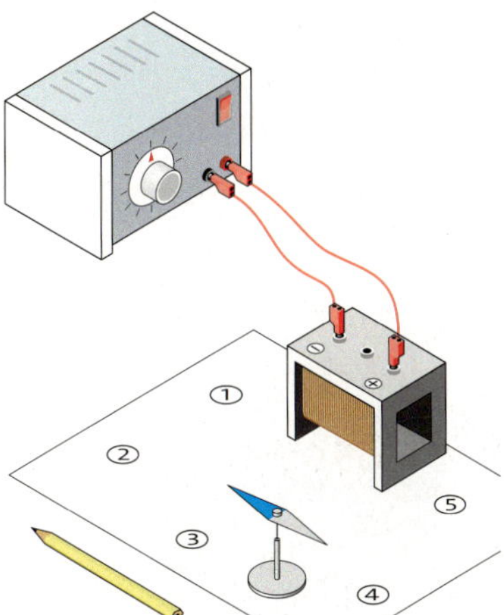

8

Schließe die Spule dann an das Netzgerät an.

a ▢ Stelle die Kompassnadel nacheinander ungefähr an den Stellen 1–5 auf das Blatt Papier. Zeichne die Ausrichtung der Nadel jeweils durch einen Pfeil auf das Papier: „Pfeilrichtung = Richtung des Nordpols".

b ▢ Untersuche die Ausrichtung der Kompassnadel in der Nähe der Stellen 1 und 5 noch genauer.

Material C

Dauermagnet und Elektromagnet im Vergleich

1 Hier sind die Eigenschaften von Dauer- und Elektromagneten durcheinandergeraten. → 9 10

▢ Lege eine Tabelle an. Ordne darin die Eigenschaften dem Dauer- und dem Elektromagneten zu.

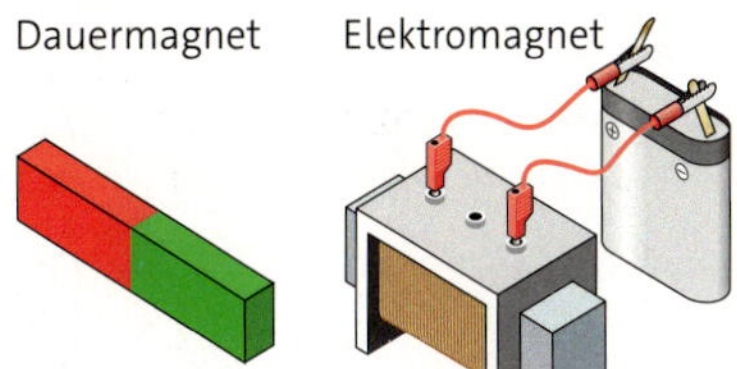

9

- Der Magnet lässt sich ausschalten.
- Der Magnet und Gegenstände aus Eisen ziehen sich an.
- Der Magnet hat einen Nordpol und einen Südpol.
- Der Magnet besteht aus zwei Bauteilen.
- Der Magnet lässt sich nicht ausschalten.
- Der Magnet hat ein Magnetfeld.
- Der Magnet besteht aus einem Teil.
- Die Pole des Magneten lassen sich vertauschen.

10

Magnete machen mobil

1 Zum Tanken an die Steckdose – welches Auto kann das?

Elektromotoren sorgen für Bewegung. Wie funktionieren sie?

Bestandteile • Einfache Elektromotoren enthalten zwei Magnete: → 2
- Ein Magnet dreht sich – der Rotor.
- Ein Magnet steht fest – der Stator.

Ein Magnet muss ein Elektromagnet sein. Seine Pole lassen sich über den Polwender tauschen.

Funktion • Die magnetische Anziehung und Abstoßung zwischen den beiden Magneten wird genutzt, um den Rotor zu drehen. → 3 Die Drehung würde aufhören, wenn sich ungleiche Pole von Rotor und Stator gegenüberstehen. In diesem Moment tauscht der Polwender die Pole des Elektromagneten, damit sich der Rotor weiterdreht.

Material zur Erarbeitung: A

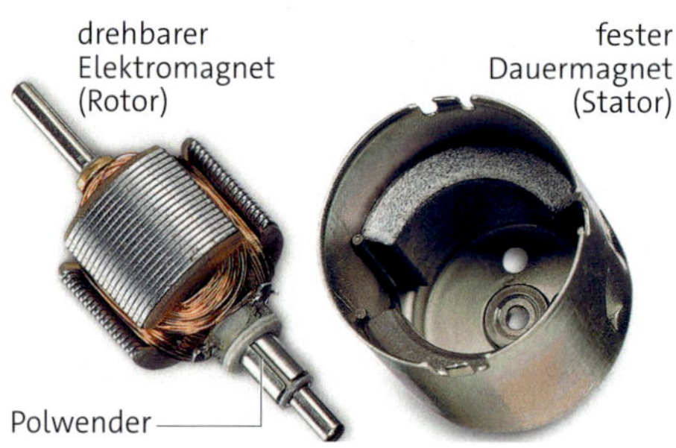

2 Teile des Motors

In Elektromotoren bewirken Anziehung und Abstoßung zwischen zwei Magneten, dass sich einer der Magnete dreht. Diese Drehung wird bei Elektroautos genutzt, um die Räder zu drehen. → 4

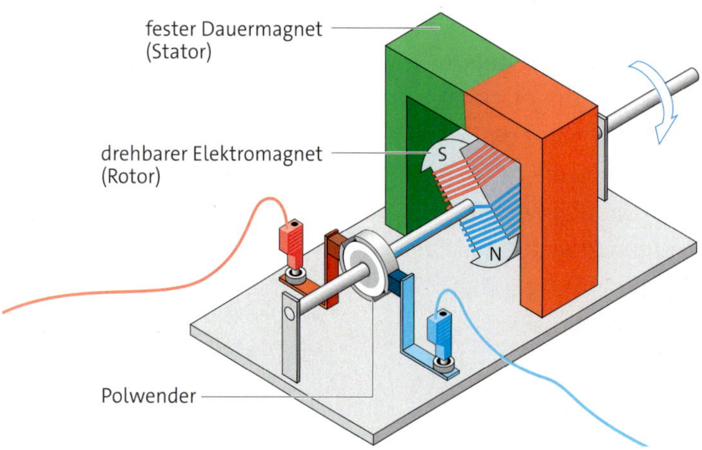

3 Aufbau eines einfachen Elektromotors

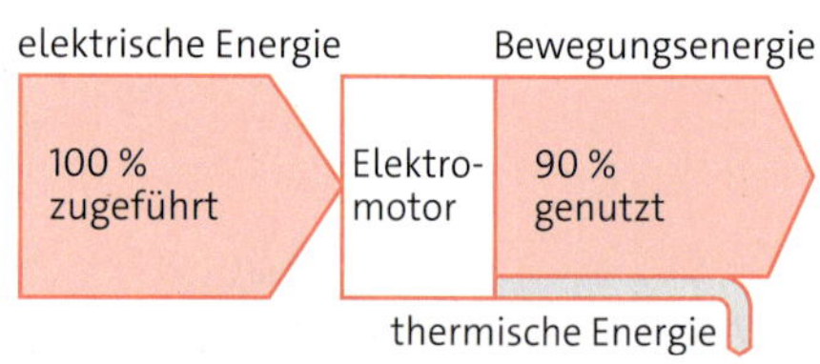

4 Energiewandler Elektromotor

Aufgabe

1 ○ Nenne die drei Bauteile des einfachen Elektromotors. → 2

der Elektromotor
der Stator
der Rotor
der Polwender

Material A

Magnete drehen

Materialliste: Netzgerät (6 V, Gleichspannung), Kabel, Krokodilklemme, Taster, Spule (400 Windungen) mit Eisenkern, Stabmagnet mit Lagerbuchse, Drehachse aus Metall, Klebestreifen

1 Der Stabmagnet soll in Drehung versetzt werden – ohne ihn zu berühren! → 5

a Lege den Stabmagneten auf die Achse. Schließe die Spule über den Taster an das Netzgerät an. Bringe nun den Magneten zum Drehen. Beschreibe dein Vorgehen.

b Erkläre, warum sich der Stabmagnet dreht.
Tipp: Gleiche Magnetpole ..., ungleiche Magnetpole ...

2 Der Stabmagnet kann auch ohne Taster gedreht werden!

a Baue den Versuch auf. → 6 Verfolge die Kabel vom Netzgerät über die Spule und die Drehachse zurück zum Netzgerät. Je nach Stellung des Stabmagneten kann der elektrische Strom fließen – oder auch nicht. Beschreibe es genau.

b Halte den Stecker seitlich an die Laufbuchse. Erkläre, warum sich der Stabmagnet diesmal fortlaufend dreht.

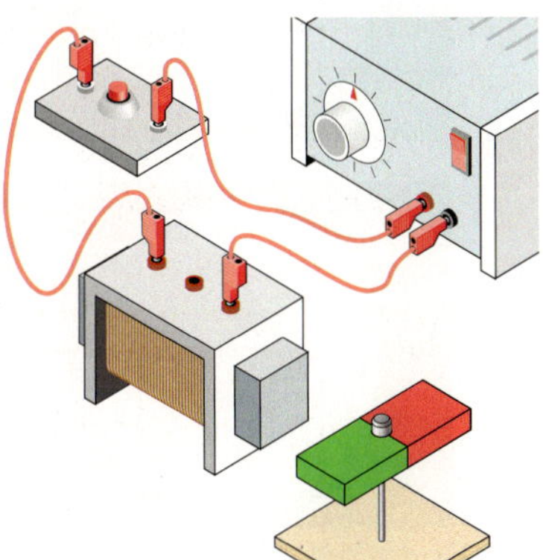

5

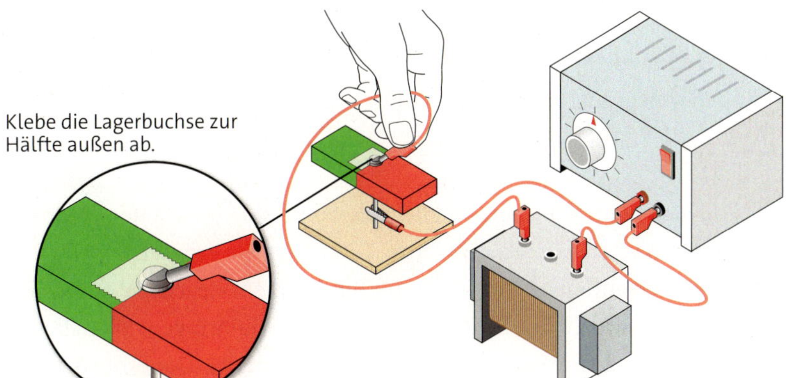

6

Material B

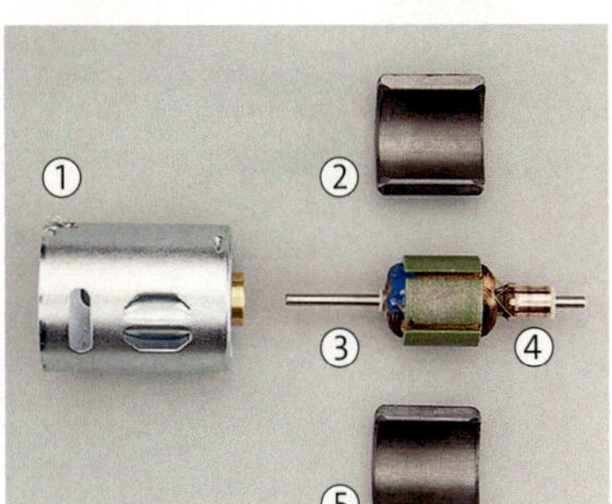

7

Elektromotor untersuchen

Materialliste: ausgediente Elektromotoren, Werkzeug, Aufkleber

1 Ordne den Nummern im Bild 7 folgende Begriffe zu: drehbarer Elektromagnet, Gehäuse, fester Dauermagnet, Polwender, Drehachse.

2 Nehmt defekte Elektromotoren vorsichtig auseinander. Findet die wichtigen Bauteile und beschriftet sie mit kleinen Aufklebern.

Magnete machen mobil

Material C

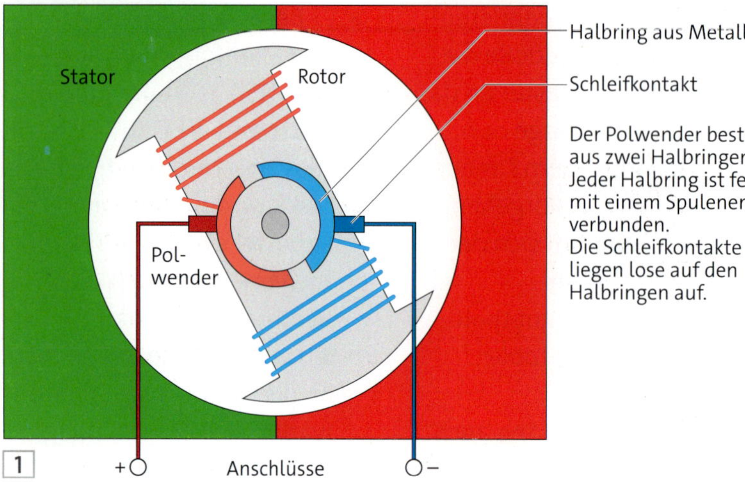

Der Polwender besteht aus zwei Halbringen. Jeder Halbring ist fest mit einem Spulenende verbunden.
Die Schleifkontakte liegen lose auf den Halbringen auf.

1

Drehung des Rotors

1 Warum dreht sich der Rotor, wenn Strom durch die Spule fließt? → 1 – 5

a Ordne die Texte A–D den Bildern 2–5 zu.

b Erkläre die Aufgabe des Polwenders.

Gleiche Magnetpole von Rotor und Stator stehen sich gegenüber. Sie stoßen sich gegenseitig ab: Der Rotor dreht sich.

A

Wenn sich die ungleichen Magnetpole von Rotor und Stator gerade gegenüberstehen würden, wäre ihre Anziehung am größten. Die Drehung würde aufhören. Genau in diesem Moment liegen die Schleifkontakte aber über den Spalten zwischen den Halbringen. Sie haben für kurze Zeit keine Verbindung zu den Halbringen. Der Stromkreis ist unterbrochen. Der Rotor ist unmagnetisch.
Durch seinen Schwung läuft der Rotor weiter.

B

Jetzt liegen die Schleifkontakte jeweils auf dem anderen Halbring als vorher. Die Anschlüsse an der Spule sind also vertauscht. Aus dem Nordpol des Rotors ist ein Südpol geworden und umgekehrt.
Gleiche Pole von Rotor und Stator stehen sich gegenüber. Sie stoßen sich gegenseitig ab: Der Rotor dreht sich weiter.

C

Ungleiche Magnetpole von Rotor und Stator ziehen sich gegenseitig an: Der Rotor dreht sich weiter.

D

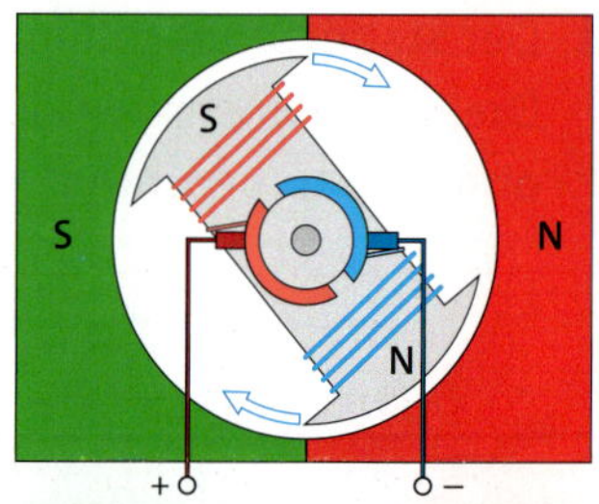

2

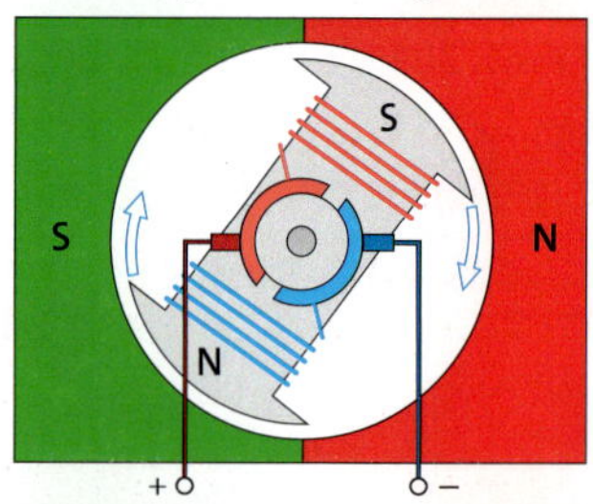

3

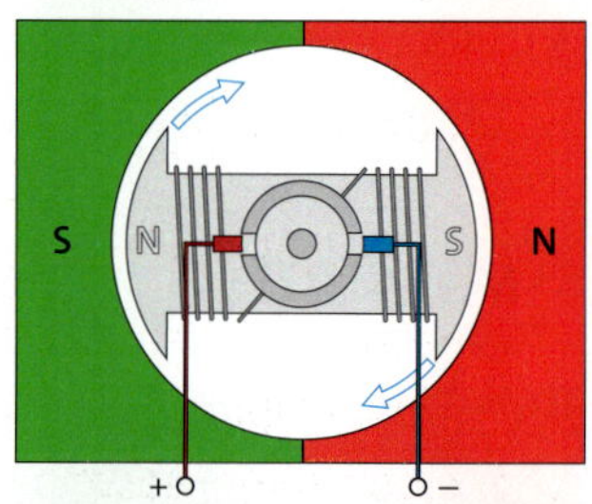

4

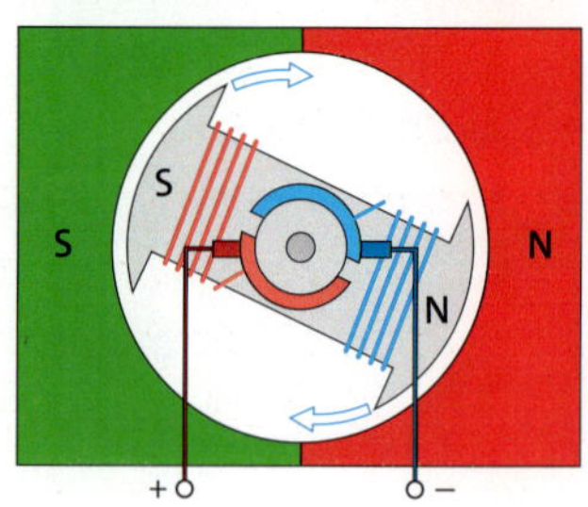

5

Elektroautos waren schon einmal modern

Vor 1900 • Einige der ersten Straßenfahrzeuge, die nicht von Tieren gezogen wurden, hatten Elektromotoren. Schon Mitte des 19. Jahrhunderts waren kleine elektrische Schienenwagen unterwegs. Der Schotte Robert Davidson erprobte 1842 ein Fahrzeug, das eine Geschwindigkeit von 4 Meilen pro Stunde erreichte (ca. 6,4 $\frac{km}{h}$).
Als erste Straßenfahrzeuge mit Elektromotoren gelten Dreiräder aus dem Jahr 1881. → 6 Sie fuhren bis zu 14 $\frac{km}{h}$ schnell und hatten eine Reichweite von rund 40 km.
Am 29. April 1882 stellte Werner von Siemens in Halensee (damals noch) bei Berlin einen elektrischen Kutschwagen vor. → 7 Er hatte keine Batterien, sondern wurde mit elektrischer Energie aus einer Oberleitung versorgt. Dieser Kutschwagen ist der Vorläufer heutiger Oberleitungsbusse.
Die Coburger Maschinenfabrik Focken baute 1888 ein erstes vierrädriges Elektroauto.
Um 1900 wurde in vielen Großstädten mehr als die Hälfte der Fahrzeuge elektrisch angetrieben. → 8

6 Elektrodreirad von 1881

7 Kutschwagen von 1882

8 Elektroauto um 1910

Nach 1900 • Der Niedergang der Elektroautos setzte ab 1910 ein, als das Starten von Autos mit Verbrennungsmotoren bequemer wurde. Die Entwicklung von Autos mit Benzin- und Dieselmotoren wurde durch ihre große Reichweite beflügelt. Und Benzin war damals günstig zu haben: Es stand bei der Ausweitung der Raffinerien zur Petroleumherstellung reichlich zur Verfügung.
Erst heute werden Elektroautos wieder interessant – steigende Benzinpreise sowie Gesundheits- und Klimagefahren durch die Abgase der Verbrennungsmotoren sind wichtige Gründe dafür.

Aufgaben

1 Fertige eine Zeitleiste an, die die Entwicklung von Elektrofahrzeugen bis 1900 darstellt.
Tipp: Fahrzeuge dafür findest du auch im Internet.

2 Begründe, warum sich Fahrzeuge mit Verbrennungsmotoren nach 1910 durchsetzten.

Zusammenfassung

Große Wirkung – mit kleiner Kraft • Je länger der Kraftarm bei einem Hebel ist, desto geringer ist die erforderliche Kraft zum Drehen. → 1

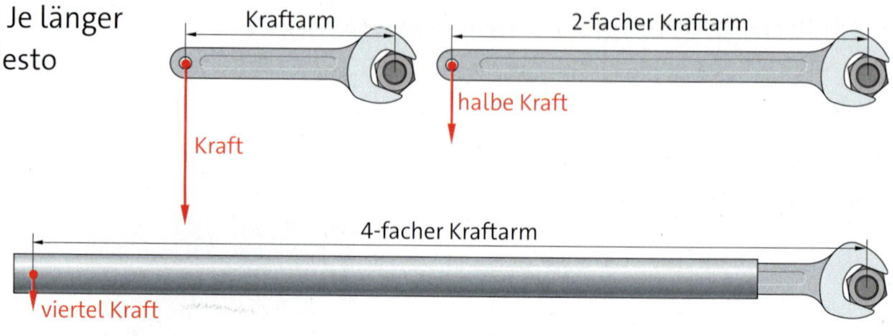

1 Doppelter Kraftarm – halbe Kraft, vierfacher Kraftarm – viertel Kraft

Arbeit • Wenn eine Kraft entlang eines Wegs wirkt, wird Arbeit verrichtet. → 2 3

2 Arbeit: Ein Gewicht heben

Arbeit = Kraft mal Weg
Die Einheiten der Arbeit sind 1 Newtonmeter (1 Nm) und 1 Joule (1 J).

Arbeit und Energie • Beim Heben eines Gegenstands wird Arbeit in Lageenergie überführt. Die Lageenergie gibt man wie die Arbeit in Newtonmeter (1 Nm) oder Joule (1 J) an.

3 Arbeit: Schlitten ziehen

Kraft und Weg • Die Goldene Regel der Mechanik lautet: Je länger der Weg, desto kleiner die Kraft. Die Arbeit bleibt stets gleich groß. → 4

Kraft	Weg	Kraft mal Weg
300 N	1 m	300 Nm
50 N	6 m	300 Nm

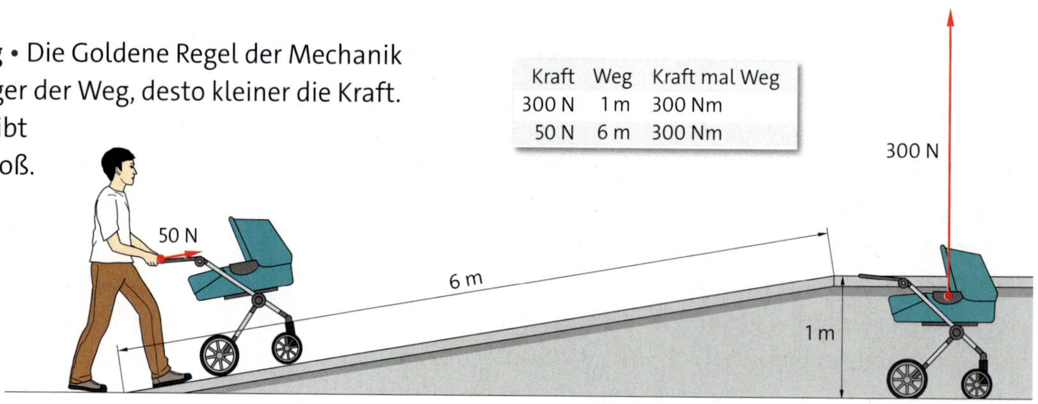

4 Rampe: Kraft und Weg

Leistung • Die Leistung P gibt an, wie viel Energie pro Sekunde umgewandelt wird. Die Einheit ist 1 Watt (1 W): $1\,W = 1\frac{J}{s}$. → 5

$$\text{Leistung} = \frac{\text{Energie}}{\text{Zeit}};\quad P = \frac{E}{t}$$

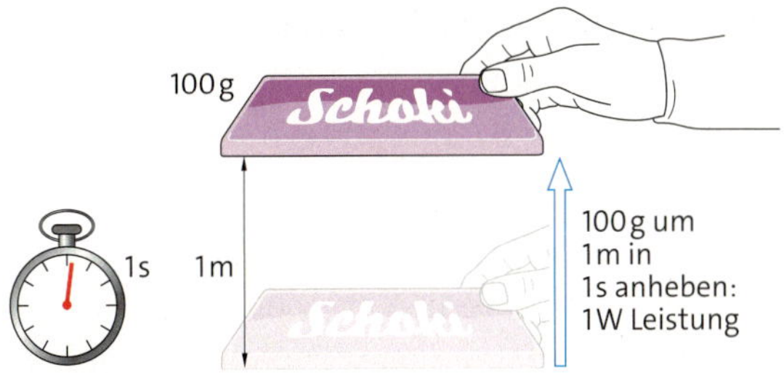

5 Leistung: 1 Watt

Warum Schiffe schwimmen • Die Dichte gibt an, wie viel ein Körper mit dem Volumen 1 cm³ wiegt.

$$\text{Dichte} = \frac{\text{Masse}}{\text{Volumen}}$$

Wasser hat eine Dichte von $1{,}0\frac{g}{cm^3}$. Körper mit einer geringeren Dichte schwimmen in Wasser. Körper mit einer größerer Dichte gehen unter. → 6

Auftrieb • In Wasser wirkt auf Körper eine Kraft, die ihrer Gewichtskraft entgegenwirkt. → 7 Diese Auftriebskraft ist so groß wie die Gewichtskraft des verdrängten Wassers.

6 Körper schwimmen in Wasser, wenn ihre Dichte geringer ist.

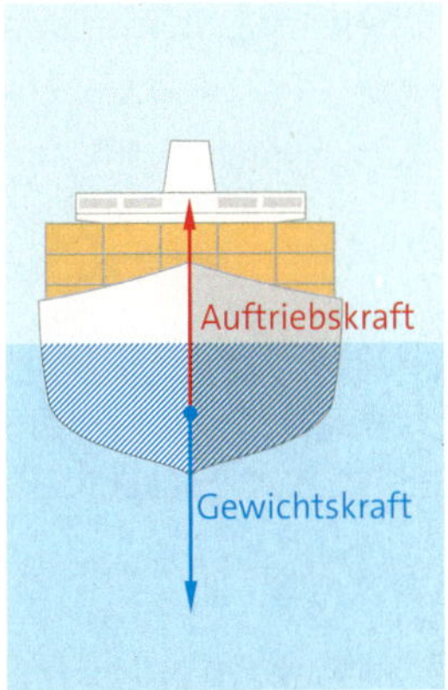

7 Auftriebskraft = Gewichtskraft des verdrängten Wassers

Elektromagnet • Eine Spule wirkt wie ein Magnet, wenn ein elektrischer Strom durch sie fließt. Die magnetische Wirkung wird durch einen Eisenkern in der Spule verstärkt.

Elektromotor • Jeder Elektromotor enthält zwei Magnete. Davon ist mindestens einer ein Elektromagnet. Ein Magnet wird gedreht (Rotor), ein Magnet steht fest (Stator). → 8

Die Drehung kommt zustande, weil sich immer wieder aufs Neue ungleiche Magnetpole anziehen und gleiche Magnetpole abstoßen.

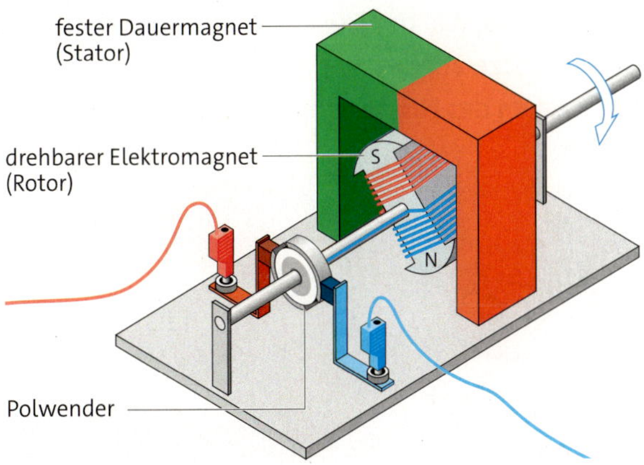

8 Einfacher Elektromotor

Technik im Dienst des Menschen

Aufgaben (Lösungen auf Seite 443)

Große Wirkung – mit kleiner Kraft

1 ○ Mit einer Kneifzange soll ein Nagel durchtrennt werden. Deine Kraft reicht dafür aber nicht aus. Beschreibe, wie du es trotzdem schaffst.

2 ◐ Nenne Fahrradteile mit Hebeln, mit denen du Kraft sparen kannst. Wähle aus: Dynamo, Parkstütze, Tretkurbel, Ventil, Lenker, Kette, Speiche, Schnellspanner, Bremsgriff. → 1

1 Fahrradteile

3 Hebel am Nussknacker → 2

a ○ Übertrage das Bild in dein Heft. Beschrifte Drehpunkt, Lastarm und Kraftarm.

b ◐ Wenn die Nuss weiter rechts liegt, wird es dann leichter oder schwerer? Begründe und nutze dazu die Begriffe aus Aufgabenteil a.

c ◐ Erkläre, wie der Nussknacker funktioniert.

d ● Schätze ab, um wie viel die Kraft zum Knacken der Nüsse verringert wird.

2 Nussknacker

Arbeit und Energie

4 ◐ Im Getränkemarkt soll eine Palette Mineralwasser bewegt werden. Herr Schulze schiebt sie mit der Kraft von 250 N über 30 m durch die 4 m hohe Tür bis zum Standplatz.

a Berechne die Beschleunigungsarbeit, die von Herrn Schulze beim Transport verrichtet wird.

b Herr Schulze hebt dann noch zwei Kisten (je 17 kg) von der Palette in das 50 cm höhere Regal. Berechne die Arbeit, die er dabei verrichtet.

Was leistest du?

5 ◐ Vor mehr als hundert Jahren wurden mechanische Staubsauger eingesetzt. → 3

a Gib die Dauerleistung des „Motors“ an.

b Die Leistung von neuen elektrischen Staubsaugern darf nicht mehr als 900 W betragen. Vergleiche die Leistung des elektrischen Staubsaugers mit der Leistung des mechanischen Staubsaugers.

3

6 Martin (56 kg) und Tobias (53 kg) klettern 5 m lange Taue hoch. Nach 7 s schlagen sie gleichzeitig oben an.

a ○ Gib an, bei wem die physikalische Leistung größer ist.

b ◐ Begründe deine Antwort.

c ◐ Berechne jeweils die Lageenergie oben.

d ◐ Berechne jeweils die Leistung.

Kraft und Weg

7 „Die lange Astschere hat einen Vorteil und einen Nachteil." → 4 Erkläre diese Aussage.

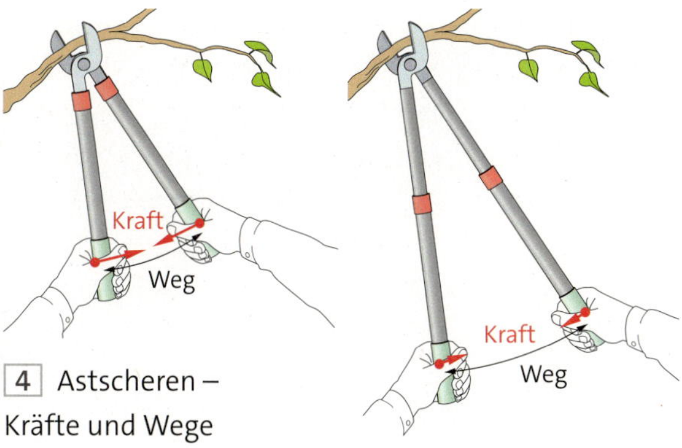

4 Astscheren – Kräfte und Wege

8 Der Arbeiter rollt ein schweres Fass eine lange Rampe hoch. → 5

a ▢ Gib an, welchen Vorteil die Rampe bringt.

b Ergänze: „Die Kraft zum Heben des Fasses ist ◇ so groß wie die zum Hochrollen."

c Berechne die beiden Kräfte.

d Berechne die Arbeit, die verrichtet wird.

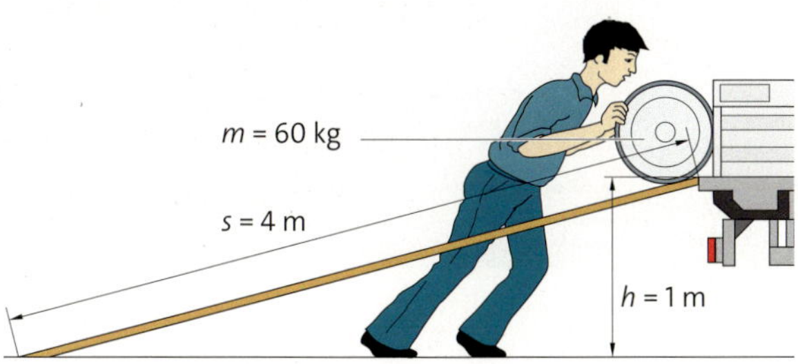

5 Mit der Rampe geht es leichter.

9 „Lass uns nicht den geschlängelten Wanderweg nehmen, sondern direkt zum Gipfel steigen!" – Nenne physikalische und nicht physikalische Gründe, die gegen diesen Vorschlag sprechen.

Warum Schiffe schwimmen

10 In einem 100-cm^3-Plastikbecher befindet sich Sand. Das Ganze wiegt 50 g.

a Ermittle, ob der Becher mit dem Sand in Wasser schwimmt.

b Bestimme das Gewicht, bei dem der Becher mit dem Sand im Wasser untergeht.

11 Ein Tauchboot wiegt 3000 kg und verdrängt 1,5 m^3 Wasser. Auf 1 dm^3 Wasser wirkt eine Gewichtskraft von 10 N. Ermittle die Auftriebskraft, die auf das Tauchboot wirkt.

Elektromagnet und Elektromotor

12 ▢ Beschreibe, wie die Spule zum Elektromagneten wird.

13 Wie kommt der Elektromotor in Bewegung? → 6 Schreibe die folgenden Sätze in der richtigen Reihenfolge auf:

- Gleiche Pole von Rotor und Dauermagnet stoßen sich gegenseitig ab.
- An den Enden des Rotors bilden sich ein Nordpol und ein Südpol aus.
- Der Rotor dreht sich.
- Der Strom wird eingeschaltet.

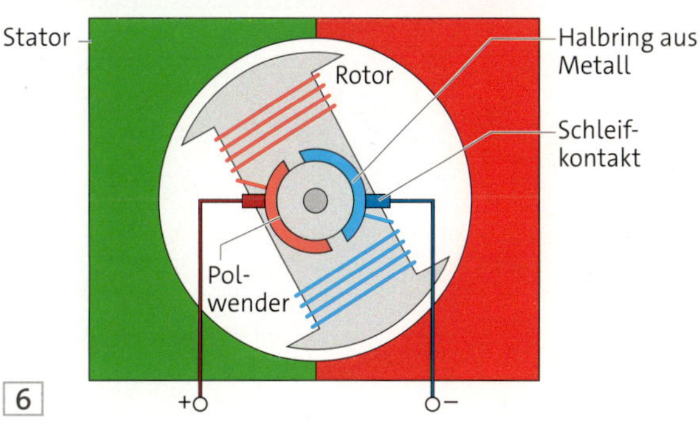

6

Beschleunigte Bewegungen*

Kraftvoll katapultiert sich der Sprinter aus dem Startblock. Auf den ersten Metern beschleunigt er so stark wie ein Pkw.

Im freien Fall nach unten – Nervenkitzel pur. Wie schnell werden die Fahrgäste, bevor die Bremse greift?

In fahrenden Autos steckt Energie. Beim Verzögern werden die Bremsen so heiß, dass sie glühen.

Schneller werden – langsamer werden

1 2 Stunts nur für Profis – nicht nachmachen!

Die Bewegungen der Motorradfahrer sind bestimmt nicht gleichförmig. Wie ändert sich ihre Geschwindigkeit?

Beschleunigen – verzögern • Mit dem Fahrrad kannst du ordentlich in die Pedale treten oder kräftig bremsen. Beim Treten in die Pedale wirst du schneller, beim Bremsen langsamer.

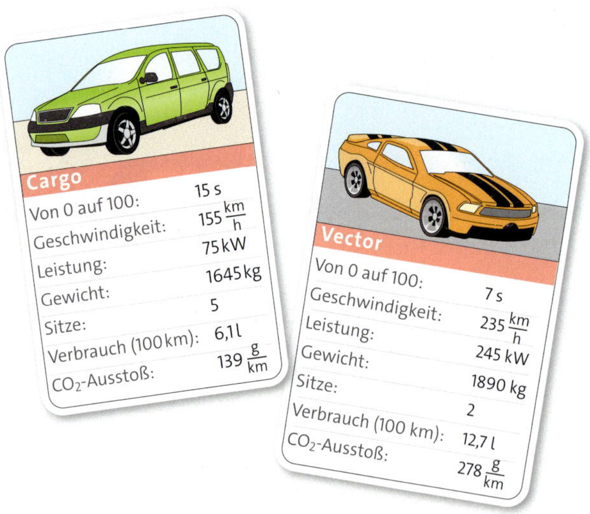

3 Zwei Autos – zwei Beschleunigungen

Bei einer beschleunigten Bewegung nimmt die Geschwindigkeit zu. Bei einer verzögerten Bewegung nimmt die Geschwindigkeit ab.

Beschleunigungen • Auf der Spielkarte eines Auto-Quartetts steht: → 3 „Von 0 auf 100: 15 s“. Das bedeutet:

- Der Cargo beschleunigt aus dem Stand heraus in 15 s auf eine Geschwindigkeit von $100\,\frac{\text{km}}{\text{h}}$.
- Der Vector braucht nur 7 s, um $100\,\frac{\text{km}}{\text{h}}$ zu erreichen. Seine Geschwindigkeit ändert sich viel schneller. Der Vector hat eine größere Beschleunigung als der Cargo.

Beschleunigung berechnen • Mit dem Fahrrad kannst du aus dem Stand kräftig beschleunigen. So kräftig wie der Cargo? Das ist schwer zu vergleichen, denn $100\,\frac{\text{km}}{\text{h}}$ erreichst du mit dem Fahrrad nicht. Du kannst dafür aber berechnen, wie kräftig du mit dem Fahrrad beschleunigst. Dazu

die beschleunigte Bewegung
die verzögerte Bewegung
die Beschleunigung
das Geschwindigkeits-Zeit-Diagramm

teilst du die erreichte Geschwindigkeit durch die benötigte Zeit.

Die Beschleunigung *a* gibt an, wie schnell sich die Geschwindigkeit eines Körpers ändert. Bei einer verzögerten Bewegung ist die Beschleunigung negativ.

$$\text{Beschleunigung} = \frac{\text{Geschwindigkeit}}{\text{Zeit}}$$

$$a = \frac{v}{t}$$

Die Einheit der Beschleunigung ist: $1\,\frac{\text{m}}{\text{s}^2}$.

Beispiel: Du hast mit dem Fahrrad nach 10 s eine Geschwindigkeit von $36\,\frac{\text{km}}{\text{h}}$ erreicht. Um die Beschleunigung *a* zu berechnen, musst du zuerst die Einheiten angleichen: $36\,\frac{\text{km}}{\text{h}} \rightarrow 10\,\frac{\text{m}}{\text{s}}$.

$$a = \frac{v}{t} = \frac{10\,\frac{\text{m}}{\text{s}}}{10\,\text{s}} = 1\,\frac{\text{m}}{\text{s}^2}$$

Deine Beschleunigung beträgt $1\,\frac{\text{m}}{\text{s}^2}$. Das bedeutet: In jeder Sekunde nimmt deine Geschwindigkeit um $1\,\frac{\text{m}}{\text{s}}$ zu.

Geschwindigkeits-Zeit-Diagramm • Man kann gleichmäßig beschleunigte und verzögerte Bewegungen in einem Geschwindigkeits-Zeit-Diagramm als Geraden darstellen. → 4
Die Geraden der beschleunigten Bewegungen steigen nach rechts an. Je steiler die Gerade ansteigt, desto größer ist die Beschleunigung.
Die Geraden der verzögerten Bewegungen fallen nach rechts ab. Je steiler die Gerade abfällt, desto größer ist die Verzögerung.

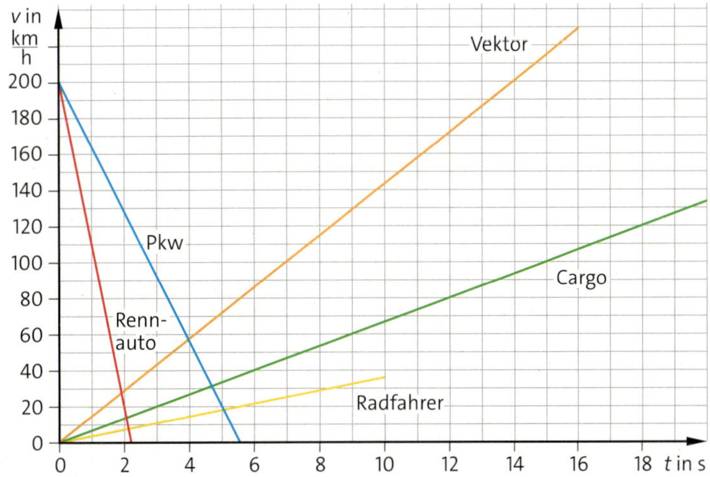

4 Geschwindigkeits-Zeit-Diagramm (*v*-*t*-Diagramm)

Aufgaben

1 ○ Gib an, welcher Motorradfahrer sich beschleunigt bewegt und welcher verzögert. → 1 2

2 ○ Ergänze die folgenden Aussagen mit den Begriffen: größer/kleiner, beschleunigt/verzögert.

a Wenn ein Läufer schneller wird, ist seine Bewegung ◇?

b Wenn ein Auto abbremst, ist seine Bewegung ◇?

c Die Beschleunigung eines Transporters ist viel ◇? als die eines Rennwagens.

3 ◐ Berechne die Beschleunigungen von Cargo und Vector. → 3 Vergleiche mit dem Radfahrer.

4 ● Ein Pkw beschleunigt aus dem Stand mit $5\,\frac{\text{m}}{\text{s}^2}$. Berechne seine Geschwindigkeit nach 10 s.

Schneller werden – langsamer werden

Material A

Beschleunigt – verzögert

1 Ordne die Bewegungen in beschleunigt, verzögert und gleichförmig. → 1 – 5

2 Ergänze jeweils drei weitere Beispiele.

1

2

3

4

5

Material B

Von 0 auf ...

Materialliste: Fahrrad mit Tacho, Stoppuhren

1 Ihr braucht eine lange, gerade Strecke. Messt, wie lange zwei Radfahrer jeweils brauchen, um auf 10, 20 und 30 $\frac{km}{h}$ zu beschleunigen. Notiert die Werte. Zeichnet die Messwerte mit verschiedenen Farben in ein Diagramm ein (Zeit nach rechts, Geschwindigkeit nach oben). Lest ab, wer schneller beschleunigt hat.

Material C

Bewegung in Diagrammen

1 Ordne den verschiedenen Wagen die Bewegungen zu: gleichförmig, beschleunigt, verzögert. → 6 Begründe deine Zuordnungen.

2 Gib an, welcher Wagen die größere Beschleunigung hat. → 7 Begründe deine Entscheidung.

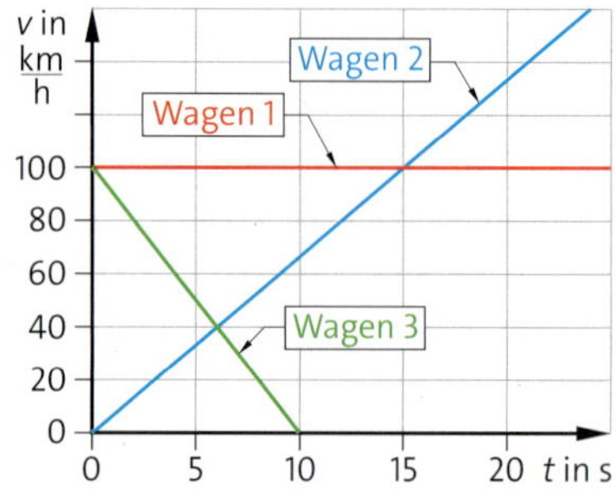

6 Bewegungen vergleichen

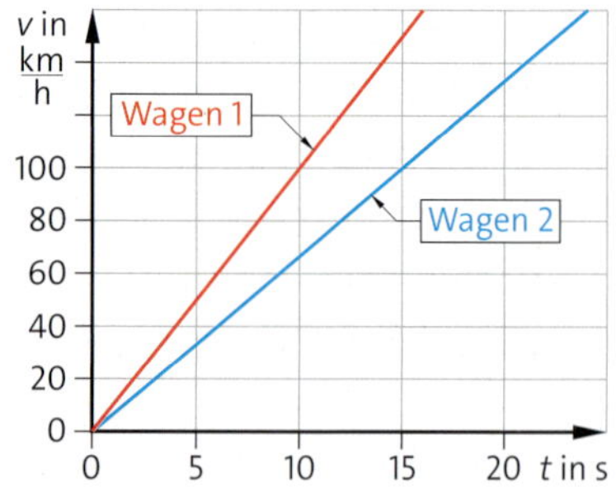

7 Beschleunigung vergleichen

Material D

Beschleunigung berechnen

1 Sieh dir das Diagramm an. → 8

a ○ Lies die Geschwindigkeit des Pkws nach 5, 10 und 15 s ab.

b ◐ Berechne die Beschleunigung *a* des Pkw.

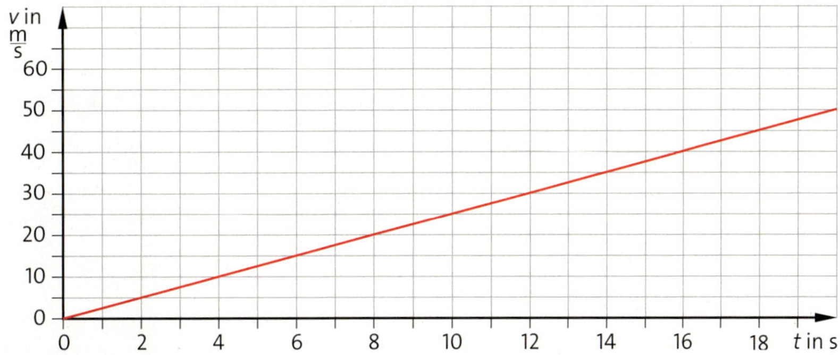

8 Geschwindigkeits-Zeit-Diagramm

Material E

Rechnen mit Beschleunigungen

Du kannst mit der Gleichung $a = \frac{v}{t}$ die Beschleunigung, die Geschwindigkeit und die Zeit berechnen, nicht aber die Strecke. Dafür hilft diese Gleichung: $s = \frac{1}{2} \cdot a \cdot t^2$. → 9

Eine Lok beschleunigt aus dem Stand gleichmäßig mit $0{,}5\,\frac{m}{s^2}$.
A Wie lange dauert es, bis sie $100\,\frac{km}{h}$ erreicht?
B Welchen Weg hat sie dann zurückgelegt?

A $a = \frac{v}{t}$; $v = 100\,\frac{km}{h} = 27{,}8\,\frac{m}{s}$

$0{,}5\,\frac{m}{s^2} = \frac{27{,}8\,\frac{m}{s}}{t} \quad | \cdot t$

$0{,}5\,\frac{m}{s^2} \cdot t = 27{,}8\,\frac{m}{s} \quad | : 0{,}5\,\frac{m}{s^2}$

$t = \frac{27{,}8\,\frac{m}{s}}{0{,}5\,\frac{m}{s^2}} = 55{,}6\,s$

Die Lok benötigt 55,6 s, bis sie $100\,\frac{km}{h}$ erreicht.

B $s = \frac{1}{2} \cdot a \cdot t^2$

$s = \frac{1}{2} \cdot 0{,}5\,\frac{m}{s^2} \cdot (55{,}6\,s)^2 = 773\,m$

Nach 55,6 s hat die Lokomotive einen Weg von 773 m zurückgelegt.

9 Beispielaufgabe

1 Ein startendes Flugzeug erreicht in 35 s eine Geschwindigkeit von $300\,\frac{km}{h}$ und hebt ab.

a ○ Berechne die Beschleunigung. Tipp: Gehe von einer gleichmäßig beschleunigten Bewegung aus.

b ◐ Welche Strecke legt das Flugzeug beim Starten zurück? Berechne sie.

2 Sandra beschleunigt mit ihrem Mofa aus dem Stand über eine Zeit von 4 s gleichmäßig mit $1{,}5\,\frac{m}{s^2}$.

a ○ Berechne Sandras Geschwindigkeit nach 4 s.

b ◐ Berechne den Weg, den sie beim Beschleunigen zurückgelegt hat.

3 ◐ Radprofis beschleunigen mit $2\,\frac{m}{s^2}$ doppelt so stark wie „normale" Radler. Berechne:

a Wie lange brauchen Profis, um $40\,\frac{km}{h}$ zu erreichen?

b Wie lange braucht ein „normaler" Radfahrer dafür?

Schneller werden – langsamer werden

Erweitern und Vertiefen

Sicherheit kommt an

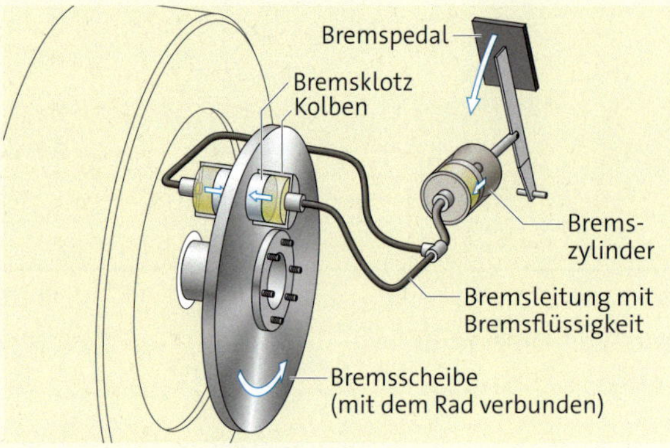

1 Aufbau der Bremsanlage

2 Glühende Bremsscheibe

Gute Bremsen • Beim Bremsen werden Bremsklötze mit großer Kraft gegen rotierende Bremsscheiben gepresst. → 1 So wird die Reibung zwischen beiden möglichst groß. Dabei wird die Bewegungsenergie des Wagens in thermische Energie umgewandelt. Die Bremsscheiben können dadurch mehrere Hundert Grad Celsius heiß werden und zu glühen anfangen. → 2
Die Bremsen haben oft eine größere Leistung als der Motor. Ein Auto beschleunigt z. B. in 8 s von 0 auf 100 $\frac{km}{h}$. Bei einer Notbremsung steht es nach 3,7 s. Die Bewegungsenergie ändert sich beim Bremsen also etwa doppelt so schnell wie beim Beschleunigen – die Leistung der Bremsen ist doppelt so groß wie die des Motors.

Bei langen Talfahrten sollte andauerndes Bremsen vermieden werden. Es besteht die Gefahr, dass die thermische Energie nicht schnell genug von den Bremsscheiben an die Umgebung abgegeben werden kann. Die Bremsscheiben überhitzen, die Bremsflüssigkeit beginnt zu sieden und die Bremse versagt.

Abstand halten • Vor allem bei schlechter Sicht kommt es immer wieder zu Auffahrunfällen. Der Grund dafür ist ein zu geringer Abstand. Sieh dir dazu das Bild unten an: → 3 Auto 1 bremst. Würde Auto 2 gleichzeitig bremsen, bliebe der Abstand zwischen ihnen etwa gleich. Für den Fahrer von Auto 2 beginnt aber erst die

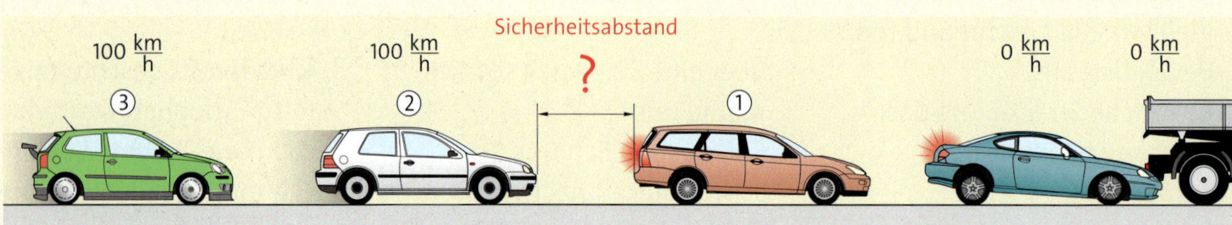

3 Sicherheitsabstand einhalten – Auffahrunfall vermeiden!

Reaktionszeit, wenn er das Bremslicht von Auto 1 wahrnimmt. Während dieser Reaktionszeit fährt sein Wagen mit unverminderter Geschwindigkeit weiter. Bei $100\,\frac{km}{h}$ und einer Reaktionszeit von 1 s („Schrecksekunde“) legt Auto 2 noch 28 m zurück, bevor der Bremsweg beginnt. Hier hätte der Sicherheitsabstand mindestens 28 m betragen müssen. Er wäre dann aber immer noch sehr kurz: Oft sind nämlich die Reaktionszeiten länger. Bei einem Auffahrunfall kommt hinzu, dass sich der Bremsweg des Vordermanns durch den Aufprall verkürzt. Deshalb muss der Sicherheitsabstand wesentlich größer als der Reaktionsweg sein!

ABS • So etwas kommt leider immer wieder vor: Ein Auto schert plötzlich aus der Parklücke aus. → 4 Der von hinten kommende Fahrer bremst mit voller Kraft und versucht auszuweichen. Doch die Reifen greifen nicht optimal, weil die Straße nass ist. Wenn die Räder blockieren, rutschen die Reifen und das Auto lässt sich nicht mehr lenken.
Hier hilft das Antiblockiersystem (kurz: ABS). Die Drehzahl der Räder wird ständig an einen Bordcomputer gemeldet. Sobald ein Rad viel langsamer als die anderen dreht und Blockiergefahr besteht, verringert das ABS von allein ganz kurz die Bremskraft auf dieses Rad. Die Folge ist, dass das Rad weiterhin rollt und voll gelenkt und gebremst werden kann. Bis zu 10-mal pro Sekunde vollzieht sich dieses Wechselspiel. Man spricht von einer „elektronischen Stotterbremse“. Das Auto lässt sich auf diese Weise auch noch beim Bremsen lenken.

Automatische Assistenten • Moderne Notbremssysteme arbeiten in Gefahrensituationen völlig selbstständig. Wenn der Abstand zum vorausfahrenden Auto plötzlich zu klein wird und ein Auffahrunfall droht, bremst das System von allein – viel schneller, als der Fahrer es selbst könnte.
Wenn ein Fußgänger auf die Straße läuft und der Abstand für eine Notbremsung zu kurz ist, dann wird das Auto von einem automatischen Ausweichsystem um den Fußgänger herumgelenkt.

Aufgaben

1 ○ Der Sicherheitsabstand hilft, Unfälle zu vermeiden. Gib dafür eine Begründung.

2 ◐ Beschreibe das „Stotterbremsen“ beim ABS. Was wird dadurch erreicht?

3 ● „ABS macht Autofahren sicherer, aber zu schnelles Fahren wird damit nicht ungefährlicher.“ Nimm Stellung zu dieser Aussage.

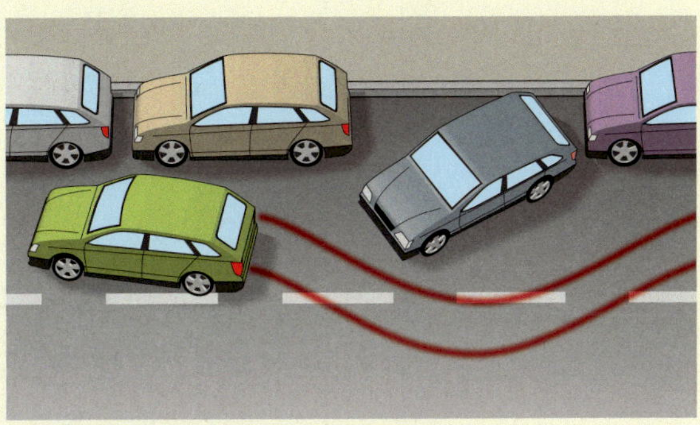

4 Beim Ausweichen hilft das ABS.

Der freie Fall

1 Werden die Fallschirmspringer immer schneller?

Material zur Erarbeitung: A

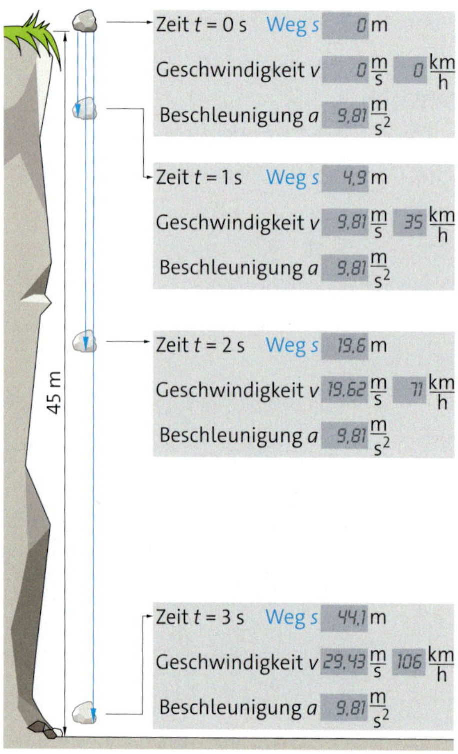

2 Ein Stein fällt.

Wie schnell fallen Körper? Nimmt ihre Geschwindigkeit immer mehr zu?

Fallender Stein • Ein Stein fällt von einem Felsen. → 2 Er wird dabei beschleunigt, seine Geschwindigkeit nimmt also zu.
45 m entsprechen der Höhe eines 15-stöckigen Hauses. Aus dieser Höhe dauert der Fall etwa 3 s. In dieser Zeit nimmt die Geschwindigkeit des Steins von $0\,\frac{km}{h}$ auf rund $100\,\frac{km}{h}$ zu. Die Beschleunigung des fallenden Steins ist etwa so groß wie die eines Formel-1-Autos beim Start. So hängen Zeiten und Wege beim freien Fall zusammen:
Zeit: 1 s → Weg: 4,9 m
Zeit: 2 s → Weg: 19,6 m
Doppelte Zeit → vierfacher Weg.
Zeit: 1 s → Weg: 4,9 m
Zeit: 3 s → Weg: 44,1 m
Dreifache Zeit → neunfacher Weg.
Man spricht vom freien Fall, wenn nur die Gewichtskraft auf den fallenden Körper wirkt. Genau genommen gibt es den freien Fall also nur im luftleeren Raum. Nur wenn die Luftreibung sehr gering ist, kann ein Körper auch in Luft annähernd „frei" fallen.

Erdbeschleunigung • Die Geschwindigkeit des Steins nimmt in jeder Sekunde um den gleichen Wert zu, nämlich um rund $10\,\frac{m}{s}$. → 2

Der freie Fall ist eine gleichmäßig beschleunigte Bewegung.
Die Erdbeschleunigung g beträgt $9{,}81\,\frac{m}{s^2}$. Sie ist überall auf der Erde annähernd gleich groß.

der freie Fall
die Erdbeschleunigung

Maximale Fallgeschwindigkeit • Beim freien Fall aus großer Höhe mit der Beschleunigung von 1 g könnte man riesige Geschwindigkeiten erreichen – wenn es keine Atmosphäre gäbe. Fallschirmspringer werden nicht nur durch die Gewichtskraft der Erde beschleunigt, sondern gleichzeitig durch die Reibung mit den Luftteilchen („Luftwiderstand") gebremst. → 3 Die Springer erreichen deshalb eine maximale Fallgeschwindigkeit. Sie schwankt je nach der Körperhaltung und kann mehr als 200 $\frac{km}{h}$ betragen. Für eine sichere Landung muss der Fallschirmspringer seine Geschwindigkeit verringern. Er öffnet seinen Fallschirm, um den Luftwiderstand zu vergrößern. Bei der Landung beträgt die Geschwindigkeit des Springers dann nur noch ca. 15 $\frac{km}{h}$. Das entspricht einem Sprung aus etwa 1 m Höhe.

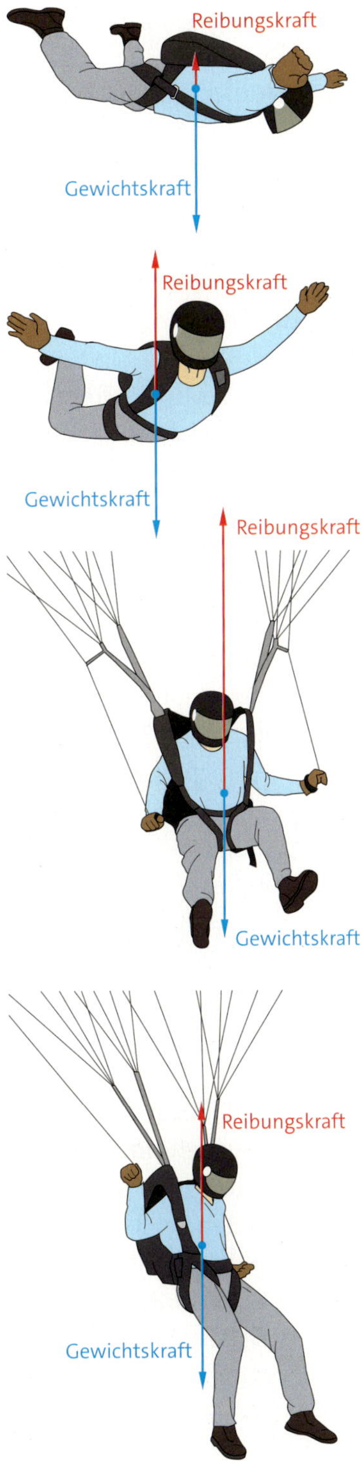

① **Absprung (0 s)**
Der Fallschirmspringer verlässt das Flugzeug. Die Gewichtskraft beschleunigt ihn. Die Reibungskraft (der „Luftwiderstand") wird mit wachsender Fallgeschwindigkeit größer.

② **Nach 10 s; $v = 200\,\frac{km}{h}$**
Die Reibungskraft ist so groß wie die Gewichtskraft. Es besteht ein Kräftegleichgewicht.

③ **Öffnen des Fallschirms**
Wenn der Fallschirmspringer seinen Fallschirm öffnet, wird die Reibungskraft der Luft plötzlich sehr groß. Der Springer wird stark abgebremst.

④ **2 s später; $v < 15\,\frac{km}{h}$**
Jetzt herrscht wieder ein Kräftegleichgewicht zwischen der Reibungskraft der Luft und der Gewichtskraft.

3 Phasen eines Fallschirmsprungs

Aufgaben

1 ○ Erkläre, unter welchen Bedingungen man vom freien Fall spricht.

2 Fallschirmspringen – genauer betrachtet → 3

a ○ Wann ist die Bewegung beschleunigt, verzögert …? Beschreibe die Bewegung des Fallschirmspringers vom Absprung bis zur Landung.

b ◐ Begründe die verschiedenen Geschwindigkeitsänderungen.

c ◐ Stelle die Bewegung des Fallschirmspringers in einem Geschwindigkeits-Zeit-Diagramm dar.

Der freie Fall

Material A

Klack, klack, klack …

Materialliste: 6 Schrauben und Muttern, Schnur, Lineal, Blechgefäß

1 Befestige sechs Schrauben mit Muttern an einer etwa 3 m langen Schnur. Die erste Schraube kommt an den Anfang der Schnur, die anderen dann jeweils mit 40 cm Abstand. → 1

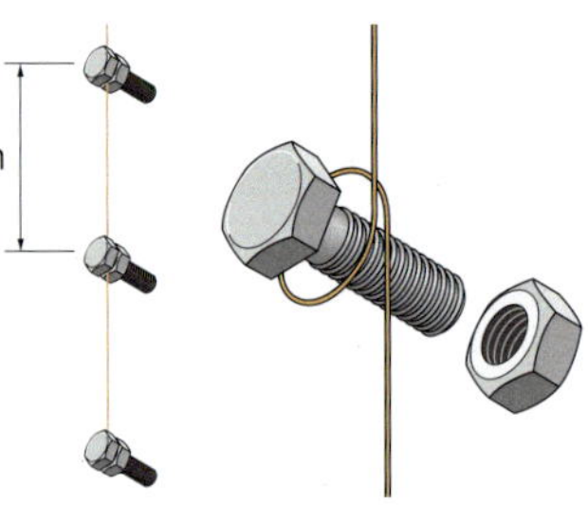

1

a Halte die Schnur hoch und lass sie in ein Blechgefäß fallen.

b Fertige eine zweite Schnur an. Sie soll auch sechs Schrauben tragen, diesmal aber in folgenden Abständen: 10 cm – 30 cm – 50 cm – 70 cm – 90 cm (die erste Schraube wieder ganz am Anfang). Lass auch sie in das Gefäß fallen.

c ○ Wiederhole den Versuch. Höre genau hin und beschreibe deine Beobachtungen.

Material B

Freefalltower

Die Attraktion im Freizeitpark sorgt für Nervenkitzel. In 55 m Höhe werden die Fahrgäste ausgeklinkt und fallen 20 m tief in 2 s. → 2

1 ◐ Bevor die Bremse greift, erreichen die Fahrgäste eine Geschwindigkeit von $20\,\frac{m}{s}$ ($=72\,\frac{km}{h}$). Berechne die Beschleunigung während des freien Falls.

2 ◐ Bis zum Stillstand der Gondel benötigen die Bremsen 3 s.
Berechne die Verzögerung durch die Bremsen.

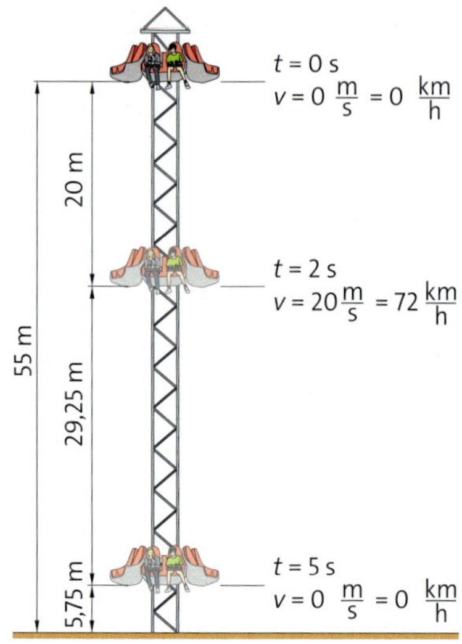

2 Freefalltower

3 ◐ Planmäßig hält die Gondel nach 29,25 m – 5 m über dem Boden.
Vermute einen Grund.

Material C

Fallen alle Körper gleich schnell?

1 Mit diesem Versuch soll herausgefunden werden, ob alle Körper gleich schnell fallen. → 3

a ○ Beschreibe den Versuch.

b ◐ Vermute das Ergebnis.

c ● Begründe deine Vermutung.

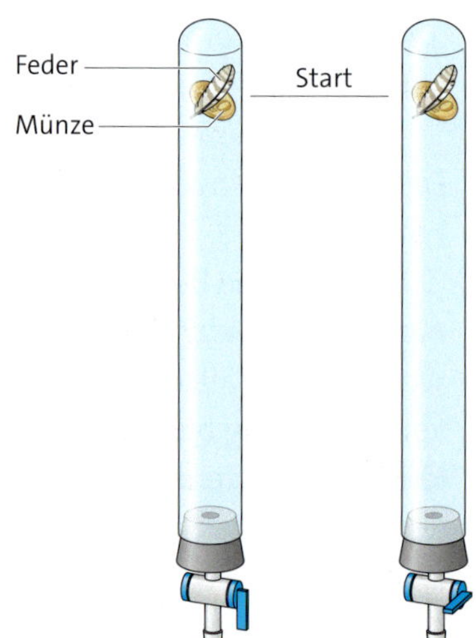

3

Material D

Tennisball im freien Fall

Materialliste: Maßband, Stoppuhr oder Handy, Tennisball

1 Sucht euch einen Platz in einem Obergeschoss, von dem aus ihr gefahrfrei den Tennisball aus dem offenen Fenster oder durch das Treppenhaus fallen lassen könnt.
Achtung • Passt auf, dass niemand von dem Ball getroffen wird!

a Ermittelt mit dem Maßband die Höhe der Abwurfstelle über dem Boden.

b ○ Lasst nun den Ball mehrfach fallen und stoppt die Zeit. Erfasst eure Ergebnisse in einer Tabelle.

c ◐ Berechnet die Geschwindigkeit, die der Ball beim Aufprall auf den Boden hat. Stellt dazu die Gleichung $a = \frac{v}{t}$ um.

Material E

Sprung aus dem Weltraum

1 Lies den Text. → 4

a ○ Der Springer trug einen Schutzanzug für Astronauten. Überlege dir Gründe.

b ● „Der Sprung ohne Fallschirm war kein freier Fall." Nimm Stellung zu dieser Aussage.

2 Baumgartner öffnete seinen Fallschirm nach 4 min, 20 s.

a ◐ Berechne, welche Geschwindigkeit er im freien Fall erreicht hätte.

b ● Erkläre den Unterschied zur Rekordgeschwindigkeit.

3 ◐ Joseph Kittinger hält seit 1960 den Weltrekord für den am längsten dauernden „Freifall".
Informiere dich über seinen Rekordsprung.

Am Mittag des 14. Oktober 2012 erhebt sich in der Wüste von New Mexico (USA) ein mehr als 100 m hoher Ballon. Er ist mit Helium gefüllt. Im Innern der Ballonkapsel wartet der Extremsportler Felix Baumgartner aus Österreich. Nach rund zwei Stunden Aufstieg springt er aus rund 39 km Höhe ab.
Als er am Boden ankommt, hat Baumgartner drei Weltrekorde aufgestellt: höchster bemannter Ballonaufstieg, höchster Absprung, höchste Geschwindigkeit im „Freifall". Mit fast 1358 $\frac{km}{h}$ war er dabei als erster Mensch (ohne Fahrzeug) schneller als der Schall.
Mittlerweile wurde der Rekord für den höchsten Absprung gebrochen. Alan Eustace sprang 2014 sogar aus über 41 km Höhe ab.

4 Sprung aus fast 39 km Höhe

In Bewegung steckt Energie

1 Nervenkitzel auf der Achterbahn

Material zur Erarbeitung: A

Der Wagen startet ganz oben. Nach einem kurzen Moment des Stillstands beginnt die rasante Fahrt.

Energieumwandlung auf der Achterbahn • Am obersten Punkt der Achterbahn (1) hat der Wagen potenzielle Energie (Lageenergie). → 2 Sie hängt von seiner Höhe h und seiner Gewichtskraft F_G ab: $E_{pot} = F_G \cdot h$. Auf dem Weg abwärts (2) wird immer mehr potenzielle Energie in kinetische Energie (E_{kin}; Bewegungsenergie) umgewandelt. Der Wagen wird immer schneller. Am Boden ist die gesamte potenzielle in kinetische Energie umgewandelt. (3) Die Geschwindigkeit des Wagens ist jetzt am größten.

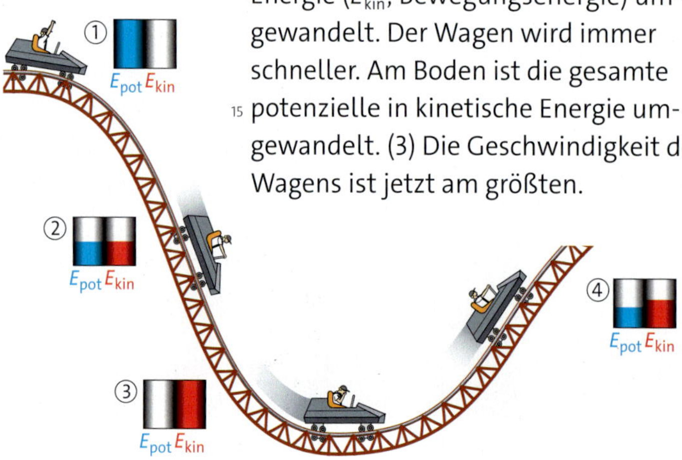

2 Energieumwandlungen auf der Achterbahn

Nach dem tiefsten Punkt der Bahn geht es wieder aufwärts. Der Wagen wird immer langsamer, je höher er kommt (4). Kinetische Energie wird wieder in potenzielle Energie umgewandelt.

In bewegten Gegenständen „steckt" kinetische Energie. Es gilt: $E_{kin} = \frac{1}{2} m \cdot v^2$.

Energie geht nicht verloren • Die Höhe des Ausgangspunkts kann der Wagen nicht mehr erreichen. Durch die Reibung mit Luft und Schienen wird ein Teil der Energie in nicht nutzbare thermische Energie umgewandelt.
Wenn man die maximale kinetische Energie und die nicht nutzbare thermische Energie addiert, erhält man die potenzielle Energie vom Startpunkt der Achterbahn. Es geht also keine Energie verloren. Sie wird nur von einer Form in eine andere umgewandelt.

Energie geht nie verloren. Potenzielle und kinetische Energie wandeln sich ineinander um. Dabei entsteht häufig auch nicht nutzbare thermische Energie.

Aufgabe

1 Fahrt auf der Achterbahn

a ○ Beschreibe die Energieumwandlungen vom Start bis zum tiefsten Punkt.

b ◔ Erkläre, warum der Achterbahnwagen nicht mehr die Ausgangshöhe erreichen kann.

die potenzielle Energie
die kinetische Energie

Material A

Geschwindigkeit und kinetische Energie

Geschwindigkeit	Kinetische Energie (m = 60 kg)
20 $\frac{km}{h}$	0,93 kJ
30 $\frac{km}{h}$	2,08 kJ
40 $\frac{km}{h}$	3,70 kJ
60 $\frac{km}{h}$	8,33 kJ
80 $\frac{km}{h}$	14,82 kJ
100 $\frac{km}{h}$	23,15 kJ
120 $\frac{km}{h}$	33,33 kJ

3 2-fache Geschwindigkeit → ?

1 Wie hängt die kinetische Energie von der Geschwindigkeit ab?

a ○ Überprüfe mithilfe der Tabelle, welcher Zusammenhang stimmt: → 3
- 2-fache Geschwindigkeit → 2-fache Energie, 3-fache Geschwindigkeit → 3-fache Energie
- 2-fache Geschwindigkeit → 4-fache Energie, 3-fache Geschwindigkeit → 9-fache Energie

b ◐ Stelle die Tabellenwerte im Diagramm dar.

2 Ein Crash bei 50 $\frac{km}{h}$ ist wie ein Aufprall aus 10 m Höhe. Ein Crash bei 100 $\frac{km}{h}$ ist wie ein Aufprall aus:
- 20 m Höhe?
- 40 m Höhe?

● Wähle aus und begründe.
Tipp: Die kinetische Energie beim Aufprall ist so groß wie die potenzielle Energie beim „Absprung".

Material B

Rechnen mit kinetischer Energie

1 Die „Queen Mary 2" ist eines der größten Passagierschiffe. → 4 Sie wiegt 79 300 t und ist bis zu 56 $\frac{km}{h}$ schnell. Das größte Passagierflugzeug der Welt hat eine Startmasse von etwa 560 t. In der Höhe von 11 km fliegt das Flugzeug mit 940 $\frac{km}{h}$.

a ○ Berechne, wer mehr kinetische Energie gespeichert hat: die „Queen Mary 2" oder das Passagierflugzeug?

b ◐ Hat das Flugzeug in Reiseflughöhe mehr kinetische Energie oder mehr potenzielle Energie? Berechne es.

2 Ein Elektroauto wiegt mit Fahrer 2200 kg.

a ○ Berechne die kinetische Energie bei 100 $\frac{km}{h}$ (200 $\frac{km}{h}$).

b ◐ Der Wagen erreicht nach 3,6 s 100 $\frac{km}{h}$ und nach 16,2 s 200 $\frac{km}{h}$. Er braucht also von 100 bis 200 $\frac{km}{h}$ viel länger als von 0 auf 100 $\frac{km}{h}$.
Erkläre die unterschiedlichen Werte.

4 Queen Mary 2

3 Der Wagen einer Achterbahn wiegt mit Fahrgästen 1,5 t ($F_g \approx$ 15 000 N). Er wird zu Beginn der Fahrt auf eine Höhe von 27 m gezogen.

a ○ Berechne die potenzielle Energie des Wagens.

b ● Berechne, welche Geschwindigkeit maximal erreicht werden kann.
Tipp 1: Nimm für deine Berechnung an, dass am tiefsten Punkt die potenzielle Energie vollständig in kinetische Energie umgewandelt wurde.
Tipp 2: $1\,J = 1\,Nm = 1\frac{kg \cdot m^2}{s^2}$

Beschleunigte Bewegungen*

Zusammenfassung

Schneller werden – langsamer werden • Viele Bewegungen sind nicht gleichförmig. Wenn die Geschwindigkeit zunimmt, sprechen wir von einer beschleunigten Bewegung. Bei einer verzögerten Bewegung nimmt die Geschwindigkeit ab.

Beschleunigung • Die Beschleunigung *a* gibt an, wie schnell sich die Geschwindigkeit ändert. Bei verzögerten Bewegungen ist die Beschleunigung negativ.

$$\text{Beschleunigung} = \frac{\text{Geschwindigkeit}}{\text{Zeit}}; \; a = \frac{v}{t}$$

Geschwindigkeits-Zeit-Diagramm • Man kann gleichmäßig beschleunigte und gleichmäßig verzögerte Bewegungen in einem Geschwindigkeits-Zeit-Diagramm als Geraden darstellen. → 1

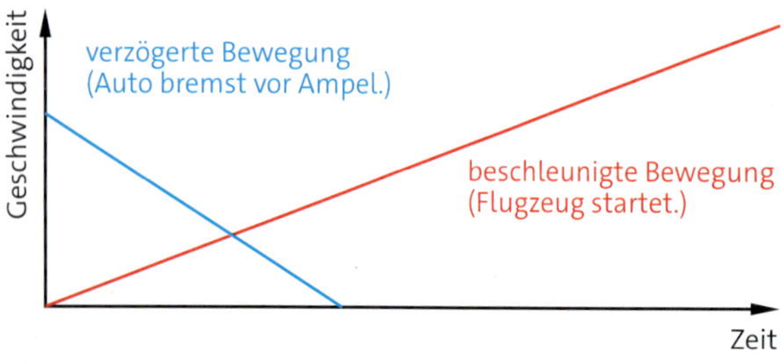

1 Die Gerade der beschleunigten Bewegung steigt nach rechts an, die Gerade der verzögerten Bewegung fällt nach rechts ab.

Der freie Fall • Ein fallender Körper wird von der Gewichtskraft der Erde beschleunigt. Die Erdbeschleunigung *g* beträgt $9{,}81\,\frac{\text{m}}{\text{s}^2}$. → 2
Man spricht vom freien Fall, wenn nur die Gewichtskraft der Erde auf den Körper wirkt. Der freie Fall ist eine gleichmäßig beschleunigte Bewegung.

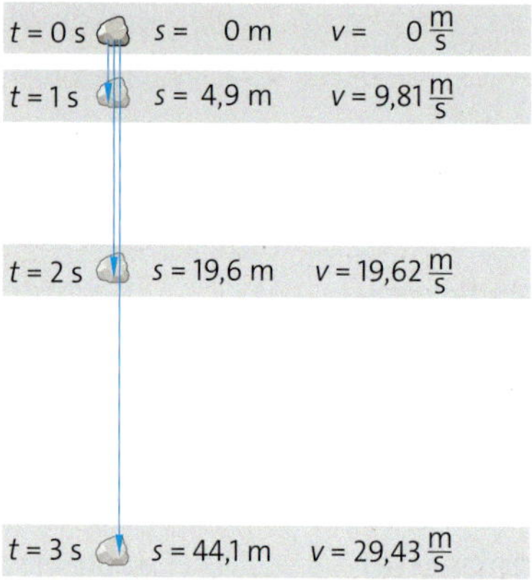

2 Erdbeschleunigung $9{,}81\,\frac{\text{m}}{\text{s}^2}$

Reibungskräfte bremsen • Beim Fall durch Luft wird ein Körper nicht nur durch die Gewichtskraft der Erde beschleunigt, sondern gleichzeitig durch die Reibung mit den Luftteilchen („Luftwiderstand") gebremst. Fallschirmspringer erreichen deshalb eine maximale Fallgeschwindigkeit.

In Bewegung steckt Energie • Der Wagen hat am Start potenzielle Energie. → 3 Sie hängt von seiner Höhe *h* und seiner Gewichtskraft F_G ab: $E_{pot} = F_G \cdot h$. Auf dem Weg abwärts wird immer mehr potenzielle Energie in kinetische Energie E_{kin} umgewandelt. Es gilt: $E_{kin} = \frac{1}{2} m \cdot v^2$. Potenzielle und kinetische Energie wandeln sich immer wieder ineinander um. Dabei entsteht häufig auch nicht nutzbare thermische Energie.

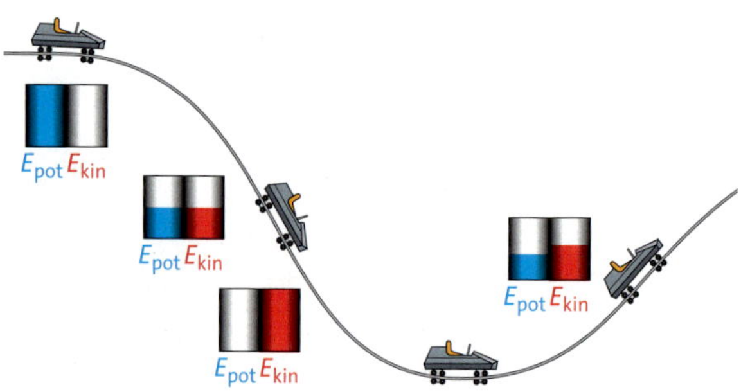

3 Energieumwandlungen auf der Achterbahn

Teste dich! (Lösungen auf Seite 444)

Schneller werden – langsamer werden

1 Bewegungen auf der Straße:
- Ein Lkw fährt mit $80\,\frac{\text{km}}{\text{h}}$ auf der Autobahn. Er wird weder schneller noch langsamer.
- Ein Mofa beschleunigt, als die Ampel Grün anzeigt. Nach 10 s fährt es mit $20\,\frac{\text{km}}{\text{h}}$.
- Ein Pkw bremst scharf. Er braucht 5 s, um von $80\,\frac{\text{km}}{\text{h}}$ zum Stillstand zu kommen.

a ◐ Zeichne jeweils das *v*-*t*-Diagramm.
b ○ Berechne die Beschleunigung des Mofas.

2 Ein Rennwagen fährt während einer Rennrunde unterschiedlich schnell. → 4

a ○ Lies aus dem Diagramm ab:
- In welchen Bereichen wurde beschleunigt, in welchen verzögert?
- Wo war die Geschwindigkeit konstant?

b ◐ Zu welcher Rennstrecke passt die Kurve? → 5 Begründe deine Antwort.

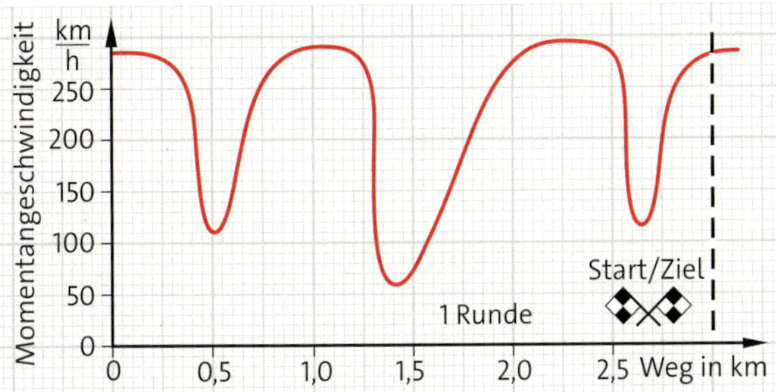

4 Eine Runde des Rennwagens

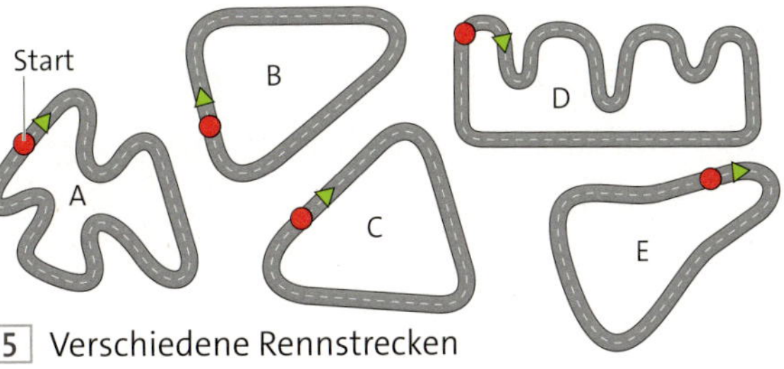

5 Verschiedene Rennstrecken

6 7 Fallschirmspringer in Aktion

Der freie Fall

3 Die Bilder zeigen Fallschirmspringer. → 6 7

a ○ Ordne den Bewegungen der Springer die folgenden Begriffe zu: gleichförmig, ungleichförmig, beschleunigt, verzögert.
b ◐ Begründe deine Antwort.

In Bewegung steckt Energie

4 ◐ Begründe die Sparregel für Autofahrer: „Wer ausgeglichen fährt und auf überflüssiges Beschleunigen verzichtet, spart viel Benzin."

5 ● Mannis Lastwagen wiegt 38 t. Wie viel Dieselöl muss verbrannt werden, damit er eine Geschwindigkeit von $80\,\frac{\text{km}}{\text{h}}$ erreicht? Berechne es. Hinweis: Der Motor stellt beim Verbrennen von 1 Liter Dieselöl eine Energie von 7,2 MJ zum Beschleunigen bereit.

6 ● Bei einem Verkehrsunfall wird eine Bremsspur von 12 m gemessen. Eine Sachverständige ermittelt eine Bremskraft von 6,8 kN. Berechne, ob der Pkw ($m = 1200$ kg) schneller als $50\,\frac{\text{km}}{\text{h}}$ fuhr. Tipp: Berechne zunächst, wie viel Energie zum Bremsen erforderlich war.

Heizung, Klima, Wetter

Die Farben zeigen Temperaturen an, von Blau (kalt) bis Rot (warm). Wie kann man beim Heizen Energie sparen?

Unter der Folie gedeihen die Pflanzen besonders gut. Welche Gründe könnte es dafür geben?

Im Wind „steckt“ viel Energie. Wir nutzen sie für viele Zwecke. Wie entsteht Wind?

Ein warmes Haus – ohne Heizung

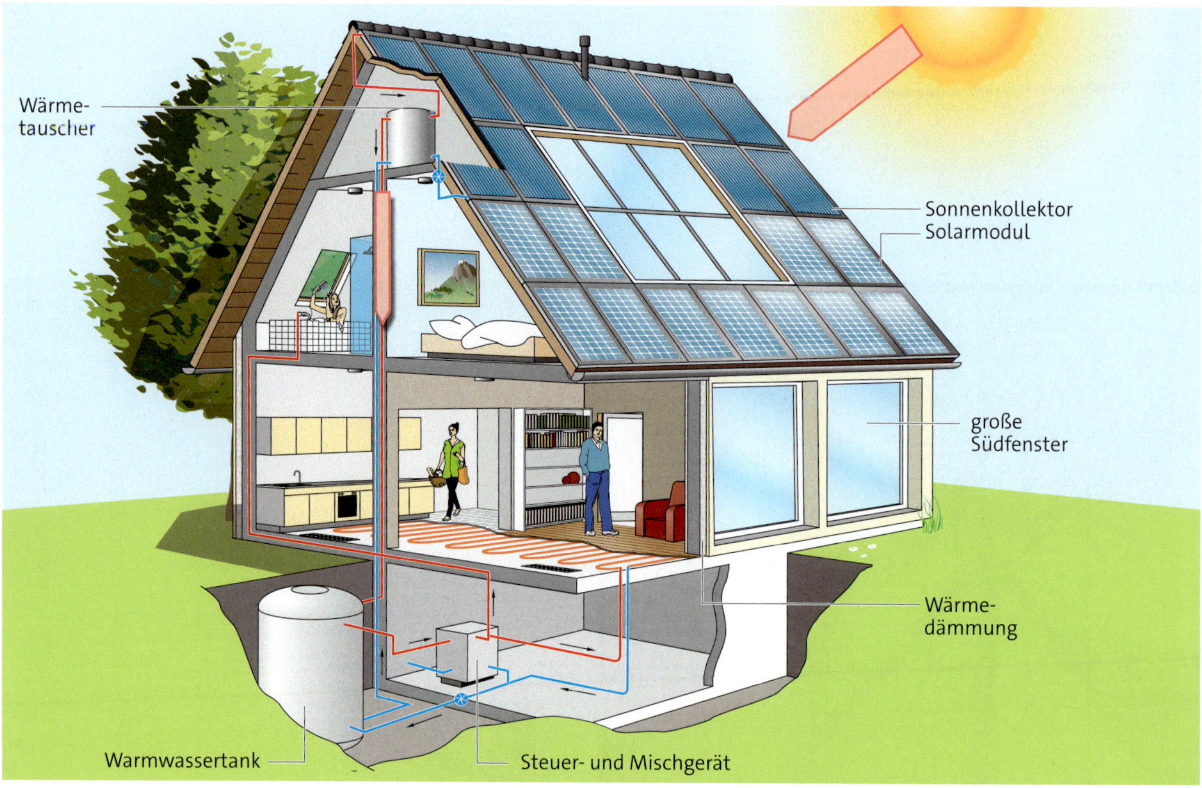

1 Ein Passivhaus

Dieses Haus wird praktisch nur von der Sonne beheizt. Trotzdem müssen seine Bewohner auch im strengsten Winter nicht frieren.

Passivhaus • Durch große Südfenster fällt viel Strahlung von der Sonne ins Haus ein. → 1 Auch die Sonnenkollektoren auf dem Dach absorbieren Strahlung. Die dabei aufgenommene Energie heizt das Wasser im großen Tank auf. Das Haus ist besonders gut wärmegedämmt. Die nach außen strömende warme Luft erwärmt die ins Haus strömende kühlere Luft. Auch die Abwärme der elektrischen Geräte und der Bewohner heizt das Haus.

Energiefluss im Haus • Die Strahlung der Sonne dringt durch die Fenster des Hauses und erwärmt Wände, Luft und Gegenstände in den Räumen.

In den Sonnenkollektoren auf dem Dach wird durch die Strahlung der Sonne eine Flüssigkeit erwärmt. Die erwärmte Flüssigkeit strömt in den Wärmetauscher und gibt dort die thermische Energie an das Wasser des Warmwassertanks ab. Die aufgenommene Energie wird so im Tank gespeichert.

Wenn die gespeicherte Energie wieder benötigt wird, strömt warmes Wasser aus dem Tank in die Heizkörper und zu den Wasserhähnen.

die spezifische Wärmekapazität

Die Wände und Fenster geben besonders im Winter Energie nach außen ab. Um den Energieverlust zu mindern, sind die Außenwände des Passivhauses besonders gut wärmegedämmt. Je weniger Energie aus dem Haus fließt, umso weniger Energie benötigt das Haus, um angenehme Temperaturen im Inneren zu erhalten. In einem Passivhaus reichen dazu die aufgenommene Strahlung der Sonne und die im Warmwassertank gespeicherte Energie aus.

Wasser als Energiespeicher • Der Warmwassertank im Passivhaus wirkt wie eine Thermosflasche. Falls das Wasser doch einmal zu sehr abkühlt, gibt es einen „Tauchsieder" als Notheizung. Bei der Planung des Warmwassertanks muss berechnet werden, wie viel Energie gespeichert werden soll.

Mit Wasser kann man umso mehr thermische Energie speichern:
- je größer seine Masse ist und
- je mehr seine Temperatur steigt.

Beim Erwärmen von 1 kg Wasser um 1 °C nimmt seine thermische Energie um 4,19 kJ zu. → 2

Thermische Energie berechnen* • Bei anderen Wassermassen m und Temperaturerhöhungen ΔT kann man die Zunahme der thermischen Energie ΔE_{therm} so berechnen: → 3

$\Delta E_{therm} = c \cdot m \cdot \Delta T$.
Dabei ist c die spezifische Wärmekapazität von Wasser:
$c = 4{,}19 \frac{kJ}{kg \cdot °C}$.

3 kg Wasser werden um 4 °C erwärmt. Berechne die Zunahme der thermischen Energie des Wassers.

Masse	Temperaturzunahme	Energiezunahme
1 kg	1 °C	4,19 kJ
·3 → 3 kg		12,6 kJ ·3

Masse	Temperaturzunahme	Energiezunahme
3 kg	1 °C	12,6 kJ
	·4 → 4 °C	50,4 kJ ·4

Die thermische Energie des Wassers nimmt um 50,4 kJ zu.

2 Beispielaufgabe

3 kg Wasser werden um 4 °C erwärmt. Berechne die Zunahme der thermischen Energie des Wassers.

$\Delta E_{therm} = c \cdot m \cdot \Delta T$; $\Delta E_{therm} = 4{,}19 \frac{kJ}{kg \cdot °C} \cdot 3\,kg \cdot 4\,°C = 50{,}4\,kJ$

3 Beispielaufgabe

Aufgaben

1 ○ Beschreibe, was man unter einem Passivhaus versteht.

2 ◐ Erkläre, wie das Wasser im Warmwassertank erwärmt wird. → 1

3 ◐ Beschreibe, wie Energie ins Innere des Passivhauses gelangt, gespeichert wird und wieder genutzt werden kann.

4 ◐ Berechne die Zunahme der thermischen Energie des Wassers:
a 1 kg Wasser wird um 80 °C erwärmt.
b* 80 kg Wasser werden um 50 °C erwärmt.

Ein warmes Haus – ohne Heizung

Material A

Energie von der Sonne bestimmen

Materialliste: 2 leere Coladosen (1 geschwärzt, 1 normal), 2 Thermometer, Waage

1 ▢ Wiegt die leeren Dosen. Füllt in beide Dosen gleich viel Wasser. Wiegt dann die vollen Dosen. Berechnet jeweils die Masse des Wassers.

2 ▢ Messt die Temperatur in beiden Dosen. Stellt dann beide Dosen in die Sonne. Messt nach 5 (10, 15) Minuten erneut die Temperatur.

3 ◐ Berechnet aus der Masse des Wassers und dem Anstieg der Temperatur, wie viel Energie jeweils aufgenommen wurde.

4 ◐ Vergleicht euren Versuch mit dem Aufbau eines Solarkollektors. → 1

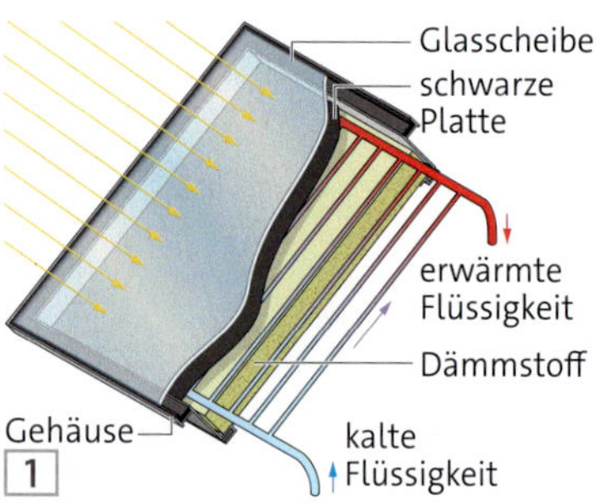

1

Material B

Wärmerückgewinnung im Passivhaus

1 ▢ Beschreibe, wie das Lüftungssystem in diesem Passivhaus funktioniert. → 2

2 ◐ „Das kontrollierte Lüftungssystem spart Heizenergie und Geld." Erkläre diese Aussage. → 2

3 ◐ In einem Passivhaus darf nicht „normal" gelüftet werden. Erkläre es. → 2

Mit warmer Luft entweicht Energie aus einem Haus. In einem Passivhaus dichtet man deshalb Türen und Fenster sehr gut ab und verwendet ein kontrolliertes Lüftungssystem. Es entzieht der warmen verbrauchten Luft Energie und nutzt sie zur Erwärmung der kalten frischen Luft. Man kann so bis zu 80 % der Energie sparen, die in einem „normalen" Haus zum Heizen der frischen Luft aufgebracht werden muss. Ein normales Lüften über gekippte Fenster ist beim Passivhaus nicht ratsam. Dadurch würde sich der Energiebedarf vervielfachen.

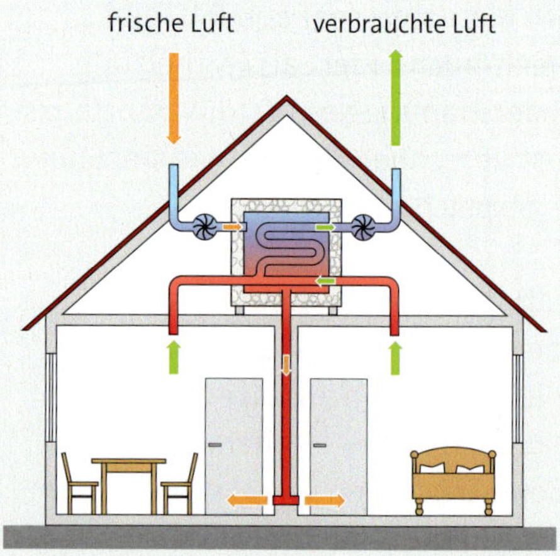

2 Lüften im Passivhaus

Material C*

Erwärmen von Wasser

1 ◐ Übertrage die Tabelle in dein Heft und berechne die fehlenden Werte. → 3

ΔE_{therm}	m	ΔT
419 kJ	10 kg	?
?	1,7 kg	80 °C
20,95 kJ	?	10 °C

3 Energie in warmem Wasser

Material D

Wassertank zum Heizen

1 ▢ Das Wasser im Tank wird im Sommer aufgeheizt und heizt im Winter das Haus. → 4 Beschreibe den Energiefluss im Sommer und im Winter.

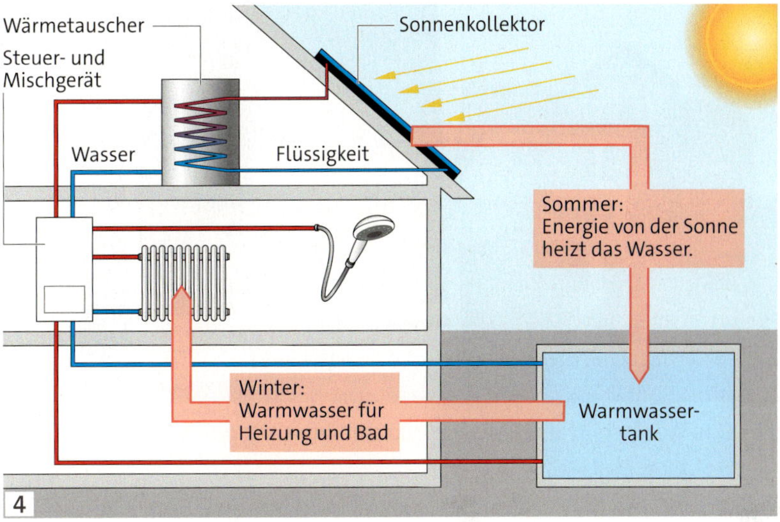

4

2 Familie Mustermann überlegt, ob ein Tank mit 40 m^3 Wasser zum Heizen für ihr geplantes Passivhaus ausreicht.
◪ Hilf ihnen mit einer Berechnung. Gehe dabei von diesen Angaben aus:
- Die Familie Mustermann benötigt jährlich eine Energie von 10 000 000 kJ zum Heizen.
- Das Wasser im Tank wird bis September um 80 °C erwärmt. Es kühlt bis Mai wieder um 80 °C ab.
- 1 m^3 Wasser hat eine Masse von 1000 kg.

Material E

Energiezufuhr in Diagrammen

1 In beiden Diagrammen geht es um das Erwärmen von Wasser. → 5 6
Diagramm 5 zeigt den Zusammenhang zwischen der zugeführten thermischen Energie und der Temperaturzunahme von Wasser. Diagramm 6 stellt dar, wie die zugeführte thermische Energie von der Masse des Wassers abhängt.

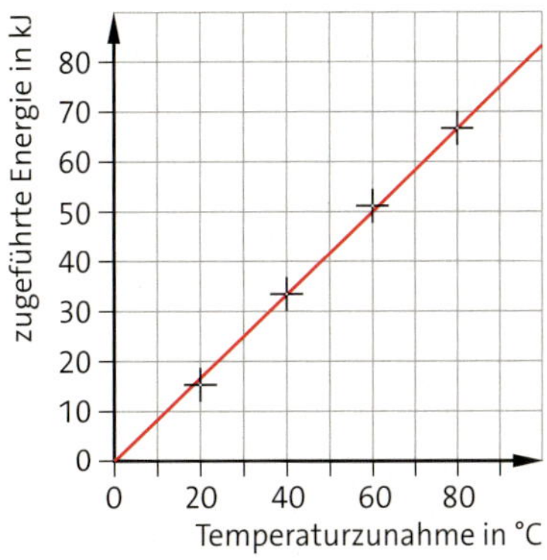

5 Erwärmen von 0,2 kg Wasser

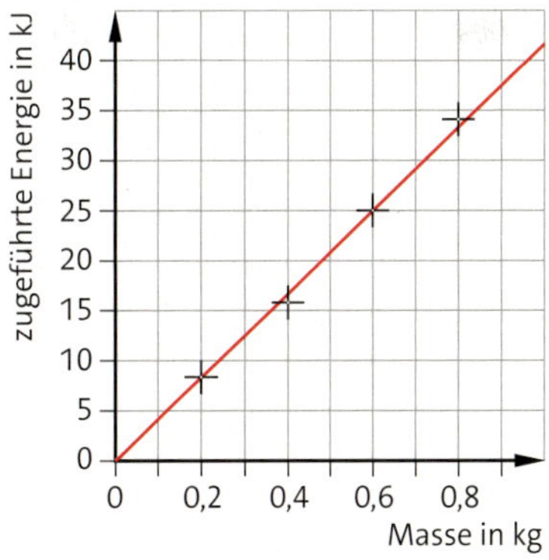

6 Erwärmen um 10 °C

a ◪ Formuliere zu jedem Diagramm einen Je-desto-Satz.

b* ● Berechne die spezifische Wärmekapazität *c* von Wasser mithilfe der Diagramme.

Wärmedämmung spart Energie

1 Das Wärmebild zeigt, wo die Wärmedämmung gut ist.

Materialien zur Erarbeitung: A–B

Das ganze Haus wird beheizt. Eine Hälfte ist außen aber viel kühler als die andere. Sie gibt weniger Energie ab. Wie wird das erreicht?

Wärmedämmung und Energie • Unsere Häuser sollen eine gute Wärmedämmung haben. Das spart beim Heizen viel Energie und Geld.
Bei einem schlecht gedämmten Haus fließt im Winter ständig viel thermische Energie nach außen. → 2 Die Heizung muss andauernd genauso viel thermische Energie nachliefern, damit die Temperatur im Haus gleich bleibt. Dann befindet sich das Haus im thermischen Gleichgewicht.
Bei einem gut gedämmten Haus fließt bei gleicher Innentemperatur viel weniger Energie nach außen. → 3 Die Heizung muss entsprechend weniger Energie nachliefern.

Beim Heizen strömt im thermischen Gleichgewicht genauso viel thermische Energie pro Sekunde in das Haus hinein wie heraus. Die Temperatur im Haus bleibt konstant. Gute Wärmedämmung verringert bei gleicher Innentemperatur den Energiestrom von innen nach außen.

Der U-Wert* • Wie viel thermische Energie pro Sekunde durch eine Hauswand (oder ein Fenster) nach außen fließt, hängt von mehreren Bedingungen ab:
- Je größer die Wand ist, desto mehr Energie fließt pro Sekunde durch sie hindurch. → 4

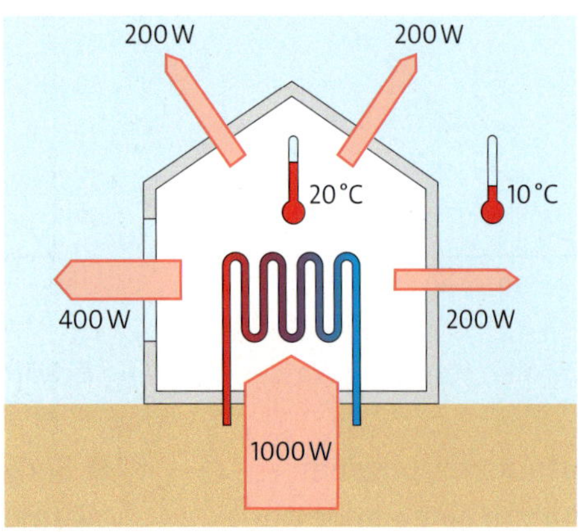

2 Schlechte Wärmedämmung

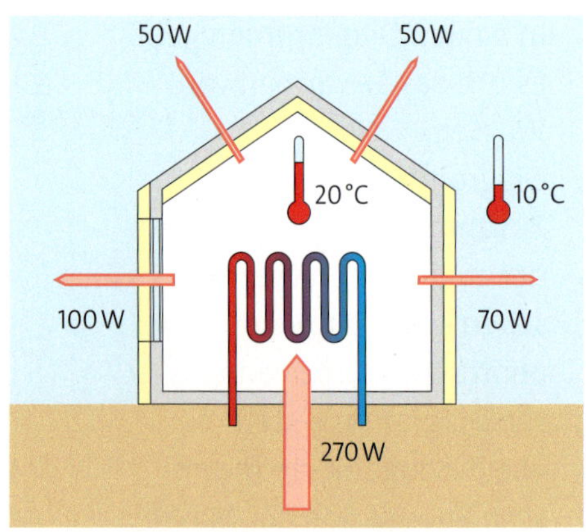

3 Gute Wärmedämmung

das thermische Gleichgewicht
der U-Wert

- Je mehr sich die Temperaturen innen und außen unterscheiden, desto größer ist der Energiestrom durch die Wand hindurch. → 5
- Der Energiestrom hängt sehr stark vom Material der Wand ab. → 6

Eine 36,5 cm dicke Wand aus Mauerziegeln hat einen U-Wert von $0{,}8\,\frac{W}{m^2 \cdot °C}$. Das bedeutet: Pro m^2 Wand und pro °C Temperaturunterschied beträgt der Energiestrom 0,8 W.
Der U-Wert einer 30 cm dicken Wand aus Hohlblocksteinen beträgt nur $0{,}34\,\frac{W}{m^2 \cdot °C}$. Sie hat einen geringeren Energieverlust als die Wand aus Mauerziegeln. → 7

Je kleiner der U-Wert einer Wand oder eines Fensters ist, desto besser ist die Wärmedämmung.

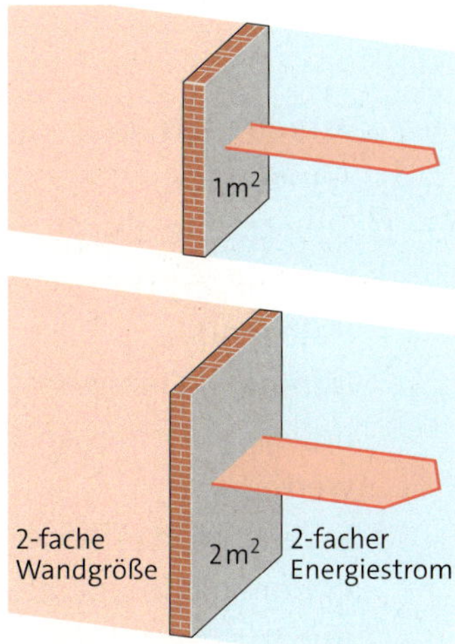

4 Einfluss der Wandgröße

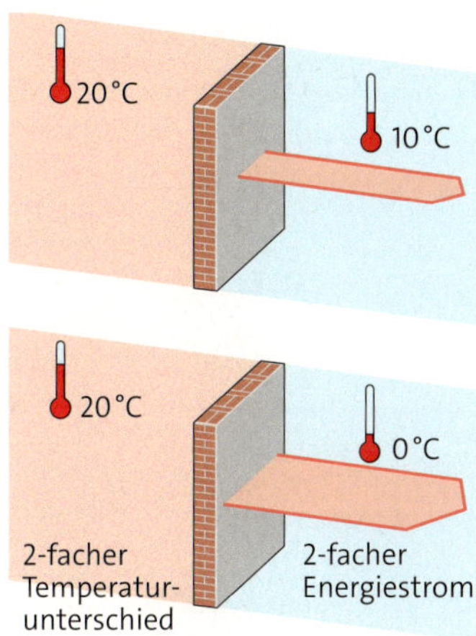

5 Einfluss der Temperatur

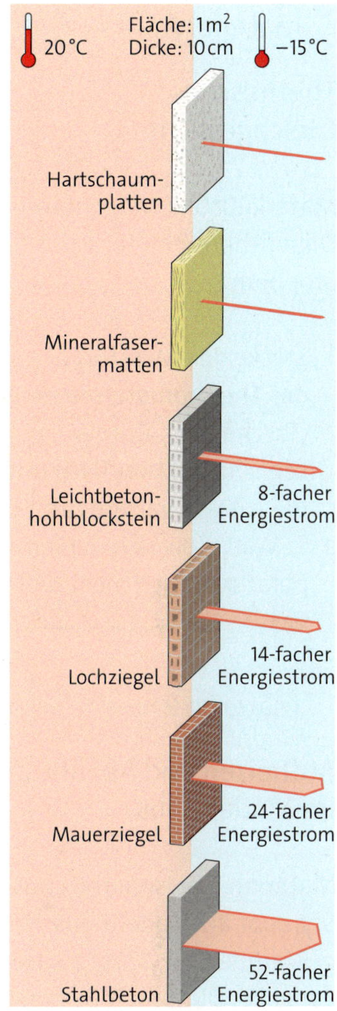

6 Einfluss des Materials

Aufgaben

1 ○ Beschreibe und vergleiche die Energieströme bei einem Haus mit schlechter und mit guter Wärmedämmung. → 2 3

2 ◐ Setze den Satz fort: Ein Haus ist im thermischen Gleichgewicht, wenn ◇?

3 ◐ „Gute Dämmung spart Energie und Geld." Erkläre diese Aussage.

4* ◐ Nenne zwei Materialien, die sich besonders gut als Dämmstoff eignen. → 6 Begründe deine Auswahl.

Bauteil	**Dicke in cm**	**U-Wert in $\frac{W}{m^2 \cdot °C}$**
Außenwand		
• Mauerziegel	36,5	0,8
• Hohlblocksteine aus Bimsstein	30	0,34
• Holzrahmenbau mit Steinwolle	12	0,2
Fenster		
• Holzfenster, 1-fach verglast	0,4	5,9
• Kunststofffenster, 2-fach isolierverglast	2,4	1,1
• Kunststofffenster, 3-fach isolierverglast	3,4	0,6

7 Material und Energiestrom

Wärmedämmung spart Energie

Material A

Thermisches Gleichgewicht

Materialliste: Halogenlampe, Digitalthermometer, Alufolie, Stoppuhr

1 Stecke den Messfühler des Thermometers in eine „Tasche" aus Alufolie. → 1 Lege ihn auf den Tisch unter die ausgeschaltete Lampe.

a ○ Warte, bis sich die Temperaturanzeige nicht mehr verändert. Notiere dann die Temperatur.

b ○ Bestrahle die „Tasche" aus Alufolie nun mit der Halogenlampe. Miss jede Minute die Temperatur und notiere auch diese Messwerte.

c ◐ Zeichne in einem Diagramm die Temperatur in Abhängigkeit von der Zeit auf.

d ◐ Beschreibe und erkläre die Messkurve.

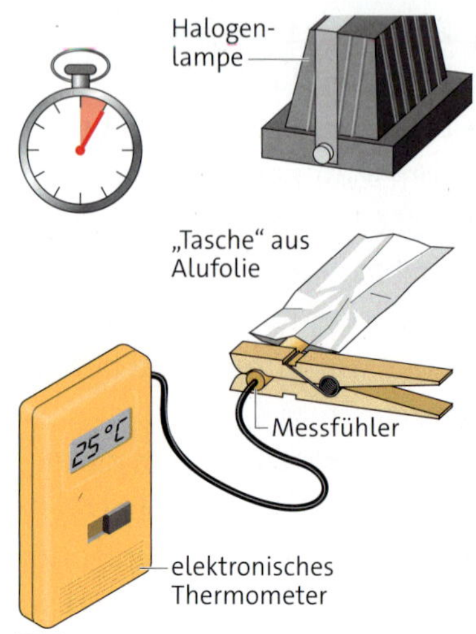

1

Material B

Aufheizen und Abkühlen im Modellhaus

Materialliste: Isolierbox aus Styropor als Modellhaus, Halogenlampe (12 V; 10 W) als Heizung, Ventilator mit Batterie, elektronisches Thermometer mit Temperaturfühler, Netzgerät (12 V), Stoppuhr, Kabel, Klebstoff

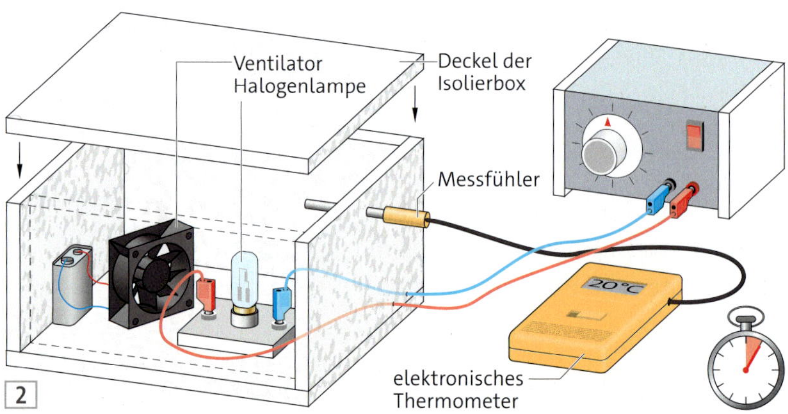

2

1 Stecke die Kabel und den Messfühler durch kleine Löcher in eine Seite der Box. → 2 Dichte die Löcher sorgfältig ab.

a ○ Schalte den Ventilator ein und verschließe die Box mit dem Deckel. Wenn sich die Temperatur im Modellhaus nicht mehr ändert, notiere den Wert.

b ○ Schalte die Lampe ein. Miss jede Minute die Temperatur, bis sie nicht mehr weiter steigt. Notiere die Messwerte in einer Tabelle.

c ○ Schalte die Lampe wieder aus und miss die Temperatur weiter jede Minute.

d ◐ Zeichne ein Diagramm für das Aufheizen und eines für das Abkühlen.

e ◐ Beschreibe und vergleiche die beiden Messkurven.

Material C*

Fließgleichgewicht

Ein Modellversuch verdeutlicht, wie Energie im Haus fließt: → 3
Aus dem Wasserhahn tropft Wasser in eine Bürette (Heizung). Der untere Hahn der Bürette ist leicht geöffnet. Aus ihm tropft Wasser in ein Becken (Energieverlust durch die Wände und Fenster).
Wenn man den Wasserhahn weiter aufdreht, steigt der Wasserstand in der Bürette langsam an (Temperatur steigt im Haus). Je höher das Wasser in der Bürette steht, desto mehr Wasser tropft unten in das Becken.
Im Gleichgewichtszustand tropft oben genauso viel Wasser in die Bürette wie unten heraus. Der Wasserstand steigt nicht weiter an (die Innentemperatur ist konstant).

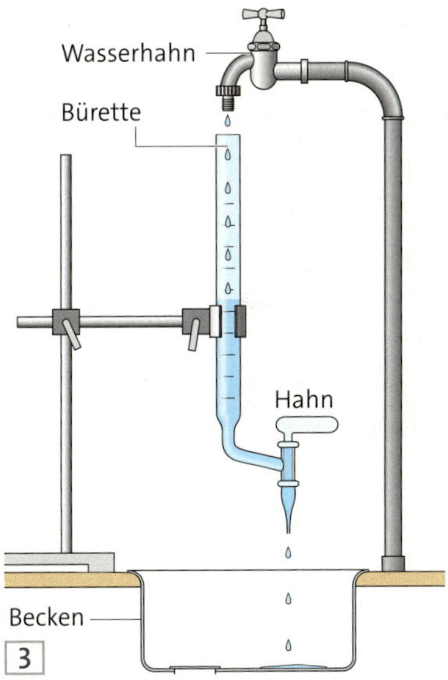

3

Versuch	Beheiztes Haus
?	Haus
zufließendes Wasser	?
abfließendes Wasser	?
?	Temperatur

4 Gleichgewichte im Vergleich

1 ○ Beschreibe den Modellversuch in eigenen Worten.

2 ○ Vergleiche den Versuch mit einem beheizten Haus. → 4

3 ◐ Im Gleichgewicht steigt der Wasserstand (die Temperatur) nicht weiter an. Erkläre, warum.

4 „Stelle nicht zu hohe Raumtemperaturen ein: In allen Wohnräumen reichen 20 °C, im Schlafzimmer genügen schon 16 °C. Senkt man die Raumtemperatur nur um 1 °C, verringern sich die Heizkosten um 8 %!"
◐ Erkläre diesen Energiespartipp. Verwende dabei den Begriff thermisches Gleichgewicht.

Material D*

Rechnen mit U-Werten

1 Ein älteres Schulgebäude hat an der Nordseite eine 40 m lange und 3 m hohe Außenwand ohne Fenster. Sie ist 36,5 cm dick und besteht aus Mauerziegeln.

a ◐ An einem Wintertag sind es draußen –10 °C. Das Gebäude ist auf 21 °C geheizt. Berechne den Energiestrom durch die Nordwand.
Tipp: Tabelle 7 auf Seite 337

b ◐ Gib der Schule Energiespartipps.

c ● Stelle eine Gleichung für die Berechnung des Energiestroms auf.

2 Bei 35 °C Temperaturunterschied beträgt der Energiestrom durch 1 m^2 einer 10 cm dicken Wand:
- 735 W, wenn das Material Stahlbeton ist
- 14 W, wenn das Material Hartschaum ist

◐ Berechne die U-Werte der beiden Wände.

3 Ein Fenster mit 2-facher Isolierverglasung hat einen U-Wert von $1{,}1 \frac{W}{m^2 \cdot °C}$, bei 3-facher Isolierverglasung sind es nur $0{,}6 \frac{W}{m^2 \cdot °C}$.
◐ Vergleiche den Energieverlust durch beide Fenster.

Fenster erwärmen das Haus zusätzlich

1 Energie auffangen – auch durch große Fenster an der Südseite

Materialien zur Erarbeitung: A–B

Die großen Südfenster bewirken, dass es im Haus wärmer ist als ohne Fenster. Wie ist das möglich?

Strahlung von der Sonne • Im Innern der Sonne herrschen Temperaturen von 15 000 000 °C. Auf der Oberfläche sind es immerhin noch etwa 5600 °C. Jede Sekunde strahlt die Sonne ungeheure Mengen Energie ab. → 2 Körper mit einer hohen Temperatur wie die Sonne senden vor allem sichtbare Strahlung (Licht) aus. Das Licht durchdringt den Weltraum und versorgt die Erde mit Energie. Aber auch „kältere" Körper geben Strahlung ab. Wenn ein Körper eine Temperatur von unter 600 °C hat, können wir seine Strahlung nicht sehen. Wir sprechen dann von unsichtbarer Infrarotstrahlung. Man spürt die Strahlung eine Herdplatte deutlich, wenn man in der Nähe steht. Die Haut absorbiert die Infrarotstrahlung und wird erwärmt.

Alle Körper strahlen. Ein heißes Bügeleisen, deine Hand und sogar Eiswürfel senden Infrarotstrahlung aus. Als Licht nehmen wir die Strahlung von Körpern wahr, deren Temperatur über 600 °C liegt.

Glasplatten • Eine Glasplatte lässt Licht nahezu ungehindert durch. → 3 Dagegen nimmt sie die Infrarotstrahlung einer warmen Kochplatte fast vollständig auf. → 4 Dadurch steigt die Temperatur der Glasplatte.

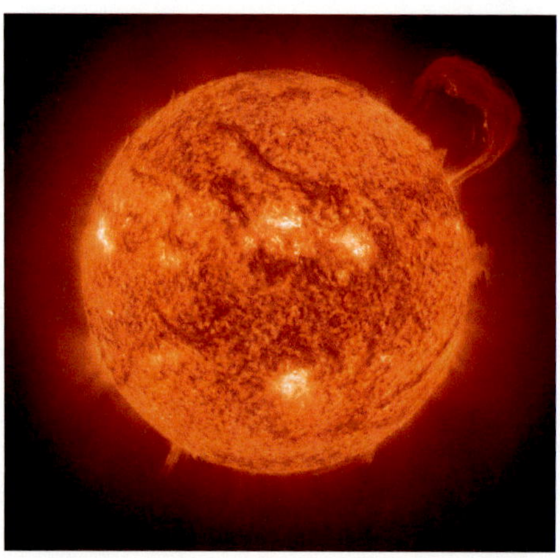

2 Strahlungsquelle Sonne

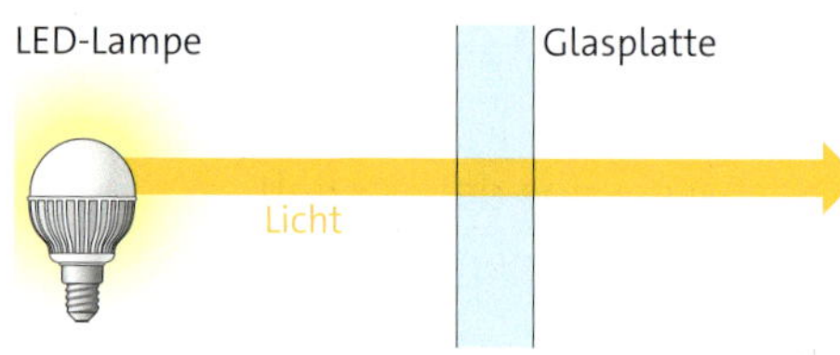

3 Glas lässt Licht durch.

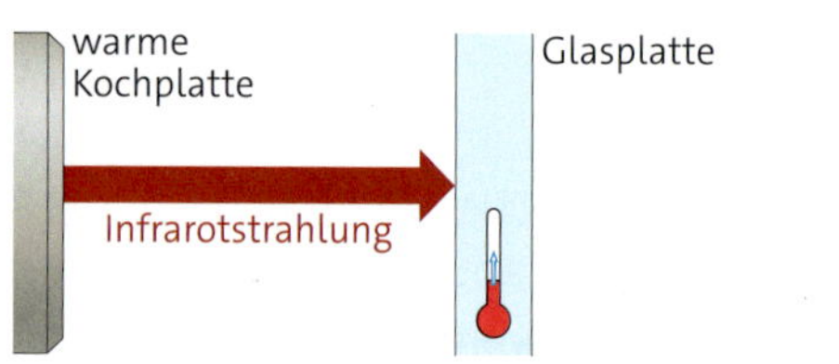

4 Glas absorbiert Infrarotstrahlung.

die Infrarotstrahlung
der Treibhauseffekt

Glasplatten lassen Licht fast ungehindert durch. Sie absorbieren Infrarotstrahlung nahezu vollständig.

Treibhauseffekt • Ein Fenster im Sonnenlicht sorgt für eine zusätzliche Erwärmung des Zimmers:
- Die Glasscheibe lässt das Sonnenlicht fast ungehindert ins Zimmer durch.
- Die Innenwand absorbiert einen großen Teil des durchgelassenen Sonnenlichts. Ihre Temperatur steigt dadurch. Sie gibt nun verstärkt Infrarotstrahlung ab.
- Die Glasscheibe absorbiert die Infrarotstrahlung der Wand. Ihre Temperatur steigt dadurch. Sie gibt nun verstärkt Infrarotstrahlung ab – zurück zur Wand und nach draußen.
- Im thermischen Gleichgewicht wird die Wand durch einen doppelt so großen Energiestrom wie ohne Fenster aufgeheizt. → 5 Und es wird genauso viel Energie nach außen zurückgestrahlt, wie von der Sonne einfällt.

Ein Fenster nach Süden bewirkt, dass das Zimmer sowohl von der Infrarotstrahlung der Wand als auch von der Infrarotstrahlung der erwärmten Glasscheibe erwärmt wird.

Diese Art der Erwärmung wird beispielsweise bei Treibhäusern genutzt. → 6 Daher kommt der Name Treibhauseffekt.

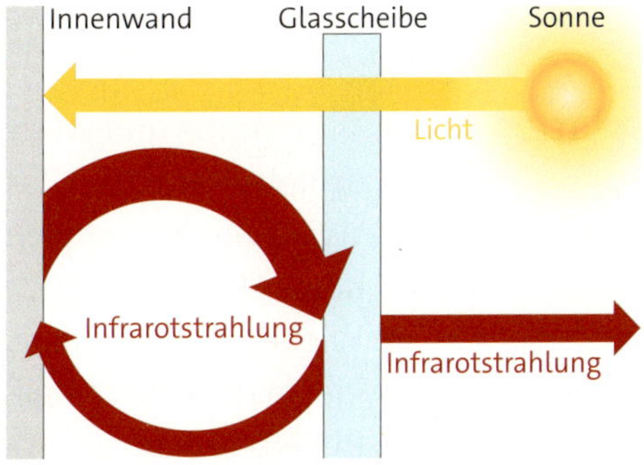

5 Doppelte Erwärmung der Wand im thermischen Gleichgewicht

6 Treibhaus an einer Mauer

Aufgaben

1 ○ „Glas lässt jede Art von Strahlung durch." Nimm Stellung zu dieser Behauptung.

2 ◐ Wenn du eine Hand nahe an die Wange hältst, spürst du eine Erwärmung. Erkläre die Beobachtung.

3 ◐ Nach Süden gerichtete Fenster sorgen am Tag für höhere Temperaturen im Zimmer. Erkläre diese Beobachtung anhand einer Skizze.

Fenster erwärmen das Haus zusätzlich

Material A

Strahlung und Glasplatte

Materialliste: leuchtende Glühlampe (60 W), heißes Bügeleisen, Glasplatte

1 ◐ Beschreibe und vergleiche deine Beobachtungen.
a Halte deine Hand etwa 15 cm neben die leuchtende Glühlampe und warte 10 s. Schiebe dann die Glasplatte zwischen die Lampe und deine Hand. → 1
b Wiederhole den Versuch – diesmal mit dem heißen Bügeleisen anstelle der leuchtenden Glühlampe. Stelle das Bügeleisen dazu aufrecht hin.

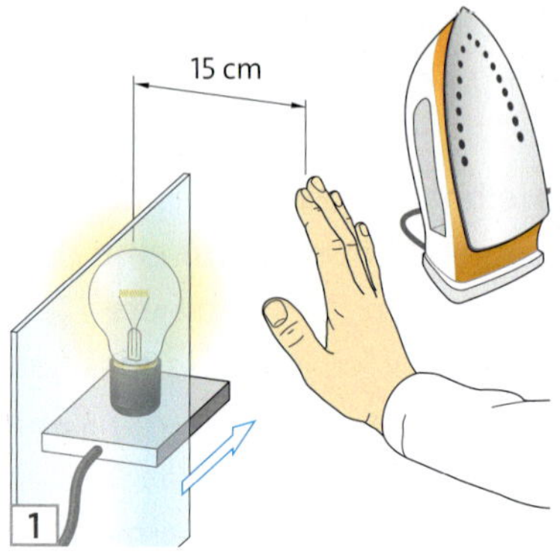

1

Material B

Treibhauseffekt

Materialliste: Isolierbox aus Styropor, schwarze Pappe, Platte aus Acrylglas, elektronisches Thermometer mit Temperaturfühler, Baustrahler (500 W), Stativ, Stativklemme; zusätzlich für Versuch 2: zweite Acrylglasplatte, 4 Korkwürfel (1 cm dick), breites Klebeband

1 Welchen Einfluss hat die Glasplatte auf die Temperatur im Modellhaus? → 2
a ○ Miss jeweils die Temperatur, wenn sie sich nicht mehr ändert:
- Scheinwerfer ausgeschaltet, ohne Glasplatte
- Scheinwerfer eingeschaltet, ohne Glasplatte
- Scheinwerfer eingeschaltet, mit Glasplatte

b ○ Halte gleich nach der letzten Messung erst die eine Seite der Glasplatte nahe an deine Wange, dann die andere. Beschreibe deine Beobachtung.
c ◐ Erkläre die Temperaturunterschiede.

2 ● Wiederhole den Versuch mit einer 2-fach-Verglasung. → 3 Vergleiche mit den Temperaturen bei der einzelnen Glasplatte. Erkläre die Unterschiede.

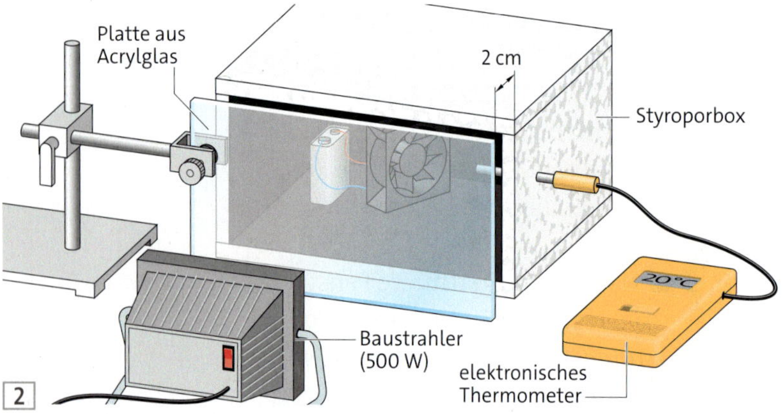

2

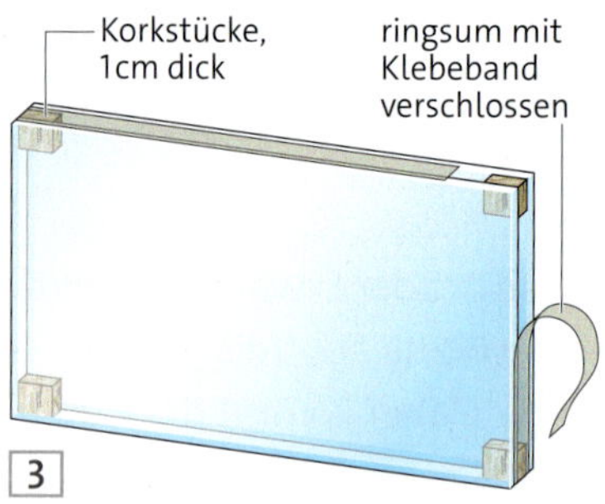

3

Material C*

Energiesparende Fenster

1 Erkläre, warum man durch den Einbau neuer Fenster Energie und Heizkosten sparen kann.

2 Für welches Fenster würdest du dich entscheiden? → 4 5 Begründe deine Entscheidung.

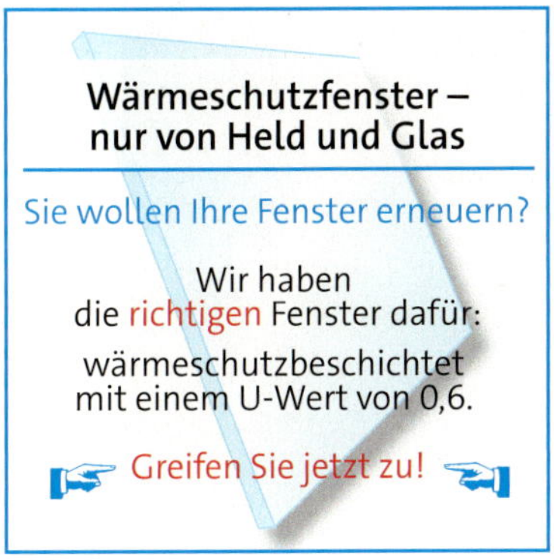

4

5

3 Beschreibe, wie Wärmeschutzfenster aufgebaut sind. → 6 Erkläre, weshalb bei ihnen der Energiestrom vom beheizten Zimmer in die kalte Umgebung viel geringer ist als bei einem 1-fach verglasten Fenster.

Bei 1-fach verglasten Fenstern ist der Energiestrom aus dem beheizten Raum in die kalte Umgebung recht groß. Sie geben Energie durch Strahlung ab und die außen vorbeiströmende kalte Luft nimmt viel thermische Energie mit (Konvektion).
Bei 2-fach verglasten Fenstern ist der Energiestrom schon deutlich kleiner. Sie haben einen gasgefüllten Zwischenraum. Das Gas ist ein sehr schlechter Wärmeleiter. Der Zwischenraum ist so schmal, dass es in ihm nicht zur Konvektion kommt. Dadurch wird der Wärmetransport nach außen stark reduziert.
Um die Wärmeleitung im gasgefüllten Zwischenraum weiter zu verringern, könnte man den Zwischenraum verbreitern. Ab einer bestimmten Breite würde aber Konvektion im Zwischenraum einsetzen. Um das zu verhindern, baut man eine dritte Scheibe in die Mitte und erhält ein 3-fach verglastes Fenster.
Wärmeschutzfenster haben eine hauchdünne unsichtbare Metallschicht z.B. auf der Rückseite der innersten Glasscheibe. Sie reflektiert Infrarotstrahlung wieder zurück ins Zimmer und sorgt dadurch für eine zusätzliche Erwärmung.

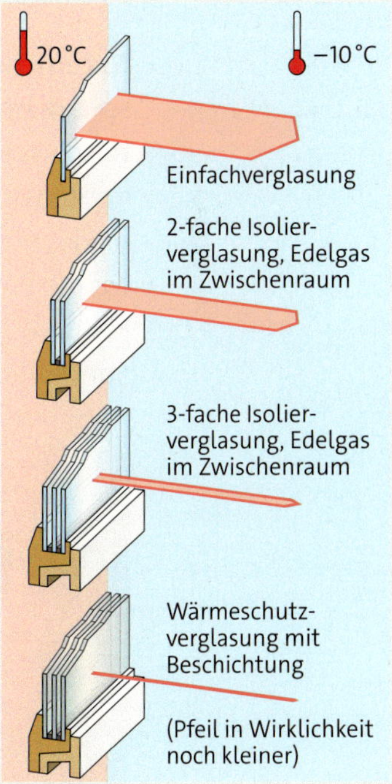

6 Vom 1-fach verglasten Fenster zum Wärmeschutzfenster

Der Treibhauseffekt der Atmosphäre

1 Der Mond über der Atmosphäre der Erde

Mond und Erde sind etwa gleich weit von der Sonne entfernt. Auf dem Mond liegt die Durchschnittstemperatur nur bei –55 °C, auf der Erde bei 15 °C. Eine wesentliche Ursache für den Unterschied ist die Atmosphäre der Erde.

Natürlicher Treibhauseffekt • Die Atmosphäre der Erde besteht aus einem Gemisch von Gasen: Stickstoff, Sauerstoff, Kohlenstoffdioxid, Wasserdampf, Stickoxide, Methan ... Die Atmosphäre wirkt für die Erde wie ein Südfenster für ein Haus. → 2 Zum einen lässt sie viel Sonnenlicht durch. Zum anderen absorbiert die Atmosphäre einen großen Teil der Infrarotstrahlung von der Erde und wird dadurch erwärmt. Die Erdoberfläche wird durch das Sonnenlicht und die Infrarotstrahlung der Atmosphäre erwärmt. Ohne diesen natürlichen Treibhauseffekt läge die Durchschnittstemperatur auf der Erde bei –19 °C, mit ihm sind es 15 °C.
Für den natürlichen Treibhauseffekt sind hauptsächlich die sogenannten Treibhausgase Kohlenstoffdioxid (CO_2), Methan (CH_4), Wasserdampf und Lachgas (N_2O) verantwortlich.

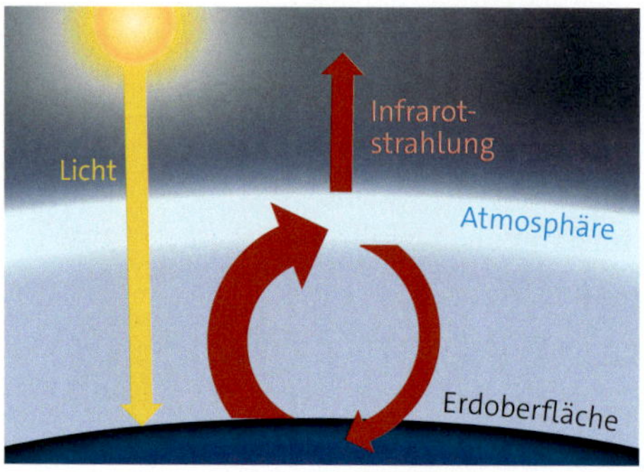

2 Treibhauseffekt der Erde (vereinfacht)

Die Erde wird durch den natürlichen Treibhauseffekt der Atmosphäre stärker erwärmt als durch das Sonnenlicht allein.

Verstärkter Treibhauseffekt • Die Menschheit verbrennt gewaltige Mengen an Kohle, Öl, Gas und Holz – um Kraftwerke zu betreiben, Autos anzutreiben, Wälder zu roden und vieles mehr. Bei jeder Verbrennung entsteht Kohlenstoffdioxid. Wenn es in die Atmosphäre gelangt, verstärkt es den natürlichen Treibhauseffekt. → 3
Man spricht deshalb vom anthropogenen Treibhauseffekt (griech. anthropos: der Mensch).
Das Treibhausgas Methan entsteht beim Anbau von Reis, bei der Massentierhaltung und in Sümpfen. Außerdem wird es bei der Gewinnung von Kohle, Gas und Öl freigesetzt.
Lachgas entsteht unter anderem bei übermäßigem Einsatz von Stickstoffdünger in der Landwirtschaft.

der natürliche Treibhauseffekt
die Treibhausgase
der anthropogene Treibhauseffekt

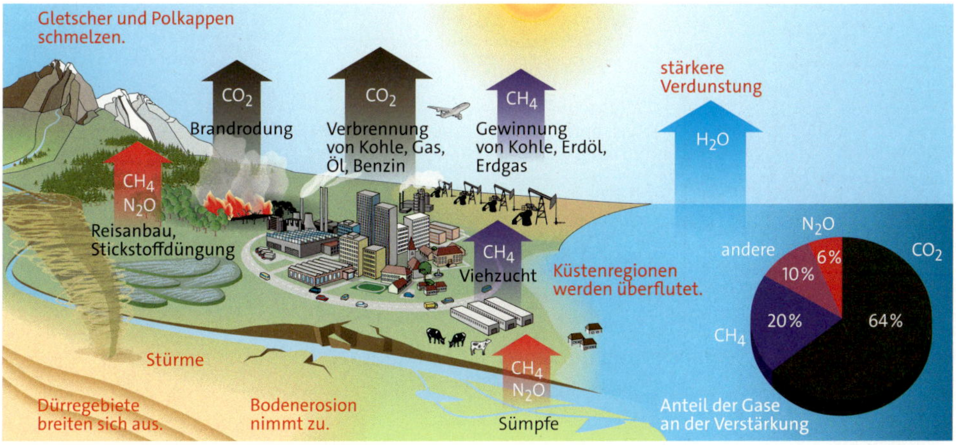

3 Verstärkung des Treibhauseffekts – Ursachen und Folgen

Die Menschheit verstärkt zurzeit den natürlichen Treibhauseffekt. Heutige Berechnungen sagen einen Anstieg der Durchschnittstemperatur auf der Erde zwischen 0,3 °C und 5,5 °C bis zum Jahr 2100 voraus.

Auswirkungen des verstärkten Treibhauseffekts • Die Erwärmung der Erde durch den verstärkten Treibhauseffekt kann dramatische Folgen haben: Dürren, Waldbrände und Überschwemmungen nehmen zu, Gletscher schmelzen, der Meeresspiegel steigt an, Inseln verschwinden im Meer, Klimazonen verschieben sich.
Es ist sehr schwierig, verlässliche Vorhersagen für einzelne Gebiete zu treffen. Wenn zum Beispiel die riesigen Gletscher auf Grönland abschmelzen würden, würde sehr viel kaltes Süßwasser in den Nordatlantik fließen. Dadurch könnte der warme Golfstrom zum Erliegen kommen. Eine Eiszeit mit anwachsenden Gletschern wäre die Folge. Wird es in Europa also langfristig wärmer oder kälter? Für eine zuverlässige Antwort weiß man noch zu wenig über die Meeresströmungen.

Das Klima auf der Erde kann sich durch den verstärkten Treibhauseffekt verändern. Die Folgen für einzelne Gebiete der Erde lassen sich noch nicht sicher voraussagen. Sie können aber dramatisch sein.

Aufgaben

1 ○ Nenne die Durchschnittstemperatur auf der Erde, wenn es keine Atmosphäre gäbe.

2 ◑ Beschreibe, wie der natürliche Treibhauseffekt zustande kommt.

3 ◑ Beschreibe, was man unter dem anthropogenen Treibhauseffekt versteht. Nenne Ursachen und mögliche Folgen.

Der Treibhauseffekt der Atmosphäre

Material A

Temperaturanstieg und Treibhausgase

1 ◯ Beschreibe die Entwicklung der Kurve von 1880 bis heute. → 1

2 ◔ Vergleiche die Kurven miteinander. → 1 2
Beschreibe, was dir auffällt.

3 ◔ Schlage Maßnahmen gegen die weitere Zunahme von CO_2 in der Atmosphäre vor.

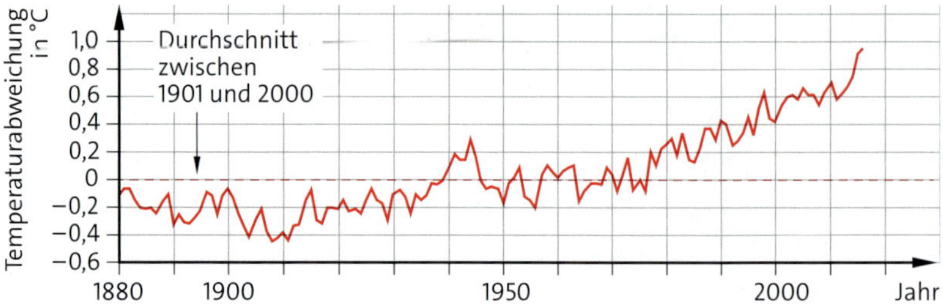

1 Veränderung der Durchschnittstemperatur auf der Erde

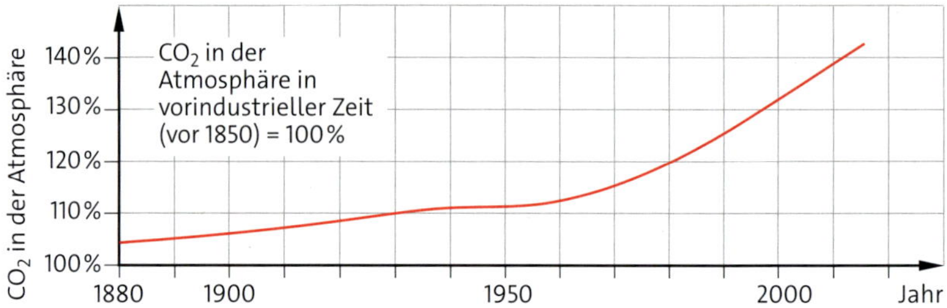

2 Zunahme von CO_2 in der Atmosphäre

Material B

Ende des Permafrosts

1 ◯ Erkläre den Begriff Permafrostboden. → 3 Gib die Ursache für das Auftauen an.

2 ◔ Erkläre, warum die aufgetauten Böden Kohlenstoffdioxid und Methan abgeben.

3 ◔ „Methan ist für die Atmosphäre besonders problematisch." Erkläre die Aussage.

4 ◔ Beschreibe, wie sich die Erwärmung der Permafrostböden selbst verstärkt.

Die globale Erwärmung kann sich in manchen Gebieten der Erde sehr stark auswirken. Ein Beispiel sind die ausgedehnten Permafrostböden in weiten Teilen Sibiriens, Nordamerikas und Tibets. Diese Böden waren bis vor Kurzem permanent (ständig) gefroren. Sie enthalten riesige Mengen abgestorbener Pflanzen. Wenn die Permafrostböden auftauen, zersetzen Mikroorganismen dieses kohlenstoffreiche Material. Dabei entstehen Kohlenstoffdioxid und Methan, die in die Atmosphäre entweichen. Methan absorbiert Infrarotstrahlung noch viel stärker als Kohlenstoffdioxid. Der Treibhauseffekt wird zusätzlich verstärkt, sodass die Temperatur noch stärker ansteigt. Die Permafrostböden tauen dann schneller auf und es entweichen immer mehr Treibhausgase in immer kürzerer Zeit. Die Erwärmung verstärkt sich also selbst. Wenn dieser Prozess einsetzt, kann er kaum noch rückgängig gemacht werden.

3 Das Auftauen der Permafrostböden und seine Folgen

Material C*

Wie wird sich das Klima entwickeln?

1 Forscher versuchen, die Veränderungen des Klimas vorherzusagen. Sie „füttern" die leistungsstärksten Computer der Welt mit verschiedenen Klimamodellen. → 4

a ▢ Die Voraussagen für den Anstieg der Temperatur bis zum Jahr 2100 unterscheiden sich deutlich. Lies den geringsten und den größten Wert ab.

b ▢ Nenne die Annahmen, unter denen diese Werte eintreten.

2 ◔ Zuverlässige Vorhersagen sind wichtig für politische Entscheidungen. Erläutere dies an einem Beispiel. → 5

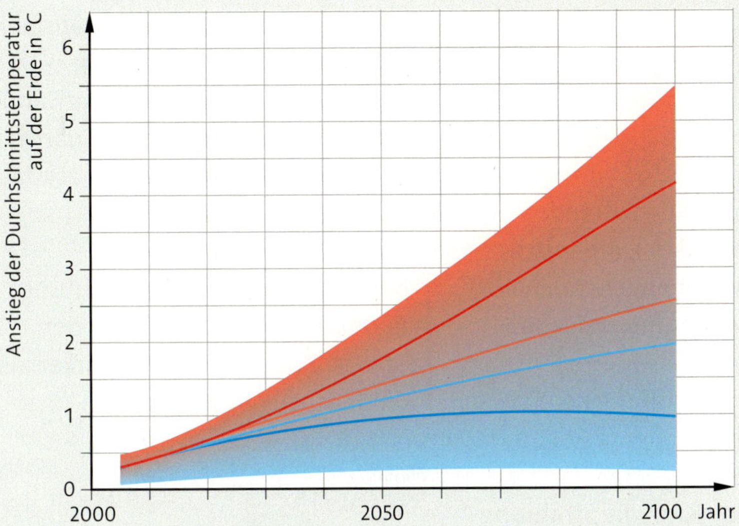

Einige Modellannahmen

- (rot) Die wirtschaftlichen Bedingungen auf der Welt sind sehr unterschiedlich. Die Bevölkerung nimmt stark zu. Die Wirtschaft wächst langsam. Die technische Entwicklung ist langsam.
- (orange) Die Weltwirtschaft wächst sehr rasch. Das Maximum der Bevölkerung wird gegen 2050 erreicht. Rascher Fortschritt sparsamer Technologien auf Basis von Erdöl, Kohle, Erdgas und von erneuerbaren Energien
- (hellblau) Die wirtschaftlichen Bedingungen auf der Welt gleichen sich an. Das Maximum der Weltbevölkerung wird gegen 2050 erreicht. Schnellere Veränderungen hin zur Dienstleistungs- und Informationsgesellschaft.
- (dunkelblau) Die Atmosphäre bleibt wie im Jahr 2000.

4 Vorhersagen und Annahmen zur Temperatur auf der Erde

Es ist sehr teuer, den Ausstoß an CO_2 bei allen Kraftwerken und Autos deutlich zu senken. Daher möchten die Betreiber von Kraftwerken und die Hersteller von Autos die Kosten für die technischen Entwicklungen auf viele Jahrzehnte verteilen.
Nach einigen Voraussagen haben wir aber nicht mehr so viel Zeit: Große Küstengebiete werden vorher von steigenden Meeren überflutet, Millionen Menschen müssen fliehen. Wenn diese Vorhersagen richtig sind, sollte der CO_2-Ausstoß schon in wenigen Jahren deutlich sinken. Politiker können durch rechtzeitige Gesetze mit geeigneten Vorschriften dafür sorgen.

5 Früher oder später?

Boden, Wasser und Luft werden erwärmt

1 Heißer Sand

Die Sonne scheint auf den Strand. Das Wasser ist schön kühl, die Luft warm und der Sand unangenehm heiß. Woher kommen diese Unterschiede?

Eindringtiefe • Die Strahlung der Sonne dringt unterschiedlich tief in Boden, Wasser und Luft ein:

- In Sand oder Erde kann die Strahlung nur wenige Zentimeter eindringen. Eine dünne Schicht an der Oberfläche absorbiert die Strahlungsenergie und erwärmt sich stark. → 2 Die erwärmte Schicht gibt die thermische Energie an die Luft darüber und die Erdschichten darunter weiter – allerdings nur langsam.
- In Wasser dringt die Strahlung mehrere Meter tief ein. Die Strahlungsenergie wird von einer dicken Schicht absorbiert, die sich weniger erwärmt. → 3 Gewässer erwärmen sich deshalb viel langsamer als der Boden.
- Luft wird fast ungehindert von der Strahlung durchdrungen. → 4

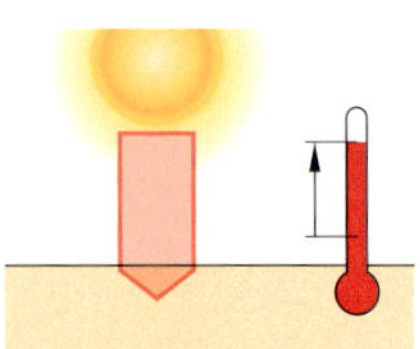

2 Sand

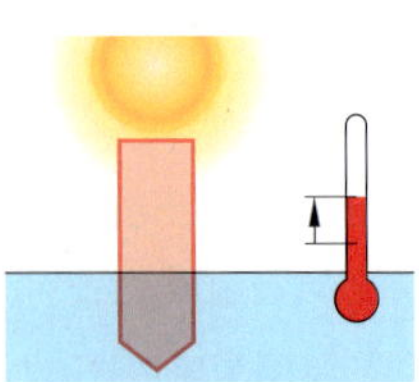

3 Wasser

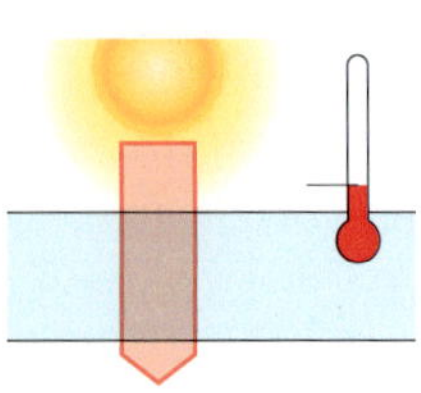

4 Luft

Speicherfähigkeit • Auch dünne Schichten von Wasser und Sand erwärmen sich unterschiedlich stark. Dies liegt daran, dass die Stoffe Wasser und Sand thermische Energie unterschiedlich gut speichern können. Die spezifischen Wärmekapazitäten der Stoffe Wasser und Sand unterscheiden sich deutlich:

- Um 1 kg Wasser um 1 °C zu erwärmen, braucht man 4,19 kJ Energie. → 5
- Um 1 kg Sand um 1 °C zu erwärmen, sind nur 0,84 kJ Energie nötig. → 5

Wenn man 1 kg Wasser und 1 kg Sand gleich viel Energie zuführt, erwärmt sich der Sand fünfmal stärker als das Wasser.

Bei gleicher Energieeinstrahlung ändert sich die Temperatur der oberen Bodenschichten stärker als die Temperatur von Wasser.

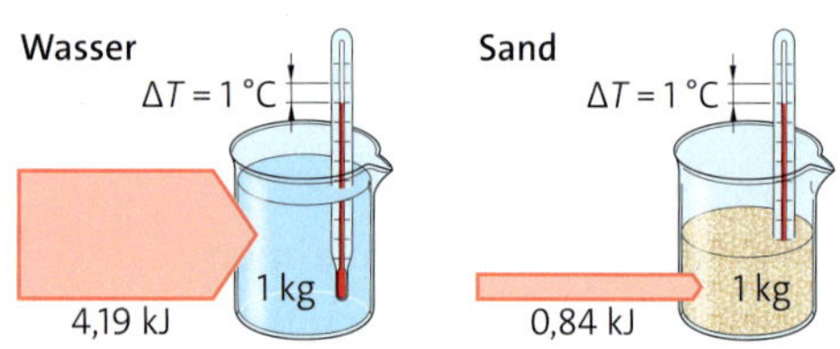

5 Verschiedene Wärmekapazitäten

Aufgaben

1 Das Meer erwärmt sich langsamer als der Strand. Erkläre.

2 Sand ist an der Oberfläche oft so heiß, dass man kaum barfuß darüber laufen kann. Aber schon ein paar Zentimeter tiefer ist es kein Problem. Erkläre.

die spezifische Wärme-
kapazität

Material A

Erwärmung durch die Sonne

Der Boden und das Wasser erwärmen sich bei Sonneneinstrahlung unterschiedlich stark.

1 Beschreibe die Energieaufnahme des Bodens und des Wassers und vergleiche sie miteinander. → 6

Mittags heizt die Sonnenstrahlung die Erdoberfläche auf. Die oberste Schicht absorbiert die Strahlungsenergie und erwärmt sich. Die Energie wird an die unteren Bodenschichten und die Luft weitergeleitet. Abends gibt der Boden die aufgenommene Energie an die Luft ab und kühlt sich ab.
Im Wasser dringt die Strahlung tiefer ein. Die Energie wird an eine größere Masse abgegeben. Das Wasser erwärmt sich daher weniger.

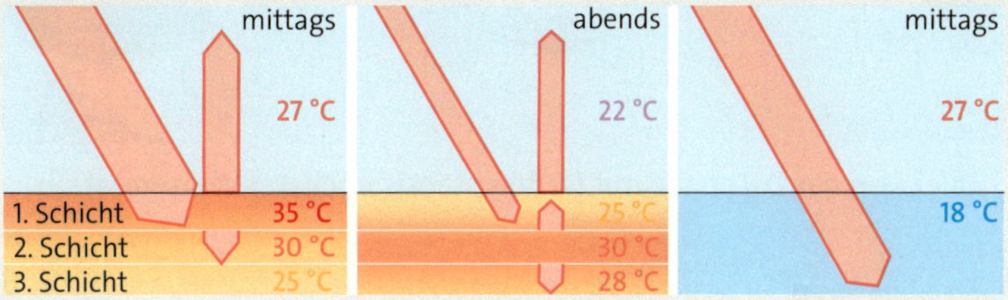

6

Material B

Klima und Gewässer

Der Boden und das Wasser erwärmen sich bei Sonneneinstrahlung unterschiedlich stark.

1 Beschreibe die Funktion des Bodensees und der Weltmeere für die umliegenden Landmassen. → 7

2 Nowosibirsk – Newcastle → 7

a Beschreibe, wie in den beiden Städten die Durchschnittstemperaturen über ein Jahr verlaufen.

b Erkläre die Unterschiede.

Gewässer speichern viel mehr Energie als gleich große Landflächen. In der Nähe des Bodensees gedeihen Kirschen und Wein prächtig. 30 km vom Seeufer entfernt sind Kirschplantagen selten und es gibt keine Weinberge mehr.
Besonders stark wirken sich die Weltmeere als Energiespeicher auf das Klima aus. Die Winter sind kalt an Orten wie Nowosibirsk, die weit entfernt vom Meer sind. Im Vergleich dazu haben Orte auf dem gleichen Breitengrad ein umso milderes Klima, je näher sie am Meer liegen.

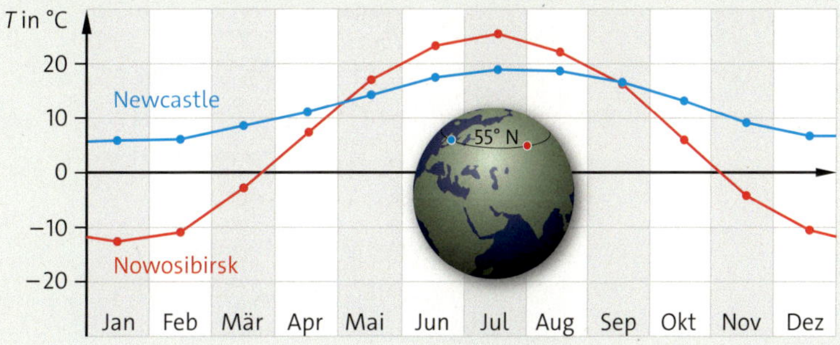

7

Der Luftdruck

1 Blick von der Zugspitze mit Deutschlands höchster Wetterstation

Materialien zur Erarbeitung: A–B

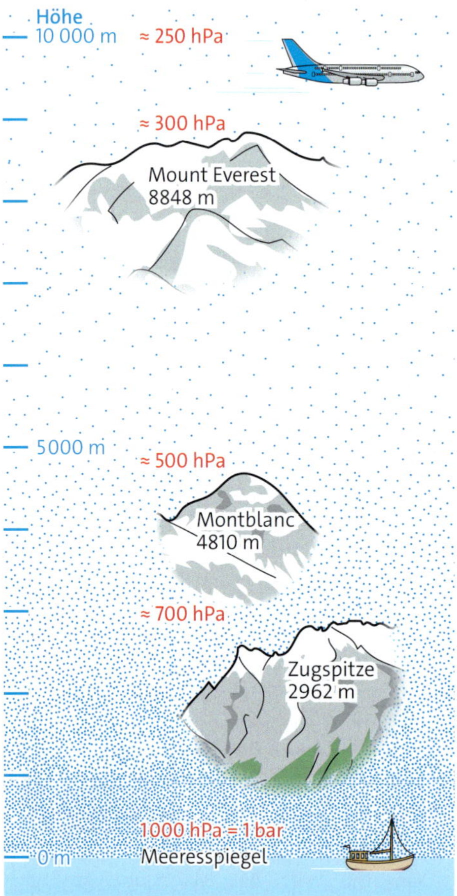

2 Lufttteilchen im „Luftmeer“

In Wetterstationen misst man neben der Temperatur und dem Niederschlag auch den Luftdruck. Auf der Zugspitze ist er um etwa ein Drittel geringer als auf Meereshöhe.

Der Luftdruck • Auf Höhe des Meeresspiegels lastet auf jedem Menschen eine Luftsäule, die mehr als 10 km hoch ist. → 2 Luft ist zwar leicht, trotzdem wiegt sie etwas. Durch ihr Gewicht übt die Luft eine Kraft auf jede Fläche aus. Sie entspricht:

- einer Kraft von 10 N auf der Fläche deines Fingernagels (1 cm^2) → 3
- einer Kraft von 1000 N auf deiner Handfläche (ca. 100 cm^2) → 4

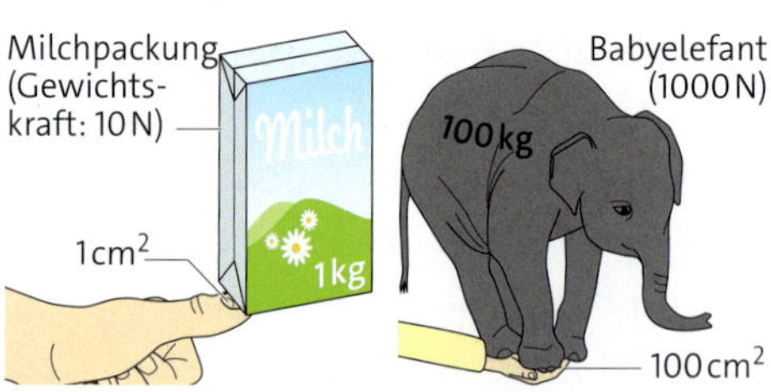

3 4 So groß ist der Druck der Luft.

der Luftdruck
der Luftdruckmesser
das Barometer
das Hektopascal

Unser Körper spürt die Luft nicht, die in jedem Moment auf uns lastet. Wir sind daran gewöhnt, im „Luftmeer" der Erde zu leben.
Die Luft „drückt" auf alle Flächen: die Erdoberfläche, die Oberfläche deiner Haut oder einen Saughaken. Die Kraft wirkt dabei in alle Richtungen. → 5
Wir sprechen vom Luftdruck. Der Druck ist umso größer:

- je größer die Kraft ist. → 6
- je kleiner die Fläche ist, auf die die Kraft wirkt. → 7

Man misst den Luftdruck mit einem Luftdruckmesser (Barometer). → 8
Der Luftdruck wird in Hektopascal (hPa) angegeben: 1000 hPa = 1 bar.

Die Luft über dem Erdboden übt mit ihrer Gewichtskraft einen Druck auf alles aus, was sich darin befindet.

$$\text{Druck} = \frac{\text{Kraft}}{\text{Fläche}}$$

$$p = \frac{F}{A}$$

Abhängigkeit von der Höhe • Der Luftdruck ändert sich mit der Höhe:

- Auf Höhe des Meeresspiegels ist die Luftsäule am höchsten. Die Kraft auf jeden cm^2 beträgt etwa 10 N. → 9
$p_{\text{Meeresspiegel}} = 10 \frac{\text{N}}{\text{cm}^2} = 1000\ \text{hPa}$
- In größerer Höhe lastet eine niedrigere Luftsäule über der Erdoberfläche. Auf der Zugspitze wirkt auf jeden cm^2 ein Kraft von ca. 7 N. → 9
$p_{\text{Zugspitze}} = 7 \frac{\text{N}}{\text{cm}^2} = 700\ \text{hPa}$

Der Luftdruck nimmt mit zunehmender Höhe ab.

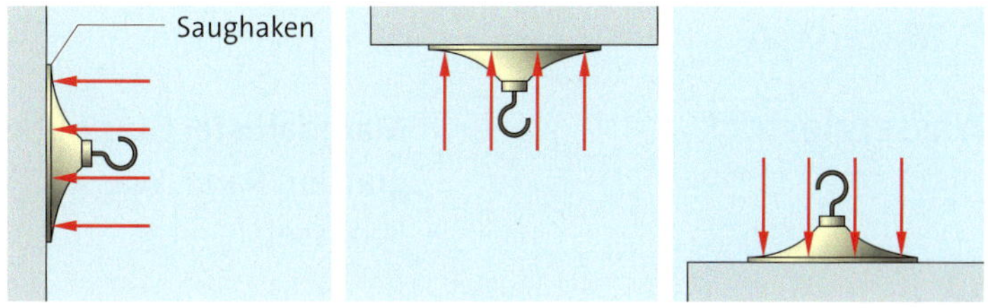

5 Die Kraft wirkt in alle Richtungen.

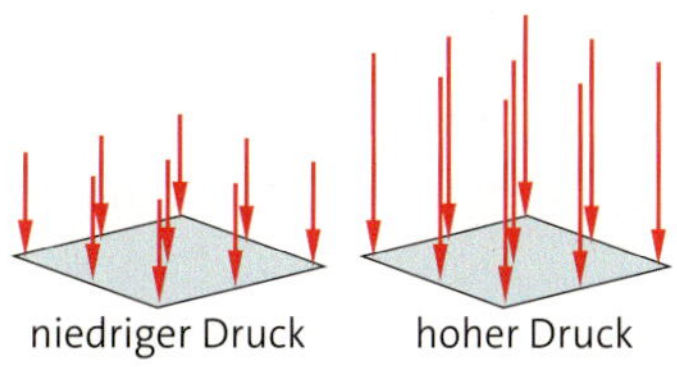

6 Gleiche Fläche, verschiedene Kräfte

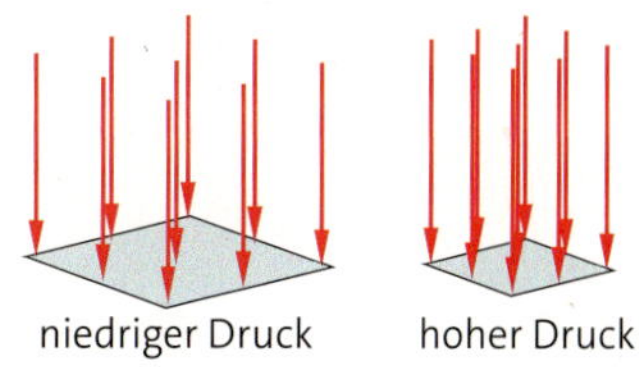

7 Gleiche Kraft, verschiedene Flächen

8 Wetterstation mit Luftdruckmesser

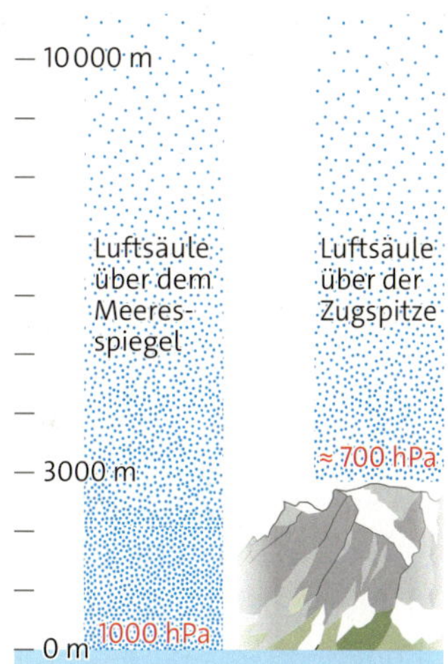

9 Hohe Luftsäule – hoher Luftdruck

Aufgaben

1 ○ Beschreibe, wie der Druck auf dem Erdboden zustande kommt.

2 ◐ Erkläre, warum der Druck nach oben abnimmt. → 2

Der Luftdruck

Material A

Wasserglastrick

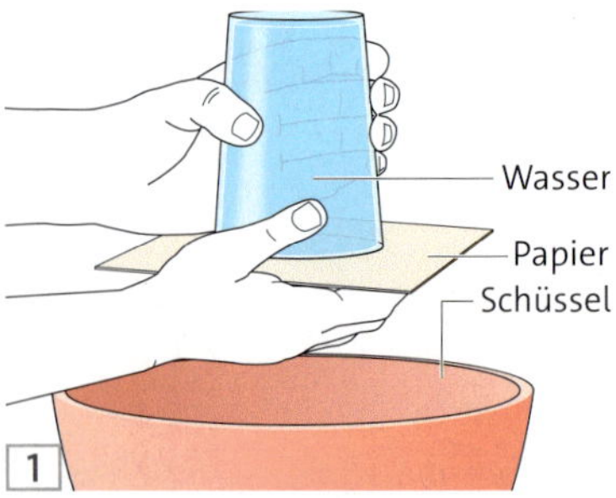

1

Materialliste: Glas mit glattem Rand, Wasser, Papier, Schüssel

1 So gehst du vor:
a Stelle das Glas in die Schüssel und fülle es randvoll mit Wasser.
b Lege das Papier als Deckel auf das Glas. Drücke das Papier mit der flachen Hand etwas an.
c Lass deine Hand auf dem Papier. Drehe das Glas vorsichtig, aber nicht zu langsam um. Prüfe, ob das Papier überall haftet. Nimm dann die Hand weg. → 1
d ○ Beschreibe deine Beobachtungen.

Material B

Nur ein Blatt Papier ...

Materialliste: großer Bogen Zeitungspapier, Kunststofflineal (30 cm lang)

1 Lege das Lineal auf den Tisch. Lass es 10 cm überstehen.
a Entfalte das Papier und lege es auf das Lineal. Streiche es mit der Hand ganz glatt.
b Schlage fest auf das freie Ende des Lineals. → 2
c ○ Beschreibe deine Beobachtungen.

2

Material C

Ein altes Experiment

Um 1640 führte der italienische Forscher Gasparo Berti bereits ein ähnliches Experiment durch. → 3 Ein Schlauch wird vollständig mit Wasser gefüllt und oben verschlossen. Das offene untere Ende hängt unter Wasser. Man zieht dann den Schlauch über 10 m hoch.

1 ○ Beschreibe das Versuchsergebnis.

2 ◐ Erkläre, warum das Wasser nicht aus dem Schlauch fließt. Tipp: Die Erde zieht das Wasser nach unten, etwas wirkt dagegen.

3 ◐ Was passiert, wenn man den Schlauch oben öffnet? Begründe deine Vermutung.

3 Das Wasser bleibt im Schlauch.

Material D

Der Luftdruck hängt von der Höhe ab

Das Diagramm stellt den Zusammenhang zwischen dem Luftdruck und der Höhe dar. → 4

1 ▢ Beschreibe anhand der roten Kurve, wie sich der Druck ändert. → 4

2 ▢ Lies die Wertepaare für die Punkte a, b und c ab und notiere sie. → 4

3 ◪ Vergleiche die Wertepaare für die einzelnen Punkte miteinander. → 4
Gib an, was dir auffällt.

4 ◪ Ergänze die Sätze in deinem Heft. Wähle aus den folgenden Wörtern: ein Achtel/ein Viertel, halb/doppelt, sinkt/steigt, tiefer/höher, Kilogramm/Hektopascal.
- Der Luftdruck ◈, je ◈ man sich in der Atmosphäre befindet.
- Auf Meereshöhe beträgt der Luftdruck 1000 ◈
- Der Luftdruck in 5500 m Höhe ist ◈ so groß wie auf Höhe des Meeresspiegels. Weitere 5500 m höher beträgt der Luftdruck ◈

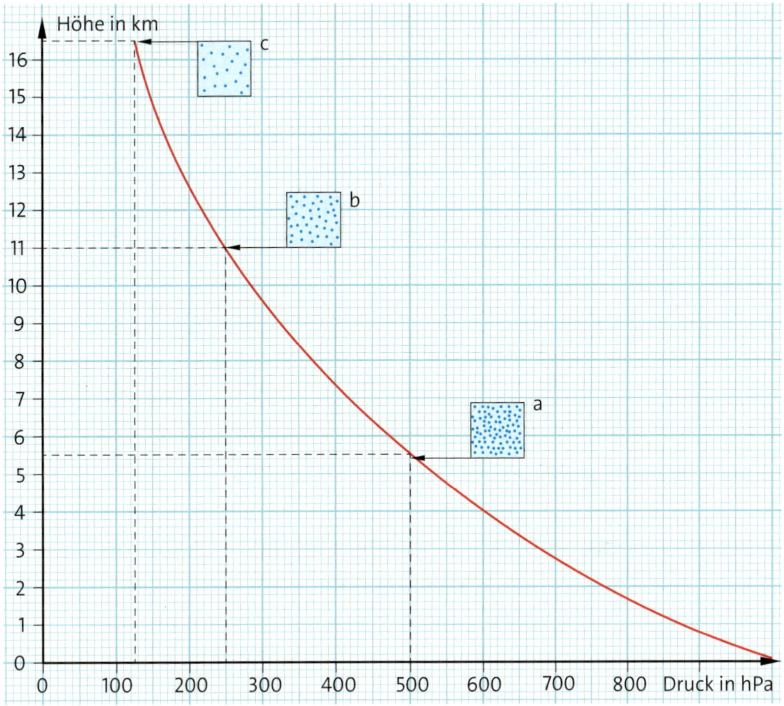

4 Höhenabhängigkeit des Luftdrucks

5 ◪ Erkläre den Kurvenverlauf. → 4 Tipp: Das Gas Luft besteht aus kleinsten Teilchen.

6 ▢ Passagierflugzeuge fliegen in Höhen über 10 000 m.

a Lies den Text. → 5
Beschreibe die Auswirkungen der Höhenkrankheit.

b Lies den Luftdruck in 10 000 m Höhe ab. → 4

c Damit die Passagiere überleben können, wird in der Flugzeugkabine ein Druck von etwa 750 hPa erzeugt. Gib an, welcher Höhe der Kabinendruck entspricht.

> Schon ab einer Höhe von 2500 m kann bei Menschen die Höhenkrankheit auftreten. Anzeichen der Erkrankung sind Kopfschmerzen, Übelkeit, Atemnot und Schwindelgefühle. Verursacht wird die Höhenkrankheit von dem verringerten Luftdruck, durch den man bei jedem Atemzug weniger Sauerstoff aufnimmt. Über 6000 m Höhe drohen Bewusstlosigkeit und Tod.

5 Die Höhenkrankheit

Wie Wind entsteht

1 Gleitschirmflieger

Material zur Erarbeitung: A

Gleitschirmflieger werden von warmen Luftströmungen nach oben getragen. Diese Strömungen nehmen wir als Wind wahr. Aber wie entsteht Wind eigentlich?

Windentstehung • Die Strahlung der Sonne erwärmt das Land stärker als das Meer. Davon ist auch die darüberstehende Luftsäule betroffen. Die Abbildungen unten beschreiben die Entstehung von Wind genauer. → 2 – 4 Die Druckunterschiede erzeugen einen Kreislauf. Die Folge sind Luftströmungen, die wir als Wind wahrnehmen. Die Winde gleichen die Druckunterscheide zwischen der Hochdruckzone und der Tiefdruckzone aus. → 3

Durch die ungleiche Erwärmung der Erdoberfläche entstehen Hoch- und Tiefdruckgebiete. Wind gleicht die Druckunterschiede wieder aus.

Aufgabe

1 ○ Windentstehung → 2 – 4

a Beschreibe, wie Wind entsteht und welchen Weg die Luft dabei nimmt.

b ◐ Erkläre, wie die Druckunterschiede zustande kommen.

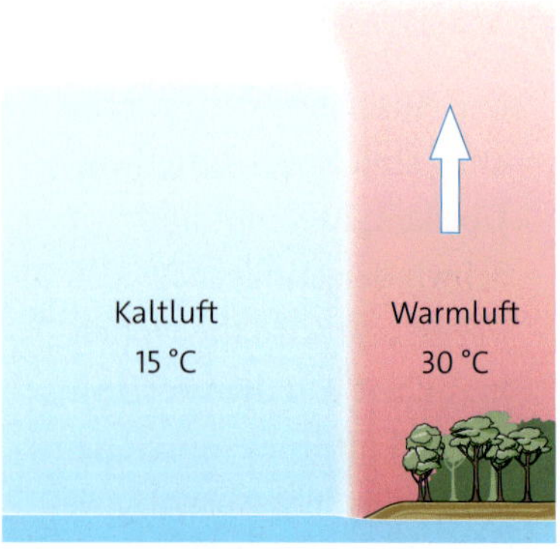

2 Die Luft über dem Land wird heißer als die Luft über dem Wasser. Die Säule aus Warmluft dehnt sich beim Erwärmen nach oben aus.

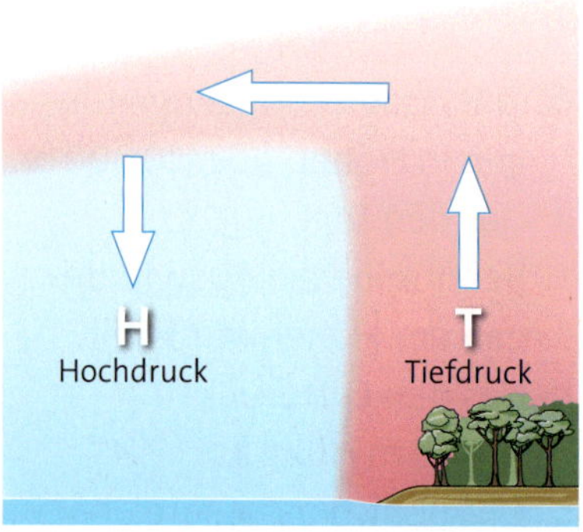

3 Warmluft fließt oben ab. Dadurch sinkt der Luftdruck über Land. Die abgeflossene Warmluft drückt auf die Kaltluft. Der Luftdruck über dem Wasser steigt.

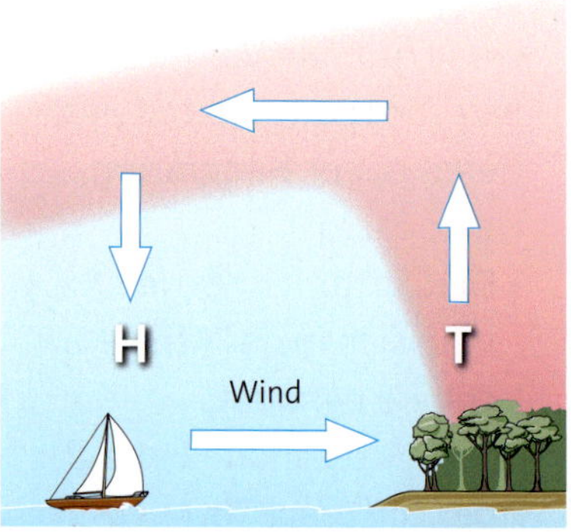

4 Kaltluft strömt unter die Warmluft (Wind). Im Hochdruckbereich sinkt Luft ab, im Tiefdruckbereich steigt sie auf.

das Hochdruckgebiet
das Tiefdruckgebiet

Material A

Mini-Tiefdruckgebiet

Die Teelichter erzeugen ein kleines Tiefdruckgebiet. → 5
An den Flammen erkennst du, wie die Luft strömt.

5

1 Die Kerzen werden entzündet. → 5

a ▢ Gib an, was mit der Luft über den Kerzen passiert.

b ▢ Beschreibe die Richtung der Flammen an den inneren und an den äußeren Teelichtern.

c ◐ Erkläre die Unterschiede mithilfe einer Skizze. Sie soll den Weg der Luft über den Kerzen und an der Seite darstellen.

d ◐ Gib an, an welchen Stellen du einen höheren Druck und an welchen Stellen du einen niedrigeren Druck erwartest.

Material B

Windrichtung und -stärke

Materialliste: Kompass, Seidenpapier, Windstärkemessgerät

1 Bestimmt die Windrichtung in freiem Gelände mit dem Kompass und einem Streifen Seidenpapier als Windfahne.

a ▢ Notiert im Abstand mehrerer Tage die Windrichtung und die Wetterlage.

b ◐ Beschreibt einen Zusammenhang zwischen der Windrichtung und dem Wetter.

2 ◐ Schätzt die Windstärke zunächst anhand der Auswirkungen des Winds ab. → 6
Messt dann und vergleicht.

Windstärke	Bezeichnung	Geschwindigkeit in $\frac{km}{h}$	Auswirkungen des Winds
0	Windstille	0 bis 1	Rauch steigt senkrecht nach oben; auf See gibt es keine Wellen.
1	leichter Zug	1 bis 5	Rauch steigt schräg empor; Blätter bewegen sich nicht.
2	leichte Brise	6 bis 11	Wind im Gesicht spürbar; Blätter säuseln; Windfahne bewegt sich.
3	schwache Brise	12 bis 19	Blätter und dünne Zweige bewegen sich; Wimpel wird gestreckt.
4	mäßige Brise	20 bis 28	Wind bewegt Zweige und Äste, hebt Staub und loses Papier hoch.
5	frische Brise	29 bis 38	Kleine Bäumchen schwanken; weiße Schaumkronen auf See.
6	starker Wind	39 bis 49	Starke Äste bewegen sich; Regenschirme kaum zu halten.
7	steifer Wind	50 bis 61	Bäume bewegen sich; Gehen gegen den Wind wird schwieriger.
8	stürmischer Wind	62 bis 74	Zweige brechen von Bäumen; das Gehen wird stark behindert.

6 Windstärken – und wie ihr sie erkennen könnt.

Wie Wind entsteht

Erweitern und Vertiefen

Ein „Fahrstuhl" aus Luft

Nach oben getragen • Wie ein Adler durch die Luft gleiten und die Welt von oben sehen – für Gleitschirmflieger ist dieser uralte Traum Wirklichkeit geworden. → 1 2 Lange kreisen sie am Himmel, ohne viel an Höhe zu verlieren. Manchmal steigen sie sogar wie von alleine weiter hoch. Ohne einen „Fahrstuhl" aus Luft wäre so ein Flug bald zu Ende.

So entstehen Aufwinde • Wenn die Sonne scheint, werden Sand, Felsen und Getreidefelder wärmer als Gewässer, Wiesen oder Wälder. Die Luft am Erdboden wird von den warmen Flächen erwärmt. Sie dehnt sich aus, ihre Dichte wird geringer. Die erwärmte Luft wird also leichter als die umgebende Luft und steigt deshalb nach oben. → 3
Aufwinde entstehen auch, wenn Wind gegen einen Berg strömt und nach oben gedrückt wird. → 3

Hoch hinaus • Segelflieger, Gleitschirmflieger und große Greifvögel kreisen in engen Kurven im Aufwind. Die aufsteigende Warmluft trägt sie bis zu 4000 m hoch. Mit der warmen Luft gelangt sehr viel Energie in große Höhen.

1 Adler im Aufwind

2 Gleitschirmflieger

3 Nach oben getragen – von Aufwinden

Aufgaben

1 ○ Gib an, wo Aufwinde besonders oft entstehen.

2 ◐ Ein Adler steigt immer weiter auf, ohne seine Flügel zu bewegen. Erkläre diese Beobachtung.

Erweitern und Vertiefen

Der Golfstrom – die „Warmwasserheizung“ Europas

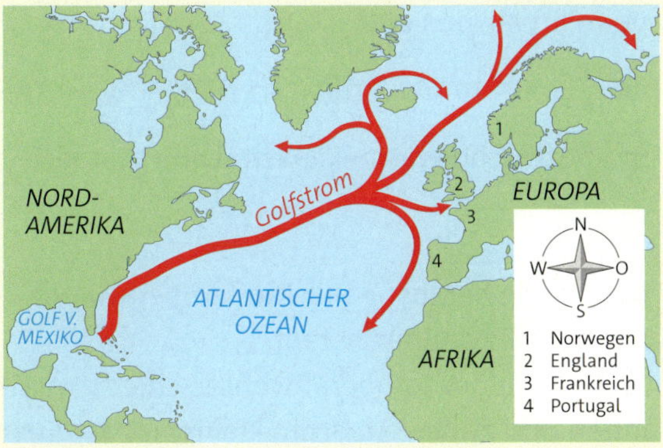

4 Der Golfstrom

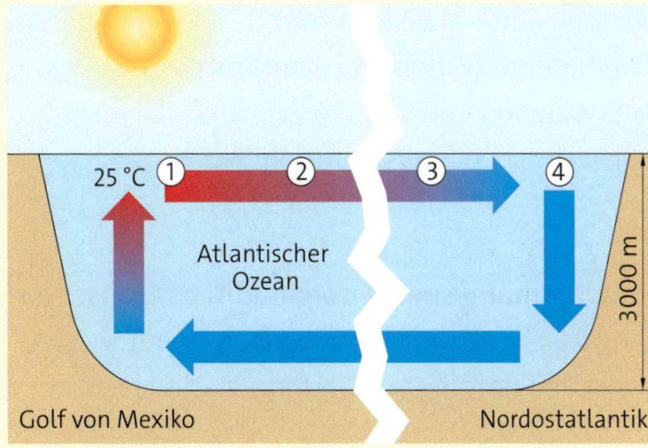

5 Kaltes Wasser sinkt im Nordostatlantik ab.

Wärmeströmung im großen Stil • Du kannst dir den Golfstrom als breiten Fluss von warmem Wasser mitten im kalten Atlantik vorstellen. → 4

Seinen Namen hat der Golfstrom vom Golf von Mexiko. Dort ist das Wasser rund 25 °C warm. (1) → 5 Es strömt durch den Atlantik nach Nordosten und nimmt dabei viel thermische Energie mit (2). Im kühlen Norden kühlt sich das Wasser des Golfstroms ab. (3) Dadurch nimmt seine Dichte zu und das Wasser sinkt nach unten. (4) Wärmeres Wasser mit einer geringeren Dichte strömt dann vom Golf von Mexiko nach.

Der Golfstrom erwärmt auch die Luft darüber. Sie gelangt als milder Westwind an die Küsten im Nordwesten Europas. Dadurch ist an ihnen das Klima milder als an anderen Küsten, die genauso weit im Norden liegen.

Dank dieser riesigen „Heizung“ bleibt die Westküste Norwegens selbst in kalten Wintern eisfrei. Und an der Südwestküste Englands gedeihen Palmen. → 6

Aufgaben

1 ○ Aus welcher Himmelsrichtung kommt der Golfstrom nach Europa? Lies es aus der Karte ab. → 4

2 ◐ Der Golfstrom wird oft als „Warmwasserheizung Europas“ bezeichnet. Begründe diese Bezeichnung.

6 Palmen in Cornwall (Südwestengland)

Heizung, Klima, Wetter

Zusammenfassung

Ein warmes Haus – ohne Heizung • Mit Wasser speichert man umso mehr thermische Energie:
- je größer seine Masse ist und
- je mehr seine Temperatur zunimmt.

Beim Erwärmen von 1 kg Wasser um 1 °C nimmt seine thermische Energie um 4,19 kJ zu.

Thermische Energie berechnen* • Für die Zunahme der thermischen Energie von Wasser beim Erwärmen gilt:

$$\Delta E_{\text{therm}} = c \cdot m \cdot \Delta T \quad \text{mit} \quad c = 4{,}19\,\frac{\text{kJ}}{\text{kg} \cdot {}^\circ\text{C}}$$

(c: spezifische Wärmekapazität von Wasser).

Wärmedämmung spart Energie • Im thermischen Gleichgewicht strömt beim Heizen genauso viel thermische Energie pro Sekunde in ein Haus hinein wie heraus. → 1 Die Temperatur im Haus bleibt dann konstant.
Je geringer der Temperaturunterschied zwischen innen und außen ist, desto kleiner ist der Energiestrom von innen nach außen.
Bei gleicher Temperatur im Haus verringert eine gute Wärmedämmung den Energiestrom nach außen.

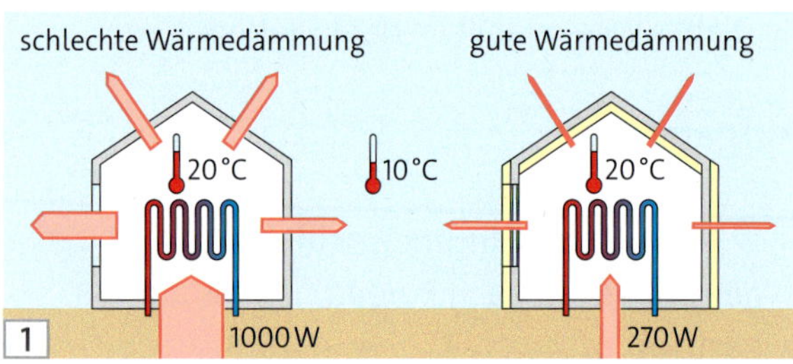

1

Der U-Wert* • Die Wärmedämmung eines Bauteils ist umso besser, je kleiner sein U-Wert ist.

Fenster erwärmen das Haus zusätzlich • Glasscheiben lassen Licht fast ganz durch und absorbieren Infrarotstrahlung fast vollständig. Zimmer mit Südfenstern werden vom Sonnenlicht und von der Infrarotstrahlung der erwärmten Glasscheiben erwärmt (Treibhauseffekt).

Der Treibhauseffekt der Atmosphäre • Die Erde wird vom Sonnenlicht und von der Infrarotstrahlung der erwärmten Atmosphäre erwärmt (natürlicher Treibhauseffekt). → 2 Die wichtigsten Treibhausgase sind: Kohlenstoffdioxid, Methan, Wasserdampf und Lachgas.
Die Menschheit verstärkt gegenwärtig den natürlichen Treibhauseffekt, sodass die Durchschnittstemperatur auf der Erde ansteigt. → 3
Das Klima kann sich dadurch langfristig verändern.

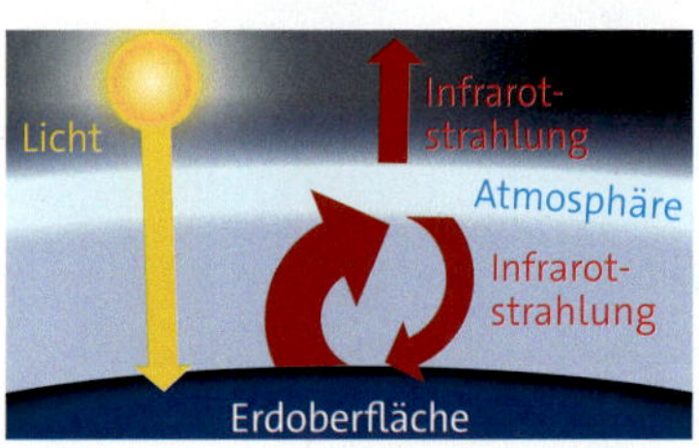

2 Natürlicher Treibhauseffekt

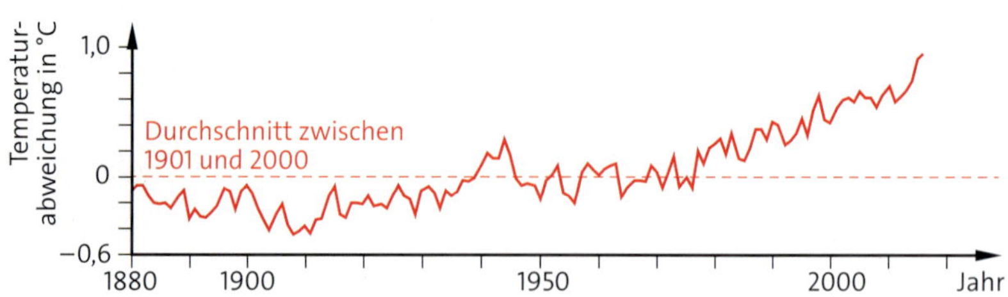

3 Globale Erwärmung

Boden, Wasser und Luft werden erwärmt • Die Strahlungsenergie der Sonne wird vom Boden und vom Wasser absorbiert und erwärmt diese. Bei gleicher Energieeinstrahlung ändert sich die Temperatur der oberen Bodenschichten stärker als die Temperatur von Wasser. → 4

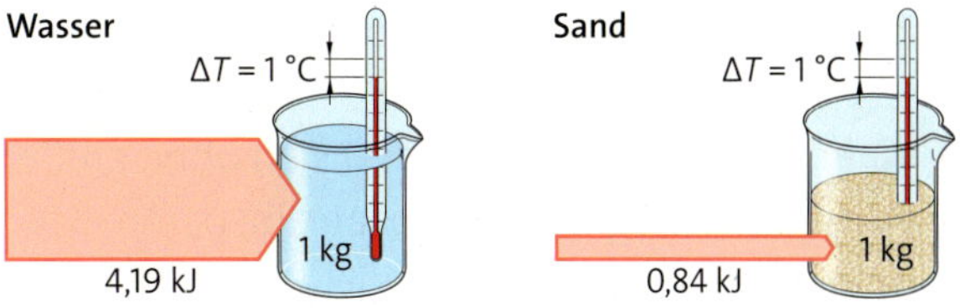

4 Erwärmung von Wasser und Sand

Der Luftdruck • Wir leben auf dem Boden eines „Luftmeers". → 5 Die Luft über dem Erdboden übt mit ihrer Gewichtskraft einen Druck auf alles aus, was sich darunter befindet. Wir spüren diesen Druck nicht, weil wir daran gewöhnt sind. Der Druck ist umso größer, je größer die Kraft auf die Fläche ist, und umso kleiner die Fläche ist, auf die die Kraft wirkt.

$$\text{Druck} = \frac{\text{Kraft}}{\text{Fläche}};\ p = \frac{F}{A}$$

Der Luftdruck wird in Hektopascal (hPa) angegeben und mit einem Luftdruckmesser (Barometer) gemessen.
Der Luftdruck nimmt mit zunehmender Höhe ab.

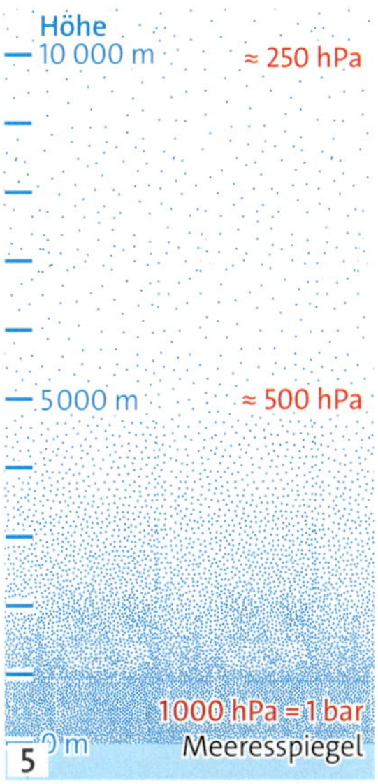

5

6 $10 \frac{\text{N}}{\text{cm}^2} = 1000\,\text{hPa}$

7 Luftdruckmesser

Wie Wind entsteht • Die Luft wird infolge der Sonneneinstrahlung verschieden stark erwärmt. → 8 Es entstehen Gebiete mit hohem und Gebiete mit tiefem Luftdruck. → 9 Wind gleicht die Druckunterschiede aus. → 10

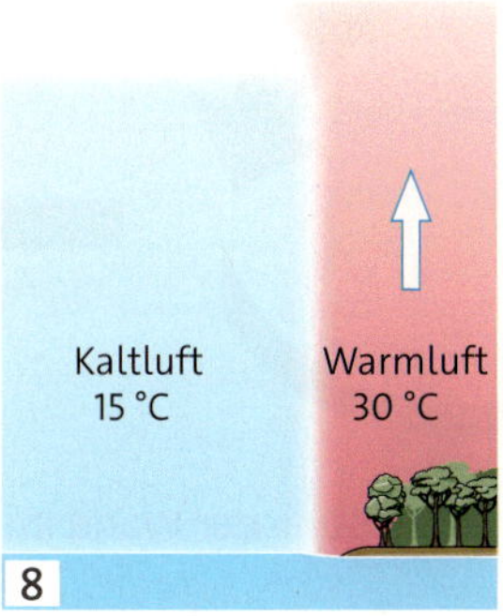

8

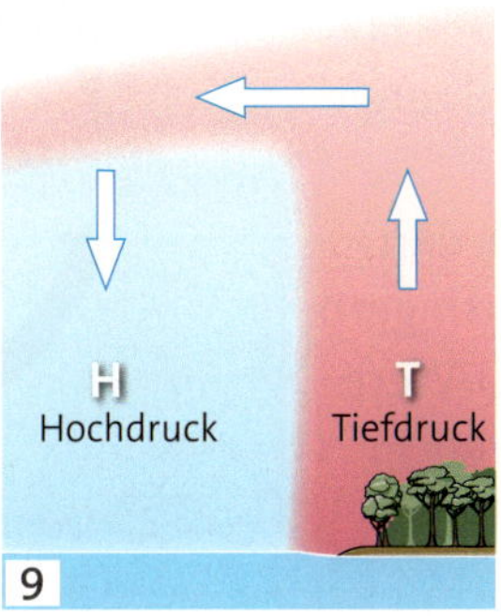

9

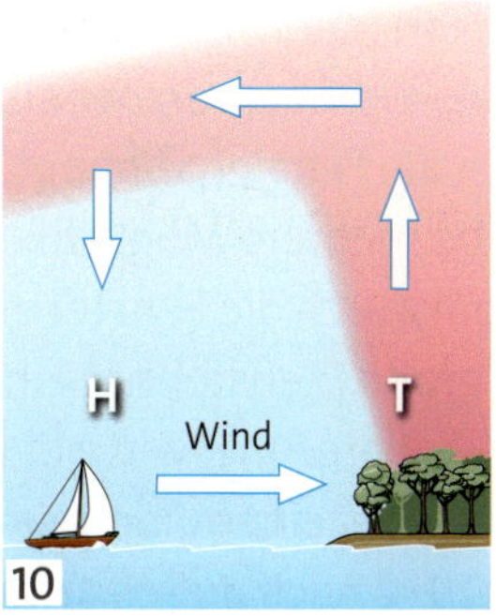

10

Heizung, Klima, Wetter

Teste dich! (Lösungen auf Seite 444)

Ein warmes Haus – ohne Heizung

1 ◐ In vielen Wohnungen lässt sich ohne großen Aufwand Energie beim Heizen einsparen. Beschreibe verschiedene Möglichkeiten.

2 Jonas nimmt ein Vollbad: 100 kg Wasser werden um 30 °C erwärmt. Lea setzt sich Teewasser auf: 1 kg Wasser wird um 90 °C erwärmt.

a ◐ Lea sagt: „Im kochenden Teewasser ist viel mehr thermische Energie gespeichert als im warmen Badewasser." Nimm Stellung dazu.

b* ◐ Berechne jeweils die thermische Energie im erwärmten Wasser und vergleiche sie.

Wärmedämmung spart Energie

3 Eine Aluminiumfolie wird beleuchtet. → 1
Ihre Temperatur steigt erst schnell, dann langsamer und zum Schluss gar nicht mehr.
◐ Erkläre diesen Temperaturverlauf. Verwende den Begriff thermisches Gleichgewicht.

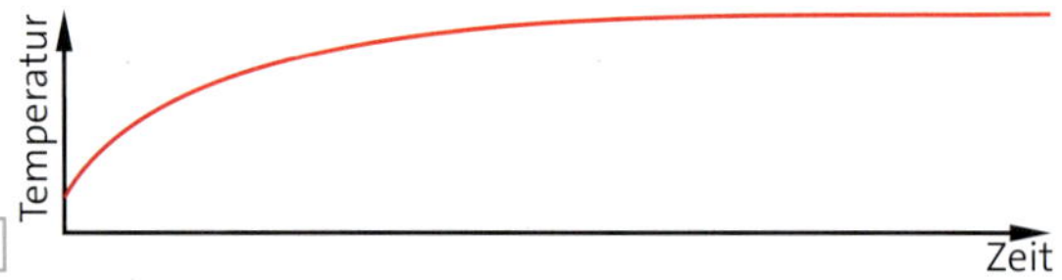

1

4* Bei alten Häusern strömt im Winter oft viel thermische Energie durch die Fenster ins Freie.

a ○ Nenne drei Größen, von denen der Energiestrom durch die Fenster abhängt.

b ◐ Beschreibe mehrere Möglichkeiten, den Energiestrom durch die Fenster zu verringern.

c ◐ Ein 3 m^2 großes Fenster hat einen U-Wert von $0{,}6\,\frac{W}{m^2 \cdot °C}$. Berechne, wie viel Energie in jeder Sekunde bei einem Temperaturunterschied von 20 °C nach außen strömt.

5 Lena hat eine einfache Gartenlaube, die mit einem Holzofen geheizt wird. Im Winter wird es drinnen trotzdem nicht richtig warm.

a ◐ Lenas Freundin Nadja sagt: „Das kann doch nicht sein. Solange du Holz nachlegst, wird es immer wärmer." Nimm Stellung zu Nadjas Aussage.

b ● Erkläre, warum es in der Laube wärmer wird als zuvor, wenn die Wände mit Styroporplatten verkleidet sind. Tipp: thermisches Gleichgewicht

Fenster erwärmen das Haus zusätzlich

6 ◐ Erkläre, warum zur Sonne hin ausgerichtete große Fenster für höhere Temperaturen in der Wohnung sorgen.

7 ◐ „Die Sonne gibt Strahlung ab, aber auch ein Eiswürfel strahlt." Erkläre den Satz.

8 ○ Treibhäuser nutzen den abgebildeten Effekt. → 2 Beschreibe den Weg der Strahlung.

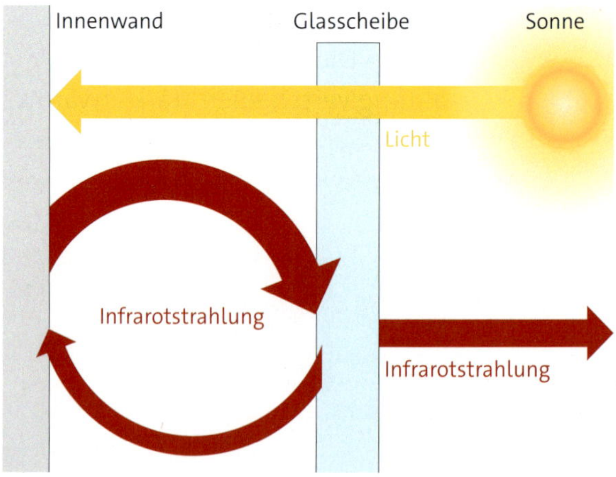

2 Doppelte Erwärmung der Wand im thermischen Gleichgewicht

9 ◐ In ein Passivhaus sollten möglichst dreifach verglaste Fenster eingebaut werden. Beschreibe die Vorteile gegenüber „normalen“ Fenstern. Erkläre das Funktionsprinzip der Dreifachverglasung.

Der Treibhauseffekt der Atmosphäre

10 Der Treibhauseffekt
- a ○ Gib die Durchschnittstemperaturen auf der Erde an: ohne/mit Treibhauseffekt.
- b ○ Nenne Gase, die für den natürlichen Treibhauseffekt verantwortlich sind.
- c ◐ Erkläre, wie der natürliche Treibhauseffekt zustande kommt.
- d ◐ Erkläre, wie der natürliche Treibhauseffekt von den Menschen verstärkt wird.
- e ◐ Der Meeresspiegel steigt bei einer globalen Erwärmung an. Nenne zwei Gründe dafür.
- f ○ Nenne Möglichkeiten, um die globale Erwärmung abzuschwächen.

Boden, Wasser und Luft werden erwärmt

11 Die Sonne scheint auf das Meer und den Strand.
- a ○ Beschreibe, wie Wasser und Sand erwärmt werden.
- b ◐ Erkläre die Unterschiede.

12 ○ 2 kg Wasser werden um 30 °C erwärmt. Bestimme die benötigte Energiemenge.

13 ◐ Die Wärmekapazität von Wasser ist größer als die Wärmekapazität von Sand.
Erkläre es.

Der Luftdruck

14 Der Luftdruck
- a ○ Gib den Wert für den normalen Luftdruck auf Meereshöhe an.
- b ◐ Wodurch wird der Luftdruck verursacht? Erkläre es mithilfe der Begriffe Luftsäule und Luftteilchen.
- c ◐ Auf der Zugspitze (ca. 3000 m Höhe) ist der Luftdruck geringer als auf Meereshöhe (0 m). Erkläre, wie es zum geringeren Luftdruck in größerer Höhe kommt.

15 ○ Saughaken halten im Bad an den Fliesen der Wände. → 3
- a Beschreibe, wie man einen Saughaken anbringt.
- b Skizziere einen Saughaken in deinem Heft. Zeichne Kraftpfeile an den Haken ein.
- c Gib an, woher die Kräfte kommen.

3 Saughaken

Wie Wind entsteht

16 Wind
- a ○ Beschreibe, was Wind ist.
- b ◐ Erkläre, wie Wind entsteht.

17 ● An vielen Orten weht vormittags der Wind vom Meer zum Land und abends vom Land zum Meer.
- a Erstelle zwei Zeichnungen der Luftströmungen morgens und abends.
- b Erkläre, wie die unterschiedlichen Windrichtungen zustande kommen.

Versorgung mit elektrischer Energie

Riesige Turbinen drehen sich im Wind – und dabei entsteht elektrische Energie.
Wie funktioniert das?

Die schwarze Scheibe mit dem Netzkabel ist das Ladegerät. Das Handy liegt einfach nur darauf – und wird doch aufgeladen!

Jederzeit steht uns elektrische Energie zur Verfügung. Wie gelangt sie von den Kraftwerken zu uns?

Kraftwerke

1 Wärmekraftwerk

Große Kraftwerke versorgen uns mit elektrischer Energie.

Wärmekraftwerke • Gas, Öl oder Kohle verbrennt man in Wärmekraftwerken, um Wasserdampf zu erhitzen. Die chemische Energie der Brennstoffe wird dabei in thermische Energie und Bewegungsenergie umgewandelt. → 2 Der Dampf treibt eine Turbine an, die Turbine wiederum einen Generator. Der Generator erzeugt elektrische Energie. Dabei werden nur rund 40 % der zugeführten chemischen Energie in elektrische Energie umgewandelt.

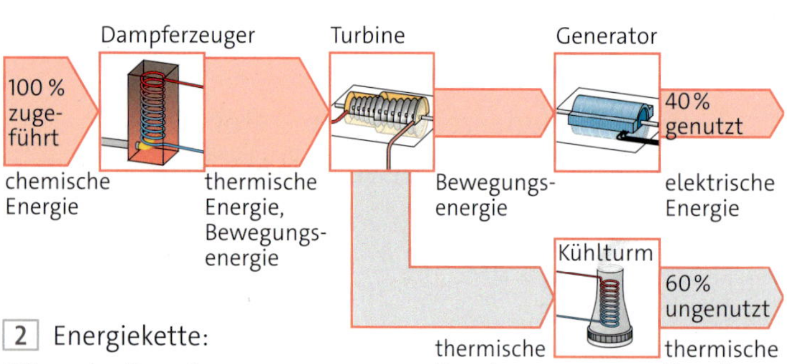

2 Energiekette: Wärmekraftwerk

In Wärmekraftwerken entstehen klimaschädliche Abgase wie CO_2.

Wind- und Wasserkraftwerke • Auch Windkraftwerke enthalten Generatoren. Der Wind treibt die Flügel des Rotors an. → 3 Die Bewegungsenergie des Rotors wird auf einen Generator übertragen. Windkraftwerke können 50 % der Bewegungsenergie des Winds in elektrische Energie umwandeln. In Wasserkraftwerken treibt man mithilfe der Bewegungsenergie des Wassers einen Generator an. → 4 Dabei wird die Bewegungsenergie zu 90 % in elektrische Energie umgewandelt.

> In Kraftwerken wandeln Generatoren Bewegungsenergie in elektrische Energie um.

Aufgaben

1 ○ Beschreibe, wie in einem Wärmekraftwerk elektrische Energie gewonnen wird. → 2

2 ◐ Vergleiche die Energiegewinnung in Wind- und Wasserkraftwerken.

3 4 Windkraftwerke, Wasserkraftwerk

das Wärmekraftwerk
die Turbine
der Generator
das Windkraftwerk
das Wasserkraftwerk

Material A

Kraftwerke

Die Kraftwerkstypen nutzen die zugeführte Energie nicht hundertprozentig zur Erzeugung elektrischer Energie. → 5

Kraftwerkstyp	Genutzte Energie
Braunkohlekraftwerk	Bis 43 %
Steinkohlekraftwerk	Bis 46 %
Wasserkraftwerk	Bis 90 %
Windkraftwerk	Bis 50 %

5 Anteile genutzter Energie

1 ▢ Vergleiche die Anteile genutzter Energie bei Wasser- und Kohlekraftwerken.

2 ◪ Zeichne die Energieketten für ein Wasserkraftwerk und für ein Windkraftwerk. Achte auf die Pfeilstärken.

Material B

Erzeugung elektrischer Energie in Deutschland

1 Die Nutzung der verfügbaren Energieträger zur Erzeugung elektrischer Energie hat sich in den letzten Jahren verändert. → 6 7

a ▢ Gib an, welche Energieträger man als erneuerbar bezeichnet.

b ◪ Stelle den Anteil der Erzeugung elektrischer Energie aus erneuerbaren Energieträgern in den Jahren 2000 und 2017 in einem Balkendiagramm gegenüber.

c ◪ Der Vergleich der Diagramme zeigt eine Entwicklung. Benenne sie und gib an, welche Vorteile die Entwicklung mit sich bringt.

d ▢ Auch erneuerbare Energieträger können Nachteile mit sich bringen: Geruchsbelästigung, Lärm, Gefahr für Vögel, Veränderung der Landschaft, Freisetzung von Schadstoffen bei Produktion und Entsorgung. Ordne die Begriffe den einzelnen erneuerbaren Energieträgern zu.

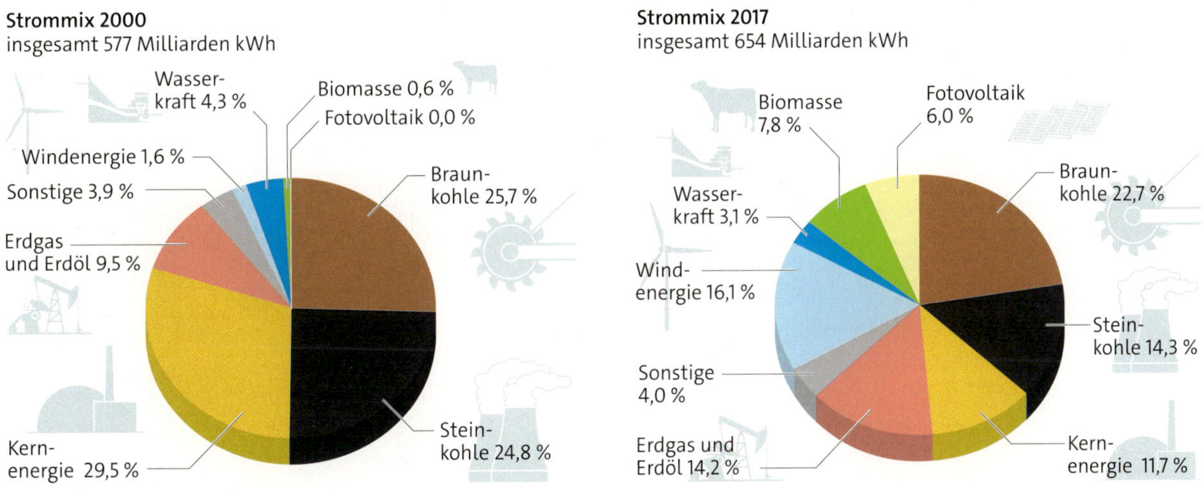

6 7 Erzeugung elektrischer Energie nach Energieträgern („Strommix") in den Jahren 2000 und 2017

Energieumwandlung durch Induktion

1 Induktionsspule im Kraftwerk für eine Großstadt

Materialien zur Erarbeitung: A–B

Mit Spulen und Magneten wird im Kraftwerk elektrische Energie erzeugt. Wie funktioniert das?

Induktion • Wenn man einen Magneten in oder vor einer Spule dreht oder ihn hinein- und wieder herausbewegt, entsteht an den Anschlüssen der Spule eine Spannung. → 2 Den Vorgang nennt man Induktion. Die Induktionsspannung ist umso größer:

- je schneller der Magnet bewegt wird.
- je mehr Windungen die Spule hat.
- je stärker der Magnet ist.

Auch Schüttellampen erzeugen elektrische Energie mit einem Magneten, der durch eine Spule saust. → 3
Eine Induktionsspannung tritt auch auf, wenn die Spule bewegt wird und der Magnet steht.

Wechselspannung • Wird der Magnet zur Spule hin bewegt, schlägt der Zeiger des Spannungsmessers in die eine Richtung aus. → 2 Bewegt man den Magneten weg, schlägt der Zeiger in die andere Richtung aus. Die Polung der Spannung wechselt. Man spricht von einer Wechselspannung.

Wie Induktionsspannung entsteht • Die Spule wird vom Magnetfeld des Magneten durchdrungen. Das Magnetfeld ist nicht überall gleich: An den Magnetpolen ist es am stärksten. Wenn der Magnet zur Spule hin- oder von ihr wegbewegt wird, ändert sich die Stärke

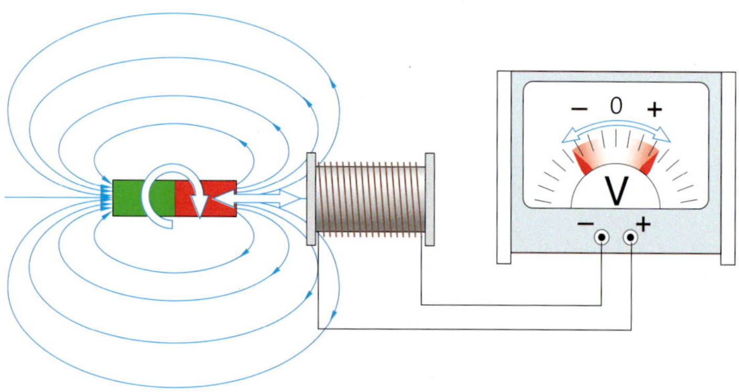

2 Der Magnet wird bewegt – eine Induktionsspannung entsteht.

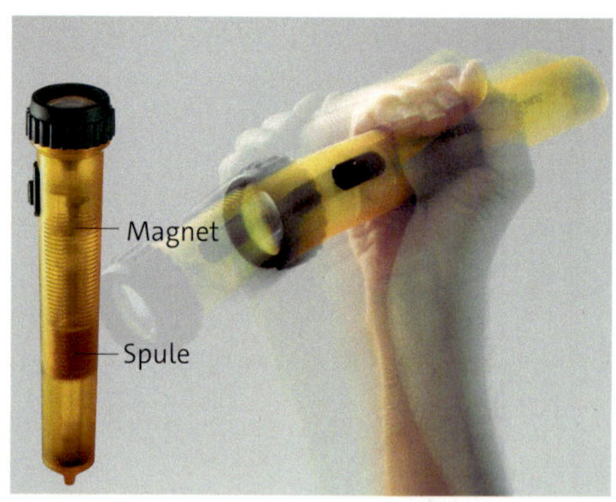

3 Schüttellampe

die Induktion
die Induktionsspannung
die Wechselspannung
der Generator

des Magnetfelds in der Spule. Dadurch werden die Elektronen im Spulendraht angetrieben. An den Spulenanschlüssen entsteht eine Spannung.

Immer wenn sich ein Magnetfeld in einer Spule ändert, entsteht eine Induktionsspannung an den Anschlüssen der Spule.

Generator • Die elektrischen Energiequellen in den großen Kraftwerken funktionieren ähnlich wie der Dynamo am Fahrrad oder wie ein Handgenerator zum Kurbeln. Sie werden alle als Generatoren bezeichnet.
In dem Generator von Bild 4 wird eine Spule in einem Magneten gedreht. Durch Induktion entsteht eine Wechselspannung an der Spule.
Die Wechselspannung beträgt beim Fahrraddynamo rund 6 V, beim Kraftwerk z. B. 20 000 V.

Im Generator wird elektrische Energie durch Induktion erzeugt.

Generator – Elektromotor • Generatoren sind ähnlich aufgebaut wie Elektromotoren. → 4 5 Ein Elektromotor kann auch als Generator betrieben werden und umgekehrt. Beide Geräte sind Energiewandler:

- Dem Generator wird durch Drehen des Magneten Bewegungsenergie zugeführt. Er wandelt sie in elektrische Energie um.
- Dem Motor wird elektrische Energie zugeführt. Er wandelt sie in Bewegungsenergie um.

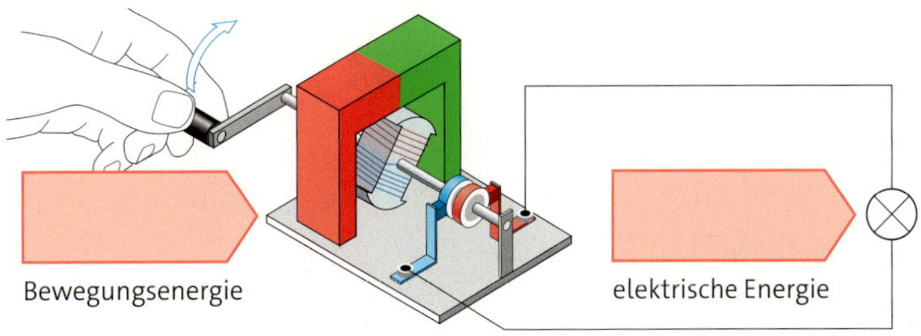

4 Generator

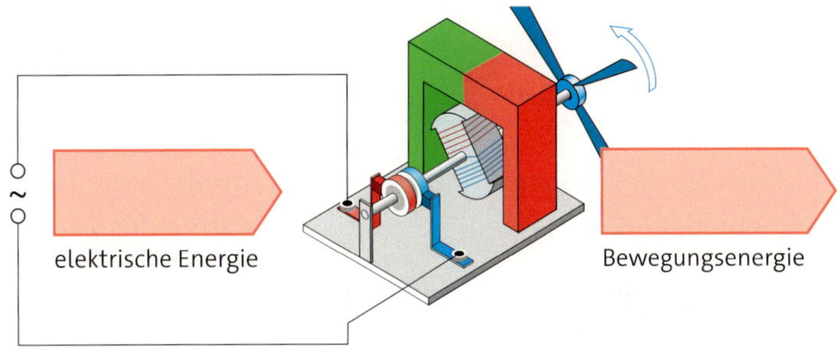

5 Elektromotor

Aufgaben

1 Du sollst mit einem Magneten und einer Spule eine möglichst hohe Induktionsspannung erzeugen. Beschreibe, wie Magnet und Spule beschaffen sein müssen und wie du vorgehst.

2 Im Kraftwerksgenerator entsteht eine Wechselspannung. Erkläre, was damit gemeint ist.

3 Nenne die beiden wichtigsten Bestandteile eines Generators.

4 Beschreibe die Energieumwandlungen beim Motor und beim Generator. Zeichne die Energieketten.

Energieumwandlung durch Induktion

Material A

Spannung erzeugen – mit Spule und Magnet

Materialliste: Spule (600 Windungen), Zylindermagnet, Messgerät (Spannung, mit Zeiger in Mittelstellung)

1 Schließe den Spannungsmesser an die Spule an. → 1

a ▢ Bewege den Magneten in verschiedene Richtungen. Erzeuge einen möglichst großen Zeigerausschlag. Beschreibe, wie es dir gelingt.

b ▢ Untersuche den Zeigerausschlag genauer. Führe erst den Nordpol des Magneten in die Spule hinein und ziehe ihn wieder heraus. Wiederhole dies mit dem Südpol. Beschreibe jeweils die Bewegung des Zeigers.

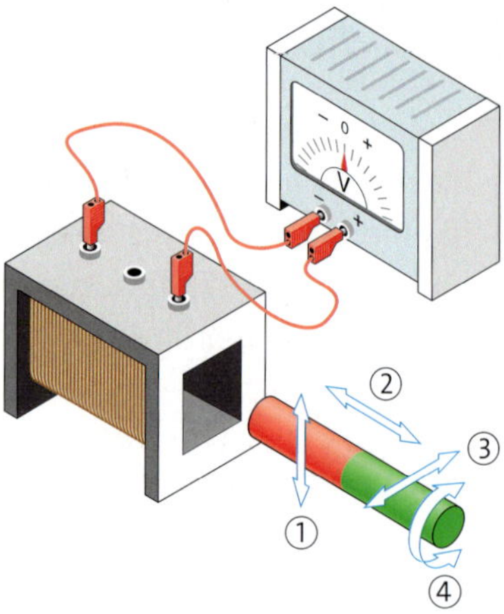

1 Wann schlägt der Zeiger aus?

Material B

Wie wird die Spannung möglichst hoch?

Materialliste: Messgerät (Spannung), verschiedene Magnete, Spulen mit verschiedenen Windungszahlen, Eisenkern, Kabel → 2

1 Erzeugt mit dem Versuchsmaterial eine möglichst große Induktionsspannung. Eine Idee zeigt Bild 3.
▢ Beschreibt eure Ergebnisse: „Die Spannung ist umso größer, je ⟨?⟩“

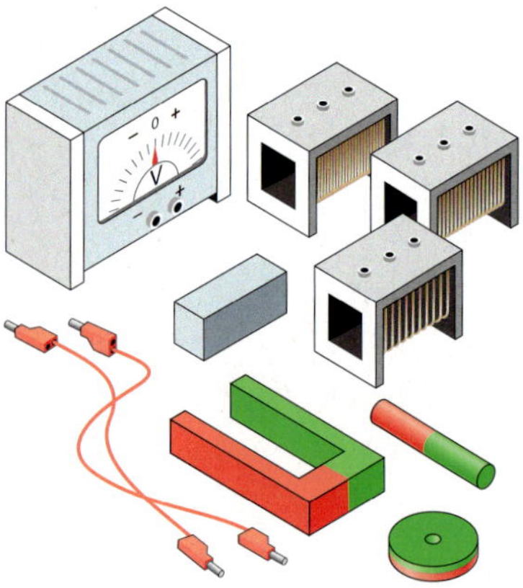

2 Versuchsmaterial

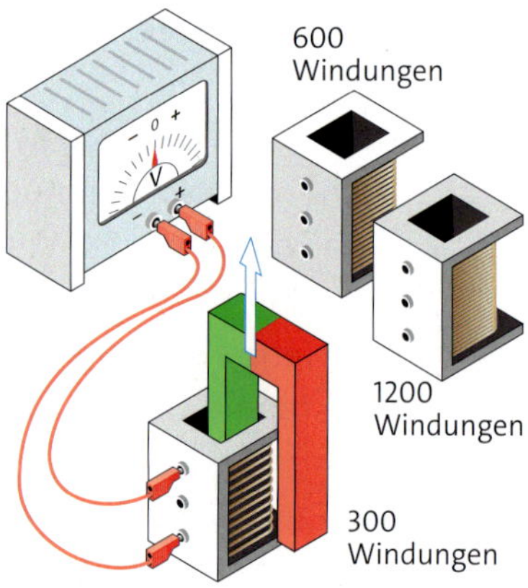

3 Verschiedene Windungszahl

Material C

Spannung erzeugen – mit Elektromagneten

Materialliste: 2 Spulen mit Eisenkernen, Batterie (4,5 V), Taster oder Schalter, Messgerät (Spannung)

1 Schließe die eine Spule mit dem Taster an die Batterie an: Das ist der Elektromagnet. Schließe das Messgerät an die andere Spule an. Finde einen Aufbau, bei dem eine Induktionsspannung angezeigt wird.
Tipp: Nutze den Taster.
◩ Skizziere den Versuchsaufbau. Beschreibe, wie du mit zwei Spulen eine Induktionsspannung erzeugst.

Material D

Fahrraddynamos

1 Bei Fahrrädern werden verschiedene Dynamos eingesetzt. → 4 5

a ○ Ordne jeweils den Zahlen 1–3 die Bauteile zu: Spule, Eisenkern, Magnet.

b ○ Bei beiden Dynamos dreht sich das gleiche Bauteil. Nenne es.

c ◐ Beschreibe den Unterschied in der Anordnung von Spule und Magnet.

4 Seitenläuferdynamo

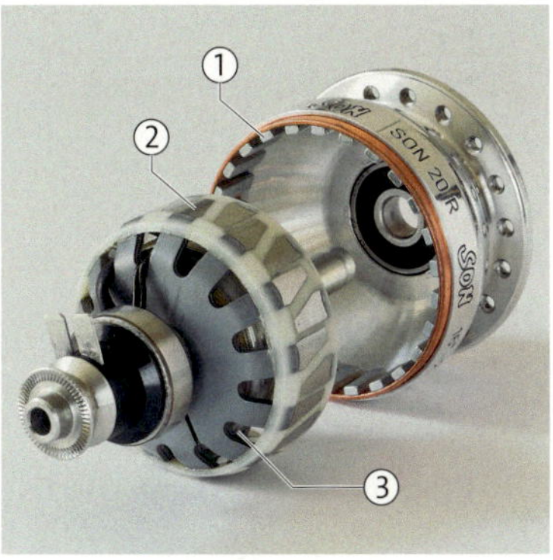

5 Nabendynamo

Material E

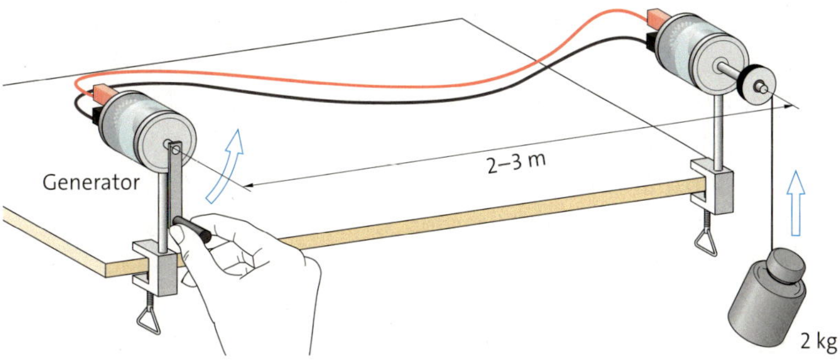

6 Welche Funktion hat der zweite Generator?

Generator – Motor

Materialliste: 2 Handgeneratoren, 2 Kabel, Rolle mit Faden, Wägestück (2 kg), 2 Tischklemmen

1 Verbinde die Generatoren durch die Kabel. → 6 Ersetze eine Kurbel durch die Rolle mit Faden. Hänge das Wägestück an.

a ○ Drehe die Kurbel. Beschreibe, was passiert.

b ◐ Nenne die Energieformen, die hier auftreten. Zeichne die Energiekette.

c ◐ Das Wägestück wird angehoben. Erkläre, wie es dazu kommt.

Material F

Dynamo als Motor

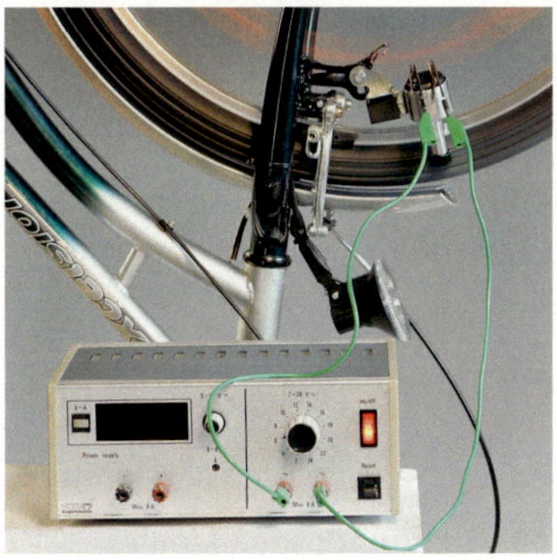

7 Dynamo als Elektromotor

Materialliste: Fahrrad mit Dynamo, Netzgerät (0–6 V, Wechselspannung), Kabel

1 Schließt den Dynamo an das Netzgerät an (Anschlüsse mit Wechselspannungszeichen). → 7
Erhöht die Spannung langsam von 2 V auf 6 V. Setzt das Rad gleichzeitig mit der Hand in Bewegung.
○ Beschreibt, was passiert.

Energieumwandlung durch Induktion

Erweitern und Vertiefen

Die ersten Generatoren

Faraday entdeckt die Induktion • Der englische Physiker und Chemiker Michael Faraday (1791–1867) untersuchte ab 1821 die magnetische Wirkung von elektrischen Strömen. Dabei experimentierte er mit Spulen und Dauermagneten. Führte er einen Magneten an eine Spule, so entstand an den Enden der Spule eine Spannung. Die Spannung war so klein, dass er sie mit den damaligen Messgeräten kaum nachweisen konnte. Erst 1831 gelang ihm der Versuch, mit dem er das allgemeine Gesetz der Induktion aufstellte. → 1

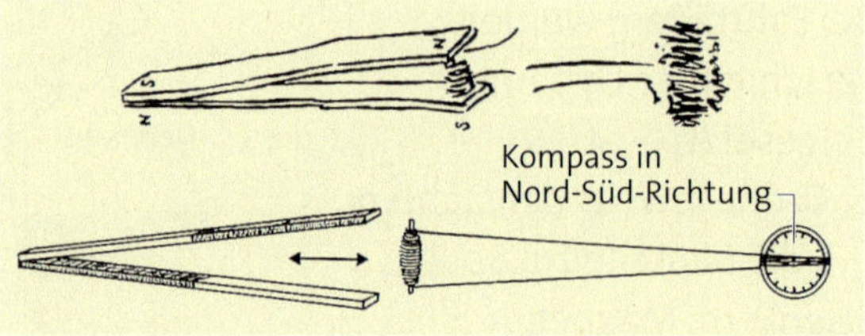

1 Versuch von Faraday (1831)

Pixii baut den ersten Generator • Schon ein Jahr nach der Entdeckung der Induktion baute der französische Mechaniker Hippolyte Pixii (1808–1835) den ersten Generator. → 2 Mit einer Kurbel drehte er einen starken Bügelmagneten vor zwei Spulen mit sehr vielen Windungen. Die Induktionsspannung betrug mehrere Hundert Volt.

Siemens verbessert den Generator • 1866 erfand Werner von Siemens (1816–1892) einen Generator mit einem Elektromagneten. → 3 Damit konnte elektrische Energie in großem Umfang produziert werden. Das förderte den Einsatz von Elektromotoren. Dadurch wurde die Dampfmaschine abgelöst und eine neue industrielle Entwicklung ermöglicht.

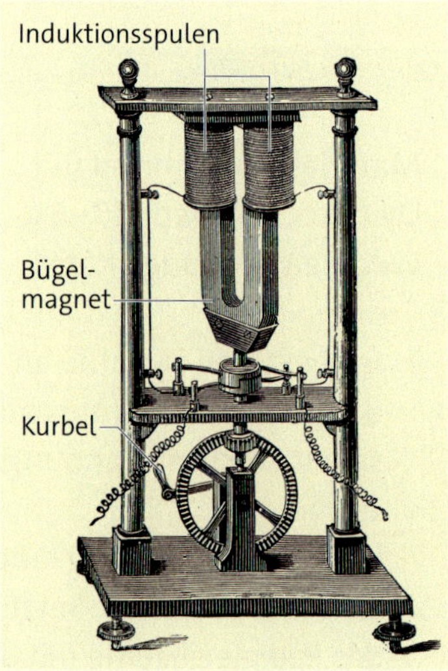

2 Generator von Pixii

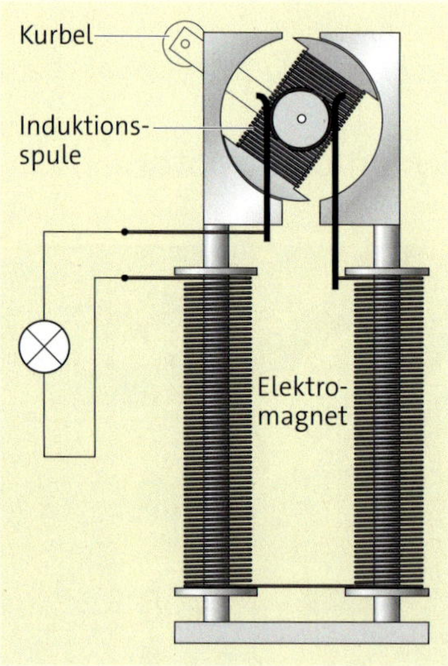

3 Generator von Siemens

Aufgaben

1 ○ Beschreibe, wie der erste Generator von Pixii funktionierte. → 2

2 ◔ Beschreibe den Versuch von Faraday. → 1

3 ◔ Der Generator von Siemens ist anders aufgebaut als der Generator von Pixii. Beschreibe die Unterschiede. → 2 3

Erweitern und Vertiefen

Vom kleinen Nabendynamo zum großen Kraftwerksgenerator

Nabendynamo • Beim Nabendynamo ist die Spule mit ihren elektrischen Anschlüssen fest mit der Vorderachse des Fahrrads verbunden. → 4 Im Gehäuse sind viele kleine Dauermagnete eingeklebt. Das Gehäuse dreht sich mit dem Rad um die Spule herum. Die Induktionsspannung beträgt rund 6 V, die Leistung 3 W.

Kraftwerksgenerator • Im Prinzip sind diese riesigen Generatoren ähnlich aufgebaut wie ein Fahrraddynamo. Heißer Dampf oder heißes Gas dreht große Turbinen. → 5 6 Diese wiederum drehen einen Magneten in einer Spule. Der Magnet ist ein Elektromagnet. In der Spule wird eine Spannung erzeugt. Die Induktionsspannung beträgt z. B. 20 000 V, die Leistung des Generators mehr als 500 000 kW.

4 Nabendynamo

5 Transport einer Dampfturbine im Kraftwerk

Aufgabe

1 Nenne Gemeinsamkeiten und Unterschiede zwischen Nabendynamo und Kraftwerksgenerator.

6 Turbinen und Generator im Betrieb

Wechselspannung – genauer betrachtet

1 Was hat die Steckdose für eine Spannung?

Material zur Erarbeitung: A

Die elektrische Energie für unsere Haushalte wird meist von Generatoren in Kraftwerken oder Windenergieanlagen erzeugt. Die Generatoren „liefern“ eine Wechselspannung.

Wechselspannung an der Steckdose • Die elektrische Energie wird von den Generatoren über das Stromnetz zu unseren Steckdosen transportiert. An den Steckdosen liegt eine Wechselspannung von 230 V. Die Spannung wechselt 50-mal pro Sekunde von Plus zu Minus und wieder zurück. → 2 Ein gesamter Wechsel dauert also eine fünfzigstel Sekunde ($\frac{1}{50}$ s).

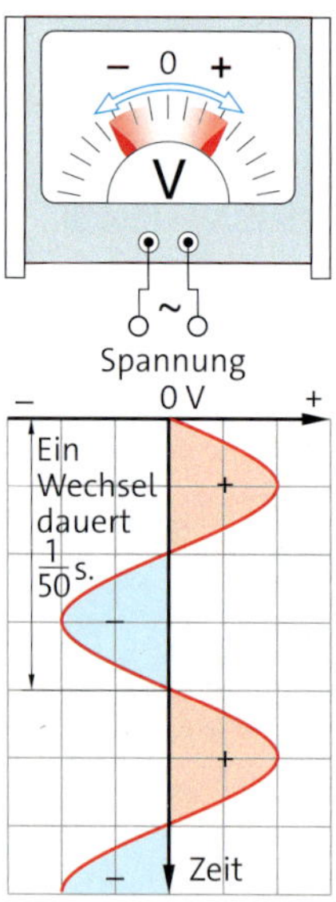

2 Wechselspannung: Die Polung wechselt.

> Die Spannung an der Steckdose wechselt 50-mal pro Sekunde von Plus auf Minus und wieder zurück. Man sagt, die Wechselspannung hat eine Frequenz von 50 Hertz (50 Hz).

Wechselspannung an Geräten • Wenn elektrische Geräte an eine Wechselspannung angeschlossen werden, fließt in ihnen ein Wechselstrom. Die Elektronen werden im schnellen Wechsel erst in die eine Richtung und dann in die andere angetrieben. → 3

3 Modell für den Wechselstrom

Bei Toastern oder Glühlampen wird der Glühdraht erwärmt – egal, in welcher Richtung die Elektronen durch den Draht strömen. Bei Gleichstrommotoren muss die Wechselspannung dagegen erst durch eine elektronische Schaltung in eine Gleichspannung umgewandelt werden.

> Die elektrische Energie wird auch bei Wechselspannung nur in eine Richtung transportiert: von der Quelle zum Gerät.

Aufgaben

1 ○ „Die Wechselspannung der Steckdose hat 50 Hz.“ Erkläre, was das bedeutet.

2 ◐ Gib an, was mit Wechselstrom gemeint ist: die strömende Energie oder der Elektronenstrom.

die Wechselspannung
die Frequenz
der Wechselstrom

Material A

Wechselspannung

Materialliste: Spule, drehbarer Stabmagnet, Spannungsmesser (mit Mittelstellung), Kabel

1 Baue den Versuch auf. → 4

a ▢ Drehe den magnetischen Nordpol gleichmäßig auf die Spule zu. Wann erreicht die Spannung ihren größten Pluswert? Beschreibe die Position des Magneten.

b ▢ Drehe den Magneten gleichmäßig weiter. Beschreibe, wann die Spannung null ist und wann sie ihren größten Minuswert erreicht.

c ◪ Zeichne die Spannungskurve ab. → 5 Trage die größten und kleinsten Spannungswerte ein. Zeichne jeweils die Position von Magnet und Spule dazu.

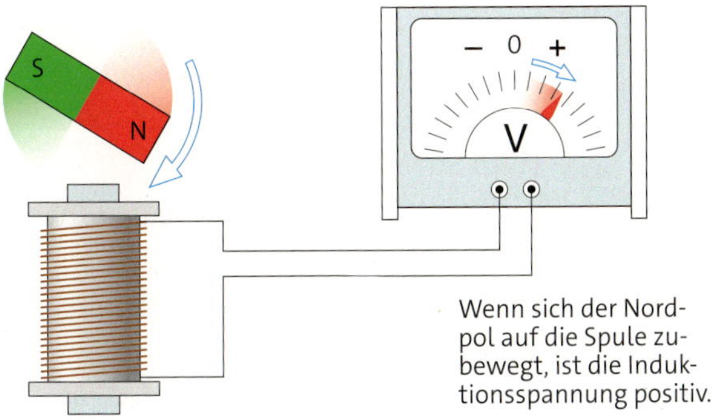

4 Wechselspannung messen

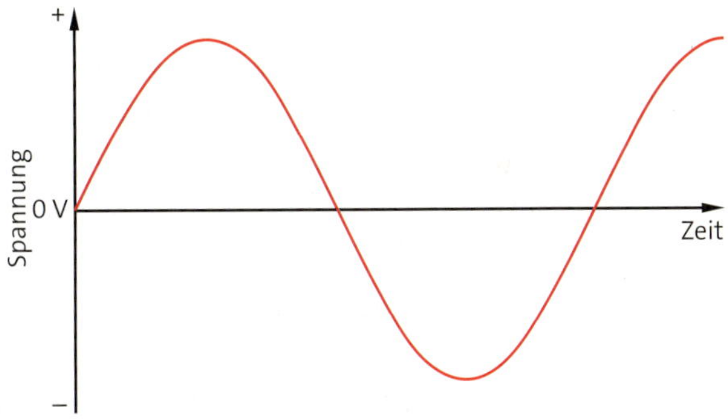

5 Wechselspannung: Diagramm

Material B

Anzeige der Polung

Materialliste: 2 LEDs (grün, rot), Batterie (4,5 V), Netzgerät (4,5 V, Wechselspannung), Widerstandsbauteil (180 Ω), Lüsterklemme, 2 lange Kabel

1 Eine LED lässt den elektrischen Strom nur in eine Richtung durch. Beim Polprüfer lässt ihn eine LED von Plus nach Minus durch, die andere von Minus nach Plus. Baue den Polprüfer nach. → 6 7

a ▢ Halte die Kabel an die Pole der Batterie. Beschreibe, wann die rote LED leuchtet und wann die grüne.

b ▢ Schließe den Polprüfer an das Netzgerät an. Vergleiche.

c ◪ Bewege den Polprüfer an den langen Kabeln im verdunkelten Raum schnell hin und her. Skizziere die Lichtspuren. Erkläre deine Beobachtung.

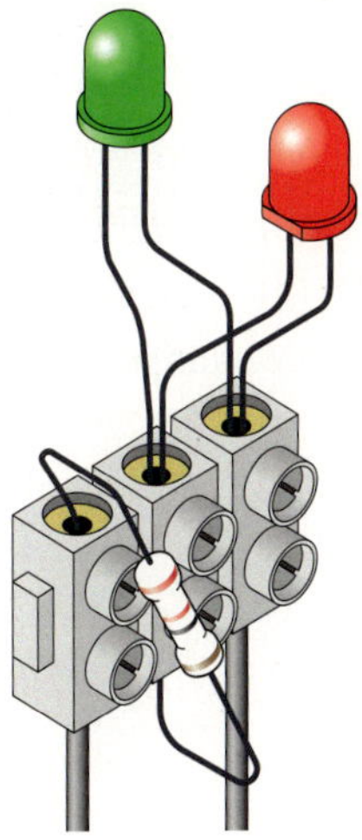

6

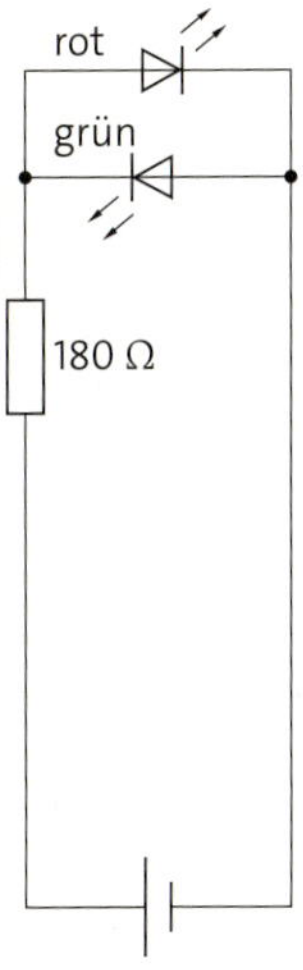

7

Transformatoren ändern Spannungen

1 Die Leitungsdrähte liegen frei – ist das nicht gefährlich?

Materialien zur Erarbeitung: A–B

Diese Lampen kann man gefahrlos an den blanken Drähten berühren, denn sie werden nicht mit 230 V betrieben. Ein Transformator hat die Spannung auf 12 V gesenkt.

Aufbau des Transformators • Zum „Trafo“ gehören Feldspule (Primärspule), Induktionsspule (Sekundärspule) und der gemeinsame Eisenkern. Die Spulen haben keine leitende Verbindung. → 2

Achtung • Nie mit Spannungen über 25 V experimentieren!

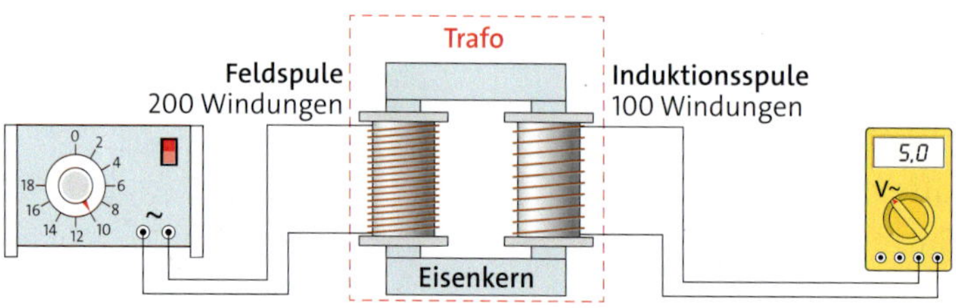

2 Halb so viele Windungen → Spannung wird halbiert.

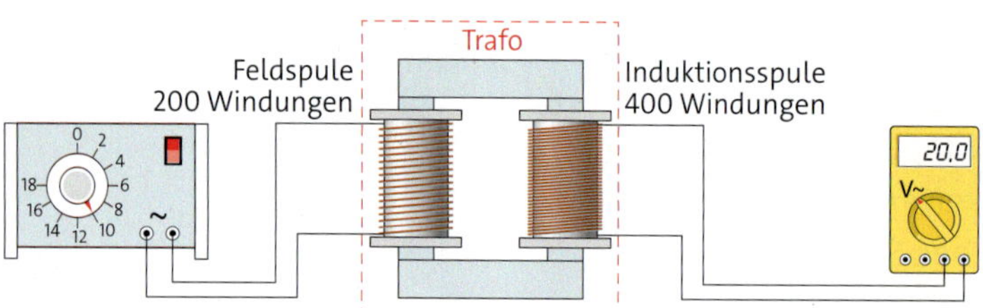

3 Doppelt so viele Windungen → Spannung wird verdoppelt.

So kommt es zur Induktion • Wenn ein Strom durch die Feldspule fließt, wird der Eisenkern magnetisch. Bei Wechselstrom ändert sich sein Magnetfeld ständig. Es durchdringt auch die Induktionsspule. Das sich ändernde Magnetfeld bewirkt eine Wechselspannung an der Induktionsspule.

Trafos ändern Spannungen • Der Lampentrafo senkt die Spannung. → 1

Ein Trafo senkt die Spannung, wenn seine Induktionsspule weniger Windungen hat als die Feldspule: Halb so viele Windungen → Spannung wird halbiert. → 2

Mit Trafos kann man die Spannung auch erhöhen.

Ein Trafo erhöht die Spannung, wenn seine Induktionsspule mehr Windungen hat als die Feldspule: Doppelt so viele Windungen → Spannung wird verdoppelt. → 3

Aufgaben

1 ○ Ergänze den Satz: „Ein Trafo verringert die Spannung, wenn ?“

2 ◐ Feld- und Induktionsspule sind nicht mit Kabeln verbunden. Erkläre, wie es zu der Spannung an der Induktionsspule kommt.

3 ◐ Begründe, warum ein Trafo nicht mit Gleichstrom funktioniert.

Material A

Spannung ändern

Materialliste: Netzgerät (6 V, Wechselspannung), Spulen (300–1200 Windungen), Messgerät (Spannung), Eisenkern (geschlossen), Kabel

1 Baue die Schaltung auf. → 4

a ▢ Miss die Induktionsspannung. Notiere den Messwert in einer Tabelle. → 5

b ▢ Nimm den oberen „Eisenbalken" ab. Miss die Induktionsspannung. Vergleiche.

c ◪ Schließe den Eisenkern wieder. Miss die Induktionsspannung bei verschiedenen Spulenkombinationen.

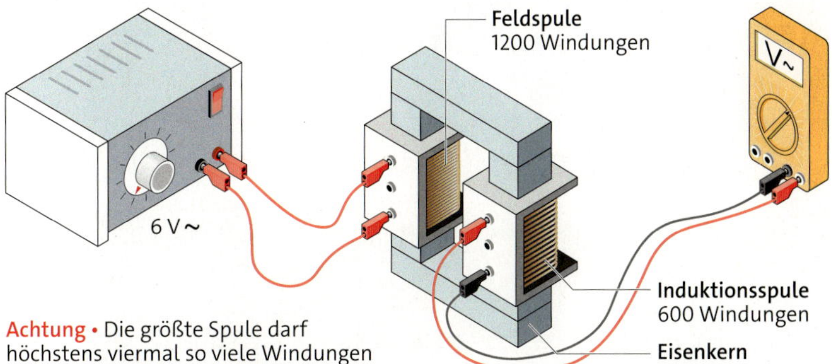

Achtung • Die größte Spule darf höchstens viermal so viele Windungen haben wie die kleinste Spule.

4 Transformator: Aufbau zum Messen der Induktionsspannung

Feldspule		Induktionsspule	
Windungen	**Spannung**	**Windungen**	**Spannung**
1200	6 V	600	?
1200	6 V	300	?
...	...	...	?

5 Beispieltabelle

Material B

Jede Windung zählt

Materialliste: Netzgerät (6 V, Wechselspannung), Eisenkern (geschlossen), Spule (300 Windungen), Messgerät (Spannung), langes Experimentierkabel

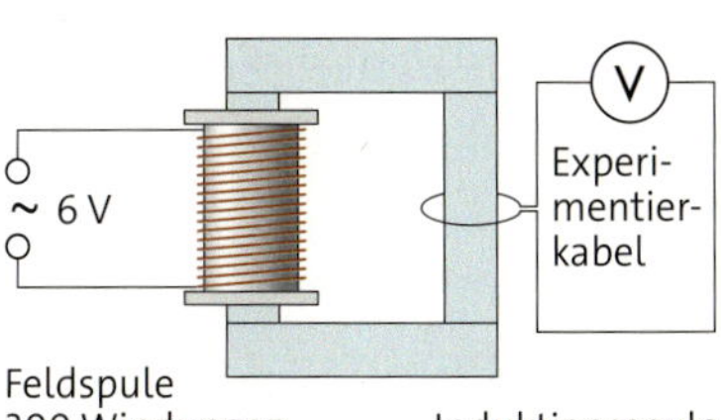

6 Starte mit einer Windung.

1 Die Induktionsspannung hat diesmal nur ganz wenige Windungen. → 6

a ▢ Schlinge das Kabel einmal um den Eisenkern. Miss die Induktionsspannung und notiere sie. → 7

b ▢ Wickle nacheinander zwei, drei ... Windungen auf den Eisenkern. Miss jeweils die Induktionsspannung.

c ◪ Formuliere eine Regel: „Mit jeder zusätzlichen Windung ⟨?⟩"

Feldspule		Induktionsspule	
Windungen	**Spannung**	**Windungen**	**Spannung**
300	6 V	1	? mV
300	6 V	2	? mV
...	...	...	? mV

7 Beispieltabelle

Transformatoren ändern Ströme

1 Elektroschweißen – ein Trafo (oben links) macht's möglich.

Material zur Erarbeitung: A

Der Schweißtrafo macht die Stromstärke so groß, dass Metalle schmelzen.

Spannung und Stromstärke ändern • Der Schweißtrafo wird mit 230 V betrieben, die Stromstärke in der Feldspule beträgt rund 10 A. Seine Induktionsspannung ist viel geringer als 230 V. Dafür ist der Induktionsstrom mehr als 100 A groß! Bei diesem Trafo gilt: „Spannung runter, Stromstärke rauf."

Kann man mit einem Fahrraddynamo eine 230-V-Lampe zum Leuchten bringen? → 2 Der Trafo erhöht die Spannung von 6 V auf 230 V. Die 230-V-Lampe leuchtet aber nicht. Die Stromstärke im 230-V-Stromkreis ist viel geringer als im 6-V-Stromkreis. Sie ist so klein, dass die 230-V-Lampe dunkel bleibt. Bei diesem Trafo gilt: „Spannung rauf, Stromstärke runter."

Für Transformatoren gilt:
- Spannung wird gesenkt → Stromstärke wird vergrößert.
- Spannung wird erhöht → Stromstärke wird verringert.

Transformator und Energie • Der Trafo überträgt elektrische Energie von der Feldspule auf die Induktionsspule. Er kann nicht mehr Energie abgeben, als ihm zugeführt wird. Im Idealfall gibt der Trafo genauso viel elektrische Energie pro Sekunde ab, wie er erhält:

$E_{\text{Feldspule}} = E_{\text{Induktionsspule}}$

$U_{\text{Feld}} \cdot I_{\text{Feld}} \cdot t = U_{\text{Ind}} \cdot I_{\text{Ind}} \cdot t$

$U_{\text{Feld}} \cdot I_{\text{Feld}} = U_{\text{Ind}} \cdot I_{\text{Ind}}$

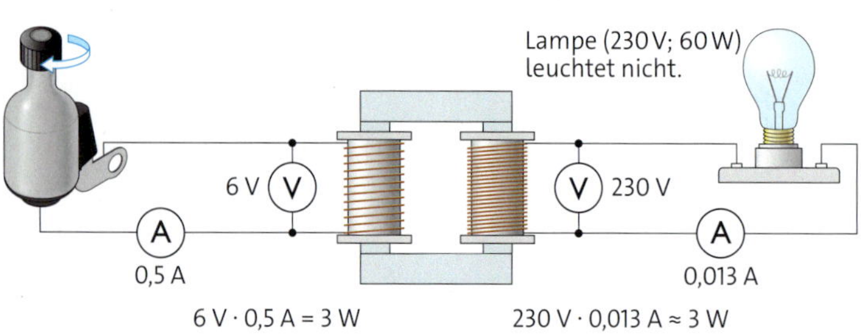

2 Spannung wird erhöht. → Stromstärke wird verringert.

Aufgaben

1 ○ Ergänze: „Der Schweißtrafo ◇ die Spannung. Die Induktionsspule hat ◇ Windungen als die Feldspule."

2 ◐ Gib an, wie der Trafo Spannung und Stromstärke ändert: Feldspule 1200 Windungen, Induktionsspule 300 Windungen.

3 ◐ Die 230-V-Lampe bleibt dunkel. → 2 Begründe mithilfe der Energie, die der Trafo pro Sekunde überträgt.

Material A

Stromstärke ändern

Materialliste: Netzgerät (6 V, Wechselspannung), 2 Spulen (1200 und 600 Windungen), Eisenkern (geschlossen), Lampe (12 V; 3 W), Messgerät (Stromstärke), Schalter, Kabel

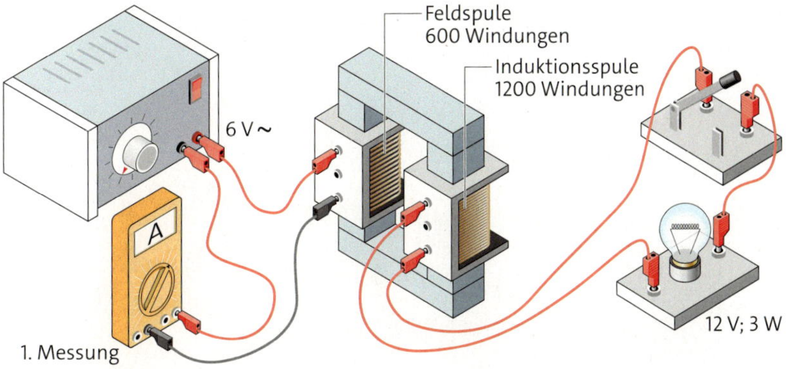

3 Versuchsaufbau zum Messen der Stromstärke in der Feldspule

1 Bild 3 zeigt einen Trafo, der die Spannung des Netzgeräts vergrößert. → 3

a ○ Gib an, wie hoch die Induktionsspannung ist.

b Baue den Versuch auf. → 3 Schließe den Schalter nur, wenn du misst.

c Miss die Stromstärke in der Feldspule. → 3

d ○ Baue den Versuch um. Miss nun die Stromstärke in der Induktionsspule.

e ○ Vergleiche die Messwerte.

f ◐ Formuliere einen Zusammenhang zwischen der Spannung und der Stromstärke: „Wenn der Trafo die Spannung erhöht, wird die Stromstärke ◇?"

Material B

Induktionsherd – ein Modellversuch

In vielen Küchen gibt es Induktionsherde. Unser Modellversuch enthält als Feldspule eine Netzspule mit 600 Windungen und als Induktionsspule eine Schmelzrinne mit einer einzigen Windung. → 4

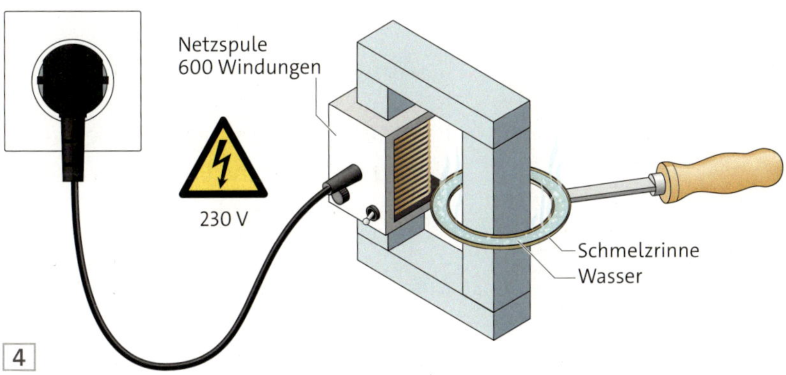

4

1 ○ Gib an, ob der Trafo die Spannung vergrößert oder verkleinert. Begründe deine Angabe.

2 ○ Vergleiche die Stromstärken in der Feldspule und in der Induktionsspule.

3 ◐ Erkläre, wie die große Hitze in der Induktionsspule entsteht.

Vielleicht kann eure Lehrkraft den Versuch vorführen.

Energietransport im großen Stil

1 Kraftwerk, Transformatoren und Überlandleitungen

Materialien zur Erarbeitung: A–B

Auf Kraftwerke, Transformatoren und Überlandleitungen können wir nicht verzichten. Sie sichern unsere Versorgung mit elektrischer Energie.

Energietransport bei verschiedenen Spannungen • Der Generator im Kraftwerk erzeugt eine Wechselspannung. Sie beträgt z. B. 20 000 V. → 2 Die elektrische Energie wird vom Kraftwerk aus über Hunderte von Kilometern durch Überlandleitungen transportiert. An ihnen liegt z. B. eine Spannung von 220 000 V. Die Spannung an der Steckdose beträgt aber nur 230 V. Warum transportiert man die elektrische Energie nicht gleich bei 230 V?

Stromstärke und Energieverlust • Elektrischer Strom erwärmt die Leitungen. Elektrische Energie geht als thermische Energie verloren – je größer die Stromstärke ist, desto mehr. Bei 100 A wird 10 000-mal mehr elektrische Energie in thermische Energie umgewandelt als bei 1 A!

Hochspannung verringert Verluste • Am Kraftwerk erhöhen Trafos die Spannung von 20 000 V auf 220 000 V. Im gleichen Maß wird die Stromstärke verringert. Dadurch sind die Energieverluste beim Transport gering. Erst kurz vor unseren Haushalten wird die Spannung herunter auf 230 V transformiert. Die elektrische Energie wird dann auf die vielen einzelnen Leitungen der Verbraucher verteilt.

Elektrische Energie wird mit Hochspannung transportiert, um die Stromstärke und damit den Energieverlust gering zu halten.

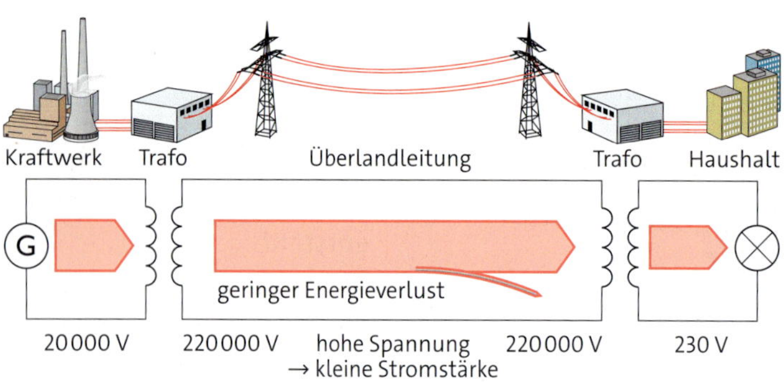

2 Elektrischer Energietransport mit Transformatoren

Aufgaben

1 ○ Gib die Spannungen an, bei denen elektrische Energie zu uns transportiert wird.

2 ◐ Erkläre, weshalb die Spannung einmal herauf- und einmal heruntertransformiert wird. → 2

Material A

Elektrischer Energietransport ohne Hochspannung

Materialliste: Netzgerät (6 V, Wechselspannung), Glühlampe (6 V; 3 W), 2 Messgeräte (Spannung, Stromstärke), 2 Konstantandrähte (0,2 mm dick, jeweils 2 m lang)

1 Das Netzgerät stellt den Generator im Kraftwerk dar. → 3 Die Drähte stehen für die Überlandleitung. Die Lampe stellt ein Elektrogerät im Haushalt dar.

a ▢ Baue den Versuch ohne die Messgeräte auf. Beobachte die Drähte und die Lampe.

b ◑ Vermute, warum die Lampe nicht leuchtet.

c ◑ Miss nun Spannung und Stromstärke an der Lampe. Erkläre, warum die Lampe nicht leuchtet.

d ◑ Beschreibe die Unterschiede zum tatsächlichen Energietransport vom Kraftwerk zum Haushalt.

3 Elektrischer Energietransport ohne Transformator

Material B

Elektrischer Energietransport mit Hochspannung

Materialliste: wie Material A und 2 Spulen (150 Windungen), 2 Spulen (1200 Windungen)

1 Plane einen Modellversuch für den Energietransport mit Hochspannung. → 2

a ◑ Starte mit dem Aufbau von Material A (ohne Messgeräte). → 3 Jetzt soll aber eine „Hochspannung" an den Konstantandrähten liegen.

b ▢ Beschreibe, wie die Trafos aufgebaut sind: am Netzgerät und an der Lampe.

c ◑ Berechne die Spannung an den Konstantandrähten.

d ◑ Beschreibe die Unterschiede zum Versuch ohne Hochspannung. Erkläre, warum die Lampe jetzt leuchten müsste.

e ◑ Nenne Unterschiede zum tatsächlichen Energietransport vom Kraftwerk zum Haushalt. → 2

2 Nur eure Lehrkraft darf den Versuch durchführen. Wenn sie es tut, sollte sie Spannung und Stromstärke an der Lampe messen.

Achtung • Lehrerversuch! An den Konstantandrähten liegt eine Spannung von mehr als 25 V. Elektrounfall vermeiden!

Energietransport im großen Stil

Erweitern und Vertiefen

Der europäische Energieverbund

Höchstspannung • Wenn du fernsiehst, kann die elektrische Energie dafür irgendwo in Europa erzeugt worden sein: in einem Kernkraftwerk in Frankreich, in einem Wasserkraftwerk in Österreich ... Die Länder Europas sind durch ein weitverzweigtes Höchstspannungsnetz (Spannungen von 220 kV bis 380 kV) elektrisch miteinander verbunden. Bevor die elektrische Energie in die Haushalte oder Fabriken kommt, wird die Spannung in mehreren Stufen heruntertransformiert. → 1

Energiehandel • Die Länder kaufen und verkaufen elektrische Energie. → 2 Wenn zum Beispiel Wasserkraftwerke nach der Schneeschmelze in der Schweiz viel elektrische Energie liefern, wird sie ins Ausland verkauft. Fallen in Spanien Kraftwerke aus, kauft das Land mehr elektrische Energie ein. Elektrische Energie wird auf „Strombörsen" gehandelt. → 3 Sonnenschein- und Windvorhersagen oder Schwankungen im Bedarf verändern stündlich den Preis.

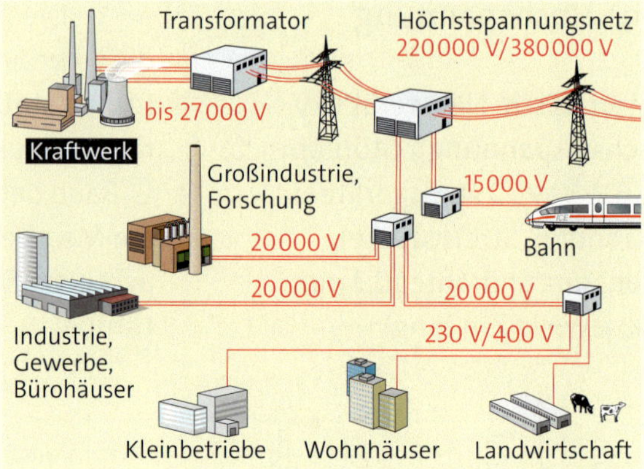

1 Energietransport: verschiedene Spannungen

Aufgaben

1 ○ Gib an, bei welchen Spannungen man von Höchstspannung spricht.

2 ◔ Beschreibe, was der europäische Energieverbund ist.

3 ◔ Gib an, wovon der Strompreis an den Strombörsen abhängt.

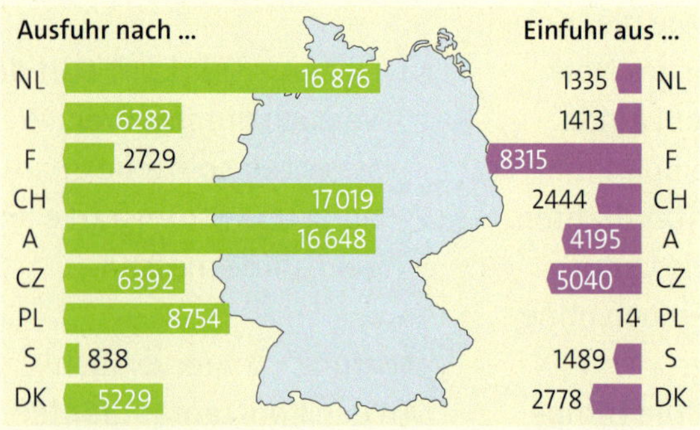

2 Austausch elektrischer Energie mit Nachbarländern in Millionen kWh (2016; Quelle ENTSO-E)

3 Arbeitsplatz an der Strombörse in Leipzig (European Energie Exchange, © & ™ EEX AG)

Erweitern und Vertiefen

Zukünftige Netze für elektrische Energie

Energiewende • Die Kernkraftwerke in Deutschland sollen bald abgeschaltet werden. Dafür werden Wind- und Solarkraftwerke gebaut. Sie erfordern neue Leitungen und eine neue Art der Energieverteilung.

Leitungen • Riesige Windparks in der Nordsee transportieren ihre elektrische Energie mit Hochspannungs-Gleichstrom zum Festland. Anschließend soll elektrische Energie durch Hochspannungs-Gleichstrom-Übertragung (HGÜ) auch nach Süddeutschland gelangen.

Energieverteilung • Windräder und Solarzellen liefern elektrische Energie je nach Wind und Sonnenschein. Computergesteuerte Verteilstationen fassen Windparks, Solaranlagen, Biogasanlagen, Speicherkraftwerke ... zu einem virtuellen Kraftwerk zusammen. → 4

Bei Windstille wird z. B. automatisch ein Pumpspeicherkraftwerk eingeschaltet. Bei starkem Wind wird dagegen Wasser in das obere Becken des Pumpspeicherkraftwerks gepumpt. Die Verteilstation ist das „Gehirn“ des virtuellen Kraftwerks. Energiezähler bei den Verbrauchern melden ihm laufend den Bedarf. Die Station steuert Erzeugung und Transport elektrischer Energie entsprechend.

Aufgaben

1 ○ Nenne Gründe, warum das Stromnetz in Deutschland umgebaut wird.

2 ○ Gib an, was im Beispiel zum virtuellen Kraftwerk gehört. → 4

3 ◐ Nenne Vorteile virtueller Kraftwerke.

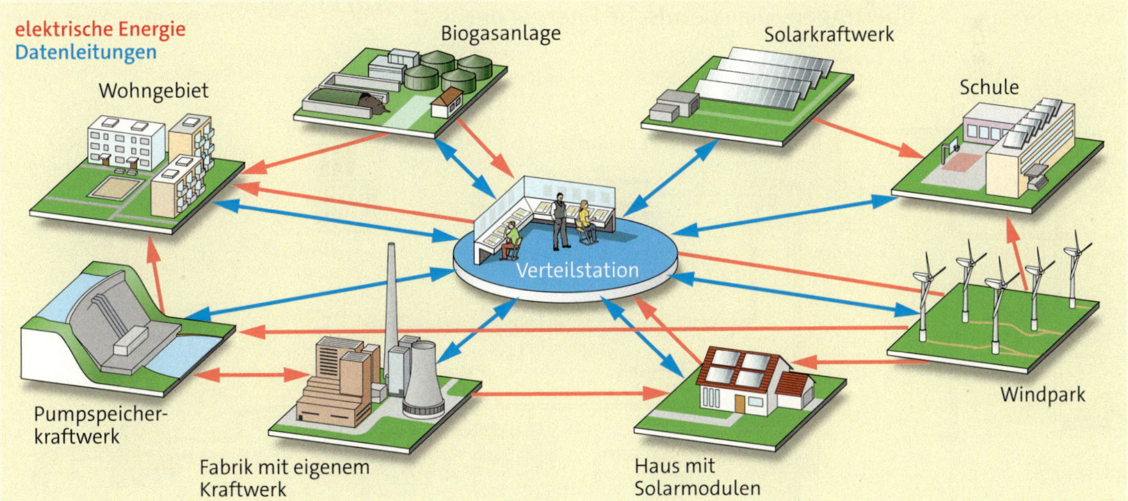

4 Virtuelles Kraftwerk mit Verbrauchern (Beispiel)

Energie im Kraftwerk besser nutzen

1 Heizkraftwerk (bei Hannover)

Material zur Erarbeitung: A

Das Heizkraftwerk wandelt die zugeführte chemische Energie zu 31 % in elektrische Energie um. Aber es nutzt 88 % der zugeführten Energie.

Wirkungsgrad • Im Heizkraftwerk wird Kohle verbrannt, um Wasser zu verdampfen und den Dampf zu erhitzen. → 2 Der Dampf treibt Turbinen an. Deren Bewegung wird auf Generatoren übertragen. Die chemische Energie der Kohle wird in thermische Energie und in elektrische Energie umgewandelt. Allerdings wird nicht die gesamte zugeführte Energie in nutzbare Energie umgewandelt.

Der Wirkungsgrad einer Energieumwandlung gibt an, wie groß der Anteil der nutzbaren Energie ist:

$$\text{Wirkungsgrad} = \frac{\text{nutzbare Energie}}{\text{zugeführte Energie}}.$$

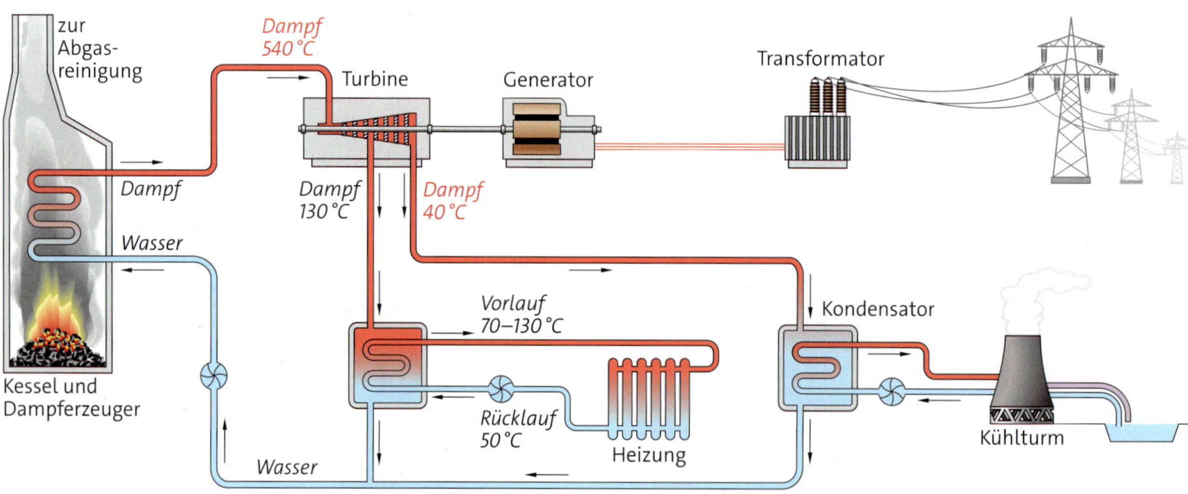

2 Aufbau des Heizkraftwerks (vereinfacht)

das Heizkraftwerk
der Wirkungsgrad
der Kondensator
der irreversible Vorgang

Im Winter wandelt das Heizkraftwerk die zugeführte chemische Energie zu 31 % in elektrische Energie um. → 3 Man sagt: Der elektrische Wirkungsgrad beträgt 31 %. Außerdem wird die zugeführte Energie zu 57 % in thermische Energie umgewandelt, mit der Fabriken und Wohnungen beheizt werden. Der gesamte Wirkungsgrad des Heizkraftwerks beträgt dann 88 %.

Wirkungsgrad erhöhen • Der elektrische Wirkungsgrad des Heizkraftwerks kann bis zu 40 % betragen. Wenn man ihn noch weiter verbessern könnte, müsste man weniger Kohle verbrennen, um die gleiche Menge an elektrischer Energie zu erzeugen. Das würde den CO_2-Ausstoß senken und das Klima schonen. Der Weg dorthin führt über den Temperaturunterschied vor und nach der Turbine. → 2 Ist der Temperaturunterschied groß, so dreht sich die Turbine schneller und wandelt mehr Energie um. Bei einem Wärmekraftwerk gilt:

Der elektrische Wirkungsgrad eines Wärmekraftwerks ist umso größer, je mehr sich die Temperaturen vor und nach der Turbine unterscheiden.

Der Dampf wird im Wärmekraftwerk nach der Turbine durch Kondensator und Kühlturm abgekühlt, um einen hohen elektrischen Wirkungsgrad zu erreichen. Seine thermische Energie wird an die Umgebung abgegeben und nicht in elektrische Energie umgewandelt. Der elektrische Wirkungsgrad liegt also auf jeden Fall unter 100 %.

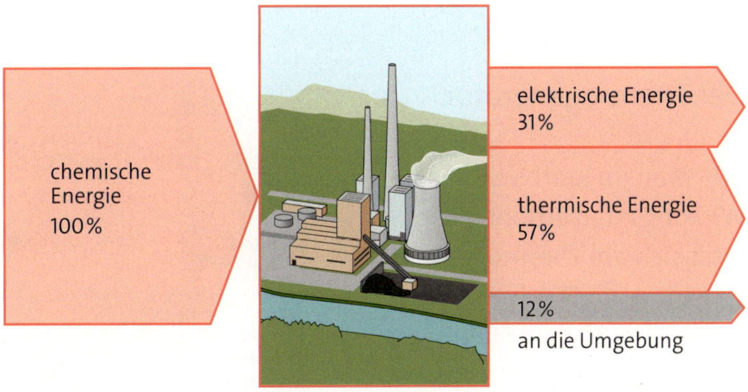

3 Wirkungsgrad: 88 %

In Gas-und-Dampf-Kraftwerken wird Gas verbrannt. Das heiße Verbrennungsgas trifft mit rund 1200 °C auf die Turbinen. Der elektrische Wirkungsgrad liegt bei mehr als 60 %.

Nicht umkehrbar* • Thermische Energie fließt von alleine immer nur von warm nach kalt, niemals umgekehrt.

Vorgänge, die von alleine immer nur in eine Richtung ablaufen, bezeichnet man als irreversibel.

Aufgaben

1 Beschreibe die Energieumwandlungen im Heizkraftwerk. → 2

2 Beschreibe, wie man in Wärmekraftwerken einen hohen elektrischen Wirkungsgrad erreicht.

3 „Wenn man den elektrischen Wirkungsgrad von Wärmekraftwerken erhöht, schont man das Klima.“
Erkläre diese Aussage.

Energie im Kraftwerk besser nutzen

Material A

Der Thermogenerator

Wie man im Kraftwerk den Wirkungsgrad erhöhen kann, lässt sich am Thermogenerator zeigen. → 1 Das heiße Wasser entspricht dem Dampf vor der Turbine. Das kalte Wasser entspricht dem abgekühlten Dampf nach der Turbine. Der Thermogenerator entspricht Turbine und Generator.

Materialliste: Thermogenerator, Solarmotor mit Propeller, Kabel, kleine Marmeladengläser mit Metalldeckel, Wasser mit verschiedenen Temperaturen, Eiswasser, Thermometer

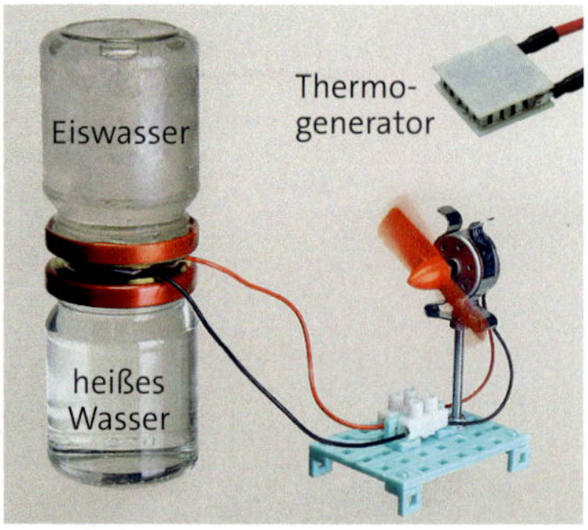

1 Elektrische Energie durch Temperaturunterschied

Temperatur oben	Temperatur unten	Propeller dreht:
20 °C	20 °C	nicht
20 °C	60 °C	?
0 °C	60 °C	?
?	?	?

2 Beispieltabelle

Achtung • Verwende bei heißem Wasser Topflappen oder hitzebeständige Handschuhe!

1 ○ Stelle zwei Gläser aufeinander, die mit Wasser unterschiedlicher Temperaturen gefüllt sind. Schiebe den Thermogenerator dazwischen. → 1 Beschreibe deine Beobachtung.

2 ○ Lege eine Tabelle für deine Ergebnisse an. → 2 Ermittle die Temperaturdifferenz, bei der
a der Propeller gerade noch in Bewegung kommt.
b sich der Propeller besonders schnell dreht.

Material B

Der Stirlingmotor

1 ○ Notiere die Aussagen des Textes in Kurzform. → 3

2 ○ Zeichne die Energiekette für den Stirlingmotor.

3 ◐ Überprüfe die Aussagen durch einen Versuch.

4 ● Begründe, weshalb der Wirkungsgrad des Stirlingmotors unter 100 % liegt.

Heizt man den Kolben und kühlt die Kühlrippen, läuft der Motor schnell. Heizt man auch die Kühlrippen, wird der Motor langsamer. Ohne Temperaturunterschied bleibt er stehen.

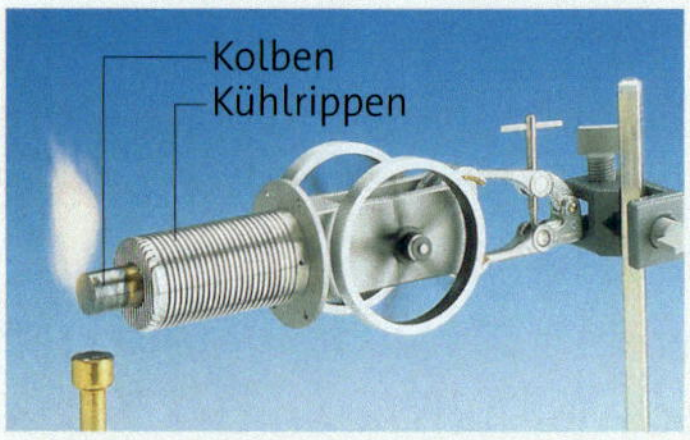

Kolben	Kühlrippen	Motor dreht sich:
heiß	kalt	?
heiß	warm	?
heiß	heiß	?

3 Stirlingmotor im Einsatz

Kombinierte Wärmekraftwerke

Gas-und-Dampf-Kraftwerke • Bei GuD-Kraftwerken wird zum Beispiel Erdgas in eine Turbine geleitet und dort verbrannt. → 4 Das Abgas ist bis zu 1500 °C heiß und steht unter sehr hohem Druck. Es treibt die Turbine an und diese einen ersten Generator, der elektrische Energie erzeugt.
Das Abgas verlässt die Turbine mit einer Temperatur von 600 °C. Seine immer noch große thermische Energie wird genutzt, um Wasser zu verdampfen. Der heiße Dampf treibt eine weitere Turbine an und diese einen zweiten Generator.
Der gesamte elektrische Wirkungsgrad des GuD-Kraftwerks liegt bei mehr als 60 %.

Blockheizkraftwerke • Diese Kraftwerke erreichen besonders hohe Wirkungsgrade von bis zu 90 %, weil sie auch die Abwärme des Kühlwassers und der Abgase nutzen.
Beispielsweise treibt ein Dieselmotor einen Generator an, der elektrische Energie erzeugt. → 5 Das Kühlwasser und die Abgase erwärmen in einem Wärmetauscher Wasser. Das erwärmte Wasser wird zum Heizen oder für das warme Wasser in Wohnungen genutzt. Blockheizkraftwerke werden deshalb oft in der Nähe von Wohnanlagen und Fabriken gebaut. Im Vergleich zu Kraftwerken ohne Nutzung der Abwärme brauchen sie viel weniger Energie und erzeugen weniger CO_2.

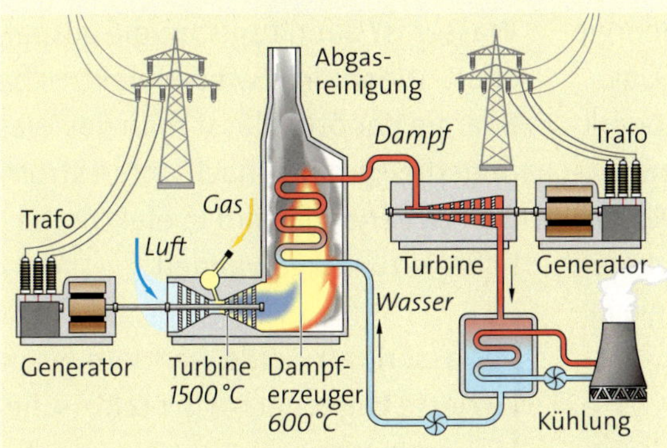

4 Aufbau eines Gas-und-Dampf-Kraftwerks

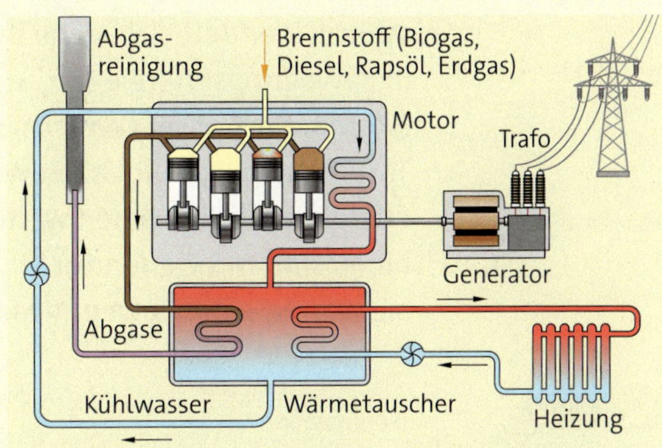

5 Aufbau eines Blockheizkraftwerks

Aufgaben

1 GuD-Kraftwerke

a ◯ Erkläre den Begriff GuD-Kraftwerk.

b ◐ Beschreibe, wie im GuD-Kraftwerk elektrische Energie erzeugt wird. Erkläre den hohen elektrischen Wirkungsgrad.

2 Blockheizkraftwerke

a ◐ Erkläre, weshalb der Wirkungsgrad beim Blockheizkraftwerk so hoch ist.

b ◐ Erkläre, wieso Blockheizkraftwerke oft in der Nähe von Wohnanlagen gebaut werden.

Gestautes Wasser speichert Energie

1 Wasserkraftwerk

Hinter der Mauer staut sich Wasser zu einem See an. Daraus lässt sich eine große Menge Energie gewinnen.

Wasserkraftwerke • Das angestaute Wasser speichert Lageenergie. Wenn das Wasser durch die Rohre nach unten strömt, wandelt sich seine Lageenergie in Bewegungsenergie um. → 2 Das strömende Wasser treibt im Kraftwerk Turbinen an und gibt so Bewegungsenergie an die Turbinen weiter. Die Turbinen sind mit Generatoren verbunden. Sie wandeln die Bewegungsenergie in elektrische Energie um. Der Wirkungsgrad von Wasserkraftwerken ist sehr hoch, er beträgt ca. 90 %. Im Vergleich zu Wärmekraftwerken wird fast die gesamte Energie in elektrische Energie umgewandelt.

Pumpspeicherkraftwerke • Manchmal steht mehr elektrische Energie zur Verfügung, als benötigt wird:

- Bei starkem Wind und hoher Sonneneinstrahlung erzeugen Wind- und Solarenergieanlagen besonders viel elektrische Energie.
- Zum Beispiel nachts wird weniger elektrische Energie benötigt.

In Pumpspeicherkraftwerken nutzt man diese überschüssige elektrische Energie, um Wasser in ein hoch gelegenes Speicherbecken zu pumpen. Im Wasser ist dann Lageenergie gespeichert. Wenn man wieder elektrische Energie benötigt, lässt man das Wasser über die Turbinen nach unten strömen. Die Lageenergie wird in elektrische Energie zurückgewandelt.

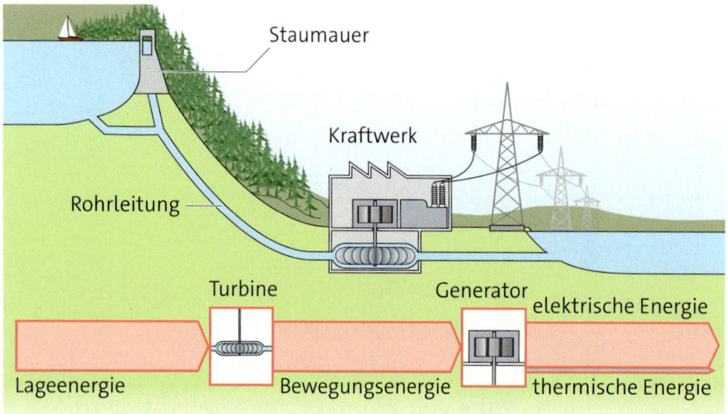

2 Wasserkraftwerk: Prinzip und Energiekette

Wasserkraftwerke wandeln gespeicherte Lageenergie in elektrische Energie um.

Aufgabe

1 Wasser- und Pumpspeicherkraftwerke

a ◯ Beschreibe die Vorgänge bei beiden Kraftwerkstypen.

b ◔ Vergleiche die Kraftwerkstypen miteinander.

das Wasserkraftwerk
das Pumpspeicherkraftwerk

Material A

Bestandteile von Wasserkraftwerken

1 ○ Wasserkraftwerke haben typische Bestandteile. → 3 Diese Bestandteile erfüllen bestimmte Aufgaben. → 4 Ordne die Bestandteile des Wasserkraftwerks ihren jeweiligen Aufgaben zu.

	Bestandteil
1	Generator
2	Turbine
3	Staumauer
4	Wasser
5	Rohrleitung

3 Bestandteile eines Wasserkraftwerks

	Das Bestandteil ...
a	... gibt die Bewegungsenergie des Wassers an den Generator weiter.
b	... speichert das Wasser.
c	... wandelt die Lageenergie des Wassers in Bewegungsenergie um.
d	... wandelt die Bewegungsenergie des Wassers in elektrische Energie um.
e	... speichert die Energie und transportiert sie.

4 Aufgaben der Bestandteile eines Wasserkraftwerks

Material B

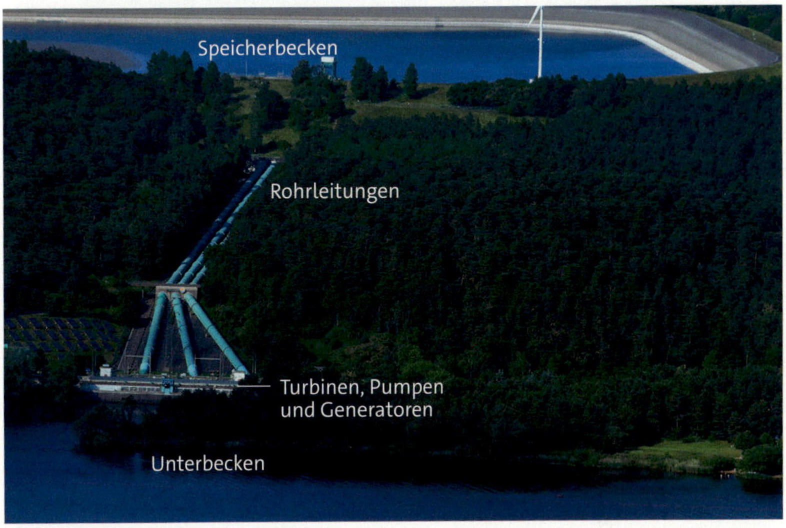

5 Pumpspeicherkraftwerk

Pumpspeicherkraftwerke

1 ◐ Fertige eine Prinzipskizze eines Pumpspeicherkraftwerks an und beschrifte die einzelnen Bestandteile des Kraftwerks. → 5

2 Vorgänge im Pumpspeicherkraftwerk

a ○ Beschreibe die Vorgänge beim Hinaufpumpen und beim Herunterfließen des Wassers.

b ◐ Zeichne Energieketten für die beiden Vorgänge.

c ◐ Vergleiche die Vorgänge im Pumpspeicherkraftwerk mit den Vorgängen beim Laden und Nutzen eines Handyakkus. → 6 7

3 ● „Speicherkraftwerke sind Unsinn! Erst wird das Wasser mühsam hochgepumpt, um es später wieder runterlaufen zu lassen.“ Nimm Stellung dazu.

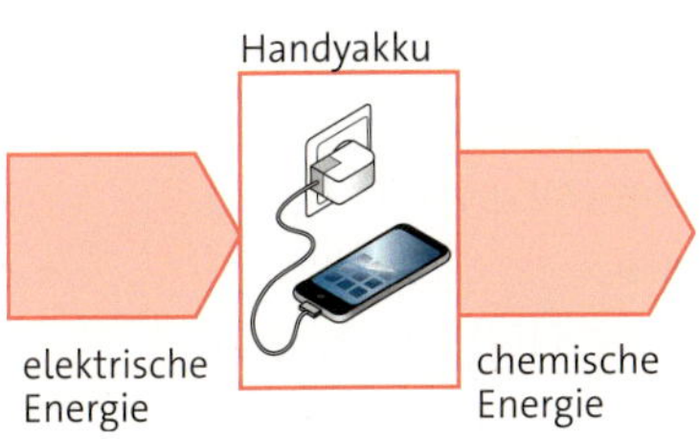

6 Handyakku laden

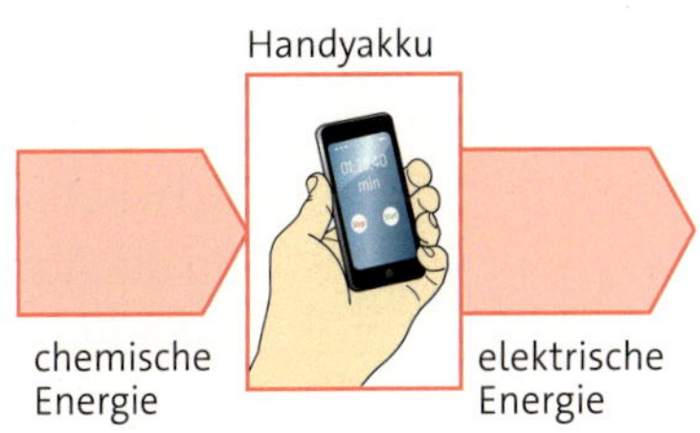

7 Handyakku nutzen

Nachhaltige Energieversorgung

1 – 4 Elektrische Energie erzeugen – ohne Kohle

Kohle- und Gaskraftwerke sind eine Hauptquelle für das Treibhausgas CO_2. Wir brauchen Alternativen.

Erneuerbare Energieträger • Um das Klima zu schonen, werden Windenergieanlagen, Wasserkraftwerke, Solarkraftwerke und Biogasanlagen immer wichtiger. → 1 – 4 Die Anlagen nutzen die erneuerbaren Energieträger Wind, strömendes Wasser, Sonnenlicht oder Biogas. Bei der Errichtung der Anlagen entsteht auch in geringen Mengen CO_2.

Wind und Wasser • Strömendes Wasser und Wind können über Turbinen Generatoren antreiben. → 1 2
Der Wirkungsgrad von Wasserkraftwerken liegt bei 90 %. 10–40 g CO_2 gehen pro Kilowattstunde (kWh) elektrischer Energie aus Wasserkraftwerken in die Atmosphäre.
Windenergieanlagen haben einen Wirkungsgrad von bis zu 50 %, 10–40 g CO_2 gehen pro kWh in die Atmosphäre.

Sonne • Die Solarmodule auf Dächern und Feldern haben einen Wirkungsgrad von etwa 15 % und schlagen mit 50–100 g CO_2 pro kWh zu Buche.
In sehr sonnigen Gebieten der Erde gibt es Solarkraftwerke mit gebogenen Spiegeln. → 3 Sie erzeugen Wasserdampf, der Turbinen und Generatoren antreibt. Diese Anlagen haben einen Wirkungsgrad von rund 20 % und einen CO_2-Ausstoß unter 30 g pro kWh.

Biogas • Aus Pflanzen- und Tierresten entsteht in Biogasanlagen unter Luftabschluss Biogas. → 4 6 Es enthält hauptsächlich Methan. Das Gas wird verbrannt, um Turbinen und Generatoren anzutreiben. Der Wirkungsgrad beträgt rund 35 %. Die Anlagen erzeugen zwar 250 g CO_2 pro kWh – so viel CO_2 haben die Pflanzen aber zuvor beim Wachsen aus der Luft aufgenommen.

Wir erzeugen mithilfe erneuerbarer Energieträger elektrische Energie, ohne die Atmosphäre stark zu belasten.

Aufgaben

1 ○ Nenne drei erneuerbare Energieträger.

2 ◐ Erstelle eine Tabelle mit den Wirkungsgraden und dem CO_2-Ausstoß der beschriebenen Kraftwerke.

3 ● Zeichne Energieketten für die beschriebenen Kraftwerke.

Material A

Elektrische Leistung einer einfachen Solaranlage

Materialliste: Solarmodul, Solarmotor, Halogenleuchte, Bindfaden, Wägestück, 2 Vielfachmessgeräte (Stromstärke, Spannung), Kabel

1 Bestimme die Leistung des Solarmoduls. → 5

a Miss die Spannung U und die Stromstärke I.

b Berechne die elektrische Leistung P.

c Die Solaranlage für einen 4-Personen-Haushalt hat eine maximale Leistung von 4 kW. Vergleiche mit der einfachen Solaranlage.

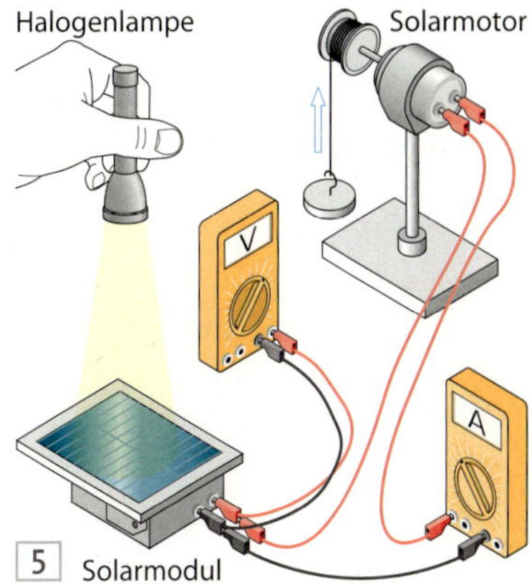

5 Solarmodul

Material B

Biogasanlage

1 Eine Biogasanlage besteht aus vielen Teilen. → 6

a Nenne die Ausgangsstoffe und die Produkte der Biogasanlage.

b Beschreibe die Entstehung von Biogas in der Anlage.

c 1 Hektar (1 ha) Mais kann pro Jahr 5 Haushalte mit elektrischer Energie versorgen. In Deutschland gibt es rund 40 Millionen Haushalte. Berechne die benötigte Anbaufläche.

d Deutschland besitzt insgesamt etwa 17 Millionen Hektar Anbaufläche. Vergleiche mit dem Ergebnis aus Versuchsteil c.

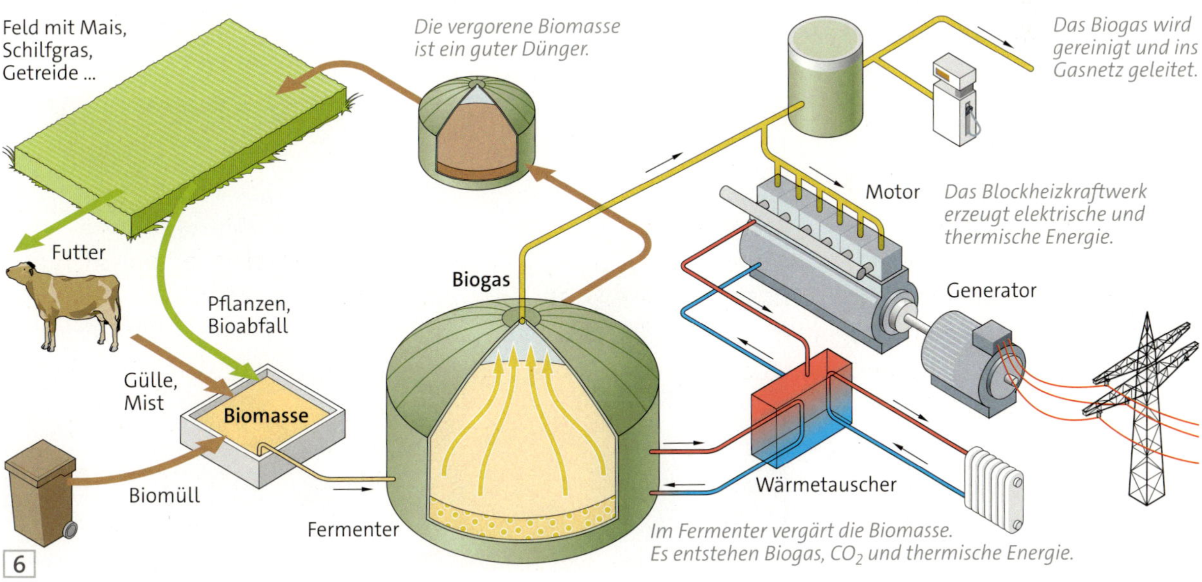

6

Kraftwerke im Überblick

	Wärmekraftwerk	Wasserkraftwerk
elektrischer Wirkungsgrad	35–60 %	70–96 %
Energieträger	Kohle, Erdgas und Biogas, Müll, Holzabfälle	Wasser kein Bedarf an Brennstoffen
Standort	an Gewässern (Kühlung erforderlich) Eine günstige Verkehrsanbindung (Eisenbahn, Schifffahrt), Lagerflächen und Kühlmöglichkeiten sind nötig.	Stauseen im Bergland, Staustufen von Flüssen
Beeinflussung der Umwelt	Abwärme heizt die Umwelt auf. Kohle und Erdgas: Verstärkung des Treibhauseffekts durch großen Ausstoß von CO_2 Biogas und Holzabfälle: Es wird die gleiche Menge CO_2 ausgestoßen, wie beim Wachsen der Pflanzen gebunden wurde.	Beim Bau von Stauseen und Staustufen wird erheblich in das Landschaftsbild und in die Natur (Beispiel: Fischwanderung wird behindert) eingegriffen.
Aussichten für die Zukunft	Wärmekraftwerke werden in Zukunft weniger zum Einsatz kommen. Auf die umweltschädlichen Kohlekraftwerke soll bald ganz verzichtet werden.	Die existierenden Wasserkraftwerke werden weitergenutzt werden. Wasserkraft ist in Deutschland aber kaum noch ausbaubar, nur der Bau von kleineren Kraftwerken ist möglich.
CO_2 pro kWh elektrischer Energie (inkl. Bau, Betrieb und Abriss der Kraftwerke)	Erdgas: 400–550 g Kohle: 750–1200 g	10–40 g

1 Vergleich von Kraftwerken bei der Erzeugung elektrischer Energie

Aufgaben

1 ◯ Ordne die Fotos den Kraftwerken zu. → 2 – 6

2 ◯ Ordne die Kraftwerke nach elektrischem Wirkungsgrad. Beginne mit dem größten Wirkungsgrad.

3 ◔ Vergleiche, wie stark die Kraftwerke die Umwelt mit CO_2 belasten.

2

3

Windenergieanlage	Fotovoltaikanlage	Kernkraftwerk
30–50 %	15–20 %	35 %
Wind kein Bedarf an Brennstoffen	Sonnenlicht kein Bedarf an Brennstoffen	Uran ($^{235}_{92}U$)
Der Standort muss windreich sein (volle Leistung bei Windstärke 6–7): Bau vor allem im Meer, an Küsten, auf Bergen und Anhöhen.	Montage auf allen Hausdächern mit Südlage, freie Felder	an Gewässern (Kühlung erforderlich)
Lärm durch Rotorblätter, Beeinträchtigung des Landschaftsbilds, flimmernder Schatten durch bewegte Rotorblätter Gefährdung von Vögeln und Fledermäusen	Während des Betriebs wird die Umwelt nicht belastet, dafür aber bei der Herstellung und Entsorgung der Anlagen. Die Anlagen bedecken eine große Fläche.	Während des Betriebs wird nur sehr wenig CO_2 ausgestoßen. Die radioaktiven Abfälle müssen über Jahrtausende sicher gelagert werden. Die Umwelt kann bei unsachgemäßem Betrieb, Unfällen, Naturkatastrophen oder Anschlägen mit radioaktiven Stoffen belastet werden.
Die Aussichten sind gut. Im Meer und und an Küsten gibt es noch Ausbaumöglichkeiten. Zur Versorgungssicherheit ist der Ausbau des Verbundnetzes (Leitungen von Nord- nach Süddeutschland) und eine Zwischenspeicherung an windreichen Tagen nötig.	Die Aussichten sind gut, insbesondere bei steigendem Wirkungsgrad und geringeren Herstellungskosten. Zur Versorgungssicherheit ist der Ausbau des Verbundnetzes und eine Zwischenspeicherung an sonnenscheinreichen Tagen nötig.	In Deutschland ist die Abschaltung aller Kernkraftwerke geplant. In anderen Ländern (z. B. China) werden neue Kernkraftwerke gebaut.
10–40 g	50–100 g	10–30 g

4

5

6

Methode

Eine Pro-und-Kontra-Debatte

Windenergieanlagen können Wärme- und Kernkraftwerke ersetzen. Allerdings sind nicht alle Standorte für den Bau von Windfarmen geeignet. Anwohner werden durch den Lärm belästigt und niemand möchte neue Hochspannungsleitungen vor seiner Haustür haben. Tiere werden gestört und Vögel gefährdet. Soll die Windenergie also bei uns weiter ausgebaut werden?
Es ist sehr aufwendig, alle Argumente dafür und dagegen alleine zu finden. Bei einer Pro-und-Kontra-Debatte wird diese Aufgabe auf mehrere Gruppen verteilt. Wenn alle Argumente in der Debatte ausgetauscht worden sind, kannst du dir eine fundierte Meinung bilden.

1 Windenergie ausbauen?

1. Vorbereitung Macht euch mit dem Thema vertraut. Stimmt ab, um ein erstes Meinungsbild zu bekommen: Wie viele sind für den Ausbau der Windenergie, wie viele dagegen?

2. Standpunkte formulieren Für die Debatte braucht ihr gegensätzliche Standpunkte. → 3
Bildet für jeden Standpunkt eine Gruppe.

3. Standpunkte festigen Findet sachliche Argumente für euren Standpunkt (z. B. in diesem Buch). Sammelt auch Gegenargumente und überlegt, wie ihr sie widerlegen könnt.
Bestimmt zum Schluss einen Gruppensprecher.

4. Die Debatte führen Die Debatte braucht einen geordneten Rahmen und Ablauf:
- Stellt drei Tische längs nebeneinander für die Pro-Gruppen auf und drei Tische direkt gegenüber für die Kontra-Gruppen. Die Gruppensprecher und sitzen jeweils am Tisch, die Gruppen als Zuschauer dahinter.
- Die Lehrkraft eröffnet und leitet die Debatte. Sie begrüßt die Zuschauer, nennt das Thema und stellt die Gesprächsteilnehmer vor.
- Die Gruppensprecher halten jeweils einen kurzen Eingangsvortrag (3 Minuten). Danach tauschen die Gruppensprecher in Rede und Gegenrede ihre Argumente und Gegenargumente aus (ca. 15–20 Minuten).

5. Die Debatte auswerten Jetzt sind die Zuschauer an der Reihe. Sie sagen, welche Argumente sie überzeugend finden und welche nicht, was gut gelungen ist und was nicht. Zum Abschluss stimmt ihr nochmals über die Ausgangsfrage ab. Vergleicht mit dem ersten Meinungsbild und diskutiert die Unterschiede.

Aufgabe

1 ● Führt eine Pro-und-Kontra-Debatte zum Ausbau der Windenergie. Überzeugt eure Zuschauer!

2 Wer hat die besseren Argumente?

Pro	Kontra
Eltern Wir machen uns wegen unserer Kinder große Sorgen über die weltweite Erwärmung. Wie kann man denn den CO_2-Ausstoß verringern? Eine Lösung könnte sein, mehr erneuerbare Energiequellen zu nutzen und Windenergieanlagen zu bauen.	**Eltern** Wir wohnen ganz nahe an einer großen Windfarm. Immer wenn wir aus dem Fenster schauen, ärgern uns die riesigen Teile und das ständige Hell-Dunkel der Rotoren gewaltig. Und jetzt sollen noch zusätzlich neue gebaut werden?
Politiker/Politikerin Kernenergie kann gefährlich sein, Wärmekraftwerke produzieren zu viel CO_2. Die Lösung für das Energieproblem sind die erneuerbaren Energiequellen. Windenergieanlagen sind ein wichtiger Teil davon. Deutschland muss als Vorbild vorangehen, auch wenn es vielleicht noch Probleme mit der Windenergie gibt.	**Politiker/Politikerin** Erneuerbare Energiequellen sind keine Lösung für das Klimaproblem. Sie sind zu teuer, ihr Strom kostet zu viel und sie verschandeln die Landschaft. Es bleibt nur die Möglichkeit, weiterhin auf Kernenergie und Wärmekraftwerke zu setzen, auch wenn die Kohlekraftwerke zu viel CO_2 produzieren.
Umweltschützer/Umweltschützerin Warum verstehen die Menschen nicht, dass es nur durch ein radikales Umdenken möglich ist, das Problem mit dem CO_2 in den Griff zu bekommen? Die Fakten sind doch bekannt und trotzdem gibt es viele Menschen, die gegen Windenergieanlagen sind. Das kann ich nicht verstehen, es gibt so viele Argumente dafür.	**Konzernchef/Konzernchefin** Ich leite einen wichtigen Stromkonzern und verstehe nicht, wie Leute gegen Kernenergie und Wärmekraftwerke sein können. Trotz der Probleme liefern sie günstig Energie. Windenergieanlagen können dies nicht gewährleisten. Außerdem sind die Ängste vor einer weltweiten Erwärmung übertrieben. Die Menschen müssen darüber aufgeklärt werden.

3 Rollenkarten für die Pro-und-Kontra-Debatte

Versorgung mit elektrischer Energie

Zusammenfassung

Kraftwerke • In Wärme- und Wasserkraftwerken sowie in Windenergieanlagen wandeln Generatoren Bewegungsenergie in elektrische Energie um. → 1

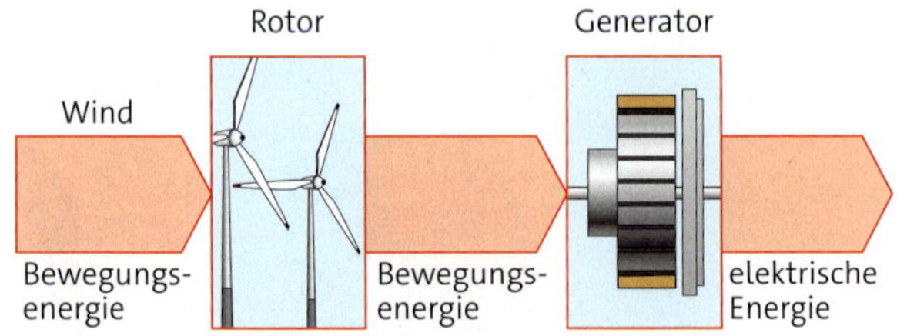

1 Energiekette: Windenergieanlage

Induktion • In einer Spule wird eine Spannung erzeugt, solange sich das Magnetfeld in ihr ändert. Um das Magnetfeld zu ändern, kann man:

- den Magneten und die Spule gegeneinander bewegen. → 2 3
- den Elektromagneten an- und abschalten. → 4

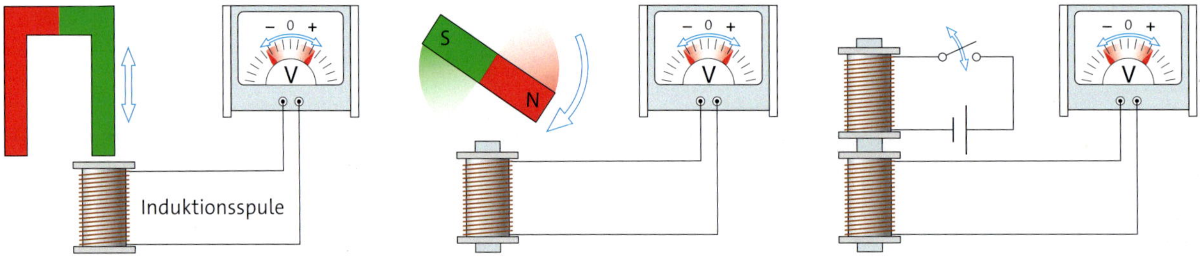

2 – 4 Das Magnetfeld in der Spule ändert sich. → An der Spule misst man eine Spannung.

Generator • Bei vielen Generatoren dreht sich ein Magnet in einer Spule oder eine Spule in einem Magneten. → 5 Das Magnetfeld in der Spule ändert sich ständig. Durch Induktion entsteht eine Wechselspannung an der Spule. Wenn eine Glühlampe an den Generator angeschlossen wird, fließt ein Wechselstrom.

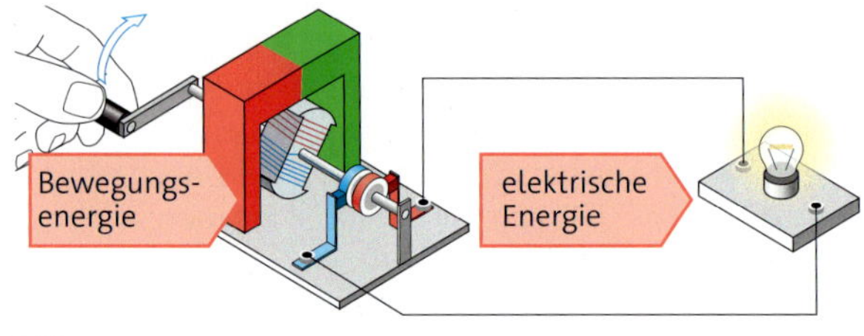

5 Generator (mit drehbarer Spule)

Wechselspannung – genauer betrachtet • Die Haushaltssteckdosen liefern eine Wechselspannung. Die Spannung wechselt 50-mal pro Sekunde von Plus zu Minus und zurück. → 6

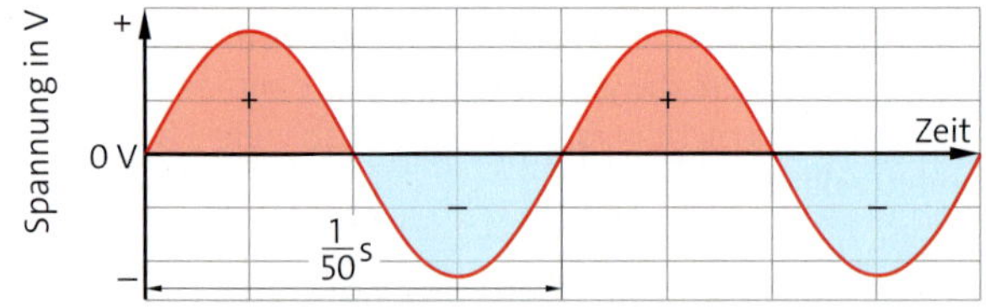

6 Wechselspannung

Transformator • Er besteht aus zwei Spulen auf einem gemeinsamen Eisenkern. → 7 Der Trafo wird mit Wechselspannung betrieben.
Wenn die Induktionsspule weniger Windungen als die Feldspule hat, verringert der Trafo die Spannung und erhöht die Stromstärke.

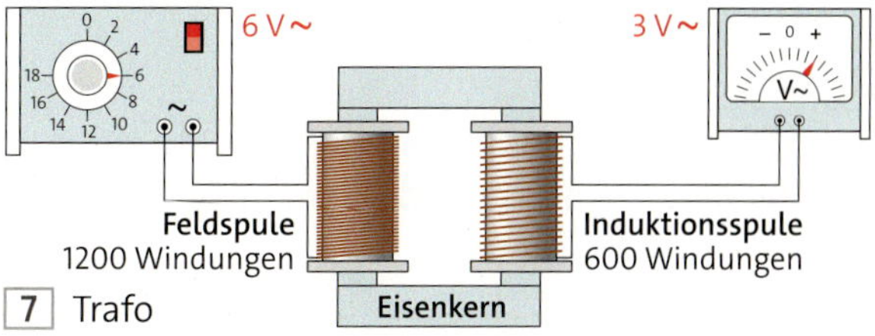

7 Trafo

Energietransport im großen Stil • Elektrische Energie wird bei hohen Spannungen vom Kraftwerk zum Verbraucher transportiert. Die Stromstärken sind wegen der hohen Spannungen so gering, dass unterwegs nur wenig thermische Energie abgegeben wird. → 8

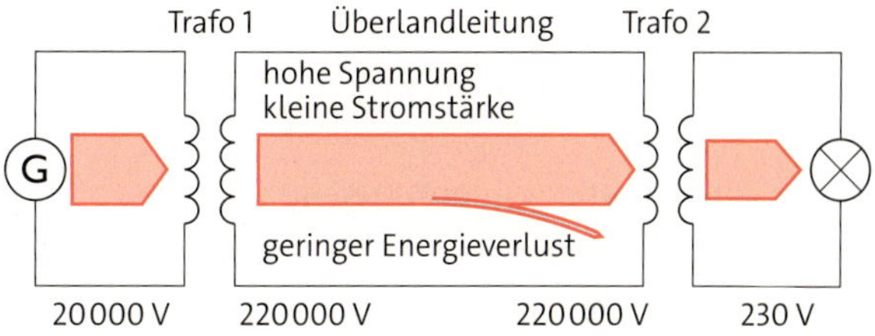

8 Energietransport mit Hochspannung

Wirkungsgrad • Bei Energieumwandlungen gilt:

$$\text{Wirkungsgrad} = \frac{\text{nutzbare Energie}}{\text{zugeführte Energie}}.$$ → 9

Der Wirkungsgrad kann nie größer als 100 % sein. Der elektrische Wirkungsgrad eines Wärmekraftwerks ist umso größer, je mehr sich die Temperaturen vor und nach der Turbine unterscheiden.

9 Wirkungsgrad eines Wärmekraftwerks: 40 %

Irreversibel* • Irreversible Vorgänge laufen von alleine immer nur in eine Richtung ab.

Gestautes Wasser speichert Energie • Stauseen sind Energiespeicher: Das angestaute Wasser besitzt Lageenergie. Wenn das Wasser abwärts strömt, kann seine Energie mithilfe einer Turbine und eines Generators in elektrische Energie umgewandelt werden.
In Pumpspeicherkraftwerken pumpt man Wasser in das obere Speicherbecken, wenn überschüssige elektrische Energie zur Verfügung steht. Wenn dagegen viel Energie gebraucht wird, lässt man das Wasser wieder abwärts strömen und erzeugt damit elektrische Energie.

Nachhaltige Energieversorgung – Kraftwerke im Vergleich • Mehr als die Hälfte der in Deutschland benötigten elektrischen Energie wird derzeit noch in Wärmekraftwerken erzeugt. Die Energieträger Kohle, Gas und Uran werden dabei verbraucht. Die Verbrennung von Kohle und Gas belastet die Atmosphäre mit Schadstoffen. Erneuerbare Energieträger liefern immer wieder Energie. Wir erzeugen damit elektrische Energie, ohne die Atmosphäre stark zu belasten – vor allem mit Windenergie- und Solaranlagen sowie Wasserkraftwerken.

Teste dich! (Lösungen auf Seite 446)

Kraftwerke

1 ○ Beschreibe Gemeinsamkeiten und Unterschiede zwischen einem Windkraftwerk und einem Wasserkraftwerk. → 1 2

2 ○ Zeichne die Energiekette für ein Kohlekraftwerk.

Energieumwandlung durch Induktion

3 Mit einer Spule soll elektrische Energie erzeugt werden.
a ○ Nenne die Dinge, die du dazu benötigst. (Eine weitere Spule soll nicht dabei sein.)
b ◐ Beschreibe, wie du vorgehst.
c ◐ Beschreibe verschiedene Möglichkeiten, wie du besonders hohe Spannungen erreichst.

4 ◐ Elektrische Energie kann auch ohne Bewegung mit Spulen erzeugt werden.
a ○ Nenne die Teile, die du dazu benötigst.
b ◐ Skizziere einen Versuchsaufbau.
c ◐ Beschreibe, wie du vorgehst.

5 Ein Fahrraddynamo erzeugt elektrische Energie.
a ○ Nenne die Teile, aus denen ein Fahrraddynamo aufgebaut ist.
b ○ Zeichne die Energiekette.
c ○ Schreibe die richtigen Aussagen ins Heft:
- Der Dynamo erzeugt eine Wechselspannung.
- Der Dynamo erzeugt eine Gleichspannung.
- Die Spannung beträgt 6 V.
- Die Spannung beträgt 230 V.

d ◐ Erkläre, wie der Dynamo funktioniert.

1 Windkraftwerke

2 Wasserkraftwerk

Wechselspannung – genauer betrachtet

6 ○ Beschreibe den Verlauf einer Wechselspannung mit 50 Hz.

7 ◐ Zeichne den Verlauf einer 6-V-Wechselspannung mit 50 Hz. Beschrifte die Spannungs- und die Zeitachse.

Transformatoren ändern Spannungen

8 ◐ Skizziere, wie ein Transformator aufgebaut ist. Beschrifte das Bild mit den Fachbegriffen.

9 Die Spannung an der Induktionsspule eines Trafos beträgt 12 V, die Spannung an der Feldspule 6 V.
a ○ Gib an, welche Spule mehr Windungen hat.
b ◐ Die Feldspule hat 300 Windungen. Berechne, wie viele Windungen die Induktionsspule hat.

10 Ein Trafo soll die Spannung an der Steckdose auf 2,3 V verringern.
a ○ Gib die Spannung an der Steckdose an.
b ◐ Gib an, welche Spule mehr Windungen hat. Begründe.
c ◐ Die Feldspule hat 10 000 Windungen. Berechne, wie viele Windungen die Induktionsspule hat.

Transformatoren ändern Ströme

11 Transformatoren ändern auch die Stromstärke.

a ◐ „Was an Spannung gewonnen wird, geht an Stromstärke verloren." Erkläre, was mit der Aussage gemeint ist.

b ◐ Ein Trafo erhöht die Spannung von 6 V auf 600 V. In der Feldspule fließt ein Strom von 0,5 A. Schreibe die richtigen Aussagen ins Heft:

- Der Trafo erhöht die Stromstärke.
- Der Trafo verringert die Stromstärke.
- Die Stromstärke in der Induktionsspule beträgt 0,5 A.
- Die Stromstärke in der Induktionsspule beträgt 50 A.
- Die Stromstärke in der Induktionsspule beträgt 0,005 A.

Energietransport im großen Stil

12 Trafos werden beim Energietransport vom Kraftwerk zum Verbraucher eingesetzt.

a ○ Zeichne den Schaltplan.

b ○ Nenne die Aufgaben der Transformatoren.

c ◐ Begründe den Einsatz der Trafos. Verwende die Begriffe Hochspannung, Stromstärke und thermische Energie.

Energie im Kraftwerk besser nutzen

13 Wirkungsgrad eines Motorradmotors

a ◐ „Der Wirkungsgrad des Motors beträgt etwa 20 %." Erkläre diese Aussage. Tipp: → 3

b ◐ Erkläre, warum der Wirkungsgrad einer Maschine nie mehr als 100 % betragen kann.

14 Kohlekraftwerke

a ○ Gib den elektrischen Wirkungsgrad eines Kohlekraftwerks ungefähr an.

b ○ Ergänze: Ein Kohlekraftwerk produziert mehr ◇ Energie als elektrische Energie.

c ◐ Der Wirkungsgrad von Heizkraftwerken ist viel größer als der elektrische Wirkungsgrad. Erkläre den Unterschied.

d ◐ „Kohlekraftwerke verstärken den Treibhauseffekt." Begründe diese Aussage.

e ○ Nenne Kraftwerke, die den Treibhauseffekt nur wenig verstärken. Gib jeweils den elektrischen Wirkungsgrad an.

Gestautes Wasser speichert Energie

15 ◐ Es ist ein windiger und sonniger Tag in Deutschland. Vermute, wie ein Pumpspeicherkraftwerk an diesem Tag geschaltet ist. Zeichne die Energiekette.

Nachhaltige Energieversorgung – Kraftwerke im Überblick

16 ◐ Nenne erneuerbare Energieträger und begründe ihren vermehrten Einsatz bei der Energieversorgung.

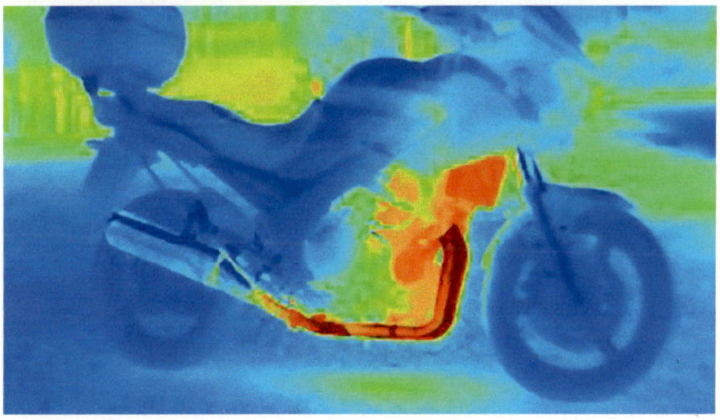

3 Wärmebild eines gerade abgestellten Motorrads

Radioaktivität

An die Tomaten wird kein Mikrofon gehalten, sondern ein Geigerzähler. Er zeigt an, ob sie radioaktiv belastet sind.
Was ist das: Radioaktivität?

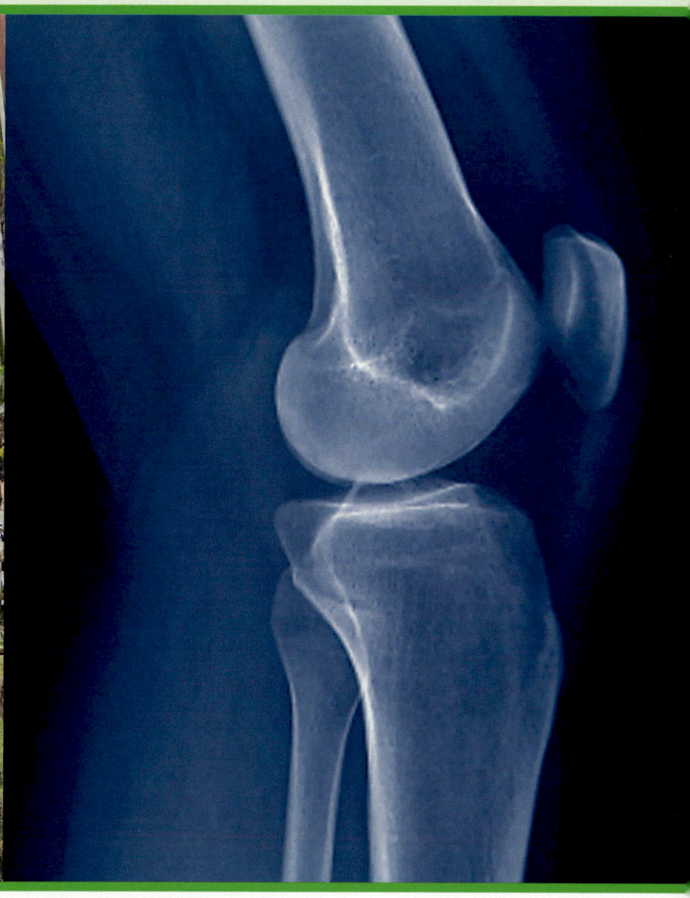

Was geschieht im Kernkraftwerk? Wie gefährlich ist so ein Kraftwerk und welche Schutzmaßnahmen gibt es? Verstärken Kernkraftwerke den Treibhauseffekt?

Röntgenstrahlung macht das Innere des Körpers sichtbar. Auch die unsichtbare Strahlung radioaktiver Körper kann in der Medizin und in der Technik genutzt werden.

Radioaktivität – überall!

1 Was zeigt das Knacken an?

Das Knacken des Geigerzählers zeigt Radioaktivität an. – Ist hier ein radioaktiver Stoff in der Umgebung?

Unsichtbare Strahlung • Der Geigerzähler zeigt eine unsichtbare Strahlung an. Dabei handelt es sich weder um Infarotstrahlung noch um Ultraviolettstrahlung. Wir sind ihr ständig ausgesetzt. Sie kommt aus dem Weltraum und von radioaktiven Stoffen in unserer Umgebung. So sind z. B. manche Gesteine und Lebensmittel (leicht) radioaktiv. Je intensiver die Strahlung ist, desto größer ist die Anzahl der Impulse, die der Geigerzähler misst. Der Geigerzähler knackt mal häufiger, mal seltener. Die radioaktiven Stoffe senden die unsichtbare Strahlung ganz unregelmäßig von selbst aus. Man kann nicht vorhersagen, wann es passiert.

Ionisierende Strahlung • Wenn die Strahlung radioaktiver Stoffe auf ein Atom trifft, kann sie Elektronen aus der Atomhülle herausschlagen. → 2 Dann wird das Atom zu einem positiv geladenen Ion. Man spricht deshalb von ionisierender Strahlung. Wenn sie in unseren Körper eindringt, kann sie Atome und Moleküle in unseren Zellen verändern und dadurch schädigen.

Die Strahlung radioaktiver Stoffe ist unsichtbar und ionisierend. Sie kann mit dem Geigerzähler nachgewiesen werden. Wir sind ständig einer geringen ionisierenden Strahlung ausgesetzt.

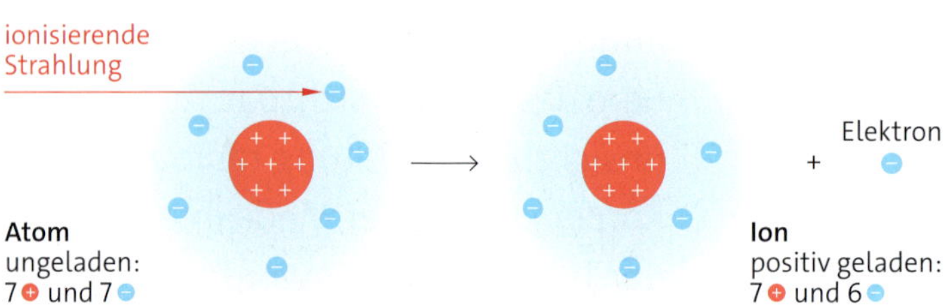

2 Ionisierende Strahlung

Aufgaben

1 Petra misst in ihrer Klasse mit dem Geigerzähler:
1. Minute: 23 Impulse, 2. Minute: 21 Impulse, 3. Minute: 25 Impulse.

a ○ Beschreibe, was der Geigerzähler anzeigt.

b ◔ Erkläre, warum es nicht immer gleich viele Impulse sind.

2 ◔ Erkläre den Begriff „ionisierende Strahlung“.

3 ◔ Ein Atom wird von ionisierender Strahlung getroffen. Beschreibe den Vorgang der Ionisierung.

Material A

Geigerzähler im Einsatz

Materialliste: Geigerzähler, Kaliumdünger, Kochsalz

1 Stellt den Geigerzähler auf den leeren Tisch und schaltet ihn ein. Lasst ihn 5 min lang zählen.
○ Notiert eure Beobachtung.

2 Legt den Kaliumdünger auf den Tisch. Er enthält ein Kaliumsalz. Haltet den Geigerzähler dicht über den Dünger. → 3 Lasst wieder 5 min lang zählen.
○ Notiert wieder eure Beobachtung. Vergleicht mit dem vorigen Versuch.

3 Kaliumdünger und Geigerzähler

3 Wiederholt den Versuch mit Kochsalz. Das ist ein Natriumsalz.
◐ Vergleicht mit dem vorigen Versuchsergebnis. Erklärt den Unterschied.

Material B

Radioaktive Lebensmittel

Materialliste: Geigerzähler, Kakaopulver, weiße Bohnen, Pflaumen

1 Stellt den Geigerzähler auf den leeren Tisch und schaltet ihn ein. Lasst ihn 5 min lang zählen.
○ Notiert euren Messwert.

2 Haltet den Geigerzähler dicht über die verschiedenen Lebensmittel. Lasst ihn jeweils 5 min lang zählen.
a ○ Notiert die Messwerte.
b ○ Vergleicht mit dem Messwert bei leerem Tisch.
c ◐ Erklärt den Unterschied. Tipp: Kakaopulver, weiße Bohnen und Pflaumen enthalten viel Kalium.

Material C

Radioaktiver Staub

Zwei dünne Lagen eines Taschentuchs aus Papier werden am Ansaugrohr eines Staubsaugers befestigt. → 4 Die Luft wird 10 min lang durch dieses Taschentuch gesaugt. Anschließend misst der Geigerzähler am Taschentuch 1204 Impulse in 5 min.
Nun wird das Taschentuch verbrannt. Der Geigerzähler misst über der Asche diesmal 1210 Impulse in 5 min.

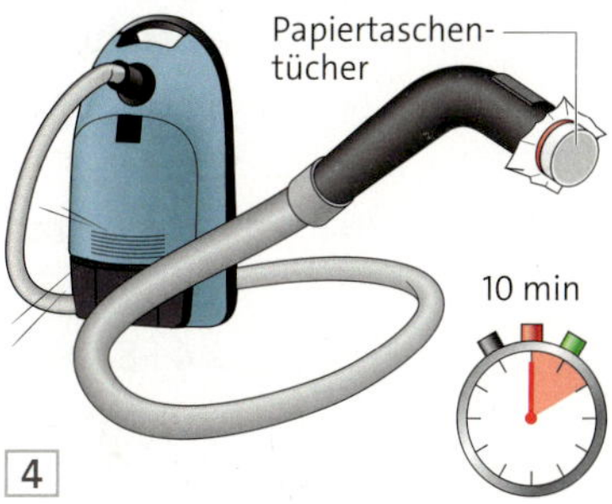

4

1 Wenn man den Geigerzähler an ein frisches Taschentuch hält, misst er 104 Impulse in 5 min.
◐ Erkläre, warum der Messwert nach dem Staubsaugen viel höher ist.

2 ○ Gib jeweils an, ob die Aussagen richtig oder falsch sind:
a An der Asche der Taschentücher misst der Geigerzähler weniger Impulse als vorher.
b Das Verbrennen der Taschentücher zerstört die radioaktiven Stoffe.
c Die radioaktiven Stoffe sind auch nach dem Verbrennen der Taschentücher noch vorhanden.

Ionisierende Strahlung – näher betrachtet

1 Schützen die Anzüge vor Radioaktivität?

Strahlung radioaktiver Stoffe kann uns schädigen. Lässt sie sich abschirmen?

Drei Strahlungsarten • Ein Teil der Strahlung wird schon durch eine 4–8 cm dicke Luftschicht oder ein Blatt Papier gestoppt. → 2 Dieser Teil der Strahlung wird Alpha-Strahlung (α-Strahlung) genannt.
Ein anderer Teil der Strahlung wird zum Beispiel erst durch ein 4–5 mm dickes Alublech gestoppt. Er wird Beta-Strahlung (β-Strahlung) genannt.
Ein weiterer Teil der Strahlung wird erst durch sehr dicke Bleiblöcke weitgehend gestoppt. Er wird Gamma-Strahlung (γ-Strahlung) genannt.

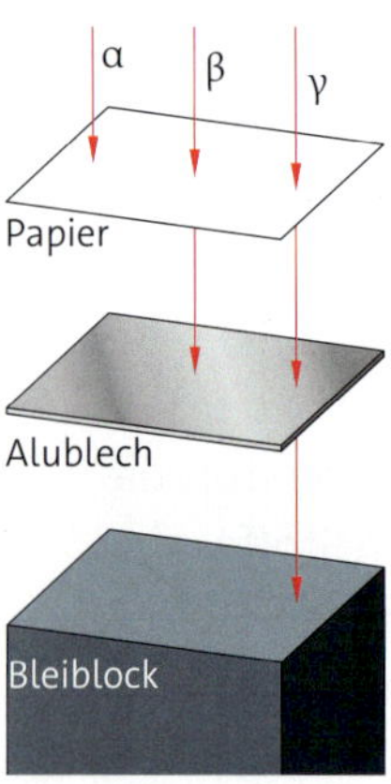

2 Strahlungsarten

Radioaktive Stoffe geben drei Arten ionisierender Strahlung ab: α-Strahlung, β-Strahlung und γ-Strahlung. Sie lassen sich unterschiedlich gut abschirmen.

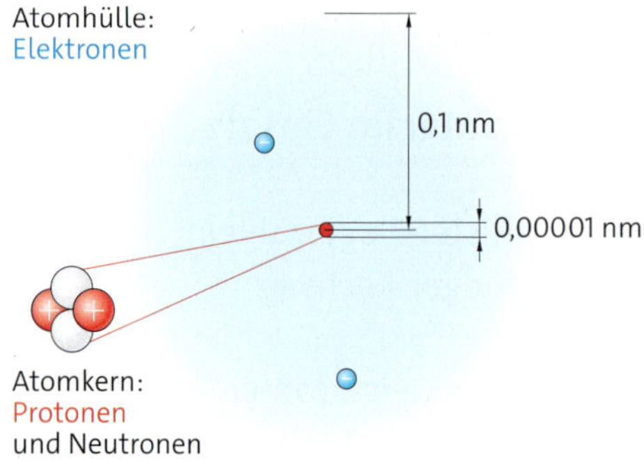

3 Helium-Atom im Kern-Hülle-Modell

Atome • Die Entstehung der Strahlungsarten beschreiben wir mit einem Modell vom Aufbau der Atome: → 3

- Protonen und Neutronen bilden den Atomkern. Protonen sind elektrisch positiv, Neutronen sind ungeladen.
- Die elektrisch negativen Elektronen bilden die Atomhülle. Im Atom sind gleich viele Elektronen und Protonen.

Atome mit gleich vielen Protonen gehören zum selben Element:

- Alle Wasserstoff-Atome haben 1 Proton. Sie sind elektrisch 1-fach positiv, die Kernladungszahl ist 1.
- Alle Kohlenstoff-Atome haben 6 Protonen. Sie sind elektrisch 6-fach positiv, ihre Kernladungszahl ist 6.

Die Atome eines Elements können unterschiedlich viele Neutronen haben. Man spricht von Isotopen:

- Die Isotope des Wasserstoffs können 0, 1 oder 2 Neutronen haben. → 4

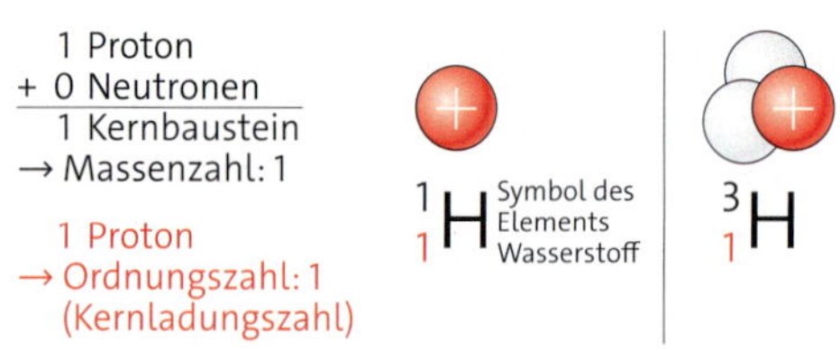

4 Zwei Isotope des Wasserstoffs

die Strahlungsarten
der Atomkern
die Atomhülle
das Element
das Isotop

- Die Isotope des Kohlenstoffs haben meistens 6 Neutronen, seltener sind es 8 Neutronen.

Das Periodensystem der Elemente zeigt, wie viele Protonen (und Elektronen) ein Element besitzt.

> Atome bestehen aus Protonen, Neutronen und Elektronen. Protonen und Neutronen bilden den Atomkern, Elektronen die Atomhülle. Alle Atome eines Elements haben gleich viele Protonen im Atomkern. Die Isotope eines Elements haben verschieden viele Neutronen.

Umwandlung von Atomkernen • Manche Atomkerne wandeln sich in Atomkerne anderer Elemente um:

- Dabei können Heliumkerne mit hoher Geschwindigkeit abgestrahlt werden: Das ist die α-Strahlung. → 5
- Bei anderen Umwandlungen entstehen Elektronen im Kern und werden mit hoher Geschwindigkeit abgestrahlt: Das ist die β-Strahlung. → 6
- Bei Umwandlungen wird auch oft eine Strahlung abgegeben, die ähnlich wie Licht ist: die γ-Strahlung. → 7

> In radioaktiven Stoffen wandeln sich Atomkerne um. Dabei wird ionisierende Strahlung abgegeben.

Reichweite der Strahlungsarten • Die relativ großen Heliumkerne der α-Strahlung stoßen in Materie mit vielen Atomen und Molekülen zusammen. Dabei geben sie ihre Energie schnell ab. Ihre Reichweite ist gering.

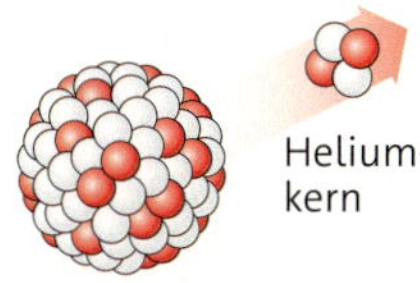

5 α-Strahlung

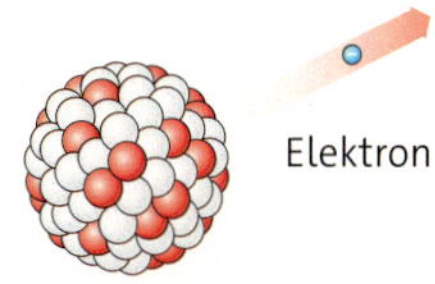

6 β-Strahlung

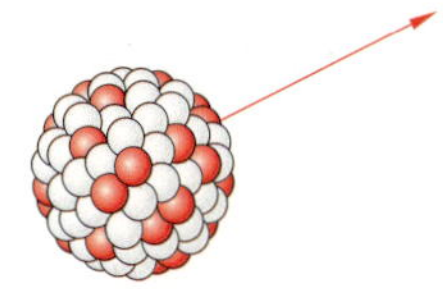
7 γ-Strahlung

Die Elektronen der β-Strahlung sind viel kleiner und schneller als Heliumkerne. Ihre Reichweite ist größer.
Die γ-Strahlung durchdringt Materie fast ungeschwächt.

Quarks* • Protonen und Neutronen bestehen aus noch kleineren Teilchen, den Quarks. → 8 Man kennt sechs Quarks: Up, Down, Top, Bottom, Strange und Charm. Das Proton besteht aus zwei Up-Quarks und einem Down-Quark. Beim Neutron ist es umgekehrt.

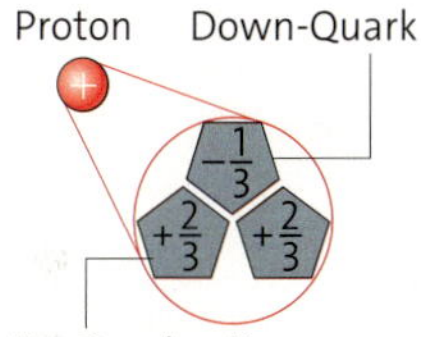

8 Proton, Quarks

Aufgaben

1 ○ Nenne drei Arten ionisierender Strahlung. Gib Unterschiede an.

2 ◐ Hier geht es um Isotope von Kohlenstoff (C) und Uran (U):
$^{12}_{6}C$, $^{14}_{6}C$, $^{235}_{92}U$, $^{238}_{92}U$.

a Erläutere, was Isotope sind.

b Gib für die vier Isotope jeweils die Anzahl Protonen und Neutronen an.

3 ◐ Beschreibe den Aufbau eines Helium-Atoms. Gib auch die Kurzschreibweise an: $^{?}_{?}He$.

4 ● „Mit einem Schutzanzug kann man sich vor ionisierender Strahlung schützen." Nimm Stellung.

Ionisierende Strahlung – näher betrachtet

Material A

Isotope

1 ○ Bild 1 zeigt verschiedene Isotope eines Elements.
a Nenne das Element.
b Schreibe jeweils die Massenzahl und die Ordnungszahl der Atomkerne auf.
c Gib die drei Isotope in Kurzschreibweise an: $^{?}_{?}?$.

2 ○ Bild 2 zeigt zwei Isotope des Kohlenstoffs.
a Schreibe jeweils die Massenzahl und die Ordnungszahl der Atomkerne auf.
b Gib die beiden Isotope in Kurzschreibweise an: $^{?}_{?}C$.
c Nenne das Isotop, das von den beiden in der Natur häufiger vorkommt.

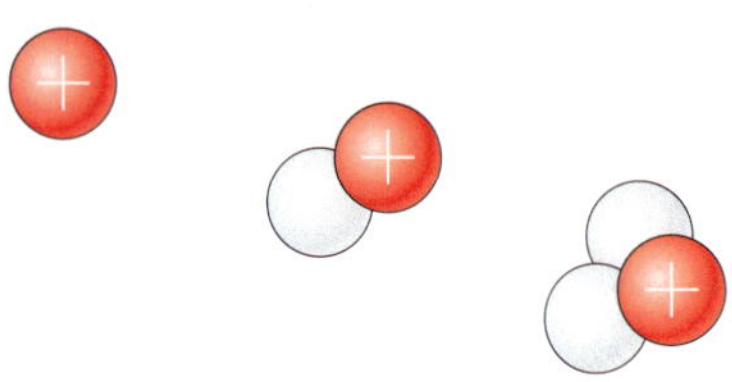

1 Drei Isotope eines Elements

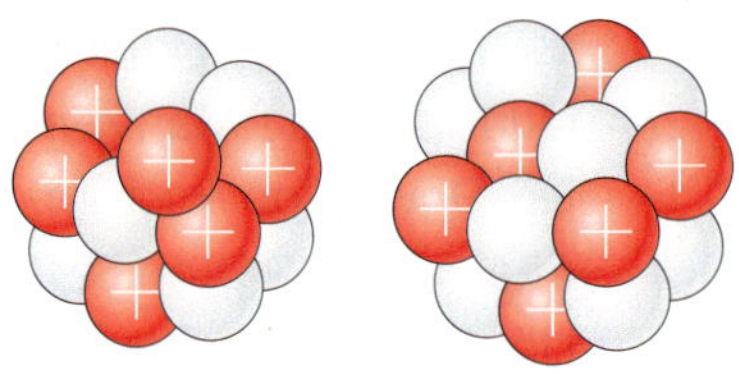

2 Zwei Kohlenstoff-Isotope

Material B

Größenvergleich

Bei einem Helium-Atom ist der Durchmesser der Hülle rund 5000-mal so groß wie der Durchmesser des Kerns. Veranschauliche diesen Längenunterschied in einem Vergleich.

1 ◐ Ein Fußballfeld ist rund 100 m lang. → 3 Es ist 5000-mal so lang wie ?
a Berechne, wie lang $\frac{1}{5000}$ von 100 m ist.
b Wähle einen Gegenstand aus dem Alltag, der so lang oder dick ist: ein Fußball, eine Euromünze, ein Haar.

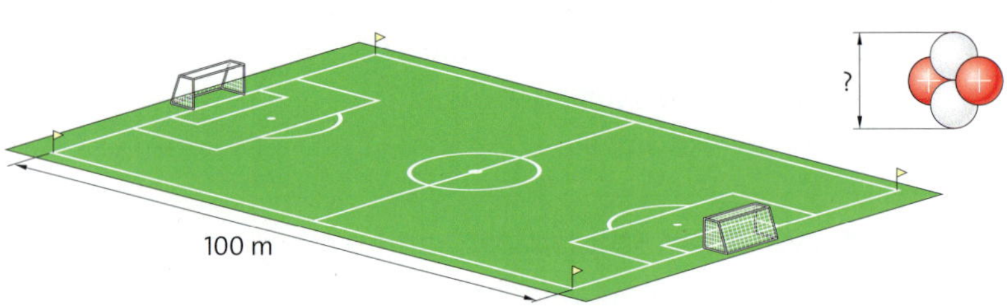

3 Zum Vergleich

Material C

Welche Strahlungsart?

1 ◐ Ein radioaktiver Stoff wird in eine Nebelkammer gehalten. → 4 5 Die Nebelstreifen zeigen den Weg der ionisierenden Strahlung an. (Ähnliche „Spuren" kennst du von Düsenflugzeugen am Himmel.)
a Schätze ab, wie weit die Strahlung in Luft kommt. → 4
b Beschreibe, welchen Einfluss der Streifen Papier auf die Strahlung hat. → 5
c Gib an, um welche Strahlungsart es sich handelt.

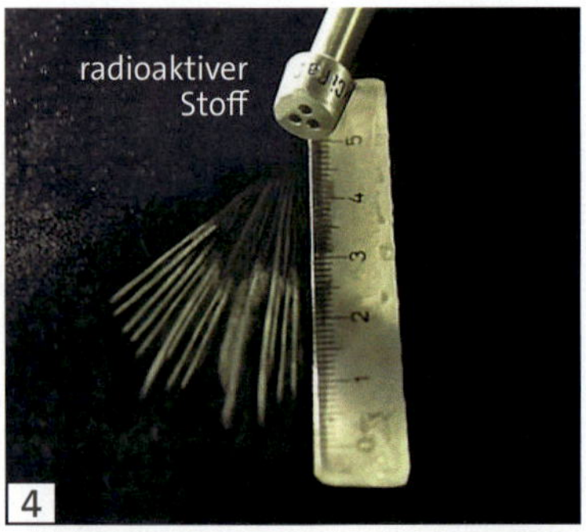

4

5

Material D*

Kernumwandlungen – näher betrachtet

1 Beschreibe, was bei den beiden Kernumwandlungen im Atomkern passiert. → 6 Gib dabei an, wie sich die Anzahl von Protonen und Neutronen verändert.

2 Stelle die Reaktionsgleichungen auf:

a Uran $^{235}_{92}$U sendet bei seiner Kernumwandlung α-Strahlung aus.

b Kohlenstoff $^{14}_{6}$C sendet bei seiner Kernumwandlung β-Strahlung aus.

	α-Strahlung	**β-Strahlung**	**γ-Strahlung**
Art der Strahlung	Heliumkerne	Elektronen	wie Licht
Umwandlung des Atomkerns	Der Atomkern verliert 2 Protonen und 2 Neutronen. Die Ordnungszahl nimmt also um 2 ab, die Massenzahl um 4.	Ein Neutron wandelt sich in ein Proton und ein Elektron um. Die Ordnungszahl nimmt also um 1 zu, die Massenzahl bleibt gleich.	Die Energie des Atomkerns nimmt ab, der Aufbau ändert sich nicht.
Beispiel	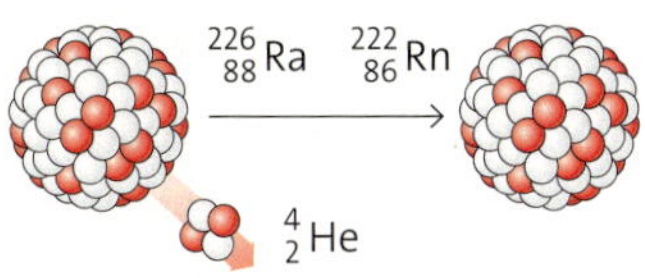	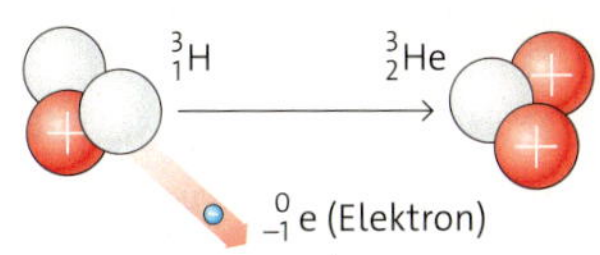	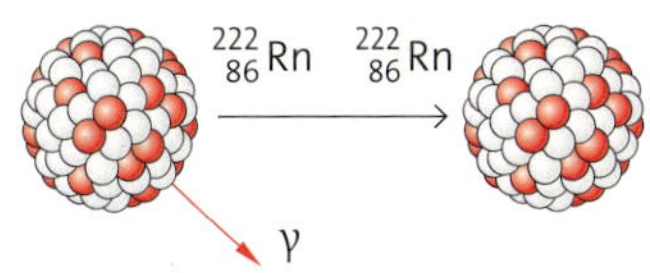
Reaktionsgleichung	$^{226}_{88}\text{Ra} \rightarrow ^{222}_{86}\text{Rn} + ^{4}_{2}\text{He}$	$^{3}_{1}\text{H} \rightarrow ^{3}_{2}\text{He} + ^{0}_{-1}\text{e}$	$^{222}_{86}\text{Rn} \rightarrow ^{222}_{86}\text{Rn} + \gamma$

6 Strahlungsarten und Kernumwandlungen

Material E*

β-Strahlung: Wie gelangen Elektronen in den Kern?

Bei der β-Umwandlung werden aus Atomkernen Elektronen abgestrahlt.

1 Lies den Text. → 7 Beschreibe die β-Umwandlung.

2 ^{198}Au ist ein β-Strahler. Gib an, welches Element entsteht.

Die β-Strahlung kann man nicht mit der Vorstellung erklären, dass Atomkerne aus Neutronen und Protonen aufgebaut sind. Man muss die Modellvorstellung auf den Aufbau der Kernteilchen aus Quarks erweitern. Wandelt sich bei einem neutralen Neutron ein Down-Quark in ein Up-Quark um, entstehen ein positiv geladenes Proton und ein negativ geladenes Elektron. Das Elektron wird abgestrahlt.

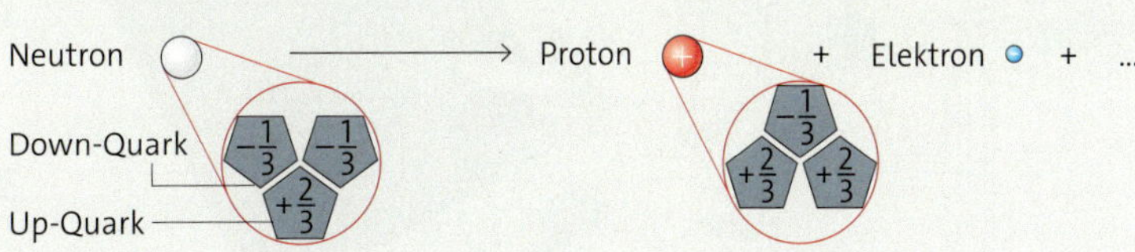

7

Ionisierende Strahlung für den Menschen

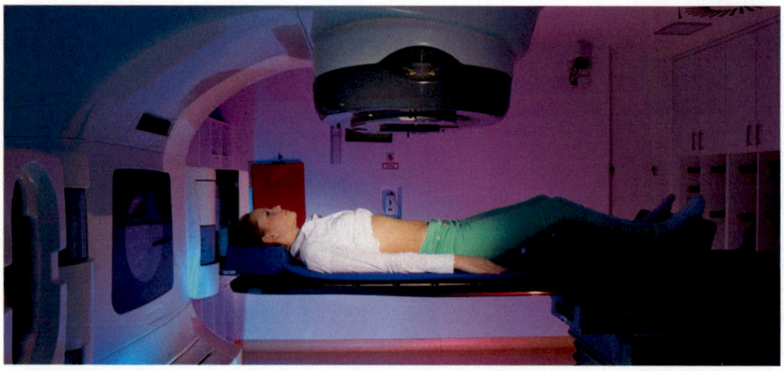

1 Strahlentherapie bei der Krebsbehandlung

Ionisierende Strahlung hilft, Krankheiten zu erkennen und zu behandeln.

Röntgenuntersuchung • Röntgenstrahlung ist ionisierend. Sie ist ähnlich wie die γ-Strahlung, kommt aber nicht aus dem Atomkern. Bei der Untersuchung trifft Röntgenstrahlung auf den Körper. → 2 Sie durchdringt weiche Körperteile fast ungehindert, wird aber von Knochen aufgehalten. Dadurch werden die Knochen z. B. auf einer Fotoplatte sichtbar. → 3 Ärzte können an dem Bild erkennen, ob Knochen gebrochen sind und wie sie am besten behandelt werden. Röntgenaufnahmen sind sehr nützlich, stellen aber eine zusätzliche Strahlenbelastung für den Körper dar.

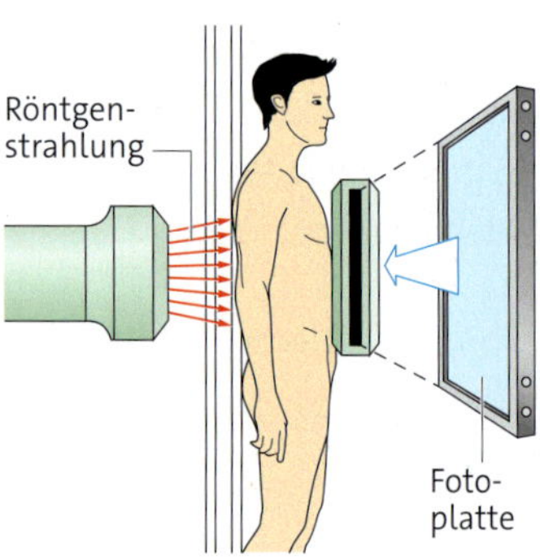

2 Röntgenuntersuchung

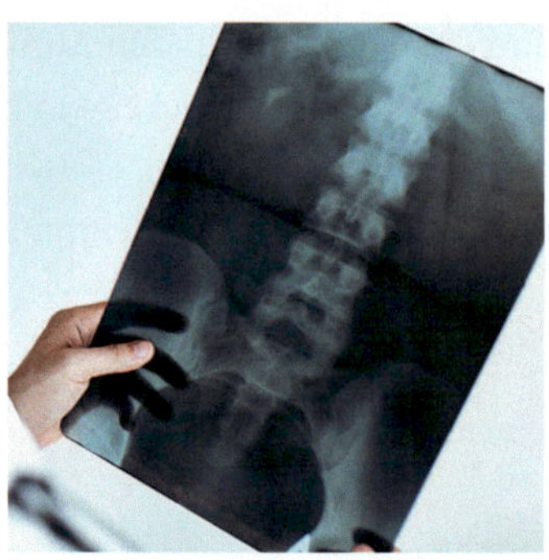

3 Röntgenbild

Mit Röntgenstrahlung werden auch Schweißnähte und Tragflächen von Flugzeugen untersucht. Damit erkennt man winzige Risse und Löcher.

Zellen töten • Krebs bildet sich, wenn sich Zellen im Körper verändern und gesundes Gewebe überwuchern. Die ionisierende Strahlung von „Strahlenkanonen“ soll nur diese Krebszellen gezielt zerstören. → 1 Besonders effektiv ist die Bestrahlung von innen: Dabei werden radioaktive Stoffe in die Mitte der Krebstumoren gebracht.
In der Technik wird die zerstörerische Wirkung der γ-Strahlung genutzt, um Insekten und Bakterien abzutöten. Nach der Ernte werden Reis, Gemüse oder Gewürze bestrahlt und dadurch länger haltbar gemacht.

Röntgenstrahlung wird eingesetzt, um das Innere von Körpern sichtbar zu machen. Ionisierende Strahlung kann genutzt werden, um Zellen zu töten oder zu verändern.

Aufgaben

1 ○ Sortiere die Beispiele für den Einsatz ionisierender Strahlung in „Untersuchen“ und „Behandeln“.

2 ◐ Beschreibe, wie ein Röntgenbild von der Wirbelsäule entsteht. → 2

3 ● Bei Röntgenuntersuchungen werden Körperteile mit Bleiwesten abgedeckt. Erkläre diese Maßnahme.

die Röntgenstrahlung
die Röntgenuntersuchung
die Strahlentherapie

Material A

Bestrahlung eines Tumors

1 ◐ Beschreibe, wie der Tumor bestrahlt wird. → 4 Erkläre, warum der Tumor aus unterschiedlichen Richtungen bestrahlt wird.

Krebstumoren werden mit ionisierender Strahlung „beschossen". Um die gesunden Zellen zu schonen, bestrahlt man aus verschiedenen Richtungen. Dadurch werden die gesunden Zellen nur kurz belastet, die Krebszellen aber ständig.

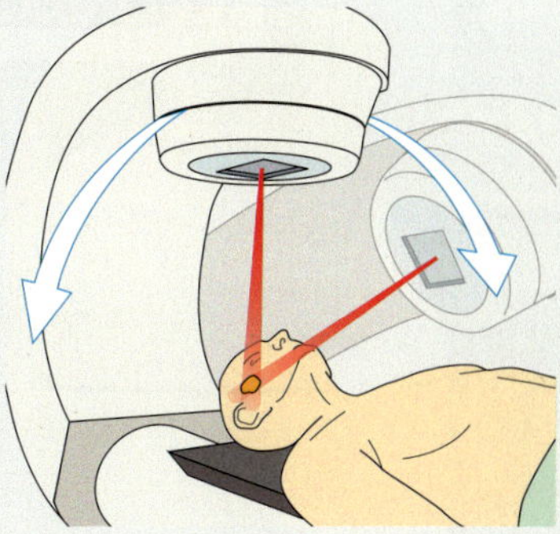

4 Die „Strahlenkanone" wird gedreht.

Material B

Die Computertomografie

1 ◐ Vergleiche die Computertomografie mit einer Röntgenuntersuchung. → 5

2 ● Bewerte die Aussage: „Ich lasse lieber eine Computertomografie machen. Röntgen ist mir viel zu gefährlich."

Bei der Computertomografie (CT) werden viele Röntgenaufnahmen aus verschiedenen Richtungen gemacht. Diese Aufnahmen können am Computer zu 3-dimensionalen Bildern zusammengefügt werden. Jede Röntgenaufnahme belastet den Körper. Bei einem CT ist die Strahlenbelastung besonders hoch, weil viele Einzelbilder gemacht werden. Bei einem CT des Bauchraums kann sie bis zu 20 mSv betragen.

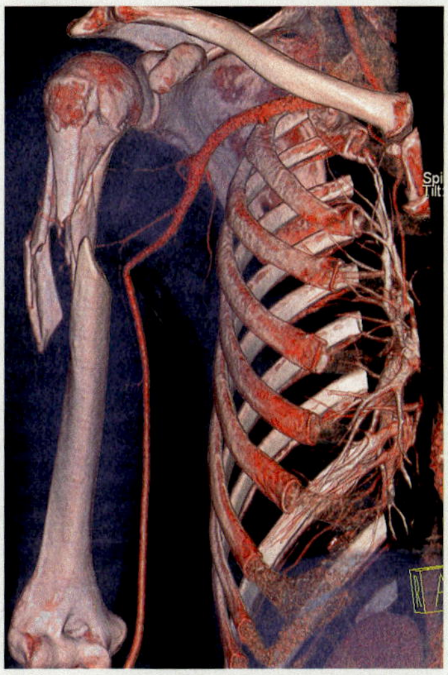

5 Computertomografie (CT)

Material C

Pflanzen züchten

1 ◐ Beschreibe, wie man ionisierende Strahlung zur Pflanzenzucht einsetzt. → 6

Kartoffeln und Äpfel waren vor 100 Jahren kleiner als heute. Nur nach jahrzehntelangen Züchtungen wurden sie größer und robuster gegenüber Krankheiten. Dazu wählte man immer wieder die „besseren" Pflanzen aus und vermehrte sie.
Heute kann man das Erbgut von Pflanzen durch Bestrahlung verändern und auf diese Weise viel schneller neue Sorten züchten.

6 Schneller Züchten

Die Strahlenbelastung

1 Hier wird die Strahlenbelastung gemessen. Ist sie zu hoch?

Wie stark werden wir durch ionisierende Strahlung belastet?

Wirkung der Strahlung auf Menschen • Ionisierende Strahlung kann Zellen in unserem Körper verändern. Der Körper repariert viele davon oder baut sie ab. Manche Veränderungen führen aber zu Krebserkrankungen.

Keimzellen und die Embryonen im Mutterleib sind besonders gefährdet. Bei Keimzellen kann ionisierende Strahlung das Erbgut verändern. Die Veränderungen können weitervererbt werden und zu Missbildungen bei den Nachkommen führen.

Ionisierende Strahlung von außen dringt unterschiedlich weit in den Körper ein. α- und β-Strahlung werden größtenteils schon von der Haut abgeschirmt, empfindliche Organe im Innern werden nicht geschädigt. γ-Strahlung dringt tief in das Gewebe ein und ist deshalb gefährlicher. Besonders gefährlich sind radioaktive Stoffe im Innern des Körpers. Sie können mit der Nahrung oder der Atemluft aufgenommen werden. α- und β-Strahlung von innen kann innere Organe schwer schädigen. → 2

Bei starker ionisierender Strahlung kommt es zur Strahlenkrankheit: Die Zahl der roten Blutkörperchen geht zurück, Durchfall, Erbrechen, Hautschäden und Haarausfall treten auf. In besonders starken Fällen stirbt das Opfer.

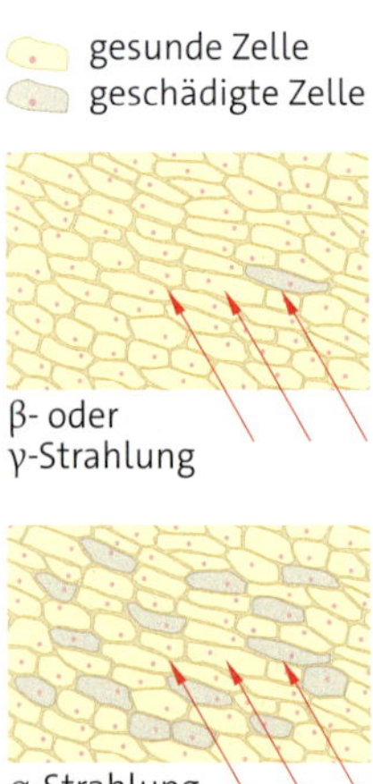

2 α-Strahlung ionisiert besonders viele Atome.

Strahlenbelastung • Wie stark ein Lebewesen durch ionisierende Strahlung geschädigt wird, hängt unter anderem von der aufgenommenen Energie, der Masse des Lebewesens, der Strahlungsart und der Dauer der Strahlung ab. Man gibt die Strahlenbelastung in Sievert (Sv) an. In Deutschland liegt die durchschnittliche Strahlenbelastung bei ca. 4 Millisievert (mSv) pro Jahr.

Ionisierende Strahlung verändert Zellen im Körper. Dadurch kann es zu Erkrankungen und zu Veränderungen des Erbguts kommen.

Aufgaben

1 ○ Beschreibe die Wirkung ionisierender Strahlung auf den Körper.

2 ◐ Berechne, ob die Strahlenbelastung über 1 mSv pro Jahr liegt. → 1

3 ● Nimm Stellung: „α- und β-Strahlung bleiben in der Haut hängen. Sie sind also ungefährlich für uns.“

die Strahlenkrankheit
die Strahlenbelastung
das Sievert

Material A

Strahlungsquellen	Strahlenbelastung
Kosmische Strahlung	0,3 mSv (0,2–0,9 mSv)
Strahlung aus dem Boden und aus Baustoffen	0,4 mSv (0,1–0,8 mSv)
Einatmen von Radon	1,1 mSv (1–6 mSv)
Aufnahme durch Nahrung	0,3 mSv
Medizinische Anwendungen	1,7 mSv
Atomkraftwerke, Reaktorunfälle, Atombomben	< 0,05 mSv

3 Durchschnittliche Strahlenbelastung pro Kopf und Jahr in Deutschland (Schwankungsbreite vom kleinsten zum größten Wert)

Deine persönliche Strahlenbelastung

Natürliche und künstliche Strahlungsquellen verursachen die durchschnittliche Strahlenbelastung in Deutschland von etwa 4 mSv pro Jahr. → 3 Deine persönliche Belastung kann sich zum Beispiel durch deinen Wohnort davon stark unterscheiden. → 4 – 6

Höhe	Strahlenbelastung
2 m (Hamburg)	0,3 mSv
530 m (München)	0,4 mSv
2962 m (Zugspitze)	0,9 mSv
12 000 m (Reiseflughöhe)	ca. 100 mSv

4 Kosmische Strahlung pro Jahr

Ort	Strahlenbelastung
Hamburg	0,1 mSv
München	0,3 mSv
Frankfurt (Main)	0,4 mSv

5 Erdstrahlung pro Jahr

Ereignis	Strahlenbelastung
Röntgen (Zahn)	0,01 mSv
Flug Frankfurt–Tokio	0,1 mSv
Computertomographie	1-20 mSv

6 Kurzzeitige Belastungen

1 ○ Nenne mindestens drei Faktoren, die deine persönliche Strahlenbelastung beeinflussen können.

2 ◐ Beschreibe, wie du deine Strahlenbelastung möglichst gering halten kannst.

3 ● Peter sagt: „Ich lasse mich gar nicht mehr röntgen, das ist mir zu gefährlich." Nimm Stellung dazu.

Material B

Strahlung von außen und von innen

1 Die Wirkung ionisierender Strahlung auf uns kann sehr unterschiedlich sein – je nachdem, wo die Strahlung auftritt.

a ○ Nenne Quellen ionisierender Strahlung, die auf uns einwirken können. → 3 7

b ◐ Ergänze die Tabelle. → 8

c ◐ „Radioaktiver Staub und radioaktive Nahrung sind besonders gefährlich für uns." Erkläre diese Aussage.

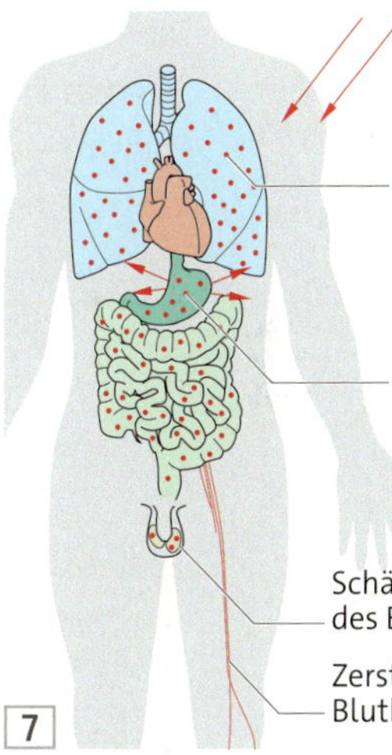

7

Strahlungsquelle	Wirkung der Strahlung
kosmische Strahlung	Zellveränderungen in der Haut
?	?

8 Beispieltabelle

Die Halbwertszeit

1 Die Stoffe in den Fässern sind radioaktiv. – Wie lange noch?

Radioaktive Stoffe können die Umwelt belasten. Man muss sie für lange Zeit sicher aufbewahren. Wie lange?

Halbwertszeit • Barium $^{137}_{56}Ba$ ist radioaktiv. Die Energie seiner Atomkerne nimmt ab, indem sie γ-Strahlung aussenden. Von 100 Atomkernen wandeln sich in 2,6 min durchschnittlich 50 Kerne um – also die Hälfte. → 2 Von den verbleibenden 50 Kernen wandeln sich in den nächsten 2,6 min durchschnittlich 25 Kerne um – also wieder die Hälfte. Das geht immer so weiter. Radium $^{226}_{88}Ra$ wandelt sich viel langsamer um als Barium $^{137}_{56}Ba$. Nach 1620 a (a: Jahr) ist noch die Hälfte der Atomkerne vorhanden, nach 3240 a ist es noch ein Viertel ...

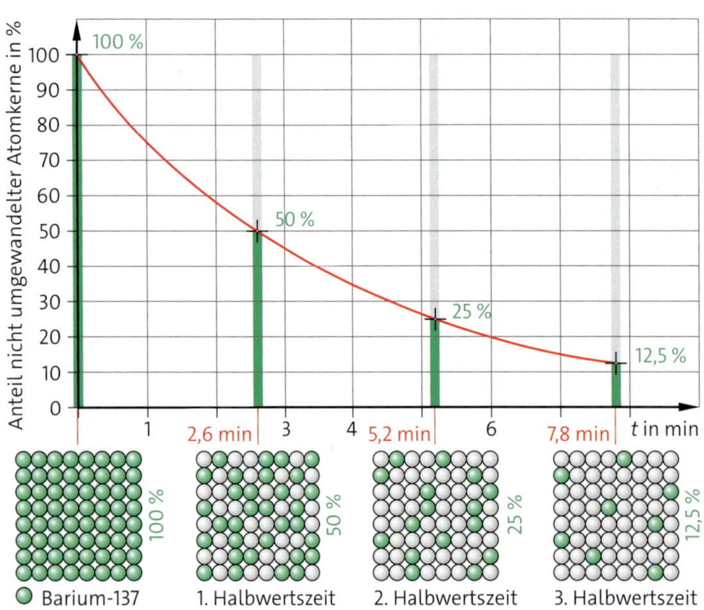

2 Die Umwandlung von Barium $^{137}_{56}Ba$

Die Halbwertszeit gibt an, wie lange es durchschnittlich dauert, bis sich die Hälfte eines radioaktiven Materials umgewandelt hat. Sie ist für jedes radioaktive Isotop verschieden.

Aktivität • Bei einem radioaktiven Gesteinsbrocken wandeln sich 2460 Kerne in 1 s um, bei einem anderen sind es nur 30. Der erste Gesteinsbrocken zeigt die größere Aktivität.

Die Aktivität eines radioaktiven Gegenstands gibt an, wie viele Kerne sich in ihm pro Sekunde umwandeln. Die Einheit der Aktivität ist 1 Becquerel (1 Bq): → 3
1 Becquerel = 1 Kernumwandlung pro Sekunde.

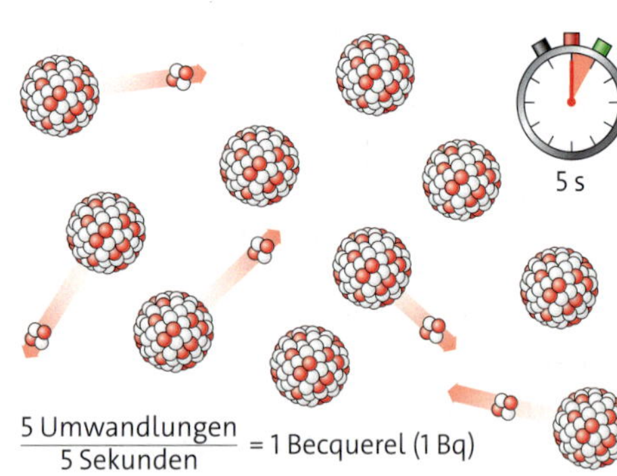

3 Die Aktivität

die Aktivität
das Becquerel
die Halbwertszeit

Die Aktivität eines radioaktiven Materials sinkt in der Halbwertszeit auf die Hälfte.

Radioaktive Stoffe • Radioaktive Stoffe mit langen Halbwertszeiten müssen zum Teil für Jahrtausende sicher aufbewahrt werden. Erst dann ist die Aktivität so niedrig, dass keine Gefahr mehr für die Umwelt besteht.

Altersbestimmung • Kohlenstoff $^{14}_{6}C$ ist radioaktiv (Halbwertszeit: 5730 a). Im Kohlenstoffdioxid (CO_2) der Luft ist hauptsächlich Kohlenstoff $^{12}_{6}C$ enthalten, aber auch ein kleiner Anteil $^{14}_{6}C$. Das CO_2 der Luft wird von den Pflanzen aufgenommen. So gelangen $^{12}_{6}C$ und $^{14}_{6}C$ über die Nahrungskette in alle Lebewesen. Nach dem Tod eines Lebewesens ist die Aufnahme von Kohlenstoff beendet. Von nun an nimmt der Anteil von $^{14}_{6}C$ im Vergleich zu $^{12}_{6}C$ langsam ab – es wandeln sich ja nur Atomkerne von $^{14}_{6}C$ um. Wenn die Aktivität in einem „uralten" Stück Holz nur halb so groß ist wie in einem vergleichbaren frischen Stück Holz, kann man genauer sagen, wie alt es ist: 5730 Jahre! → 4

4 Je älter, desto geringer die Aktivität

Aufgaben

1 ○ Kohlenstoff $^{14}_{6}C$ wandelt sich radioaktiv um. Ergänze die Tabelle. → 5

Vergangene Zeit	Vorhandene Atome
0 a	12 000 000
5 730 a	?
11 460 a	?
17 190 a	?
22 920 a	?

5 Umwandlung von Kohlenstoff $^{14}_{6}C$

2 Du hast 100 Euro. Jede Woche gibst du jeweils die Hälfte des Gelds aus.

a ○ Vermute, wie viele Wochen das Geld reichen wird.

b ◐ Stelle die Abnahme des Gelds im Diagramm dar.

c ◐ Bestimme, wie viel Geld du noch nach 5 bzw. 10 Wochen hast.

3 ○ Berechne jeweils die Aktivität:

a 10 Kernumwandlungen in 10 s

b 12 Kernumwandlungen in 3 s

c 4 Kernumwandlungen in 16 s

4 100 g Kohlenstoff aus dem Gewebe gerade gestorbener Tiere haben eine Aktivität von 24 Bq.
In Teilen Sibiriens ist der Boden dauerhaft gefroren. Dort hat man „tiefgefrorene" Mammuts (ausgestorbene Verwandte der Elefanten) ausgegraben.
◐ 100 g Kohlenstoff aus dem Gewebe eines Mammuts haben eine Aktivität von 6 Bq. Berechne, vor wie vielen Jahren es gelebt hat.

Die Halbwertszeit

Material A

Aktivitäten

Strahlungsquelle	Aktivität
Radium (1 g)	$37 \cdot 10^9$ Bq
natürliches Uran (1 g)	$12 \cdot 10^3$ Bq
Erwachsener (70 kg)	$9 \cdot 10^3$ Bq
Radiumstrahler für den Unterricht	$3{,}7 \cdot 10^3$ Bq (Beispiel)
Kaliumchlorid (1 g)	16 Bq
natürlicher Kohlenstoff (1 g)	0,24 Bq

1

1 Die Tabelle zeigt die Aktivität verschiedener Stoffe. → 1

a ◐ Wähle die richtige Aussage aus und begründe durch eine Rechnung.
Die Aktivität von Radium ist ungefähr wievielmal so groß wie die von natürlichem Uran?
- 3-mal
- 3000-mal
- 3 000 000-mal

b ◐ Bei einem Stück Urangestein misst man eine Aktivität von 125 Bq. Erkläre, was das bedeutet.

c ◐ In 1 g natürlichem Uran wandeln sich ständig Atomkerne um. Berechne, wie viele es in 1 min sind.

d ● Wir Menschen sind auch radioaktiv. Das liegt zum großen Teil an radioaktiven Kalium-Isotopen. Nimm Stellung zur folgenden Diskussion: „Der Mensch hat fast die gleiche Aktivität wie natürliches Uran. – Das stimmt doch gar nicht, seine Aktivität ist etwa halb so groß wie die von natürlichem Kohlenstoff."

Material B

Halbwertszeit (Modellversuch)

Materialliste: 100 Würfel

1 Jeder Würfel stellt den Atomkern eines radioaktiven Stoffs dar.
Werft alle Würfel gleichzeitig. Nach dem Wurf stellen die Sechser die umgewandelten Atomkerne dar. Sortiert nach jedem Wurf die Sechser aus.
Jeder Wurf stellt den gleichen Zeitabschnitt dar: eine Sekunde.

a ○ Tragt die Ergebnisse nach jedem Wurf in eine Tabelle ein. → 2

b ◐ Stelle die Ergebnisse in einem Diagramm dar.
Trage die vergangene Zeit auf der waagerechten Achse ein und die Zahl der noch vorhandenen Atomkerne auf der senkrechten Achse.

c ◐ Bestimme die Halbwertszeit des radioaktiven Stoffs mithilfe des Diagramms.

d ◐ Vergleiche den Modellversuch mit der Umwandlung von Barium $^{137}_{56}$Ba.
Nenne Gemeinsamkeiten und Unterschiede.

Vergangene Zeit	Atomkerne	
	umgewandelt	noch vorhanden
0 s	0	100
1 s	?	?
...	...	...

2 Beispieltabelle für die Messwerte

Material C

Halbwertszeiten

1 Verschiedene Stoffe – verschiedene Halbwertszeiten

a ○ Sortiere die Tabelle im Heft. → 3 Beginne mit der längsten Halbwertszeit.

b ◑ Iod $^{131}_{53}$I wird bei Erkrankungen der Schilddrüse eingesetzt. Seine Aktivität beträgt anfangs 200 000 000 Bq. Berechne, auf welchen Wert sie in 24 Tagen absinkt.

c ◑ Radioaktive Abfälle aus Kernkraftwerken enthalten Plutonium $^{239}_{94}$Pu. Berechne, in wie vielen Jahren die Aktivität von Plutonium auf ein Viertel absinkt.

Isotop	Halbwertszeit
Kalium $^{40}_{19}$K	1 260 000 000 a
Caesium $^{137}_{55}$Cs	30 a
Radon $^{222}_{86}$Rn	3,8 d
Plutonium $^{239}_{94}$Pu	24 390 a
Iod $^{131}_{53}$I	8 d
Radium $^{226}_{88}$Ra	1 620 a
Kohlenstoff $^{14}_{6}$C	5 730 a
Uran $^{238}_{92}$U	4 500 000 000 a

3 a: Jahre; d: Tage

Material E

Altersbestimmung

1 Im Lippischen Landesmuseum in Detmold ist eine Kindermumie aus Alt-Peru zu sehen. → 5 Ihr Alter wurde auf 6400 Jahre bestimmt. ◑ Beschreibe, wie man das Alter bestimmen könnte.

5

Material D

Radium und Barium

Zeit: Messung nach ... Minuten	Radium $^{226}_{88}$Ra Impulse in 15 s	Barium $^{137}_{56}$Ba Impulse in 15 s
0	554	1040
1	524	755
2	550	552
3	560	441
4	541	329
5	528	270
6	529	210
7	561	149
8	560	119
9	532	103
10	551	89
11	543	78

4 Mit dem Geigerzähler gemessen

1 Mit einem Geigerzähler sind Proben von Radium $^{226}_{88}$Ra und Barium $^{137}_{56}$Ba untersucht worden. → 4

a ◑ Trage die Messwerte in ein gemeinsames Diagramm ein: waagerechte Achse – Zeit, senkrechte Achse – Anzahl der Impulse in 15 s.

b ○ Beschreibe den Verlauf der beiden Messkurven.

c ◑ Vergleiche den Verlauf der beiden Messkurven miteinander. Gib an, welcher Stoff die kürzere Halbwertszeit hat. Beschreibe, wie du diese Information aus dem Diagramm abliest.

Die Kernspaltung

1 Yamal, ein atomgetriebener russischer Eisbrecher

Der Eisbrecher braucht täglich 300 g Uran für seinen Antrieb. Hätte das Schiff einen Dieselmotor, würde es 350 t Treibstoff am Tag verbrauchen! Wie lässt sich so viel Energie aus nur 300 g Uran gewinnen?

Spaltung eines Atomkerns von Uran $^{235}_{92}$U	
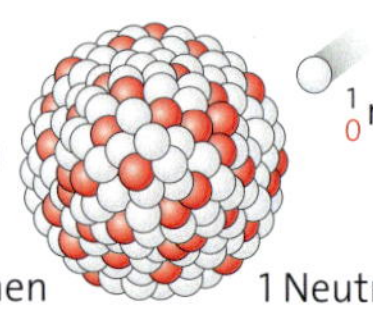	Ein Atomkern wird von einem Neutron getroffen und nimmt es auf.
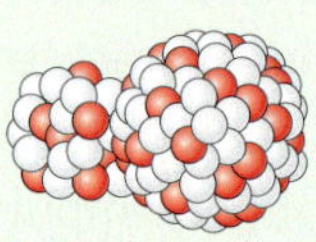	Die Energie des Neutrons bewirkt, dass sich der Atomkern teilt. Es bilden sich zwei kleinere Kerne anderer Elemente, z. B. Krypton und Barium. Es können aber auch andere Elemente entstehen.
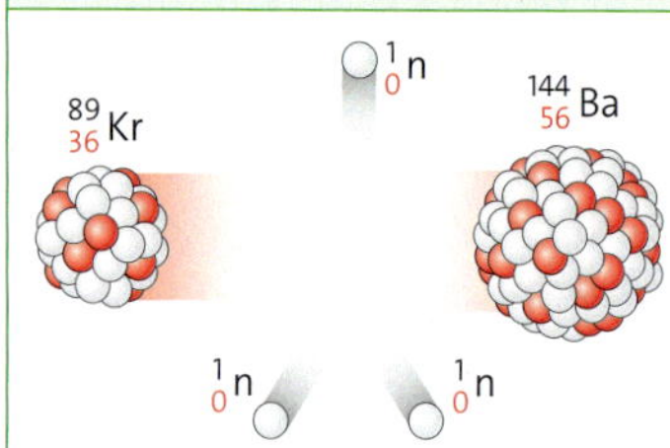	Die positiv geladenen neuen Kerne stoßen sich gegenseitig ab. Sie bewegen sich mit großer Geschwindigkeit auseinander. Zusätzlich werden Neutronen freigesetzt, die ebenfalls sehr schnell sein können.

2

Atomkerne lassen sich spalten • Bei der radioaktiven Umwandlung von Atomkernen wird Energie mit der ionisierenden Strahlung abgegeben. Diese Energie ist aber zu gering, um damit einen Eisbrecher oder ein Kernkraftwerk zu versorgen. Stattdessen wird ein anderer Vorgang genutzt: Atomkerne des Isotops Uran $^{235}_{92}$U werden durch Neutronen gespalten. → 2

Atomkerne von Uran $^{235}_{92}$U lassen sich durch Neutronen spalten. Es entstehen zwei kleinere Atomkerne und freie Neutronen. Dabei wird viel Energie freigesetzt.

Kernkraftwerk • Im Kraftwerk wird die Kernspaltung genutzt, um elektrische Energie zu erzeugen. Im Druckbehälter befinden sich Brennelemente mit Uran $^{235}_{92}$U. → 3 Bei der Kernspaltung entstehen neue Atomkerne und Neutronen, die sich schnell auseinanderbewegen. Sie stoßen mit Wasserteilchen zusammen und geben dabei Energie ab. Dadurch wird das Wasser auf über 300 °C erwärmt. Durch den großen Druck im Druckbehälter siedet es nicht. Im Wärmetauscher gibt es seine thermische Energie an das Wasser im 2. Kreislauf ab. Der entstehende Wasserdampf treibt eine Turbine mit Generator an. Der Wirkungsgrad des Kernkraftwerks beträgt etwa 35 %.

Kernkraftwerke erzeugen elektrische Energie ähnlich wie Kohlekraftwerke. Die Energie dafür stammt aus Kernspaltungen.

die Kernspaltung
das Kernkraftwerk
die Kettenreaktion

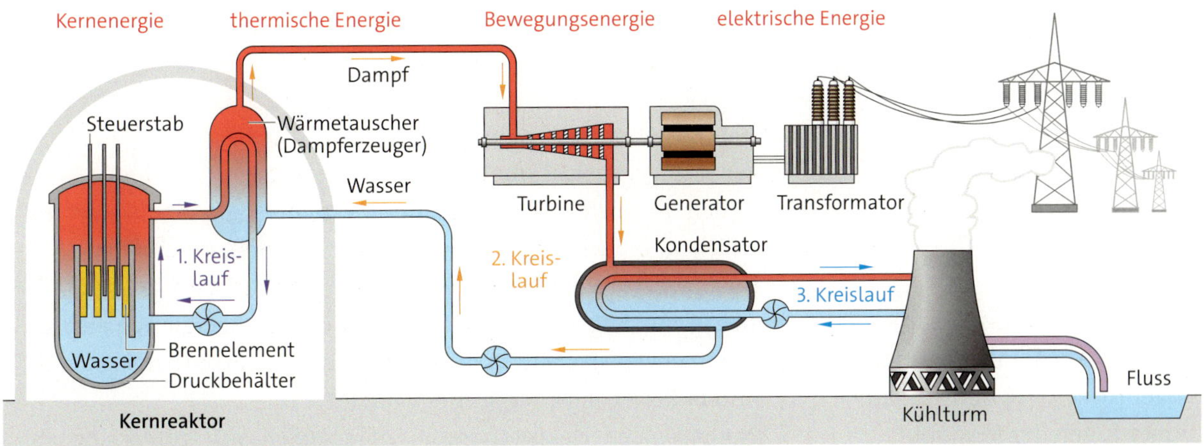

3 Aufbau eines Kernkraftwerks

Kettenreaktion • Bei der Spaltung eines Kerns von Uran $^{235}_{92}U$ werden beispielsweise 3 Neutronen freigesetzt. → 4 Diese Neutronen können 3 weitere Atomkerne spalten. Dabei werden 9 Neutronen freigesetzt, die nun 9 Kerne spalten können ... Die Zahl der Kernspaltungen steigt lawinenartig an, genauso die abgegebene Energie. Man spricht von einer unkontrollierten Kettenreaktion.

In Kernkraftwerken läuft eine kontrollierte Kettenreaktion ab. → 5 Nur jeweils ein freigesetztes Neutron löst eine weitere Kernspaltung aus. Die anderen Neutronen werden unter anderem von den Steuerstäben „abgefangen". Je tiefer die Steuerstäbe eingeschoben werden, desto mehr Neutronen nehmen sie auf – die Anzahl der Kernspaltungen sinkt.

Im Kernkraftwerk läuft eine kontrollierte Kettenreaktion ab. Die Anzahl der Kernspaltungen pro Sekunde bleibt gleich.

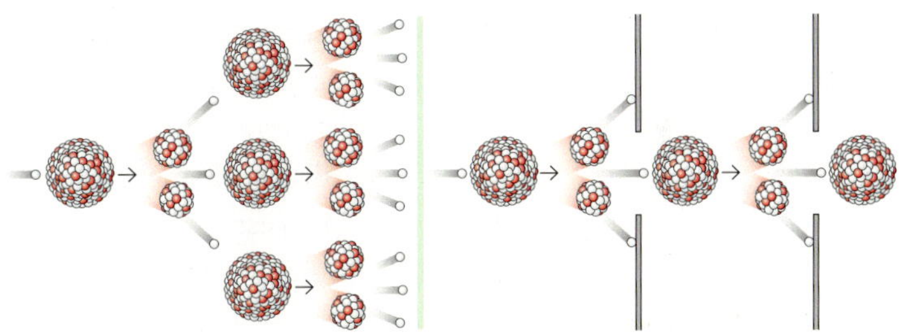

4 5 Kettenreaktion: unkontrolliert und kontrolliert

Aufgaben

1 ▢ Beschreibe die Spaltung von $^{235}_{92}U$.

2 ◙ Vergleiche das Kernkraftwerk mit einem Kohlekraftwerk.

3 ◙ Beschreibe beim Kernkraftwerk die Funktion der Kreisläufe, der Turbinen und des Generators.

4 ▢ Beschreibe, wie die Zahl der Kernspaltungen pro Sekunde im Druckbehälter verändert werden kann.

5 ◙ Vergleiche kontrollierte und unkontrollierte Kettenreaktionen.

Die Kernspaltung

Material A

Energie durch Spaltung

Die Kernspaltung lässt sich mit einem Modellversuch darstellen. → 1

1 Vergleiche das Zusammenfügen der Protonen und Neutronen mit dem Zusammenfügen der Magnete.

2 Erkläre, wie die Energie in den Magneten gespeichert wird. Tipp: Kraft, Weg

3 Vergleiche die Spaltung von Atomkernen mit dem Loslassen der Magnete.

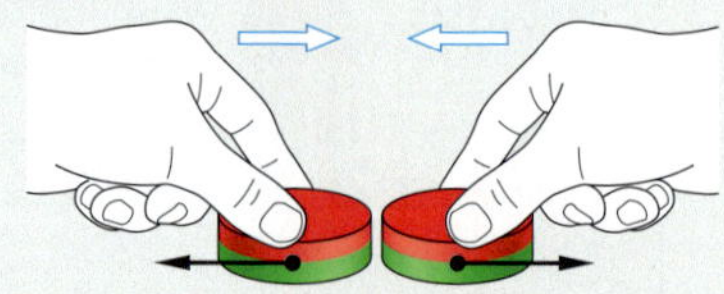

Gleiche Pole zweier Magnete stoßen sich gegenseitig ab. Um die beiden Magnete zusammenzuschieben, braucht man Energie. Die Magnete bleiben nur zusammen, wenn man sie festhält. So lange bleibt die Energie gespeichert. Lässt man die Magnete los, bewegen sie sich auseinander. Die Energie wird in Bewegungsenergie umgewandelt.

Protonen sind elektrisch positiv. Sie stoßen sich gegenseitig ab. Protonen haben sich (zusammen mit Neutronen) vor langer Zeit in Sternen gegen die elektrische Abstoßung zusammengefügt. Dazu war sehr viel Energie nötig. Sie ist in den Atomkernen bis heute als Kernenergie gespeichert. Wenn man einen Atomkern spaltet, bewegen sich die Bruchstücke mit großer Geschwindigkeit auseinander. Ein Teil der gespeicherten Kernenergie wird in Bewegungsenergie der Bruchstücke umgewandelt.

1 Von Magneten und Protonen

Material B

Kettenreaktion mit Zündhölzern (Lehrerversuch)

Materialliste: Zündhölzer, Brett mit Löchern für die Zündhölzer, Nägel, Material zum Aufstellen des Bretts

1 Dieser Modellversuch wird hinter einer Schutzscheibe durchgeführt. → 2 In jedem Loch steckt ein Zündholz, ohne zu wackeln. Das Brett wird schräg aufgestellt oder aufgehängt.

a Das unterste Zündholz wird entzündet. Beschreibe deine Beobachtung.

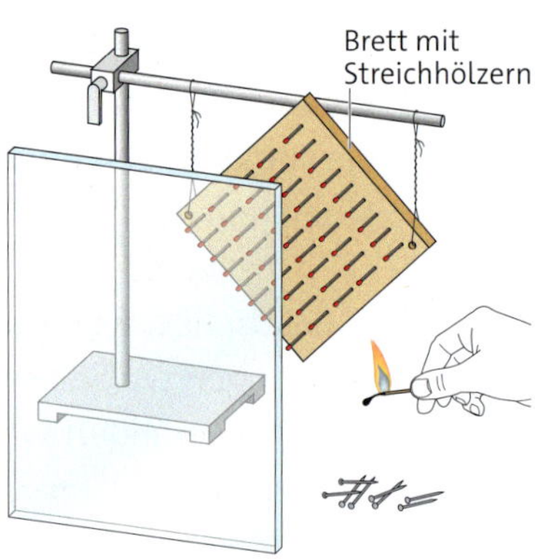

2 Kettenreaktion

b Nun wird jedes dritte, dann jedes zweite Zündholz durch einen Nagel ersetzt. Wieder wird das unterste Zündholz entzündet. Beobachte und vergleiche die Kettenreaktionen mit Versuchsteil a.

c Vergleiche den Modellversuch mit Zündhhölzern und die kontrollierte beziehungsweise unkontrollierte Kettenreaktion im Uran. Beschreibe Gemeinsamkeiten und Unterschiede.

Material C

Natürliches und angereichertes Uran

1 ▢ Nenne den Unterschied zwischen natürlichem, angereichertem und hochangereichertem Uran. → 3

2 ◐ Erkläre, warum es in natürlichem Uran nicht zur Kettenreaktion kommt.

Nur das Uran-Isotop $^{235}_{92}U$ ist leicht spaltbar. In natürlichem Uran gehören von 1000 Atomen aber nur 7 zu $^{235}_{92}U$ – zu wenig für eine Kettenreaktion. Freie Neutronen werden von den viel häufigeren Kernen $^{238}_{92}U$ eingefangen, ohne zu spalten.
In Kernkraftwerken wird deshalb angereichertes Uran eingesetzt. Von 1000 Atomen gehören rund 30 zu $^{235}_{92}U$.
Der russische Eisbrecher Yamal verwendet hochangereichertes Uran. Von 1000 Atomen gehören mehr als 900 zu $^{235}_{92}U$.

3 Uran für Kraftwerke

Material D

Die Atombombe

1945 ließen die USA eine Atombombe über der japanischen Stadt Hiroshima explodieren. Bei der Explosion wurde nicht einmal 1 kg Uran $^{235}_{92}U$ gespalten. Trotzdem zerstörte die freigesetzte Energie Hiroshima fast völlig. Rund 80 000 Menschen starben sofort.

1 ◐ Beschreibe den Aufbau der Atombombe mit eigenen Worten. → 4

2 ▢ Beschreibe, was man bei Atombomben unter der kritischen Masse versteht.

3 ◐ Begründe, dass ein Kernkraftwerk nicht explodieren kann wie eine Atombombe.

Bei Atombomben sollen extrem viele Atomkerne $^{235}_{92}U$ in einer unkontrollierten Kettenreaktion ganz schnell gespalten werden. Dafür wird hochangereichertes Uran verwendet. Außerdem braucht man viel mehr Uran $^{235}_{92}U$ als im Kernkraftwerk. Die mindestens nötige Masse an reinem $^{235}_{92}U$ beträgt rund 50 kg. Man spricht von der kritischen Masse.
Die Atombombe von Hiroshima enthielt an einer Seite einen Stift und an der anderen Seite eine passende Röhre aus $^{235}_{92}U$. Weder der Stift noch die Röhre hatten die kritische Masse, sodass die Bombe gefahrlos zusammengebaut und transportiert werden konnte. Beim Zünden der Bombe explodierte etwas Sprengstoff. Dadurch wurde die Röhre auf den Stift geschossen. Röhre und Stift wogen nun zusammen 64 kg – die kritische Masse war überschritten. Die Neutronenquelle am vorderen Ende der Bombe lieferte freie Neutronen und die unkontrollierte Kettenreaktion setzte ein.

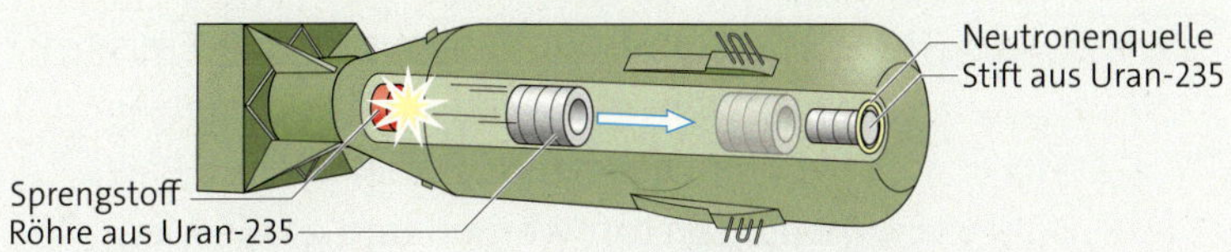

4 Atombombe von Hiroshima

Sicherheit von Kernkraftwerken

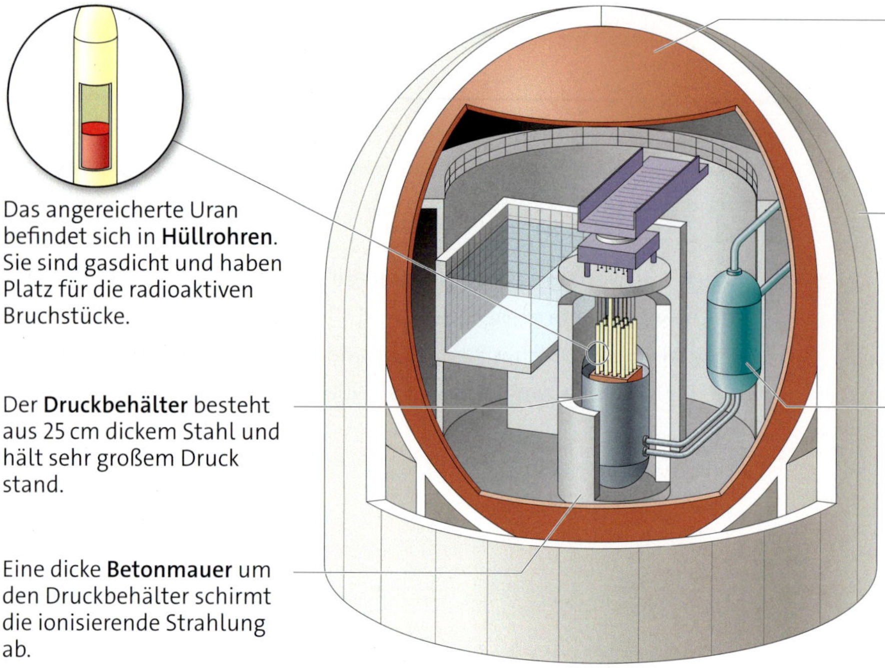

1 Schutzmaßnahmen im Kernreaktor

Im Kernreaktor befindet sich eine große Menge an hochradioaktiven Stoffen, die oft auch giftig sind.

Schutzmaßnahmen • Mehrere Barrieren sollen verhindern, dass radioaktive Stoffe oder ihre ionisierende Strahlung aus einem Kernkraftwerk in die Umwelt gelangen. → 1

Risiken • Trotz aller Maßnahmen kann das Versagen von Mensch und Technik nie restlos ausgeschlossen werden. Einer der schwersten Unfälle ist der Ausfall des Hauptkühlsystems (1. Kreislauf). Ohne Wasserkühlung schmelzen die Brennelemente. Dabei können Barrieren zerstört werden und große Mengen radioaktiver Stoffe entweichen. Ein Problem ist auch die Nachwärme. Sie entsteht, weil sich die Bruchstücke aus den Kernspaltungen selbst radioaktiv umwandeln und dabei Energie abgeben. Daher muss ein Notkühlsystem nach einem solchen Unfall über Jahre hinweg den Reaktorkern kühlen.

Die Sicherheitssysteme von Kernkraftwerken sollen das Austreten radioaktiver Stoffe und ionisierender Strahlung verhindern.

Aufgaben

1 Beschreibe die Schutzmaßnahmen im Kernkraftwerk. → 1

2 Beschreibe, welche Folgen der Ausfall des Hauptkühlsystems hat.

Material A

Notabschaltung und Nachwärme

1 Beschreibe die Notabschaltung eines Kernkraftwerks. → 2

2 Erkläre, warum Kernkraftwerke auch Jahre nach dem Abschalten noch gekühlt werden müssen.

Bei der Notabschaltung eines Kernkraftwerks werden die Steuerstäbe voll zwischen die Brennelemente eingefahren. Obwohl die Kettenreaktion abbricht, muss weiter gekühlt werden. Bei den Kernspaltungen sind nämlich radioaktive Stoffe entstanden. Sie geben bei Kernumwandlungen Energie ab, die in thermische Energie umgewandelt wird. Diese Energie muss abgeführt werden, damit die Brennelemente nicht schmelzen. Wegen der langen Halbwertszeit der Spaltprodukte muss ein abgeschaltetes Kernkraftwerk über Jahrzehnte gekühlt werden.

2

Material B

Schutz vor „Radioaktivität"

1 Gib an, wie sich die Arbeiterinnen und Arbeiter im Kernkraftwerk schützen.

2 Oft wird in den Medien von Radioaktivität gesprochen. Dabei meint man entweder die ionisierende Strahlung oder die radioaktiven Stoffe.
Erkläre den Unterschied zwischen ionisierender Strahlung und radioaktiven Stoffen.

3 „Radioaktive Stoffe gelangen aus dem Kernkraftwerk in die Umwelt."
Beschreibe mögliche Gefahren für die Bevölkerung.

Schutz vor ionisierender Strahlung:
- Die dicken Wände des Reaktorbehälters und der Betonmauern schirmen die Strahlung ab.
- Dosimeter messen die Strahlung und warnen vor einer zu hohen Strahlendosis.

Schutz vor radioaktiven Stoffen:
- Schutzanzüge und Atemmasken schützen vor der Aufnahme der Stoffe in den Körper.
- Sicherheitsschleusen verhindern, dass die Stoffe aus dem Innern des Reaktors gelangen.
- Iodtabletten verhindern, dass radioaktive Iod-Isotope vom Körper aufgenommen werden.
- Notduschen waschen die Stoffe vom Körper und der Kleidung ab.

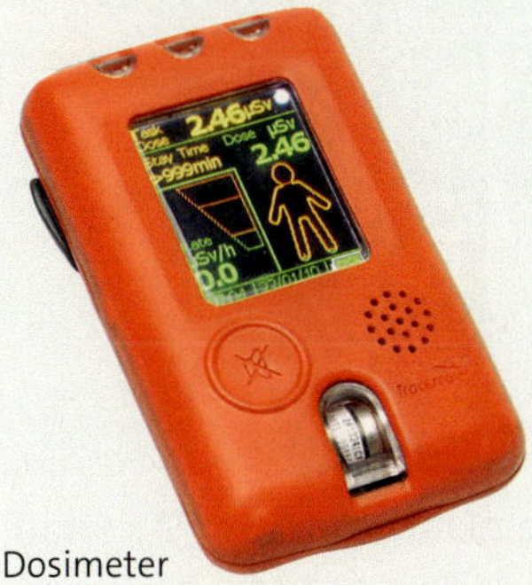

Dosimeter

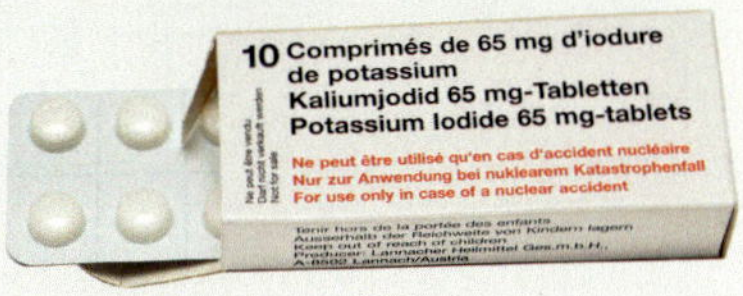

Iodtabletten

3

Sicherheit von Kernkraftwerken

Erweitern und Vertiefen

Zerstörung durch Kernenergie

Der Reaktorunfall von Fukushima • Am 11. März 2011 wurde Japan durch ein starkes Erdbeben erschüttert. Anschließend wurden Küstengebiete von einem Tsunami überflutet und verwüstet. Dabei wurde das Kernkraftwerk von Fukushima schwer beschädigt. Die Kühlsysteme fielen aus. Kühlwasser verdampfte, Wasserstoff bildete sich. Es kam zur Kernschmelze und das Kraftwerk geriet außer Kontrolle. Mehrere Reaktorblöcke wurden durch Wasserstoffexplosionen zerstört. → 1 Radioaktive Stoffe wurden freigesetzt und breiteten sich als Wolke über dem Pazifik und bewohnten Teilen Japans aus. Mehr als 100 000 Menschen wurden aus einem Umkreis von 30 km um das Kraftwerk herum evakuiert, als erhöhte Strahlenwerte gemessen wurden. → 2 Sie kamen in Notunterkünften unter. Es kann Jahrzehnte dauern, bis die Flüchtlinge zurückkehren dürfen. Ein Teil des Gebiets wird wohl dauerhaft gesperrt bleiben.

Monatelang gelangten radioaktive Stoffe aus dem Reaktor in die Umwelt. 10 Millionen Liter radioaktiv belastetes Kühlwasser flossen ins Meer. Die Folgen für Menschen und Tiere sind schwer abzuschätzen.

Die Böden sind hauptsächlich durch radioaktives Caesium $^{137}_{55}Cs$ (β-Strahlung, Halbwertszeit: 30 Jahre) belastet. Etwa 8 % Japans sind davon betroffen. Das Caesium kann über die Nahrung in den menschlichen Körper gelangen und dort zu Schäden führen. Nahrungsmittel, die auf den belasteten Böden angebaut werden, weisen eine erhöhte Aktivität auf. Der Grenzwert von 500 Bq pro Kilogramm Reis oder Tee wird auch 60 km entfernt vom zerstörten Kernkraftwerk noch überschritten. Mit dem Abgraben der oberen Erdschichten wurde begonnen. So kann die Belastung zwar verringert werden, aber die gewaltigen Erdmengen müssen wie Atommüll behandelt werden.

1 Zerstörtes Reaktorgebäude 4 des Kernkraftwerks Fukushima Daiichi, ein Jahr nach der Explosion

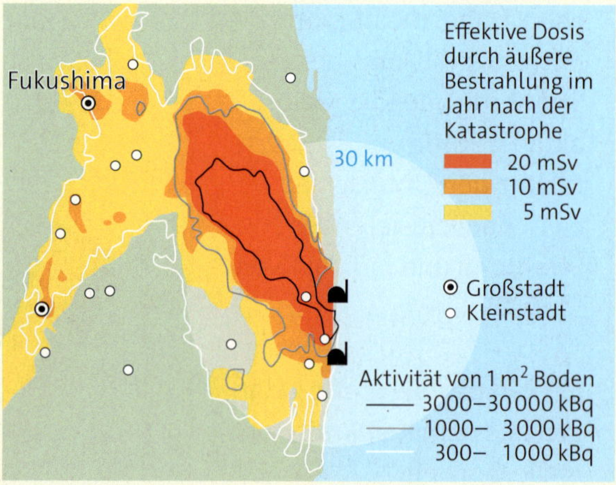

2 Strahlenbelastung in der Umgebung des Kernkraftwerks Fukushima Daiichi

Die Atombombe von Hiroshima • Am 6.8.1945 explodierte die Bombe 580 m über der Stadt. Die Druckwelle zerstörte in wenigen Sekunden fast die gesamte Innenstadt. → 3 Nach der Druckwelle folgte ein Feuerball. Im Zentrum der Explosion war er zwischen 3000 und 4000 °C heiß. Noch in 10 km Entfernung gingen Bäume in Flammen auf. Von den 255 000 Einwohnern starben rund 80 000 sofort. Die freigesetzten radioaktiven Stoffe belasteten die Erde und den Fluss, aus dem viele Überlebende tranken. Durch die hohe Strahlenbelastung bekamen viele Opfer Haarausfall und rote Flecke. Etliche starben kurz darauf qualvoll an inneren Verletzungen. Insgesamt kamen durch die Explosion und die Spätfolgen mehr als 150 000 Menschen ums Leben. Hiroshima ist wieder aufgebaut worden. → 4 In einem Mahnmal brennt eine Flamme, die erst gelöscht werden soll, wenn die letzte Atomwaffe weltweit zerstört worden ist.

Aufgaben

1 Beschreibe, wie es im Kraftwerk von Fukushima zur Kernschmelze kam.

2 Erkläre, warum es Jahrzehnte dauern wird, bis die Gegend um Fukushima wieder bewohnbar ist.

3 Erkläre, warum es gefährlich ist, wenn Caesium $^{137}_{55}Cs$ in den Körper gelangt.

4 Hiroshima am 6. August 1945
a Beschreibe, was geschah.
b Nenne die Auswirkungen auf die direkt überlebenden Menschen.

5 Informiert euch über die Atombombenabwürfe in Hiroshima und Nagasaki und erstellt Plakate dazu.

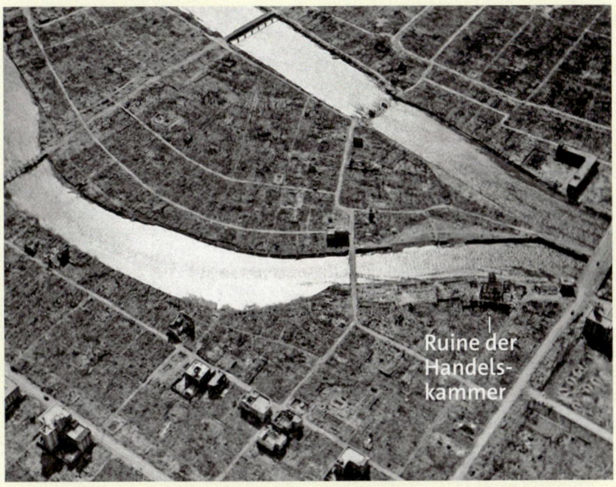

3 Wochen nach der Explosion: Die Innenstadt und die Menschen darin sind völlig vernichtet worden.

4 Heute Mahnmal: Ruine der Handelskammer, wenige hundert Meter vom Explosionszentrum entfernt

Abschaltung von Kernkraftwerken

1 Kernkraftwerk Biblis (Aufnahme von 2011)

Das Kernkraftwerk Biblis ist seit 2011 nicht mehr am Netz. 2017 hat der Rückbau begonnen. Die Entsorgung der radioaktiven Abfälle und der Gebäude wird aber noch Jahrzehnte dauern.

Radioaktive Abfälle • Beim Betrieb und beim Rückbau eines Kernkraftwerks entstehen große Mengen radioaktiver Abfälle. Man kann sie weder durch Verbrennen noch durch andere Verfahren beseitigen. Die Abfälle enthalten radioaktive Stoffe mit langen Halbwertszeiten. Deshalb müssen sie über Jahrtausende sicher gelagert werden.

Woraus besteht der Abfall? • Der radioaktive Abfall besteht aus vielen verschiedenen Stoffen:
- Bei der Kernspaltung von Uran-235 entstehen unter anderem hochradioaktives Iod, Caesium und Strontium.
- Uran kann Neutronen einfangen und sich in Elemente mit mehr als 92 Protonen umwandeln, zum Beispiel Plutonium (Halbwertszeit: 24 000 Jahre).
- Die benutzten Brennelemente enthalten ungespaltene Kerne von Uran-235 und Uran-238, die ebenfalls entsorgt werden müssen. → 2
- Die Atome in den Wänden des Reaktors fangen während des Betriebs Neutronen ein und werden dadurch

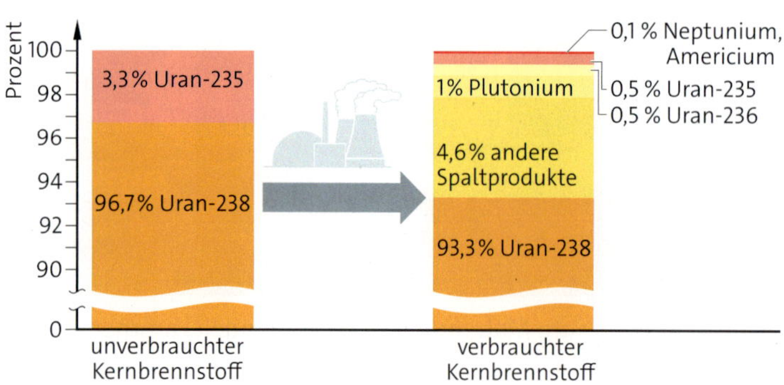

2 Zusammensetzung von Brennstäben

der radioaktive Abfall
das Endlager

zu radioaktiven Isotopen. Diese müssen nach dem Abschalten entsorgt und sicher gelagert werden.

Rückbau von Kraftwerken • 2022 sollen alle Kernkraftwerke in Deutschland abgeschaltet sein. Danach beginnt auch für die letzten Kraftwerke der aufwendige und teure Rückbau. Er wird mehrere Jahrzehnte andauern.
Stillgelegte Kernkraftwerke kann man nicht einfach abreißen. Die enthaltenen radioaktiven Stoffe dürfen nicht in die Umwelt gelangen.
Es gibt zwei Möglichkeiten für den sicheren Rückbau:

- Einschluss der Anlage für 40–60 Jahre: In dieser Zeit klingt die Aktivität im Innern der Reaktoren ab. Der Rückbau wird danach leichter und sicherer sein. Von Nachteil ist, dass die Anlagen in der ganzen Zeit bewacht und überwacht werden müssen.
- Sofortige Zerlegung: Die starke Strahlung und die radioaktiven Stoffe machen dieses Verfahren aufwendig und problematisch. Die Arbeiter müssen ständig Schutzanzüge tragen. Alle Teile müssen zerkleinert, gereinigt, überprüft und entsprechend entsorgt werden.

Lagerung radioaktiver Abfälle • Die größte Gefahr geht von den benutzten Brennelementen aus. In ihnen sind hochradioaktive Stoffe enthalten. → 2
Die Brennelemente werden zunächst im Kernkraftwerk in Wasserbecken gelagert. Innerhalb von Jahren sinkt die Aktivität stark.
Zusammen mit anderen radioaktiven Stoffen aus Kernkraftwerken werden sie dann in Zwischenlager gebracht. Dort dürfen die verbrauchten Brennelemente 40 Jahre lang lagern.
Danach müssen die verbrauchten Brennelemente in ein Endlager für hochradioaktive Stoffe transportiert werden.

Endlagersuche • Es gibt weltweit noch kein Endlager für hochradioaktive Stoffe, das für Jahrtausende sicher ist.
In Deutschland wird seit einigen Jahren untersucht, ob und wie man die Abfälle lagern kann. Beispielsweise alte Salzbergwerke werden auf ihre Eignung als Endlager geprüft.
Fachleute schätzen, dass ein Endlager in Deutschland erst in einigen Jahrzehnten zur Verfügung stehen wird.
In Finnland und Schweden sollen die Abfälle ab dem Jahr 2020 tief in Granit eingeschlossen werden. Ob das Konzept eine sichere Aufbewahrung ermöglicht, ist unklar.

Der radioaktive Abfall muss sicher über Jahrtausende eingelagert werden.

Aufgaben

1 ○ Beschreibe, welche Voraussetzungen ein Endlager erfüllen muss.

2 ◐ Gib an, welche Probleme bei der Stilllegung von Kernkraftwerken auftreten.

Abschaltung von Kernkraftwerken

Material A

„Alte“ Brennelemente

1 Beschreibe den Weg „alter“ Brennelemente. → 1

2 Nenne Eigenschaften der Castorbehälter.

Die verbrauchten, hochradioaktiven Brennelemente werden in spezielle Behälter geladen: die Castorbehälter. Diese müssen absolut dicht sein und allen äußeren Einflüssen standhalten. Außerdem leiten sie die Nachwärme von den Brennelementen in die Umgebung und dürfen keine ionisierende Strahlung entweichen lassen.
Ein Castorbehälter ist 6 m lang, 2 m breit, wiegt (gefüllt) 120 t und kostet 1,5 Millionen Euro. In den Zwischenlagern werden die Castorbehälter durch kalte Frischluft gekühlt. Meistens befinden sich die Zwischenlager neben Kernkraftwerken. Dort dürfen die Brennelemente 40 Jahre lang gelagert werden. Dann sollen sie für Jahrtausende in ein Endlager tief unter der Erde kommen. In Deutschland wird seit Langem nach einem sicheren Standort dafür gesucht.

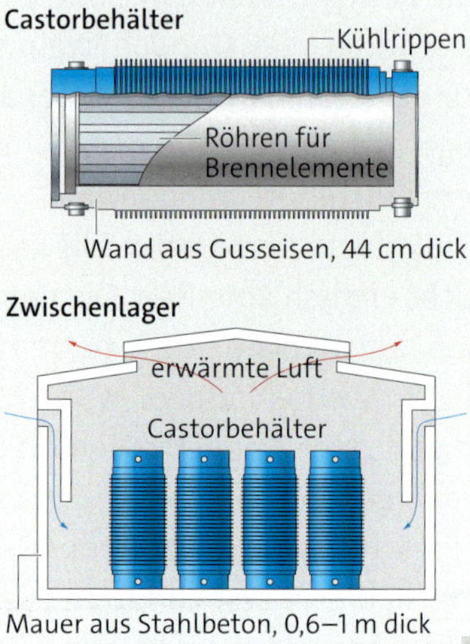

1

Material B

Das erste Endlager für hochradioaktive Abfälle

1 Lest den Text. → 2

a Beschreibt das Endlager.

b Nennt Aspekte, die man beim Bau beachten muss.

c Informiert euch in Gruppen über andere Endlagerprojekte. Erstellt Plakate dazu.

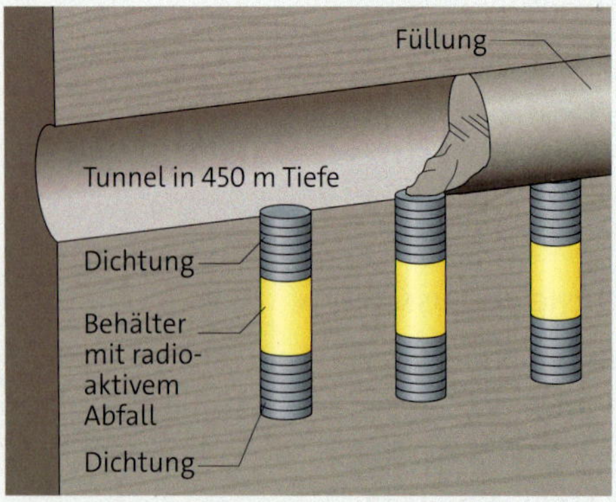

Unter der finnischen Insel Olkiluoto gibt es ein riesiges Labyrinth aus Gängen und Schächten. 450 m tief im Granit entsteht dort das weltweit erste atomare Endlager für hochradioaktive Stoffe. Es soll länger halten als alle anderen Bauten der Menschheit. Ab 2020 soll dort radioaktiver Abfall aus Atomkraftwerken so lange gelagert werden, bis die Strahlung abgeklungen ist – mindestens 100 000 Jahre. In dieser Zeit darf kein radioaktiver Abfall in die Umwelt gelangen. Niemand weiß aber, wie unsere Welt in 100 000 Jahren aussehen wird. Wird das Endlager die Eiszeit in 60 000 Jahren überstehen?

2

Erweitern und Vertiefen

Rückbau eines Kernkraftwerks

3 Kernkraftwerk Würgassen (1994)

4 Abrissbeginn (1996)

Vorgehen • Das Kernkraftwerk Würgassen an der Weser war das erste rein wirtschaftlich genutzte Kernkraftwerk Deutschlands. → 3 Nach 23 Jahren Betriebszeit stellte man 1994 fest, dass der Reaktorbehälter feine Risse bekommen hatte. Die Reparatur wäre zu teuer gewesen. So entschied man sich für die Stilllegung. In der Folgezeit wurde das Kraftwerk zerlegt: → 4

- Zuerst wurden die Brennelemente aus dem Reaktor entfernt. Danach zerlegte man die Turbinen und den Generator.
- Das Becken zur Lagerung der Brennelemente und der Druckbehälter waren am stärksten radioaktiv belastet. Man flutete den Reaktor zum Abbau immer wieder mit Wasser und zerlegte ihn dann ferngesteuert. Dadurch wurde die Freisetzung radioaktiven Staubs vermieden.
- Die meisten Oberflächen im Kraftwerk waren mit radioaktiven Stoffen verschmutzt. Sie wurden abgewaschen oder vorsichtig abgetragen.

Kosten • Der Bau des Kraftwerks hat 4 Jahre gedauert und 200 Millionen Euro gekostet. Der Rückbau dauerte 17 Jahre und kostete mehr als eine Milliarde Euro. Nach dem Abbau müssen alle radioaktiv belasteten Teile in einem Endlager sicher gelagert werden. Ende 2022 werden die letzten deutschen Kernkraftwerke außer Betrieb gestellt. Dann wird bei mehr als 30 Reaktoren der Rückbau laufen oder bereits abgeschlossen sein. Die Gesamtkosten werden auf fast 50 Milliarden Euro veranschlagt.

Aufgaben

1 Warum ist es so schwierig, stillgelegte Kernkraftwerke abzubauen? Nenne mehrere Gründe.

2 Derzeit werden in Deutschland mehrere Kernkraftwerke zurückgebaut. Sammle Informationen über eines der Rückbauprojekte und berichte.

Kernenergie und Verantwortung

1 Smog

Wieso bauen manche Länder neue Kernkraftwerke, während andere Länder sie komplett abschalten?

Vorteile und Nachteile • Der Einsatz von Kernkraftwerken beinhaltet Vorteile und Nachteile:

- Kernkraftwerke produzieren viel weniger CO_2 als Wärmekraftwerke, in denen fossile Energieträger wie Kohle, Erdgas oder Erdöl verbrannt werden. CO_2 verstärkt den natürlichen Treibhauseffekt, sodass die Temperatur der Atmosphäre steigt.
- Unfälle in Kernkraftwerken können katastrophale Auswirkungen auf die Umwelt und die Menschen haben, die sich nicht auf ein Land begrenzen lassen.
- Zur Endlagerung der radioaktiven Stoffe aus Kernkraftwerken werden Konzepte benötigt. Diese liegen bislang kaum vor.

Politische Bewertung • Jedes Land bewertet die Vorteile und die Nachteile der Kernenergie unterschiedlich. Dies führt zu einer unterschiedlichen Sichtweise der Kernenergie.
Es gibt Länder wie Deutschland und die Schweiz, die sich zum Ausstieg aus der Nutzung der Kernenergie entschieden haben. Andere Länder wie China, die USA oder Polen wollen neue Kernkraftwerke errichten.

Die Nutzung der Kernenergie hat Vorteile und Nachteile, die von verschiedenen Länder unterschiedlich bewertet werden.

Aufgaben

1 ○ Erstelle eine Übersicht über Vorteile und Nachteile der Kernenergie.

2 ◐ Begründe: „Manche Länder steigen aus der Kernenergie aus und andere bauen neue Kernkraftwerke."

3 ● Gib deine eigene Meinung zur Nutzung der Kernenergie an und begründe sie mit Argumenten.

Material A

Kernkraftwerke – Pro und Kontra

Die friedliche Nutzung der Kernenergie kann gefährlich sein. Die Endlagerung der radioaktiven Abfälle ist nicht geklärt. Kernkraftwerke erzeugen aber viel weniger CO_2 als Kohlekraftwerke. Außerdem wächst unser Energiebedarf. Sollen unsere Kernkraftwerke vielleicht doch weiterbetrieben werden?

1 ● Führt eine Pro-und-Kontra-Debatte und überzeugt eure Klasse!
Findet für jede Rolle Argumente (nicht nur) im Buch, die eure Position unterstützen. → 3

2 Wer hat die besseren Argumente?

Pro	Kontra
Eltern Woher soll unser Strom denn kommen, wenn alle Kernkraftwerke abgeschaltet werden? Wir sind auf die Kernenergie angewiesen. Außerdem liefert sie billige und zuverlässige Energie. Die Entsorgung der Abfälle wird auch noch gelöst und dann spricht nichts mehr gegen die Nutzung der Kernenergie.	**Eltern** Die Zukunft unserer Kinder macht uns große Sorgen. Der Atommüll und die gefährlichen Unfälle machen die Kernenergie unberechenbar. So eine Katastrophe wie in Fukushima kann vielleicht auch bei uns in Deutschland passieren. Darum müssen alle Kernkraftwerke sofort abgeschaltet werden.
Politiker/Politikerin Zwischenfälle wie in Fukushima können in Deutschland nicht passieren. Unsere Kernkraftwerke sind absolut sicher. Außerdem lösen sie das CO_2-Problem, weil sie der Umwelt nicht schaden. Deshalb müssen wir auch weiterhin Kernkraftwerke nutzen und genauso wie China neue bauen.	**Politiker/Politikerin** Kernenergie kann für Mensch und Umwelt gefährlich sein. Die Endlagerung des strahlenden Mülls ist immer noch nicht geklärt. Es wird höchste Zeit, die Kernkraftwerke abzuschalten. Deutschland muss als Vorbild vorangehen, auch wenn andere Länder weiterhin auf Kernenergie setzen.
Manager/Managerin Ich arbeite in einem wichtigen Stromkonzern. Es gibt keinen Grund, gegen Kernenergie zu sein. Trotz der hohen Entsorgungskosten liefert sie günstig Energie. Erneuerbare Energien sind im Vergleich zu teuer. Außerdem wissen viele Menschen nicht Bescheid über Kernenergie und haben deshalb Befürchtungen.	**Umweltschützer/Umweltschützerin** Warum verstehen die Menschen nicht, dass die Kernenergie große Gefahren und Probleme beinhaltet? Fukushima und Hiroshima haben das gezeigt. Die Fakten sind bekannt und trotzdem gibt es immer noch Menschen, die für die Kernenergie sind. Das verstehe ich nicht, es gibt so viele Argumente dagegen.

3 Rollenkarten für die Pro-und-Kontra-Debatte

Kernfusion in der Sonne*

1 Die Sonne – im Innern bis zu 15 Millionen Grad Celsius heiß!

Die Sonne gibt in einer Sekunde so viel Energie ab, wie die ganze Menschheit nach heutigem Stand für 760 Jahre benötigt. Was geschieht in der Sonne?

Unsere wichtigste Energiequelle • Ohne Sonne gäbe es kein Leben auf der Erde. Seit 4,5 Milliarden Jahren spendet sie Licht und Wärme und wird dies für weitere 5 Milliarden Jahre tun. Ohne Licht könnten Pflanzen keine Fotosynthese durchführen. Kohle, Öl und Gas gäbe es nicht. Wir könnten unseren Energiebedarf auch nicht durch Wind-, Wasser- oder Solarkraftwerke decken. Für alles liefert die Sonne die Energie.

2 Bilanz der Kernfusion zu Helium

Kernfusion • Bei der Spaltung von großen Atomkernen wird viel Energie abgegeben. Noch mehr Energie wird bei der Verschmelzung von kleinen Atomkernen in der Sonne freigesetzt. Dieser Vorgang heißt Kernfusion. Die freigegebene Energie heizt die Sonne extrem stark auf. Bei mehreren Millionen Grad Celsius hält es die Wasserstoff-Atome in der Sonne nicht zusammen: Protonen und Elektronen sind voneinander getrennt. Die positiven Protonen haben so viel Bewegungsenergie, dass sie sich trotz der elektrischen Abstoßung sehr nahe kommen. Für kurze Zeit können sie sich sogar verbinden. Daraus kann sich in mehreren Schritten ein Heliumkern entwickeln. → 2

Bei der Fusion von 50 g Wasserstoff zu Helium wird so viel Energie freigesetzt wie bei der Spaltung von 300 g Uran oder der Verbrennung von 350 t Diesel.

Bei Kernfusionen in der Sonne verschmelzen Protonen und Neutronen zu Heliumkernen. Dabei wird sehr viel Energie freigesetzt.

Aufgaben

1 Erkläre, warum es ohne die Sonne kein Leben auf der Erde gäbe.

2 In der Sonne kommen sich Protonen trotz elektrischer Abstoßung sehr nahe. Erkläre, wie das möglich ist.

3 Vergleiche Kernspaltung und Kernfusion.

Material A

Kernfusion – näher betrachtet

1 Die Kernfusion von Wasserstoff zu Helium in der Sonne läuft in mehreren Schritten ab. Bringe die Texte in die richtige Reihenfolge. → A – C Ordne jedem Text ein Bild zu. → 3 – 5

Zwei Kerne Helium $^{3}_{2}$He verschmelzen zu einem Kern Helium $^{4}_{2}$He. Zwei Protonen werden dabei abgegeben.

A

Aus einem Kern Wasserstoff $^{2}_{1}$H entsteht durch Einfang eines weiteren Protons ein Kern Helium $^{3}_{2}$He.

B

Die Protonen im Innern der Sonne haben eine so hohe Bewegungsenergie, dass sie sich trotz der elektrischen Abstoßung verbinden können. Diese Verbindung ist nicht stabil. Erst durch die Umwandlung eines Protons in ein Neutron entsteht ein stabiler Kern Wasserstoff $^{2}_{1}$H. Dabei werden ein Positron (e^+, positives Elektron) und ein Neutrino (ν) abgegeben.

C

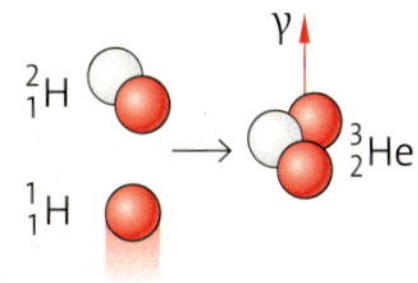

3

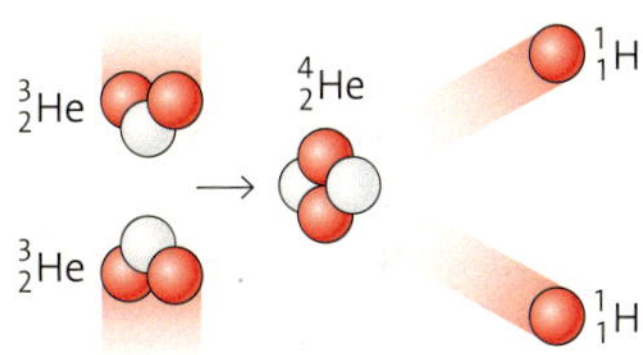

4

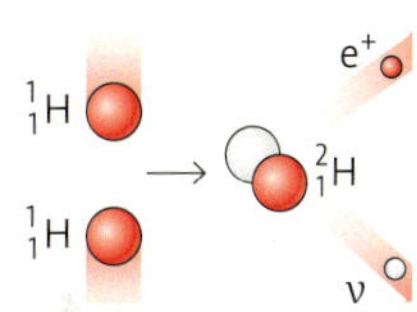

5

Material B

Wie sind die vielen Elemente entstanden?

1 Beschreibe, wie leichte und schwere Elemente entstanden sind. → 6

Die Wissenschaft nimmt an, dass unser Universum in einem Urknall „geboren“ wurde. Danach entstanden zuerst die leichten Elemente Wasserstoff und Helium. Schwerere Elemente bildeten sich erst im Lauf von Jahrmilliarden.
Im „Leben“ eines Sterns entstehen durch Fusion zuerst Helium, später schwerere Elemente bis hin zum Eisen. Dabei wird Energie freigesetzt. Für die Fusion von noch schwereren Elementen wird dagegen viel Energie benötigt. Sie steht zur Verfügung, wenn sehr große Sterne am Ende ihres „Lebens“ in einer Supernova explodieren.

6

Radioaktivität

Zusammenfassung

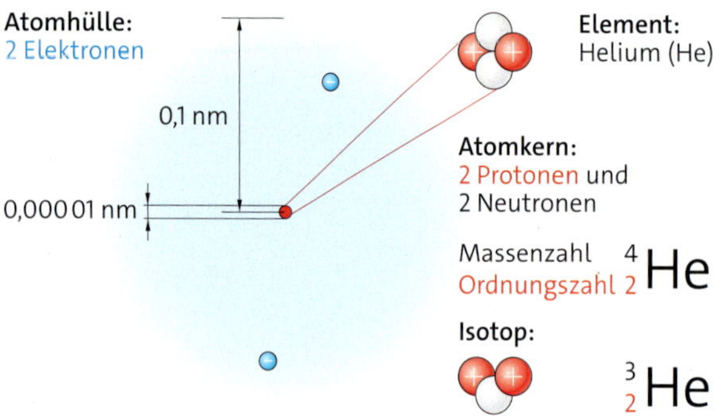

1 Helium im Kern-Hülle-Modell

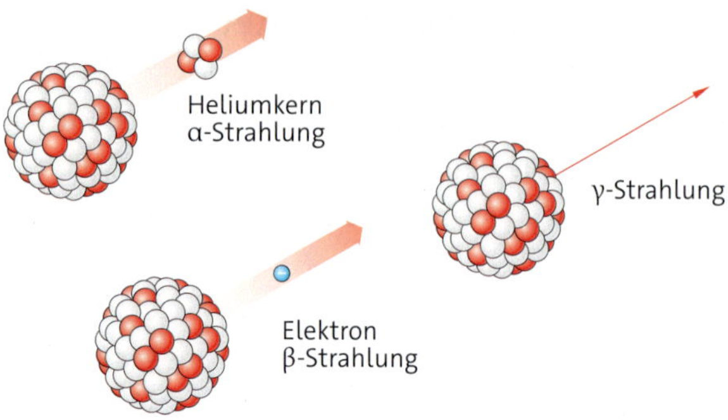

2 Drei Strahlungsarten

Aufbau der Atome • Atome bestehen aus Atomkern und Atomhülle: → 1

- Protonen und Neutronen bilden den Atomkern.
- Elektronen bilden die Atomhülle.

Das Atom enthält gleich viele Protonen und Elektronen. Alle Atome eines Elements haben die gleiche Anzahl von Protonen im Atomkern.
Die Isotope eines Elements haben verschieden viele Neutronen.

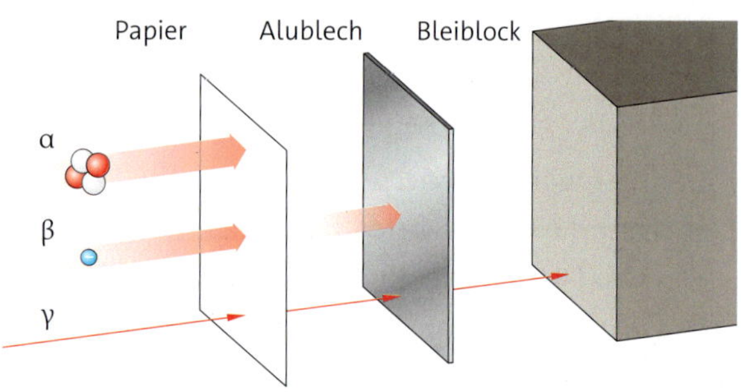

3 Abschirmung

Radioaktivität – überall! • Die Strahlung radioaktiver Stoffe kann mit dem Geigerzähler nachgewiesen werden. Wir sind ständig einer geringen ionisierenden Strahlung ausgesetzt.

Ionisierende Strahlung • In radioaktiven Stoffen wandeln sich Atomkerne um. Dabei werden drei Arten ionisierender Strahlung abgegeben: α-Strahlung, β-Strahlung und γ-Strahlung. → 2 3

Halbwertszeit und Aktivität • Die Halbwertszeit gibt an, wie lange es durchschnittlich dauert, bis sich die Hälfte eines radioaktiven Materials umgewandelt hat. → 4 Sie ist für jedes radioaktive Isotop verschieden.
Die Aktivität eines radioaktiven Gegenstands gibt an, wie viele Kerne sich in ihm pro Sekunde umwandeln.
Die Einheit der Aktivität ist 1 Becquerel (1 Bq):
1 Becquerel = 1 Kernumwandlung pro Sekunde.

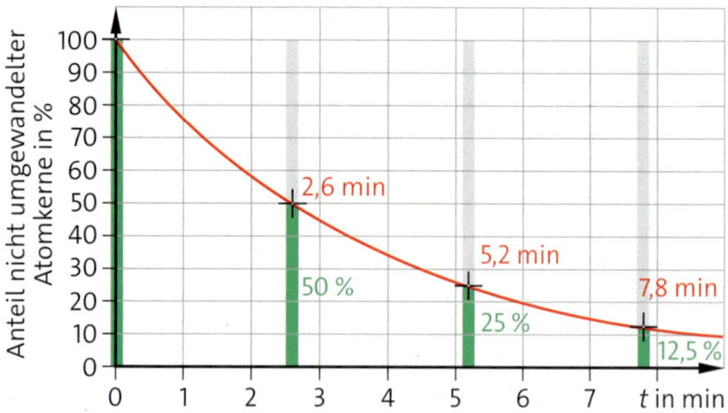

4 Die Umwandlung von Barium $^{137}_{56}Ba$

Ionisierende Strahlung für den Menschen • Röntgenstrahlung wird eingesetzt, um das Innere von Körpern sichtbar zu machen. Ionisierende Strahlung kann genutzt werden, um Zellen zu töten oder zu verändern. Das wird z. B. bei der Krebstherapie oder der Pflanzenzucht genutzt.

Strahlenbelastung • Ionisierende Strahlung verändert Zellen im Körper. Das kann zu Erkrankungen und zu Veränderungen des Erbguts führen. Die Strahlenbelastung gibt man in Sievert (Sv) an. In Deutschland liegt die Strahlenbelastung im Durchschnitt bei 4 Millisievert pro Jahr.

Kernspaltung • Atomkerne von Uran $^{235}_{92}U$ lassen sich durch Neutronen spalten. → 5 Es entstehen zwei kleinere Atomkerne und freie Neutronen. Dabei wird viel Energie freigesetzt. Kernkraftwerke erzeugen elektrische Energie ähnlich wie Kohlekraftwerke – die Energie dafür stammt aber aus Kernspaltungen. → 6
Im Kernkraftwerk läuft eine kontrollierte Kettenreaktion ab. → 7

Kernkraftwerke verstärken den Treibhauseffekt viel weniger als Kohlekraftwerke.

Sicherheit und Abschaltung von Kernkraftwerken • Die Sicherheitssysteme von Kernkraftwerken sollen das Austreten radioaktiver Stoffe und ionisierender Strahlung verhindern. Der radioaktive Abfall muss sicher über Jahrtausende eingelagert werden.

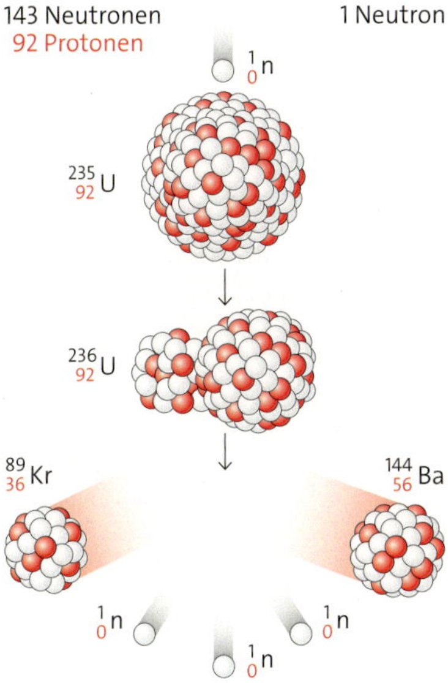

5 Kernspaltung von Uran $^{235}_{92}U$

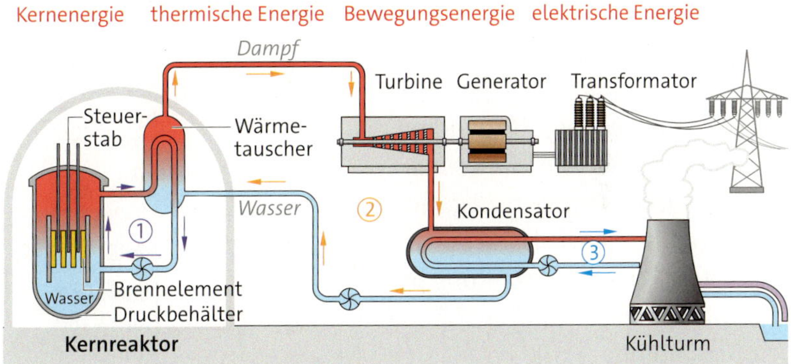

6 Aufbau eines Kernkraftwerks

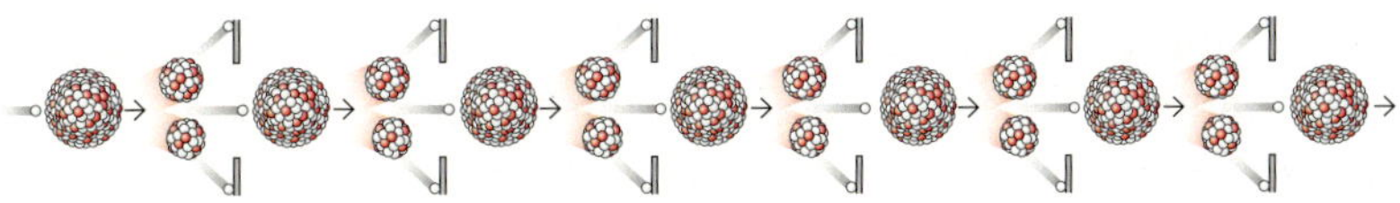

7 Kontrollierte Kettenreaktion

Energie durch Kernfusion* • Bei der Kernfusion in der Sonne verschmelzen Protonen und Neutronen zu Heliumkernen $^{4}_{2}He$. Dabei wird sehr viel Energie freigesetzt.

Teste dich! (Lösungen auf Seite 448)

Radioaktivität – überall!

1 Wie kannst du feststellen, ob beispielsweise die Leuchtziffern einer Uhr radioaktiv sind? Beschreibe es.

Ionisierende Strahlung – näher betrachtet

2 Beschreibe, wie nach dem Kern-Hülle-Modell Atome aufgebaut sind.

3 Nenne Arten ionisierender Strahlung.

4 Erläutere den Begriff Isotop am Beispiel des Wasserstoffs. Zeichne die drei Isotope.

5 Gib jeweils an, wie viele Protonen und Neutronen das Isotop hat.
a Stickstoff: $^{14}_{7}N$ und $^{15}_{7}N$
b Caesium: $^{133}_{55}Cs$ und $^{137}_{55}Cs$

6 Die folgenden Begriffe gehören zum Thema radioaktive Kernumwandlung:
5 mm dickes Alublech, negativ, Elementumwandlung, wie Licht, positiv, dicke Bleiplatten, schwach, Strahlung aus Teilchen, neutral, Papier, weniger stark, keine Elementumwandlung, stark.
a Trage die Begriffe richtig in die Tabelle ein. → 1
b Ordne die Bilder richtig zu. → 2 – 4
c* Schreibe ein Beispiel für jede Art der Kernumwandlung als Reaktionsgleichung auf.

7 Plutonium $^{239}_{94}Pu$ gibt bei seiner Umwandlung α-Strahlung ab.
Gib an, in welches Element es sich umwandelt.

Ionisierende Strahlung für den Menschen

8 Ionisierende Strahlung wird in der Medizin eingesetzt. Beschreibe verschiedene Beispiele. Nenne jeweils Vor- und Nachteile.

Die Strahlenbelastung

9 „Schwangere Frauen sollten ionisierende Strahlung besonders vermeiden." Begründe.

10 Bei der von außen auf uns wirkenden Strahlung ist die γ-Strahlung besonders gefährlich, bei der von innen wirkenden Strahlung ist es die α-Strahlung. Begründe diesen Unterschied.

	α-Strahlung	β-Strahlung	γ-Strahlung
Art der Strahlung	?	?	?
elektrisch	?	?	?
ionisierend	?	?	?
Wird gestoppt von:	?	?	?
Bild	?	?	?
Elementumwandlung	?	?	?
Reaktionsgleichung	?	?	?

1 Strahlung radioaktiver Körper

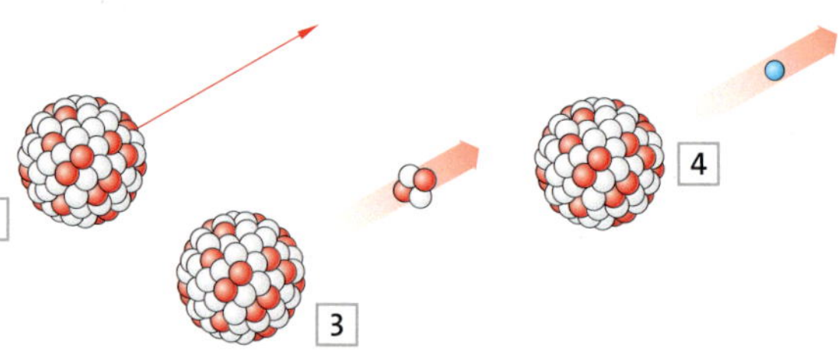
2 3 4

Die Halbwertszeit

11 ▢ Ein radioaktiver Stoff hat eine Halbwertszeit von 30 Jahren. Wähle aus, was das bedeutet. In 30 Jahren:
- ist die Aktivität nur noch halb so hoch, in 60 Jahren ist sie ganz weg.
- löst sich die Hälfte des radioaktiven Stoffs auf und verschwindet völlig.
- sinkt die Aktivität um die Hälfte.
- ist der Stoff nicht mehr radioaktiv.

12 1 g natürliches Kalium hat eine Aktivität von 28 Bq. Im menschlichen Körper sind rund 100 g davon enthalten.
a ▢ Beschreibe, was die Aktivität bedeutet.
b ◐ Berechne, wie viele Kalium-Atome im Körper durchschnittlich in 1 s zerfallen.

13 ◐ Caesium $^{137}_{55}Cs$ entsteht bei der Kernspaltung im Kernkraftwerk. Bei Unfällen wie in Fukushima gelangte es in die Umwelt – mit gefährlichen Folgen für die Menschen.
a Erkläre, was die Zahlen 137 und 55 am Symbol Cs für Caesium bedeuten.
b Lies aus dem Diagramm die Halbwertszeit von Caesium $^{137}_{55}Cs$ ab. → 5
c Wann sind anfangs 100 g Caesium $^{137}_{55}Cs$ nicht mehr radioaktiv? Nach 30, 60, 90 oder mehr als 100 Jahren? Begründe deine Antwort.

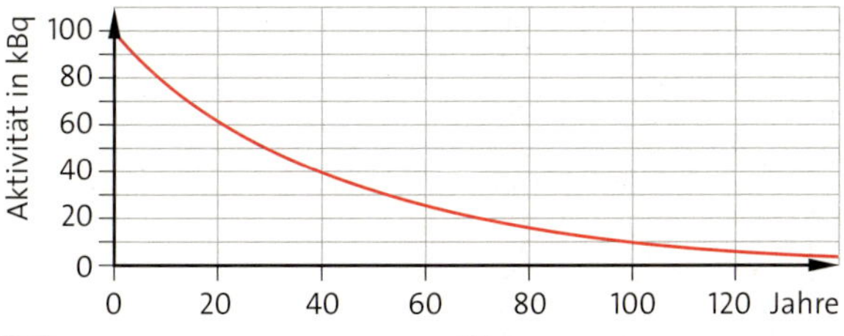

5 Aktivität einer Probe von $^{137}_{55}Cs$

Die Kernspaltung

14 ◐ Bei der Kernspaltung von Uran $^{235}_{92}U$ entstehen neue Elemente. Beschreibe und skizziere den Vorgang der Spaltung. Tipp: Zeichne bei den Kernen keine einzelnen Protonen und Neutronen.

15 ◐ Wie entsteht bei der Kernspaltung im Kernkraftwerk thermische Energie?
Stelle eine Wirkungskette auf: „Ein Neutron dringt in den Urankern ein. → ⟨?⟩“

16 ◐ Angereichertes Uran wird oft als Brennstoff bezeichnet.
Erkläre, warum dieser Begriff eigentlich nicht passt. Tipp: Vergleiche mit dem Brennstoff Kohle.

Sicherheit von Kernkraftwerken – Abschaltung von Kernkraftwerken

17 ◐ Beschreibe die Funktionsweise eines Kernkraftwerks. Nenne mögliche Gefahren.

18 ◐ „Die radioaktiven Abfälle aus Kernkraftwerken können der Menschheit noch in vielen Tausend Jahren gefährlich werden.“ Erkläre diese Aussage.

19 ◐ Beschreibe den Unterschied zwischen Endlagern und Zwischenlagern.

Kernfusion*

20 ◐ Im Innern der Sonne setzt die Kernfusion gewaltige Mengen an Energie frei.
Beschreibe den Vorgang.

Anhang

Lösungen der Testaufgaben

Magnetismus – S. 33

1 a Magnete ziehen an: Eisen, Cobalt, Kupfer.
b An den Polen ist die Anziehung am stärksten.
c Zwei Magnete stoßen sich ab, wenn sich gleichnamige Pole gegenüberstehen.

2 Das eine freie Ende des Hufeisenmagneten ist der Nordpol und das andere der Südpol. Der Nordpol der Kompassnadel wird in der Nähe der Magnetpole zum Südpol des Magneten ausgerichtet.

3 Der Ringmagnet hat einen Nord- und einen Südpol (mindestens).

4 a Man streicht mit einem Pol des Magneten mehrmals in gleicher Richtung über den Eisennagel.
b Beim Überstreichen werden die Elementarmagnete im Eisennagel einheitlich ausgerichtet:

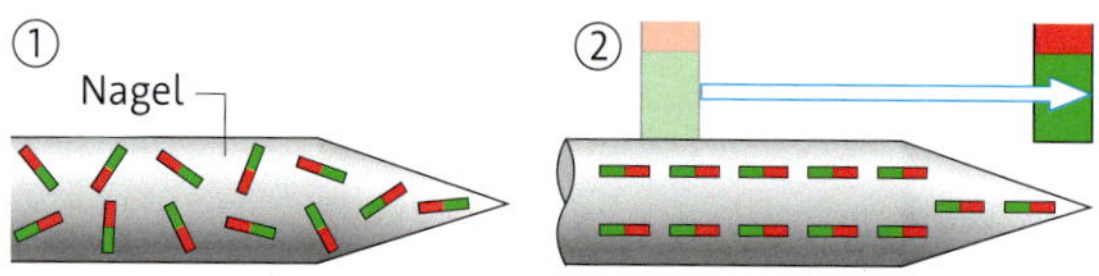

5 Im magnetisierten Nagel sind die Elementarmagnete in Nord-Süd-Richtung ausgerichtet. Nach dem Durchtrennen hat daher jedes Stück an einer Seite einen Nordpol und an der anderen einen Südpol.

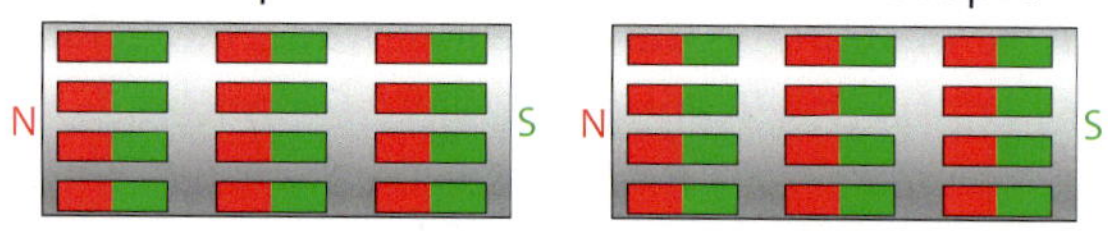

6 Erster Weg: Legt man eine Glasplatte über den Magneten und streut dann Eisenpulver auf die Glasplatte, ordnen sich die Eisenspäne im Magnetfeld an und machen es damit sichtbar.
Zweiter Weg: Man stellt einen Kompass an verschiedenen Stellen im Magnetfeld auf und zeichnet auf, wie die Kompassnadel ausgerichtet wird.

7 a Die Feldlinien gehen vom Nordpol eines Magneten zu seinem Südpol.
b Der Pfeil an einer Feldlinie zeigt an, in welche Richtung der Nordpol einer Kompassnadel an dieser Stelle zeigen würde.
c Je dichter die Feldlinien in einem Bereich gezeichnet sind, desto stärker ist dort das Magnetfeld.

8 a Skizze ähnlich wie Bild 1 auf Seite 30.
b Der Nordpol des Magneten dreht sich nach Norden – zum magnetischen Südpol der Erde hin.

Licht und Schatten – S. 54 f.

1 Lichtquellen: Sonne, Kerze, Taschenlampe, Handydisplay, Autoscheinwerfer
Lichtempfänger: Auge, Digitalkamera, grünes Blatt, Reflektor am Fahrrad, Solarzelle

2 Der Mond streut das Licht der Sonne zum Teil zur Erde hin und auf das Papier. Das Papier streut das Streulicht des Monds. Ein Teil dieses Lichts fällt ins Auge.

3 In der Nacht sollten Fußgänger weiße Kleidung tragen, weil diese mehr Licht streut als schwarze Kleidung und die Fußgänger dadurch besser zu sehen sind.

4 Aljoscha hat recht, weil Nebeltröpfchen Licht einer Lichtquelle oder eines Gegenstands auf dem Weg zum Auge absorbieren und zur Seite streuen. Kommt kein Licht im Auge an, kann man die Lichtquelle (den Gegenstand) nicht sehen. Christine hat recht, weil Nebeltröpfchen Licht streuen. Gelangt es ins Auge, kann man den Weg des Lichts sehen.

5 Die Zimmerdecke streut das Licht des Deckenfluters in alle Richtungen.

6 a Licht breitet sich geradlinig aus.
b Die Personen werden nur von der Bühne her beleuchtet. Ihre Rücken erhalten kein Licht und erscheinen deshalb schwarz.

7 Auf direktem Weg kann kein Licht von der Leuchtdiode auf den Lichtempfänger fallen, weil die schwarzen Plastikstege im Weg stehen und das Licht absorbieren. Wenn Rauch in der Kammer ist, wird er beleuchtet und streut Licht auf den Lichtempfänger.

8 a Fall 1: Der Schatten fäll nach rechts, etwa auf 5 Uhr. Fall 2: Der Schatten fällt nach links, etwa auf 8 Uhr.
b Für Diana ist die Position 1 am günstigsten, da sie mit der rechten Hand schreibt und somit der linke Blattbereich immer beleuchtet ist.

9 a Der Stift muss nahe zur Kerze gehalten werden.
b Der Stift muss nahe zur Wand gehalten werden.

10 Der helle Fleck ist größer als das Loch. Im Schattenbild ist alles vergrößert. Skizze:

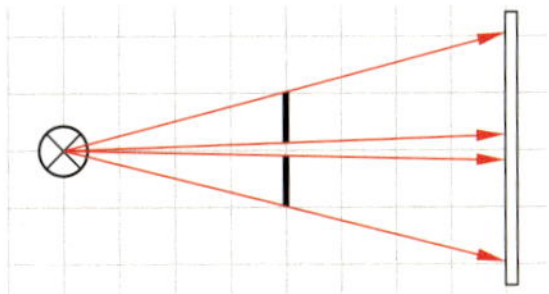

11 a Das Schattenbild entsteht auf dem Gehweg, weil Tanja schräg von oben beleuchtet wird.
b

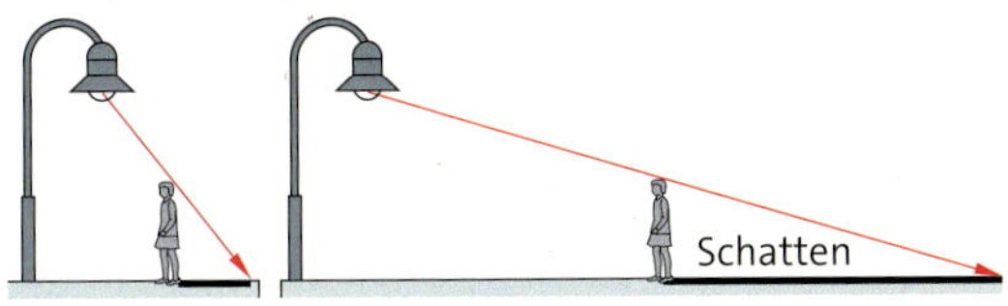

12 a Auf der Wand ist in der Mitte der Kernschatten zu sehen. Rechts und links sind Halbschatten.
b Im Kernschatten kommt weder das Licht der linken noch das Licht der rechten Kerze an. Im rechten Halbschatten beleuchtet nur die rechte Kerze die Wand, im linken Halbschatten nur die linke.

13 Die Person wird von einer roten und einer blauen punktförmigen Lichtquelle angestrahlt. Die Lichtquellen sind weit auseinander. Die rote Lichtquelle ist links und die blaue rechts positioniert. Das rote Licht kann wegen der Person nicht nach rechts gelangen, das blaue Licht nicht nach links.

14

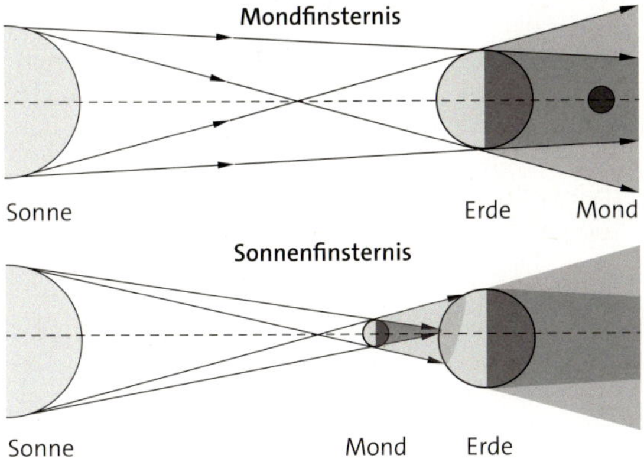

Wie wir sehen – S. 78 f.

1 Bilder der Lämpchen:

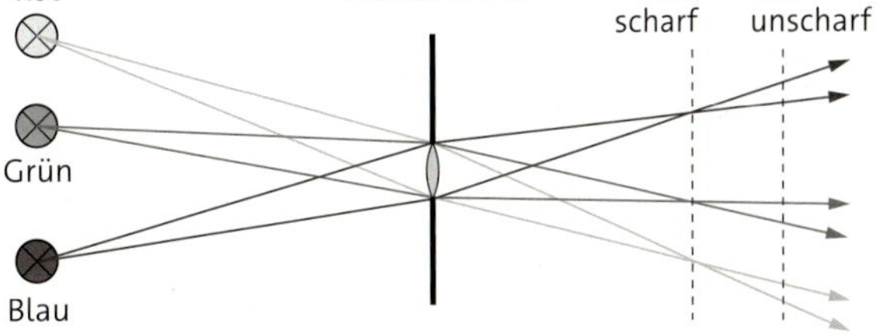

2 a Gemeinsamkeiten: Die Bilder einer Lochkamera und einer Linsenkamera stehen beide auf dem Kopf.
Unterschiede: Das Bild der Linsenkamera ist schärfer und heller als das Bild der Lochkamera.
b Das Licht vom oberen Rand des Gegenstands geht durch das Loch oder die Linse und trifft unten auf die Wand. Das Licht vom unteren Teil der Flamme geht durch das Loch oder die Linse und trifft oben auf die Wand. Die Lichtwege kreuzen sich im Loch oder in der Linse.

3 Die Sammellinse führt das Licht der Sonne in einem kleinen Lichtfleck in der Brennweite zusammen. Wenn man einen brennbaren Gegenstand dorthin hält, kann er durch die aufgenommene Energie so stark erhitzt werden, dass er sich entzündet.

4 a Eine schwach gewölbte Linse hat eine größere Brennweite. Die Lichtstrahlen werden weiter hinter der Linse zusammengeführt.
b Je stärker eine Sammellinse gewölbt ist, desto kleiner ist ihre Brennweite.

5 a Verkleinertes Bild: Die Gegenstandsweite muss größer als die doppelte Brennweite der Linse sein.
b Vergrößertes Bild: Die Gegenstandsweite muss größer als die Brennweite und kleiner als die doppelte Brennweite sein.

6 Der Abstand zwischen der Kerze und der Sammellinse ist kleiner als die Brennweite der Linse. In diesem Fall führt die Linse das Licht von Gegenstandspunkten nicht in Bildpunkten zusammen. Es entsteht kein Bild.

7 Die Pupille verkleinert sich.

8 Die Netzhautbilder werden immer größer. Der Unterschied zwischen den beiden Netzhautbildern wird immer größer.

9 In Bild 4 sieht man den Kalender scharf, der weiter vom Auge entfernt ist. Die Augenlinse ist schwach gewölbt, ihre Brennweite ist groß.
In Bild 5 sieht man die Rose scharf, die näher am Auge ist. Die Augenlinse ist stark gewölbt, ihre Brennweite ist kleiner als zuvor.

10 Vergleich Auge – Kamera:

Auge	Kamera	Funktion
Augenlinse	Objektivlinse	Bild erzeugen
Iris	Blende	„Lichtmenge" regeln
Netzhaut	Chip	Bild auffangen
Brennweite verändern	Bildweite verändern	scharf stellen

11 Kurzsichtig – weitsichtig
a Kurzsichtige können nahe Dinge scharf sehen. Weit entfernte Dinge sehen sie unscharf.
b Kurzsichtige benötigen eine Brille mit Zerstreuungslinsen.
c Kurzsichtige haben einen längeren Augapfel als normal. Das scharfe Bild ferner Gegenstände entsteht deshalb vor der Netzhaut. Die Zerstreuungslinse in der Brille lässt das Licht weiter auseinanderlaufen als zuvor. Dadurch führt die Augenlinse das Licht erst weiter hinten zusammen – auf der Netzhaut.
d Weitsichtige können weit entfernte Dinge scharf sehen. Nahe Dinge sehen sie unscharf. Weitsichtige benötigen eine Brille mit Sammellinsen. Bei Weitsichtigen würde das scharfe Bild naher Gegenstände erst hinter der Netzhaut entstehen. Die Sammellinse in der Brille lässt das Licht stärker zusammenlaufen als zuvor. Dadurch führt die Augenlinse das Licht schon weiter vorn zusammen – auf der Netzhaut.

12 Der Seheindruck entsteht im Gehirn. Wir wissen aus Erfahrung, dass der Baum aufrecht steht. Unser Gehirn schließt aus dem umgedrehten Bild auf einen aufrechten Gegenstand.

13 „Springende" Münze
a Die Münze scheint vor dem Buch nach links und rechts zu springen.
b Beide Augen erzeugen unterschiedliche Netzhautbilder. Wenn nur das rechte Auge geöffnet ist, sieht man die Münze etwas anders, als wenn nur das linke Auge geöffnet ist. Wenn beide Augen geöffnet sind, verarbeitet das Gehirn beide Bilder zu einem räumlichen Seheindruck.

14 Umgedrehte Gesichter
a Wenn man die Gesichter aufrecht betrachtet, sieht das Gesicht auf dem dann rechten Bild verstellt aus.
b Wenn die Gesichter aufrecht stehen, vergleichen wir sie mit dem bekannten Aufbau von Gesichtern. Wegen unserer Erfahrungen fallen uns Unstimmigkeiten sofort auf.
Bei umgedrehten Gesichtern haben wir kaum Erfahrungen. Unser Gehirn kann nicht so einfach mit dem „Normalzustand" vergleichen. Deswegen fallen uns Abweichungen vom Normalen nicht so schnell auf.

Spiegel, Trugbilder, farbiges Licht – S. 101

1 Das Licht wird auf den Punkt A reflektiert. Der Einfallswinkel ist gleich dem Reflexionswinkel.

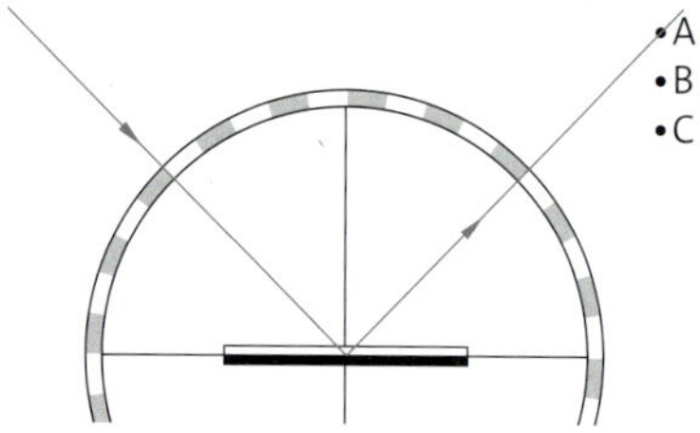

2 Das Licht vom Auto fällt auf die Rückseite eines Spiegels und wird nicht reflektiert.
Das Licht von der Kerze wird an die obere Wand des Kastens reflektiert.
Das Licht von der Blume wird an vier Spiegeln reflektiert und geht dann durch die linke Öffnung des Kastens.
Das Mädchen kann also nur die Blume sehen.

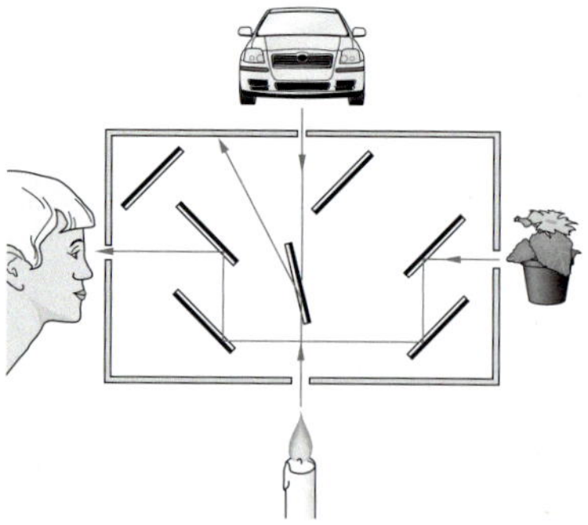

3 Im Spiegel sieht man, dass der rechte Blinker leuchtet. Der Spiegel vertauscht rechts und links nicht. Das Auto wird also nach rechts abbiegen.

4 Wenn man den Spiegel parallel zur Schreiblinie „über" dem Namen aufstellt, geht der Name auch im Spiegel von links nach rechts. Die Buchstaben erscheinen an der Aufstellkante des Spiegels senkrecht gespiegelt (Achsenspiegelung). Der Spiegel „vertauscht" die Richtung senkrecht zum Spiegel. Wenn man den Spiegel senkrecht zur Schreiblinie z. B. rechts neben dem Namen aufstellt, geht der Name im Spiegel von rechts nach links. Die Buchstaben erscheinen an der Aufstellkante des Spiegels waagerecht gespiegelt (Achsenspiegelung). Der Spiegel „vertauscht" die Richtung senkrecht zum Spiegel.

5 a Lichtstrahl 3 gelangt in das Auge des Freunds auf dem Boot.

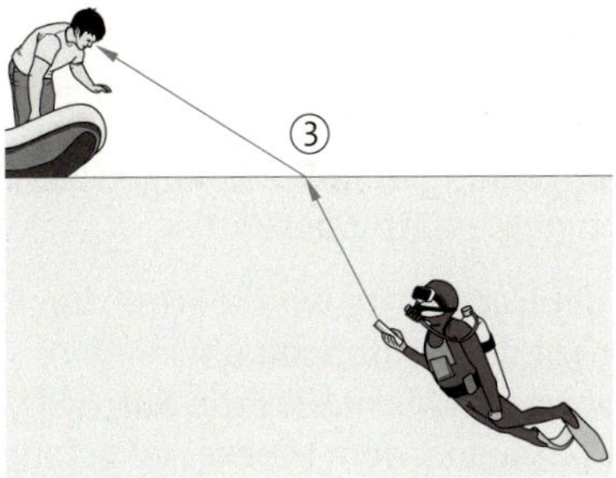

b Das Licht wird beim Übergang von Wasser nach Luft vom Lot weg gebrochen. Lichtstrahl 1 endet deswegen unterhalb des Boots. Lichtstrahl 2 würde ohne Brechung das Auge des Freunds im Boot treffen, mit Brechung geht er allerdings zum Bauch des Freunds. Nur Lichtstrahl 3 trifft richtig.

6 Der Fischer muss auf den Punkt C zielen. Das Streulicht vom Fisch wird an der Wasseroberfläche vom Lot weg gebrochen. Der Fischer sieht den Fisch daher scheinbar höher, als der Fisch in Wirklichkeit ist (optische Hebung). Deshalb muss der Fischer tiefer zielen.

7 a Das Licht fällt zunächst schräg auf die Grenzfläche zwischen Luft und Glas und beim Austritt aus dem Prima schräg auf die Grenzfläche zwischen Glas und Luft. An beiden Übergängen wird das Licht gebrochen, seine Richtung ändert sich.
b Das weiße Licht der Experimentierlampe besteht aus Licht mit ganz vielen verschiedenen Farben. Die verschiedenen Farben werden vom Prisma unterschiedlich stark gebrochen. Sie laufen deswegen hinter dem Prisma auseinander. Man sieht das farbige Spektrum des Lichts.

Wie wir hören – S. 119

1 Schallquellen: Gitarrensaiten, Lautsprecher, Stimmbänder, Flügel einer Mücke, Blätter im Wind
Schallempfänger: Ohr, Mikrofon, eine Dämmwand, Glas, das bei bestimmten Tönen schwingt, Holz

2 Sara zupft die Gitarrensaite an.
Die Saite beginnt zu schwingen.
Die schwingende Saite reißt die Luft in der Umgebung immer wieder mit.
Dadurch entstehen Luftverdichtungen und -verdünnungen.
Die breiten sich in der Luft aus.
Wenn sie Björns Ohr erreichen, hört er den Gitarrenton.

3 a Der Blitz ist rund 340 m weit entfernt eingeschlagen.
b Das Licht ist viel schneller als der Schall. Deshalb sehen wir zuerst den Blitz und hören erst etwas später den Donner.
c Man zählt die Sekunden zwischen Blitz und Donner. Der Donner braucht 3 s für 1 km.

4 Das Gummiband erzeugt einen lauten, hohen Ton, wenn es straff gespannt und stark angezupft wird.

5 a Die schnell schwingenden Flügel der Insekten sind Schallquellen.
b Ein Ton mit 600 Hz (Mücke) ist höher als ein Ton mit 240 Hz (Hummel). Die Flügel der Mücke schlagen schneller hin und her als die der Hummel.

6 a Das Ohr besteht aus Außenohr, Mittelohr und Innenohr.
b Das Außenohr (1) besteht aus Ohrmuschel (4), Gehörgang (5) und Trommelfell (6). Sie fangen den Schall auf und leiten ihn zum Mittelohr. Das Trommelfell wird durch die Schallwellen in Schwingungen versetzt.
Im Mittelohr (2) leiten die Gehörknöchelchen (7) den Schall zum Innenohr weiter und verstärken ihn.
Im Innenohr (3) werden die Schallwellen in der Schnecke (8) in Signale umgewandelt, die über den Gehörnerv (9) zum Gehirn übertragen werden.
c Der Schall braucht unterschiedlich lange, um zu beiden Ohren zu kommen. Aus diesem Zeitunterschied kann unser Gehirn erkennen, aus welcher Richtung das Klingeln des Weckers kommt.

7 a Die Lärmschutzwand reflektiert die Schallwellen von den Anwohnern weg.
b Bei einer Absenkung um 10 Dezibel sinkt die Lautstärke um die Hälfte. Der Lärmschutz ist also besser als von den Anwohnern gefordert. Die Anwohner können zufrieden sein.

Warm und kalt – S. 160 f.

1 a Unser Temperatursinn schützt uns in Gefahrensituationen, z. B. beim Berühren eines heißen Gegenstands.
b Wer im Schwimmbad vorher kalt geduscht hat, fühlt sich im Becken pudelwohl. Wer warm geduscht hat, friert.

2 Ich kann den Tischtennisball ausbeulen, indem ich ihn in heißes Wasser tauche.

3 0 °C: Schmelztemperatur von Eis, Fixpunkt der Celsiusskala
37 °C: Körpertemperatur
100 °C: Siedetemperatur des Wassers, Fixpunkt der Celsiusskala

4 a Man kann Atome nicht teilen. – Passt.
b Man kann Atome zusammenpressen. – Passt nicht.
c Die ganze Welt besteht aus Atomen. – Passt.
d Man kann Stoffe endlos immer weiter teilen. – Passt nicht.
e Atome können nicht zerstört werden. – Passt.
f Atome bewegen sich nicht. – Passt nicht.

5 Aggregatzustände: fest, flüssig, gasförmig

6 Wasser für den Tee kocht: verdampfen.
Wasserpfütze gefriert: erstarren.
Morgentau bildet sich: kondensieren.
Eiszapfen „verschwindet“: schmelzen.
Schokolade wird im Sonnenlicht weich: schmelzen.
Heißes Kerzenwachs wird fest: erstarren.

7 a 1 – 22 °C, 2 – 15 °C, 3 – 4 °C
b 4 – 0 °C, 5 – 3 °C, 6 – 4 °C
c See im Sommer: Das Wasser wird an der Oberfläche erwärmt und dabei leichter. Kälteres Wasser sinkt nach unten. See im Winter: Wenn Wasser von 4 °C an der Oberfläche weiter abkühlt, wird es wieder leichter. Es liegt über dem Wasser von 4 °C. Wenn es sich weiter abkühlt, gefriert das Wasser an der Oberfläche zu Eis. Ganz unten im See befindet sich Wasser von 4 °C.

8 309 K entsprechen 36 °C. Sheldon hat kein Fieber.

9 Bild 3: thermische Energie, Strahlungsenergie, chemische Energie
Bild 4: Spannenergie
Bild 5: Lageenergie, Bewegungsenergie
Bild 6: Lageenergie

10 a Chemische Energie: Apfel, Tank mit Heizöl, Batterie, Kerze
Thermische Energie: Magma im Vulkan, Warmwasserspeicher, heiße Kochplatte, Kachelofen
Spannenergie: gespannter Bogen, gedehnte Stahlfeder
Lageenergie: Wasser im Stausee, Achterbahnwagen ganz oben
Bewegungsenergie: rollendes Fahrrad, fahrendes Auto, Wind
b Chemische Energie: Birne, Olivenöl, Benzin
Thermische Energie: Wärmflasche, heißer Stein, Thermosflasche
Spannenergie: gespanntes Gummi, gespannte Gitarrensaite, Trampolin mit Springer darauf
Lageenergie: Auto auf einem Berg, Kugel oben auf einer Rampe, Buch auf dem Tisch
Bewegungsenergie: rollende Kugel, Schlitten auf Talfahrt, fließendes Wasser

11 a Von der Herdplatte wird Wärme durch Wärmeleitung auf den Topfboden übertragen.
b Die Sonne erwärmt die Erde durch Strahlung.
c Die Wärme aus dem Heizkessel gelangt durch Wärmeströmung zum Heizkörper.

12 Im Brenner verbrennt Öl. Das Wasser wird im Kessel erhitzt. Die Pumpe pumpt heißes Wasser zum Heizkörper.
Der Heizkörper gibt Wärme ans Zimmer ab. Das Wasser kühlt im Heizkörper ab und strömt zurück zum Kessel.

Elektrische Geräte im Alltag – S. 185

1 a Je eine Lampe wird in einen einfachen Stromkreis mit der Batterie eingebaut. Zeichnung: Siehe Bild 2 auf S. 164.
b Dass alle Lampen kaputt sind, ist unwahrscheinlich. Sie können auch aus anderen Gründen nicht leuchten: Vielleicht ist eines der Kabel defekt oder die Batterie ist leer.

2 a Bauteile für die Mikrowellenschaltung: elektrische Energiequelle (Batterie oder Netzgerät), ein Schalter, ein Taster, ein Motor und Kabel
b Der Geräteschalter und der Taster der Tür werden in Reihe geschaltet. Siehe Bild 6 auf S. 165.

c Eine elektrische Brotschneidemaschine läuft nur, wenn sie eingeschaltet ist und ein Knopf an der Schneidescheibe gedrückt wird. Eine Heckenschere schneidet nur, wenn sie eingeschaltet ist und ein Taster gedrückt wird.

3 a Elektrische Energiequelle: Steckdose (bzw. Kraftwerk)
b Energiewandler Toaster: elektrische Energie → thermische Energie, Strahlungsenergie
Energiewandler Glühlampe: elektrische Energie → Strahlungsenergie, thermische Energie
Energiewandler Mixer: elektrische Energie → Bewegungsenergie, thermische Energie
Energiewandler Föhn: elektrische Energie → Bewegungsenergie, thermische Energie
c Siehe Bild 4 auf S. 164.

4 Leiter: Metalle (Silber, Kupfer, Eisen, Aluminium ...), Salzwasser, Essig
Nichtleiter: Gummi, Kunststoffe, Glas, Porzellan, Holz, Kork, Öl

5 Der menschliche Körper leitet, weil er zu einem großen Teil aus salzhaltigem Wasser besteht.

6 Nichtleiter dienen zur Isolierung von Leitern und schützen somit den Menschen vor einem Stromschlag.

7 Keine elektrischen Geräte in der Badewanne nutzen. Geräte nicht mit Wasser reinigen. Beschädigte Kabel von Fachleuten austauschen lassen. Nicht an Hochspannungsleitungen spielen. Nicht am Elektrokabel ziehen, sondern nur am Stecker. In Steckdosen gehören nur Elektrostecker und keine anderen Gegenstände.

8 a Bestandteile eines elektrischen Stromkreises: elektrische Energiequelle, Leitungen und elektrische Geräte
b Die elektrische Energie wird mithilfe des Elektronenstroms im Leitungsdraht von der Quelle zum Gerät übertragen. Dazu werden Elektronen ständig im Kreis bewegt (wie die Glieder einer Fahrradkette).

9 a In der Heizungsanlage strömt Wasser in den Heizungsrohren, im elektrischen Stromkreis strömen Elektronen in den Kabeln.
b Energiekette einer elektrischen Anlage:
elektrische Energiequelle → elektrische Energie → Elektrogerät → nicht elektrische Energie
Energiekette einer Heizungsanlage:
Heizkessel und Pumpe → thermische Energie → Heizkörper → thermische Energie

c Vergleich:

Heizungsanlage	Elektrischer Stromkreis
Heizkessel und Pumpe	Batterie, Netzgerät
Rohre	Leitungen, Kabel
Heizkörper	elektrische Geräte

d Stellen Energie bereit: Heizkessel und Pumpe; Batterie, Netzgerät
Transportieren die Energie: Rohre, Leitungen und Kabel
Geben die transportierte Energie in der gewünschten Form ab: Heizkörper und elektrische Geräte

Elektrizität anwenden und verstehen – S. 222 f.

1 Wir stellen uns vor, dass ein ungeladener Gegenstand gleich viele elektrisch positive und elektrisch negative Teilchen hat. Ein negativ geladener Gegenstand hat einen Überschuss an negativen Teilchen (Elektronen).

2 Wenn ein elektrisch neutraler Gegenstand Elektronen abgibt, hat er danach mehr elektrisch positive Teilchen als negative. Er ist dann positiv geladen.

3 a Um die Stromstärke zu messen, wird das Messgerät in Reihe mit dem Motor geschaltet.
b Schaltplan:

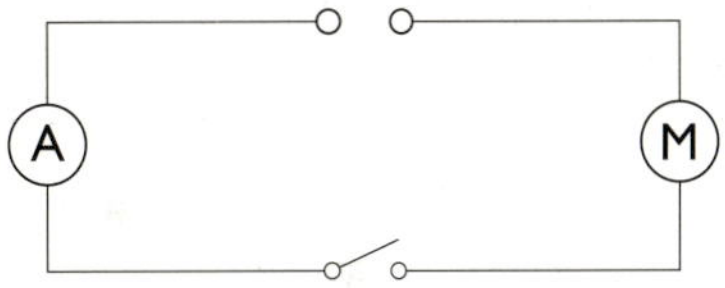

4 Bild 5: $I = 3\,A = 3000\,mA$
Bild 6: $I = 50\,mA = 0{,}05\,A$
Bild 7: $I = 0{,}15\,A = 150\,mA$

5 Die Taschenlampe wandelt chemische Energie in elektrische Energie um und diese in Strahlungsenergie und thermische Energie. Sie wandelt also chemische und elektrische Energie um.
Die Stromstärke ist im einfachen Stromkreis überall gleich groß. Die Taschenlampe „verbraucht" keinen Elektronenstrom.

6 a Um die Spannung am Netzgerät zu messen, wird das Messgerät vor und hinter dem Netzgerät angeschlossen.
b Schaltplan:

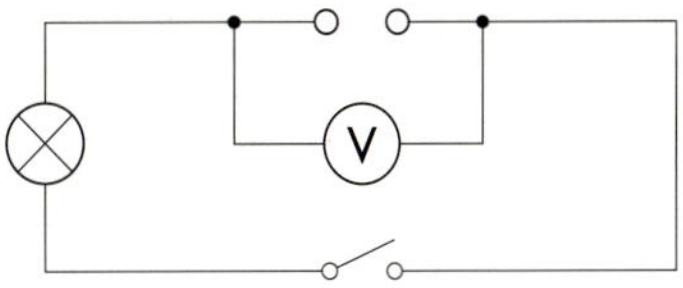

7 Energiesparlampen werden an das Stromnetz mit einer Spannung von 230 V angeschlossen. Die Flachbatterie hat nur eine Spannung von 4,5 V.

8 a Man kann mit 8 Batterien mit jeweils 1,5 V eine Spannung von 12 V erreichen.
b Die Batterien müssen in Reihe geschaltet sein.

9 Die Spannung von 12 V teilt sich in der Reihenschaltung auf die 10 gleichen Lampen gleichmäßig auf. An jeder Lampe liegt eine Spannung von 1,2 V.

10 ab

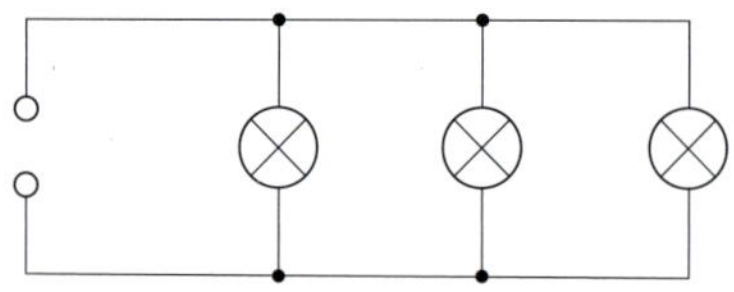

c Die Stromstärke beträgt in jeder Lampe:
$I = 1{,}2\,A : 3 = 0{,}4\,A$.

11 Der Fehlerstromschutzschalter vergleicht die Stromstärke im Außenleiter mit der im Neutralleiter. Wenn ein Unterschied festgestellt wird, zum Beispiel durch ein defektes Gerät, wird der Stromkreis unterbrochen.

12 1. Möglichkeit: Das Bügeleisen hat einen Kurzschluss. Außenleiter und Neutralleiter sind direkt miteinander verbunden. Die Stromstärke wird so groß, dass die Sicherung den Stromkreis unterbricht.
2. Möglichkeit: An die Sicherung sind noch andere Geräte angeschlossen. Durch das Bügeleisen ist die Stromstärke über 16 A gestiegen.
3. Möglichkeit: Der Außenleiter hat eine leitende Verbindung mit dem Metallgehäuse. Über den Schutzleiter ist der Stromkreis geschlossen. Der Strom ist so groß, dass die Sicherung auslöst.

13 Ich entscheide mich für das Gerät mit 3000 W. Damit geht das Bügeln schneller und besser. Das Gerät mit 3000 W entwickelt mehr Hitze, damit werden bestimmte Stoffe schneller glatt.

14 Gleichung: $P = U \cdot I$
a $P = 4{,}5\,V \cdot 0{,}3\,A = 1{,}35\,W$
b $2{,}4\,W = 6\,V \cdot I$
$I = \frac{2{,}4\,W}{6\,V} = 0{,}4\,A$
c $2{,}4\,W = U \cdot 0{,}4\,A$
$U = \frac{2{,}4\,W}{0{,}4\,A} = 6\,V$

15 a Es handelt sich um eine Geschirrspülmaschine.
b Das Gerät verbraucht 234 kWh pro Jahr. 1 kWh kostet 0,30 €; 234 kWh kosten 234-mal so viel:
$234 \cdot 0{,}30\,€ = 70{,}2\,€$.
c Ein Gerät mit der Energieklasse A+++ braucht weniger elektrische Energie als ein Gerät mit der Energieklasse A+. Je geringer der Energiebedarf ist, desto geringer sind die „Stromkosten". Die Anschaffungskosten sind geringfügig höher.

16 a Jährliche „Stromkosten":

Fernseher	200 · 0,30 € = 60 €
Waschmaschine	320 · 0,30 € = 96 €
Geschirrspüler	390 · 0,30 € = 117 €
Kühlschrank	410 · 0,30 € = 123 €
Gefriergerät	440 · 0,30 € = 132 €
Beleuchtung	470 · 0,30 € = 141 €
Elektroherd	600 · 0,30 € = 180 €

b „Stromkosten" des Plasmafernsehers:
$P = 0{,}120\,kW$, $t = 300 \cdot 5\,h = 1500\,h$
$E = 0{,}120\,kW \cdot 1500\,h = 180\,kWh$
$180 \cdot 0{,}30\,€ = 54\,€$
c „Stromkosten" für den Stand-by-Betrieb der Musikanlage:
$P = 0{,}010\,kW$; $t = 365 \cdot 21\,h = 7665\,h$
$E = 0{,}010\,kW \cdot 7665\,h = 76{,}65\,kWh$
Kosten: $76{,}65 \cdot 0{,}30\,€ = 23\,€$

Der elektrische Widerstand – S. 239

1 Der Widerstand des Kupferdrahts ist geringer, weil im Kupfer die positiven Teilchen in Reihen angeordnet sind. Die Elektronen stoßen weniger häufig gegen die positiven Teilchen. Im Konstantandraht dagegen sind die positiven Teilchen nicht in Reihen angeordnet. Die Elektronen stoßen relativ häufig an und werden mehr behindert.

2 a Bei gleicher Spannung an verschiedenen Drähten gilt:
Großer Widerstand → kleine Stromstärke.
b Bei gleicher Spannung an einem Kupferdraht gilt:
Temperatur nimmt zu. → Widerstand nimmt zu.

3 a Der 0,4 mm dicke Kupferdraht hat den geringsten Widerstand.
b Der 0,2 mm dicke Eisendraht hat den größten Widerstand.
c Kupfer hat einen viel kleineren Widerstand als Eisen. Je dicker der Draht ist, desto geringer ist sein Widerstand. Der 0,4 mm dicke Kupferdraht hat deshalb den geringsten Widerstand unter den 4 Drähten. Umgekehrt hat der 0,2 mm dünne Eisendraht den größten Widerstand.
d Die Stromstärke ist im 0,4 mm dicken Kupferdraht am größten, weil der Draht den geringsten Widerstand hat.

4 Verschiedene technische Widerstände:

Bauteil	Zusammenhang
Heißleiter	Temperatur ↑ → Widerstand ↓
Fotowiderstand	Beleuchtung ↑ → Widerstand ↓
Festwiderstand	Widerstand ändert sich nicht.
Kaltleiter	Temperatur ↑ → Widerstand ↑

5 a Konstantandraht:

U in V	2,0	4,0	6,0	9,0
I in A	0,050	0,100	0,150	0,225

b Gesucht: R
Gleichung: $R = \frac{U}{I}$
$R = \frac{2{,}0\,\text{V}}{0{,}050\,\text{A}} = 40\,\Omega$

6 Gegeben: $U = 230\,\text{V}$, Stromstärken I
Gesucht: R
Gleichung: $R = \frac{U}{I}$
Bügeleisen: $R = \frac{230\,\text{V}}{5{,}2\,\text{A}} = 44\,\Omega$
Kaffeemaschine: $R = \frac{230\,\text{V}}{2{,}6\,\text{A}} = 88\,\Omega$
Toaster: $R = \frac{230\,\text{V}}{4{,}3\,\text{A}} = 53\,\Omega$

7 R, U und I berechnen:

U	10,2 V	9 V	10 V	50 V	4,5 V	230 V
I	20 mA	0,2 A	0,556 A	0,050 A	25 mA	0,23 A
R	510 Ω	45 Ω	18 Ω	1 kΩ	180 Ω	1 kΩ

8 a Bei der Reihenschaltung ist der Gesamtwiderstand größer als 560 Ω.
b Bei der Parallelschaltung ist der Gesamtwiderstand kleiner als 180 Ω.
c Reihenschaltung:
$R_{gesamt} = R_1 + R_2$
$R_{gesamt} = 180\,\Omega + 560\,\Omega = 740\,\Omega$

Parallelschaltung:
$\frac{1}{R_{gesamt}} = \frac{1}{R_1} + \frac{1}{R_2}$
$\frac{1}{R_{gesamt}} = \frac{1}{180\,\Omega} + \frac{1}{560\,\Omega} = \frac{1}{136{,}2\,\Omega}$
$R_{gesamt} = 136{,}2\,\Omega$

Weg, Zeit, Geschwindigkeit – S. 259

1 Max hat beim Radfahren schon einmal eine Geschwindigkeit von $v = 45\,\frac{\text{km}}{\text{h}}$ erreicht.

2 a Gegeben: $s = 270\,\text{km}$, $t = 3\,\text{h}$
Gleichung: $v = \frac{s}{t}$
Rechnung: $v = \frac{270\,\text{km}}{3\,\text{h}} = 90\,\frac{\text{km}}{\text{h}}$
b Gegeben: $s = 270\,\text{km}$, $v = 120\,\frac{\text{km}}{\text{h}}$
Gleichung: $v = \frac{s}{t}$
Rechnung: $120\,\frac{\text{km}}{\text{h}} = \frac{270\,\text{km}}{t}$
$t = \frac{270\,\text{km}}{120\,\frac{\text{km}}{\text{h}}} = 2{,}25\,\text{h} = 2\,\text{h}, 15\,\text{min}$
c In 1 h fährt Frau Meier 120 km weit. In 3,5 h fährt sie $3{,}5 \cdot 120\,\text{km} = 420\,\text{km}$ weit.

3 Gegeben: $s = 75\,\text{m}$, $t = 12{,}5\,\text{s}$
Gleichung: $v = \frac{s}{t}$
Rechnung: $v = \frac{75\,\text{m}}{12{,}5\,\text{s}} = 6{,}0\,\frac{\text{m}}{\text{s}} = 21{,}6\,\frac{\text{km}}{\text{h}}$
Felix ist schneller als $18\,\frac{\text{km}}{\text{h}}$ gelaufen.

4 Gleichförmige Bewegungen: Minutenzeiger der Uhr, Flugzeug in Reiseflughöhe, Tanker in ruhiger See
Ungleichförmige Bewegungen: Auto in der Stadt, Radfahrer auf dem Schulweg, Sprung vom 5-m-Turm, Läufer beim Start

5 a Auto B war über 200 m schneller.
b Gegeben: $s = 200\,\text{m}$, Zeiten t
Gleichung: $v = \frac{s}{t}$
Auto A: $v = \frac{200\,\text{m}}{30\,\text{s}} = 6{,}67\,\frac{\text{m}}{\text{s}} = 24\,\frac{\text{km}}{\text{h}}$
Auto B: $v = \frac{200\,\text{m}}{20\,\text{s}} = 10{,}0\,\frac{\text{m}}{\text{s}} = 36\,\frac{\text{km}}{\text{h}}$

c Diagramm:

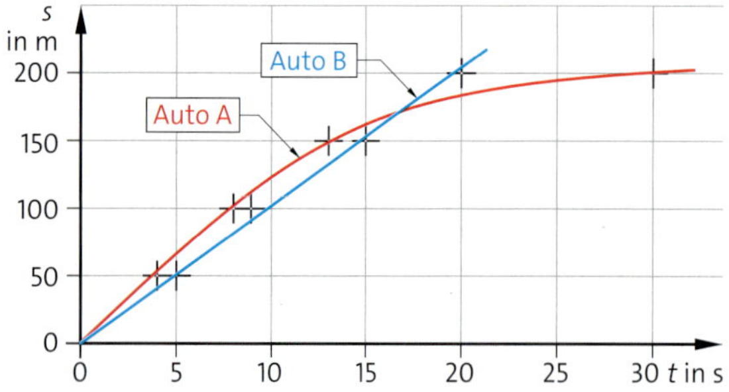

d Auto B ist nahezu gleichförmig gefahren. Der zurückgelegte Weg ist proportional zur Zeit. Im Diagramm gehört zum Auto B eine Gerade, die im Ursprung beginnt.

6 a Die Bewegung ist nicht gleichförmig. Die Kurve im Diagramm ist keine Gerade, die Geschwindigkeit ändert sich mehrmals.
b Der Radfahrer hat zwischen Minute 2 und Minute 3 angehalten.
c Je steiler die Kurve ansteigt, desto größer ist die Geschwindigkeit. Ab Minute 10 fährt der Radler viel schneller als zwischen Minute 3 und 10.
d Gegeben: $s = 700\,\text{m}$, $t = 7\,\text{min} = 420\,\text{s}$

Gleichung: $v = \frac{s}{t}$; $v = \frac{700\,\text{m}}{420\,\text{s}} = 1{,}67\,\frac{\text{m}}{\text{s}} = 6\,\frac{\text{km}}{\text{h}}$

7 a Der Bremsweg beträgt 36 m.
b Bei einer Geschwindigkeit von $40\,\frac{\text{km}}{\text{h}}$ beträgt der Bremsweg 9 m. Es gilt: Zweifache Geschwindigkeit – vierfacher Bremsweg. Bei der Geschwindigkeit von $2 \cdot 40\,\frac{\text{km}}{\text{h}} = 80\,\frac{\text{km}}{\text{h}}$ beträgt der Bremsweg also $4 \cdot 9\,\text{m} = 36\,\text{m}$.
c Anhalteweg = Reaktionsweg plus Bremsweg
Anhalteweg = 11 m + 9 m = 20 m
Der Anhalteweg beträgt 20 m bei einer Geschwindigkeit von $40\,\frac{\text{km}}{\text{h}}$.

Kräfte und ihre Wirkungen – S. 280 f.

1 Wirkung: Geschwindigkeit nimmt zu. Beispiel: Auto fährt an.
Wirkung: Geschwindigkeit nimmt ab. Beispiel: Auto bremst.
Wirkung: Bewegung ändert ihre Richtung. Beispiel: Fußball wird umgelenkt.
Wirkung: Gegenstand wird verformt. Beispiel: Eisenstange wird gebogen.

2 orangefarbener Kraftmesser: 0,9 N
gelber Kraftmesser: 25 N
blauer Kraftmesser: 8 N
grüner Kraftmesser: 16 N

3 Je größer die Masse eines Himmelskörpers ist, desto größer ist seine Gewichtskraft. Oder: Je kleiner die Masse eines Himmelskörpers ist, desto kleiner ist seine Gewichtskraft.

4 a Die Milchtüte wird auf der Erde mit einer Kraft von 10 N angezogen.
b Der Korb mit Äpfeln wird auf dem Mond mit 10 N angezogen.
c Die Milchtüte wird auf der Erde mit einer Kraft von 10 N angezogen, weil ihre Masse 1 kg beträgt. Der Korb mit Äpfeln wird auf dem Mond mit 10 N angezogen, weil 1 kg auf dem Mond mit 1,6 N angezogen werden und 6 kg mit dem Sechsfachen, also 10 N.

5 Beispiele: Reifen, Bremsen

6 Beispiele: Eishockey, Eislaufen, Curling

7 a Die Kabine wird mit einer Kraft von 4500 N nach unten gezogen. Das Gegengewicht übt eine Kraft von 3000 N nach oben aus. Damit die Kabine im Kräftegleichgewicht ist, müssen die Kräfte nach oben und unten gleich groß sein. Die Seilwinde übt also eine Kraft von 1500 N nach oben aus:
4500 N = 3000 N + Kraft der Seilwinde
Kraft der Seilwinde = 4500 N – 3000 N = 1500 N
b Ohne Gegengewicht müsste die Seilwinde 4500 N nach oben ausüben. Das Gegengewicht verkleinert die für die Seilwinde notwendige Kraft.

8 Wenn ein Gegenstand sich nicht bewegt, so bedeutet dies nicht unbedingt, dass keine Kräfte auf ihn wirken. Es können auch mehrere Kräfte auf ihn wirken, die sich gegenseitig insgesamt aufheben. Auf die Hantel wirken zwei Kräfte: die Kraft von der Hand nach oben und die Gewichtskraft nach unten. Beide Kräfte sind gleich groß und entgegengesetzt gerichtet. Es herrscht ein Kräftegleichgewicht. Die Skizze ist ähnlich Bild 9 auf S. 279.

9 Die Luft übt eine Auftriebskraft nach oben auf die Propeller und damit auf die Drohne aus. Diese Auftriebskraft ist größer als die Gewichtskraft, mit der die Erde die Drohne nach unten zieht. Deshalb steigt die Drohne auf.

10 Die Masse eines Busses ist viel größer als die Masse eines Autos. Die Trägheit der Busse ist also sehr viel größer als die Trägheit der Autos.
Die stärkeren Motoren üben zwar eine größere Antriebskraft auf die Busse aus als die schwächeren Motoren auf die Autos. Allerdings ist diese stärke-

re Antriebskraft nicht groß genug, um die Busse genauso schnell zu beschleunigen wie die Autos.

11 Auf dem einen Wagen wird der Magnet befestigt, auf dem anderen das Eisenstück. Die Wagen werden in einigen Zentimetern Abstand so aufgestellt, dass sie sich aufeinander zubewegen können. Wenn sie losgelassen werden, fahren sie aufeinander zu. Sie treffen sich in der Mitte, wenn beide Wagen gleich schwer sind.
Der Magnet übt eine anziehende Kraft auf das Eisenstück aus. Das Eisenstück übt eine gleich große, entgegengesetzt gerichtete Kraft auf den Magneten aus (Wechselwirkungsprinzip). Deswegen bewegen sich beide Wagen aufeinander zu.

12 Die Rakete stößt die Gase mit großer Kraft nach hinten aus. Die Gase üben eine gleich große Kraft nach vorn auf die Rakete aus (Wechselwirkungsprinzip). Diese Kraft treibt die Rakete an.

13 Die Räder üben beim Beschleunigen eine Kraft nach hinten auf die Straße aus. Die Straße übt eine gleich große Kraft auf die Räder und damit auf das Auto nach vorne aus.
Bei Glatteis können die Räder keine Kraft auf die Straße ausüben, sie drehen durch. Dann übt auch die Straße keine Kraft nach vorn auf das Auto aus.

14 a Die Kugel schwingt nach hinten.
b Die Kugel hängt gerade nach unten.
c Die Kugel schwingt nach vorne.
d Die Kugel schwingt nach rechts.

15 Der Motorroller prallt auf das Fahrzeug. Die Bewegung des Motorrollers wird dabei plötzlich verzögert. Der Dummy bewegt sich anfangs genauso schnell wie der Motorroller. Seine Bewegung wird aber nicht verzögert. Er behält seine ursprüngliche Geschwindigkeit bei und „fliegt" über das Auto.

Technik im Dienst des Menschen – S. 312 f.

1 Man kann einen Griff der Zange mit einem Rohr verlängern, dann wirkt am Nagel eine größere Kraft.

2 Bremsgriff, Tretkurbel, Schnellspanner, Parkstütze, Lenker

3 a

b Wenn die Nuss weiter rechts liegt, wird es schwerer. Je länger der Lastarm bei gleichbleibendem Kraftarm ist, umso mehr Kraft muss zum Knacken der Nuss eingesetzt werden.
c Der obere Arm des Nussknackers wirkt als Hebel. Da der Kraftarm viel länger ist als der Lastarm, verstärkt er die Kraft der Hand. Man muss weniger Kraft ausüben, um die Nuss zu knacken.
d Der Kraftarm ist etwa 5-mal so lang wie der Lastarm. Die zum Knacken notwendige Kraft wird auf ein Fünftel verkleinert.

4 a Arbeit = Kraft mal Weg
Arbeit = 250 N · 30 m = 7500 Nm
Herr Schulze verrichtet eine Beschleunigungsarbeit von 7500 Nm (die Angabe zur Türhöhe wird nicht benötigt).
b Gewichtskraft je Kiste = 170 N
Arbeit = Kraft mal Weg
Arbeit = 340 N · 0,5 m = 170 Nm
Herr Schulze verrichtet beim Heben der Kisten insgesamt eine Arbeit von 170 Nm.

5 a Die Dauerleistung des Menschen beträgt normalerweise nicht mehr als 75 W.
b Der elektrische Staubsauger hat etwa die 12-fache Leistung.

6 a Bei Martin ist die physikalische Leistung größer.
b Martin erhöht seine Lageenergie in der gleichen Zeit mehr, weil er eine größere Masse hat.
c Martin: 560 N · 5 m = 2800 Nm = 2800 J
Tobias: 530 N · 5 m = 2650 Nm = 2650 J

d Martin: $P = \frac{2800\,\text{J}}{7\,\text{s}} = 400\,\text{W}$
Tobias: $P = \frac{2650\,\text{J}}{7\,\text{s}} = 380\,\text{W}$

7 Der Vorteil ist: Zum Durchschneiden des Astes wird eine kleinere Kraft benötigt. Dabei verlängert sich der Weg, auf dem die Hände die Astschere zusammendrücken müssen. Das kann ein Nachteil sein, wenn z. B. in dichtem Gebüsch wenig Platz ist, um die Astschere weit zu öffnen.

8 a Zum Hochrollen des Fasses auf der Rampe wird weniger Kraft benötigt als zum Heben des Fasses.

b Die Kraft zum Heben des Fasses ist 4-mal so groß wie die Kraft zum Hochrollen, weil der Weg nur $\frac{1}{4}$ so lang ist.
c beim Heben: Kraft = 600 N
beim Hochrollen: Kraft = $\frac{1}{4} \cdot 600\,N = 150\,N$
d Arbeit = Kraft mal Weg
beim Heben: Arbeit = $600\,N \cdot 1\,m = 600\,Nm$
beim Hochrollen: Arbeit = $150\,N \cdot 4\,m = 600\,Nm$
In beiden Fällen wird gleich viel Arbeit verrichtet.

9 Physikalischer Grund: Auf dem direkten Aufstieg braucht man mehr Kraft als auf dem geschlängelten Weg. Es ist anstrengender.
Nicht physikalische Gründe: Der geschlängelte Weg ist sicherer. Man soll nicht abseits der Wanderwege gehen.

10 a Dichte = $\frac{50\,g}{100\,cm^3} = 0{,}5\frac{g}{cm^3}$
Der Becher schwimmt, da seine Dichte geringer ist als die von Wasser.
b Wenn die Dichte des Bechers größer wird als $1{,}0\frac{g}{cm^3}$, geht er unter. Dazu müsste der Becher schwerer werden als 100 g.

11 Auftriebskraft auf das Tauchboot:
$1{,}5\,m^3 = 1500\,dm^3$
Auftriebskraft = $1500\,dm^3 \cdot 10\,N = 15000\,N = 15\,kN$

12 Die Spule mit Eisenkern wird an eine Batterie oder ein Netzgerät angeschlossen.

13 Der Strom wird eingeschaltet. An den Enden des Rotors bilden sich ein Nordpol und ein Südpol aus. Gleiche Pole von Rotor und Dauermagnet stoßen sich gegenseitig ab. Der Rotor dreht sich.

Beschleunigte Bewegungen – S. 329

1 a *v-t*-Diagramm:

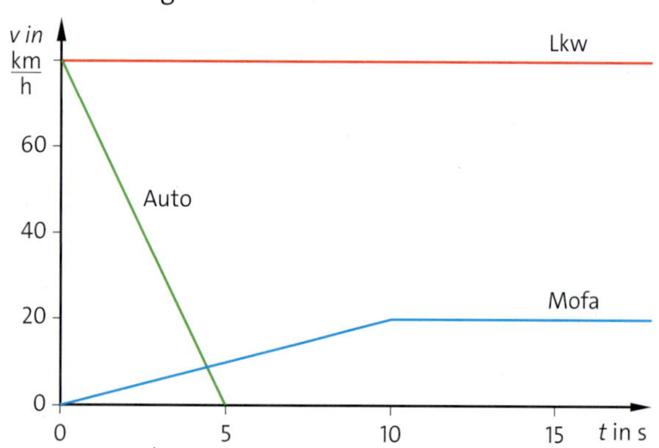

b $v = 20\frac{km}{h} = 5{,}6\frac{m}{s}$

$a = \frac{v}{t} = \frac{5{,}6\frac{m}{s}}{10\frac{m}{s}} = 0{,}56\frac{m}{s^2}$

2 a Beschleunigt wurde in den Bereichen zwischen 0,5 km und 1 km, zwischen 1,4 km und 2,1 km sowie zwischen 2,65 km und 3 km. Verzögert wurde in den Bereichen zwischen 0 km und 0,5 km, zwischen 1,0 km und 1,4 km sowie zwischen 2,4 km und 2,65 km.
Konstant war die Geschwindigkeit zwischen 2,1 und 2,4 km.
b Die Geschwindigkeit wurde pro Runde dreimal verringert, also kommen nur die Diagramme B, C und E infrage. Am stärksten abgebremst wurde in der zweiten Kurve. Der Graph passt am besten zur Rennstrecke B.

3 a Bild 6: ungleichförmig, beschleunigt; Bild 7: gleichförmig
b In Bild 6 springt der Springer aus dem Flugzeug. Er wird von der Gewichtskraft der Erde beschleunig: Seine Geschwindigkeit nimmt zu, die Bewegung ist ungleichförmig. Der Springer in Bild 7 schwebt mit gleichbleibender Geschwindigkeit zu Boden. Seine Bewegung ist gleichförmig.

4 Wer ausgeglichen fährt, hält immer etwa die Durchschnittsgeschwindigkeit.
Wer oft beschleunigt und abbremst, überschreitet und unterschreitet die Durchschnittsgeschwindigkeit etwa gleichermaßen. Aber da die Luftreibung mit dem Quadrat der Geschwindigkeit zunimmt, ist der Mehrverbrauch in den schnellen Phasen größer als der Minderverbrauch in den langsamen.

5 $v = 80\frac{km}{h} = 22{,}22\frac{m}{s}$; $m = 38\,t = 38\,000\,kg$
Bewegungsenergie des Lastwagens:
$E_{kin} = \frac{1}{2} m \cdot v^2 = \frac{1}{2} \cdot 38\,000\,kg \cdot (22{,}22\frac{m}{s})^2 = 9{,}4\,MJ$
Es werden $9{,}4\,MJ : 7{,}2\frac{MJ}{l} = 1{,}3\,l$ Treibstoff benötigt.

6 $F = 6{,}8\,kN = 6800\,N$
$E = F \cdot s_B$; $E = 6800\,N \cdot 12\,m = 81\,600\,Nm$
$E_{kin} = 81\,600\,Nm = \frac{1}{2} m \cdot v^2 = 600\,kg \cdot v^2 \mid : 600\,kg$
$v^2 = \frac{81\,600\,Nm}{600\,kg} = 136\frac{m^2}{s^2}$
$v = 11{,}7\frac{m}{s} = 42{,}1\frac{km}{h}$
Die Geschwindigkeit des Pkw lag unterhalb von $50\frac{km}{h}$.

Heizung, Klima, Wetter – S. 360 f.

1 Energie beim Heizen einsparen: Temperatur in den Räumen geeignet senken, im Winter nur Stoßlüften, Fenster und Außentüren abdichten, nachts Rollläden herunterlassen

2 a Lea hat unrecht. Wie viel thermische Energie im Wasser gespeichert ist, hängt von der Temperatur und der Masse ab. Die Temperaturdifferenz ist beim Teewasser 3-mal so groß wie beim Badewasser. Die Masse des Badewassers ist aber 100-mal so groß wie die Masse des Teewassers. Dieser Unterschied ist viel größer als der bei der Temperaturdifferenz.

b Bad: $E = 4{,}19 \frac{\text{kJ}}{\text{kg} \cdot °\text{C}} \cdot 100\,\text{kg} \cdot 30\,°\text{C} = 12\,570\,\text{kJ}$

Tee: $E = 4{,}19 \frac{\text{kJ}}{\text{kg} \cdot °\text{C}} \cdot 1\,\text{kg} \cdot 90\,°\text{C} = 377\,\text{kJ}$

Im Badewasser ist rund 33-mal so viel thermische Energie gespeichert.

3 a Die kalte Alufolie absorbiert einen Teil der Strahlung und wird dadurch erwärmt. Je höher ihre Temperatur steigt, desto mehr Infrarotstrahlung gibt sie ab. Dadurch steigt die Temperatur immer langsamer an. Wenn das thermische Gleichgewicht erreicht ist, gibt die Alufolie in jeder Sekunde genauso viel Energie durch Infrarotstrahlung ab, wie sie durch das Licht aufnimmt. Dann steigt die Temperatur der Folie nicht mehr weiter an.

4 a Der Energiestrom hängt vom Temperaturunterschied, von der Fläche und vom U-Wert des Fensters ab.
b Möglichkeiten zur Verringerung des Energiestroms: Innentemperatur geeignet senken; Fenster mit geringerem U-Wert verwenden; Vorhänge, Jalousien und Rollläden herunterlassen
c Energie, die in 1 s durch 3 m^2 Fenster strömt:

$E = 0{,}6 \frac{\frac{\text{J}}{\text{s}}}{\text{m}^2 \cdot °\text{C}} \cdot 1\,\text{s} \cdot 3\,\text{m}^2 \cdot 20\,°\text{C} = 36\,\text{J}$

5 a Nadja hat unrecht. Die Temperatur steigt in der Laube beim Aufheizen zunächst an. Mit zunehmender Temperatur wird auch der Energiestrom nach außen immer größer. Bei einer bestimmten Temperatur strömt die zugeführte Energie nach außen, ohne die Laube weiter zu erwärmen (thermisches Gleichgewicht).
b Die Wärmedämmung verringert bei gleichem Temperaturunterschied den Energiestrom nach außen. Dadurch steigt die Temperatur beim Aufheizen in der gedämmten Laube stärker an als in der ungedämmten. Das thermische Gleichgewicht wird erst bei einer höheren Innentemperatur erreicht.

6 Die Fenster lassen das Sonnenlicht fast ungehindert durch. Das Zimmer absorbiert das Sonnenlicht und erwärmt sich. Das erwärmte Zimmer sendet mehr Infrarotstrahlung aus als zuvor. Die Infrarotstrahlung wird fast völlig vom Fenster absorbiert. Das erwärmte Fenster sendet mehr Infrarotstrahlung aus als zuvor – zur Hälfte ins Zimmer und zur Hälfte nach außen. Die ins Zimmer abgestrahlte Infrarotstrahlung heizt das Zimmer zusätzlich auf.

7 Die Sonne sendet vor allem sichtbare Strahlung (Licht) aus. Jeder Körper, auch ein Eiswürfel, gibt Strahlung ab. Es handelt sich dabei allerdings um unsichtbare Infrarotstrahlung, daher bemerken wir die Strahlung im Alltag nicht.

8 Die sichtbare Strahlung der Sonne durchdringt die Glasscheibe fast ungehindert. Die Wand gibt Infrarotstrahlung ab, die von der Glasscheibe aufgenommen (absorbiert) wird. Die Glasscheibe gibt Infrarotstrahlung in den Raum (Treibhaus) und nach außen ab.

9 „Normale" Fenster geben viel Energie aus dem Haus nach außen ab, ihr U-Wert ist hoch. Dreifach verglaste Fenster geben viel weniger Energie nach außen ab, der U-Wert ist viel geringer.
Bei der Dreifachverglasung sind drei Scheiben anstatt einer oder zwei Scheiben im Fenster angeordnet. Der Zwischenraum ist mit einem Gas gefüllt, das thermische Energie sehr schlecht leitet. Außerdem verhindern die drei Scheiben die Konvektion und damit den Energietransport nach außen.

10 a Ohne/Mit Treibhauseffekt: –19 °C/15 °C
b Treibhausgase: Kohlenstoffdioxid, Methan, Wasserdampf, Lachgas
c Die Atmosphäre lässt einen Großteil des Sonnenlichts fast ungehindert durch. Die Erdoberfläche absorbiert das Licht und erwärmt sich. Die erwärmte Erdoberfläche sendet mehr Infrarotstrahlung aus als zuvor. Die Infrarotstrahlung wird zum Großteil von der Atmosphäre absorbiert. Die erwärmte Atmosphäre sendet mehr Infrarotstrahlung aus als zuvor – zur Hälfte zur Erdoberfläche und zur Hälfte ins Weltall. Die zur Erdoberfläche abgestrahlte Infrarotstrahlung heizt die Erde zusätzlich auf.
d Die Menscheit verbrennt zum Heizen, Kochen, Antreiben von Autos oder Kraftwerken sehr viel Kohle, Erdgas und Holz. Dabei wird sehr viel CO_2 erzeugt und an die Atmosphäre abgegeben.
Das Abtauen der Permafrostböden, der Ausbau der Rinderzucht und des Reisanbaus führen zu mehr Methan in der Atmosphäre.
e Die Gletscher Grönlands und der Antarktis können abschmelzen. Das Wasser der Meere dehnt sich beim Erwärmen aus.

f Beispiele: elektrische Energie aus erneuerbaren Energiequellen oder Kernkraftwerken, weniger Auto fahren, mehr Elektrofahrzeuge, weniger Energie zum Heizen (Wärmedämmung, Südfenster, Sonnenkollektoren), weniger Rinderzucht

11 a Die Strahlung der Sonne wird vom Sand und vom Wasser aufgenommen. Dadurch erwärmen sich beide Stoffe. Der Sand erwärmt sich mehr als das Wasser.
b Die Strahlung der Sonne durchdringt Wasser bis zu einer Tiefe von einigen Metern. Die Energie verteilt sich dadurch auf eine viel größere Schicht. Das Wasser erwärmt sich dadurch viel weniger. Die oberste Schicht des Sands absorbiert die gesamte Strahlung der Sonne und erwärmt sich dadurch sehr stark. Die Energie wird nur langsam an die unteren Schichten weitergegeben.

12 Zur Erwärmung von 1 kg Wasser um 1 °C benötigt man 4,19 kJ Energie.
Zur Erwärmung von 2 kg Wasser um 1 °C benötigt man $2 \cdot 4{,}19\,\text{kJ} = 8{,}38\,\text{kJ}$ Energie.
Zur Erwärmung von 2 kg Wasser um 30 °C benötigt man $8{,}38\,\text{kJ} \cdot 30 = 251{,}40\,\text{kJ}$ Energie.

13 Um 1 kg Wasser um 1 °C zu erwärmen, benötigt man 4,19 kJ Energie. Will man 1 kg Sand um 1 °C erwärmen, benötigt man nur 0,84 kJ Energie. Das liegt an der geringeren Wärmekapazität von Sand. Um Sand zu erwärmen, benötigt man weniger Energie als um Wasser zu erwärmen. In warmem Sand ist aber auch weniger Energie gespeichert als in gleich warmem Wasser.

14 a Der normale Luftdruck auf Meereshöhe beträgt 1013 hPa.
b Die Luftsäule über uns ist mehr als 10 km hoch. Die Luftteilchen haben zwar einen großen Abstand voneinander, trotzdem wiegt die Luftsäule etwas. Die Gewichtskraft der Luftsäule über dem Erdboden verursacht den Luftdruck.
c Die Luftsäule über Meereshöhe ist am höchsten und damit auch die Gewichtskraft auf eine Fläche am Boden. In größerer Höhe (z. B. auf 3000 m, dem Gipfel der Zugspitze) ist die Luftsäule niedriger und es sind weniger Luftteilchen über einer Fläche. Die geringere Gewichtskraft der niedrigeren Luftsäule verursacht auch einen geringeren Luftdruck.

15 a Die Saughaken werden an die Wand gedrückt, sodass die Luft aus dem Innenraum des Hakens entweicht.
b Siehe Bild 5 auf S. 351.
c Der Luftdruck übt auf jede Fläche eine Kraft aus, auch auf den Saughaken. Die Kraft wirkt dabei in jede Richtung.

16 a Wind ist strömende Luft.
b Die Strahlung der Sonne erwärmt die Erdoberfläche unterschiedlich stark. Dadurch entstehen Hoch- und Tiefdruckgebiete. Die strömende Luft (Wind) gleicht die Druckunterschiede aus.

17 a Morgens: Zeichnungen wie S. 354, Bilder 2–4; abends: Genau andersherum, die Landfläche ist kalt und das Meer warm.
b Morgens erwärmt sich das Land stärker als das Meer. Die warme Luft dehnt sich über dem Land nach oben aus (Tiefdruckgebiet) und strömt über die kalte Luft über dem Meer. Dadurch steigt der Druck über dem Meer (Hochdruckgebiet). Die Kaltluft über dem Meer strömt unter die Warmluft an Land. Es entsteht Wind, der vom Meer zum Land weht (Seewind).
Abends kühlt sich das Land schneller ab als das Meer. Die warme Luft über dem Meer dehnt sich nach oben aus (Tiefdruckgebiet) und strömt über die kalte Luft über dem Land. Dadurch steigt der Druck über dem Land (Hochdruckgebiet). Die Kaltluft über dem Land strömt unter die Warmluft auf dem Meer, es entsteht Wind, der vom Land zum Meer weht (Landwind).

Versorgung mit elektrischer Energie – S. 396 f.

1 Unterschiede: Beim Windkraftwerk wird bewegte Luft genutzt, um einen Generator zu bewegen, beim Wasserkraftwerk wird dazu strömendes Wasser genutzt. Windkraftwerke wandeln 50 % der zugeführten Energie in elektrische Energie um, Wasserkraftwerke bis zu 90 %. Gemeinsamkeiten: Beide Kraftwerke wandeln elektrische Energie mit einem Generator um. Beide Kraftwerke nutzen erneuerbare Energien.

2 Vergleiche mit Bild 2 auf S. 364.

3 a Man benötigt außer der Spule einen Magneten.
b Der Magnet wird schnell in die Spule hinein- und herausbewegt. Man kann auch die Spule auf den Magneten zu- und wieder von ihm wegbewegen.
c Je schneller sich der Magnet oder die Spule hin- und herbewegt, desto größer ist die Spannung. Ebenso erhöhen eine Spule mit vielen Windungen und ein starker Magnet die Spannung.

4 a Materialliste: 2 Spulen, 2 Eisenkerne oder ein gemeinsamer Eisenkern, Netzgerät oder Batterie und Schalter, Kabel
b Siehe S. 394, Bild 4 (Messgerät kann entfallen).
c Beide Spulen werden mit ihren Eisenkernen aneinandergestellt. Eine Spule wird an das Netzgerät oder an Batterie und Schalter angeschlossen. Beim Ein- und Ausschalten des Stroms entsteht eine Induktionsspannung an der anderen Spule.

5 a Der Dynamo enthält einen mehrpoligen Magneten und eine Induktionsspule (mit Eisenkern).
b Bewegungsenergie → elektrische Energie (nutzbar), thermische Energie
c Der Dynamo erzeugt eine Wechselspannung. Die Spannung beträgt 6 V.
d Wenn sich das Rad dreht, wird im Dynamo ein mehrpoliger Magnet in einer Spule (Seitenläuferdynamo) oder ein mehrpoliger Magnet um eine Spule (Nabendynamo) gedreht. Das Magnetfeld in der Spule ändert sich jeweils. Durch Induktion entsteht eine Spannung an der Spule.

6 Die Spannung beginnt bei 0 V, steigt auf den maximalen Wert im Plusbereich, fällt dann wieder auf 0 V, geht dann auf den maximalen Wert im Minusbereich und kommt wieder auf 0 V zurück. Der Vorgang wiederholt sich 50-mal pro Sekunde. Die Spannung wechselt 50-mal in der Sekunde zwischen Plus und Minus.

7

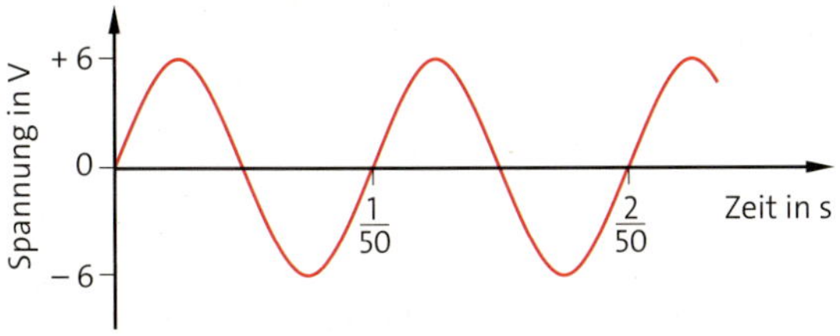

8 Siehe S. 395, Bild 7 (Messgerät kann entfallen).

9 a Die Induktionsspule hat mehr Windungen als die Feldspule.
b Die Spannung an der Induktionsspule ist doppelt so hoch wie an der Feldspule. Also hat die Induktionsspule doppelt so viele Windungen wie die Feldspule: Feldspule 300 Windungen, Induktionsspule 600 Windungen.

10 a Spannung an der Steckdose: $U = 230\,\text{V}$
b Die Induktionsspule hat weniger Windungen als die Feldspule, damit die Induktionsspannung geringer ist als die Spannung an der Steckdose.
c Die Induktionsspannung ist ein Hundertstel der Feldspannung. Also hat die Induktionsspule ein Hundertstel so viele Windungen wie die Feldspule: Feldspule 10 000 Windungen, Induktionsspule 100 Windungen.

11 a Für Transformatoren gilt: Spannung wird erhöht. → Stromstärke wird gesenkt. Begründung: Im Idealfall gilt wegen der Energieerhaltung: $U_{\text{Feld}} \cdot I_{\text{Feld}} = U_{\text{Ind}} \cdot I_{\text{Ind}}$.
Wenn die Induktionsspannung größer ist als die Feldspannung, muss die Induktionsstromstärke kleiner sein als die Feldstromstärke, damit beide Produkte gleich groß bleiben.
b Der Trafo verringert die Stromstärke.
Die Stromstärke in der Induktionsspule beträgt 0,005 A.

12 a Siehe S. 395, Bild 8.
b Der erste Trafo erhöht die Spannung und senkt die Stromstärke. Der zweite Trafo senkt die Spannung und erhöht die Stromstärke.
c Die Überlandleitungen übertragen sehr viel elektrische Energie. Bei niedriger Spannung müsste die Stromstärke dafür sehr groß sein. Dann würden die Leitungen sehr heiß werden und den größten Teil der zugeführten Energie als thermische Energie ungenutzt in die Umgebung abgeben. Bei Hochspannung wird die elektrische Energie dagegen bei kleiner Stromstärke übertragen. Die Leitungen werden nur wenig erwärmt und es geht kaum Energie als thermische Energie an die Umgebung verloren.

13 a Der Motor wandelt die zugeführte chemische Energie zu 20 % in nutzbare Bewegungsenergie um und zu 80 % in thermische Energie des Motors, der Abgase und der Abgasanlage.
b Bei einem Wirkungsgrad von mehr als 100 % müsste der Motor mehr Energie abgeben, als ihm zugeführt wird. Das ist nicht möglich.

14 a Wirkungsgrad des Kohlekraftwerks: rund 40 %
b Ein Kohlekraftwerk produziert mehr thermische Energie als elektrische Energie.
c Heizkraftwerke erzeugen neben elektrischer Energie auch thermische Energie zum Heizen. Die nutzbare thermische und elektrische Energie ergeben zusammen den hohen Wirkungsgrad.
d Beim Verbrennen der Kohle entsteht sehr viel CO_2, das an die Atmosphäre abgegeben wird.
e Wasserkraftwerk: 70–96 %; Windenergieanlage: 30–50 %; Fotovoltaikanlage: 15–20 %; Kernkraftwerk: 35 %

15 An einem windigen und sonnigen Tag produzieren Solaranlagen und Windenergieanlagen vermutlich einen Überschuss elektrischer Energie. Das Pumpspeicherkraftwerk wird vermutlich Energie speichern.
Elektrische Energie → Pumpe → Lageenergie

16 Erneuerbare Energieträger: Wasser, Wind, Sonne. Sie stehen unbegrenzt zur Verfügung und ihr Einsatz ist mit einem sehr geringen CO_2-Ausstoß verbunden.

Radioaktivität – S. 432 f.

1 Mit einem Geigerzähler kann geprüft werden, ob die Leuchtziffern radioaktiv sind.

2 Nach dem Kern-Hülle-Modell besteht das Atom aus einem Atomkern und der Atomhülle. Der Atomkern besteht aus Protonen und Neutronen. Protonen sind elektrisch positiv, Neutronen sind ungeladen. Die elektrisch negativ geladenen Elektronen bilden die Atomhülle. Im Atom sind gleich viele Elektronen und Protonen.

3 Ionisierende Strahlung: Alpha-, Beta- und Gamma-Strahlung sowie Röntgenstrahlung

4 Bei Isotopen eines Elements enthalten die Atomkerne immer gleich viele Protonen, aber unterschiedlich viele Neutronen. Die Atomkerne von Wasserstoff enthalten immer genau ein Proton und dazu 0, 1 oder 2 Neutronen.
Zeichnung der Wasserstoff-Isotope: S. 404, Bild 1

5 $^{14}_{7}N$: 7 Protonen, 7 Neutronen

$^{15}_{7}N$: 7 Protonen, 8 Neutronen

$^{133}_{55}Cs$: 55 Protonen, 78 Neutronen

$^{137}_{55}Cs$: 55 Protonen, 82 Neutronen

6 Tabelle siehe S. 448 unten.

7 Das Plutonium verliert 2 Protonen (und 2 Neutronen). Es entsteht ein Atomkern mit 92 Protonen, also ein Urankern.
Reaktionsgleichung: $^{239}_{94}Pu \rightarrow {}^{235}_{92}U + {}^{4}_{2}He$

8 Diagnose: Der menschliche Körper wird mit Röntgenstrahlung durchleuchtet. Dabei werden insbesondere die Knochen gut sichtbar. Nachteil: Die Strahlung kann Zellen schädigen.
Diagnose: Ein radioaktiver Stoff wird dem Körper zugeführt und sammelt sich in einem Tumor. Aufgrund der Strahlung kann der Tumor gefunden werden. Nachteil: Die Strahlung entsteht im Körperinnern und kann gesunde Zellen schädigen.
Therapie: Der Tumor wird mit ionisierender Strahlung „beschossen" und zerstört. Nachteil: Die Strahlung kann gesunde Zellen schädigen.
Therapie: Ein radioaktiver Stoff wird in einen Tumor eingeschleust. Die Strahlung zerstört die Krebszellen. Nachteil: Die Strahlung entsteht im Körperinnern und kann gesunde Zellen schädigen.

9 Das ungeborene Kind kann durch die ionisierende Strahlung einen besonders großen Schaden erleiden, weil sich seine Zellen sehr schnell teilen – und damit auch die geschädigten Zellen.

10 Von außen: γ-Strahlung dringt tief in den Körper ein und kann innere Organe schädigen.
Von innen: α-Strahlung ist sehr gefährlich, wenn sie über Nahrungsmittel oder Gase im Körper entsteht. Sie kann wegen ihrer großen Ionisierungsfähigkeit innere Organe stark schädigen.

11 In 30 Jahren sinkt die Aktivität um die Hälfte.

12 a Die Aktivität gibt an, wie viele Atomkerne sich pro Sekunde umwandeln.

	α-Strahlung	β-Strahlung	γ-Strahlung
Art der Strahlung	Strahlung aus Teilchen	Strahlung aus Teilchen	wie Licht
elektrisch	positiv	negativ	neutral
ionisierend	stark	weniger stark	schwach
Wird gestoppt von:	Papier	5 mm dickes Alublech	dicke Bleiplatten
Bild	3	4	2
Elementumwandlung	Elementumwandlung	Elementumwandlung	keine Elementumwandlung
Reaktionsgleichung	$^{226}_{88}Ra \rightarrow {}^{222}_{86}Rn + {}^{4}_{2}He$	$^{3}_{1}H \rightarrow {}^{3}_{2}He + {}^{0}_{-1}e$	$^{222}_{86}Rn \rightarrow {}^{222}_{86}Rn + \gamma$

b In 1g natürlichem Kalium wandeln sich 28 Atomkerne pro Sekunde um. In 100g natürlichem Kalium wandeln sich 2800 Atomkerne pro Sekunde um.

13 a Ein Caesiumkern besteht aus 137 Teilchen. Davon sind 55 Protonen und 82 Neutronen.
b Die Halbwertszeit beträgt etwa 30 Jahre.
c Nach mehr als 100 Jahren. Begründung: In jeweils 30 Jahren wandelt sich immer nur die Hälfte des vorher vorhandenen Caesiums um. Nach 90 Jahren sind noch etwa 12,5 g $^{137}_{55}Cs$ vorhanden, nach 120 Jahren noch 6,25 g.

14 Wenn ein Neutron in einen Urankern eindringt, kann er sich spalten. Dabei entstehen zwei kleinere Atomkerne und freie Neutronen. Sie bewegen sich mit großer Geschwindigkeit auseinander.
Skizze:

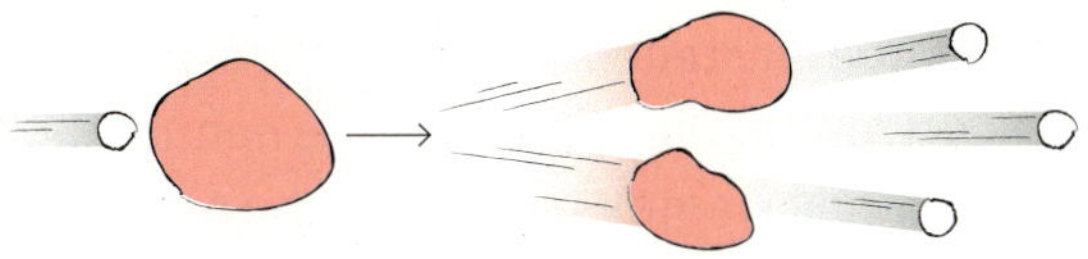

15 Ein Neutron dringt in den Urankern ein. → Der Urankern spaltet sich. → Die Bruchstücke und freigesetzte Neutronen bewegen sich mit großer Geschwindigkeit auseinander. → Bei Stößen geben sie Energie an Wasserteilchen ab. → Die Wasserteilchen bewegen sich heftiger als zuvor. → Temperatur und thermische Energie des Wassers steigen.

16 Beim Verbrennen oxidiert die Kohle, Energie wird freigesetzt und über Strahlung abgegeben. Es findet eine Stoffumwandlung statt, keine Elementumwandlung.
Uran wird nicht oxidiert, sondern gespalten. Es findet eine Elementumwandlung statt. Dabei wird sehr viel Energie freigesetzt.

17 Im Reaktor wird durch Kernspaltungen sehr viel Energie freigesetzt. Das Wasser im Druckbehälter wird auf über 330 °C erhitzt. Im Wärmetauscher gibt es seine thermische Energie an das Wasser im 2. Kreislauf ab. Dieses verdampft und der Dampf wird erhitzt. Er treibt die Turbine und den Generator an, der elektrische Energie erzeugt.
Gefahren: Bei einem Unfall können radioaktive Stoffe und ionisierende Strahlung aus dem Reaktor austreten. Besonders gefährlich wäre ein Ausfall des 1. Kreislaufs. Die thermische Energie aus den Kernspaltungen würde nicht mehr abgeführt werden. Das Wasser könnte verdampfen, den Reaktor zum Bersten bringen und als radioaktive Wolke austreten. Die hochradioaktiven Brennelemente könnten schmelzen, die Reaktorwand zerstören und ins Erdreich und Grundwasser gelangen.

18 Viele Bestandteile der Abfälle sind hochradioaktiv und haben lange Halbwertszeiten. Bei den Kernumwandlungen wird viel Energie freigesetzt. Die Abfälle müssen daher gekühlt werden. Außerdem geben die Abfälle ionisierende Strahlung ab.

19 In Zwischenlagern werden die „verbrauchten" Brennelemente aufbewahrt, bis ihre Aktivität und Wärmeentwicklung genügend abgeklungen sind. Danach sollen die Brennelemente in Endlagern (z. B. Bergwerken) für viele Jahrtausende auch ohne Überwachung durch Menschen sicher eingeschlossen werden, ohne die Umwelt zu gefährden.

20 In der Sonne kommen Wasserstoffkerne gegen die elektrische Abstoßung so nah zusammen, dass die sehr stark anziehende Kernkraft zwischen ihnen wirkt. In mehreren Schritten verschmelzen Wasserstoffkerne zu Heliumkernen. Dabei wird sehr viel Energie freigesetzt.

Mit dem Gasbrenner arbeiten

Der Gasbrenner • Für viele Experimente im Fachraum braucht man einen Gasbrenner. → 1 Vielleicht wird an deiner Schule ein anderer Brennertyp benutzt. Dann lass dir euren Gasbrenner genau erklären.

Achtung • Beachte die folgenden Hinweise:
- Trage immer eine Schutzbrille!
- Binde lange Haare zusammen.
- Lege lose Teile deiner Kleidung ab (Schal, Tuch). Stecke Bänder oder Kordeln fest.
- Lass offene Flammen nie unbeaufsichtigt.
- Schließe Gas- und Luftzufuhr, wenn die Flamme des Brenners erlischt.
- Bei Gasgeruch: Schließe sofort den Gashahn und informiere die Lehrerin oder den Lehrer. Öffne die Fenster!

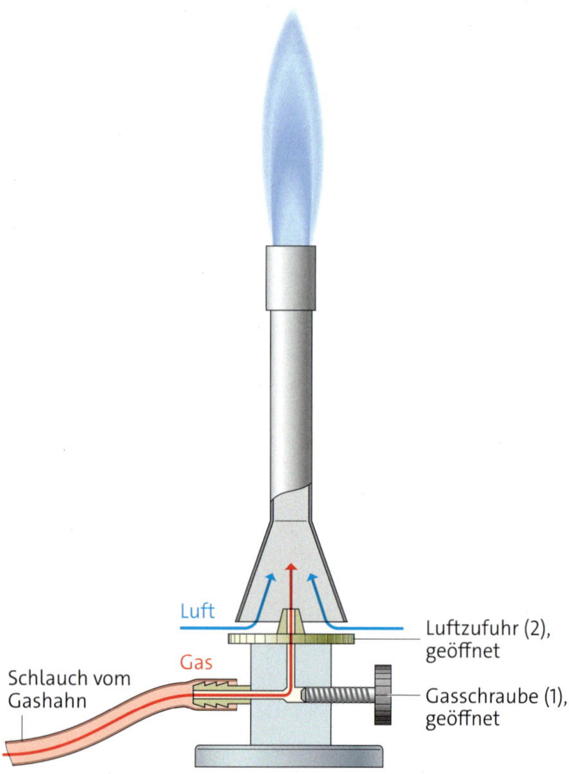

1 Gasbrenner

Brenner einschalten • Gehe immer so vor:

1. Gasbrenner vorbereiten Die Stellschrauben der Gaszufuhr (1) und der Luftzufuhr (2) müssen geschlossen sein. Überprüfe es! Verbinde dann den Brenner mit dem Gashahn an deinem Tisch. Achte auf einen sicheren Stand des Brenners.

2. Gas entzünden Öffne den Gashahn, indem du gleichzeitig drückst und drehst. Drehe dann die Stellschraube der Gaszufuhr etwas auf. Entzünde sofort das ausströmende Gas: Die leuchtende Flamme entsteht. → 2

3. Flamme einstellen Öffne die Stellschraube der Luftzufuhr. Die blaue Flamme nennt man „rauschende Flamme". → 3 Drehe die Stellschraube für die Gaszufuhr weiter auf, wenn du eine größere Flamme brauchst.

Brenner abschalten • Gehe immer so vor:

1. Luftzufuhr schließen

2. Gaszufuhr schließen

3. Gashahn schließen Schließe den Gashahn und entferne anschließend den Gasschlauch.

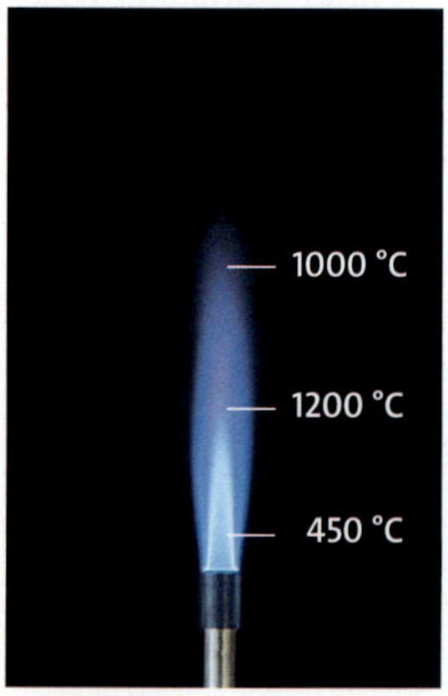

2 3 Leuchtende und rauschende Flamme

Operatoren

Die meisten Aufgaben in diesem Buch beginnen mit einem Verb:
- **Nenne** die drei Wärmetransportarten.
- **Beschreibe** den Aufbau eines Kraftmessers.
- **Erkläre**, warum hinter der Sammellinse ein Bild des Gegenstands entsteht.
- **Erläutere** den Begriff Wirkungsgrad.
- **Skizziere** einen Elektromagneten.
- **Untersuche**, wie der Widerstand eines Drahts von der Temperatur abhängt.
- **Nimm Stellung** zu der Aussage: „Moderne Heizungsanlagen haben einen Wirkungsgrad von 110 %."

Diese Verben geben an, was du tun sollst. Sie werden auch als Operatoren bezeichnet. → 4

Operator	Das sollst du tun:
Nenne Gib an	Notiere Namen oder Begriffe. Verwende Fachwörter.
Beschreibe	Formuliere etwas so genau und ausführlich mit Fachwörtern, dass ein anderer es sich gut vorstellen kann.
Erkläre	Verstehe, wie etwas funktioniert oder aufgebaut ist. Führe die Funktionsweise und den Aufbau auf Regeln und Gesetze zurück.
Begründe	Gib die wichtigen Gründe oder Ursachen an.
Erläutere	Erkläre ausführlich anhand von einem oder mehreren Beispielen.
Vergleiche	Stelle Gemeinsamkeiten und Unterschiede z. B. in einer Tabelle dar.
Skizziere	Fertige ein ganz einfaches Bild an, das auf den ersten Blick verständlich ist.
Zeichne	Gib dir Mühe, ein genaues und vollständiges Bild anzufertigen.
Berechne	Stelle den Rechenweg dar und gib das Ergebnis an.
Ermittle Bestimme	Komme durch eine Rechnung, eine Zeichnung oder einen Versuch zu einem Ergebnis.
Untersuche	Erforsche einen Zusammenhang mit einem oder mehreren Versuchen. Mache dir vorher einen Plan. Führe Protokoll.
Nimm Stellung Bewerte	Entscheide dich, ob du einer Aussage zustimmst oder sie ablehnst. Begründe dann deine Entscheidung. Führe sie auf Regeln und Gesetze zurück.

4 Operatoren im Physikunterricht und ihre Bedeutung

Stichwortverzeichnis

Hinweis: Fett gedruckte Begriffe sind Lernwörter.

Bild- und Textquellenverzeichnis

action press: KYODO NEWS: S. 420/1, PictureLux/United Archives GmbH: S. 15/6 | akg-images: **S. 421/3, Catherine Bibollet: S. 154/4, PHOTO CNES: S.** 50/3, Science Photo Library: S. 277/9, S. 309/6, Science Source: S. 15/10 | **Atelier G:** Marina Goldberg: S. 173/10b | **Bildagentur Schapowalow:** S. 139/7, Günter Gräfenhain: S. 226/1, Uwe Niehuus: S. 104/1 | **blickwinkel:** McPHOTO/Christian Ohde: S. 4/o., S. 80, McPhoto/www.viennaslide.com: S. 152/1 | **bpk:** S. 309/7, Jochen Remmer: S. 15/9 | **Colourbox:** S. 40/2, Milos Stradiot: S. 316/1 | **Cornelsen Verlag/Experimenta/Mahler:** S. 29/5 | **Cornelsen/Boris Mahler:** S. 185/9 | **Cornelsen/Fotostudio Mahler:** S. 63/7, S. 64/3, S. 185/8, S. 198/4, S. 227/7 | **Cornelsen/Heinz Mahler:** S. 39/5, S. 88/5, S. 104/2+5, S. 126/4, S. 196/1b, S. 352/3a+3b, S. 366/3a+3b | **Cornelsen/Heinz-W. Hommel, Herford:** S. 62/1a+2b | **Cornelsen/Joachim Lichtenberger:** S. 55/7, S. 67/7, S. 74/3a+3b, S. 90/3a-3c, S. 91/5 | **Cornelsen/Lothar Meyer:** S. 250/2 | **Cornelsen/Markus Gaa:** S. 19/8, S. 24/1-3, S. 35/l., S. 42/ 2 + 3, S. 45/4, S. 46/1, S. 47/6, S. 55/6, S. 63/4, S. 66/1a + 1b, S. 69/6, S. 69/4, S. 69/5, S. 79/8a + 8b, S. 86/2a, S. 86/3a, S. 88/1, S. 93/6, S. 99/7, S. 99/6, S. 104/4, S. 112/2, S. 123/4, S. 164/1, S. 165/8p, S. 165/8m, S. 165/8a, S. 165/8v, S. 165/8s, S. 165/8j, S. 165/8g, S. 165/8d, S. 168/1, S. 170/1-4, S. 174/2, S. 174/1, S. 175/6b, S. 177/8, S. 180/1, S. 193/4, S. 195/4, 5a+5b, S. 196/1a, S. 197/6, S. 204/1, S. 211/5, S. 228/1b, S. 228/1a, S. 232/1 | Cornelsen/Medienproduktion Schlesener GmbH, Wolfgang Schulz-Heidorf: S. 287/7, S. 287/9 | Cornelsen/Muckenfuß, Ravensburg: S. 124/3a+3b | **Cornelsen/Sven Theis, Steinhagen:** S. 61/4, S. 62/1b+2b | **Cornelsen/Tobias Dahmen, Utrecht/NL:** S. 242/1, S. 276/5 | **Cornelsen/Tom Menzel:** S. 111/3 | **Cornelsen/Volker Döring:** S. 27/6, 47/5, S. 50/1, S. 58/3, S. 60/2, S. 81/r., S. 83/3, S. 84/1+4, S. 88/2, S. 92/1, S. 101/13, S. 109/4, S. 131/6, S. 185/6, S. 188/1, S. 196/3, S. 196/2, S. 369/7, S. 401/3 | Cornelsen/Volker Döring, Bearbeitung (Beschriftung) Rainer Götze: S. 46/2 | **Cornelsen/Volker Minkus:** S. 5/o., S. 12/1, S. 13/2 bis 4, S. 21/8, S. 22/1, S. 26/2, S. 78/4+5, S. 125/7-8, S. 136/3-4, S. 143/5, S. 162, S. 169/3, S. 187/r., S. 190/6, S. 196/1f, S. 277/7, S. 307/7, S. 355/5, S. 374/1 | culture-images GmbH/United Archives/ua: S. 128/2 | **ddp images:** S. 15/8, Simone Buehring: S. 96/1 | **Deutsche Bahn AG/Georg Wagner:** S. 248/8, S. 299/6c | **dpa picture-alliance/dpa:** S. 58/1+2, dpa - Bildarchiv: S. 425/3, dpa Themendienst: S. 151/8, dpa Picture-Alliance/euroluftbi/ZB/euroluftbild/Robert Grahn: S. 387/5, Foodcollection: S. 151/7, HELGA LADE/Olende Schall/picture-alliance: S. 132/3, JOKER: S. 178/3, S. 425/4, Romain Fellen: S. 419/3b, dpa Picture-Alliance/photoshot/NHPA/DR IVAN POLUNIN: 41/4 | **F1online:** S. 30/2, S. 40/1, S. 41/5, S. 163, S. 397/3, Imagebroker RM/Michael Dietrich: S. 315/l. | **Flughafen Hannover-Langenhagen GmbH:** S. 125/6 | **Fotolia:** 06photo: S. 192/1, A. Lavanchy: S. 219/4, Africa Studio: S. 3/u., S. 16, akulamatiau: S. 122/2, aleks_g: S. 206/3b, Alexandre Nunes: S. 97/5e, Alexey Kuznetsov: S. 248/7, alexlmx: S. 196/1c, alma_sacra: S. 291/6, Ammit: S. 291/8, amphotolt: S. 245/2, Andrew Orlemann: S. 388/3, Andrey Burmakin: S. 38/4, animaflora: S. 391/6, ARochau: S. 291/7, BillionPhotos.com: S. 116/3, Björn Wylezich: S. 378/1, blas: S. 287/8, chones: S. 185/7, chru53: S. 371/5, Coprid: S. 196/1e, DiversityStudio: S. 97/5f, Dreadlock: S. 251/4, Eberhard RUDERT: S. 144/2, Evdoha: S. 144/3, Evgeny Korshenkov: S. 196/1i, Fabian: S. 390/2, Fiedels: S. 74/1, fotofabrika: S. 169/4, frenzelll: S. 210/1, goir: S. 244/1c, grossimov: S. 128/1, Gundolf Renze: S. 243/5, Horst Schmidt: S. 155/5, industrieblick: S. 291/9, Ingo Bartussek: S. 336/1, Janni: S. 254/7, johnmerlin: S. 254/1, Jörg Hackemann: S. 97/5c, Jürgen Fälchle: S. 254/8, S. 388/4, Kara: S. 364/3, Katja Xenikis: S. 103/l., Korta: S. 388/2, LVDESIGN: S. 54/2, magicbeam: S. 116/6, Markus Haack: S. 396/2, Max Topchii: S. 97/5b, michaeljung: S. 97/5a, Oleksandr: S. 363/l., panoramarx: S. 382/1, PAO joke: S. 4/u., S. 120/, Petr Malyshev: S. 144/1, photomelon: S. 196/1h, photowahn: S. 251/6, Piotr Marcinski: S. 116/2, pit24: S. 124/5, pixelcomet: S. 396/1, Ralf Gosch: S. 254/5, Robert Kneschke: S. 263/9, Robert Schneider: S. 254/3, Schlierner: S. 388/1, Scott Griessel: S. 97/5d, Sergej Toporkov: S. 216/1, Sergey Novikov: S. 45/7, Stefan Schurr: S. 254/6, S. 291/10, stefanholm: S. 254/2, S. 258/1, stockphoto-graf: S. 196/1d, stuporter: S. 248/4, Subbotina Anna: S. 116/4, Sunshine Pics: S. 151/9, Syda Productions: S. 406/3, TADDEUS: S. 124/1+2, Tadeusz Ibrom: S. 341/6, Tomasz Zajda: S. 299/6b, txakel: S. 258/3, Valua Vitaly: S. 116/7, Vlad Ivantcov: S. 197/4, S. 244/1a, WavebreakMediaMicro: S. 248/5, Yordan Rusev: S. 196/1j, zhukovvvlad: S. 291/5 | "Free image for editorial usage only: Photo by Red Bull Stratos for Red Bull Content Pool. FOR EDITORIAL USE ONLY. NOT FOR SALE, FOR MARKETING OR ADVERTISING CAMPAIGNS. For more pictures, videos and TV material go to www.redbullstratosnewsroom.com." S. 325/4 | GlowImages: Image Source/Cultura: S. 18/1, ImageBROKER RM: S. 270/4 | Hommelfilm, Herford: S. 146/3 | Huber-Images/Giordano Cipriani: S. 94/1, Maurizio Rellini: S. 261/r. | Image Source/Fstop: S. 281/8 | imago: S. 7/o., S. 262/1, S. 263/6+7, S. 276/1, S. 282, Bluegreen Pictures: S. 275/5, Imago Sportfotodienst GmbH/GEPA pictures: 320/2, Imago Sportfotodienst GmbH/McPhoto: S. 264/1, Imago Sportfotodienst GmbH/Westend61: S. 241/r., imagebroker: S. 130/1, S. 156/1, Kata: S. 241/l., Leemage: S. 35/r., nordpool/Tittel: S. 173/7, Science Photo Library: S. 96/3, Ulmer: S. 6/M., S. 240, imago/StockTrek Images: S. 344/1, Westend61: S. 263/4 | interfoto e.k./MCA: S. 361/3 | **Juniors:** J.-L. Klein & M.-L. Hubert: S. 248/3, Klauer, B.: S. 28/1 | **Jürgen Kirstein:** S. 404/4+5 | **laif:** Andreas Fechner: S. 425/5, Aurora/Aurora Photos/Peter McBride: S. 86/1a+1b, hemis.fr/Denis-Huot: S. 68/1, IML/Loukas Hapsis: S. 414/1, Katja Hoffmann: S. 116/8, Malte Jaeger: S. 15/12, REA/Benoit DECOUT: S. 408/1, Zenit/Paul Langrock: S. 340/1, S. 364/1 | **Lippisches Landesmuseum Detmold, Jürgen Ohle:** S. 413/5 | LOOK-foto/Minden Pictures: S. 121/l. | **mauritius images/age: S. 132/2, Joana Kruse:** S. 294/5 | **mauritius images/alamy:** S. 153/6, Alchemy: S. 117/12+13, Alex Ramsay: S. 95/5, Angela Chalmers: S. 283/l., blickwinkel: S. 50/2 u. S. 422/1, BRIAN HARRIS: S. 57/l., Chris Cheadle: S. 298/1, Ian Shaw: S. 17/r., James Boardman: S. 31/3, Julie g Woodhouse: S. 116/10, KC Hunter: S. 163, KHALED KASSEM: S. 3/M., S. 34, Kuttig - People - 2: S. 104/6, Lawren Lu: S. 42/1, Lou Linwei: S. 426/1, Malcolm Schuyl: S. 318/2, MediaWorldImages: S. 263/3, Michael Patrick O'Neill: S. 31/4, NASA Photo: S. 248/6, O. D. vande Veer: S. 117/11, paul ridsdale/transport picture library: S. 318/3, Science Lab: S. 428/1, travel images: S. 371/4, VWPics/Ton Koene: S. 410/1, way out west photography: S. 357/6, von marsh Phototrix: S. 6/o., S. 224/l. | **mauritius images:** Artur Cupak: S. 298/2, Bluegreen Pictures/David Shale: S. 41/7, Charles D. Winters/Science Source: S. 173/8, Christian Ohde/Chromorange: S. 327/4, Danita Delimont: S. 386/1, fact: S. 316/2, Fritz Pölking: 90/1; imageBroker/EEX AG/Bernhard Claßen (© & ™ EEX AG): S. 380/3, imageBROKER/FELLOW: S. 153/7, imageBroker/Franz Christoph Robiller: S. 117/14, imageBroker/Hans Blossey: S. 391/4, imageBroker/Jochen Tack: S. 8 o. und S. 362 und S. 392/1, imageBroker/Kreutzer: S. 318/5, imageBroker/Mario Hösel: S. 364/4, imageBroker/Norbert Probst: S. 200/1, imageBroker/Olaf Döring: S. 376/1, imageBroker/uwe umstätter: S. 225/r., Klaus Scholz: S. 92/2, Konrad Zelazowski/age fotostock/age fotostock / Konrad Zelazowski: S. 300/1, Ludwig Mallaun: S. 356/1, Markus Hertrich: S. 82/1, Merle M./Westend61: S. 363/r., Mito Images/Robert Niedring: S. 250/1, Photo Alto: S. 187/l., Pixtal: S. 229/6, Reinhard Eisele: S. 293/5, Stefan Schurr/Westend61: S. 7/M., Stefan Schurr/Westend61: S. 314, Westend61/VEM: S. 315/r., Yva Momatiuk & John Eastcott/Minden Pictures: S. 81/l. | **NASA:** S. 340/2, NASA/Lunar and Planetary Institute/Houston Texas: S. 268/1 | **Nathan Grossman:** S. 214/1 | **OKAPIA KG**/Allan Hartley/Latitude Stock: S. 141/3, Erwin Wodicka/McPhoto: S. 176/1, imagebroker/Judith Thomandl: S. 406/1, ISM/Sovereign: S. 399/r., NAS/Dante Fenolio: S. 41/6 | **Panther Media GmbH:** Daniel Loretto: S. 263/8, Mihajlo Maricic: S. 8/u., S. 398, Volodymyr Melnyk: S. 263/5 | **PEFC:** S. 2/u. | **Photoshot:** Imagebroker: S. 356/2, NHPA: S. 41/3 | **picture-alliance:** Wolfgang Pölzer/WaterFrame: S. 138/1 | **Science Photo Library:** ANDERS PERSSON, CMIV: 407/5, Degginger, Phil: S. 17/l., DETLEV VAN RAVENSWAAY: S. 48/1, S. 49/5, Giphotostock: S. 26/1, JEREMY BISHOP: S. 121/r., NASA: S. 142/1, PEKKA PARVIAINEN: S. 191/7, Peter Bowater: S. 366/1, PHILIPPE MOREL/EURELIOS: S. 49/6, PUBLIC HEALTH ENGLAND: S. 419/3a, REMY WENGER/LITHOPLUTO: S. 36/1, ROGER HILL: S. 5/u., S. 186/, RUSSELL KIGHTLEY: S. 72/3+4, Scimat: S. 270/2, Winters, Charles D.: S. 137/6 | **shutterstock:** air009: S. 3/u., S. 56, Anna Omelchenko: S. I/o., Anteromite: S. I/u., auremar: S. 116/1, Blue Lemon Photo: S. 132/1, dolomite-summits: S. 270/1, Everett Historical: S. 309/8, footageclips: S. 350/1, Fotokostic: S. 6/u., S. 260, Germanskydiver: S. 329/7, Giannis Papanikos: S. 15/7, Ivan Smuk: S. 7/u., S. 330, Jacob Lund: S. 326/1, Joshua David Treisner: S. 104/3, JRP Studio: S. 261/l., Kanisorn Pringthongfoo: S. 143/7, Kenneth Dedeu: S. 226/2, Kjpargeter: S. 196/1g, Laurence Berger: 116/5, lbrix: S. 178/2, life-literacy: S. 73/8, LightField Studios: S. 114/1, Lisa A: S. 98/1, ludinko: S. 212/1, Lukas Gojda: S. 318/1, Maidzhi Aleksandra: 391/5, mimagephotography: S. 254/4, nito: S. 283/r., Oleksii Sidorov: S. 4/M., S. 102, parinyabinsuk: S. 235/6, Pavel1964: S. 293/4, PHANTHIT MALISUWAN: S. 98/4 (Hintergrund), Piotr Wytrazek: S. 244/1b, russal: S. 354/1, Sergey Ryzhov: S. 225/m., Sky Antonio: S. 329/6, Stoyan Yotov: S. 402/1, Suriya KK: S. 143/6, Syda Productions: S. 280/4, Vladimir Arndt: S. 169/5, worradirek: S. 304/1, You can more: S. 196/1k, Yury Kosourov: S. 236/1 | **sofarobotnik**, Augsburg: S. 1/o., S. 2/o., S. I/r., S. IV/o. | **stock.adobe.com**: Andrey Korshenkov.: S. 57/r., Animaflora PicsStock: S. 219/6, Anton: S. 108/1, Christopher Nolan: S. 299/5b, drutska: S. 331/l., eyeami: 263/10, Hasselblad X1D: S. 299/6a, Igor V. Podkopaev: S. 331/r., Kadmy: S. 272/1, lassedesignen: S. 299/5c, momanuma: S. 219/5, pureshot: S. 306/1, Richie Chan: S. 421/4, thomaslerchphoto: S. 299/5a | **TopicMedia:** S. 113/4, S. 209/6, Norbert Eisele-Hein: S. 252/1 | Used with permission of Johnson Controls: S. 127/6 bis 8 | **VISUM:** Aufwind-Luftbilder: S. 318/4, euroluftbild.de: S. 390/3, S. 399/l., Panos Pictures/Tom Pilston: S. 15/11 | **yourphototoday:** A1PIX/R.Naumann: S. 28/3, Eric_Bach: S. 351/8, S. 359/7, Oliver_Furrer: S. 322/1, PM/www.a1pix.com/Andreas_Wolf/PM/YPT: S. 103/r., SUPERBILD/BURGER/PHANIE: S. 201/3b

Illustrationen

Cornelsen Verlag/Inhouse: S. 133/5a+b+c, S. 201/3a, S. 234/r., S. 300/3, S. 311/6, S. 405/7 S., 435/11+14a+14b, S. 439/3+6, S. 440/10, S. 444/1 | **Cornelsen/Detlef Seidensticker:** S. 51/4 | **Cornelsen/Laura Carleton:** S. 44/1, S. 73/7, S. 122/1, S. 145/6, S. 148/1, S. 159/7 | **Cornelsen/Matthias Pflügner:** S. 10/1, S. 25/7, S. 75/5, S. 75/6, S. 85/6 bis 7, S. 111/4, S. 130/2, S. 131/5, S. 150/1, S. 157/3 bis 9, S. 172/2-5, S. 178/1, S. 179/4 bis 9, S. 184/4, S. 202/1, S. 206/1, S. 214/2, S. 218/1 bis 3, S. 256/1, S. 262/2, S. 268/4, S. 269/6, S. 274/1-2, S. 276/3, S. 276/4, S. 276/2, S. 277/8, S. 278/1, S. 281/6, S. 284/1, S. 288/1, S. 292/1, S. 295/7, S. 296/1, S. 297/4, S. 301/7, S. 312/3, S. 348/1, S. 352/2, S. 372/1, S. 393/2, S. 400/1, S. 427/2 | **Cornelsen/Rainer Götze:** S. 10/2, S. 11/3, S. 14/1, 3, 4, 5, S. 18/2 bis 5, S. 19/6 + 7, S. 20/2 bis 4, S. 21/5 bis 7, S. 23/M., S. 24/4 + 5, S. 25/6, S. 26/3, S. 27/4-5, S. 28/2, S. 29/4, 6, S. 30/1, S. 32/1 bis 6, S. 33/7 bis 9, S. 36/2+3, S. 37/4 bis 9, S. 38/1, 3, S. 39/6 bis 9, S. 42/4, S. 43/5-7, S. 44/2 + 3, S. 45/5+6, S. 46/3, S. 47/4, S. 48/2+3, S. 49/4, S. 51/5, S. 52/1 bis 9, S. 53/10 bis 13, S. 54/3, S. 55/4 + 5, S. 59/4 bis 8, S. 60/1 (Foto: Mauritius Images/J.W. Alker), S. 60/3, S. 61/5, S. 62/3, S. 63/5, 6, 8, S. 64/2, S. 64/1, S. 65/4 bis 6, S. 66/2 bis 5, S. 67/6, S. 68/2 + 3, S. 70/1 bis 3, S. 71/4 bis 7, S. 72/1-2, S. 74/2, S. 75/7-8, S. 76/1 bis 4, S. 77/5 bis 8, S. 78/1 bis 3, S. 79/6, S. 82/2, S. 83/2-4, S. 85/5, S. 86/2b+3b, S. 87/4-6, S. 88/3 + 4, S. 89/6-8, S. 90/2, S. 91/4, S. 92/3-4, S. 93/5, 7 bis 9, S. 94/2, S. 95/3-4, S. 96/2, S. 96/4, S. 98/4-5, S. 100/1 bis 7, S. 101/8 bis 12, S. 105/7 bis 11, S. 106/2 bis 6, S. 107/7 bis 8, S. 108/2 und 3, S. 110/1 und 2, S. 112/1, 3, S. 113/5, S. 114/2, S. 115/3-6, S. 117/15, S. 118/1-5, S. 119/6, S. 122/3, S. 124/4, S. 126/1 bis 3, S. 127/5, S. 128/3, S. 129/4, 6, S. 130/3-4, S. 132/4, S. 134/2, S. 135/4, S. 136/1, S. 136/2, S. 137/5, S. 139/5-6, S. 140/1-2, S. 141/4-7, S. 142/2-3, S. 143/4, S. 144/4-5, S. 145/7, S. 146/1, 2, 4, S. 147/Abb. 7, S. 147/5-6, S. 148/2-3, S. 149/4, S. 149/6-7, S. 150/2-3, S. 151/4-6, S. 152/2-3, S. 153/4-5, S. 154/1-3, S. 155/6-8, S. 156/2, S. 158/1-5, S. 159/8-11, S. 160/1-2, S. 161/2-6, 8, S. 164/2-5, S. 165/8b, 8c, 8e, 8f, 8h, 8i, 8k, 8l, 8n, 8o, 8q, 8r, 8t, 8u, 8w, 8x, S. 165/6-7, S. 166/1-2, S. 167/4-9, S. 168/2, S. 171/5-8, S. 172/1, S. 173/10a, S. 175/4, 5, 6a, S. 176/2, S. 177/4, 6, S. 180/2-4, S. 181/5-6, S. 182/1-4, S. 183/5-6, S. 184/1-3, 5, S. 188/2-3, S. 189/4-6, S. 190/1-5, S. 192/2-3, S. 193/5-6, S. 194/1-2, S. 195/3, 5, 7, S. 198/2-3, S. 199/5-6, S. 200/r. , S. 201/2, S. 202/2-3, S. 203/4-5, S. 204/3, S. 205/4-5, S. 206/2, 3a, 4, S. 207/5-7, S. 208/1-3, S. 209/4-5, 7, S. 210/2, S. 211/6, S. 212/2-3, S. 213/4, S. 215/3-6, S. 216/2-3, S. 217/r. , S. 220/1-3, S. 220/6, S. 220/4a+4b, S. 221/7-10, S. 222/1 bis 3, S. 223/5-6, S. 226/3-6, S. 228/2-3, S. 229/4, S. 230/1-3, S. 232/2-5, S. 233/6-7, S. 234/1a, S. 235/5, 7, S. 236/2, S. 237/3, 4, 6, S. 238/1-8, S. 242/2-3, S. 246/4, S. 247/8, S. 249/9-10, S. 250/3, S. 251/5, S. 252/2, S. 253/3-6, S. 254/9, S. 255/10-11, S. 256/2, S. 257/4-5, S. 258/2, 4, 5, S. 259/7, S. 263/11, S. 264/2-4, S. 264/2-3, S. 265/1, 5, 7, S. 266/1-3, S. 267/5-11, S. 268/2-3, S. 269/5, S. 270/3, S. 271/5-6, S. 272/2-5, S. 273/6-9, S. 275/3-4, S. 277/6, S. 278/2-6, S. 279/7-13, S. 280/1-3, S. 281/5, 7, S. 284/2-4, S. 285/5-7, S. 286/1, 3, S. 287/4-6, S. 288/2-3, S. 289/5, S. 290/1-4, S. 292/2-3, S. 294/1-3, S. 294/6, S. 295/8-9, S. 298/4, S. 300/2, 4, S. 301/5+6, S. 302/1-2, S. 303/3, S. 304/5-6, S. 304/4, S. 304/2-3, S. 305/8, S. 305/7, S. 305/9, S. 306/4, S. 306/2, S. 306/3, S. 307/6, S. 307/5, S. 308/2 bis 5, S. 308/1, S. 310/1-4, S. 311/5, 7, 8, S. 312/1-2, S. 313/4-6, S. 316/3, S. 317/4, S. 318/6-7, S. 319/8, S. 320/1, S. 320/3, S. 321/4, S. 322/2, S. 323/3, S. 324/1-3, S. 326/2, S. 328/1-3, S. 329/4-4, S. 332/1, S. 334/1-2, S. 335/4-6, S. 336/2-3, S. 337/4-6, S. 338/1-2, S. 339/3, S. 340/3-4, S. 341/5, S. 342/1-3, S. 343/5, S. 343/4, 6, S. 344/2, S. 345/3, S. 346/1-2, S. 347/4, S. 348/2-5, S. 349/7, S. 349/6, S. 350/2-4, S. 351/6+7, S. 351/5, 9, S. 352/1, S. 353/4, S. 354/2-4, S. 356/3, S. 357/4-5, S. 358/3, S. 358/1-2, S. 359/4-6, S. 359/8-10, S. 360/1-2, S. 364/2, S. 365/6-7, S. 366/2, S. 367/4-5, S. 368/1-3, S. 369/4-6, S. 370/1-3, S. 371/6, S. 372/2-3, S. 373/4-7, S. 374/2-3, S. 375/4, 6, S. 376/2, S. 377/3-4, S. 378/2, S. 379/3, S. 380/1-2, S. 381/4, S. 382/2-3, S. 384/1, S. 384/3, S. 385/4-5, S. 386/2, S. 387/6-7, S. 389/5-6, S. 394/1, S. 394/2-3, 5-6, S. 395/7-9, S. 400/2, S. 401/4, S. 402/2-4, S. 403/8, S. 403/5-7, S. 404/1-3, S. 405/6a-6c, S. 406/2, S. 407/4, S. 408/2, S. 409/7, S. 410/2-3, S. 411/4, S. 414/2a-2c, S. 415/4+5, S. 415/3, S. 416/1-2, S. 417/4, S. 418/1, S. 420/2, S. 422/2, S. 424/1-2, S. 428/2, S. 429/3-5, S. 430/1-4, S. 431/5-7, S. 432/2-4, S. 433/5, S. 434/4-5, S. 435/1, S. 435/10, S. 436/1-2, S. 437/5, S. 442/5, S. 443/3, S. 447/6, S. 449/14, S. 450/1 bis 3 | **Cornelsen/Thomas Gattermann:** S. 11/4 bis 8, S. 138/2-4, S. 158/6, S. 169/6, S. 207/8, S. 211/3, S. 222/4